SQL和PL/SQL深度编程

数据建模 高级编程 高级分析 安全与管理

[美] 阿勒普·纳达(Arup Nanda)
[爱] 布伦丹·蒂尔尼(Brendan Tierney)　等著
[芬] 海利·希尔塔赫(Heli Helskyaho)

　　唐　波　侯圣文　　　　　　　　　　译

U0343930

清华大学出版社

北　京

北京市版权局著作权合同登记号　图字：01-2017-3076

本书封面贴有 McGraw-Hill Education 公司防伪标签，无标签者不得销售。

版权所有，侵权必究。侵权举报电话：010-62782989　13701121933

图书在版编目(CIP)数据

SQL 和 PL/SQL 深度编程：数据建模　高级编程　高级分析　安全与管理 / (美)阿勒普•纳达(Arup Nanda) 等著；唐波等 译. —北京：清华大学出版社，2019

书名原文：Real-World SQL and PL/SQL: Advice from the Experts

ISBN 978-7-302-51926-3

Ⅰ. ①S… Ⅱ. ①阿… ②唐… Ⅲ. ①关系数据库系统 Ⅳ. ①TP311

中国版本图书馆 CIP 数据核字(2018)第 288799 号

责任编辑：王　军
装帧设计：孔祥峰
责任校对：牛艳敏
责任印制：李红英

出版发行：清华大学出版社
　　　　　网　　　址：http://www.tup.com.cn，http://www.wqbook.com
　　　　　地　　　址：北京清华大学学研大厦 A 座　　　邮　　　编：100084
　　　　　社 总 机：010-62770175　　　　　邮　　　购：010-62786544
　　　　　投稿与读者服务：010-62776969，c-service@tup.tsinghua.edu.cn
　　　　　质 量 反 馈：010-62772015，zhiliang@tup.tsinghua.edu.cn
印 装 者：三河市铭诚印务有限公司
经　　销：全国新华书店
开　　本：190mm×260mm　　　印　张：35　　　字　数：1152 千字
版　　次：2019 年 3 月第 1 版　　　印　次：2019 年 3 月第 1 次印刷
定　　价：128.00 元

产品编号：074924-01

译 者 序

　　刚刚拿到本书的英文原版时，我就被内容吸引。我也经常在 Oracle 公司定期发给我的 ACE Newsletter 邮件中看到本书这五位作者的事迹介绍。根据多年从事 Oracle 开发/管理/培训工作的经验，我认定本书是最适合我国一线 Oracle 技术人员，特别是一线 Oracle 开发者阅读的技术书籍之一。因其举例丰富、循序渐进，所以即使是初学者，阅读本书也不困难。于是邀约侯圣文老师共同翻译。本书第 1、6、13、14、15、16 章由我本人翻译，第 2 章由我和侯老师共同翻译，第 3、4、5、7、8、9、10、11、12 章由侯老师翻译，其他内容由我翻译。全书由我整理统稿。感谢侯老师所做的大量工作，没有他的分担，我想本书是不可能翻译完成的。

　　当我查看我所翻译的 382 页译稿时，翻译的酸甜苦辣历历在目。面对原著中复杂的技术表述、技术智慧、技术幽默以及母语人士的英文使用技巧，只有不断地努力琢磨，才能尽量把这几位 ACE-D 的技术思想完整展现给读者。

　　感谢中国 Oracle 用户组大家庭在我和出版社之间牵线搭桥，感谢本书的所有编辑，感谢在翻译过程中我妻子给我的帮助和儿子对我没有时间辅导他的理解。最后，我特别想把这本书献给我的母亲。

——唐波

译者简介

唐波

Oracle ACE，工学/理学双硕士，拥有 20 年从业经验的 Oracle DBA，著名 Oracle 高级培训专家。9i-12c Oracle DBA、11i/R12 E-Business Suite Oracle DBA，同时从事过多年的 Forms、Reports 和 PL/SQL 的编程工作和数据仓库开发工作。曾就职于中国科学院，负责运维科学院的 Oracle E-Business Suite，并培训全院运维人员。热心向 Oracle 技术社区推广 Oracle 技术，拥有数量庞大的培训学员和技术追随者。他们都已成长为各自领域的顶级 Oracle 技术人才。他还是 SECOUG 用户组创始人，DBA plus 社区创始人、加拿大 IT 专家协会(CIPS)注册认证的 IT 系统专家(I.S.P.)。

Web and Blog: www.botangdb.com

侯圣文

Oracle ACE 总监，北京大学理学硕士，恩墨学院创始人，教育专家，中国区 Cloudera 首位官方授权大数据讲师，金牌培训专家，BDA 大数据联盟创始人，OCM 联盟创始人，ACCUG 创始人、ACOUG 核心专家，博客作者。曾任职于海关总署数据中心，负责开发运维国家级海量数据库，在国际航空运输协会 IATA 任高级数据架构师。拥有 15 年大数据技术从业经验。2012 年创办恩墨学院，致力于培养顶尖的大数据、Oracle、MySQL、云计算技术人才。

Web and Blog: www.secooler.me

Arup Nanda，Oracle ACE Director，Oak Table Network 成员，2013 年 Oracle DBA 年度大奖获得者和 2012 年 Enterprise Architect(企业架构师)年度大奖获得者。他作为 Oracle DBA 和开发人员已有 22 年。他是纽约一家区域性跨国公司的数据库总架构师，与其他人合作编写了 6 本书，写作并发表了五百多篇文章，参与了三百多场活动，并且在二十多个国家主讲了技术研讨会。他是 *SELECT Journal* 的编辑之一，该期刊是 International Oracle User Group 的官方出版物。他还是 Exadata SIG 董事会的成员。

Twitter: @ArupNanda

Blog: arup.blogspot.com

Email: arup@proligence.com

Brendan Tierney，Oracle ACE Director，独立的 Oracle 技术顾问(Oralytics)，都柏林技术学会/都柏林科技大学(Dubin Institute of Technology/Dublin Technological University)的数据科学、数据库及大数据课程讲师。他有 24 年的数据挖掘、数据科学、大数据和数据仓库领域的丰富工作经验。Brendan 被公认是数据科学和大数据专家，曾在爱尔兰、英国、比利时、荷兰、挪威、西班牙、加拿大和美国的许多项目中工作过。Brendan 活跃于 Oracle 用户组(Oracle Veser Group，OUG)社区，是爱尔兰 OUG 的领导者之一。Brendan 是 *UKOUG Oracle Scene* 杂志的编辑，定期在全球技术大会上演讲，他还是一位活跃的博客作者，也为 OTN、*Oracle Scene*、*IOUG SELECT Journal*、*ODTUG Technical Journal* 和 ToadWorld 撰稿。他是爱尔兰 DAMA 组织董事会的成员。Brendan 已经在 Oracle Press 出版了另外两本技术书籍(*Predictive Analytics Using Oracle Data Miner* 和 *Oracle R Enterprise: Harnessing the Power of R in Oracle Database*)。

Twitter: @brendantierney

Web and Blog: www.oralytics.com

Email: brendan.tierney@oralytics.com

Heli Helskyaho，Oracle ACE Director，Miracle Finland Oy 的 CEO 和 EOUC (EMEA Oracle Users Group Community)的大使。Heli 拥有赫尔辛基大学计算机科学硕士学位，主攻数据库领域。目前，她继续在大数据、方案发现和半结构化数据领域攻读博士学位。她 1990 年进入 IT 行业，1993 年开始从事与 Oracle 产品相关的工作。她曾经工作于许多岗位，每个岗位的工作都涉及数据库设计。Heli 相信好的数据库设计和好的文档编写工作能大大减少性能方面出现的问题，并且即便有问题，解决它们也变得简单。Heli 作为 Oracle ACE Director，在许多会议上频繁演讲。她是 *Oracle SQL Developer Data*

Modeler for Database Design Mastery(Oracle Press，2015)一书的作者，同时是首批 Oracle 数据库开发者遴选大奖 (Oracle Database Design Mastery，Devvy)的获得者之一，她的名字因此列入 2015 年数据库设计(Database Design) 名录。

Twitter: @helifromfinland

Blog: helifromfinland.wordpress.com

Email: heli@miracleoy.fi

Martin Widlake，Oracle ACE Director，Oak Table Network 成员，从 1992 年起从事与 Oracle 技术相关的工作。作为 Forms 3 和 CASE 的开发人员，他已经有二十几年使用 PL/SQL 编程的经验了。近二十年，Martin 作为开发 DBA，大部分时间都在 VLDB 环境里工作，用的都是最新版本。2003 年他被 Oracle 指定为 Oracle Beta 测试员。最近 8 年，他在 ORA600 有限公司担任独立技术顾问，主要精耕数据库设计、性能调优和 PL/SQL 开发领域。从 2002 年开始，Martin 定期在其家乡英国和世界各地的各个用户组和技术大会上做技术演讲，也为杂志写技术文章。他是用户组活动的坚定倡导者，是 UKOUG 的活跃成员，还是 SIG(Special Interest Groups)的主席，并协助主持近两年的年度技术大会。他也是 *Oracle Scene* 杂志的代理编辑。Martin 维护着一个技术博客，其中不仅包含技术内容，还包含广受欢迎的轻松愉快的"星期五哲学"文章，内容涉及 IT 管理和对工作生活的奇思妙想。

Twitter: @MDWidlake

Blog: mwidlake.wordpress.com

Email: mwidlake@ora600.org.uk

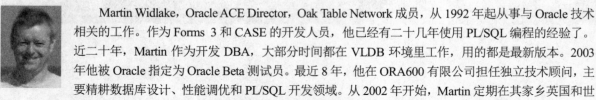

Alex Nuijten，Oracle ACE Director，allAPEX 的独立技术顾问，主要使用 PL/SQL Oracle Application Express (APEX)进行 Oracle 数据库的开发。在顾问工作之余，他还从事在 APEX、SQL 和 PL/SQL 等领域的教学工作。Alex 曾在数不清的国际大会上进行过技术演讲，如 ODTUG、Oracle Open World、UKOUG、IOUG、OUGF、BGOUG、OGH APEX World 和 OBUG。精彩的演讲使 Alex 多次获得最佳演讲者大奖。他在与 Oracle 技术相关的杂志上发表过许多文章。在他自己的博客 Notes on Oracle(nuijten.blogspot.com)上定期发表 Oracle Application Express 和 Oracle 数据库开发方面的文章。Alex 是 *Oracle APEX Best Practices* 一书(由 Packt Publishers 出版社出版)的合著者之一。

Twitter: @alexnuijten

Blog: nuijten.blogspot.nl

Email: alex@allapex.nl

技术编辑简介

　　Chet Justice，Oracle ACE Director，从 2002 年开始从事 Oracle 技术工作。刚开始有人给他提供了 SQL*Plus 和一份 tnsnames 文件，他很快将其与 Microsoft Access 连接并看到了表。他全面应用 PL/SQL 工作，并使用 SQLUnit 测试 PL/SQL。在搭建测试 PL/SQL 环境的过程中，他学习了数据库的管理技能。之后他迷恋并执着于 APEX。由于他不拘泥于特定领域，曾经的工作范围包括使用 PL/SQL 编写数据仓库环境下的 ETL 过程，然后又回到 OLTP 系统上进行更多的 PL/SQL 编程和数据建模工作，最终他在纷繁复杂的技术咨询界找到了成就感。目前他在 OBIEE realm 公司工作。

致　谢

特别感谢我的妻子 Ani 和儿子 Anish。感谢你们允许我从你们那挪走了那么多宝贵的陪伴时光用以投入到此项目中。

Arup Nanda

特别感谢 Charlie Berger(Oracle 数据挖掘和 Oracle 高级分析的产品经理)、Mark Kelly、Mark Hornick、Marat Spivak、Denny Wong 和这些年来 Oracle 高级分析团队里所有帮助过我的人。我也要感谢本书的合著者 Martin、Arup、Alex 和 Heli。感谢 Chet Justice(被大家叫作 Oracle 迷)所提供的技术编辑工作。

最大的私人致谢要送给 Grace、Daniel 和 Eleanor。他们持之以恒的鼓励和支持给予我宝贵的时间和空间，使这本书和我其他的书能够面世。没有你们，这些书不可能完成。

Brendan Tierney

感谢我至爱的家庭：Marko、Patrik 和 Matias。感谢你们对我的任何决定都给予的支持和鼓励。

感谢你们：Bryn Llewellyn、Chet Justice、Alex Nuijten、Martin Widlake、Arup Nanda、Brendan Tierney、Tim Hall、Steven Feuerstein 和每一个在这个项目中给过我建议和支持的人。这个项目棒极了！

Heli Helskyaho

这些年来有许多人在 SQL 和 PL/SQL(以及 Oracle 整体)上帮助过我，尤其在创作本书中我负责的那些内容时。我要特别感谢 Tim Hall、Mike Cox、Adrian Billington、Neil Chandler、Steven Feuerstein、Frits Hoogland、Oren Nakdimon、Dawn Rigby 和 Jonathan Lewis。尤其要感谢 Babak Tourani，他帮我写了本书一节中的几个示例和文本。

我要特别感谢我这第一本书的合著者：Brendan、Alex、Heli、Chet 和 Arup。你们给了我慷慨的帮助和指引，感谢你们的耐心。

最后我要感谢我妻子给予的耐心和支持。因为在本书的编写过程中我总是被牢牢地锁在书桌和电脑前无暇顾及其他。现在的我终于可以重新开始做应该做的家务了。

Martin Widlake

因为有很多人在我的 Oracle 职业生涯中帮助过我。所以几乎不可能把他们的名字都列出来。如果只列出其中一部分人的名字，对那些没有被列出的人是很不公平的。

我要感谢 Heli、Arup、Brendan 和 Martin 允许我加入此计划。在写书的过程中，我从你们身上学习到了很多东西。感谢 Chet Justice，感谢你所做的技术编辑工作，你的反馈总是一针见血。

如果没有我妻子 Rian、儿子 Tim 和女儿 Lara 的持续支持，我不可能完成此任务。提供插图、写技术文章和内容花了我大量的时间。你们理解这些并任由我全身心投入此书中。没有你们的支持我什么也做不成。非常爱你们。

Alex Nuijten

序　言

或许你使用 Oracle 数据库，要决定选择哪种编程语言来开发应用程序。现在有以下 3 种选项可供选择：

- SQL
- PL/SQL
- 一些库外编程语言(Java、C#、JavaScript 等)

你要选择哪一个？让我们探讨一下。

使用 SQL 的情景

SQL 是关系型数据库的核心。数据库依靠它进行内部自我管理。向数据库服务器发送一条 SQL 语句时，在整个处理过程的每一步都会使用递归 SQL，以确保语句有效，检查是否有权限访问那些对象，并确定执行计划。执行计划决定如何检索数据。在关系型数据库内部很少有地方不涉及 SQL。

想象一下：如果你是关系型数据库(Oracle、MySQL 或 SQL Server)引擎的开发人员并致力于提高 SQL 的性能，那么你不仅提高了他人的应用的性能，实际也提高了数据库引擎自身的内部性能。很容易理解关系型数据库引擎的开发人员为什么会着迷于 SQL 的性能(SQL 都做了什么)。

SQL 不仅仅是基本的插入、更新、删除和多表连接查询。现代关系型数据库引擎包含海量的 SQL 功能，从而可以极大减少应用中的代码行数。分析函数、模式匹配和 model 子句等功能使我们能够在不离开 SQL 环境的情况下执行数据分析。在 SQL 中生成和处理 XML 和 JSON 数据是家常便饭，这样就可以在没有任何额外编码的情况下提供网页服务。

从性能角度来看，SQL 是王者。只在极少数的情况下，非 SQL 解决方案比 SQL 解决方案处理关系型数据库数据性能会更好。大多数其他语言都鼓励一行一行地逐行处理数据，而这完全不是关系型数据库希望你去做的。通过使用 SQL 并聚焦于数据集的处理，通常会看见批处理和分析操作的性能呈数量级提升。

考虑到这一点，处理关系型数据库中数据的最好语言显然是 SQL。任何时候使用非 SQL 语言时，都是把数据库拖离最佳状态。最终应用的性能和可扩展性都会显著下降。

使用 PL/SQL 的情景

PL/SQL 是 SQL 的过程化扩展，允许在不离开数据库引擎的前提下向数据处理过程添加过程逻辑。PL/SQL 引擎所在的位置就是数据库引擎的位置。这一点便是使 PL/SQL 如此强大的重要原因。

设想一个场景：有两种势均力敌的编程语言。其中一种在数据库内部运行，而另一种在位于独立计算机上的应用服务器中运行。当运行于数据库内部的语言需要数据时，立即就能拿到。而运行于应用服务器上的语言需要数据时，必须通过网络向数据库服务器提出请求，所有要返回的数据都必须通过网络传回。现在设想一个"聊兴盎然"的应用，它重复呼叫数据库来请求数据完成任务。这就可以看出为何应用服务器上的代码无法扩展了。

可扩展性问题的一种解决方案是在数据库外添加硬件和缓存层。另一种解决方案就是直接将应用以 PL/SQL 代码重写，就把要实现的功能移到数据了。

历年来，我做过许多项目。这些项目常常只关注层，而把数据库仅仅作为数据的基本容器。这些项目最终都会遭遇性能问题，尤其是遇到批处理时。解决方案几乎都是用 PL/SQL 重写数据密集型的过程，以靠近数据。如果把以数据为中心的过程放在数据库内部来处理，会得到更好的可扩展性和性能，也更容易在不同客户端、表示层和界面之间共享这些功能。

PL/SQL 语言与 SQL 紧密集成在一起，使 SQL 可以和过程化逻辑之间无缝地进行数据传递。与 PL/SQL 比起来，我过去 20 多年用过的其他语言在处理数据库时总是显得笨拙得不可思议。

那么就是说 PL/SQL 仅仅适用于批处理作业了？根本不是这么一回事！Pl/SQL 不仅在考虑以数据为中心的代码时大放异彩，而且近些年已经发展成为一个功能丰富的开发平台。下面来看看 Oracle Application Express (APEX) 等开发工具提供的许多功能吧：它们都是用 PL/SQL 写的。你会意识到 PL/SQL 有多么能干。

使用其他语言的情景

总会有需要采用特殊语言应对特殊需求的情况，Oracle R Enterprise 允许在 Oracle 数据库内部运行 R 程序并与 SQL 和 PL/SQL 集成在一起。那么其他库外语言呢？

我在工作中曾使用过许多编程语言，包括 Perl、Python、PHP、JavaScript 和多种操作系统的脚本语言。我还曾用 Java、C#和 C 等语言编写过程序。虽然每一种语言都有各自的优点，但是一旦涉及与数据库交互，都不是 PL/SQL 的对手。

在开发表示层甚至开发一些业务逻辑时，会不可避免地用到其他编程语言和框架。但是编程方式离数据库越远，工作就会越艰难。

结论

大多数开发人员和 DBA 都得出一个相似的结论：如果可以，就用 SQL 编程。不能用 SQL 的场景就用 PL/SQL。实在连 PL/SQL 都不能用时，才用其他编程语言。

Tim Hall

DBA/数据库开发人员

oracle-base.com

Oracle ACE Director

前　言

　　Brendan Tierney 和 Heli Helskyaho 在 2015 年 3 月找到我，让我和 Arup Nanda 和 Alex Nuijten 编写本书。不久之后，我们也把 Martin Widlake 拉入伙。如果说被他们邀请对我来说是极大的荣耀，那仍是过于轻描淡写。很快，我意识到我没有足够的精力投入此项目，但我也不想让其他作者因为我陷入出版风险之中。但我仍然非常愿意为此书出一分力，遂自荐要成为此书的技术编辑。他们欣然接受了我的这个新角色。

　　这是我第一次正式成为技术编辑。但是我曾经做过多年类似的工作：检查自己的工作，检查他人的工作。我体会到追求完美去做这项工作会帮助良多。

　　本书所有的测试工作都是在 OTN/Oracle 提供的预建 Database App Development VM 上进行的。这使测试变得非常容易。根据相应文档配置测试环境也很容易。

　　在审核此书的过程中，我本人面临的最大挑战之一是 Oracle 12c 的多租户体系结构。我已经多年没有从事 DBA 类型的工作了，因此要弄清楚哪些事应该在根容器(CDB)上做、哪些应该在插件容器(PDB)上做真是新鲜有趣。此外，作者们给出的其他提示都很容易搞懂。

　　设计(数据建模、基于版本的重定义、VPD)、安全性(数据编写/掩蔽、加密/哈希)、编码(正则表达式，PL/SQL、SQL)、性能测量和剖析或把原始数据转换成可执行信息(数据挖掘，Oracle R，预测查询)——以上所有内容都会在本书中详细介绍。这些就是一名开发人员从头设计一个完整应用所需要做的全部。

　　在此次技术编辑工作中我最喜欢的部分可能是：不仅要检查书中的内容是否可运行，而且必须做更多的工作。通常，当我阅读一本书或博文时，会快速抓住技术要点，而略过 why、when 和 where 的部分。我很容易会这样做。多年来，我每天都会读 AskTom 上的文章，这是使我避免陷入困局而采取的短时充电办法。首先在这些文章中能看到特定问题是如何解决的，这些解决方案偶尔也可以应用到我自己的问题中。这样做了一两年后，我便会进一步想到应该去搞清楚为什么要按照某种方式去处理特定问题，并且想要搞清楚那些 Tom 详尽解释的处理方式的后果。

　　审阅此书我受益颇丰。在这个过程中，我走进作者的思维世界：不仅能看到他们是如何解决技术难题的，而且能看到他们为什么以这种方式去处理。对开发人员和 DBA 来说，能看到这些都是极其有价值的。我们中的大部分人都能找到解决特定问题的方法，但是需要更上一层楼，我们需要理解 why、when 和 where。这本书提供的正是这些。

Chet Justice

Oracle ACE Director

技术编辑

引　言

要说明编写本书的初衷时，Rod Stewart 唱的《航行》歌词跳进我的脑海："我们在航行，我们在航行，穿越海洋，游子回乡"。这是因为写此书的想法诞生于一艘船上。有些人叫它轮船，有些人叫它邮轮。不管叫它什么，这本书诞生于 2015 年 3 月举行的 OUG 挪威大会期间。这一届 OUG 挪威大会十分特别是因为它是在一艘往返于挪威奥斯陆和德国基尔之间的邮轮上举行的。这意味着会议的演讲嘉宾和参会人员都会被"困"于这艘船上长达两天。这期间每个人都心无旁骛地沉浸在 Oracle 社区的技术演讲、研讨会、技术探讨和思想分享之中。

在这次会议期间，Heli 和 Brendan 开始讨论这本书。Heli 刚刚出版了 *Oracle SQL Developer Data Modeler* 一书。Brendan 前一年出版了 Oracle 数据挖掘方面的书。探讨写作经验、分享技术知识及写作乐趣时，他们都意识到有很多书可供人们在开始 Oracle 职业生涯时阅读，也有许多书籍针对专门的高深主题。但位于这两者中间的书却严重缺乏。一个始终需要解答的问题是：读完入门书籍后，有什么书可读，进而让人们读懂那些高深的书籍呢？对，这就是 SQL 和 PL/SQL 方面的书籍！

他们感觉很多书，特别是技术介绍类的书缺少基于经验处理问题的"why"和"how"的总结部分。熟记命令的语法和选项固然很好，但是只有从运用该语言完成真实任务过程中获得经验才能进阶：从理解一门语言到能灵活自如地运用它。分享这方面的一些经验真是太好了。

然后，在 OUG 挪威会议最后一天的早餐过后，当邮轮穿行过哈当厄尔峡湾，通向环绕奥斯陆的小岛时，Heli 和 Brendan 最终决定本书应该面世。他们之后详细列出本书的内容类型，以及要由哪些知名专家(或技术明星)来阐述相关专题。专家列表很快就出来了：Oracle ACE 总监的作者团队形成了，包括 Arup Nanda、Martin Widlake、Alex Nuijten、Heli Helskyaho 和 Brendan Tierney。然后作者团队着手确定章节和内容。利用他们合在一起超过 120 年的 SQL 和 PL/SQL 经验，最终在 Oracle Open World 上定下了本书的范围和内容。

本书分为 4 个部分，每个部分都致力于帮助 Oracle 开发人员更好地理解他们每天都会用到的 SQL 和 PL/SQL 的技术核心。

第 I 部分关注所有数据库项目的绝对核心之一——数据模型的设计，并阐明什么时候该用 SQL，什么时候该用 PL/SQL 这一基本问题。第 I 部分介绍了 Oracle SQL Developer Data Modeler 这一数据库设计工具。

第 II 部分介绍在结构改写过程中能有效提升应用程序可靠性但未被充分使用却在 SQL 和 PL/SQL 中极为有用的工具，比如处理复杂数据集、正则表达式和基于版本的重定义特性。还介绍了使用 PL/SQL 的领域，虽然并不常用，但是其威力和灵活性需要进一步开发到极限。你会看到如何利用 PL/SQL 扩展 SQL，以避免一些 SQL 带来的常见却很少正确处理的问题；为了剖析和诊断性能问题，对代码如何进行性能测量，如何有效地使用动态 SQL(和它的扩展 PL/SQL)和 PL/SQL 的强大功能辅助数据库管理和执行自动化任务。

第 III 部分介绍如何利用 Oracle 数据库的特性来支持数据科学的方方面面。这包括如何运用 Oracle 数据挖掘算法里的 PL/SQL 和 SQL 函数，也包括如何使用 Predictive Queries(预测查询)，这是 Oracle 12*c* 中的新特性，允许在对算法一无所知的情况下进行自动数据挖掘。这部分还介绍了如何使用作为 Oracle 数据库引擎一部分的 R 语言。

到此为止，不仅能分析数据而且能合并使用 SQL、PL/SQL 和 Oracle 企业级 R 统计编程语言。Oracle 数据库的这些高级分析功能使你能够在不需要做任何数据移动的情况下快速有效地使用各种数据挖掘和机器学习技术来分析数据。

第Ⅳ部分介绍如何在 PL/SQL 编程中考虑安全性以保证包括数据库和应用程序在内的整个系统的安全。这部分详细讨论如何加固代码以抵御 SQL 注入攻击和内部劫持攻击，也讨论如何进行数据编写和加密敏感生产环境数据以免受到非法入侵。这部分不涉及数据库架构安全性，但涉及如何在编程时脑海中时刻考虑安全性，以及使用 Oracle 提供的工具创建安全的应用程序。

为了完成使命，本书致力于在人们从初学者转变成高级 SQL 和 PL/SQL 用户过程中架起一座桥梁。我们的目标是让内容覆盖 PL/SQL 和 SQL 架构所提供的强大而又平时并不常用的功能。无论是开发人员还是架构师甚至是 DBA，本书都能使你变成更有学识、更有效率并且更有安全意识的技术专业人士。每个和 Oracle 打交道的朋友都能从本书获益。

书中代码的下载地址

本书的大部分章节都配有示例。为了节约重新录入这些代码的时间和键盘错误，作者提供了一组代码文件供下载。有代码的章节，它的代码独立放在单个文件里，这样你就可以快速找到每个章节中的示例。

可以从 McGraw-Hill Professional 的网站 www.mhprofessional.com 下载这个 ZIP 文件包。在搜索框中直接输入本书的书名或 ISBN 号，然后单击本书主页上的 Downloads & Resources 链接。也可扫描封底二维码获取本书下载资源。

目 录

第 1 部分

SQL、PL/SQL 和良好数据模型的重要性

第 1 章

SQL 和 PL/SQL

　　业务活动通常基于知识和信息，而所有这些重要的信息通常被存储于数据库中。关系型数据库通常只能由结构化查询语言(Structured Query Language，SQL)来访问。它是管理关系型数据库系统(Relational Database Management System，RDBMS)中所保存的数据的标准语言。过程化语言/结构化查询语言(Procedural Language/Structured Query Language，PL/SQL)是 Oracle 公司对 SQL 语言的扩展，它使你能够为 Oracle RDBMS 开发存储过程代码(例如 IF...THEN...ELSE、循环等)。

1.1　SQL 和 PL/SQL 介绍

　　数据库是存放所有重要信息的地方。当然，用户需要一种从数据库获取信息的方式，也需要能使信息保持最新状态的方式。数据库的优良设计对于其信息处理的使命来说非常重要。好的设计保证了其应该达到的性能和数据质量以及其他指标。可以在第 2 章中读到更多关于数据库设计方面的内容。数据保持最新状态很重要，因此必须有一种有效的方式维护它们。

　　SQL 是管理 RDBMS 中的信息的标准语言。它允许查询信息并管理这些信息。SQL 支持向数据库插入、更新和删除数据，当然也支持从其中查询数据。使用 SQL 是处理数据的最有效方式。这意味着它在数据库内执行一个又一个的操作，但仅向外界返回最终需要的数据行。这样使得处理和移动数据变得更安全，性能也变得更好。一些人喜欢把所有数据都拖到应用服务器、中间件，并在那儿执行过滤和连接。但显然这样做并不安全和有效。使用 SQL 和数据库的组合是处理数据的最好方法，因为它们就是为此目的而诞生的，而且 SQL 是数据库唯一能够理解的语言。

　　另一方面，SQL 每次仅支持一条 SQL 语句的处理。这在许多场合是不够的，还需要过程化的结构来获得所需的业务逻辑和结果。为了填补这一空白，Oracle 提供了 PL/SQL。这是为 Oracle RDBMS 准备的过程化扩展。PL/SQL 允许你使用过程化程序设计结构，例如 IF...THEN...ELSE 和循环，并有可能把代码保存于数据库中以便今后能从数据库内外调用它们。从 Oracle Database 12c 开始，Oracle 对 PL/SQL 的性能做了更多提升。虽然使用 SQL 被认为是最快的方法，但是从 12.1 版本开始可以使用 pragma UDF 来定义模式级别的函数/存储过程。这几乎和纯 SQL 一样快。在 WITH 子句中使用函数/存储过程也可以和 pragma UDF 的执行速度媲美。Oracle Database 12.1 以前版本中的普通方案级别的函数/存储过程则要慢很多。

1.2　SQL

　　创建 SQL 是为了与 RDBMS 系统交互。SQL 提供了与 RDBMS 系统交互的唯一方式。但是和任何其他发明一样，SQL 也不可能尽善尽美。其中的一个问题是：关系模型必须基于关系型理论，但遗憾的是 SQL，的每一处细节都不是关系型的。这肯定会导致问题。为了避免这些遗漏，必须理解关系模型、了解 SQL 如何背离关系型、了解如何以关系型的方式去编写 SQL。这方面的相关内容可以参阅 C. J. Date 的 *Database in Depth: Relational Theory for Practitioners* 一书(O'Reilly, 2005)。在本章中，我们要审阅一些 SQL 非关系型方面的示例。但是要学习更多关系模型，并学会编写真正关系型的 SQL 代码。相关内容可参阅 C. J. Date 的 *SQL and Relational Theory: How to Write Accurate SQL Code* 一书(O'Reilly, 2009)。

　　最典型的非关系型的 SQL 实施案例是重复行和空值。让我们先看看重复行。由于表结构是一个结果集(一个元组)，数学理论上表不应该包含重复行。数学上集合的概念中不允许包含重复的元素。这样，当为了更好的性能执行查询重写时，优化器就会做出基于以上的表不包含重复行的假设。但在一些场景下这样认为最终会返回错误的结果。因为不包含重复行的假设是错误的。另一个示例是错误处理。在有重复行时这会变得很困难，因为你不知道这些重复行到底是应该有还是不应该有。

　　因此如何处理重复行呢？一种情形是：数据库设计者在表上没有定义主键(Primary Key，PK)，或者至少没有定义唯一键，这样便允许表上出现重复行。另外一种情景是：设计者定义了没有包含唯一约束的代理键，这样导致没有任何约束真正在维护数据的完整性和质量。如果我们能够假设数据库设计者完全了解如何在每一个用到的表上定义主键(或者完全了解如何在每一个用到的表上定义使用代理主键时的唯一约束)，那么我们有理由相信不会存在重复行的风险。但是我们错了，由于 SQL 的处理方式，这种风险依然存在——不在数据库的基表中但可能在 SQL 查询的结果集中。

　　设想数据库中有两个表：CUSTOMERS 表和 ORDERS 表。在这个场景中，为登记客户信息而准备的 CUSTOMERS 表包含这些列：customer_no 和 customer_name，还有一个去范式的为计算每个客户所有订单总数而存在的 tot_order_count 列。在 ORDERS 表中，我们存有客户的所有订单信息。它包含名为 order_no、customer_customer_no 和 order_amount(订单的金额)这些列。把那个列称作 customer_customer_no 是因为我们的命名规则要求这样命名："父表名_外键名"。为了使你的开发项目有更好的一致性和质量，确立一个命名规则非常重要。好的数据库设计工具都对命名规则具有良好的支持。

　　UNION、INTERSECT 和 EXCEPT 操作符默认会进行 DISTINCT 操作。但剩余的其他操作符，例如 SELECT ALL 或 UNION ALL，都不会执行 DISTINCT 操作。假设我们有一个历史客户表(CUSTOMERS_HISTORY)。由于

一些原因，业务规则要求这个历史客户表应该包含当前和历史上的所有客户信息。

```
SELECT CUSTOMER_NO, CUSTOMER_NAME, TOT_ORDER_COUNT FROM CUSTOMERS_HISTORY

CUSTOMER_NO    CUSTOMER_NAME    TOT_ORDER_COUNT
1              Customer_A       -
2              Customer_B       1
42             Customer_42      10000
```

如果我们没意识到这种实施方法可能会带来的问题的话，就会期望当前客户仅会在 CUSTOMERS 表中出现，历史客户仅会在 CUSTOMERS_HISTORY 表中出现。如果是这样，我们便会使用 UNION ALL 操作符来找出所有客户，如下所示：

```
SELECT CUSTOMER_NAME FROM CUSTOMERS
UNION ALL
SELECT CUSTOMER_NAME FROM CUSTOMERS_HISTORY

CUSTOMER_NAME
Customer_A
Customer_B
Customer_A
Customer_B
Customer_42
```

你会发现以上结果并不是我们想要的：得到了重复的当前客户信息。意识到这种情况后，正确的查询方式应该改为：

```
SELECT CUSTOMER_NAME FROM CUSTOMERS
UNION
SELECT CUSTOMER_NAME FROM CUSTOMERS_HISTORY

CUSTOMER_NAME
Customer_42
Customer_A
Customer_B
```

以上示例包含两个知识点：

- 如果定义的数据结构(为了性能或任何其他原因)不能够自我描述和一目了然(例如，为了遵循关系型原理，就像在我们这个示例中用到的 CUSTOMERS_HISTORY 表)，务必要确保每个人都能搞清楚描述数据是如何存储和如何获取的业务逻辑。
- 如果使用的是 ALL 操作符，请务必了解查询中所有表的所有行(甚至包括重复行)都会出现在结果集中。

当然，结果集中的非关系型行为的经典案例是笛卡儿集。当 SQL 查询中的那些表没有被正确连接在一起时，出现笛卡儿连接就是典型的结果。例如，在此我们没有使用客户号作为连接条件而直接把 CUSTOMERS 表和 ORDERS 表连接在一起：

```
SELECT CUSTOMER_NO, CUSTOMER_NAME, ORDER_NO FROM CUSTOMERS, ORDERS

CUSTOMER_NO    CUSTOMER_NAME    ORDER_NO
1              Customer_A       99
2              Customer_B       99
```

以上显示的订单号 99 是两个客户共同拥有的订单号，显然是错误的。我们要认识到：在何时以及如何连接两个表是非常重要的问题。另外，正确地定义外键也有助于搭建连接(并维护数据质量)。

另一个麻烦制造者是空值。理论上，表结构不该包含空值。因为表是由元组组成的集合，而元组不应该包含空值。如果有空值，就意味着存在三元逻辑：真、假和不确定。因此，如果值为空值，则意味着什么呢？它可能意味着没有信息、我们不知道信息是什么或我们干脆没有权限访问信息而实际上信息是存在的。SQL 仅部分支持这种三元逻辑。例如 BOOLEAN 数据类型仅支持二元值：真和假。这种非匹配会导致问题。正如你所见，空值并不是一个容易弄清楚的概念。在数据库中空值会带来许多麻烦。

空值问题会在数据库允许存在空值时发生。通常发生在信息并不是都能获取到或由于某些原因业务上不能把数据定义为强制存在时。数据库设计者应该是那个能决定空值不允许存在，并要求当数据不可获取时业务上至少能定义一个默认值的人。在数据库中，非空约束用于定义数据的强制存在性。从 Oracle 12.1 开始，用户已可以在显式的空值上定义一个默认值。这个默认值通过 CREATE TABLE 子句定义在某个可能有空值的列上。

例如，某个客户还没有订购任何东西，由于这个原因，tot_order_amount 列被定义为可以有空值。这意味着允许出现 NULL。仅当客户下了订单后该空值列才会被更新。如果客户没有订购任何东西，该列会一直是空值。

```
SELECT CUSTOMER_NO, CUSTOMER_NAME, TOT_ORDER_COUNT FROM CUSTOMERS

CUSTOMER_NO   CUSTOMER_NAME    TOT_ORDER_COUNT
1             Customer_A       -
2             Customer_B       1

SELECT ORDER_NO, ORDER_AMOUNT, CUSTOMER_CUSTOMER_NO FROM ORDERS

ORDER_NO    ORDER_AMOUNT    CUSTOMER_CUSTOMER_NO
99          12.5               2
```

在此能看到客户号为 1 的客户没有订购任何东西，而客户号为 2 的客户有一个订单(订单号 99)。如果我们不知道以上业务需求的实施方式，可能将不会意识到结果集中可能会包含空值。因此，我们处理它们时可能会准备不足。例如，当我们没有意识到订单数可能会是空值，而以 tot_order_count=0 作为 where 条件查询 CUSTOMERS 表时，或当我们要对赫尔辛基地区的订单数求和时，以上这两种情况都会毁掉我们的结果集。因此，如果你的数据库包含空值，请警惕这个事实并正确处理它。

另一种可能性是：即使数据库中不包含空值，但由于某些原因，结果集仍然会返回空值。例如，很多聚合函数在找不到结果时会返回空值。例如以下查询：

```
SELECT SUM(ORDER_AMOUNT) FROM ORDERS WHERE CUSTOMER_CUSTOMER_NO=1
```

如果没有客户号为 1 的客户的相应行，则返回空值。

```
SUM(ORDER_AMOUNT)
-
```

另外，如果你没有意识到聚合函数的以上这种行为，可能会利用以上结果集再去执行另一个计算操作而最终得到完全不正确的结果。例如，假设你用这个结果集再来计算 10%的提成：

```
SELECT (SUM(ORDER_AMOUNT))*0.1 AS COMMISSION FROM ORDERS WHERE CUSTOMER_CUSTOMER_NO=1

COMMISSION
-
```

提成为 0 可以理解，但是如果提成为空值，该如何解释呢？

聚合函数中遇到空值时会返回 0 的例外是 COUNT。但是：如果没有注意到 COUNT 的某些行为特点，COUNT 也有自己的风险。考虑一下：我们进行查询，想找出与那个去范式的 tot_order_count 列拥有相等订单数的客户。

```
SELECT CUSTOMER_NO, CUSTOMER_NAME FROM CUSTOMERS C
WHERE TOT_ORDER_COUNT = (
SELECT COUNT(ORDER_AMOUNT) FROM ORDERS O
WHERE O.CUSTOMER_CUSTOMER_NO=C.CUSTOMER_NO)
```

```
CUSTOMER_NO    CUSTOMER_NAME
2              Customer_B
```

在这个示例中，你可能会期望看到所有客户。你可能会想 Customer_A 也应该在结果集中，因为该顾客下了 0 个订单。然而，因为我们定义只有当第一个订单达成时，tot_order_count 列才会被更新成非空值，因此没有订单的客户不会出现在结果集中。要使这些客户出现在结果集中，他们的订单数应该被设成 0，以上查询才能有返回值。另一个 COUNT 带来的惊奇事件会在这样的嵌套查询中发生：把外查询中为 0 的值与内查询中 COUNT(NULL) 的值做比较。这意味着内查询本来应该没有行能满足这种条件。在这种情景中，查询条件却总是真(0=0)，而实际上查询结果应该是假(空值不能等于 0)。有时当你在优化查询或把一个简单查询改写成嵌套查询时，或把嵌套查询改写成简单查询时，结果集有可能会发生改变。

外连接是 SQL 的另一个特性，这种特性会出现这种情况：即使数据本身不含有空值，但在结果集中也会引入空值。请看下面这个查询：

```
SELECT CUSTOMER_NAME, ORDER_NO FROM CUSTOMERS C, ORDERS O WHERE O.CUSTOMER_CUSTOMER_NO (+)=
C.CUSTOMER_NO
```

```
CUSTOMER_NAME    ORDER_NO
Customer_A       -
Customer_B       99
```

如果一个客户没有订单，查询会返回(在我们的示例中)Customer_A 为空值。如果要避免发生这种外连接，则需要弄清楚只要有可能，就要去定义强制性关系。还要弄清楚你真正要查询的是什么。这些很重要。例如，我们上面的查询示例实际上没什么意义。如果需要知道所有客户信息，就会仅查询 Customers 表；如果需要知道所有订单信息并需要添加客户信息到其中，我们会采用内连接(自然连接)。

但 SQL 是查询和管理 RDBMS 数据库中数据的唯一语言，并且如果你能弄清楚它是如何工作的，就可以避免那些与非关系型的行为相关的问题。实际上，如果你了解如何正确地处理问题，之前列举的所有案例中的问题都不再是问题。这些正确处理包括：把数据库设计好，知道业务规则在数据库中是如何实施的，并且知道这些 SQL 是如何工作的。谨记：SQL 不能让你实现复杂的业务逻辑。这是因为 SQL 只允许你写简单的语句。毕竟它只是查询语言而不是程序设计语言。尤其当所有可用的函数和存储过程都被用上时，SQL 语句可能会变得非常长和复杂，以便能执行难以置信的任务。但是把 SQL 语句写得过于复杂并不明智。为什么呢？如果你写了一段有 10 页纸长，而且你认为很精彩并超级聪慧的 SQL 语句，之后却觉得它比想要的执行速度慢，或它没有返回正确的结果集。如何把它改写成更好的另一版呢？当需求改变时，你如何相应地改写这个 SQL 语句呢？你能做到吗？修改后的查询还能正确运行吗？如果查询太复杂，调优和维护语句就会变成一个难以完成的任务。编写简单易懂的 SQL 语句总是最好的选择——这不仅仅是为他人，恰恰也是为你自己(六个月以后，你极有可能并不记得某个特定 SQL 中自己当时曾经蕴藏进去的那些奇思妙想)。虽然可以用 SQL 做所有的事情，但是如果查询变得太过复杂，或者如果需要用到诸如循环和 IF...THEN...ELSE 这样的结构，就应该考虑使用 PL/SQL。

1.3　PL/SQL

PL/SQL 是 Oracle 公司对 Oracle 关系型数据库管理系统中使用的 SQL 语言的过程化扩展。通过向其添加过程化语言应该具备的结构，PL/SQL 扩展了 SQL 并使其能够提供比原先更加复杂的编程结构。这些结构示例包括 IF...THEN...ELSE、基本循环、FOR 循环和 WHILE 循环。PL/SQL 也提供了使用 SQL 游标的可能性。SQL 游标是 Oracle SQL 的私有工作区。存在两种类型的 SQL 游标：隐式游标和显式游标。隐式游标被 Oracle 数据库服务器用来测试和解析 SQL 语句，而显式游标则由程序员在他们写的代码中声明。一段 PL/SQL 代码也能够被保存在数据库服务器内部并被重复调用。批处理事务类应用代码(在同一时间内处理大量数据记录的代码)是应该使用

PL/SQL 进行编程的绝好示例之一。

只有两种过程化语言可以在 Oracle 数据库服务器内部运行：PL/SQL 和 Java。这两种语言的主要差别是：Java 仅有对 SQL 提供支持的子过程，然而 PL/SQL 具有对 SQL 和嵌入式 SQL 提供支持的子过程。PL/SQL 就是应此目的而诞生的，而 Java 却不是。PL/SQL 也支持动态 SQL，将在第 8 章中介绍，并且它还支持所有的 SQL 数据类型和批处理加载操作。应该指出的是：在不对实际的底层数据库表授权的前提下，PL/SQL 语言也能把 PL/SQL 对象的权限定义得非常完善。从 Oracle Database 12.1 版本开始，白名单可以被用来定义哪些程序可以调用哪个特定程序。因为 PL/SQL 能够解读 Oracle 抛出的错误，所以异常处理在 PL/SQL 中变得非常容易。从 Oracle Database 12.1 版本开始，使用 Pragma UDF 编译指示能够使 PL/SQL 程序既能达到几乎与 SQL 一样好的性能，也能保持 PL/SQL 程序特有的明晰特性和可重用性。基于版本的重新定义特性(Edition-based Redefinition，EBR)能够在不影响应用程序可用性的情况下应用于数据库升级 PL/SQL 代码或对象结构的场景，从而最大限度地减少或消除停机时间。你能够在第 5 章中读到关于 EBR 的内容。还有许多其他功能使得 PL/SQL 成为 Oracle 数据库服务器最佳的编程语言。下面举例说明这些其他功能，PL/SQL 是强类型语言，所有的变量都必须被声明并且具备类型；PL/SQL 支持重载，这意味着可以有多个具有相同名字却具有不同参数的存储过程/函数。当有两个不同版本但名字相同的程序需要被同时使用时，这个功能尤其有用。

PL/SQL 的基本程序单元是块，所有的 PL/SQL 程序都是由块构建而成的。这些块能彼此嵌套。在程序内部，通常每个块执行一个独立的业务逻辑操作并且每个块都有一个固定的名字。这个业务逻辑单元总是在数据库内部运行并在数据库内部编译。站在编写代码的立场上，当写 PL/SQL 代码时，可以先测试执行而不保存代码于数据库中。然后直到你满意，才保存代码于数据库中。代码以函数、存储过程、包、类型或触发器的形式被保存于数据库中。

将函数和存储过程称作子程序。子程序可以被创建成数据库中的一个对象。它可以是方案级别的独立子程序，也可以是包或者 PL/SQL 块内部的子程序。函数通常用来做计算(例如：计算某个产品的折扣价格)，而存储过程通常用于执行一个操作(例如在数据库中创建一个新的客户)。PL/SQL 函数支持递归调用，意味着你能够在函数内部调用它自己。就像在其他的编程语言中一样，PL/SQL 函数返回一个值，而存储过程却不返回任何值。函数和存储过程都可以有输入型(IN 型)和输出型(OUT 型)参数，而一个参数甚至可以同时是双向的(IN OUT 型)。一个 IN OUT 型参数把值传递给它的子程序，然后返回被子程序更新过的值，交还回调用者。每个子程序都可以包含三个部分：声明体、执行体和异常处理体。虽然只有执行体是必须存在的，但是建议另外两个部分也同时存在。为了显示你的专业度，应该在任何时候都带有异常处理体部分。对于最终用户而言，当调用某个 PL/SQL 程序时，突然收到没有被处理的异常事件是一件相当令人困惑的事。

包是这样的一种数据库对象：它在逻辑上包含相关的 PL/SQL 类型、变量、对象和子程序。包通常具有两个部分：声明体和包体。声明体是包的对外接口。它声明(DECLARE)那些准备提供给外界调用的类型、变量、常量、异常处理、游标和子程序。包体包含具体代码，这些代码分为存储过程和函数两类。包体中还可以包括一个初始化环节，它在调用该包的会话中仅执行一次。所有在声明体中声明的对象被称为公共对象，而在包体中定义的对象被称为私有对象。可以调试、升级、更改或替换包体而不去改变声明体(包的对外接口)。

类型是对象的定义。CREATE TYPE 语句能被用于创建对象类型、SQLJ 对象类型、被命名的可伸缩性阵列(varray)类型、嵌套表类型或不完全对象类型。就像包一样，类型也有声明体和类型体。类型的声明体是一份明确定义的属性列表，也可能是成员函数和成员包列表。如果类型包含成员函数或存储过程，那么它们的代码将在类型体中被定义。例如，由类型定义的对象可以作为表中列的数据类型。

触发器是数据库管理系统中的一种对象，被用于在数据库中自动执行一段代码。一共有 4 种不同类型的数据库触发器：表型、视图型、数据库事件型和会话级别型触发器。举例而言，触发器可以用于自动填充历史记录表。

Oracle 也允许在视图中嵌入代码。当需要在应用 API 中使用视图时，这点会变得极其有用。可以在视图的 SQL 语句中的 SELECT 部分使用函数。例如，当需要返回顾客的年龄而不是生日时，就可以很轻松地通过在视图的 SQL 语句中调用合适的函数来实现该功能。作为另一种选择，还可以在视图专属的 INSTEAD OF 触发器中嵌入代码。使用这些触发器，将能对复杂视图执行 INSERT、UPDATE 和 DELETE 等操作。

1.4　本章小结

  SQL 是访问关系型数据库的唯一界面，而 PL/SQL 是对 SQL 的过程化扩展。理解 SQL 是如何工作的和正确地设计数据库以及业务逻辑而获取正确的结果集非常重要。PL/SQL 能够被用在数据库内，有许多非常强大的功能。Oracle Database 12.1 中的 PL/SQL 有许多提升。只要有可能，应该尽量使用 SQL。但是如果你的查询变得太复杂或需要过程化的功能，最好使用 PL/SQL。

第 2 章

专家级的数据建模和实施业务逻辑

业务逻辑为软件赋予了所需的功能。如果软件用途很清晰，但业务逻辑实现不正确，没有实现软件所需的功能，那么会给用户带来困扰。某些业务逻辑可以在数据库设计时通过数据库对象来实现，但是更复杂的逻辑则不行。业务逻辑的设计需要综合考虑软件的可维护性、安全性、性能以及人员当前掌握的技能集。

数据库设计对于确保数据质量、实现所需性能至关重要。数据库结构设计中能够实现的所有业务逻辑都应该在数据库设计时实现。

借助设计工具，设计数据库会变得非常简单，所选择的工具应该能够完全支持数据库设计工作。Oracle SQL Developer Data Modeler 就是一款非常好用的免费工具。

2.1 实施业务逻辑

业务逻辑可以使软件具有用户所需的功能，也使该软件区别于其他软件。在需求分析和概念设计阶段，最终用户提出对应用的需求。同时，在此进程中，业务逻辑会被记录下来并在之后得以实现。

2.1.1 数据库对象中的业务逻辑

某些业务逻辑很清晰,很容易在设计数据库时实现。例如,产品价格是一个长度为 15 个数字并保留到小数点后两位的数字信息。这个业务逻辑在数据库中可以通过数据类型和长度来实现。如果你想在数据库设计工作中更加深入,那么可以把它定义为域,在所有金钱类型的属性中使用它。另一个示例是每个客户都必须有客户编号和名字。这个业务逻辑在数据库中可以通过必填列来实现。再举一个可以在数据库中实现的业务逻辑,一个订单必须归属于某个客户,也就是说,不能存在没有客户归属的订单。这个业务逻辑可以通过定义强制性关系来实现。以上这些典型的业务逻辑示例能够并且必须在数据库设计阶段在数据库中实现。在设计数据库的同时,数据规则就应该在数据库中通过必填列、关系等方式得以实现。但是,并不是所有的规则都能通过表、列或约束得以实现。

还有很多更复杂的示例,例如订单日期不能早于客户的出生日期,或者客户不能有两个以上的地址。这些也可以在数据库中实现:第一个通过约束来实现,第二个可以通过只创建两个地址列来实现。这种业务逻辑也可以添加到应用的程序代码中。然而,还有更复杂的业务逻辑无法在数据库设计中得以实现——只能通过编程的方式来实现。这些用任何一种编程语言实现的程序代码可以放在数据库中,也可以放在数据库外。业务逻辑实现的地点和方式非常重要,在决定之前,我们要综合考虑可维护性、安全性、性能以及用户当前掌握的技能集等多方面因素。

2.1.2 代码中的业务逻辑

众所周知,通过能够组合在一起的组件或模块来构建业务逻辑会更加高效而且错误更少,因为一个模块只包含一段业务逻辑。这些模块可以从其他模块中调用,也可以与其他模块组合起来从而实现更复杂的业务逻辑。如果一段业务逻辑只在一个模块中被编制出来,那么无论从任何地方调用这个模块,该业务逻辑的工作方式都应该是一样的。同样,如果这个业务逻辑的需求改变了,那么只需要在一个模块中修改,这么做也会容易得多。例如,计算贷款利息和计算产品折扣价可以使用同一段业务逻辑,因此可以采用同一个模块。

安全性是实现业务逻辑时要重点考虑的因素。因为数据有可能在各种地方被泄漏,所以必须考虑各个方面的安全性。安全性最简单的示例就是权限,必须在保存数据的所有位置和要将其移动到的所有位置定义和实现权限。当然,数据应该被安全地保存和移动,尽可能是加密的,而且移动不需要的数据是没有意义的,移动的数据越多,数据泄漏的风险就越大。

此外,在性能方面,移动不必要的数据是不明智的;只需要移动所需的数据。移动不必要的数据所需的带宽可能是巨大的,尽管技术每天都在进步,但是常识仍然是王道。因此,不要移动不需要移动的数据。

这就引出了另一个问题:连接数据。从不同的表中连接数据的最佳位置是数据库,数据库是专为连接和处理数据而设计的。例如,没有必要将所有可能需要的数据都移动到应用服务器上并在那儿连接它们。首先,移动不必要的数据会导致成本增加。其次,在应用服务器中连接数据行比在数据库中的开销要多得多。这不仅是因为数据行更多了,更重要的是因为应用服务器不是为连接而设计的。如果只需要查询某个客户的所有未送达订单,而将所有订单信息都移动到应用服务器来进一步查询,这是非常不明智的。很显然,应该在数据库中连接客户和订单,只返回属于该客户(通过连接)的数据行,而且只返回未送达订单的数据行(通过查询的 WHERE 子句)。

人们常常低估现有技术的力量。去学习新东西、新的编程语言和新技术总是很有趣,但是学习新事物也会带来各种成本。学习一种新的编程语言,不管是多么优秀的程序员,要想真正地取得成效,都需要一段时间。如果要用新技术处理一些非常复杂的事情,而这种编程语言可能不是为此目的而设计的,那么可能就需要花费更大量的时间和精力来完成你的任务了。如果已经具备 SQL 和 PL/SQL 的技能,为什么不好好利用它们呢?请记住,SQL 是唯一能够真正访问关系型数据库的语言,而 PL/SQL 是在 Oracle 数据库中为嵌入 SQL 而发明的唯一编程语言,PL/SQL 甚至可以保存在数据库中。

对于实现业务逻辑来说,没有比数据库更好的地方了。这是最安全的地方,不要将没必要的数据移动到任何地方(只需要移动结果集)，数据库是为处理数据而设计的，而且你已经有了正确的数据库技能。数据库中的业务逻辑越多，性能便会越好，而且也更容易更换新技术去实现新的用户界面。数据库不常更改，但是，用户界面可能会经常更改。如果业务逻辑位于用户界面层，则必须在每次更换用户界面技术时对业务逻辑进行重新编程 (和测试)。

如上所述，SQL是访问关系型数据库时可以使用的唯一语言，而PL/SQL是它的扩展。PL/SQL 可作为匿名脚本执行(例如，@FindCustomer.sql)，也可以存储数据库中。SQL和PL/SQL都在数据库中执行。PL/SQL业务逻辑可以作为独立的存储过程和函数存储在数据库中，也可以作为包含存储过程、函数、数据结构、常量等的包而存储在数据库中。当PL/SQL业务逻辑存储在数据库中时，可以使用能够连接到数据库并调用SQL的编程语言在数据库外部调用数据库内部存储的PL/SQL单元。PL/SQL也可以作为触发器而存储在数据库中。当数据库中那些预定义的操作发生时便会启动触发器。例如，如果一个触发器被定义为向CUSTOMER表中插入数据后自动触发，那么每次在向该表中插入一行时，它都将自动执行已经编写好的触发器业务逻辑。PL/SQL最好的一点就是它在任何Oracle环境中都以同样的方式工作。PL/SQL是向后兼容的，所使用的硬件或操作系统都不会影响PL/SQL的工作方式。如果用SQL或PL/SQL编写一次业务逻辑，除非业务逻辑发生变化，否则可以永久地使用。

从安全方面来说，最安全的方法就是在数据库和 PL/SQL 存储单元中实现业务逻辑。我们认为实现安全性的最佳方式是使用数据库权限。你可能希望数据库中有两个用户方案：一个用于存储应用的表，另一个用于存储业务逻辑，即应用程序编程接口(API)层。API用户方案只保存存储的包、存储过程和函数，而该方案的用户只对这些代码对象有权限。只有这些存储的 PL/SQL 代码才被赋予能够访问应用的表的权限，因此这样做会比较安全。分开用户方案的设置防止了 API 用户直接误操作这些表。从 Oracle Database 12*c* 版本开始，还可以定义白名单，也就是说，可以明确定义哪些 PL/SQL 单元具有调用哪些其他 PL/SQL 单元的权限。在定义了白名单列表之后，任何没有权限的人都无法直接访问或者使用存储的 PL/SQL 单元去访问应用的表。还可以实现第三层(用户方案层)，它只能访问业务逻辑的范畴，而不是代码本身。例如，能够访问第三层的用户只能知道代码中的表名、列名或业务逻辑。使用数据库架构和权限肯定会为应用提供最佳的安全性。

2.2 数据库设计和数据建模

设计数据库对于确保数据质量和应用的性能至关重要。数据建模是从分析、定义和实现需求到建立数据模型的过程。通常使用实体关系图(Entity-Relationship Diagram，ERD)和数据流程图(data flow diagram)来描绘。在设计数据库时，需要了解建模的目标，而不是尝试对所有内容都进行建模。还必须充分地了解这些需求并正确实现它们。如果使用敏捷开发过程，需要在需求分析过程中对数据库结构有整体的把握，并在概念设计阶段，指定迭代所需的实体和属性。

2.2.1 设计过程

笔者认为，数据建模最佳和最有效的方法是使用建模工具。特别是在敏捷系统开发中，别无选择，只能使用工具。笔者最喜爱 Oracle SQL Developer Data Modeler(或简称为 Data Modeler)。它支持所有必需的功能，并且可以免费使用：只需要下载并开始使用它即可。如果想了解有关数据库设计和数据建模的更多信息，请参阅 Heli Helskyaho 的 *Oracle SQL Developer Data Modeler for Database Design Mastery*(Oracle Press，2015)一书。

设计过程从需求分析开始。然后是概念、逻辑和物理数据库设计，最后设计人员才开始准备脚本(DDL)创建所需的数据库对象。

关系型数据库是建立在关系型理论基础之上的，对同一需求进行建模的方法很多。虽然不能总说一个比另一个更好，但有时的确是这样的。应该根据业务逻辑，寻找并选择最好的定义，并给出这样选择的原因。关系型理论有助于在ER模型中实现业务逻辑。了解关系型理论对于数据库设计人员来说是一项非常有价值的技能。设计者至少应该有基本的业务逻辑意识，以便能够将需求重新转换成正式的格式，并勇于问大量的问题，以便了解最终用户的真正意图。如果不问问题，就永远无法确定是否正确理解了用户的需求。

在设计数据库时，你会发现尽快开始这项工作很有价值，因为一旦将需求转换为正式格式，就会发现还有许多问题尚未问到。

1. 需求分析

在需求分析阶段，数据库设计人员的目标是查找和分析对应用和数据库的相关需求。这个过程的结果是生成用户需求说明。需求分析的工作包括收集所有可用的数据，并将其转换为一致的格式。这项工作主要包括面谈、会议、阅读文件以及使用任何可能的方法来寻找还未被记录在案的信息。需求分析阶段通常是倾听和提问。问题不应仅限于对数据的需求，还应了解将会如何使用这些数据。所有这些信息都应该被记录在案。大多数人不会两次都告诉你相同的需求，所以要确保只听第一次就能记住。Daniel Linstedt(Data Vault 方法的发明者)的一个好方法是始终录下与最终用户的谈话。这可以保证更好地把控质量，并且能够重复听到客户的需求，也可以在后续过程中更好地理解它们。另一个可能会被遗忘的重要问题是，与最终用户核实结果至关重要，这样可以确保能正确理解需求。

需求分析还可以用于定义项目的目标，以及在敏捷系统开发中规划开发周期和增量。需求分析的一个重要成果是：需求也可以作为规划测试案例的依据。实现的业务逻辑应该与计划的一致。通常，需求分析还为项目风险分析提供了依据。在定义需求时，应该确定哪些需求是必需的，哪些是可选的，哪些需要优先于其他需求(对需求排名)。至少有三种需求：数据需求、功能需求和非功能需求。越多地了解这些类型的需求，就越能更好地在数据库设计和业务逻辑中实现它们。

数据库设计者应在早期就加入项目。设计者通常应该在概念设计阶段或逻辑数据库设计阶段加入团队。许多时候，数据库设计者甚至不知道有一个新的项目正在进行，因为每个人都认为他还不需要加入。在需求分析阶段，数据库设计者应该询问所有必要的问题，以了解这个新系统有哪些数据(数据需求)以及如何使用它们(功能需求)。此外，他应该尝试了解所有可能的数据库的非功能需求，例如安全性和性能需求。将数据库设计者排除在这项工作之外是不明智的。

需求分析的文档可能会因组织和使用工具的不同而不同。需求分析通常涉及编写注释，但 Data Modeler 提供了逻辑实体关系(Entity Relationship，ER)模型、数据流图(DFD)和转换包，这些使文档具有一致的格式。Data Modeler 还允许你记录业务信息，例如，责任方、联系人、电话号码、电子邮件等。需求分析阶段在 Data Modeler 中创建的所有模型都可以作为概念设计阶段工作的基础。因为有内置或自定义的报表，添加到 Data Modeler 中的所有信息也很容易从 Data Modeler 中提取出来。所以在 Data Modeler 中完成所有文档是非常方便的。另外，这样也可以将所有文档都放在同一个地方，而且不需要记住保存文档的盘符和目录。

请记住，在需求分析阶段，数据库设计人员不会尝试对所有内容都进行建模——只是建模主要概念及其关系和行为。需求分析非常重要，因为在设计阶段，可以看到整个蓝图并了解设计工作的范围。笔者主要在敏捷项目中工作，因此需求分析之后的其他阶段主要涉及的就是查看特定的迭代开发过程。对数据库设计者而言，这个阶段也很重要，因为当设计者了解需求范围时，就可以从数据库设计的角度更好地评论之后迭代开发的内容。

2. 概念数据库设计与逻辑模型

对于数据库设计者而言，概念数据库设计工作与需求分析工作非常相似。但区别在于：现在，数据库设计者必须获取设计数据库所需的全部信息。而且，如果采用敏捷开发方法，那么信息的范围是有限的。应该使用需求分析阶段创建的实体关系(Entity Relationship，ER)模型和数据流图(DFD)来开始建模。如果在需求分析阶段没有获得任何内容，则必须从头开始。这不仅意味着工作更多，甚至可能意味着没有足够的信息来做出正确的建模决策。现在，要将所需的所有实体和属性添加到 ER 关系图中，并且应该了解数据流。概念设计最重要的是关注数据以及如何保存和检索数据。此外，所有可能的业务逻辑都应在数据模型中实现。概念数据库设计的结果是概念方案和过程模型，主要工具是 ER 模型和 DFD。

概念数据库设计中的难题与需求分析时一样，就是可能没有足够的材料或信息。数据库设计者必须问很多问题，而且需要得到解答。最终用户通常只会提供简短的答案，如果他们的答案不完整，那么结果就不尽如人意。另一个大问题是默认的信息：有些内容人们不会说，因为他们总是假设其他人已经知道了。而且，众所周知，口语并不总是准确的，这也可能引起误解。在概念设计阶段，应该使用与需求分析阶段相同的方法，录制会议和访谈的内容。

概念数据库设计是数据库设计中最重要的阶段之一。在概念数据库设计中，定义了所有实体、它们的属性以及实体之间的关系。实体是业务范围的逻辑对象，例如客户或银行账户。属性是定义实体的特性，例如姓名、出生日期和账户。每个属性都有数据类型和长度。它们可以是强制的，也可以是可选的，并且可能具有默认值、允许值的列表或者定义的范围。例如，默认值可能是订货当天的日期。地址的允许值列表可能包括送货地址和开票地址，订单金额的范围可以是 0~1 000 000。属性也可以被设计为敏感属性，这样，可以为其定义数据编写和/或掩蔽规则。可以在第 13 章中阅读有关这些功能的更多信息。

还应该定义关系，关系描述了实体与其他实体相互关联的方式。关系可以是强制的，也可以是可选的，并且它有基数，例如 $1:1$、$1:m$ 或 $n:m$。基数意味着，对于一个客户，只能有一个订单($1:1$)或多个订单($1:m$)，或者一个订单可以有多个产品，或者一个产品可以在多个订单中($n:m$)。关系也可以被标识，这意味着父表的主键是子表主键的一部分。这种实体被称为弱实体，它们需要另一个实体来定义存在性。例如，订单行没有对应的订单就没有意义。同一实体能够以不同角色多次参与关系。例如，雇员可以既是雇员又是主管，雇员和主管都是雇员。关系也可以有自己的属性。例如，客户和订单实体之间的关系可能具有"购买日期"的属性。

另一个要定义的重要内容是主键。要为每个实体指定唯一标识该实体实例的主键。换言之，这意味着一个表中每一行的主键值都是不同的。所有主键的属性都是必需的，它们不能为空值。主键的属性应该具有易识别的、稳定的、不能更改的值。主键可以是自然键，由一个或多个实体属性组成。一个自然键能够真正标识该实体，特别是业务本身。另外，主键也可以是代理键，由一个属性(通常是一个数字属性)构成，它对实体本身或业务没有意义，但它能够将每个实体与其他实体区分开来。如果需要，还可以定义一个或多个附加的唯一标识符，作为唯一约束或唯一键。所有这些都应该在概念设计中定义。如果决定将代理键作为主键，请确保还定义了唯一键，并确保表中没有逻辑上重复的行。

定义主键是概念数据库设计过程中最重要的决策之一。如上所述，在选择主键时，你有两种选择：自然键或代理键。哪一个更好呢？这要依据实际情况而定。通常自然键更高效：有时可以不必连接，因为子表已经具有这些有价值的信息，有时查询优化器的工作效率会更高，等等。但是有时可能找不到自然键(很多情况下，这表明模型有问题)。很多时候，找不到自然键作为主键是因为设计者过于谨慎，没有将属性设置为"非空"，因而只能将这些属性定义为唯一键。请记住，主键中的所有属性都必须是强制的，因此不能有空值。

如果不知道真正要用什么来标识实体，就可能没有完全理解业务。数据库设计的另一个重点是数据质量。要获得高质量的数据，必须了解正在建模的内容，并且必须要把尽可能多的属性设置为"非空"，并找到所有可能的约束。代理主键不会阻止用户在数据库中插入逻辑重复项，但自然主键会阻止。此外，因为查询并不基于代理属性执行，所以代理主键的索引不常会被使用到。另一方面，对于来自另一个系统且不受组织控制的数据，通常最好的解决方案就是代理键。因为无法确定当初认为是唯一的数据将来是否会被改变成不唯一。数据仓库型数据库通常就是这种情况。因此，这个问题没有单一的答案。如果希望用代理键，请确保至少还定义了唯一键。

对于数据库设计人员来说，了解数据的行为和流向以及使用 DFD 记录信息也很重要。应该调查和记录每个数据的流向。

在数据库设计期间，与建模解决方案以及命名约定保持一致非常重要。另外，为所使用的单词定义缩写并在使用时保持一致也是明智的。例如，如果决定用 no 表示 number，那么请始终使用这个方法。例如，不要把一个属性称为 Customernumber，而把另一个称为 Orderno。此外，如果决定使用复数形式，那么请不要把一个实体称为 Customer，而把另一个实体称为 Orders。始终使用正确的名称并正确描述实体应该叫什么——对 IT 人员和业务人员都应该如此。例如，如果一个实体的意思是 DiscountPercentage，那么不要称其为 Percentage 或 Discount。不正确的实体命名和属性将会导致许多混乱，会给数据质量带来很大的风险。

完成概念设计后，可以用 ER 图和 DFD 图继续进行逻辑数据库设计。

3. 逻辑数据库设计与关系模型

逻辑数据库设计主要涉及如何将概念模型转换为逻辑数据模型。在 Data Modeler 中也称为关系模型。逻辑设计的结果是关系型数据库的方案：一组关系模式及其约束。换言之，你将拥有表和外键。

逻辑数据库设计从概念设计阶段创建的 ER 模型开始。如果在概念设计之后 ER 图已经完整，则可以马上开始转换它。大多数情况下，模型并不完整：需要添加属性、定义数据类型等。特别是现在，可能要考虑已有的实体和关系是否已经正确使用关系理论进行了建模，而且还要对很多更难的建模问题做出决策。这时必须知道这个数据库会被如何使用，否则，可能会做出一些错误的决策。

如果使用 Data Modeler 进行概念设计，逻辑数据库设计会变得很简单：只需要单击 Engineering to Relational Model 按钮，就会自动创建表和外键。如果概念设计是用其他工具或没有用工具完成的，那么第一步便是将所有数据都插入 Data Modeler，以便能使用 Data Modeler 提供的功能进行转换并完成其他操作。

转换本身很简单：实体变成表；属性变成列；关系变成外键。对于 $1:m$ 关系，父表的主键列将被添加到子表中成为外键列；在 $1:1$ 关系中，父表的主键列将被添加到由关系强制端定义的表中。这两种情况下，如果关系是明确标识出来的，则新的外键列也将被添加到子表的主键中。如果关系的基数是 $m:n$，将创建一个新表来解析 $m:n$ 基数，并将创建基于该关系的每个表的主键属性的新列(或多个新列)。基于这些列来创建新表的主键，并为涉及的表创建 $1:m$ 关系。

如果关系有自己的属性，某些工具会使用来自该关系的所有原始关系和属性去创建一个新表。但是，Data Modeler 只有在关系为 $m:n$ 的情况下，才会那样做。在关系为 $1:m$ 的情况下，Data Modeler 会将该属性作为列添加到子表中，并为其创建从属列约束。如果不希望将该列添加到子表中，请不要为关系创建该属性，而只为其所属的实体创建该属性即可。这可能意味着你需要创建一个新的实体。

如果某个属性是多值的——例如，电话号码(家庭号码、办公室号码、手机)——则可以创建用户定义的数据类型(集合)，并将其用作该属性的数据类型。也可以将该属性拆分为实体中的若干属性或为多值属性创建一个新实体。通常，建议使用新的实体，因为这会更灵活。但如前所述，也要视情况而定。有时需要给多值属性限定值的数量。原始实体中的属性最好应该落在该数量范围之内。例如，业务逻辑可以定义一个人的电话号码不超过 3 个。

如果某个属性是复合的(结构化的)——例如，地址(街道、门牌号、城市、邮政编码、国家/地区)——则可以创建用户定义的数据类型(结构化的)并将其用于该属性；也可以将该属性拆分为实体中的几个属性或为该复合属性创建一个新实体(或多个新实体)。通常，建议创建新实体，因为这会更灵活。或许还会发现该新实体的其他属性(AddressType、AddressValidUntil 等)。

转换后，会建立起关系模型：表、列和外键。还会有主键、唯一键和其他约束。关系模型仍处于逻辑层面：我们尚未决定使用何种技术去具体实现。我们会在创建物理模型时决定要使用的技术。

4. 物理设计

在此阶段之前，涉及任何关系型数据库管理系统(RDBMS)及其版本的讨论都是泛泛而谈而不是具体的。现在是该决定选择什么技术的时候了。因为不同的数据库有自己的数据库对象属性，而且可能有自己的物理对象设计需求，所以会有大量工作涉及物理数据库的设计。而一些决策(例如，用户和角色定义)必须与最终用户一起决定，而有些决策(例如，备份策略和敏感数据的定义)甚至要和公司董事会一起决定。

在物理数据库设计阶段，要设计与所选技术相关的物理数据库元素(表空间、数据文件等)，并给数据库对象添加物理属性。需要估计数据库所需的空间、规划磁盘和磁盘组，并决定将哪个数据库对象放在哪个磁盘上。必须规划备份和恢复策略，并决定如何记录数据库的更改文档。数据库中有两种更改：数据库对象的更改和 RDBMS 中的更改。数据库对象的更改涉及添加表或列以及删除索引等；RDBMS 中的更改涉及文档记录操作，例如，何时在数据库上运行了哪种补丁程序。还需要决定谁负责记录什么以及记录到哪里。此外，还需要设计数据库方案、数据库用户、角色和权限。可以定义所需的索引，而不仅仅是主键和外键的索引。设计好物理数据库后，就可以按计划创建数据库了。数据定义语言(DDL)的生成主要基于物理模型。物理数据库设计的产出物是创建数据库所需的 DDL 语句集。

数据定义语言用于创建数据库对象。要创建设计好的对象，需要使用 DDL。如果没有自动生成 DDL 的工具，也可以手动去编写。工具能够自动产生 DDL 代码，仅这一点就足够说服大家更倾向于使用工具来进行设计。DDL 的语法取决于所选择的技术。通常使用 SQL 的标准，但大多数 RDBMS 都有自己特有的语言。因此，技术不同，DDL 可能看起来会有点不一样。写完 DDL 后，只需要使用数据库方案所有者的凭据连接到数据库，然后执行这些 DDL 即可。至此对项目组的所有成员而言，数据库都变为现实了。

2.2.2　Oracle SQL Developer Data Modeler 介绍

Oracle SQL Developer Data Modeler(简称 Data Modeler)是设计数据库和记录数据库文档的工具。它可以用于 Oracle、Microsoft SQL Server 和 IBM DB2 数据库，或者实际上用于任何使用标准 SQL 的数据库。该工具作为独立产品提供，但也有一个集成到 Oracle SQL Developer 中的版本。用户可以决定使用其中哪一个。一般来说，独立版本用于数据库设计，集成版本用于查看其他人创建的设计。

安装非常简单：访问Oracle网站，下载该工具的正确版本，解压缩.zip文件，然后就可以开始使用它了。Data Modeler是免费的，如果客户购买了Oracle的技术支持服务，那么Oracle会提供相应的技术支持。

1. Data Modeler 概览

在 Data Modeler 中，单个设计被称为"设计"。一个设计由一个逻辑模型、一个或多个基于该逻辑模型的关系模型、一个或多个基于每个关系模型的物理模型组成。还可以有多维模型、数据类型模型、进程模型、域、业务信息等。图 2-1 显示了 Data Modeler 的外观。每个元素都是一个 XML 文件，这些文件保存在由 Data Modeler 自动创建的目录中。

如图 2-1 所示，左边是 Browser(浏览器)。浏览器是设计中所有对象的总目录。可以用鼠标导航到任何对象，右击该对象便可以看到基于此特定对象类型所允许的操作。屏幕中间是 Start Page(起始页)，起始页在第一次使用该工具时非常有用。起始页会链接到各种文档、教程、视频、在线演示、OTN 论坛等。如果由于某种原因导致起始页消失，则可以在 Help 菜单中选择 Starter Page，使其再次显示。任何其他窗格消失，都可以通过在 View 菜单中选择所需窗格来使其再次可见。

屏幕右侧的 Navigator(导航器)显示了整个图表，让你可以导航到所需图表的一部分。如果图表非常大，这是特别方便的。在起始页下方，可以找到 Messages-Log(消息-日志)窗格，这里显示了工具中的所有活动。任何与版本控制有关的内容都可以在 Team 菜单下找到。Versions 窗格显示了 Subversion 目录的内容。Pending Changes(暂挂更改)窗格显示了 Incoming Changes(传入更改)、Outgoing Changes(传出更改)和 Unversioned Files(取消版本化的文件)选项卡。如果不喜欢这些窗格的排列方式，可以将它们拖放到显示器的其他位置，以方便工作。例如，有人喜欢将导航器放在浏览器和工作区之间。

Data Modeler 不会自动保存更改，所以要经常使用 File 菜单下的 Save 或 Save As 菜单项保存更改。可以使用 File 菜单中的 Open 菜单项或使用同一菜单中的 Recent Designs 菜单项来打开之前保存的设计。

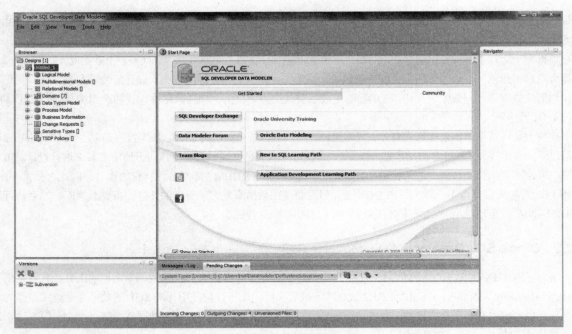

图 2-1 Data Modeler

2. 首选项和设计属性

可以通过更改首选项和设计属性来调整 Data Modeler。改变这些可以使工具的外观和工作方式有所不同。在将该工具用于生产环境之前，应该定义一些首选项和设计属性。也可以在之后临时更改这些设置，但是这种更改之后只是临时生效。如果许多人都在使用同一工具，那么经常更改首选项和属性可能会造成混乱。在 Tools 菜单中可以找到首选项，在浏览器中右击设计名称并选择 Properties，可以更改设计属性。首选项和设计属性之间的区别在于首选项在安装的 Data Modeler 产品中全局有效，而设计属性仅在一个设计中有效。从版本 4.1 开始，设计属性可以被定义为全局设计设置，这可以通过选择 Use Global Design Level Settings 来完成。如果选择此选项，则设计属性将被修改为使用全局设计文件中的相应值。此文件包括分类类型、默认字体和颜色、默认线宽和颜色、命名标准规则和比较映射。当前设计中未包含在全局设计文件中的分类类型将自动添加到全局设计文件中。设置和设计属性都可以导出，然后导入到另一台计算机或其他设计中。

3. 使用 Data Modeler 设计数据库

数据库设计从设计逻辑模型开始。如图 2-2 所示，这是在工作区中完成的。在左上方可以看到图标工具栏，每个元素都有一个图标，它们用于设计逻辑模型。单击元素图标，然后单击工作区，即可创建这个元素。也可以在工作区中右击任何对象来查看该对象所允许的操作列表。单击最左边的箭头符号将停止创建这种类型的对象，接下来可以选择另一种类型的对象或者开始在工作区中的现有元素上工作。Data Modeler 中的每个元素都有属性。例如，实体具有诸如名字、简称和同义词之类的属性。在逻辑模型中，可以定义实体、属性和关系。在 Data Modeler 中，还可以定义笔记和图片。

如果 ER 模型非常大，则可以创建子视图。子视图包含选择的实体，并可以通过命名来描述其内容。可以选择需要的实体，右击其中一个实体，从 Selected 中选择 Create SubView 以创建子视图；或者选择一个实体，右击，选择 Select Neighbors，定义邻居级别，然后再次右击并从 Selected 中选择 Create SubView 来创建子视图。对子视图中实体的任何更改也将保存到主逻辑模型中。子视图只包含实体的链接，它不会创建实体的新实例。如果通过右击实体，选择 Delete Object 删除实体，则实体将被完全删除。如果通过右击并选择 Delete View 来删除该实体，则只会从子视图中删除该实体。

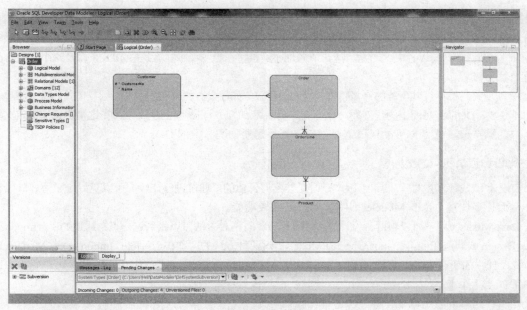

图 2-2　逻辑模型

下一步是创建一个基于逻辑模型的关系模型，可以通过单击逻辑模型工具栏上的 Engineer to Relational Model 图标来完成(该图标是一个指向右侧的双箭头)。然后，可以在该界面上选择要执行的操作，单击 Engineer，关系模型就被创建了。可以保持原样，也可以在进入下一阶段前对其进行修改和设置。修改逻辑模型时，一定要记得用以上相同的按钮将这些更改同步到关系模型。

物理数据库设计在逻辑数据库设计创建的关系模型基础上继续进行。一个关系模型可以根据需要有多个物理模型，也可以没有。物理模型将由所运行的 RDBMS 站点定义。RDBMS 站点是一个别名，是一个与 Data Modeler 支持的 RDBMS 类型(Oracle Database 12c、Oracle Database 11g、SQL Server 2008 等)相关的别名。创建物理模型时，必须知道数据库将使用哪种技术(Oracle、SQL Server 或 DB2)以及哪个版本。要设计物理模型，需要对选定的 RDBMS 站点有很好的理解，以便做出正确的决策。物理模型的所有属性取决于所选择的技术。准备好关系模型后，就可以创建物理模型了，可以通过右击浏览器中的 Physical Model，选择 New 来创建它。

在创建物理模型时，应该为数据库对象的物理实现定义属性。物理模型没有图形演示或图表，只能在浏览器中创建、编辑和删除元素。完成之后，即可生成 DDL(用于创建数据库对象的 SQL 脚本)。可以在 File 菜单下选择 Export 和 DDL File 以创建 DDL。然后，只需要执行这些针对数据库的 DDL 就可以创建对象。

与任何命名标准一样，物理对象(如表空间和数据文件)的命名标准保持一致是很有价值的。这些虽不能作为 Data Modeler 中的命名标准，但为了保持一致性，有一个统一的标准很有价值。

物理模型创建完毕后，关系模型的所有更新都会自动同步到物理模型(例如新的表或列)。在 Tools-Preferences 菜单的 Data Modeler | Model | Physical 中，可以为不同的技术定义默认值。例如，为新表定义默认的用户或表空间。在启动 Data Modeler 时，物理模型默认不会自动打开它们。这主要是出于性能方面的考虑：一个物理模型中可能有数百个表、表空间等，每个都被定义在自己的 XML 文件中。如果 Data Modeler 在打开时需要查找并连接所有这些文件，则可能需要花费相当长的时间。可以在打开设计之后通过选择物理模型，来定义下次是否自动打开物理模型；或者，可以在浏览器中找到物理模型，右击物理模型，然后选择 Open，打开对应的物理模型。

使用 Data Modeler 生成 DDL 脚本非常简单，可以一遍又一遍地生成，直到得到正确的设置和首选项，进而获取正确的脚本为止。比较难的是决定想要得到什么样的 DDL 文件。你是希望一段时间内整个数据库版本都在一个文件中呢，还是希望每个对象自成一个文件或其他形式呢？如何保存这些文件以及谁可以访问这些文件？如何处理这些文件？你需要一个文件来创建某个版本的整个测试库吗？也许你还需要一个文件来创建 CUSTOMER

表的最新版本？在创建 DDL 文件之前，必须了解它们的用途是什么，进而才会知道需要什么。你是否需要不同版本的 DDL 分别用于生产和测试？它们如何区分？你在哪儿保存 DDL？在数据库中执行 DDL 之前，必须对它们进行检查，并且还应该有一个记录过程。应该清楚地了解谁将在数据库中执行这些 DDL，以及这个人何时并如何记录整个执行过程。

DDL 基于关系模型及其可能的许多物理模型之一创建。如果没有打开物理模型，则只能使用关系模型；没有任何物理参数，DDL 将是通用的。例如，你可能想要使用 DDL 为测试库创建对象，在这个测试库中定义了表空间和用户的默认值，或者你可能仅仅需要创建一套不需要物理参数的 DDL。

4. 比较和记录现有的数据库

比较设计(或设计和数据库)的不同版本有时是非常有价值的。通过进行比较，可以更好地了解有什么和没有什么，从而提高质量。Data Modeler 具有非常好的比较功能。

在 Data Modeler 中，可以将两种设计进行相互比较。有两种方法可以做到这一点：通过 File | Import | Data Modeler Design 或通过 Tools | Compare/Merge Models。这两种方法的区别在于：File | Import | Data Modeler Design 比较两种设计中的所有内容，而 Tools | Compare/Merge Models 只比较关系模型和物理模型，但它也可以生成 ALTER DDL，用以改变被比较的数据库，使其变成与比较标准一样的设计。

设计和数据库可以用以下 4 种方法进行比较：

- Synchronize Model with Data Dictionary(用数据字典同步模型)
- Synchronize Data Dictionary with Model(用模型同步数据字典)
- File | Import | DDL File(文件 | 导入 | DDL 文件)
- File | Import | Data Dictionary(文件 | 导入 | 数据字典)

"用数据字典同步模型"和"用模型同步数据字典"选项通常用于当关系模型是打开的，并且设计者想知道它与数据库有什么不同时。这两个选项之间的区别在于，使用"用数据字典同步模型"时，要更改的目标是模型，而使用"用模型同步数据字典"，则要更改的目标是数据库。"文件 | 导入 |DDL 文件"通常用于数据库设计人员无法访问数据库但有创建数据库的 DDL 时。"文件 | 导入 | 数据字典"用在数据库设计人员能够访问数据库并想将数据库与设计进行比较时。

许多首选项设置会影响这些比较。通过改变首选项，可以从根本上改变比较的结果。因此，请务必仔细研究首选项的设置。

还可以使用 Data Modeler 记录现有数据库(Oracle、SQL Server 或 DB2)；换言之，可以对数据库设计进行逆向工程。可以使用数据字典、现有的 DDL 文件或其他设计工具(如 Oracle Designer 或 Erwin)中可能包含的文档来完成此操作。也可以将这些项目组合起来，例如，从其他设计工具中提取一些描述信息，并将其与数据字典中的信息结合起来。这些功能可以在 File 菜单下的 Import 菜单项中找到。用于比较时，"从 DDL 文件导入"和"从数据字典导入"操作相同：唯一的区别是，比较时，将它们导入现有的关系模型中；而使用逆向工程时，将它们导入新的关系模型中。逆向工程时，将创建关系模型和物理模型。如果想使用 Data Modeler 进行数据库设计，如前所述，需要一个逻辑模型，该模型也可以自动生成。找到关系模型的工作区，在图标工具栏上会看到一个指向左侧的双箭头。这个图标名为 Engineer to Logical，单击它，Data Modeler 就会为关系模型创建逻辑模型。

5. 数据库设计的质量

Data Modeler 极大提高了数据库设计的质量。可以使用预定义的设计规则或者干脆创建自己的规则和规则集。设计规则用于自动测试设计是否遵循预定义的规则(例如，所有表都应该有列，所有属性都应该有描述等)。可以根据 ER 模型或现有术语表来创建自己的术语表，并且可以根据需要编辑它们。术语表可以用来自动检查设计是否使用了正确的术语，它们也可以作为用户的参考文档来了解整个设计所使用的术语。你还可以定义域，使得属性的数据类型设置更加一致。可能需要创建一个名为 Money(Number(15,2))的域，用在与金钱有关的各种属性上，例如价格、折扣价和工资。不必为所有这些属性定义 Number(15,2)，只需要将它们定义为 Money 域。

可以将设计和模型相互比较。如前所述，可以将模型同步到数据库或进行相反的操作。同步之后，可以将模型更新到与数据库相同的级别，或者让 ALTER DDL 将数据库更新到与模型相同的级别。

也可以在设计属性中定义表的约束模板。可以定义如何命名代理主键、如何命名代理主键列或外键以及外键列的命名约定。另外，与 Subversion 版本控制工具的集成进一步提高了设计的质量。启用版本控制后，甚至可以允许数据库设计人员犯些错误(因为总是可以找到之前保存过的没有错误的设计版本)。

在 Data Modeler 中，如果有人不喜欢你使用的记号，可以轻松地更改这些记号。右击逻辑模型工作区并选择 Notation 菜单项；也可以从 View 菜单的 Logical Diagram Notation 菜单项弹出级联菜单，单击该级联菜单中的 View 菜单项，在弹出的窗口中选择记号并进行更改。

使用 Tool | Design Rules And Transformations | Transformations 菜单项或 Tool | Design Rules And Transformations | Table DDL Transformations 菜单项时，有大量的选项可以使工作更加自动化。这两个选项的区别在于，生成 DDL 脚本时可以调用 Table DDL Transformations，可以使用它自动生成用于记录表和触发器的 DDL，而 Transformations 选项可用于自动更改设计元素。这两个转换选项都可以在 Tools 菜单中找到，并且可以使用 Java 脚本创建。

6. 多用户环境和版本控制

Data Modeler 集成了对 Subversion 的支持，这是一个免费的版本控制工具。版本控制工具支持版本控制功能和多用户环境。如前所述，Data Modeler 中的每个元素(实体、表、图表等)都有自己的 XML 文件。每个文件都由元素的对象 ID 来命名。与 Subversion 的集成隐藏了管理成千上万个具有奇怪长名字的文件的复杂性。原则上，可以使用任何版本控制工具来管理那些文件，但这并不明智。

要使用 Subversion，必须先下载并安装它。在开始利用 Data Modeler 使用 Subversion 之前，需要考虑如何使用它。只有一个资料档案库还是有几个？项目目录是什么样的？是否使用干线、分支、标签或其他东西？在 Subversion 中如何创建用户权限决定了如何设置上述内容。Data Modeler 不控制设计的权限，但 Subversion 控制。

Subversion 通过 Copy-Modify-Merge(复制-修改-合并)来工作。将最新版本从 Subversion 复制到本地工作目录，编辑，然后使用 Commit 将其保存到 Subversion 中。在 Data Modeler 中保存时，更改将被保存到你的工作目录中。提交时，更改将被保存到 Subversion。版本控制工具可以在 Team 菜单中找到。最重要的工具是 Pending Changes 窗格。

Data Modeler 中的信息也可以导出到 Excel 中以进行编辑，然后再导回工具中。可以使用搜索工具运行 Excel 格式的报告来完成导出。在浏览器中右击逻辑模型、关系模型或物理模型并选择 Update Model with Previously Exported XLS(.xlsx)File(使用以前导出的 XLS(.xlsx)文件更新模型)来完成导入。对于不想访问 Data Modeler 但希望添加对实体和属性描述的最终用户来说，此功能非常有用。

7. 报表

报表是设计工具中最重要的功能之一。在某个地方能收集到所有信息却不能提取这些信息是没有意义的。对报表的不同需求导致产生不同类型的报表。在 Data Modeler 中，可以在 File 菜单下找到报告。用户也可以通过在 File 菜单中选择 Report 菜单项来打印图表。报表有多种输出格式(HTML、PDF、RTF、XLS/XLSX)，并且可以采用模板定制配置。Data Modeler 中内置了多种报表类型，用户还可以创建更多的报表类型。用户可以创建非常简单但也非常容易创建和维护的标准模板；还可以创建更复杂但也同样非常容易创建和维护的自定义模板。用户可以定义配置，预定义报表应该包含哪些对象。例如，模板可以定义报表应该包含表名和列名，而配置可能会定义除 ADDRESS 表外的所有其他表都将包含在报表中；或者只有那些在子视图 1 上的表将会被包含在报表中。报表的范围可以是那些打开的设计，也可以是整个单独的报表资料档案库。

报表资料档案库是一个含有数据库对象的数据库方案，用于存储有关 Data Modeler 设计的元数据和数据。可以使用 Data Modeler 从报表资料档案库中添加和删除设计。实际上所有对 Data Modeler 报表资料档案库内容的更

改都必须通过导出功能来完成。如果正在使用报表资料档案库，还可以运行 SQL 编写的报告。在安装 Data Modeler 的文件系统的 datamodeler\datamodeler\reports\Reporting Schema diagrams 目录中，可以找到报表资料档案库的描述，并通过编辑文件 datamodeler\datamodeler\reports\ Reporting_Schema_Permissions.sql 获取创建用户方案所有者的 SQL 脚本。首次将设计导出到报表资料档案库时，将自动创建报表用户方案结构。请记住应以用户方案所有者的身份登录。可以从 File | Export | To Reporting Schema 中找到导出功能。

也可以通过搜索选项运行报告，在搜索后单击 Report 按钮即可。有不同的方式进行搜索。可以通过单击 View 菜单下的 Model Search 菜单项在打开的模型内进行搜索，或者单击工具栏上的搜索图标或右击浏览器并选择 Search。在打开的模型中进行搜索时，必须始终选择要搜索的级别(逻辑、关系或物理)，否则报表功能将无法使用。模型搜索有两种模式：简单和高级。在这两种模式中，都可以将搜索定义为区分大小写，也可以使用正则表达式作为搜索条件。在高级模式下，可以通过元素类型具有的任何属性进行搜索。例如，可以搜索其 Comment 属性中具有的所有特性。搜索也可以使用否定(例如，在 Comment 属性中没有某些内容的所有特性)，并且可以使用 AND 和 OR 操作来组合多个属性。对报表而言，搜索功能非常有用。

2.3 本章小结

了解业务逻辑的需求至关重要，在正确的地方正确地实施它们同样重要。某些业务逻辑可以在数据库设计阶段实现，但更复杂的逻辑不能实现。在实现业务逻辑时至少要考虑可维护性、安全性、性能和人们现有的技能集。笔者认为实现它们最好的地方是数据库和 PL/SQL 存储单元(它们将被用作 API)。

数据库设计有助于保证数据的质量和性能。如果在设计数据库时犯了一个错误，那么这个错误将会持续很长时间，并且会带来很多问题。数据库设计是非常系统的工作，需要很多技能。为了使数据库设计更容易，需要一个工具。Data Modeler 是数据库设计的良好工具，它也可以用来记录现有的数据库。在 Data Modeler 中，当建模完成并且概念设计已经准备好时，可以使用 Engineer to Relational Model 按钮来自动生成表及外键。一个关系模型可以根据需要具有多个物理模型。在物理模型的选择上，Data Modeler 至少支持 Oracle、Microsoft SQL Server 和 IBM DB2 等关系型数据库管理系统(RDBMS)。在 Data Modeler 中创建物理模型很容易——只需要告诉工具要构建哪种类型的物理模型即可。使用 Data Modeler，还可以轻松地生成数据定义脚本(DDL)，用于创建数据库的对象——甚至生成用于更改数据库中对象结构的 ALTER DDL 脚本。Data Modeler 支持多用户环境和版本控制，它可以帮助你提高数据库设计的质量。Data Modeler 是免费的，而且易于安装。

第 II 部分

未充分利用的SQL高级功能

第 3 章

处理高级且复杂的数据集

　　数据集是数据的集合。在关系型数据库中，数据按照所需的数据类型保存在列中。列始终属于一个表。在对象关系解决方案中，数据保存在对象中。数据集可以在数据库内外部保存数据。它可以是在执行查询时使用的数据集，也可以是某种形式的查询结果。有时要决定如何保存数据，有时得到的结果可能会很复杂，有时需要处理结果集的方法。数据量大时，可能会因为使用了高级功能或者因为数据复杂而产生问题。如果数据类型或数据库结构复杂，那么数据可能很复杂。本章介绍保存和使用数据的方法。注意，本章介绍的一些功能选项需要购买软件许可后方能使用。

　　本章举例时经常要用到的 EMP 和 DEPT 表如下：

```
SQL> desc Emp
 Name                                      Null?    Type
 ----------------------------------------- -------- -------------------------
 EMPNO                                     NOT NULL NUMBER(4)
 ENAME                                              VARCHAR2(10)
 JOB                                                VARCHAR2(9)
```

```
MGR                                       NUMBER(4)
HIREDATE                                    DATE
SAL                                       NUMBER(7,2)
COMM                                      NUMBER(7,2)
DEPTNO                                     NUMBER(2)


SQL> desc Dept
Name                                Null?   Type
----------------------------------- --------------------------------
DEPTNO                                      NUMBER(2)
DNAME                                       VARCHAR2(14)
LOC                                         VARCHAR2(13)
```

另外，我们不会面面俱到地介绍所有技术细节和功能。本章的目标是介绍一些你可能不知道的功能和技术。在决定如何实现需求时，了解这些功能很有用。作为一名有经验的开发者，可以找到自己感兴趣的功能的所有细节。我们简单解释一些对解决方案决策至关重要的基本概念。

3.1 设计数据库的一些工具

保证数据库所需性能的最佳方法是定义性能需求，然后将其实现为数据库设计的一部分。设计数据库比在编程阶段所做的任何事情对最终结果的影响都要大。这就是为什么在数据库设计中了解不同的选择是很重要的。

3.1.1 表

Oracle 数据库中有两种表：关系表和对象表。关系表包括：堆组织表、索引组织表和外部表。表可以是永久性的或临时的。对于永久表来说，表定义和数据只要没有人删除，就会一直存在。对于临时表而言，只要没人删除，表定义会一直存在，但数据只在事务或会话的存续时间内存在。

数据可以保存在堆表中，通常简称为"表"，在数据库内，保存数据也有其他方法。数据可以保存在外部表中，这是保存在数据库外部的结构，可以像在数据库内部一样进行查询。数据也可以保存在索引组织或临时表中，还可以保存在已分区的表中以获得更好的性能和可维护性。或者，也可以将数据保存在特殊数据类型(例如，大对象或集合)的列中。根据需求，正确的解决方案会有所不同。了解 Oracle 的各种可能性有助于你做出正确的决定。

本章中介绍的所有不同类型的表都可以使用 Oracle SQL Developer Data Modeler 设计，可以从设计中自动生成 DDL。

1. 外部表

数据库中的常规表是堆组织表，其中数据以无序的结构存储。表是在以结构化形式保存数据的列上构造的。另一种保存数据的方法是在数据库之外，以外部表的形式保存。如果数据保存在外部表中，数据库将无法控制数据的存在：例如，有人可以删除数据所在的文件，而数据库不知道。从 Oracle Database 10g 开始，可以对外部表进行写入。在 Oracle Database 9i 中，外部表是只读结构。如果有一个要上传到数据库的平面数据文件，出于某种原因，不愿意创建数据库中所需的临时表，那么外部表很好用。或者，你希望快速加载数据或者文件非常大，也可以使用外部表。外部表中的数据可以用 SQL 轻松查询，也可以使用 INSERT INTO 语法将数据复制到常规表中，并使用 SQL 进行数据转换。Oracle 使用 SQL*Loader(ORACLE_ LOADER)和 Datapump(ORACLE_DATAPUMP)访问驱动程序来加载和卸载数据。例如，外部表中的数据可以在读取和写入时进行压缩或加密。

另一种将数据存储在数据库外部的方法是通过一种称为 BFILE 的数据类型，它是存储在数据库外部的大对象(Large Object，LOB)列。BFILE 类型的列仅存储定位符，它是指向服务器文件系统上二进制文件的指针。如果有大量不希望保存在数据库中的大图片，BFILE 可能会派上用场。BFILE 的缺点与外部表相同：数据库无法控制它；

它可以完全从系统中删除，而不需要数据库知道。我们将在本章后面讨论 BFILE。

由于外部表是 Data Modeler 中专属于 Oracle 的功能，因此只能在 Oracle 的物理模型中定义外部表。有两种方法定义外部表。如果你已经在关系模型中设计了一个表，则只需要将其 Organization 属性设置为 EXTERNAL，在"外部表属性"选项卡下，定义它的其余属性。或者，如果尚未在关系模型中定义外部表，请从浏览器中选择外部表，右击，最后选择"新建"。然后定义表属性。生成 DDL 时，请注意，外部表不在"表"选项卡下，而在"外部表"选项卡下。

2. 索引组织表(Index Organized Table，IOT)

如上所述，数据库中的常规关系表是堆组织表，它将数据保存在没有顺序的堆中。但是还有一个称为索引组织表的表结构，它是在 Oracle Database 8.0 中引入的。索引组织表有时更有效，因为数据存储在 b 树索引结构中，按主键排序：索引结构中的每个叶块都存储着键和非键列(实际数据)。因为搜索只需要找到键值的位置就可以找到所有数据，所以不需要 ROWID 返回到表数据的 I/O 操作，性能更适合于搜索。与在任何 b 树索引中一样，为了保持 b 树的结构和平衡，当插入(或更改)数据时，行会移动。因此，行没有稳定的物理位置，就像堆表中的行那样，并且索引组织表中的行不会像堆表行那样具有物理 ROWID。相反，尽管行在块之间不断移动，只要行的主键值不变，它们的逻辑 ROWID 就会保持不变。逻辑 ROWID 由主键和对该行数据库块地址的物理猜测组成。可以将逻辑 ROWID 用作查询 SELECT 部分中的列名，或作为 WHERE 子句的一部分来访问这些行。这是获取数据最快速的方式。

Oracle 数据库中有一种数据类型，称为通用 ROWID(Universal ROWID，UROWID)，它包含所有类型的 ROWID：物理 ROWID、逻辑 ROWID 或其他类型数据库的 ROWID。如果在堆表中使用 ROWID，并且要切换到索引组织表，则必须在应用程序开发中更改为 UROWID。知道了这一点，在应用开发中最好使用 UROWID 来避免 ROWID 的变化。如果使用 UROWID 数据类型的列，则兼容初始化参数的值必须设置为 8.1 或更高，因为 UROWID 是在 Oracle Database 8*i* 中引入的。

如果只在访问数据时使用主键，则索引组织表在 SELECT 查询中执行效率更高，这不仅是因为主键效率高，还因为数据是按主键顺序聚集的。通常，堆表的性能问题可以通过将非键列添加到索引中，避免表访问(索引中需要所有列)来解决，而索引组织表恰恰是这样做的。另一方面，对数据的更改也更快，因为只需要更新索引结构而不是表，并且存储空间更少，因为主键数据不会被保存两次：在表本身和索引结构中。如果通过主键或其前导列进行所有的数据访问，那么索引组织表绝对有用。如果表只有主键列，或许还有一两个其他列，那么索引组织表可能是一个很好的解决方案。

如果要有效地访问索引组织表，而不使用主键或其前导列，则可能需要创建辅助索引。这是 Oracle Database 8*i* 以后版本支持的功能。索引组织表的辅助索引由索引列和逻辑 ROWID 组成，其中包含主键列和数据库块地址的物理猜测。对于辅助索引，你应该了解：由于索引组织表的性质为索引，因此在插入、删除或修改数据时会移动索引项。这可能会导致拆分，并且数据在不同的块中结束。当索引组织表中发生块拆分时，辅助索引不会自动更新，因此应经常维护辅助索引。在对辅助索引进行索引扫描时，Oracle 首先尝试使用其物理位置的猜测来访问该块。如果位置仍然正确，则会快速找到所需的数据，并执行查询。但是，如果自上次猜测更新后该位置已更改，Oracle 将使用主键值(这是逻辑 ROWID 的一部分)来执行唯一扫描。这不是访问数据的最有效方法，但它仍然有效。另外，在定义辅助索引(或索引)时，会使用更多存储；现在，必须再次存储主键列，首先在索引组织表中，然后在辅助索引中。主键越大，或者定义的辅助索引越多，使用的存储空间越多，那么使用索引组织表所能节省的空间就越少。

经常有人说，他们不能定义自然主键，因为表中的大多数列都将使用该主键，这样会浪费大量宝贵的存储资源。因此，他们不用自然主键，而是定义了一个代理主键，并希望至少对自然主键进行一次唯一约束。在某些情况下，索引组织表可能是正确的解决方案。使用索引组织表，可以节省一些存储，因为键列不会同时保存在表和索引中。此外，还会节省一些额外的存储，因为不需要 ROWID 的空间。但是，如果没有使用主键或其前导列来访问数据，并且需要创建辅助索引，则索引组织表可能不是最佳解决方案。

因为索引组织表是索引结构，所以可以在不重建其辅助索引的情况下对它或其表分区进行重组，并且可以在线执行此操作。辅助索引仍然是可用且有效的。该行的物理猜测发生改变，但主键仍然存在，因此辅助索引仍然有效。对物理猜测的影响取决于定义的块拆分。如果它被定义为 50-50，很可能行会移动，物理猜测会发生变化。如果已定义为 90-10，则对辅助索引的影响将最小化。重组通常是为了恢复存储空间或提高性能。辅助索引可以在线重建，而且能够在线维护且不影响其他数据库对象。

注意：
索引组织表不能包含虚拟列。

由于索引组织表是 Data Modeler 中专属于 Oracle 的功能，因此只能在 Oracle 的物理模型中定义索引组织表。在物理模型中，将其 Organization 属性设置为 INDEX，在"IOT 属性"选项卡下，定义它的其余属性。生成 DDL 时，请注意，外部表不在"表"选项卡下，而在"外部表"选项卡下。

3. 对象表

众所周知，Oracle 数据库是关系型数据库，而不是面向对象数据库。面向对象数据库是在 20 世纪 90 年代引入的，当时据说它优于关系型数据库。但由于某些原因，它们并没有表现出优势，关系型数据库仍然是强大的。面向对象数据库的一些功能已经被实现到关系型数据库中(例如，对象表)。有些人把带有面向对象功能的 RDBMS 称作对象关系型数据库。

对象表结合了关系型数据库和面向对象数据库的优秀功能。在对象表中，每一行表示一个对象。对象标识符 (Object Identifier，OID)给了对象独一无二的标识。OID 标识对象表中的行对象，即使其属性值发生更改，对象也保持不变。如果有一个白色椅子，你给它喷了红色，它仍然是同一把椅子；它的身份依然存在。在 Oracle 中，对象表基于对象类型，它是具有名称、属性和方法的用户定义类型。对象类型使我们可以将客户和车辆等现实世界的实体建模为数据库中的对象。在本节中，将讨论对象表及其属性，对象还包括封装的方法(对象的行为方式)。

下面来看客户对象的一个简单示例。客户可以是个人或公司。首先，需要使用 Data Modeler 中的数据类型模型来创建类型。这里有三种类型：超类 Customer_Type 以及子类 Person_Type 和 Company_Type：

```
CREATE OR REPLACE TYPE Customer_Type
AS
  OBJECT
  (
    Name VARCHAR2 (100 CHAR)) NOT FINAL;
  /

CREATE OR REPLACE TYPE Company_Type UNDER Customer_Type (CompanyID VARCHAR2 (11),
ContactName VARCHAR2 (100)) FINAL;
/

CREATE OR REPLACE TYPE Person_Type UNDER Customer_Type (SSN VARCHAR2 (9)) FINAL;
/
```

注意超类 CREATE 子句末尾的 NOT FINAL。它允许我们创建在数据库中定义的超类的子类。如果将其定义为 FINAL，则无法创建子类。如果要更改或删除类型，则必须从子类开始，因为只要子类引用它，就不能对超类做任何操作。如果某个类型被表引用，那么不能将其移除。必须先删除或更改表，才能删除相应类型。如果由于某种原因，不能按正确的顺序移除类型，可以使用一个参数强制删除类型。

创建类型之后，可以基于这些类型创建对象表。定义名为 PERSON_CUSTOMER 和 COMPANY_CUSTOMER 的表。为此，需要将实体或表的属性"Based on Structured Type"定义为相应类型：

```
CREATE TABLE Person_Customer OF Person_Type ;
```

```
CREATE TABLE Company_Customer OF Company_Type ;
```

对象表可以看成一个多列表，其中对象类型的每个特性占据一列，这样可以执行关系操作。在示例中，PERSON_CUSTOMER 表将具有超类 Customer_Type 的所有特性以及 Person_Type 的所有特性作为其列。同样，COMPANY_CUSTOMER 将从 Customer_Type 继承其特性，并从 Company_Type 中获取特性。

```
Desc Person_Customer
NAME      VARCHAR2(100)
SSN       VARCHAR2(9)


Desc Company_Customer
NAME            VARCHAR2(100)
COMPANYID       VARCHAR2(11)
CONTACTNAME     VARCHAR2(100)
```

请注意，Data Modeler 在定义实体后自动为其添加 OID，并为其赋予 REF 客户数据类型。有两种类型的对象标识符：系统生成的 OID 和基于主键的 OID。默认情况下，系统生成的标识符由 Oracle 数据库自动创建，除非在 CREATE TABLE 子句中选择基于主键的选项。OID 列是一个隐藏列，不能通过它访问数据。在 Data Modeler 中，通过选中对象表的 General Properties(常规属性)选项卡中的 Object Identifier Is PK Property(对象标识符是 PK 属性)复选框，可以选择基于主键的 OID。使用 Engineer to Relational Model 功能来创建表和约束。你可能希望在表中插入一个对象：

```
INSERT INTO Company_Customer
VALUES (Company_Type('Company A','123456789', 'Betty Smith'));
```

也可以查询其内容：

```
SELECT * FROM Company_Customer;
1, Company A, 123456789, Betty Smith
```

Company A 是 Company_Customer 对象的实现。即使它的名字变为 Company B，它还是同一家公司：

```
UPDATE Company_Customer c
SET c.name = 'Company B'
where c.companyid = '123456789';

select * from Company_Customer;
1, Company B, 123456789, Betty Smith
```

如前所述，对象表可以看成一个多列表，其中对象超类 Customer_Type 的每个特性都占据一列，其子类 Person_Type 和 Company_Type 都是列，这样可以执行关系操作。它还可以被看成单列表，其中每行都是定义类型的对象，使你能执行面向对象的操作。如果要访问对象表中的对象，不能直接访问 OID，但是可以使用 REF 访问 OID 实现，如下所示：

```
select REF(c) from Company_Customer c where c.companyid = '123456789';
```

REF 将相关变量(在示例中，命名为 c 的表别名)与对象表(示例中的 COMPANY_CUSTOMER)或对象视图相关联，并返回对象实例的 REF 值。REF 是逻辑指针或对对象实例的引用，是 Oracle 数据库内置的数据类型。REF 可用于访问、检查或更新对象，如下所示：

```
SELECT VALUE(c) FROM Company_Customer c
WHERE c.CONTACTNAME = 'Betty Smith';

HELI.COMPANY_TYPE('Company B','123456789','Betty Smith')
```

可以将对象表中的数据保存为行对象，也可以使用关系表将该对象作为列对象保存在其列中。如果对象在外部世界有意义，则使用对象表；如果对象仅在关系表实体的实现范围内有意义，则使用列。

4. 临时表

前面描述的所有表类型都是永久表，其中的数据保存在非易失性存储器中，直到有人永久删除它。还有一种数据表类型：临时表。这些表中的数据只能暂时保存，并且在事务或会话结束后数据自动删除。临时表的定义被永久保存，直到有人丢弃该表。因为临时表在性质上是暂时的，所以它们不会写入 redo 日志，这意味着在发生系统故障时，临时表中的数据无法备份和恢复。临时表的定义对所有会话都可见，但数据只对将数据插入表的会话可见，并且每个会话只能修改自己的数据。临时表中不需要锁，因为每个会话都有自己的数据，而截断操作只会影响此会话所拥有的数据。

临时表用于临时存储各种表或临时表中的一组行。如果需要将结果集用于多个无法组合的查询(例如，需要使用临时表中的数据更新多个表)，那么临时表可能是一个很好的解决方案。但是，不要使用临时表将查询拆分为更小的查询。它的效率比原始查询低，因为 Oracle 数据库很擅长数据库查询，会尽可能高效地完成这些操作。

在处理过程中只填充一次且不更新临时表，其工作状态最好；因此，在使用临时表时，定义数据流的过程非常重要。如果填充临时表并在查询中使用它比常规查询或其他解决方案慢，则使用临时表可能不是好的解决方案。

使用 CREATE GLOBAL TEMPORARY TABLE 语句创建临时表。在 CREATE 语句的末尾是 ON COMMIT 子句，它指示何时删除数据或截断表。如果设置为删除行，则在提交命令后删除数据，这意味着临时是指在事务时间范围内。如果设置为保留行，则在会话关闭后，或用户在关闭会话之前定义截断表时，表内容将被截断。此参数定义的临时是指会话时间范围内。如果临时表已定义在事务范围内，则每次会话只允许一个事务使用它。如果有多个使用同一临时表的事务，则每个事务只能在上一个人停止使用该表时才使用。

还可以在临时表上创建索引。有时，这可能是选择临时表作为解决方案的主要原因。假设需要一个索引，由于某种原因，无法将其添加到原始表中，但它对于这次任务处理非常有用。在这种情况下，使用带有索引的临时表可能是一个很好的解决方案。这些索引也是临时的，遵循相同的数据持久性规则，并将数据作为已创建的表删除。与永久表不同，临时表及其索引在创建时不分配任何段。仅当把第一行插入临时表时，才分配段。根据临时表定义，将在事务或会话结束时删除段。如果其他事务或会话使用同一临时表，则包含其数据的段将一直保留到事务或会话结束为止。还可以在临时表或访问临时表的视图上创建触发器，也可以同时在临时表和永久表中创建触发器。可以对临时表定义使用导出/导入或复制实用工具，但不能将它们用于临时表数据。

创建临时表时，附加到临时表的表空间是创建临时表的用户的默认临时表空间。用户的默认临时表空间已在 CREATE USER … DEFAULT TABLESPACE 子句中定义。可以通过使用 CREATE GLOBAL TEMPORARY TABLE 的 TABLESPACE 子句来定义要附加到全局临时表的另一个临时表空间。这可能是一种明智的方法，可以节省临时表在数据库中的其他操作所使用的空间，并允许你定义此表空间的配置，以满足使用临时表执行操作需要满足的条件。

由于是把全局临时表中的数据写入临时表空间，因此不会创建 redo 日志。但是，当在全局临时表中执行数据操纵(DML)操作时，将使用常规的 undo 表空间，undo 表空间总是通过 redo 来保护。因此，全局临时表会同时生成 undo 和 redo。undo 的数量与常规表相同，但 redo 的数量少一些，因此我们可以说，使用全局临时表而不是常规表可通过减少 redo 生成来提高性能。通过选择正确的策略来操作数据，可以减少 undo 的数量，因此也能够降低 redo 的数量。例如，插入、报告、截断过程会非常高效，而更新和删除会产生大量的 undo 信息，而 undo 又会生成 redo。

注意：

数据库必须是打开的，并采用读写模式，以便能够写入 undo 表空间。由于该行为，使用 undo 表空间的全局临时表不能在只读数据库或物理备用数据库中使用。

Oracle Database 12*c*(12.1)引入了为全局临时表定义临时 undo 的可能性。此功能允许全局临时表将 undo 写入临时表空间。由于体系结构中的这种变化，不再需要 undo 来生成 redo，并且全局临时表也可以在只读数据库或物理备用数据库中使用。undo 的默认值仍然是传统的 undo 表空间。如果将其定义为临时 undo，只需要使用 temp_undo_enabled 参数在会话或系统级别启用它即可。要在会话级别启用它，使用 alter session set temp_undo_enabled = true。要在会话级别禁用它，使用 alter session set temp_undo_enabled = false。在系统级别，使用 alter system set temp_undo_enabled = true 来启用它。然后使用 alter system set temp_ undo_enabled = false 来禁用它。请注意，在对全局临时表数据进行操作时，不能使用上面的任何一种方法更改 undo 策略，也不能写入任何 undo。任何更改都将被忽略。对于只读数据库(如物理备用数据库)，默认使用临时 undo，在备用数据库中使用 temp_undo_enabled 参数也将被忽略。你可能已经知道，可以使用 V$UNDOSTAT 视图来监视 undo 操作。Oracle Database 12c 引入了一个新的视图，称为 V$TEMPUNDOSTAT，用于监视临时 undo。

> **注意：**
> Oracle Database 12c (12.1)引入了临时 undo 的概念。此功能允许将全局临时表的 undo 段存储在临时表空间中，而不会导致 redo 日志。临时 undo 功能允许在只读数据库和物理备用数据库中使用全局临时表。临时 undo 功能只在兼容参数设置为 12.0.0 或更高时才可使用。

全局临时表只有一组统计信息，所有会话都使用相同的集合，无论该表是否在不同的会话中包含不同的数据。Oracle 12c Release 1 引入了全局表的会话专用统计信息。每个会话将有一组不同的统计信息，而针对全局临时表发出的查询也使用该会话的统计信息。

由于全局临时表是 Data Modeler 中 Oracle 特有的功能，因此只能在 Oracle 物理模型中定义临时表。将其 Temporary 属性设置为 Yes(Delete Rows)，会在提交后删除行；若设置为 Yes(Preserve Rows)，则会在提交后保留行。

3.1.2　表簇

表簇(table cluster)是数据库中的一种技术和特定结构，其中的数据相互关联，因此可以更高效地找到数据。这种技术通常不是最好的解决方案，但是最好还是了解一下，以免遇到包含表簇的实例。在笔者超过 20 年的工作经历中，仍记得只有一个示例采用表簇作为解决方案。

表簇是一个群集结构，其中两个或多个表中的相关数据聚集在相同的数据块中，因为相关的数据经常被一起查询，并且通常连接在一起。这些表中的数据经常同时需要。当表聚集在一起时，不同表的相关行存储在相同的数据块中，以加快查询速度。单个数据块可以包含来自多个表的行。簇键是簇表(clustered table)共有的列，通常用于连接它们。簇键值是一组行的簇键列的值，并且所有包含相同簇键值的数据物理上都存储在一起。每个簇键值只在群集中存储一次，而在簇索引中保存一次，无论不同表中有多少行包含相同的值。

因为需要读的块少，所以这些簇表上的连接磁盘 I/O 较少，而且访问时间也有所改善。此外，因为不会为每行重复存储簇键值，表及其索引需要的存储空间也更少。如果表中的数据经常更新或被截断，或者如果不使用索引，但数据访问主要通过完全表扫描完成，则簇表可能不是好的解决方案。在这些情况下，簇表的优势就荡然无存了。

Oracle 数据库中有两种不同类型的表簇：索引簇和哈希簇。索引簇使用簇键上的 b 树索引来定位数据。索引将簇键值与该数据块的数据库块地址关联起来。必须先创建簇索引，然后才能将行插入到簇表中。首先创建簇，然后在簇键上建立索引，最后在簇中创建表。然后，就可以在索引簇中添加行了。这些行存储在堆中，由簇键聚集在一起，并使用索引访问它们。将把新行插入到簇表中时，Oracle 首先检查是否已存在簇密钥。如果有，该行将插入到同一块中。如果找不到，将为其分配一个新块。当然，访问速度与访问单个行的堆表相同，但由于采用了群集结构，在访问簇密钥相同的多个行时，访问速度要快很多。

除了索引簇，表簇也可以是哈希簇。在哈希簇中，没有单独的索引，但哈希函数用于在表簇中查找或存储行。哈希函数定义保存数据的数据块。哈希函数用于行键值，作为结果的哈希值还可以用于定义此行所属簇中的数据块。具有相同哈希值的行一起存储在同一块中。如果经常使用带有=或 IN 等列表谓词的相等条件来查询哈希键列，则哈希簇可能是一个很好的解决方案，因为哈希键值直接指向存储该行的磁盘区域。在使用相等条件查询时，哈希簇可能比索引簇更高效。哈希簇不适合使用范围谓词(例如<和>、LIKE 和 BETWEEN)；索引簇可以更好地处理它们。如果使用的是哈希簇，那么如果可以合理地猜测哈希键的数目和每个键值所存储数据的大小，就能够定义一个散列函数，将数据均匀地分布在磁盘上并估计所需的空间，这非常有用。Oracle 必须预留一个哈希簇的空间，如果这种猜测是非常错误的，那么对性能的影响可能会很糟糕。如果分配的空间太小，则所有具有相同哈希值的行没有在单个块上，Oracle 又必须将它们链接在一起。如果哈希键被链接，则对该哈希值的任何访问都将至少读取两个数据块，而不是只读一个。如果分配的空间太大，则在全表扫描时可能会出现性能问题。

注意：

要使用簇，需要了解需求并具备正确设置簇的技能。簇更难以管理，它占用的空间比常规表多。不要为了好玩，创建簇；在实现需求之前，确保这是正确的解决方案。如果要使用 Data Modeler 设计簇，可以在 Clusters 下的 Physical Model(物理模型)中进行设计。只需要右击并选择 New 即可。然后就可以定义簇属性了。

3.1.3 视图和物化视图

准备查询和重用它们使我们的生活更轻松，我们对存储过程和程序包也采用了同样的原则，但是这次使用视图。视图是表的逻辑表示形式，或是表或其他视图的组合；换言之，它允许你预定义查询。请注意，也可以在外部表和临时表上创建视图。视图是基于查询并在调用时执行的数据库对象，因此结果集始终是最新的。可以像表一样查询视图，并且也可以更新、插入和删除视图，当然这些操作会有些限制。所有这些操作都是在视图创建的表上执行的。请务必检查正在使用的 Oracle 数据库版本，确认视图操作方面的限制。通常，限制是只能对基表中标识的行使用数据操纵语言(DML)，而表应该是所谓的保留键的表。这意味着应该在 DML 中包含所有主键列。如果视图是联接视图，则该表的所有键列都包含在联接的结果中，以便通过联接保留所有键和键列。很明显，如果视图的查询包含 set、distinct、group by 或任何聚合函数，则无法使用 DML，因为无法再识别行。

可以使用 CREATE VIEW 语句创建视图，在其中定义视图和查询的名称。如果为视图定义的查询将联接表或视图，则此视图称为联接视图。如果视图不存在，CREATE OR REPLACE VIEW 语句将创建一个新视图；如果它已存在，则替换现有的。替换非常有用，因为可以使用它更改现有视图的定义，并且保留以前授予的所有权限。依赖于替换视图的物化视图将被标记为不可用，你需要刷新它。可以使用强制来创建一个依赖于不存在对象的视图，也可以使用版本化创建版本化视图。版本化视图只包含一个表中的所有行，并显示其全部或部分列。版本化视图的典型用例是将应用程序从 DDL 更改隔离到基表。有关版本化的更多信息，请参阅第 5 章。

还可以使用 VISIBLE | INVISIBLE 子句定义视图中的列是否可见。默认情况下，所有视图列都是可见的，即使列可能在基表中被指定为不可见。我们将在本章后面更多地讨论不可见列。为视图的基表定义的约束也适用于视图，但在 Oracle 数据库中，也可以专门对视图定义约束。例如，约束可以是一个 check 约束，它确保 DML 操作遵循在子查询中为视图定义的规则。例如，表由所有行组成，但只允许使用视图查看某些行(例如，where company_id=1)，然后使用 WITH CHECK OPTION CONSTRAINT 选项，不能在 company_id=2 的情况下添加行。还可以为视图定义只读约束，使其成为只读视图，从而不允许使用视图对基表进行插入、更新或删除。或者，该约束也可以是主键、外键或唯一键约束，但主要是为了帮助 Oracle 优化器找到最佳执行计划。可以使用 OUT_OF_LINE_CONSTRAINT 子句或 INLINE_CONSTRAINT 子句作为列或属性规范的一部分在视图级别定义它们。使用 XMLtype_view_clause 中的 object_view_clause 或 XMLType 视图将视图定义为对象类型视图。

在 Oracle Database 12c 中引入了一个名为 dbms_utility.expand_sql_text 的新存储过程。此存储过程采用一个引用视图作为输入的查询，并返回一个仅引用表的相同含义的查询。这对于使用视图分析 SQL 很有帮助。在需要解决性能问题或修复应用程序逻辑时，可以使用它。

物化视图是视图，但查询结果保存在数据库中，在物化视图的创建过程中定义为自动刷新。物化视图在以前的 Oracle 数据库版本中被称为快照。物化视图可用于数据库复制，例如在分布式环境中，或者在将其中的一部分共享到移动环境中时。物化视图也可用于保存查询结果以加快查询速度(例如，创建汇总数据)。物化视图也有一些限制，具体取决于 Oracle 数据库版本。因此，务必检查你的版本有哪类限制。

使用 CREATE MATERIALIZED VIEW 语句创建物化视图。在查询的 FROM 子句中，可以定义要在物化视图中使用的表、视图和其他物化视图。这些对象在数据仓库中的复制或明细表中称为主表。这里使用术语基表，因为这些表(或其他数据库对象)是物化视图查询的基础。下面是 EMP 表中物化视图的一个简单示例：

```
CREATE MATERIALIZED VIEW mv_emp AS SELECT * FROM Emp;
```

可以基于主键或 ROWID 创建物化视图。可以指定 WITH PRIMARY KEY 创建主键物化视图，这是默认和推荐的方法。如果已根据主键定义了物化视图，则可以在不影响物化视图的情况下重新组织基表。在基于主键的物化视图中，基表必须包含启用的有效主键约束，并且必须定义物化视图查询才能直接使用所有主键列。

显然，不能使用主键创建对象视图。与对象表、对象视图和 XMLType 视图一样，它们没有指定列名，并且 Oracle 数据库为它们定义了系统生成的 OBJECT_ID 列。可以在查询中使用此列名，并用 WITH OBJECT IDENTIFIER 子句创建对象视图。对象视图子句允许指定视图中使用的属性，而对象视图子句的另一个分支允许使用 UNDER 为视图指定超级视图。请注意，必须在与超级视图相同的架构中创建子视图。

使用 XMLType_view_clause 可以创建一个 XMLType 视图，它显示来自 XMLSchema 表类型为 XMLType 的数据。必须先创建 XMLSchema 表，然后才能创建 XMLType 视图。

如果基表没有主键，或者物化视图不包括基表的所有主键列，则只能创建 ROWID 物化视图。ROWID 物化视图有相当多的限制。ROWID 物化视图必须基于单个表，并且不能包含 distinct 或 aggregate 函数、GROUP BY 或 CONNECT BY 子句、子查询以及 set 操作。可以使用 WITH ROWID 创建 ROWID 物化视图。请注意，在对基表进行重新组织后，增量快速刷新对 ROWID 物化视图不起作用，直到执行完全刷新才会起作用。

可以定义立即或延迟生成物化视图(使用 BUILD 子句的 IMMEDIATE 或 DEFERRED 选项)。如果选择 DEFERRED 选项，将在第一次请求刷新时填充物化视图。通常使用 IMMEDIATE 选项，因为应该立即创建物化视图，但如果有几个相互依赖的物化视图、嵌套物化视图或分层物化视图，则延迟是非常有用的。在这种情况下，如果使用 BUILD DEFERRED 创建物化视图，然后使用 DBMS_MVIEW 包中的一个刷新过程来刷新所有物化视图，那么 Oracle 数据库将计算依赖关系并按正确顺序刷新物化视图。

如果修改了物化视图的基表上的数据，则物化视图中的数据也必须更新。物化视图的刷新操作是使用 CREATE_MV_REFRESH 子句定义的。使用它，可以计划时间、方法和刷新物化视图的模式，这意味着其中的数据将被刷新。

要定义的一个重要问题是物化视图的刷新时间。NEVER REFRESH 子句将阻止物化视图以任何方式刷新。允许 DML 操作，并且要反转 NEVER REFRESH，请使用 ALTER MATERIALIZED VIEW … REFRESH 语句。每当数据库在物化视图的基表上提交事务时，ON COMMIT 子句将刷新物化视图。请注意，该子句可能会增加在基表中完成提交所用的时间，因为刷新操作被视为提交过程的一部分。不能对包含对象类型或 Oracle 提供类型的物化视图使用 ON COMMIT，也不能将其用于具有远程表的物化视图。仅当用户通过 DBMS_MVIEW 或 DBMS_SYNC_REFRESH 包手动启动刷新时，ON DEMAND 子句才允许刷新物化视图。DBMS_MVIEW 包包含用于刷新物化视图的 API：DBMS_MVIEW.REFRESH、DBMS_MVIEW.REFRESH_ALL_MVIEWS 和 DBMS_MVIEW.REFRESH_DEPENDENT。DBMS_SYNC_REFRESH 包包含用于同步刷新的 API，该功能在 Oracle Database 12c Release 1 中引入。请注意，不能同时指定 ON COMMIT 和 ON DEMAND。一次只能指定其中一个。使用 START WITH 子句，可以用 datetime 表达式定义第一个自动刷新时间。使用 NEXT 子句，可以定义 datetime 表达式来计算自动刷新之间的间隔。两个 datetime 表达式必须指向将来的某个时间。如果不定义 START WITH 值，将根据物化视图的创建时间来计算第一个自动刷新时间。如果定义 START WITH 值，但不定义 NEXT 值，则数据库只刷新一次物化视图。如果既不定义 START WITH 值，也不定义 NEXT 值，或者没有定义 CREATE_MV_REFRESH 子句中的任何内容，则数据库不会自动刷新物化视图。如果指定 ON COMMIT，那么定义 START WITH 和 NEXT 将没有任何意义。同样，如果指定 START WITH 和 NEXT，则定义 ON COMMIT 没有任何意义。

刷新方法可以是增量的或完全的。它可以在原始目录下执行，或者自 Oracle Database 12*c* Release 1 开始，可以在非原始目录下执行。有三种基本类型的刷新操作：完全刷新、快速刷新(基于增量)和分区更改跟踪(Partition Change Tracking，PCT)刷新。Oracle Database 12*c* Release 1 推出了一个新的刷新选项，非原始目录刷新，称为同步刷新。并非所有的刷新方法都可用于所有物化视图；使用包 DBMS_MVIEW.EXPLAIN_MVIEW 确定可用于物化视图的部分。

指定快速选项以使用基于日志的增量刷新方法。可以创建物化视图日志，捕获自上次刷新以来对基表所做的所有更改。此信息允许快速刷新，只需要应用更改，而不是完全刷新物化视图。物化视图日志是一个数据库对象，它驻留在与基表相同的数据库和架构中。每个物化视图日志都与单个基表关联。DML 更改的更改内容存储在与基表关联的物化视图日志中，直接路径 INSERT 操作所做的更改存储在直接加载程序日志中。请注意，如果尚未为基表创建物化视图日志，带有 REFRESH FAST 的 CREAT 语句将失败。当直接路径插入发生时，Oracle 数据库将自动创建直接加载程序日志，因此不需要创建这些日志。如果定义查询包含分析或 XMLTable 函数，则物化视图不能使用快速刷新。

如果已修改的基表被分区，并且可使用修改后的基表分区来标识物化视图中受影响的分区，则可以使用 PCT 刷新方法。对基表的分区维护操作是唯一可用的增量刷新方法。

每个刷新方法都可以原位执行，并且刷新语句直接在物化视图上执行。自 Oracle Database 12*c* Release 1 开始，有另一种方法可以做到这一点：使用 out-of-place 刷新。out-of-place 刷新将创建一个或多个外部表，执行这些表上的刷新语句，然后用它们切换物化视图或受影响的物化视图分区。out-of-place 刷新的好处在于，它在刷新过程中为物化视图提供了高可用性。这一点很重要，尤其是在刷新操作需要很长时间才能完成时。out-of-place 刷新具有在使用相应的原位刷新时具有的所有限制以及某些附加限制(例如，不允许 LOB 列)。out-of-place 刷新需要在刷新期间为外部表和索引提供额外的存储。在 out-of-place PCT 刷新中，全局索引将受分区交换的影响，从而导致一些开销。如果在物化视图的基表上定义了全局索引，Oracle 将在执行分区交换之前禁用全局索引，并在其之后重建全局索引。

Oracle Database 12*c* Release 1 引入了一种称为同步刷新的新刷新方法。这样做的目的是同时刷新物化视图及其基表，以便尽可能地实现高可用性，并尽可能使用最新的数据。此方法特别针对数据仓库环境，其中增量数据的加载受到严格控制。该方法基于 out-of-place 机制，需要临时表空间进行操作。用户不直接修改基表的内容，而是使用同步刷新包提供的 API。此包同时将更改应用于基表和物化视图，以确保它们的一致性。可以将一组表和物化视图定义为始终同步。

如果指定完全(complete)刷新，则使用完全刷新方法。如果定义为完全刷新，则即使可能进行快速刷新，Oracle 数据库也会执行完全刷新。如果指定强制(force)选项，如果可能，Oracle 数据库将执行快速刷新。如果不可能，则执行完全刷新。如果未指定刷新方法(快速、完全或强制)，则强制(force)为默认值。

在 Data Modeler 中，可以在实体关系图上创建一个视图，但注意它不是实际视图，而是实体视图。视图是一个数据库对象，可以使用查询生成器或 Tools 菜单中的 Table to View Wizard 向导在关系模型中定义。如果要设计对象视图，请根据结构化类型属性选择结构化类型。

可以通过设计表设计一个物化视图对象，在关系模型中选中表的 General Properties 选项卡中的 Materialized Query Table 复选框。然后，在物化查询中，可以使用查询生成器来定义物化表的查询。请注意，在生成 DDL 时，在 Tables 下找不到物化视图，应该在 Materialized Views 下寻找。如果已经为物化视图选择了 On Prebuild Table 属性，将首先创建该表，然后在它的上面创建一个物化视图(在预生成表中建立物化视图)。如果尚未选择该属性，则只创建物化视图。可以在物化视图的物理模型浏览器中找到物化视图并定义其物理属性。

3.1.4　数据类型简介

Oracle 数据库使用的每个值都必须指定数据类型，而无论该元素是表中的列、参数还是程序代码中的变量。数据类型要么是标量，要么是非标量。标量类型包含一个原子值(例如，工资是 3000)。非标量数据类型包含一组值(例如，邮政编码集合)。数据类型定义了元素的域，以及 Oracle 将如何处理该元素。例如，工资的数据类型(NUMBER(8,2))指定工资是数字，它只能包含数字信息，工资的最大金额是 999999.99，数字信息的函数可用等。数据类型可以是以下类别之一：

- Oracle 内置数据类型
- ANSI、DB2 或 SQL/DS 数据类型
- 用户定义类型
- Oracle 提供的类型

Oracle 内置的数据类型有字符、数字、long/long raw、datetime、大对象(LOB)和 ROWID。我们在本章前面谈到了 ROWID。我们将在本节稍后讨论 LOB；其他数据类型都非常简单。Oracle 有几种内置的数据类型：字符串、数字和日期等。为列选择正确的数据类型非常重要。为保存货币信息的列，选择 VARCHAR2 是没有意义的。即使可以保存该类型的数据，也无法正常工作，比较操作会给出错误的结果，使用这样的列会很奇怪，更不用说对那些误解了列含义的程序员的影响，这会白白浪费他们的时间。

注意：
PL/SQL 支持布尔数据类型，但 Oracle 数据库不支持。

在创建表时，还可以使用 ANSI、DB2 和 SQL/DS 数据类型。DB2 和 SQL/DS 都是 IBM 的产品。Oracle 通过其名称识别 ANSI 或 IBM 数据类型，并将数据类型转换为等效的 Oracle 数据类型。

用户定义类型是用户使用 Oracle 提供的工具自己定义的数据类型。

我们将在本节后面讨论用户定义类型。

Oracle 提供的类型是 Oracle 定义的用户定义类型，这些类型使用用户定义类型的工具定义。Oracle 提供的类型如下：

- Any 类型
- XML 类型
- URI 类型
- Spatial 类型
- Media 类型
- JSON

有时，需求的最佳解决方案不是一个新表，而是一个复杂类型的列，特别是在数据半结构化或非结构化的情况下。例如，列可以是大对象(LOB)或扩展标记语言(XML)，也可以是程序员定义的数据类型(用户定义类型)。在本节中，将详细研究一些复杂的数据类型。

1. 大对象(LOB)

LOB 数据类型对于完全非结构化数据非常有用，因为这种数据不能保存在传统的数据库结构中。在 LOB 中，可以保存任何内容。当然，非结构化数据的问题是，计算机无法分析非结构化数据。

LOB 也非常适用于半结构化数据，如 JSON 和 XML。但是，当然，这取决于数据、格式和内容。LOB 是标量数据类型，表示二进制或字符数据的大标量值。由于 LOB 很大，为了不影响其他标量类型，LOB 会受到一些限制。可以将 LOB 定义为对象类型的表或属性的列。可以使用 LOB 创建用户定义的数据类型或将其他数据类型存储为 LOB。

　　4 种不同的 LOB 类型是字符大对象(CLOB)、国家字符集大对象(National Character Set Large Object，NCLOB)、二进制大对象(BLOB)和外部二进制文件(BFILE)。CLOB 用于大字符串(文本)或仅使用数据库字符集的文档。NCLOB 类似 CLOB，但它也支持使用国家字符集和不同宽度字符的文件。BLOB 以二进制格式存储任何类型的数据，BLOB 通常用于图像、音频和视频。BFILE 与 BLOB 类似，但与其他所有 LOB 类型不同，因为它存储在数据库之外，无法参与事务，无法恢复，而且不可更新。BFILE 非常适合存储静态数据(例如，图像)，确保该外部文件存在，并且 Oracle 进程对该文件具有操作系统读取权限；否则，数据库将无法访问该文件。任何能保存在操作系统文件中的数据类型都可以存储在 BFILE 中，如果需要，可以将其以正确的 LOB 类型格式加载到数据库中。例如，可以在 BFILE 中存储食谱的字符数据，准备好了时，可以将 BFILE 数据加载到 CLOB 或 NCLOB 中，并指定要加载的字符集。

　　每个 LOB 实例都有一个定位符和一个值。对于内部 LOB(数据库中的 LOB)，LOB 列将定位符存储到 LOB 值。BFILE 列存储 BFILE 定位符(目录名和文件名)，它用作服务器文件系统上二进制文件的指针。使用 bfilename 函数，可以更改 BFILE 的文件名和路径，而不会影响基表。这两种情况下，定位符都作为指向数据的指针，存储在任何已初始化的 LOB 列的表行中。在单元格中存在一个具有定位符和值的 LOB 实例，访问 LOB 列中的单元格所使用的技术因其状态而异。

　　LOB 列中的单元格可能处于下列状态之一：

- NULL　创建单元格但没有定位符和值。
- Empty　带有定位符的 LOB 实例存在于单元格中，但没有值。LOB 的长度是 0。
- Populated　带有定位符的 LOB 实例存在于单元格中，有值。

　　在 Oracle Database 11g 之前，Oracle 只支持一种 LOB 存储类型。Oracle Database 11g 引入了 SecureFiles LOB 存储，并给出了原始存储类型 BasicFiles LOB 存储。在 Oracle Database 11g 中，BasicFiles LOB 存储是默认的，但在 Oracle Database 12c 中，SecureFiles LOB 被定义为默认值。必须为不使用自动段空间管理(Automatic Segment Space Management，ASSM)的表空间中的 LOB 存储定义 BasicFiles LOB 存储。SecureFiles LOB 存储支持压缩、复制和加密。最好的方法是在创建表时启用它们(在 CREATE TABLE 语句中)，因为如果以后执行(使用 ALTER TABLE 语句)，则表中的所有 SecureFiles LOB 数据都必须被读取、修改和回写。根据在 ALTER 子句上设置的参数，此操作可能导致数据库锁定该表。在 CREATE TABLE 语句中，可以定义将使用的 LOB 存储：basicfile 指定 BasicFiles LOB 存储，securefile 指定 SecureFiles LOB 存储。

　　LOB 列是使用 CREATE TABLE 或 ALTER TABLE ADD 语句创建的，并且可以使用 ALTER TABLE MODIFY 语句修改其参数。除了存储定义(basicfile/securefile)选项外，还可以指定更多选项。让我们看看其中的几个。使用区块，可以定义处理 LOB 数据时所用数据的大小。它在保存数据以及访问或修改它时使用。它是块大小的倍数。在定义区块值后，不能更改它。可以将数据定义为嵌入保存、保存到表或保存到选择的位置。如果数据少于大约 4000 字节，则默认情况下是嵌入保存的；否则，它会保存在外部。使用 disable storage in row 参数，可以定义所有数据(不管其大小)都存储在外。如果数据是存储在外的，那么定义区块大小的重要性就会更大：无论数据的大小如何，数据库总是会分配块中定义的大小或数据的倍数。即使数据的大小非常小，也会分配块的大小。在性能和存储优化方面，定义好区块值是非常重要的。

　　如果定义了 enable storage in row，则较小的数据将存储在内，更大的数据存储在外。在某些情况下，在行中禁用存储是更好的选择。例如，你可能希望将所有 LOB 数据存储在单独的表空间中，以控制它所使用的空间。如果正在执行大量的基表处理(例如，全表扫描)，这可能是一个更好的选择，因为 LOB 列及其数据(如果在行中保存)会增加一行的大小，可能会影响性能。

　　可以为 LOB 指定日志选项：

- logging　根据 LOB 中的更改，更新指定要更新的 redo 日志文件。
- nologging　不创建 redo，不可恢复。

- filesystem_like_logging 仅对 SecureFiles 有效。系统只记录元数据。filesystem_like_logging 确保数据在服务器有故障后完全可恢复(实例恢复)。

缓冲区缓存参数有三个值,定义如下:

- cache LOB 页将被放置在缓冲区,以便可以快速访问。
- nocache LOB 值不进入缓冲区。
- cache reads LOB 值只在读操作而不是写操作时进入缓冲区。

如果定义了缓存,那么选择的日志记录并不重要,因为缓存需要记录,并且数据库会自动完成日志记录。在创建表时,可以使用 STORAGE 子句为 LOB 列指定不同的表空间和其他存储特性。如果表中有多个 LOB 列,那么最好在单独的表空间中定义它们,这样可以减少设备争用。

定义 LOB 列时,将自动创建它的索引。LOB 索引是用户不能删除或重建的内部结构。可以使用最新版本的 Oracle 数据库来定义它的名称。如果指定了 LOB 数据的表空间,它将用于数据和索引。如果不指定表空间,LOB 数据和索引将使用该表的表空间。

内部 LOB 使用复制语义来确保每个表单元格或包含 LOB 的变量具有唯一的 LOB 实例。复制语义意味着在插入、更新或赋值操作期间,LOB 定位符和值都是逻辑上复制的。外部 LOB 则相反,它们使用引用语义在插入时只复制 LOB 定位符;不允许对外部 LOB 进行更新。

如果要确保在选择包含 LOB 的行的内容时没有人能更改它,则可以使用 SELECT 子句中的 UPDATE 子句。这将锁定该行,直到事务结束。LOB API 包括使你能够显式打开和关闭 LOB 实例的操作。可以将任何类型的 LOB 打开为只读模式,以确保在使用它时没有人能更改定位符或数据。关闭 LOB 时,再允许其他人更改它。还可以在数据库中将 LOB 定义为读写模式,以便延迟索引维护,直到关闭 LOB。如果在 LOB 列上有可扩展索引,而你不希望在每次写入 LOB 时都维护数据库,这个模式会很有用。如果打开 LOB,则必须在会话稍后的某个时间关闭它。

访问和修改 LOB 值有两种不同的方法:使用 LOB 数据接口或 LOB 定位符。这两种方法都要求存在定位符。空的 LOB 实例没有定位符,因此要使用 PL/SQL dbms_lob.read 存储过程或定位符处理 LOB 的任何其他方法,都必须初始化 LOB 实例以提供定位符。若要初始化内部 LOB,请使用带有函数 empty_blob(用于 BLOB)或 empty_clob(用于 CLOB 和 NCLOB)的 INSERT/UPDATE 语句,将其初始化为空。可以使用空 LOB 定位符的有效位置包括 INSERT 语句的 VALUES 子句和 UPDATE 语句的 SET 子句。要初始化外部 LOB(BFILE 列),请使用 bfilename 函数。

在程序代码中访问 LOB 数据时,你所了解的有关访问 VARCHAR2 数据类型的大多数规则和语义都适用。可以使用串联、一些比较函数、字符函数和一些带有 LOB 的转换函数。请注意,LOB 大型操作可能会持续一段时间。LOB 不支持聚合函数或 Unicode 函数。一些函数将 CLOB 转换为 VARCHAR2。在 SQL 环境中,只有 CLOB 的第一个 4KB 被转换并在操作中使用;在 PL/SQL 环境中,转换的数据量是第一个 32KB。在带有 DISTINCT、GROUP BY 或 ORDER BY 子句的 SELECT 语句中,LOB 不能用于连接表。请注意,无论 nls_comp 和 nls_sort 参数设置如何,都对字符数据进行二进制比较。在 PL/SQL 中,可以定义一个足够大的 VARCHAR2 变量,并使用 SELECT…INTO 结构,从 CLOB 或 NCLOB 的数据库表列中为其赋值。

可以使用 OCI(Oracle 调用接口)、PL/SQL(DBMS_LOB 包)、预编译器(Pro * C/C++、Pro * COBOL)或 Java(JDBC) 来访问 BFILE。可以使用 DIRECTORY 对象初始化和管理 BFILE,它是操作系统文件完整路径名的别名。它们与 BFILENAME 对象一起初始化 BFILE 定位符。可以使用 INSERT 将 BFILE 列设置为指向磁盘上的现有文件并使用 UPDATE 更改引用目标。我们创建一个名为 EMP_PHOTOS 的表,它有一个 Empno 列和一个 BFILE 类型的 Photo 列:

```
CREATE TABLE Emp_photos (
Empno NUMBER NOT NULL,
Photo BFILE);
```

接下来，在表中插入照片：

```
INSERT INTO Emp_photos VALUES
(1,  BFILENAME('C:\\Users\helhel\Heli', 'launch0.jpg'));
```

还可以定义目录，在向表中插入另一个照片时，可以引用它：

```
CREATE OR REPLACE DIRECTORY photo_dir AS 'C:\\Users\helhel\Heli';

INSERT INTO Emp_photos VALUES
(2, BFILENAME('photo_dir', 'launch1.jpg'));

SELECT * FROM Emp_Photos;
EMPNO      PHOTO
1          bfilename('C:\\Users\helhel\Heli','launch0.jpg')
2          bfilename('photo_dir','launch1.jpg')
```

接下来，更新员工号(Empno)为 1 的员工的照片：

```
UPDATE Emp_photos
SET Photo = BFILENAME('photo_dir', 'launch2.jpg')
WHERE Empno = 1;

SELECT * FROM Emp_Photos;
EMPNO      PHOTO
1          bfilename('photo_dir','launch2.jpg')
2          bfilename('photo_dir','launch1.jpg')
```

对于 SecureFiles 而言，有三种用于支付的功能：高级 LOB 压缩、高级 LOB 去重和 SecureFiles 加密。高级 LOB 压缩功能可以分析和压缩 SecureFiles LOB 数据，以节省磁盘空间并提高性能。要使用此压缩功能，必须有 Oracle 高级压缩选项的许可证。高级 LOB 去重功能可以在 LOB 列或分区中自动检测重复的 LOB 数据，并且只存储一个数据副本以节省空间。要使用此功能，必须有 Oracle 高级压缩选项的许可证。SecureFiles 加密功能使用透明数据加密(Transparent Data Encryption，TDE)对数据进行加密。要使用此功能，必须拥有 Oracle 高级安全选项的许可证。

2. XMLType

可扩展标记语言(XML)是由万维网联盟(World Wide Web Consortium，W3C)为结构化和半结构化数据开发的标准语法。它用于交换和保存数据。XML 语法和标准包括数据的描述、XML 架构和数据本身。许多组织已使用这些架构为 XML 架构和数据交换定义了自己的标准。由于文档既包含数据的描述，也包括数据本身，因此 XML 对于人眼和计算机程序都是可读的。

如本章前面所述，XML 数据可以保存在 LOB 类型的列中，但也有另一种可能性：XMLType。Oracle 提供的类型 XMLType 在 Oracle Database 9*i* Release 1 中引入。它可用于存储和查询数据库中的 XML 数据，并且可以在 SQL 中表示 XML 文档实例。例如，可以使用 XMLType 作为表或视图中的列的数据类型，或作为参数、返回值或 PL/SQL 代码中的变量。XMLType 是一种抽象数据类型，XMLType 表和列可以保留为二进制 XML 存储或对象关系存储。二进制 XML 存储是 Oracle Database 12*c* 中 Oracle XML DB 的默认存储模型。它是紧凑的，而且能感知 XML 架构，但也支持处理不基于 XML 架构的文档，它提供了高效的部分更新和流式查询评估。XML 文档的对象关系存储将文档内容分解为一组 SQL 对象。它为具有已知和固定查询集的高度结构化数据提供了最佳性能。

XMLType 有很多函数，用于使用 XPath 表达式访问 XML 数据，XPath 表达式是由 W3C 开发的，用于在 XML 文档的节点(元素、属性、文本、名称空间、处理指令、注释和文档节点)间导航的标准。在 PL/SQL 和 Java 中提供的应用程序编程接口(API)中还有 XMLType 的功能。在 PL/SQL 中，有三种用于 XMLType 的 API：PL/SQL 文档对象模型 (DOM) API(DBMS_XMLDOM 包)、PL/SQL XML Parser API(DBMS_XMLPARSER 包)和 PL/SQL

XSLT 处理器 API(DBMS_XSLPROCESSOR 包)。

　　Oracle XML DB 是一组 Oracle 数据库技术,它与 Oracle 数据库中的 XML 数据一起使用;它既是一个 XMLType 框架,也是一个 Oracle XML 数据库存储库,并且具有处理 XML 数据的技术。它是在 Oracle Database 9.2 中引入的。在 Oracle Database 12.1.0.1 中,Oracle XML DB 是 Oracle 数据库的一个必要组件。创建数据库或将现有数据库升级到 Oracle Database 12c 时,将自动安装它。你无法卸载它。Oracle XML DB 使你可以像处理关系数据那样处理 XML 数据,也可以像处理 XML 数据那样处理关系数据。这样,你就拥有了这两个世界的所有优点。例如,使用 XMLType 视图,可以将现有的关系或对象关系数据包装为 XML 格式,并将其视为 XML,而不更改应用程序或保存的数据。为此,必须定义 XML 架构和映射。可以使用 DBMS_XMLSCHEMA 包注册架构。在 Oracle Database 12.1 中,DBMS_XMLSCHEMA 包中的子程序 generateSchema 和 generateSchemas 已经被弃用,而且没有任何替换或替代方法。可以对 XMLType 表和视图进行索引以提高性能。可以使用 XMLIndex 对 XML 数据进行索引,并通过 Oracle Text CONTEXT 索引补充 XMLIndex。请注意,在 Oracle Database 12c 中,函数索引已被弃用。

　　XQuery 用于结构化或非结构化数据集合的查询。它是由 W3C 开发的。Oracle XML DB 支持 XQuery 更新。在 Oracle Database 12.1 中,所有用于更新 XML 数据的 Oracle SQL 函数都被弃用了,建议使用 XQuery 更新。使用 XMLType 非常依赖于正在使用的 Oracle 数据库版本。本节主要讨论的是 Oracle Database 12c 版本。

　　引入 XMLType 时,它的存储数据类型为 CLOB。在 Oracle Database 11.1 中,引入了一种称为二进制 XML 的新存储类型,在 Oracle Database 11.2.0.2 中,它被定义为 XMLType 的默认值。二进制 XML 理解 XML 架构,但它也可以与 XML 数据一起使用,而不需要 XML 架构。在 Oracle Database 12.1 中,XMLType 的 CLOB 存储已被弃用,建议使用 XMLType 的二进制 XML 存储。从 CLOB 移动到二进制 XML 已经变得非常容易。可以使用 CREATE TABLE AS SELECT... 将数据从 CLOB 移动到二进制 XML。不过,二进制 XML 背后的数据类型是内部 CLOB。

　　要创建名为 XMLemp 的 XMLType 表,请使用以下语法:

```
CREATE TABLE XMLemp OF XMLType;
```

要创建具有 XMLType 列(信息)的表,可以使用如下语法,甚至分别定义每个 XMLType 列的存储参数:

```
CREATE TABLE Emp_XML
(empno NUMBER(10) PRIMARY KEY, Ename VARCHAR2(10), Information XMLType)
XMLType COLUMN Information
STORE AS BINARY XML (
TABLESPACE emp_tablespace
STORAGE (INITIAL 4096 NEXT 4096)
CHUNK 4096 NOCACHE LOGGING
);
```

　　Oracle XML DB 提供了按 SQL/XML 标准定义的几个 SQL 函数,这是 SQL 规范的一部分。它们有两种功能:一种是从 SQL 查询的结果中生成 XML 数据,另一种是在 SQL 操作中查询和更新 XML 内容。这些函数使用 XQuery 或 XPath 表达式。可以使用 SQL、PL/SQL、Java、C、SQL*Loader 或 DBMS_XDB_REPOS 包将数据插入 Oracle XML DB,可以使用 XMLCast、XMLQuery 和 XMLExists 函数在 SQL 中查询或更新它。可以使用 Oracle 提供的函数从关系数据生成 XML 数据。Oracle Database 12.1 引入了一个名为 DBMS_XDB_CONFIG 的新 PL/SQL 包。因为有此更改,所有 Oracle XML DB 配置函数、存储过程和常量都从包 DBMS_XDB 移动到 DBMS_XDB_CONFIG 中,并且已弃用包 DBMS_XDB。包 DBMS_XMLSTORE 可用于插入、更新或删除以对象关系形式存储的 XML 文档中的数据。可以使用 XMLType 方法 transform()将 XMLType 实例转换为 XSLT 样式表中定义的形式。样式表可以是 XMLType 实例或 VARCHAR2 字符串文本。可以使用 SQL 函数 XMLIsValid 或 XMLType 方法 IsSchemaValid() 检查 XMLType 中的 XML 数据是否对其架构定义有效。可以使用 SQL/XML 标准函数 XMLConcat 将两个或多个 XMLType 实例串联在一起。

　　XMLOptimizationCheck 在 Oracle Database 11.2.0.2 中引入。如果为 XQuery 优化设置了该模式(SET

XMLOptimizationCheck ON)，则会自动检查 XQuery 优化的执行计划，并将诊断信息写入跟踪文件。XMLOptimizationCheck 可能会占用你的注意力，将其永久开启是个明智的选择。在 Oracle Database 11.2.0.2 之前，可以通过直接操作事件 19201 获得 XQuery 优化信息。

3. JSON

Oracle Database 12*c* 还支持 JSON(JavaScript 对象表示法)数据类型。由于必须移动和保存相对较大的数据(元数据和实际数据)，XML 解决方案有时太复杂。JSON 比较轻，而且更容易改变架构。JavaScript 是 Web 开发中非常流行的编程语言，JSON 可以表示 JavaScript 对象文本，这使得 JSON 成为流行的数据交换语言。

Oracle 数据库强制存储在数据库中的 JSON 符合 JSON 规则，并且可以使用路径表示法进行查询。还有一些新的运算符允许将 JSON 路径查询集成到 SQL 操作中。若要定义具有 JSON 类型列的表，请将其定义为具有 CHECK 约束 IS JSON 或 IS JSON STRICT 的 CLOB 列：

```
CREATE TABLE Emp_JSON
(empno        NUMBER (10) NOT NULL,
Ename        VARCHAR2(10),
Emp_document CLOB
CONSTRAINT ensure_json CHECK (Emp_document IS JSON));
```

向表中插入数据：

```
INSERT INTO Emp_JSON
VALUES(
1, 'Pirkko',
'{"Address" : "Kotikatu",
"HouseNo" : 7,
"City" : "Helsinki",
"Country" : "Finland"}'
);
```

查询 JSON 数据：

```
SELECT emp.Emp_document.Address FROM Emp_JSON emp;
Kotikatu
```

注意：
JSON 中的名字是大小写敏感的，如果查询：

```
SELECT emp.Emp_document.address FROM Emp_JSON emp;
```

查询的结果是 NULL，因为 emp.Emp_document.address 与 emp.Emp_document.Address 不一样。

4. URI 数据类型

Oracle Database 9*i* 中引入了 URI(统一资源标识符)数据类型，这是一种广义的 URL 数据类型。它可以引用任何文档或文档中的特定部分。URI 可用于创建指向数据库内外数据的表列。UriType 是一种抽象对象类型，而 HTTPURITYPE、XDBURITYPE 和 DBURITYPE 是它的子类型。还可以定义自己的 UriType 子类型来处理不同的 URL 协议。UriType 提供了一组要使用的函数。不能直接创建 UriType 实例；只能创建此类型的列，并将子类型实例存储在其中。还可以使用超类型 UriType 提供的函数查询数据库列：getblob、getclob、getcontenttype、getexternalurl、geturl 以及 getxml。所有这些函数返回数据的数据类型，都是 URI 列地址中的函数名称所提到的数据类型。子类型还为其协议提供自己的函数。

Oracle 还提供了一个 UriFactory 包。使用 UriFactory,可以发明新的协议并定义 UriType 的子类型来处理该协议,然后将其注册到 UriFactory。在此之后,任何工厂方法都将生成新的子类型实例(假定能看到新的子类型定义的前缀)。

5. REF

REF 数据类型与对象一起使用。每个对象都有一个唯一标识该对象的对象标识符(Object Identifier,OID),使你能够引用它。REF 是引用的数据类型,REF 使用对象标识符(OID)指向对象。REF 数据类型是对象标识符的容器,REF 值是指向对象的指针。REF 包含三个元素:引用对象的 OID、包含所引用对象的表或视图的 OID 以及 ROWID 提示。在"对象表"部分,将简要地讨论 REF 的使用。

创建一个名为 CUSTOMER 的表,带有一个类型为 Address_Type REF、名为 Address_ref 的列(集合和 Address_Type 定义中使用的数组在"用户定义类型"部分介绍):

```
CREATE OR REPLACE TYPE PostalCode_Collection
IS
TABLE OF VARCHAR2 (6);

CREATE OR REPLACE TYPE Address_Type
AS
  OBJECT
  (
    StreetName VARCHAR2 (100) ,
    HouseNo    NUMBER (5) ,
    PostalCode PostalCode_Collection ,
    City City_Collection ,
    State State_Array ,
    Country Country_Collection );

CREATE TABLE Customer
  (
    CustomerID NUMBER (16) NOT NULL ,
    Name       VARCHAR2 (100 CHAR) ,
    Address_ref REF Address_Type
  );

DESC Customer
Name           Null     Type
------------- -------- --------------------
CUSTOMERID    NOT NULL NUMBER(16)
NAME                   VARCHAR2(100 CHAR)
ADDRESS_REF            REF OF ADDRESS_TYPE
```

REF 值可以指向现有对象或不存在的对象。当 REF 值指向不存在的对象时,REF 被认为是挂起的。可以使用条件 is [not] dangling 来确定 REF 是否挂起。如果引用是挂起的,则 is dangling 将返回 TRUE;如果不挂起,则返回 FALSE。is not dangling 产生相反的效果:不挂起,返回 TRUE,挂起则返回 FALSE。请注意,挂起 REF 与空 REF 不同。我们看一下在"对象表"部分介绍的 COMPANY_CUSTOMER 示例,只选择那些不挂起或客户表中引用现有地址的那些行:

```
select REF(c) from Company_Customer c where REF(c) IS NOT DANGLING;
Select Address_ref from Customer where Address_ref IS NOT DANGLING;
```

与关系表一样,可以在 REF 列上定义参照完整性约束,以确保 REF 的行对象。

声明 REF 类型的列类型、集合元素或对象类型属性时,可以指定作用域的 REF。作用域的 REF 限制对指定对象表的引用。作用域的 REF 不确保所引用的行对象存在；它们只确保所引用的对象表存在。在作用域 REF 中 ROWID 提示是忽略的；因此，使用它们可能会降低性能，但会节省存储空间。

我们创建一个简单的示例。首先，创建一个简单的地址对象类型(Address_TYPE)，然后创建一个基于该类型的对象表(ADDRESS_TAB)，最后创建一个表(CUSTOMER)，它有一个 Address_Type 类型的列(Address_ref)，其作用域在 ADDRESS_TAB 表上：

```
CREATE OR REPLACE TYPE Address_Type
AS
OBJECT
(
StreetName VARCHAR2 (100) ,
HouseNo    NUMBER (5) );

CREATE TABLE Address_Tab of Address_Type;
DROP TABLE Customer;
CREATE TABLE Customer
(
CustomerID NUMBER (16) NOT NULL ,
Name       VARCHAR2 (100 CHAR) ,
Address_ref REF Address_Type SCOPE IS Address_Tab
);
```

可以将 REF 更改为指向同一对象类型层次结构的另一个对象，或将其指定为空。REF 是在对象之间导航的一种简单机制。

6. 用户定义类型

除了标准的数据类型以外，Oracle 允许用户定义自己的数据类型，我们称之为用户定义类型。有两种用户定义类型：对象类型和集合类型。用户定义类型是数据库集合对象。

对象类型是用户定义的数据类型，包括带函数和存储过程的可以操纵数据的复合数据结构(包括集合)。数据结构可以使用标量数据类型、集合或其他对象类型来构建。可以在本章后面阅读更多关于集合的内容。数据结构中的数据元素称为属性。对象类型的函数和存储过程称为方法。

在本例中，使用 Data Modeler 中的术语，因为使用 Data Modeler 创建类型。集合可以是嵌套的表格，没有固定数量的元素，而数组是具有一定元素的集合。创建名为 Address 的数据类型，它包含以下属性：StreetName、HouseNo、PostalCode、City、State 和 Country。StreetName 为 VARCHAR2(100)，HouseNo 为 NUMBER(4,0)，其余属性可能是值、集合或数组的列表。国家是一个阵列，因为我们知道确切的国家数量，但是不知道将有多少邮政编码、城市和国家，所以将它们定义为集合。这些类型可以使用特殊类型和集合类型在 Data Modeler 的数据类型模型中进行设计。首先将集合或数组的数据类型定义为 Distinct Types，然后使用定义的 Distinct Types 来定义集合和数组。例如，对于 PostalCode_Type(Distinct Type)，可以将其指定为 VARCHAR2(6)；对于 PostalCode_Collection(集合类型)，可以将其定义为 PostalCode_Type 的特殊类型的集合。因此，首先必须定义集合的类型(PostalCode_Collection、Country_Collection、City_Collection 和 PostalCode_Type)，然后为邮政编码、城市、省和国家定义集合和数组。集合看起来是这样的：

```
CREATE OR REPLACE TYPE PostalCode_Collection
IS
TABLE OF VARCHAR2 (6);

CREATE OR REPLACE TYPE Country_Collection
IS
TABLE OF VARCHAR2 (30);
```

```
CREATE OR REPLACE TYPE City_Collection
IS
TABLE OF VARCHAR2 (30);
```

State_Array 是这样的:

```
CREATE OR REPLACE TYPE State_Array IS VARRAY ( 50 )
OF VARCHAR2 (100) ;
```

在定义所需的数据类型之后,我们准备在其结构中使用这些数据类型来定义结构化类型。称为 Address 的结构化类型包括属性 StreetName、HouseNo、PostalCode、City、State 和 Country。我们使用之前定义的数据类型 PostalCode_Collection、City_Collection、State_Array 和 Country_Collection 来定义 PostalCode、City、State 和 Country 的数据类型。在 Data Modeler 中,这是作为数据类型模型中的结构化类型完成的。如果想要定义 Address 的方法,可以在 SQL 和 PL/SQL 部分定义。用于创建 Address 数据类型的 DDL 将如下所示:

```
CREATE OR REPLACE TYPE Address
AS
  OBJECT
  (
    StreetName VARCHAR2 (100) ,
    HouseNo    NUMBER (5) ,
    PostalCode PostalCode_Collection ,
    City City_Collection ,
    State State_Array ,
    Country Country_Collection );
```

现在定义了数据类型 Address,可以设计一个具有该数据类型列的表。我们用这种类型的列来创建表 CUSTOMER1:

```
CREATE TABLE Customer1
  (
    CustomerID NUMBER (16) NOT NULL ,
    Name       VARCHAR2 (100 CHAR) ,
    AddressTable Address
  )
NESTED TABLE AddressTable.PostalCode STORE AS PostalCode
NESTED TABLE AddressTable.City STORE AS City
NESTED TABLE AddressTable.Country STORE AS Country ;
ALTER TABLE Customer ADD CONSTRAINT Customer_PK PRIMARY KEY ( CustomerID ) ;
```

在此例之后,更容易解释什么是集合类型。它们是我们在示例中定义的邮政编码和状态类型等类型。只需要使用这些集合,就可以定义没有对象类型的同一个表:

```
CREATE TABLE Customer2
  (
    CustomerID NUMBER (16) NOT NULL ,
    Name       VARCHAR2 (100 CHAR) ,
    StreetName VARCHAR2 (100 CHAR) ,
    HouseNo    NUMBER (5) ,
    PostalCode PostalCode_Collection ,
    City City_Collection ,
    State State_Array ,
    Country Country_Collection
  )
  NESTED TABLE PostalCode  STORE AS PostalCode
NESTED TABLE City  STORE AS City
NESTED TABLE Country STORE AS Country ;
```

```
ALTER TABLE Customer ADD CONSTRAINT Customer_PK PRIMARY KEY ( CustomerID ) ;
```

嵌套表以及其他集合可以在 PL/SQL 中定义，我们将在本章后面关于集合的部分讨论这些内容，但也可以在数据库中将其定义为列的数据类型，如该例所示。

如果使用 Data Modeler 设计用户定义的数据类型，有些东西需要了解。Data Modeler 有四种用户定义的数据类型：特殊类型、结构化类型、集合类型和逻辑类型。

逻辑类型不是实际的数据类型；它们是与所选 RDBMS 类型(Oracle Database 12c、SQL Server 2008 等)的本机类型关联的名称，然后定义为属性或域的数据类型。要创建新的逻辑类型或编辑现有的，请选择 Types Administration(类型管理)，可以在"工具"菜单中找到它。要创建新的，请在 User Defined Native Types(用户定义本机类型)选项卡中为所选的 RDBMS 类型定义用户定义的本机类型。然后单击"保存"按钮。再选择 Logical Types to Native Types(逻辑类型到本机类型)选项卡，然后单击"添加"按钮。输入新逻辑类型的名称，并选择刚刚为 RDBMS 类型创建的本机类型。单击"保存"按钮。现在，具有本机类型设置的新逻辑类型可以在 Logical Types to Native Types 选项卡列表中看到。它可以被选择为属性或域的数据类型。例如，使用一个新的 Microsoft SQL Server 版本，它具有 Data Modeler 尚不支持的新数据类型。将这些数据类型定义为逻辑类型，并能够在设计中使用它们。

可以在浏览器的数据类型模型下定义和管理 Distinct、Structured 和 Collection 类型。逻辑和关系模型都可以使用数据类型模型中的定义来指定属性和列的数据类型。某些结构化类型还可用于定义实体或表。数据类型模型可以手动生成，也可以从 Oracle 设计器存储库中导入一个。可以在"文件"菜单中找到导入功能。

要创建特殊类型或集合类型，请转到浏览器，选择数据类型，右击，填写所需信息。对于新的特殊类型，需要定义名称并从值列表中选择逻辑数据类型，还可以定义大小。不要忘记注释和记录特殊类型。创建特殊类型后，它会出现在属性或列的数据类型列表中。在定义属性或列的数据类型时，记住要选择 Distinct 数据类型。若要创建新的集合类型，必须定义名称并将集合设置为数组或集合。如果是数组，必须定义数组中元素的最大个数；如果是集合，则不需要定义这一项。还应定义数组或集合的数据类型。数据类型可以是 Domain、Logical、Distinct、Collection 或 Structured。还应将最大大小定义为字符串参数。此外，不要忘记注释和记录集合类型。创建集合类型后，它将作为属性或列的数据类型提供。请记住在给数据类型分配属性时，选择数据类型 Collection。

结构化类型是具有属性和方法的用户定义类型；换言之，它是一个对象类型。属性的类型可以是 Logical、Distinct、Structured 或 Collection。结构化类型也可以定义为另一个结构化类型的超类型。可以基于结构化类型定义实体。要创建新的结构化类型，在浏览器中找到数据类型模型，右击并选择"显示"；或在子视图中(在浏览器的数据类型模型下)，右击并选择"新建子视图"。然后使用工具栏上的图标设计结构化类型。只有结构化类型对象在数据类型图上显示为图形，它由结构化类型、引用链接、嵌入的结构链接、引用链接的集合、嵌入的结构链接集合以及注释组成。

在数据类型的属性中，可以在 Used In 选项卡中看到此数据类型是否在使用(以及在哪里使用)。

3.1.5　不可见列

Oracle Database 12c 引入了不可见列的概念。不可见列虽然存在于表中，但是当用户使用诸如 SELECT * FROM 或 DESCRIBE 命令时，不可见列并不会展示在结果集中。在 SQL*Plus 中，SET COLINVISIBLE ON 和 DESCRIBE 命令一起使用，才能看见不可见列。在 PL/SQL 变量定义中，使用%ROWTYPE 属性也不能看见不可见列。在查询语句中，必须显式声明不可见列，才能返回其值。不可见列的最典型应用或许是，需要为表新增一列，但又不想影响现有应用，而是希望等到应用测试充分了，再让该列可见，此时不可见列就可以派上用场了。据官方文档的功能描述，变更不可见列为可见时，该列会成为表中的最后一列。因此，借助不可见列可以改变表中列的顺序。

不可见列让修改代码更加容易，因为可以增加任意列，不会影响现有的代码，同时会有足够的时间来修改代码，当所有重构工作完成时，再将该列置为可见。使用 CRAETE TABLE 语句可以定义列是否可见，使用 ALTER TABLE 语句可以改变列是否可见。接下来创建一个名为 EMP_INVISIBLE 的表，其中定义 Ename 列为不可见列。

```
CREATE TABLE EMP_invisible
(EMPNO NUMBER(4) NOT NULL,
ENAME VARCHAR2(10) INVISIBLE,
JOB VARCHAR2(9),
MGR NUMBER(4),
HIREDATE DATE,
SAL NUMBER(7,2),
COMM NUMBER(7,2),
DEPTNO NUMBER(2)
)
/
```

如果表中包含不可见列，此时又想向不可见列插入数据，在执行 INSERT 插入语句时，就需要明确写出不可见列的列名，否则就会得到"ORA-00913: too many values"错误提示。如果不想向不可见列插入数据，或者该列可为空，又或者设置了默认值，那么 INSERT 语句中就不需要指定不可见列的列名。下面的示例中，需要向不可见列插入新值，所以 INSERT 语句中定义了所有列名：

```
INSERT INTO EMP_invisible
(EMPNO, ENAME, JOB, MGR, HIREDATE, SAL, COMM, DEPTNO)
VALUES
(1, 'Tim', 'CEO','', TO_DATE( '10.3.2010', 'DD.MM.YYYY'),5000,1000,20);
```

如果未指定列名，那么执行相同的 INSERT 语句，就会报错：

```
INSERT INTO EMP_invisible
VALUES
(2,'Sam','Manager','1',TO_DATE('10.7.2012','DD.MM.YYYY'),3000,1500,20);
```

SQL Error: ORA-00913: too many values

如果不需要向不可见列(ENAME)插入新值，则 INSERT 语句中不指定列名即可：

```
INSERT INTO EMP_invisible
VALUES
(2,'Manager','1', TO_DATE( '10.7.2012', 'DD.MM.YYYY' ),3000,1500,20);

SELECT EMPNO,ENAME,JOB,MGR,HIREDATE,SAL,COMM,DEPTNO
from EMP_invisible;


EMPNO ENAME JOB     MGR      HIREDATE    SAL  COMM DEPTNO
1     Tim   CEO     <null>   10.03.2010  5000 1000 20
2     <null> Manager 1       10.07.2012  3000 1500 20
```

如果你的应用使用了 SELECT*语句、指定列名的 SELECT 语句、未指定列名的 INSERT 语句，或者指定了列名但未含新增不可见列的 INSERT 语句，就可以在不影响现有应用的情况下，通过不可见列的特性，为表新增一列或几列。

正如前文提到的，将不可见列置为可见列，就会将其排在表中的最后一列，如下所示：

```
ALTER TABLE EMP_invisible
MODIFY ENAME VISIBLE;

DESC EMP_invisible
Name     Null       Type
-------- --------   ------------
EMPNO    NOT NULL   NUMBER(4)
JOB                 VARCHAR2(9)
MGR                 NUMBER(4)
```

```
HIREDATE         DATE
SAL              NUMBER(7,2)
COMM             NUMBER(7,2)
DEPTNO           NUMBER(2)
ENAME            VARCHAR2(10)
```

在不可见列上可以创建约束和索引，Oracle 优化器可以用这些索引。当然也支持创建基于不可见列的分区表。

3.1.6 虚拟列

虚拟列和其他常规列的区别就是数据没有存储在磁盘中，虚拟列的数据是在执行查询时才生成的。在虚拟列上创建索引，和创建函数索引类似。虚拟列可以像其他常规列一样使用，但是不能对虚拟列进行 DML 操作，这是因为 Oracle 数据库会自动管理虚拟列的数据。索引组织表、外部表、对象表、群集和临时表都不支持虚拟列。

定义虚拟列的语法如下所示：

```
column_name [datatype] [GENERATED ALWAYS] AS (expression) [VIRTUAL]
```

虚拟列定义中唯一的强制参数是 expression，但为了清楚起见，最好显式地写出 generated always 和 virtual 关键字。如果忽略了定义数据类型，就根据表达式结果来定义虚拟列的数据类型。虚拟列表达式中涉及的一个或多个列名必须存储在相同的表中，如果虚拟列的表达式用到了函数，则函数必须是确定性的，相同的查询总是返回相同的结果。表达式的输出必须是标量值，例如，不支持用户定义类型和 LOB 字段类型。

下面介绍 EMP 表的一个示例。需要定义表的一个列，表示每个员工的人均年收入(请注意，这只是一个示例)。年收入列是薪水和奖金的总和。薪水按 12 个月计算，奖金每年一次。

```
CREATE TABLE EMP_Virtual
(EMPNO NUMBER(4) NOT NULL,
ENAME VARCHAR2(10),
JOB VARCHAR2(9),
MGR NUMBER(4),
HIREDATE DATE,
SAL NUMBER(7,2),
COMM NUMBER(7,2),
DEPTNO NUMBER(2),
TOTAL_SALARY NUMBER GENERATED ALWAYS AS(12*SAL+COMM) VIRTUAL
);
```

请注意，用于虚拟列的函数必须是确定性的，无论何时调用或调用多少次，都将返回相同的值。因此，sysdate 不能与虚拟列一起使用。否则，它在计算人的年龄或工作年限方面将成为完美的解决方案。如果还想使用它解决上述问题，可以定义一个函数，它将返回年限数。该函数如下所示：

```
CREATE or REPLACE FUNCTION Work_in_years (hiredate IN date)
RETURN NUMBER DETERMINISTIC
is
work_years number (2,0);
BEGIN
work_years := trunc(months_between(hiredate, sysdate)/12);
RETURN work_years;
End;
```

注意，我们已经声明此函数是确定性的，所以这里采用了一些欺骗的手法。如果不这样做，这个函数就不能用了。现在可以创建表了，方法如下：

```
CREATE TABLE EMP_Virtual2
(EMPNO NUMBER(4) NOT NULL,
ENAME VARCHAR2(10),
```

```
JOB VARCHAR2(9),
MGR NUMBER(4),
HIREDATE DATE,
SAL NUMBER(7,2),
COMM NUMBER(7,2),
DEPTNO NUMBER(2),
LENGTH_OF_CAREER NUMBER GENERATED ALWAYS AS (Work_in_years(hiredate)) VIRTUAL);
```

现在我们有一个虚拟列，名为 LENGTH_OF_CAREER，它的值源自每次查询时的系统日期与此人开始工作日期之间的差异。这样做不太正确，因为函数不是真正确定的，它每天都在改变。不仅表列中值的改变会影响它，时间也会对它产生影响。但它是有效的，而且 Oracle 每次查询它时都会更新该值。在这种情况下，它之所以有效，是因为该列仅用于显示目的，而不用于筛选查询，并且未编入索引。另外，每个员工数据变化的间隔为一年。

如果要添加虚拟列但不影响现有应用程序，可能需要将虚拟列创建为不可见列。我们将 total_salary 列添加为不可见列：

```
CREATE TABLE EMP_Virt_Inv
(EMPNO NUMBER(4) NOT NULL,
ENAME VARCHAR2(10),
JOB VARCHAR2(9),
MGR NUMBER(4),
HIREDATE DATE,
SAL NUMBER(7,2),
COMM NUMBER(7,2),
DEPTNO NUMBER(2),
TOTAL_SALARY NUMBER INVISIBLE GENERATED ALWAYS AS(12*SAL+COMM) VIRTUAL
);
```

虚拟列可用于分区，但用作分区列的虚拟列不能调用 PL/SQL 函数。如果虚拟列是使用确定性的用户定义函数定义的，则不能将其用作分区键列——这样做的好处是可以发挥程序员的创造力，正如刚刚证明的那样，使用这种投机取巧的解决方案作为分区的基础不太好。

3.1.7　属性聚类

属性聚类是在 Oracle Database 12.1.0.2 中引入的。它是表的一个属性，定义了如何根据一列或多列的值对表中的行进行排序和存储。相关数据相邻存储，可以显著减少需要处理的数据，从而获得更好的性能。可以简单地通过在指定的一些列上进行排序或者使用允许多维聚类(交错聚类)的函数来完成聚类。属性聚类的引入是为了提升区地图、Exadata 存储索引以及内存中最小/最大修剪等特性的性能，但是也可以在不使用这些特性的情况下使用属性聚类。如果对分区表定义了属性聚类，则适用于表的所有分区。

之前介绍过，表簇将行存储在指定了特定顺序的专用簇存储结构中。但是属性聚类不使用任何特定的簇结构；它只是对表中的行进行排序，并将相关的行在物理上存储在一起。

可以为单个表定义属性聚类，但也可以为多个表在它们的连接列上定义属性聚类。后者被称为连接属性聚类，这种聚类有时非常有用。例如，在数据仓库环境的星型模式中，可以按一个或多个维度表的维度层次结构列对事实数据表进行聚类。为了能够使用连接属性聚类，连接涉及的表最好存在主键-外键关系(如在 dept 表的 deptno 列上建立主键或唯一键约束，在 emp 表的 deptno 列上建立引用 dept.deptno 列的外键约束)。不过这个外键约束也不是必需的。

属性聚类可以通过以下两种方式实现：线性排序或交错排序。在这两种情况下，都可以基于单个表或多个连接的表(连接属性聚类)对数据进行聚类。属性聚类默认采用线性排序的方式，它根据指定的一个或多个列的顺序存储数据。

线性排序可以定义在单个表或有主外键关系的多个表上。线性属性聚类可以在创建表(CREATE TABLE)或修改表(ALTER TABLE)的子句末尾使用 ADD CLUSTERING BY LINEAR ORDER (column1,column2,…)进行修改。由于属性聚类是表的一个属性，因此添加时，表中已经存在的行不会重新排序，但可以使用 MOVE 命令移动表，对已存在的行进行排序。假设使用 Empno 或 Empno 和 Deptno 的组合对 EMP 表进行查询，首先，修改 EMP 表为线性排序的属性聚类来支持这些查询，然后移动表，对表中已存在的行重新排序：

```
ALTER TABLE Emp
ADD CLUSTERING BY LINEAR ORDER (Empno, Deptno);
ALTER TABLE Emp MOVE;
```

如果 EMP 表经常与 DEPT 表连接，并使用 Emp.Empno 进行查询，且可能与 Dept.Loc 结合使用。下面这个线性排序的属性聚类将满足这一要求：

```
CREATE TABLE Emp_Cluster (
EMPNO NUMBER(4) NOT NULL,
ENAME VARCHAR2(10),
JOB VARCHAR2(9),
MGR NUMBER(4),
HIREDATE DATE,
SAL NUMBER(7,2),
COMM NUMBER(7,2),
DEPTNO NUMBER(2))
CLUSTERING
Emp_Cluster JOIN Dept ON (Emp_Cluster.Deptno = Dept.Deptno)
BY LINEAR ORDER (Empno, Loc);
```

如果大多数查询的 WHERE 子句中含有属性聚类中的所有列或其前导列，且聚类的列具有合理的基数级别，则线性排序的属性聚类效果最好。

交错排序使用基于 z-阶曲线拟合的多维聚类技术，该数学函数将一个多维数据点(多列属性值)映射到一维点(单个一维值)，同时仍保留这个数据点的多维位置(多列的值)。一个数据点的 z 值是基于这个数据点的多个坐标值的二进制表示来计算的。在数据仓库环境中，在有维度层次的星型模式中使用交错排序的效果很好。一个典型的示例是销售表，假设数据主要是通过 time_id 或 product_id，或者 time_id 和 product_id 来访问的。下面这个交错排序的属性聚类将满足这一要求：

```
CREATE TABLE Scott.sales (
product_id        NUMBER(16) NOT NULL,
customer_id       NUMBER(16) NOT NULL,
time_id       DATE NOT NULL,
quantity_sold NUMBER(10) NOT NULL,
amount_sold   NUMBER(15,2) NOT NULL
)
CLUSTERING
BY INTERLEAVED ORDER (time_id, product_id);
```

在数据仓库环境中，当星型模式中的事实表基于其维表中的列进行聚类时，使用交错排序的连接属性聚类最为常见。维度表中的列通常包含层次结构，如产品类别和子类别。因此，星型模式的连接属性聚类被称为分级聚类。交错聚类对于在多列上选取不同的列组合进行谓词过滤的查询最为有利，这在数据仓库环境中很常见。聚类列可以是单独的列或列组。每个单独的列或列组将被用来构成聚类中的多维数据点的维度。当查询以非前缀顺序指定来自多个表的列时，查询将受益于 I/O 修剪，因此列的顺序不像线性排序那么重要。列组列用( )标记，并且必须遵循从最粗粒度到最细粒度级别的维度层次结构，例如(product_category, product_subcategory)。假设使用以下谓词或谓词组合访问数据：time_id、product_category、(product_category and product_subcategory)、(time_id and product_category)或(time_id and prod_category and prod_subcategory)。可以创建以下交错排序的属性聚类：

```
CREATE TABLE Scott.Sales_Clust (
```

```
product_id         NUMBER(16) NOT NULL,
customer_id          NUMBER(16) NOT NULL,
time_id        DATE NOT NULL,
quantity_sold NUMBER(10) NOT NULL,
amount_sold  NUMBER(15,2) NOT NULL
)
CLUSTERING
sales_Clust JOIN products ON (sales_Clust.product_id = products.product_id)
BY INTERLEAVED ORDER ((time_id), (product_category, product_subcategory));
```

如果要检查聚类是否开启，可以在 DBA_TABLES 视图中查询 Clustering 列：

```
SELECT TABLE_NAME, CLUSTERING FROM DBA_TABLES WHERE OWNER='Scott';

TABLE_NAME       CLUSTERING
-----------      ------------
EMP_Clust        YES
DEPT             NO
BONUS            NO
SALGRADE         NO
```

属性聚类有一些特殊的视图。例如，DBA_CLUSTERING_TABLES 指示聚类是线性排序还是交错排序。如果要删除 EMP 表的属性聚类，只需要使用带有 drop clustering 参数的 ALTER TABLE 命令即可：

```
ALTER TABLE emp DROP CLUSTERING;
```

3.1.8　分区

分区是指将表、索引或索引组织表划分为更小的部分(称为分区)。每个分区都有自己的名称，并且还可以有自己的存储定义。出于性能原因，可以对表进行分区，以尽量减少访问的数据，使数据和数据库结构更易于维护，并/或为数据提供更好的可用性。分区是 Oracle 数据库的一个选件，必须购买才能使用。

分区功能最初在 Oracle Database 8.0 中引入，Oracle 在每个版本中都会对其进行改进。分区使用分区键将表和索引划分为更小的块(分区)。可以将这些分区作为一个整体或单独进行定义和管理。有三种不同的分区策略：范围分区、列表分区和哈希分区。分区可以是单个的或复合的，单个意味着只应用一个策略，复合意味着使用两种策略的组合。在 Oracle Database 12*c* 中，该功能引入了一些扩展：间隔分区、引用分区和虚拟列分区。在分区时可以使用三种不同的索引：本地索引、全局分区索引和全局非分区索引。人们常说，分区不影响应用程序代码。这或许是真的，但你可能需要添加列，以便获得用于分区目的的分区键。

如果表中有很多行，可能会有许多管理和性能需求，那么分区会是一个解决方案。首先要做的决定是定义分区键和分区策略或数据分发方法。经典的方法是范围分区。例如，如果数据库中有大量订单，可能需要使用购买日期作为分区键对它们进行分区。每个订单根据分区键保存在它所属的分区中。第一个分区可以是开放式的，包含第一个日期之前的所有订单日期，然后每天自动增加一个新分区。数据库确切地知道哪个分区具有哪些信息，查询可以直接在正确的分区而不是整个表中执行。如果要使用订单日期查找订单，性能更好，并使删除特定日期的订单变得更容易：只需要删除该分区。例如，删除一月的分区比删除一月的所有行更容易。当需要"滚动窗口"时，也经常使用范围分区。例如，你可能希望有一个显示今天和过去三天订单的元素。使用范围分区，每个分区一天可以非常容易地实现此功能。

分区的另一种方法是列表分区。使用列表分区，可以定义分区键的值列表，以指定哪些值将转到哪个分区。例如，一个财年有 12 个月，我们希望有四个分区，每个季度一个分区：一月、二月和三月将进入第一个分区，四月、五月和六月将进入第二个分区等。如果数据有不符合这些条件的行(本例中的数据错误)，则可以定义一个称为 DEFAULT 的特殊分区，它将容纳所有不符合分区定义的行。另一个策略是哈希分区。通过哈希分区，使用内部哈希键定义分区键的值,并使用它来定位正确分区中的数据。分区不提供数据和数据库中位置之间的逻辑连接,而是在分区之间提供数据的平衡。可以使用这些分区方法之一(单个分区),也可以组合其中的两个(复合分区)。例如,首先使用范围分区按月分区,然后使用列表分区,按季度分区。

哈希分区并不像其他两种机制那样提供数据和特定分区之间的逻辑映射。哈希分区只使用内部哈希算法将数据尽可能划分到不同的分区。

复合分区表是其中有子分区的分区。因此,首先使用刚解释的策略之一对表进行分区,然后使用另一种策略对这些分区进行分区。也许你想使用范围分区按性别分区(男性/女性),然后使用列表分区按衣服类型(袜子、大衣、礼服等)分区,只支持堆表的复合分区。

临时表或外部表不支持分区。临时表可能不需要它,但外部表有时需要。在引入分区功能之前,使用了一个称为分区视图的东西,它只是在多个表(分区)上构建的视图。例如,如果有名为 JANUARY_2015_SALES、FEBRUARY_2015_SALES 等的表,则可能需要为 2015 年的销售额构建分区视图,如下所示:

```
CREATE VIEW Sales_2015 AS
SELECT *
FROM January_2015_Sales
WHERE ...
UNION ALL
SELECT *
FROM February_2015_Sales
WHERE ...
UNION ALL
...etc...
```

请注意,所有这些表必须具有相同的列、数据类型等;因此,UNION ALL(结合所有)操作是可行的。

此解决方案不具备分区带来的性能优势,但它允许你创建“滚动窗口”,例如,自动创建视图(如果命名标准是稳定的),或者为外部表创建一种分区。这也是在没有单独分区选项的情况下可以使用的一种解决方案。

区地图

区地图是 Oracle 数据库中一种新的索引类型结构,可以为表生成区地图以提高性能。区地图基于区域的概念,区域是表中连续块的范围。区地图存储表的每个区域内选定列的最小值和最大值,使用该技术,可以修剪磁盘访问,跳过不满足表列谓词的块。当 SQL 语句包含区地图中定义的列谓词时,数据库会将这些值与每个区域的最小值和最大值进行比较,以确定在表扫描过程中要读取或跳过的块区域。区地图是物理对象,与物化视图非常相似,可以进行刷新、控制和维护。

有两种区地图:基本区地图和联接区地图。基本区地图是为单个表定义的,联接区地图是针对有到其他表的外部联接的表定义的。最多可以在表上定义一个基本区地图,或针对分区表,可以覆盖所有分区和子分区。联接区地图维护某些列的最小值和最大值(例如,在星型架构中,来自事实数据表区域的维度表中的列值);在其他表中,这些联接条件在主-详细关系中很常见,特别是在事实表和维度表之间的星型架构中的数据仓库环境中非常常见。

与索引不同,在 DML 操作期间,区地图不会被主动托管。根据“区地图刷新”属性的不同,在 DML 操作中,区地图会更新,也可能不更新,所以在定义属性时要小心。默认刷新属性是在加载数据移动时刷新的,这意味着部分区地图在 DML 操作之后变得陈旧。

区地图不占用太多空间;b 树索引项需要表中每个引用行的空间,而区地图只需要表中每个区域的一个条目的空间。区地图可以作为属性聚类功能的一部分使用,也可以不用,但是这两种方法的结合可以更好地提升性能。使用区地图既要求分区选项,也需要 Exadata 或 SuperCluster 计算机。

3.1.9 约束

设计数据库时,要保持数据的良好状态,约束非常重要。除了常规主键、外键和 NOT NULL 之外,还可以定义不同种类的约束。例如,可以使用 Data Modeler 定义表级约束、列级约束和存在依赖关系约束。表级约束通常是主键约束、唯一约束或外键约束,它们会影响整个表。

列级约束只影响表中的一列。列级约束的一个示例是值列表或范围列表。典型的示例是 NOT NULL,也可以为列定义多个 CHECK 约束。值列表只是一个允许值的列表。例如,对于 Month 列,允许的值是(1 月、2 月等),或者对于列 MonthNumbers,其范围将是 1~12。

如果你有一个表(假设是 CUSTOMER),有两种(或更多种)不同类型的数据,则存在依赖约束是非常有用的。其中一个具有某些必选列,另一个具有其他必选列。在本例中,客户可以是公司(C)或个人(P)。区分列(Customer_TYPE)将表中的行划分为公司或个人。Data Modeler 自动创建该列以及存在依赖关系约束。此约束是监视以下内容的检查类约束:如果 Customer_TYPE 为 C,则 CompanyID 不能为 NULL,但 SSN 和 PersonInfo 必须为 NULL;如果 Customer_TYPE 为 P,则 CompanyID 和 CompanyInfo 必须为 NULL,而 SSN 和 PersonInfo 都不能为 NULL。Data Modeler 自动为个人或公司的存在创建逻辑。这样的设计是使用 arc 符号在实体关系图中创建的。

Oracle Database 12 Release 1 引入了一个用于 DEFAULT 子句的新功能:可以为非空列定义用于插入的默认值。如果使用此定义将 NULL 插入非空列中,则会自动插入默认值。这有望帮助数据库设计者为表设计更多的非空列。

Oracle Database 12.1 中另一个有趣的新功能是标识列。标识列将替换与序列和触发器一起使用的代理主键系统。现在,只需要创建具有标识定义的列,Oracle 数据库将自动向该列插入唯一值。创建具有标识列的表,代码如下所示:

```
CREATE TABLE Emp_identity (
Empno      NUMBER GENERATED ALWAYS AS IDENTITY,
Ename      VARCHAR2(10));
```

注意:
创建标识列必须具有序列创建权限。

向表插入行时,不会向标识列插入任何值:

```
INSERT INTO Emp_identity (Ename) VALUES ('Tim');
```

如果要向标识列插入值,会得到如下错误提示:

```
ORA-32795: cannot insert into a generated always identity column
```

我们来看看这个列是否是自动填充的:

```
SELECT * FROM Emp_identity;


EMPNO      ENAME
1          Tim
```

3.2 SQL 和 PL/SQL 实现需求的工具

满足性能需求最强大的工具是数据库设计,但有时可用于数据库设计的工具箱不够,实现不够好,或者需求已更改。因此,需要其他方法来实现需求,本节会介绍一些工具。

从性能角度看,我们前面谈到的工具有一个问题是数据总保存在磁盘上(除了视图),这绝对不是最快的解决方案。使用 SQL 和 PL/SQL,我们有一些工具,允许在处理过程中不将任何东西保存到磁盘上,从而加快处理速度。另一个问题是，数据库可能是很久以前设计的，无法再影响这些设计决策。因此，唯一能做的是在程序代码级别进行优化。

与数据库通信时使用的所有 SQL 都需要一个游标才能运行。游标是指向保存查询结果的上下文区域的指针。隐式游标由 Oracle 数据库创建，显式游标由程序员创建。变量可以在 PL/SQL 中声明和引用，并绑定到数据类型或数据结构：标量(单个)或复合。例如，标量变量可以是 NUMBER 或 VARCHAR2 类型，并声明为 Empno NUMBER。还可以用值初始化变量(例如，COUNTER := 1)。如果不初始化变量，它将自动初始化为 NULL。知道这一点，请确保在引用变量之前为其赋值。

还可以声明一个常量，它是具有不可更改值的变量。声明常量与声明变量类似，只需要在常量的数据类型之前添加单词 CONSTANT 并定义该值：例如，minimum_age CONSTANT NUMBER := 18。常量必须在其声明中初始化。

注意:
常量、变量和参数的名称不区分大小写。

在 PL/SQL 中，可以定义两种复合结构：记录和集合。记录类似于表中的行，而集合就像表中的列。可以将复合变量作为参数传递给子程序，也可以单独处理复合变量的内部组件。这些复合变量的组件可以是标量或复合的。记录是一种复合结构，它由各字段组成，每个域都可以有不同的数据类型。若要创建记录变量，请定义记录类型，然后创建该类型的变量，或者使用%ROWTYPE 或%TYPE。可以按其名称访问记录变量的每个字段：variable_name.field_name。集合中的元素始终具有与该集合中其他元素相同的数据类型。可以通过其唯一索引访问集合变量的每个元素：variable_name(index)。有三种类型的集合：关联数组、嵌套表和 VARRAY(可变数组)。若要创建集合变量，请定义集合类型，然后创建该类型的变量或使用%TYPE。可以创建记录的集合和包含集合的记录。可以使用表函数或管道表函数，也可以并行查询。

在本节中，不介绍异常处理。我们相信你是一位经验丰富的开发人员，因此了解异常处理的重要性。

3.2.1 游标

每次对关系型数据库执行 SQL 子句时，都会使用游标。游标是指向保存查询结果的上下文区域的指针。有两种类型的游标：隐式游标和显式游标。如果语句没有显式游标，则执行 SQL 语句时，Oracle 会自动创建隐式游标。隐式游标和其中的信息不能由程序员控制。显式游标是程序员定义的游标，以便对游标和上下文区域拥有更多控制权。显式游标在 PL/SQL 块的声明部分定义，允许命名游标，因此显式游标也被称为命名游标。当命名了游标时，可以访问其工作区域和信息，以及单独处理查询的行。游标用于将查询返回的行提取到一个变量，在程序中可以有多种用途，如计算或更新数据库。游标数量受内存量的限制，初始化参数 open_cursors 的值定义了每个会话打开的游标的最大数目。

SQL 游标有很多属性，如%FOUND、%NOTFOUND、%ROWCOUNT 和%ISOPEN。它还可以使用所有语句的其他属性，如%BULK_ROWCOUNT 和%BULK_EXCEPTIONS。当希望使用隐式游标引用这些属性时，可以用 DBMS_OUTPUT.put_line 来回显该属性的值。使用显式游标，只需要将属性附加到游标名称即可(例如，HelisCursor%ROWCOUNT)。此例将返回当前从 HelisCursor 获取的记录数。%FOUND 和%NOTFOUND 可以用来确认最新的 FETCH 是否返回行。如果游标处于打开状态，则%ISOPEN 返回 TRUE；否则，它将返回 FALSE。%BULK_ROWCOUNT 和%BULK_EXCEPTION 都是使用 FORALL 语句进行批量操作的属性。%BULK_ROWCOUNT 返回每个 DML 操作所处理的行数，而%BULK_EXCEPTION 返回每个 DML 操作可能引发的异常信息。游标属性的值总是引用最近执行的 SQL 语句。如果要保存属性值以备后续使用，请将其分配给一个变量。隐式游标和显式游标都可以这样操作。

注意：

游标属性可以与过程化代码(PL/SQL)一起使用，但不能用在 SQL 语句中。

数据库自动打开隐式游标(SQL 游标)来处理与显式游标不关联的每个 SQL 语句。隐式游标的典型示例是 PL/SQL 代码中的 DML 操作(DELETE FROM Emp;)或定义记录，然后对该记录执行查询。例如，可以首先定义名为 emp_ename_rec 的记录，它将在隐式游标中保存工资大于 1000 的所有员工的姓名(请注意，该例仅用于展示代码的语法；如果查询返回多行，这段代码会出错)：

```
DECLARE
emp_ename_rec emp.ename%TYPE;
BEGIN
SELECT ename
INTO emp_ename_rec
FROM emp
WHERE sal > 1000;
END;
```

显式游标比隐式游标复杂，因为需要自己构造和管理；但是，它有很多好处，麻烦一点也值得。声明显式游标时，可以定义它，给它命名，并将其与查询关联。然后，可以使用诸如 OPEN、FETCH 和 CLOSE 等操作来控制游标，或使用 for 循环语句来控制。不能给显式游标赋值，也不能在表达式中使用它，也不能将其用作子程序参数或主机变量。这种情况需要游标变量。游标变量不局限于一个查询；它可以一次处理一个游标结果，然后接着处理下一个。游标变量可以接收整个查询作为参数。我们来创建一个简单的存储过程，它接收一个数字作为输入参数，并在游标中使用它作为参数来限制返回的值：

```
CREATE OR REPLACE PROCEDURE NameForEmp (no IN NUMBER)
IS
CURSOR emp_name IS SELECT ename FROM emp WHERE empno = no;
BEGIN
for i in emp_name LOOP
DBMS_OUTPUT.PUT_LINE(i.ename);
END LOOP;
END;
/
```

可以通过名字引用显式游标或游标变量。使用显式游标的过程如下：

(1) 在 PL/SQL 代码的 DECLARE 部分声明变量，该变量用于存储返回行的列值。

(2) 使用语法 CURSOR cursor_name IS SELECT_statement 声明游标。

(3) 使用语法 OPEN cursor_name 打开游标。

(4) 使用语法 FETCH cursor_name INTO variable [,variable …]从游标获取行并存储变量中的值。

(5) 使用语法 CLOSE cursor_name 关闭游标。

显式游标可以不带参数调用，如下所示：

```
CURSOR Emp_cur IS
SELECT Ename FROM Emp;
```

也可以带参数调用：

```
CURSOR Emp_cur (Emp_no_in NUMBER(4)) IS
SELECT Ename FROM Emp
WHERE Emp_no = Emp_no_in;
```

可以用游标定义集合。声明游标(c1)，声明该类型的集合(NameSet)并声明该集合的变量：

```
DECLARE
```

```
  CURSOR c1 IS
    SELECT ename, job, hiredate
    FROM emp;
TYPE NameSet IS TABLE OF c1%ROWTYPE;
HighSalaryNames  NameSet;
```

通常，游标与 FOR 循环一起使用：

```
...FOR r in c1 LOOP...
...FOR c1 IN (SELECT * FROM emp) LOOP...
...SELECT * BULK COLLECT INTO emp_nt FROM emp...
```

REF CURSOR 类型的游标变量是指向游标的指针。任何能够访问该游标变量的程序都可以打开、读取和关闭此游标。创建 REF 游标的语法如下：

```
TYPE type_name IS REF CURSOR [ RETURN return_type ]
```

声明 REF CURSOR 类型的游标(Cursor_Ref_Type)以及该类型的游标变量(crv)，打开 ref 游标变量，获取集合，然后关闭它：

```
TYPE Cursor_Ref_Type is REF CURSOR;
crv cursor_ref_type;
OPEN crv FOR
SELECT ename, job, hiredate FROM emp WHERE sal > 4000
ORDER BY hiredate;
FETCH crv BULK COLLECT INTO ...;
CLOSE crv;
```

受约束的游标(强游标)具有特定的返回类型，必须与查询中列的数据类型匹配，而无约束游标(弱游标)没有返回类型。可以使用无约束游标来运行任何查询。

3.2.2 记录

PL/SQL 中的记录与数据库表中的行类似：它是一种复合结构，本身没有值，但其元素(字段)有数据类型和值，与关系表中的列相同。使用 PL/SQL 代码中的记录可以使代码更易于编写，并且更易于阅读。不用定义数以百计的变量，只需要定义记录，就能使用整个数据集。为了能够处理代码中的记录，需要一个记录变量。

可以用三种不同方式创建记录变量：

- 定义 RECORD 类型，然后创建该类型的变量。
- 使用%ROWTYPE。
- 使用%TYPE。

如果在 PL/SQL 块中定义 RECORD 类型，则此类型为本地类型，它仅在块中可用。如果在包规范中定义 RECORD 类型，则它是一个公共项，可以从包外部引用(package_name. type_name)。无法在架构级别创建 RECORD 类型。请注意，在包规范中定义的 RECORD 类型与具有相同定义的本地 RECORD 类型不兼容。如果使用 RECORD 类型声明了记录变量，则还可以在定义类型时为其指定不同的初始值。可以使用%ROWTYPE 或%TYPE 创建 RECORD 类型。在本例中，创建一个名为 Emp_type 的 RECORD 类型，并为称为 rec1 的变量赋值：

```
TYPE Emp_rec_type is RECORD Emp%ROWTYPE;
rec1 Emp_rec_type;
```

如果使用%ROWTYPE 创建基于 EMP 表的记录变量，并且对 EMP 表的结构进行了更改，则不需要更改此记录变量。这种声明记录变量的方法创建了一个记录变量，它将数据库表的所有列作为字段。如果使用%ROWTYPE 声明一个记录变量，它与我们的样例表 EMP 中的表行类似：

```
l_rec_Emp Emp%ROWTYPE;
```

注意，称为不可见列(在 Oracle Database 12.1 中引入)的功能可能会导致使用%ROWTYPE 定义的记录变量出现问题，因为看不到它们。本章前面讨论了不可见列。

可以根据数据库表(或视图)来声明记录，或者基于游标的某些列，或者可以完全自己定义它。若要根据表的某些列声明记录类型或记录变量，请使用%TYPE 属性。如果使用%TYPE 定义记录类型或记录变量，则可以为表的各个列(在本例中，是指 EMP 表中的列 Empno 和 Ename)定义它。在本例中，创建了名为 Emp_rec 的记录类型，它有两个字段：ename 和 empno，两者都基于表 EMP 中的列。然后定义变量(rec1)类型 Emp_rec。我们在记录变量中选择表 EMP 的第一行并将其打印出来。

```
DECLARE
TYPE Emp_rec IS RECORD (ename emp.ename%TYPE, empno emp.empno%TYPE);
rec1 Emp_rec;
BEGIN
    SELECT ename, empno INTO rec1 FROM emp WHERE ROWNUM < 2;
    DBMS_OUTPUT.PUT_LINE('Employee #' || rec1.empno || ' = ' || rec1.ename);
END;
```

注意 ROWNUM < 2。这是因为记录一次只能处理一行。如果结果集多于一行，则记录无法处理它，将收到一条错误消息。若要管理多行结果集，可以使用游标或集合(可能是与记录结合使用)。

也可以自己定义记录类型字段。在此方法中，每个字段及其名称和数据类型都由你显式定义。这样可以自由地声明几乎所有内容，包括将另一个记录定义为字段。但是，缺点是工作量更大，并且对数据库中的表结构所做的任何更改都可能导致对此记录的更改。记录的定义可能会变得非常复杂，很难理解和维护。在自己声明记录时，首先使用 TYPE...RECORD 语句声明记录类型，然后定义记录字段。要定义字段，请指定名称及其数据类型，如果需要，将初始值设置为非空约束。默认情况下，字段的初始值为 NULL。可以使用逻辑数据类型、程序员定义的子类型、PL/SQL 游标类型、REF 游标或使用为数据库表列定义的数据类型(%TYPE 和%ROWTYPE)手动定义数据类型。下面展示了如何为 EMP 表声明一个由程序员定义的记录，这个记录将由 Empno、Ename 和 Deptno列组成；Empno 和 Deptno 列的数据类型是手动定义的；Ename 列的数据类型是根据表列的数据类型定义的：

```
DECLARE
TYPE emp_dept_rt IS RECORD (
Empno NUMBER(4),
Ename emp.ename%TYPE,
Deptno NUMBER(2));
Emp_dept  emp_dept_rt;
```

请注意，记录中字段的每个名称都必须是唯一的。在声明中，可以使用 DEFAULT or :=语法来定义字段的默认值。记录基于单个表时，情况比较简单，此时不应使用程序员定义的记录。这种情况用另外两种方法更好。当记录基于多个表或视图时，或者该记录与表或游标无关时，情况更复杂，这时可以使用这种方法。

如果不想定义记录类型，只需要使用%ROWTYPE 或%TYPE 创建记录变量即可。%ROWTYPE 声明一个记录变量，它表示数据库表或视图中一组完整的列。我们使用%ROWTYPE 创建一个名为 Emp_rec 的记录变量：

```
DECLARE
Emp_rec    EMP%ROWTYPE;
```

%TYPE 声明与以前声明的记录变量类型相同的记录变量。在我们的示例中，首先创建了 EMP 表行类型的记录变量，然后是同一类型的另一个记录变量(Emp2_rec)：

```
DECLARE
Emp_rec    EMP%ROWTYPE;
Emp2_rec   Emp_rec%TYPE;
```

可以使用其名称访问记录变量的每个字段：variable_name.field_name。每个字段的初始值为 NULL。即使使用了%TYPE 或%ROWTYPE，该变量也不会继承引用项的初始值。

要声明基于游标的记录类型，请使用带有显式游标或游标变量的%ROWTYPE 属性，每个字段表示表中的列。下面展示了如何根据 EMP 表上的游标声明记录类型：

```
CURSOR emp_cur IS SELECT ename, empno FROM EMP;
TYPE Emp_rec IS RECORD emp_cur%ROWTYPE;
```

要根据游标声明记录变量，请使用带有显式游标或游标变量的%ROWTYPE 属性：

```
CURSOR emp_cur IS SELECT ename, empno FROM EMP;
Emp_rec emp_cur%ROWTYPE;
```

如果想工作更轻松，只要在可能的情况下，创建基于表的更多记录。要这样做，只需要声明记录变量——记录的每个字段没有单个变量即可。此外，该记录的结构将自动适应表中每次编译的更改。在适当时，将记录作为参数而不是单个变量传递。这样打字更少(减少错别字)，而且表结构变化时，不需要更改。使用基于表的记录有利于代码的稳定。

无论如何定义记录变量，它们的使用都是相同的。如前所述，可以处理记录，也可以处理记录的各个字段。记录级操作总是将数据视为整行数据，而不是单个字段。可以在记录级别执行的操作通常是那些查看该级别数据的操作，类似于对表而不是列的操作。例如，可以将记录的内容复制到另一个记录，可以返回记录，可以在参数列表中定义和传递记录作为参数，也可以将 NULL 值赋给记录，或者自 Oracle Database 9i Release 2 开始，可以使用记录在数据库表中插入行。但是，不能对两个记录进行比较，因为这意味着实际上是在比较所有字段。记住，记录本身没有值，只有字段才有。如果还记得一个记录就像一个表，而字段就像一列，那么可以很容易地理解哪些是可以操作的，哪些不能在记录级别操作。

在字段级别工作时，可以处理单个数据值。要访问字段，请使用点表示法 schema_name.package_name.record_name.field_name，其中只有 record_name 和 field_name 是必需的。如果需要，还应该定义其他内容。可以使用: = 表示法为字段赋值。要比较两个记录是否相同，必须对它们的所有字段进行比较，就像比较两个表的内容是否相同一样。

3.2.3　集合

Oracle 中的集合可以被描述为单维数组结构或列表。有三种特殊类型的集合: 关联数组、嵌套表和 VARRAY(可变数组)。在集合中，值由其行号引用。与使用表或临时表相比，集合相对容易使用，而且效率更高，因为所有内容都是使用缓存完成的，而不将数据保存到磁盘。还可以将 FORALL 和 BULK COLLECT 与集合结合以获得更好的性能。

如果有预定义的限制(上限和/或下限)，则集合中的行数是有界的。如果没有限制，则集合是无界的。如果定义了所有行且具有值，则集合是稠密的。在此上下文中，NULL 也被认为是一个值。如果集合中的元素之间存在间隙，则集合为稀疏的。如果集合是稀疏的，可以使用主键或其他键在其中对行进行排序，以提高查找时的性能。

在 PL/SQL 块中定义的集合类型是本地类型，仅在块中可用。

在包规范中定义的集合类型是公共类型，可以在包外部引用(package_name. type_name)。在架构级别定义的集合类型是独立类型，可以使用 CREATE TYPE 语句创建。架构级集合类型存储在数据库中，直到将其删除。请注意，在包规范中定义的集合类型与具有相同定义的本地或独立集合类型不兼容。

集合由相同类型的元素组成，可以被看成列表。集合只有一个维度，但如果需要，还可以通过定义元素为集合的集合来创建多维集合。可以将集合声明为函数或存储过程的参数，并将它们传递给存储的子程序，也可以在函数规范的 RETURN 子句中指定集合类型。

1. 关联数组

对关联数组而言(在 Oracle Database 9i Release 2 之前被称为 PL/SQL 表和索引表)，元素的数目是未指定的；

它们是没有上限(无界)的数组，这样它们可以尽可能多地扩展。它们是键值对的集合。每个键都是唯一的，用于在数组中定位对应的值对。键的唯一性非常重要，因为当使用键为关联数组赋值时，要么添加值(如果是新的键值)，要么更新值(如果键值已存在)。

通常，表的主键是用于关联数组的最简单的键。键的值可以是整数或字符串，因为关联数组是使用BINARY_INTEGER 或 VARCHAR2 索引的。其他数据类型，可以转换为这些类型，用于索引，但它们肯定会导致很多问题，所以建议不要使用其他类型。索引以排序顺序存储，对于字符串，可以使用 nls_sort 和 nls_comp 参数定义顺序。如果在填充按字符串索引的关联数组后更改任一参数的值，则集合方法 first、last、next 和 prior 可能会返回意外值或引发异常，因为顺序已经动态改变了。在填充关联数组之前，最好先更改值。在欧洲工作，日期的处理方式就与美国不同。字符集包括斯堪的纳维亚字母，所以数据类型和 NLS_参数会带来很多麻烦。

关联数组是稀疏的。因为它是无界的、稀疏的，并且搜索使用基于主键的索引，所以关联数组就像简单的数据库表，但不需要使用数据库表所需的磁盘空间和网络操作。关联数组的性质是临时的，但可以通过在包中声明该类型并在包正文中赋值使数据库会话的长度持久。传递集合的最有效方法是使用 FORALL 语句或 BULK COLLECT 子句的关联数组。由于它们的性质为临时元素，因此不允许在架构级别上使用关联数组进行 DML 操作或声明。嵌套表和 VARRAY 可以存储为数据库列的数据类型，而关联数组则不能。

我们来看一个非常简单的关联数组示例。首先，声明一个由字符串索引的关联数组类型(emp_sal)(在我们的示例中，这是雇员的名字，在现实生活中这个做法并不明智，因为几个雇员可能有相同的名字，但这里只是举个简单的示例)。然后，定义一个关联数组变量 Employee_salary，类型为 emp_sal。接下来，向数组中添加值：名字和薪水。当意识到 Brendan 的工资太低时，我们给他提高了工资。最后，打印出所有员工的名字和他们的薪水。请注意，无论我们在这里做什么，都只在计算机缓存中发生，数据库中没有保存任何内容。

```
DECLARE
TYPE emp_sal IS TABLE OF NUMBER(6) INDEX BY VARCHAR2(12);
Employee_salary emp_sal;
i VARCHAR2(12);
BEGIN
Employee_salary ('Heli')  := 2000;
Employee_salary ('Martin') := 5000;
Employee_salary ('Brendan') := 3000;
Employee_salary ('Brendan') := 5000;
i := Employee_salary.FIRST;
WHILE i IS NOT NULL LOOP
DBMS_Output.PUT_LINE('Salary of ' || i || ' is ' || Employee_salary (i));
i := Employee_salary.NEXT(i);
END LOOP;
END;
```

以下是结果：

```
Salary of Brendan is 5000
Salary of Heli is 2000
Salary of Martin is 5000
```

当数据量未知时，关联数组对于任意大小的数据集都非常有用。关联数组中的索引值是灵活的，同时允许数值和字符串值。索引结构可以在不知道位置的情况下有效地搜索单个元素。关联数组是暂时使用的，但它很好用。

2. 嵌套表

嵌套表不按特定顺序存储未指定的行数。当嵌套表保存在数据库中并从中检索时，嵌套表的顺序和下标不保留在数据库中。PL/SQL 为嵌套表中的每一行提供一个连续索引，从 1 开始，同时检索数据。使用这些索引，可以访问嵌套表变量的各个行。语法是 variable_name(索引)。必须初始化嵌套表,要么使其为空,要么为它分配一个非 NULL 值。

当将值插入到关联数组中时,初始化它。如上所述,如果该唯一值已经存在,它将被更新;如果不存在,就会插入它。但是嵌套表和 VARRAY 是不同的。若要初始化嵌套表或 VARRAY,请使用构造函数。构造函数是与集合类型同名的系统定义函数,用于构造集合,集合具有传递给它的元素。必须显式调用每个嵌套表和 VARRAY 变量的构造函数。嵌套表的一个简单示例如下:

```
DECLARE
TYPE enames_tab IS TABLE OF VARCHAR2(10);
emp_names enames_tab;
BEGIN
emp_names := enames_tab('Arup','Brendan','Heli','Martin','Alex');END;
```

还可以在集合声明中组合构造函数:

```
DECLARE
TYPE enames_tab IS TABLE OF VARCHAR2(10);
emp_names enames_tab := enames_tab('Arup','Brendan','Heli','Martin','Alex');
BEGIN
NULL;
END;
```

如果不带参数调用构造函数,将得到一个空的但是非 NULL 的集合。下面是一个示例:

```
emp_names enames_tab := enames_tab();
```

如上所述,嵌套表是无限制的,但也很稠密。嵌套表可能会变得稀疏,因为元素可能在创建后被删除。嵌套表可以在 PL/SQL 中定义,但也可以在数据库中定义,例如作为允许对数据执行某些 DML 操作的列。创建一个简单的嵌套表示例。首先,创建类型(Employees)。然后定义该类型的变量(Enames)和嵌套表变量的初始值。为了能够看到嵌套表变量的内容,定义一个在嵌套表(PRINT_ENAMES)中输出值的存储过程。我们调用该存储过程打印初始值,然后更新第四个元素的值,打印出嵌套表的内容。若要为集合变量的标量元素赋值,请将该元素引用为 collection_variable_name(index),并为其赋值,在我们的示例中是 enames(4): = "Sam";。

然后,将同一嵌套表用于另一个目的——作为作者名的列表,并通过重新初始化给它赋予全新的内容。

```
DECLARE
TYPE Employees IS TABLE OF VARCHAR2(10);
Enames Employees := Employees('Heli', 'Tim', 'Tom', 'Pirkko');
PROCEDURE print_enames (heading VARCHAR2) IS
BEGIN
DBMS_OUTPUT.PUT_LINE(heading);
FOR i IN enames.FIRST .. enames.LAST LOOP
DBMS_OUTPUT.PUT_LINE(enames(i));
END LOOP;
DBMS_OUTPUT.PUT_LINE('***');
END;
BEGIN
print_enames('Initial Values:');
enames(4) := 'Sam';
print_enames('Updated Values:');
enames := Employees('Arup', 'Brendan', 'Heli', 'Martin', 'Alex');
print_enames('Authors:');
END;
```

下面是返回的结果:

```
Initial Values:
```

```
Heli
Tim
Tom
Pirkko
***
Updated Values:
Heli
Tim
Tom
Sam
***
Authors:
Arup
Brendan
Heli
Martin
Alex
***
```

有两个 SET 运算符可用于嵌套表，为嵌套表类型的变量赋值：SQL MULTISET 和 SQL SET。SQL MULTISET 运算符可用于两个具有相同数据类型元素的嵌套表来执行 SET 操作。

MULTISET EXCEPT 得到两个嵌套表，返回一个嵌套表，这个嵌套表是两个嵌套表的差集。MULTISET INTERSECT 得到两个嵌套表，返回一个嵌套表，其值是两个输入嵌套表的交集。

MULTISET UNION 得到两个嵌套表，返回一个嵌套表，其值是两个输入嵌套表的并集。

我们用同一个示例来测试 MULTISET UNION。现在，有两个嵌套表变量：Enames 和 Authors。两个嵌套表都在声明中初始化，第三个嵌套表 Union_emp(MULTISET UNION 的结果集)被初始化为空。首先，打印出嵌套表 Enames 和 Authors 的 MULTISET UNION。然后，将 Enames 的第四个元素更新为'Sam'，并打印出新的 MULTISET UNION。

```
DECLARE
TYPE Employees IS TABLE OF VARCHAR2(10);
Enames Employees := Employees('Heli', 'Tim', 'Tom', 'Pirkko');
Authors Employees := Employees('Arup', 'Brendan', 'Heli', 'Martin', 'Alex');
Union_emp Employees:= Employees();
PROCEDURE print_enames (heading VARCHAR2) IS
BEGIN
DBMS_OUTPUT.PUT_LINE(heading);
Union_emp:= Enames MULTISET UNION Authors;
FOR i IN Union_emp.FIRST .. Union_emp.LAST LOOP
DBMS_OUTPUT.PUT_LINE(union_emp(i));
END LOOP;
DBMS_OUTPUT.PUT_LINE('***');
END;
BEGIN
print_enames('Union Initial:');
enames(4) := 'Sam';
print_enames('Union Updated:');
END;
```

以下是返回结果：

```
Union Initial:
Heli
Tim
Tom
```

```
Pirkko
Arup
Brendan
Heli
Martin
Alex
***
Union Updated:
Heli
Tim
Tom
Sam
Arup
Brendan
Heli
Martin
Alex
***
```

我们用同一个示例试一下 MULTISET INTERSECT。首先，打印出嵌套表 Enames 和 Authors 的 MULTISET INTERSECT。然后，将 Enames 的第四个元素更新为'Brendan'，并再次打印出 MULTISET INTERSECT：

```
DECLARE
TYPE Employees IS TABLE OF VARCHAR2(10);
Enames Employees := Employees('Heli', 'Tim', 'Tom', 'Pirkko');
Authors Employees := Employees('Arup', 'Brendan', 'Heli', 'Martin', 'Alex');
Union_emp Employees:= Employees();
PROCEDURE print_enames (heading VARCHAR2) IS
BEGIN
DBMS_OUTPUT.PUT_LINE(heading);
Union_emp:= Enames MULTISET INTERSECT Authors;
FOR i IN Union_emp.FIRST .. Union_emp.LAST LOOP
DBMS_OUTPUT.PUT_LINE(union_emp(i));
END LOOP;
DBMS_OUTPUT.PUT_LINE('***');
END;
BEGIN
print_enames('Intersect Initial:');
enames(4) := 'Brendan';
print_enames('Intersect Updated:');
END;
```

以下是返回结果：

```
Intersect Initial:
Heli
***
Intersect Updated:
Heli
Brendan
***
```

下面看看 set 函数是如何工作的。我们仍然使用同一个示例，但现在有两个嵌套表：用于雇员列表的 Enames 和用于唯一雇员名称列表的 Enames_uni。

```
DECLARE
TYPE Employees IS TABLE OF VARCHAR2(10);
Enames Employees := Employees('Heli', 'Tim', 'Tom', 'Pirkko', 'Tim');
```

```
Enames_uni Employees := Employees();
PROCEDURE print_enames (heading VARCHAR2) IS
BEGIN
DBMS_OUTPUT.PUT_LINE(heading);
Enames_uni := SET (Enames);
FOR i IN enames_Uni.FIRST .. enames_Uni.LAST LOOP
DBMS_OUTPUT.PUT_LINE(enames(i));
END LOOP;
DBMS_OUTPUT.PUT_LINE('***');
END;
BEGIN
print_enames('Initial Unique Values:');
enames(4) := 'Sam';
print_enames('Updated Unique Values:');
END;
```

以下是返回结果：

```
Initial Unique Values:
Heli
Tim
Tom
Pirkko
***
Updated Unique Values:
Heli
Tim
Tom
Sam
***
```

可以使用 is a set 条件测试嵌套表是否只包含唯一元素。如果嵌套表是集合(无重复或大小为零)，则该条件返回 TRUE，否则返回 FALSE。如果嵌套表是 NULL，则该条件返回 NULL。

可以使用 is [not] empty 条件来测试嵌套表是否为空。如果集合为空，则 is empty 条件返回 TRUE；如果它不为空，则返回 FALSE。如果集合不为空，则 is not empty 条件返回 TRUE。如果嵌套表为 NULL，则不认为嵌套表为空或不为空。

member 条件测试元素是否为嵌套表的成员。如果表达式等于指定集合的成员，则返回值为 TRUE，否则返回值为 FALSE。如果表达式为 NULL 或嵌套表为空，则返回值为 NULL。

如果这些嵌套表变量具有相同的嵌套表类型，并且该类型没有记录类型的元素，则可以将这两个嵌套表变量与关系运算符相等(=)和不等(<>和! =)进行比较。如果两个嵌套表变量具有相同的元素集(按任意顺序排列)，则它们相等。

如果事先不知道元素的数量，并且需要更新或删除集合中的各个元素，嵌套表很有用。

3. VARRAY

VARRAY 集合与嵌套表非常相似，但并不相同，它必须有一个声明的上限；VARRAY 是有界的。此外，当检索或存储 VARRAY 时，将保留元素的顺序。VARRAY 不能是稀疏的，因为不能通过删除单个元素使稠密结构变得稀疏。VARRAY 可以在 PL/SQL 和数据库中使用。存储在数据库中时，VARRAY 保留它们的顺序和下标。未初始化的 VARRAY 变量是一个 NULL 集合，必须使其为空或为它指定一个非 NULL 值来使其初始化。Oracle 阵列之所以称为 VARRAY，是因为它们的大小可变，这意味着它们在声明时不会分配空间，只有在使用时分配。

VARRAY 中索引的下限为 1，上限是其中元素当前的数目。在添加和移除元素时，上限会发生变化，但不能超过定义的最大元素数。Oracle 数据库将 VARRAY 变量存储为单个对象。如果 VARRAY 变量的大小小于 4 KB，则将其作为列保存在表中；如果大于 4KB，则将其保存在与表相同的表空间中，但在表之外。如果知道元素的最大数目，并且通常按顺序访问元素，则 VARRAY 可能是一个好的解决方案。如果元素的数量非常大，则 VARRAY 可能不是最佳解决方案，因为所有元素都同时存储和检索，集合太大可能会导致性能问题。

我们使用与嵌套表测试相同的简单示例来测试一下。现在必须事先知道元素的数量，并将 VARRAY 类型的雇员定义为 5 个 VARCHAR2(10)元素：

```
DECLARE
TYPE Employees IS VARRAY(5) OF VARCHAR2(10);
Enames Employees := Employees('Heli', 'Tim', 'Tom', 'Pirkko');
PROCEDURE print_enames (heading VARCHAR2) IS
BEGIN
DBMS_OUTPUT.PUT_LINE(heading);
FOR i IN enames.FIRST .. enames.LAST LOOP
DBMS_OUTPUT.PUT_LINE(enames(i));
END LOOP;
DBMS_OUTPUT.PUT_LINE('***');
END;
BEGIN
print_enames('Initial Values:');
enames(4) := 'Sam';
print_enames('Updated Values:');
enames := Employees('Arup', 'Brendan', 'Heli', 'Martin', 'Alex');
print_enames('Authors:');
END;
```

以下是返回结果：

```
Initial Values:
Heli
Tim
Tom
Pirkko
***
Updated Values:
Heli
Tim
Tom
Sam
***
Authors:
Arup
Brendan
Heli
Martin
Alex
***
```

4. 集合方法

PL/SQL为集合提供了一些内置函数和存储过程，称为集合方法。这些方法用于获取有关集合内容的信息并对其进行修改。获取有关集合内容的信息的函数是count、exists、first、last、limit、prior和next。修改集合内容的存储过程为delete、extend和trim。尽管它们是函数和存储过程，但它们被称为方法，因为使用它们的语法与常规函数和存储过程不同。调用它们需要使用所谓的成员方法语法。例如，要为名为EMP_COL的集合调用函数last，需要使用emp_col.LAST。这些方法的名称很好地说明了它们的用途，所以我们不深入介绍细节。以下只是几个示例：

- trim 方法用于从嵌套表或 VARRAY 的末尾删除元素。trim 删除集合的最后一个元素，trim(*n*)删除最后的 *n* 个元素。如果要删除的元素数超过限制，则会触发异常 subscript_beyond_count。
- delete 删除集合中的所有元素，delete(*n*)删除带有索引 *n* 的元素，delete(*m,n*)删除索引在 *m* 和 *n* 之间的元素，其中 $m \leqslant n$。
- extend 将一个 NULL 元素添加到集合。extend(*n*)将 *n* 个 NULL 元素添加到集合，extend(*n,i*)将带有索引 *i* 的元素的 *n* 个副本添加到集合。
- limit 只有与 VARRAY 一起使用才有效。它的作用是返回集合的最大元素数。如果集合没有最大值，则返回 NULL。
- last、limit 和 extend 方法可用于限制 VARRAY 集合中的元素数：

```
IF emp_list.LAST < emp_list.LIMIT
THEN emp_list.EXTEND;
END IF;
```

5. 批量处理

在运行 SELECT INTO 或 DML 语句时，PL/SQL 引擎将该语句发送到 SQL 引擎，运行它并将结果返回给 PL/SQL 引擎。批量 SQL 最大限度地减少了 PL/SQL 和 SQL 之间通信的性能开销，因为调用的数量比单行处理少多了。可以使用 FORALL 语句和 BULK COLLECT 子句做批量处理。所有语句成批地将语句从 PL/SQL 发送到 SQL，BULK COLLECT 子句成批地将结果从 SQL 返回到 PL/SQL。

使用 FORALL 非常简单；用 FORALL 替换 FOR 即可，不需要循环：

```
...FOR i IN enames.FIRST..depts.LAST LOOP...
...FORALL i IN enames.FIRST..depts.LAST...
```

SQL%BULK_ROWCOUNT 游标属性提供受 FORALL 语句的每个迭代影响的行的粒度信息。它就像一个关联数组，其第 *i* 个元素是最近完成的 FORALL 语句中第 *i* 个 DML 语句影响的行数。元素的数据类型为整数。

使用 BULK COLLECT 意味着不必使用游标和循环，而是将 BULK COLLECT INTO 添加到集合变量中。这样，不是每次在游标中处理一行，而是同时对它们进行处理。

```
...FOR c1 IN (SELECT * FROM emp) LOOP...
...SELECT * BULK COLLECT INTO emp_nt FROM emp...
```

我们来看一个使用两个集合(names 和 sals)获取数据的 BULK COLLECT FETCH 示例。首先，定义集合的类型以及它们的变量，还定义了游标(c1)。存储过程 print_results 将打印出集合变量的内容。我们打开游标并使用 FETCH BULK COLLECT INTO 子句将其内容提取到集合变量(names 和 sals)中。然后，关闭游标并调用 print_result 存储过程，查看集合变量的内容。

```
DECLARE
TYPE NameList IS TABLE OF emp.ename%TYPE;
TYPE SalList IS TABLE OF emp.sal%TYPE;
CURSOR c1 IS
SELECT ename, sal
FROM emp
WHERE sal > 1000
ORDER BY ename;
names  NameList;
sals   SalList;
PROCEDURE print_results IS
BEGIN
IF names IS NULL OR names.COUNT = 0 THEN
DBMS_OUTPUT.PUT_LINE('No results.');
```

```
ELSE
DBMS_OUTPUT.PUT_LINE('Result: ');
FOR i IN names.FIRST .. names.LAST
LOOP
DBMS_OUTPUT.PUT_LINE(' Employee ' || names(i) || ': $' || sals(i));
END LOOP;
END IF;
END;
BEGIN
OPEN c1;
FETCH c1 BULK COLLECT INTO names, sals;
CLOSE c1;
print_results();
END;
```

或者，可以使用记录而不是集合来执行相同的 FETCH BULK COLLECT。我们打开游标，使用 FETCH BULK COLLECT INTO 子句将其内容获取到一个记录变量(recs)中。然后，关闭游标，使用 FOR LOOP，打印出记录变量的内容。

```
DECLARE
CURSOR c1 IS
SELECT ename, sal FROM emp WHERE sal > 1000 ORDER BY ename;
TYPE RecList IS TABLE OF c1%ROWTYPE;
recs RecList;
BEGIN
OPEN c1;
FETCH c1 BULK COLLECT INTO recs;
CLOSE c1;
FOR i IN recs.FIRST .. recs.LAST
LOOP
DBMS_OUTPUT.PUT_LINE (' Employee ' || recs(i).ename || ': $' || recs(i).sal    );
END LOOP;
```

下面是输出结果：

```
 Employee Heli: $3000
 Employee Sue: $2500
 Employee Tim: $3000
 Employee Tom: $2000
```

BULK COLLECT 语句可能会返回大量的行，导致大量的集合，并且因为一切都在内存中发生，这可能会导致问题。可以使用以下任何一种方法来限制行数和集合大小：ROWNUM 虚拟列、SAMPLE 子句或 FETCH FIRST 子句。语法如下：

```
SELECT ename BULK COLLECT INTO emp_nt FROM emp WHERE ROWNUM <= 50;
SELECT ename BULK COLLECT INTO emp_nt FROM emp  SAMPLE (10);
SELECT ename BULK COLLECT INTO emp_nt FROM emp FETCH FIRST 50 ROWS ONLY;
```

还可以使用 limit 方法来限制一次处理的行数。我们来看看前面所用的示例。首先，定义集合的类型以及它们的变量。还声明了一个游标(c1)和一个变量(v_limit)，作为 limit 的整数值。存储过程 print_results 将打印出集合变量的内容。我们打开游标，开启循环，使用 FETCH BULK COLLECT INTO 子句和带有变量 v_limit 的 limit 方法将其内容获取到集合变量(names 和 sals)中。然后，调用存储过程 print_result 打印那一刻的内容。循环结束后，关闭游标。

```
DECLARE
TYPE NameList IS TABLE OF emp.ename%TYPE;
TYPE SalList IS TABLE OF emp.sal%TYPE;
```

```
CURSOR c1 IS
SELECT ename, sal FROM emp WHERE sal > 1000 ORDER BY ename;
names  NameList;
sals   SalList;
v_limit PLS_INTEGER := 2;
PROCEDURE print_results IS
BEGIN
IF names IS NULL OR names.COUNT = 0 THEN
DBMS_OUTPUT.PUT_LINE('No results.');
ELSE
DBMS_OUTPUT.PUT_LINE('Result: ');
FOR i IN names.FIRST .. names.LAST
LOOP
DBMS_OUTPUT.PUT_LINE('  Employee ' || names(i) || ': $' || sals(i));
END LOOP;
END IF;
END;
BEGIN
DBMS_OUTPUT.PUT_LINE ('--- Using BULK COLLECT and LIMIT to process ' ||
v_limit || ' rows at a time ---');
OPEN c1;
LOOP
FETCH c1 BULK COLLECT INTO names, sals LIMIT v_limit;
EXIT WHEN names.COUNT = 0;
print_results();
END LOOP;
CLOSE c1;
END;
--- Using BULK COLLECT and LIMIT to process 2 rows at a time ---
Result:
  Employee Heli: $3000
  Employee Sue: $2500
Result:
  Employee Tim: $3000
  Employee Tom: $2000
```

6. 多维集合

尽管集合只有一个维度，但可以声明一个多维集合，多维集合中的元素是集合。关联数组类型定义如下：

```
TYPE emp_sal IS TABLE OF NUMBER(6) INDEX BY VARCHAR2(12);
```

嵌套表类型定义如下：

```
TYPE enames_tab IS TABLE OF VARCHAR2(10);
```

VARRAY 类型定义如下：

```
TYPE Employees IS VARRAY(5) OF VARCHAR2(10);
```

可以声明关联数组类型(AA_Type1)和元素为第一个关联数组类型的关联数组类型(AA_Type2)。然后为两个关联数组(V_AA1, V_AA2)声明变量：

```
DECLARE
TYPE AA_Type1 IS TABLE OF INTEGER INDEX BY PLS_INTEGER;
TYPE AA_Type2 IS TABLE OF AA_Type1 INDEX BY PLS_INTEGER;
V_AA1 AA_Type1;
V_AA2 AA_Type2;
```

如上所示，可以用元素数引用变量 V_AA1 中的元素。例如，第三个元素是 V_AA1(3)。因为 V_AA2 的类型是 AA_ Type2，是多维的(二维)，所以可以用两个坐标引用它——一个在关联数组 AA_Type1 中，另一个在关联数组 AA_Type2 中。

```
V_AA2(23) := V_AA1;
```

例如，可以将整个关联数组变量 V_AA1 的值设置给第二个坐标 V_AA2：

```
V_AA2(23)(3)
```

V_AA2 的第 23 个元素会将整个 V_AA1 的内容作为值，这些值之一可以引用为 V_AA2(23)(3)，这表示 V_AA2 中的第 23 个元素及其第 3 个元素。可以用同样的方式定义多级嵌套表：

```
DECLARE
TYPE NT_Type1 IS TABLE OF VARCHAR2(20);
TYPE NT_Type2 IS TABLE OF NT_Type1;
V_NT1 NT_Type1 := NT_Type1('One', 'Two');
V_NT2 NT_Type2 := NT_Type2(V_NT1);
```

当然，VARRAY 和任何集合组合也是一样的。我们来看一个多级 VARRAY。定义一个类型 VARRAY(VAR_Type1)和另一个类型 VARRAY，其元素是 VARRAY(VAR_Type1)和相应的变量(v_Var1，v_Var2)，然后定义它们的值。使用 DBMS.OUTPUT，可以看到多维变量 v_Var2 的坐标(2,3)有哪些值：

```
DECLARE
TYPE VAR_Type1 IS VARRAY(10) OF INTEGER;
TYPE VAR_Type2 IS VARRAY(10) OF VAR_Type1;
v_Var1 VAR_Type1 := VAR_Type1 (7,9,11);
v_Var2 VAR_Type2 := VAR_Type2 (VAR_Type1(7,9,24), v_Var1, VAR_Type1(6,8),
v_Var1);
i INTEGER;
BEGIN
i := v_Var2(3)(2);
DBMS_OUTPUT.PUT_LINE(' v_Var2(3)(2) = ' || i);
END;
/
Result:
v_Var2(3)(2) = 8
```

在示例中，v_Var2 有值(1)(1)=7、(1)(2)=9、(1)(3)=24、(2)(1)=7、(2)(2)=9、(2)(3)=11、(3)(1)=6、(3)(2)=8、(4)(1)=7、(4)(2)=9 以及(4)(3)=11。

扩展一下多维变量，在第 5 个位置添加新值，查看一下坐标(5,2)的值：

```
DECLARE
TYPE VAR_Type1 IS VARRAY(10) OF INTEGER;
TYPE VAR_Type2 IS VARRAY(10) OF VAR_Type1;
v_Var1 VAR_Type1 := VAR_Type1 (1,2,3);
v_Var2 VAR_Type2 := VAR_Type2 (v_Var1, VAR_Type1(7,9,24), VAR_Type1(6,8),
v_Var1);
i INTEGER;
BEGIN
v_Var2.EXTEND;
v_Var2(5) := VAR_Type1(36, 38);
i := v_Var2(5)(2);
DBMS_OUTPUT.PUT_LINE(' v_Var2(5)(2) = ' || i);
END;
/
Result:
```

```
v_Var2(5)(2) = 38
```

3.2.4　并行查询

海量数据处理有时需要并行执行。并行执行使用多个进程执行单个任务。充足的资源可用性是可扩展并行执行最重要的先决条件。Oracle 数据库提供了一个并行执行引擎,可以并行查询以及并行执行 DDL 和 DML。默认情况下,查询和 DDL 语句会启用并行执行。对于 DML 语句,需要在会话级别使用 ALTER 语句来启用此操作:

```
ALTER SESSION ENABLE PARALLEL DML;
```

并行度(Degree Of Parallelism,DOP)用于将数据工作划分为块,以便能够同时进行处理。在体系结构层面,有两种可能的方法使并行处理成为可能:共享体系结构和无共享体系结构。在称为海量并行处理系统的无共享系统中,该系统物理上被拆分为单独的并行处理单元,每个单元都有自己的 CPU 内核和存储组件。如果使用的是无共享体系结构,在设置系统时,所有内容都必须设计得很好。Oracle 数据库使用共享体系结构来处理并行。共享体系结构允许更灵活地实现并行处理。不过,使用 Oracle 分区,Oracle 数据库可以提供与无共享系统相同的并行处理功能。

执行 SQL 语句时,会将其分解为多个步骤,这可以被视为执行计划中的单行。如果语句是并行执行的,就让尽可能多的单个步骤是并行的。可以在执行计划中看到。

在处理时,需要一个查询协调器(Query Coordinator,QC)和几个并行执行(Parallel Execution,PX)服务器。实际的用户进程是并行 SQL 操作的 QC,它将工作分配给 PX 服务器。PX 服务器是那些代表起始会话并行执行工作的进程。一组 PX 服务器成对工作:一组在生成行(生产者),另一组在使用行(使用者),因此 PX 服务器始终为偶数个。如果需要从 PX 服务器获取结果才能完成某些工作,QC 将完成这项工作(例如,在处理结束时使用 SUM 操作)。

可以使用自动并行度(自动 DOP)框架使 Oracle 数据库自动控制并行,也可以手动控制并行。使用自动 DOP,数据库自动决定一个语句是否应该并行执行,以及如何并行。自动 DOP 使用估计的运行时间和 parallel_min_time_threshold 参数来决定它是顺序还是并行运行该语句。使用 parallel_degree_limit 参数(默认值为 CPU),可以控制 DOP。自动 DOP 优化器将比较理想的 DOP 与 parallel_degree_limit,并采取较低的值。

如果将初始化参数 parallel_degree_policy 设置为 MANUAL,则禁用自动 DOP,用户可以完全控制系统中并行执行的使用情况。可以在会话、语句或对象级别定义并行性。可以使用默认 DOP 或为 DOP 定义特定的固定值。默认情况下使用 parallel_threads_per_cpu 和 cpu_count 的初始化参数来定义要采取的行为。默认 DOP 可以设置为表(ALTER TABLE emp PARALLEL)或语句(SELECT /*+ parallel(default) */ COUNT(*) FROM emp)或使用对象级提示(SELECT /*+ parallel(emp, default) */ COUNT(*) FROM emp)。如果要对并行性进行完全控制,可以使用固定并行度(FDOP)。FDOP 可以设置为一个表(ALTER TABLE emp PARALLEL 8)或语句(SELECT /*+ parallel(8) */ COUNT(*) FROM emp),或使用对象级提示(SELECT /*+ parallel(emp, 8) */ COUNT(*) FROM emp)。因为需要生产者和使用者,所以分配的 PX 服务器的数量可以是请求数量的两倍。初始化参数 parallel_max_servers 定义了池中的最大 PX 服务器进程数。如果池中的所有进程都被分配了或空闲 PX 服务器的数量太小,则需要并行执行的新操作将按顺序执行或降低 DOP 的值。这将明显影响性能。

一种方法是在表中插入行,使用 CREATE TABLE… AS SELECT 子句。此语法允许从一个表中提取行并将它们添加到另一个表中。这些行可以是原始表中的所有行,也可以是某些行。如果使用此机制将行插入到表中,可以在需要时利用并行执行。CREATE TABLE tablename PARALLEL NOLOGGING AS SELECT…语句由两部分组成:数据定义(DDL)部分(CREATE)和查询部分(SELECT)。Oracle 数据库可以并行执行语句的两个部分。

3.2.5 表函数和管道化表函数

表函数生成行的集合，可在 SQL 中使用，像在数据库表中一样。TABLE 的参数不需要是一个集合；也可以是返回集合的函数，或是 REF 游标。语法如下(请注意单词 TABLE)：

```
SELECT columns FROM TABLE (collection);
```

因为表函数在 SQL 中的行为与在数据库表中一样，所以可以将它与数据库表、另一个表函数或视图联接起来。可以使用 GROUP BY、ORDER BY 以及通常与 SQL 查询一起使用的所有其他功能。自 Oracle Database 12.1 开始，表函数已经能够使用整数索引的关联数组(不只是 VARCHAR)，也支持嵌套表和 VARRAY。可以并行执行表函数，以及将返回的行直接发给下一个进程。这些行也可以在生成(管道化)时迭代返回，而不是在返回任何内容之前处理所有行。管道化处理需要的内存较少，因为没有必要物化整个集合到缓存。联接管道表函数是对数据执行多个转换的有效方法(例如，在数据仓库环境中)。管道化可以使用接口方法或 PL/SQL 方法来完成。用于实现管道表函数的方法不影响它们在 SQL 语句中的使用方式，因此可以自由选择你喜欢的方式。

例如，要将会话专属数据与数据库表中的数据合并，可能需要使用表函数，以编程方式构造一个数据集，将该数据集作为行和列传递到宿主环境，创建一个参数化视图，使用管道表函数提高并行查询的性能，或使用管道表函数减少 PGA(Process Global Area)的消耗。表函数在数据仓库环境中特别有用。

在 ETL 加载过程中，不使用临时区域及其表，而是使用表函数将外部表中的数据加载到仓库表中。这些通常称为转换管道，其中使用管道表函数、表、视图等，将数据从源移动(并转换)到目标。代码看起来是这样的：

```
INSERT INTO Target
SELECT * FROM (Transformation_pipelined_function(SELECT * FROM Source));
```

我们先来看看常规表函数以及如何使用它们。我们希望创建一个查询，它将使用集合中的行(在本例中是一个嵌套表)。首先，必须创建对象类型：

```
CREATE OR REPLACE TYPE Emp_ot AS OBJECT
(empno   NUMBER,
ename    VARCHAR2 (10));
```

然后，根据对象类型创建嵌套表：

```
CREATE OR REPLACE TYPE emp_nt
IS TABLE OF emp_ot;
```

我们在架构级别创建了两种类型，以便可以在代码的任何位置使用它们。接下来，创建一个填充嵌套表的函数：

```
CREATE OR REPLACE FUNCTION Emp_function_to_populate RETURN emp_nt IS
l_return emp_nt := emp_nt (emp_ot (1, 'Tim'),
                emp_ot (2, 'Tom'),
                emp_ot (3, 'Pirkko'));
BEGIN
RETURN l_return;
END;
```

现在，使用表函数返回一个集合，尝试查询一个函数：

```
SELECT empno, ename
FROM TABLE (Emp_function_to_populate ())
ORDER BY empno
/
EMPNO     ENAME
---------- ----------------------
```

```
1          Tim
2          Tom
3          Pirkko
```

如前所述，有两种实现管道表函数的方法：接口方法和 PL/SQL 方法。接口方法可以与 PL/SQL、C/C++和 Java 一起使用。PL/SQL 方法只能与 PL/SQL 一起使用。PL/SQL 实现起来更简单，只需要一个 PL/SQL 函数。

要声明管道表函数，请使用 PIPELINED 关键字。管道表函数的返回类型必须是集合类型，即嵌套表或 VARRAY。不管管道表函数的实现方式如何，它们在 SQL 语句中的使用方式完全相同。管道表函数是使用 PIPELINED 子句和 PIPE ROW 来声明的，以推动函数并在生成后立即返回行。PIPE ROW 语句只能在管道表函数的正文中使用。管道表函数必须有一条返回语句，它不返回一个值，以便能够将该控件转移回使用者。这条空的 RETURN 语句确保下一次获取操作触发 NO_DATA_FOUND 异常。如果管道表函数创建的数据比查询其进程所需的数据多，则管道表函数将停止执行并引发 NO_DATA_NEEDED 异常。

也可以并行执行管道表函数。要并行执行，首先在语法中包括 PARALLEL_ENABLE 子句，然后包括 PARTITION BY 子句。并行管道表函数如下所示：

```
CREATE OR REPLACE FUNCTION f_pipelined(cur cursor_pkg.strong_refcur_t)
RETURN emp_nt PIPELINED PARALLEL_ENABLE (PARTITION cur BY ANY) IS
empno              NUMBER(10);
ename              VARCHAR2(10);
...
BEGIN
LOOP
FETCH cur INTO empno, ename,...;
EXIT WHEN cur%NOTFOUND;
IF ... THEN
PIPE ROW (emp_nt(empno, ename, ...));
END IF;
END LOOP;
CLOSE cur;
RETURN;
END;
```

3.3　本章小结

要处理高级和复杂的数据集，必须先了解需求，再确定用于实现这些需求的工具。Oracle 数据库提供了大量的功能和特性，但如果你不知道它们，它们就没有用处。了解哪些工具可用以及何时使用是非常重要的。

在 Oracle 数据库中，可以定义不同种类的表。在 Oracle 数据库中有两种表类别：关系表和对象表。关系表有很多种：堆组织表、索引组织表和外部表。表可以是永久性的或临时的。表也可以是簇表。除了表之外，还可以使用视图和物化视图。出于安全性考虑，可以使用视图在表的顶部添加一个层，或者只是为了使复杂查询更容易，在视图中完成复杂部分的查询。物化视图通常用于汇总数据或复制数据。

Oracle 数据库所使用的每个值都必须具有指定的数据类型，无论该元素是表中的列，还是程序代码中的参数或变量。数据类型要么是标量，要么是非标量。Oracle 数据库提供了多种数据类型，还有可能创建自己的用户定义类型。

在将新列添加到数据库中时，可以使用不可见列，在把旧代码更改为使用新列之前需要一些时间。或者，它们可用于更改表中列的逻辑顺序(如果出于某种原因需要的话)。虚拟列不保存在磁盘上；当需要时，该值始终从其他数据派生。属性聚类和分区可以实现更好的性能。分区还可以更方便地维护数据结构；例如，可以删除一个不需要的完整分区，而不是从表中删去数千行。

Oracle 数据库还提供了表和列级别的几种特殊类型的约束。约束可以帮助保持数据的整洁和得到良好的质量。

每次对关系型数据库执行 SQL 子句时，都会使用游标，因此游标在 SQL 和 PL/SQL 中都是一个重要的概念。游标是指向保存查询结果的上下文区域的指针。

记录和集合是可在 PL/SQL 代码中使用的复合结构。记录就像数据库表中的单行，而集合就像数据库表中的列。Oracle 中有三种不同的集合：关联数组、嵌套表和 VARRAY。可以对集合使用批量加载。即使记录和集合是一维的，也可以通过组合这些元素来构建多维结构(例如，可以创建 VARRAY 类型，其中带有类型为 VARRAY 的元素)。

在某些情况下，可以使用并行查询执行、表函数或管道表函数来获得更好的查询性能。

第 4 章

正则表达式

    Oracle 数据库支持使用正则表达式以后，扩展了单字符或多字符通配符搜索模式，允许更复杂的搜索模式。虽然正则表达式可以提高搜索能力，但是编写正则表达式却非常棘手，需要一种创新的编写方式。本章讨论 Oracle 中的正则表达式函数。

    Oracle Database 12*c* 出现以后，模式匹配又随着 match_recognize 的引入而得到进一步的提升。本章末尾将简要解释该功能。

    在 Oracle Database 12*c* 中还可以编写数据。此功能可以使用正则表达式来掩蔽数据。Oracle 数据库内置的正则表达式被定义为标准的方法，可以用来掩蔽信用卡号、护照数据、工资信息，甚至包括(真正的)生日。为了能够在 Oracle 数据库中定义自己的掩蔽模式，我们需要理解正则表达式的工作方式，以及如何实现设定的目标。如果需要理解有关数据编写的详细信息，请参阅第 13 章。

    若要跟着本章中的示例进行学习，可以从 Oracle Press 网站(http://community.oraclepressbooks.com/downloads.html)下载源代码。

4.1 基本搜索和 escape 方法

当不知道精确的查询条件时，Oracle 数据库允许使用通配符进行搜索。传统上，此功能仅限于零个或多个字符通配符。下划线(_)通配符允许搜索一个未知字符，而百分比符号(%)通配符允许搜索零个或多个未知字符。可以使用一个简单的单表和一些示例数据，查看下划线和百分比通配符号在搜索操作中的效果：

```
create table t
(name varchar2(25));
insert into t (name) values ('BLAKE');
insert into t (name) values ('BLOKE');
insert into t (name) values ('BLEAKE');
insert into t (name) values ('BLKE');
insert into t (name) values ('JAKESBLAKE');
insert into t (name) values ('BLAKESJAKE');
insert into t (name) values ('BL_KE');
insert into t (name) values ('BL%KE');

commit;
```

示例数据包含很多 name。注意最后的两条记录；它们包含特殊字符，即 Oracle 数据库的通配符。

最简单的搜索模式就是提供需要查询的精确完整的字符串，如下所示是等于条件搜索的示例：

```
select name
  from t
 where name = 'BLAKE'
/

NAME
-------------------------
BLAKE
```

表中只有一条记录与 where 子句中的精确字符串完全匹配。

使用带有下划线或百分比通配符的相等搜索是无效的，它们会被数据库解析成没有特殊含义的符号，如下所示：

```
select name
  from t
 where name = 'BL_KE'
/

NAME
-------------------------
BL_KE

select name
  from t
 where name = 'BL%KE'
/

NAME
-------------------------
BL%KE
```

如你所见，精确匹配返回结果中的下划线和百分号没有特殊含义。

当使用 LIKE 操作符时，不需要通配符，仍然可以指定想要查找的精确字符串：

```
select name
```

```
  from t
 where name like 'BLAKE'
/


NAME
------------------------
BLAKE
```

然而，在使用 LIKE 运算符代替等于条件搜索时，下划线或百分比通配符就具有特殊的含义。

```
select name
  from t
 where name like 'BL_KE'    .
/


NAME
------------------------
BLAKE
BLOKE
BL_KE
BL%KE
```

上面结果集中的所有名字都是以 BL 开头的，其后紧跟的字符都不一样，最后以 KE 字符结尾。本例中下划线的特殊含义是匹配任意一个字符。

但是，当百分比符号用作通配符时，结果集是完全不同的。百分比符号作为通配符表示零个或多个字符，如下所示：

```
select name
  from t
 where name like 'BL%KE'
/


NAME
------------------------
BLAKE
BLOKE
BLEAKE
BLKE
BL_KE
BL%KE
BLAKESJAKE
```

但是，在需要搜索包含这些特殊字符的名字并且需要使用特殊通配符的情况下，可以使用特殊的语法"escape"通配字符。

要在表中搜索包含下划线的名字，需要在查询中使用 ESCAPE 关键字来转义通配符，如下所示：

```
select name
  from t
 where name like 'BL\_KE' ESCAPE '\';


NAME
------------------------
BL_KE
```

虽然经常使用反斜线作为转义字符，但它并不是必需的。在下面的示例中，使用双引号字符代替反斜线，得到的结果与上一个 SQL 语句的类似：

```
select name
  from t
 where name like 'BL"_KE' ESCAPE '"';
```

4.2　regexp 函数

Oracle 从 Oracle Database 10g 开始支持正则表达式；这些函数可以通过前缀 regexp 来识别，下列函数可用：

- regexp_like
- regexp_substr
- regexp_instr
- regexp_replace
- regexp_count

最后一个函数 regexp_count 是 Oracle Database 11g 才有的新功能。

所有这些正则表达式函数都可以在 SQL 以及 PL/SQL 中使用。函数的名字指明了函数的功能，可以与非正则表达式对应。例如，与非正则表达式函数 replace 对应的正则表达式函数是 regexp_replace。

根据所使用的正则表达式函数的不同，参数的个数会有所不同。通常，第一个参数是源字符串，第二个参数是正则表达式模式。

在正则表达式中可以使用许多元字符来描述需要查找的模式。表 4-1 提供了一份完整的清单，包括每个元字符的简短说明。

表 4-1　元字符

元字符	描述
^	匹配字符串的开头。如果与 m 次的匹配参数一起使用，就可以与表达式中任何位置的起始行匹配。它在括号表达式中的含义是不同的，请参见此表中的[^]
$	匹配字符串的末尾。如果与 m 次的匹配参数一起使用，就可以与表达式中任何位置的行尾匹配
*	匹配零个或多个匹配项
+	匹配一个或多个匹配项
?	匹配零个或多个匹配项
.	匹配一个或多个非空匹配项
|	像 XOR 一样用于指定多个替代项
[]	用于指定要匹配列表中任意一个字符的匹配列表
[^]	用于指定不匹配的列表，除了列表中的字符，其他任何字符可以匹配
()	用于将表达式分组为子表达式
{m}	匹配 m 次
{m,}	匹配至少 m 次
{m, n}	匹配至少 m 次，但是不能超过 n 次
\n	n 是介于 1 和 9 之间的数字。找到的第 n 个子表达式匹配括号表达式
[..]	匹配一个可以是多个字符的集合元素
[::]	匹配字符类
[==]	匹配等价类

前面介绍过下划线字符将精确匹配一个字符，在正则表达式的模式中，可以使用句点(.)字符匹配一个或多个非空字符。

为了展示正则表达式的强大搜索功能，创建一个包含主题公园信息的表，该表的结构如下：

```
create table theme_parks
(id          number
,name        varchar2(50)
,description clob
);
```

THEME_PARKS 表的 description 字段表示主题公园的摘要信息，包括地址和电话号码。

在 THEME_PARKS 表中记录的主题公园都位于佛罗里达州，电话号码遵循北美编号计划(NANP)。北美编号计划是一个封闭的电话号码计划，其中所有电话号码都包含十位数字。前三位数字表示区号，最后七位数字表示用户号码。当记录一个电话号码时，为了方便识别，通常使用连字符分隔；但有时也可以使用句点分隔，有时也将区号括在圆括号中分隔。

利用正则表达式模式，从 description 列中提取电话号码的方法如下所示：

...-...-....

每个"."都可以被任何字符替换。该模式的内容如下：三个字符，后跟一个连字符，另外三个字符，另一个连字符，最后四个字符。

注意：

本章中使用的示例数据可以从 Oracle Press 网站(http://community.oraclepressbooks.com/downloads.html)下载。

要从 description 列中提取电话号码，可以使用正则表达式 regexp_substr，它执行的功能类似于公共 SQL 函数 substr：

```
select id
     ,name
     ,regexp_substr (description, '...-...-....') phone
  from theme_parks;

     ID NAME                        PHONE
---------- --------------------------- -------------
      1 Aquatica Orlando            407-351-3600
      2 Epcot
      3 Islands of Adventure        : 1-800-407-
      4 LEGOLAND Florida            877-350-5346
      5 Disney's Magic Kingdom
      6 Discovery Cove              877-557-7404
      7 Universal Studios Florida   407-363-8000
      8 Disney's Animal Kingdom     407-939-5277
      9 SeaWorld Orlando            888-800-5447
     10 Disney's Hollywood Studios  407-939-5277

10 rows selected.
```

第一次尝试检索电话号码时，结果不算坏。从输出结果集可以看出，有些记录的电话号码是正确提取的，有些记录的电话号码没有提取出来(例如 Epcot、Islands of Adventure 和 Disney's Magic Kingdom)。当然也有可能在记录的 description 列中没有电话号码，应该在结果集中输出 NULL 值。

接下来检查一下电话号码没有正确提取的记录，从名称为 Islands of Adventure 的记录开始：

```
3 Islands of Adventure       : 1-800-407-
```

要通过分析主题公园表中的数据来确定真正的原因。

description 列摘要信息的最后一部分是主题公园所在的实际地址。Islands of Adventure 名称对应的地址信息如下：

```
6000 Universal Blvd.
Orlando, FL 32819
Region: Orlando
Phone: (407) 363-8000
Toll-Free: 1-800-407-4275
```

分析以上记录完整的地址信息可以看出，Islands of Adventure 主题公园包含两个电话号码：一个普通的电话号码和一个免费的电话号码。这两个电话号码都不完全符合我们要找的模式。第一个在区号附近使用括号，第二个在区号之前包括国家代码，用连字符分隔。

因为当前搜索电话号码的正则表达式模式是以三个字符后跟一个连字符开始的，可以匹配的字符串包含 "Toll-Free:" 字符串，为了避免出现类似的情况，需要限制搜索电话号码的正则表达式模式仅仅包含以连字符作为分隔符的数字字符串。

使用方括号指定可以匹配的一个字符列表，称为括号正则表达式，在方括号的列表中限制需要匹配的取值范围。例如搜索介于 0 和 9 之间的数字字符，可按照以下方式编写搜索电话号码的正则表达式模式：

```
[0123456789]
```

在指定表达式范围时要特别注意避免漏掉数字字符；或者通过更容易和更安全的方式指定取值范围，如下所示：

```
[0-9]
```

注意：
还有另一种方法可以表示需要匹配的数字：字符类。字符类提供了一种更通用的表达式来匹配特定的字符串，这在搜索条件需要跨不同的语言和字符集时特别有用。下一节将专门讨论字符类的正则表达式。

在[]括号表达式中可以指定搜索所需的任何字符范围，例如从 A 到 Z 的小写字母：

```
[a-z]
```

或从 A 到 Z 的大写字母：

```
[A-Z]
```

或两者都包括，不区分大小写：

```
[a-zA-Z]
```

在这种情况下，可以匹配所有的字母，不区分大小写。

继续分析研究前面搜索电话号码的示例，括号表达式表示搜索模式中只包含数字字符。可以把原始搜索模式中的元字符句点用范围括号表达式替换，将搜索模式变成如下形式：

```
[0-9][0-9][0-9]-[0-9][0-9][0-9]-[0-9][0-9][0-9][0-9]
```

虽然上面的表达式仅仅搜索由连字符分隔的数字字符(连字符分隔符在括号表达式外显示)，但是也很难让人看明白。

通过正则表达式还可以在表达式的模式中指定匹配字符出现的频率，这由在大括号内放置重复的次数来表示，{}表达式被称为间隔限定符：

```
[0-9]{3}
```

此正则表达式表示需要匹配 0 和 9 之间的数字字符三次，还可以表示需要匹配至少三个字符，如下所示：

```
[0-9]{3,}
```

请注意，间隔限定符中的逗号还可以表示更灵活的模式，例如，下面的间隔限定符表示"至少三次但最多不超过五次"：

```
[0-9]{3, 5}
```

因此，搜索电话号码的正则表达式优化调整以后的模式是：

```
[0-9]{3}-[0-9]{3}-[0-9]{4}
```

```
select id
     ,name
     ,regexp_substr (description
                ,'[0-9]{3}-[0-9]{3}-[0-9]{4}') phone
  from theme_parks;

        ID NAME                         PHONE
---------- ---------------------------- ------------------------
         1 Aquatica Orlando             407-351-3600
         2 Epcot
         3 Islands of Adventure         800-407-4275
         4 LEGOLAND Florida             877-350-5346
         5 Disney's Magic Kingdom
         6 Discovery Cove               877-557-7404
         7 Universal Studios Florida    407-363-8000
         8 Disney's Animal Kingdom      407-939-5277
         9 SeaWorld Orlando             888-800-5447
        10 Disney's Hollywood Studios   407-939-5277
```

```
10 rows selected.
```

请注意，主题公园表中名称是 Islands of Adventure 的电话号码通过没有国家代码的正则表达式模式匹配成功了，解决了之前搜索结果集中出现假阳性匹配的问题。

下面继续分析表中名称是 Epcot 的电话号码的记录数据，description 列摘要信息的最后一部分是主题公园所在的实际地址，Epcot 名称对应的地址信息如下：

```
200 Epcot Center Drive
Lake Buena Vista, FL 32821
Region: Disney Area
Phone: 407 939 5277
Toll-Free: 800 647 7900
```

如上所示，description 列摘要的地址信息中有两个电话号码，人工搜索是很容易找到的，但是这两个电话号码都不匹配当前搜索正则表达式的模式，原因是没有连字符可以将电话号码的区号与用户号码分开，甚至 Toll-Free 的免费电话信息也没有分隔符。

这种情况下，需要正则表达式具有指定分隔符是一个连字符或空格的功能，管道字符表达式可以实现这个功能。设置正则表达式中的分隔符既可以是连字符还可以是空格的管道字符表达式如下：

```
(-| )
```

对于搜索电话号码的表达式，指定分隔符可以是连字符还可以是空格的完整模式如下所示：

```
[0-9]{3}(-| )[0-9]{3}(-| )[0-9]{4}
```

匹配搜索表达式的结果集如下：

```
select id
```

```
      ,name
      ,regexp_substr (description
                    ,'[0-9]{3}(-| )[0-9]{3}(-| )[0-9]{4}') phone
  from theme_parks;


      ID NAME                          PHONE
---------- ----------------------------------------------------------
       1 Aquatica Orlando            407-351-3600
       2 Epcot                       407 939 5277
       3 Islands of Adventure        800-407-4275
       4 LEGOLAND Florida            877-350-5346
       5 Disney's Magic Kingdom
       6 Discovery Cove              877-557-7404
       7 Universal Studios Florida   407-363-8000
       8 Disney's Animal Kingdom     407-939-5277
       9 SeaWorld Orlando            888-800-5447
      10 Disney's Hollywood Studios  407-939-5277
```

现在名称是 Epcot 的记录的电话号码显示正确了。唯一剩下名称是 Disney's Magic Kingdom 的记录还没有电话号码信息,它的 description 列中对应的地址信息中的电话号码不是用连字符或空格分隔的,而是按句点分隔的:

```
1180 Seven Seas Drive
Lake Buena Vista, FL 32830
Region: Disney Area
Phone: 407.939.5277
Toll-Free: 800.647.7900
```

句点元字符在正则表达式中具有特殊含义——它匹配任何字符。使用它,需要转义句点字符。使用反斜线字符可以转义表达式中的元字符。以下是修改后可以匹配连字符、空格、句点的分隔符表达式:

```
(-| |\.)
```

在极其特殊的情况下,记录信息的电话号码的分隔符由两个字符组成,必须使用 XOR 元字符表达式。最后,满足查找所有主题公园的电话号码的完整查询需要使用相当长的表达式模式来匹配:

```
select id
      ,name
      ,regexp_substr (description
            , '[0-9]{3}(-| |\.)[0-9]{3}(-| |\.)[0-9]{4}') phone
  from theme_parks;


      ID NAME                          PHONE
---------- ----------------------------------------------------------
       1 Aquatica Orlando            407-351-3600
       2 Epcot                       407 939 5277
       3 Islands of Adventure        800-407-4275
       4 LEGOLAND Florida            877-350-5346
       5 Disney's Magic Kingdom      407.939.5277
       6 Discovery Cove              877-557-7404
       7 Universal Studios Florida   407-363-8000
       8 Disney's Animal Kingdom     407-939-5277
       9 SeaWorld Orlando            888-800-5447
      10 Disney's Hollywood Studios  407-939-5277


10 rows selected.
```

提示：

如果遇到一个长的正则表达式，需要分析与表达式匹配的结果集，或者需要优化调整搜索表达式的模式，建议大声地把表达式中元字符的功能一个个地读出来就可以实现。例如，"匹配三个字符，取值范围从 0 到 9，后面使用连字符、空格或句点符号分隔"。很轻松地就可以发现问题。

4.3　字符类

如果需要搜索匹配特定的字符类别而不是字符。例如，需要在若干单词组成的字符串中查找空白字符，需要搜索的字符包括空格或制表符。这样容易出现漏掉字符的问题，导致搜索匹配的结果集不符合预期要求。通过指定匹配字符类表达式可以解决这个问题，特别是在编写跨语言和字符集的正则表达式时，使用字符类别的表达式实现的功能更完整。

在上一节的问题处理过程中，分析电话号码的数字是否完整。匹配电话号码的区号使用的表达式是：

```
[0-9]{3}
```

如果使用字符类来匹配电话号码的区号，表达式变成：

```
[[:digit:]]{3}
```

上面的字符类表达式表示只有数字类型可以匹配。不同语言集的数字字符符号是不同的，如希伯来语或孟加拉语，字符类可以匹配所有这些数字字符。

字符类必须在方括号表达式中使用，不能在方括号外引用字符类。字符类的名称区分大小写，它们应以小写字母显示。在字符类的名称中使首字母大写将出现异常报错信息：

```
select regexp_substr ('number 1'
                     ,'[[:DIGIT:]]'
                     )
   from dual;
                     ,'[[:DIGIT:]]'
                      *
ERROR at line 2:
ORA-12729: invalid character class in regular expression
```

当然，除了数字类型之外还有许多类别的字符类。表 4-2 列出了表达式支持的不同类别的字符类以及对每个类别的简要描述。

表 4-2　字符类及其描述

字符类	描述
[:alnum:]	匹配字母数字字符
[:alpha:]	匹配字母字符
[:blank:]	匹配空格字符
[:cntrl:]	匹配控制字符
[:digit:]	匹配数字字符
[:graph:]	匹配[:punct:]、[:upper:]、[:lower:]、[:digit:]字符类别之一
[:lower:]	匹配小写的字母字符
[:print:]	匹配可打印字符
[:punct:]	匹配标点符号字符
[:space:]	匹配非打印空间字符，如回车、换行、垂直制表符、水平制表符以及换页符

(续表)

字符类	描述
[:upper:]	匹配大写的字母字符
[:xdigit:]	匹配十六进制的数字字符

4.3.1　贪心性和否定表达式

正则表达式除了指定与搜索内容相匹配的条件，例如电话号码，还需要满足比预期的边界更高或者满足否定的搜索条件。

在 THEME_PARKS 表中，提取 description 字段信息的第一个单词，可以使用如下搜索表达式：

```
.+[[:space:]]
```

该表达式表示"出现了一次或多次的任意字符，后跟着空格字符(来自字符类)"。

下面测试搜索表达式并检查结果是否满足条件：

```
select regexp_substr (description, '.+[[:space:]]') first_word
  from theme_parks
 where id = 4;


FIRST_WORD
-------------------------------------------------------------
LEGOLAND Florida, the largest LEGOLAND park in the world ...
```

分析匹配出来的结果，不是 description 字段信息的第一个单词，而是返回 description 字段的全部信息(注意，为了简洁性，删除了 description 字段信息)。

返回所有信息的原因是搜索表达式的"贪心性"原则。正则表达式在找到第一个匹配项后，不会停止，将尝试匹配尽可能多的搜索结果集。

为了提取 description 字段信息的第一个单词，需要以不同的方法编写表达式，我们不希望所有字符都跟着一个空格，正确的表达式编写方法是返回不是空格的尽可能多的字符串。

为了编写正确的表达式，需要使用否定括号的表达式，即元字符(^)。在括号表达式内对表达式中的所有字符进行否定；在括号表达式外，元字符(^)表示字符串或换行符的开头。

元字符(^)在括号表达式内对表达式中的所有字符进行否定：

```
[^[:space:]]
```

以上搜索表达式不是匹配某个范围的字符或字符类，而是匹配指定字符类中不存在的所有字符。在当前示例中，需要搜索不是空格的所有字符，返回 description 字段信息的第一个单词：

```
select regexp_substr (description, '[^[:space:]]*') first_word
  from theme_parks
 where id = 4;


FIRST_WORD
----------------------------
LEGOLAND
```

注意元字符(*)出现在方括号表达式之外，表示的是 description 字段信息的第一个单词。当它出现在方括号表达式内时，正则表达式的含义就发生了变化，表示的是 description 字段信息的第一个字母，表达式的搜索条件是满足不是空格或星号的一个字符。在方括号表达式之后没有间隔限定符，只匹配一个字符：

```
select regexp_substr (description, '[^[:space:]*]') first_word
  from theme_parks
 where id = 4;


FIRST_WORD
----------------------------
L
```

4.3.2　向后引用

提取数据是相当有挑战性的，随着时间的推移，人们总是产生更多新的数据格式。很好的示例就是从 THEME_PARKS 表的 description 字段提取出的电话号码信息。

格式化输出以创建一致的外观对最终用户有很大的益处，因为浏览更加容易。

提示：

最佳实践不是在从数据库中提取数据时进行格式转换，而是预先预防用户输入不同的数据格式。可以在约束中使用正则表达式，只允许输入标准格式的数据，从而减少编写复杂的正则表达式来提取数据。

向后引用是通过编号引用前面的子表达式匹配的文本。子表达式是用圆括号括起来的逻辑组。

可以使用反斜线后跟字符串中出现的子表达式的数值来引用，例如，向后引用的编号依次为\1、\2、\3 等。虽然这听起来很复杂，但并不像看起来那么难。下面来看看 THEME_PARKS 表中的 name 字段使用向后引用的示例：

```
select regexp_replace (name, '(.)', '\1 ') name
  from theme_parks
;


NAME
--------------------------------------------------
A q u a t i c a   O r l a n d o
E p c o t
I s l a n d s   o f   A d v e n t u r e
L E G O L A N D   F l o r i d a
D i s n e y ' s   M a g i c   K i n g d o m
D i s c o v e r y   C o v e
U n i v e r s a l   S t u d i o s   F l o r i d a
D i s n e y ' s   A n i m a l   K i n g d o m
S e a W o r l d   O r l a n d o
D i s n e y ' s   H o l l y w o o d   S t u d i o s
```

在当前的示例中使用 regexp_replace 函数重新格式化 name 字段。正则表达式非常简单：任何字符。因为表达式都括在括号中，所以只有一个子表达式，就是第一个子表达式，可以被引用为\1。

regexp_replace 函数的第三个参数是替换字符串。这里我们引用编号的子表达式。不用重复输入正则表达式，只需要引用它的编号。在当前的示例中，条件是任何字符后跟空格，重新创建了 name 字段。允许多次引用编号的子表达式：

```
select regexp_replace (name, '(.)', '\1 \1 ') name
  from theme_parks
 where id = 6;


NAME
----------------------------------------------------------
D D i i s s c c o o v v e e r r y y   C C o o v v e e
```

在前面章节中，由于数据格式不同，从 THEME_PARKS 表的 description 字段中提取的电话号码信息遇到一些麻烦。使用正则表达式的向后引用功能可以很好地规范化电话号码混乱的数据格式。使用前面提到的方法和 regexp_substr 函数提取电话号码，然后使用 regexp_replace 函数将电话号码重新格式化为统一标准的格式。

括号中包含的正则表达式的每个子表达式都可由其数字编号引用表示。

regexp_replace 函数的第二个参数为电话号码的每个部分创建子表达式。括号内的每个部分转换成对应的子表达式。

regexp_replace 函数要将带电话号码的分隔符统一格式化为连字符，其第三个参数使用带连字符的引用编号。请注意，第一、第三和第五子表达式用于格式化电话号码数据，而并没有创建新的电话号码格式和子表达式。

```
select id
    ,name
    ,regexp_replace (
        regexp_substr (description
            ,'([0-9]{3})(-| |\.)([0-9]{3})(-| |\.)([0-9]{4})'
            )
    ,'([0-9]{3})(-| |\.)([0-9]{3})(-| |\.)([0-9]{4})'
    ,'\1-\3-\5'
    )   phone
  from theme_parks;
    ID NAME                                PHONE
---------- ------------------------------ ------------------------
         1 Aquatica Orlando                407-351-3600
         2 Epcot                           407-939-5277
         3 Islands of Adventure            800-407-4275
         4 LEGOLAND Florida                877-350-5346
         5 Disney's Magic Kingdom          407-939-5277
         6 Discovery Cove                  877-557-7404
         7 Universal Studios Florida       407-363-8000
         8 Disney's Animal Kingdom         407-939-5277
         9 SeaWorld Orlando                888-800-5447
        10 Disney's Hollywood Studios      407-939-5277
```

4.3.3　检查约束

检查约束可以防止用户以不同的格式输入数据。当用户以统一标准的格式输入数据时，可以预知正则表达式的搜索条件，使搜索的性能得到提高，减少使用正则表达式的通配符搜索次数，降低资源的占用。

正确的数据模型将有助于防止用户以不同格式输入数据，并滥用其他字段存储数据，例如，THEME_PARKS 表的 description 字段的地址信息和电话号码信息。

使用标准化的数据模型，电话号码信息存储在一个字段中；创建检查约束可以预防输入非标准化其他形式的数据。将正则表达式定义为检查约束是大多数人的选择，也可以根据需要设置互联网上的正则表达式搜索条件。

电话号码、电子邮件地址、网站地址、社会安全号码、邮政代码——所有这些都是非常常见的数据模式，可以找到许多示例。

4.4　真实案例

当数据模型允许在不属于它的字段位置存储数据时，正则表达式变得非常有用，例如将地址信息存储在表的 description 字段中。

搜索 name 字段的条件需要满足不同的拼写方法，也是正则表达式的常见用法。如果搜索条件包括 Steven 或

Stephen (因为不知道他的名字是如何拼写的)，使用正则表达式可以很容易地解决此问题。改变搜索条件可以找到更多的名字：

```
with t as
(select 'Steven' as name from dual union all
 select 'Stephen' from dual union all
 select 'Stephven' from dual union all
 select 'Stevphen' from dual
)
select name
  from t
 where regexp_like (name, 'Ste(v|ph)en');
```

4.4.1　打破限定字符串

虽然最好的存储方案是采用标准化的数据模型，但有时也需要将数据字符串分解存放，在当前的示例中，将创建一个具有反规范的单列表：

```
create table test
(str varchar2(500));
insert into test
values ('ABC,DEF,GHI,JKL,MNO');

commit;
```

目的是在 str 列中获得用逗号分隔的字符串的值。需要使用 regexp_substr 函数选择字符串的一部分。搜索条件需要匹配除了分隔符(在本例中为逗号)以外的所有字符的模式：

`[^,]+`

此模式表示"匹配除了逗号之外，出现一次或多次的字符"。

在 regexp_substr 函数中匹配这个模式：

```
select regexp_substr (str, '[^,]+') split
  from test;

SPLIT
-------------------------
ABC

1 row selected.
```

由于 regexp_substr 函数的其他参数都是默认值，因此只返回分隔符的字符串的第一个值。第三个参数定义了搜索模式的开始位置，默认值为第一个字符。第四个参数是返回发生的位置，默认情况下为第一个匹配项。如果要获取分隔符的第二个值，可以设置第四个参数：

```
select regexp_substr (str, '[^,]+', 1, 2) split
  from test;
SPLIT
-------------------------
DEF

1 row selected.
```

如果要从分隔符的字符串中获取每个值，而不仅仅是其中一个特定的值，则需要做行的转换。在当前示例中，分隔符的字符串是 5 行，对应 5 个值：

```
select regexp_substr (str, '[^,]+', 1, rownum) split
  from test
 connect by level <= 5;
SPLIT
-------------------------
ABC
DEF
GHI
JKL
MNO

5 rows selected.
```

当前匹配的表达式不是动态的，不能满足分隔字符串中有 6 个或 7 个值的情况，需要做调整改变来满足动态的需求。

使用 regexp_count 函数计算分隔符的字符串出现的次数，进行思维转换，可以只计算字符串中的逗号出现的次数。在当前的示例中，每行字符串中有 4 个逗号，再加上最后一个字符串的逗号，就得到了分隔符的字符串个数：

```
select regexp_substr (str, '[^,]+', 1, rownum) split
  from test
  connect by level <= regexp_count (str, ',') + 1;

SPLIT
-------------------------
ABC
DEF
GHI
JKL
MNO

5 rows selected.
```

现在查询结果是动态的，基于分隔字符串中值的个数，但是表中仅包含一行记录是非常少见的，所以在表中插入一行新记录：

```
insert into test
values ('123,456,789');
commit;
```

接下来执行相同的查询来获取每个行中的分隔字符串：

```
select regexp_substr (str, '[^,]+', 1, rownum) split
  from test
  connect by level <= regexp_count (str, ',') + 1;
SPLIT
-------------------------
ABC
DEF
GHI
JKL
MNO
<.. 25 NULL records, removed from output for brevity ..>
30 rows selected.
```

与预期的结果不符合：返回 30 条记录，其中大多数为 NULL。新插入到表中的第二条记录并没有出现在结果集中。

原因是表中的每条记录会生成额外的行，在交叉联接的查询中生成笛卡尔积，修改后的查询如下所示：

```
select regexp_substr (str, '[^,]+', 1, rn) split
 from test
 cross
 join (select rownum rn
         from (select max (regexp_count (str, ',') + 1) mx
                 from test
              )
      connect by level <= mx
      )
where regexp_substr (str, '[^,]+', 1, rn) is not null;
SPLIT
-------------------------
ABC
123
DEF
456
GHI
789
JKL
MNO

8 rows selected.
```

在 Oracle Database 12*c* 中可以使用新的 LATERAL join 语法创建一个内联视图，关联表中的值以实现上面的功能：

```
select split
  from test
      ,lateral (select regexp_substr (str, '[^,]+', 1, rownum) split
                 from dual
              connect by level <= regexp_count(str, ',') + 1);
SPLIT
-------------------------
ABC
DEF
GHI
JKL
MNO
123
456
789

8 rows selected.
```

4.4.2　以字符串数字部分排序

有时也会遇到根据字符串的数字部分进行排序的需求,最好的存储方案是将数据存储在标准化的数据模型中。示例中使用的数据如下所示：

```
select term
  from payment_terms;

TERM
---------------
```

```
Period 0.5 days
Period 1.0 days
Period 1.5 days
Period 10 days
Period 2.0 days
Period 2.5 days
Period 3.0 days
Period 3.5 days
Period 4.0 days
Period 4.5 days
Period 5.0 days
Period 5.5 days
Period 6.0 days
Period 6.5 days
Period 7.0 days
Period 7.5 days
Period 8.0 days
Period 8.5 days
Period 9.0 days
Period 9.5 days

20 rows selected.
```

在 payment_terms 表中，term 字段的数据类型为字符串。存储数据的方式和原因超出了本章的讨论范围。毫无疑问，在你的环境中已经看到了这样存储的数据。

在对 term 字段的数据进行排序时，将执行基于字符串的排序。大多数用户不期望数据按照字符类型排序，虽然字符 10 在数值上大于 2，但是字符 10 排在字符 2 的前面。使用正则表达式的价值是可以按照期望的方式根据数据值进行排序。

提取字符串的数字部分可以通过消除字符串中的其他字符来实现。使用 NULL 替换所有非数字字符，有效地将它们从字符串中移除。为此，使用以下表达式：

```
[^[:digit:]]
```

该表达式表示匹配非数字字符的所有字符。括号内表达式中的元符号(^)表示不匹配列出的所有字符。但是这仍然不能解决问题。先使用 SELECT 查询子句中的正则表达式查看返回的结果集：

```
select term
     ,regexp_replace (term, '[^[:digit:]]') num
  from payment_terms;

TERM            NUM
------------------------
Period 0.5 days 05
Period 1.0 days 10
Period 1.5 days 15
Period 10 days  10
Period 2.0 days 20
Period 2.5 days 25
Period 3.0 days 30
Period 3.5 days 35
Period 4.0 days 40
Period 4.5 days 45
Period 5.0 days 50
Period 5.5 days 55
Period 6.0 days 60
```

```
Period 6.5 days 65
Period 7.0 days 70
Period 7.5 days 75
Period 8.0 days 80
Period 8.5 days 85
Period 9.0 days 90
Period 9.5 days 95
```

```
20 rows selected.
```

分析结果集，发现匹配的表达式不仅从字符串中删除了字符，而且删除了小数点，1.0 天和 10 天之间就没有区别，但是 10 天应该大于 1.0 天。还需要注意，提取的部分仍然不是数字类型。使用 SQL *Plus 可以生成所显示的输出，此工具将数字与列的右侧对齐。从结果集输出可以看到，该列是左对齐的，表示提取的部分仍然是一个字符串。

除字符串中的数值外，还有小数点分隔符需要保留，如下所示：

```
[^[:digit:].]
```

当前的表达式表示匹配数值类型的所有字符或小数点。由于小数点在两个方括号之间，因此它不再是具有特殊含义的字符：

```
select term
     ,regexp_replace (term, '[^[:digit:].]') num
  from payment_terms;
```

```
TERM             NUM
---------------- -----
Period 0.5 days  0.5
Period 1.0 days  1.0
Period 1.5 days  1.5
Period 10 days   10
Period 2.0 days  2.0
Period 2.5 days  2.5
Period 3.0 days  3.0
Period 3.5 days  3.5
Period 4.0 days  4.0
Period 4.5 days  4.5
Period 5.0 days  5.0
Period 5.5 days  5.5
Period 6.0 days  6.0
Period 6.5 days  6.5
Period 7.0 days  7.0
Period 7.5 days  7.5
Period 8.0 days  8.0
Period 8.5 days  8.5
Period 9.0 days  9.0
Period 9.5 days  9.5
```

```
20 rows selected.
```

现在，从字符串中提取包括小数点的完整的数字字符，可以对数据进行排序。将提取的数据从字符串转换为数字类型，并将数据按预期排序：

```
order by to_number (
        regexp_replace (term, '[^[:digit:].]')
```

```
        ,'999G999G999D999999'
        ,'NLS_NUMERIC_CHARACTERS='''.,'''
        )
```

此处提供的解决方案也可以在虚拟列中使用，这降低了 ORDER BY 子句中表达式的复杂度。

以下语句将在表上增加虚拟列以提取字符串的数字部分。接下来根据虚拟列轻松地对数据进行排序。

```
alter table payment_terms
add sort_column generated always
as (to_number (
        regexp_replace (term, '[^[:digit:].]')
        ,'999G999G999D999999'
        ,'NLS_NUMERIC_CHARACTERS='''.,'''
        ));
```

4.5 模式匹配：MATCH_RECOGNIZE

Oracle Database 12*c* 的新功能——模式匹配——用来搜索数据集合的匹配模式。在本节中，将根据表 weather 中保存的八月降水量的样本数据来研究这种新功能。

在当前示例的 weather 表中保存了八月的日期以及当天的降雨量：

```
create table weather
(dt   date  not null
,rain number not null
);
```

此表用样例数据加载，内容如下所示：

```
select dt
      ,rain
  from weather
 order by dt;

DT          RAIN
--------- ----------
01-AUG-16       14
02-AUG-16        0
03-AUG-16       19
04-AUG-16        6
05-AUG-16       20
06-AUG-16        1
07-AUG-16       17
08-AUG-16       17
09-AUG-16       14
10-AUG-16       18
11-AUG-16        9
12-AUG-16        4
13-AUG-16       17
14-AUG-16       16
15-AUG-16        5
16-AUG-16        5
17-AUG-16       10
18-AUG-16        5
19-AUG-16       14
```

```
20-AUG-16          19
21-AUG-16          15
22-AUG-16          12
23-AUG-16          18
24-AUG-16           2
25-AUG-16           5
26-AUG-16           4
27-AUG-16          15
28-AUG-16           7
29-AUG-16           0
30-AUG-16          12
31-AUG-16          11
```

从查询的结果可以看到有些日子不下雨，而其他的日子却在不停地下雨。接下来我们继续分析数据。

需要逐渐地习惯 match_recognize 函数的语法。先来看一个示例，天气随着日期的变化情况，变得更好或更糟：

```
select dt
      ,rain
      ,trend
  from weather
  match_recognize (
  order by dt
  measures classifier() as trend
  all rows per match
  pattern (better* worse* same*)
  define better as better.rain < prev (rain)
        ,worse  as worse.rain > prev (rain)
        ,same   as same.rain = prev (rain));


DT              RAIN TREND
--------- ---------- ---------
01-AUG-16          14
02-AUG-16           0 BETTER
03-AUG-16          19 WORSE
04-AUG-16           6 BETTER
05-AUG-16          20 WORSE
06-AUG-16           1 BETTER
07-AUG-16          17 WORSE
08-AUG-16          17 SAME
09-AUG-16          14 BETTER
10-AUG-16          18 WORSE
11-AUG-16           9 BETTER
12-AUG-16           4 BETTER
13-AUG-16          17 WORSE
14-AUG-16          16 BETTER
15-AUG-16           5 BETTER
16-AUG-16           5 SAME
17-AUG-16          10 WORSE
18-AUG-16           5 BETTER
19-AUG-16          14 WORSE
20-AUG-16          19 WORSE
21-AUG-16          15 BETTER
22-AUG-16          12 BETTER
23-AUG-16          18 WORSE
```

```
24-AUG-16            2 BETTER
25-AUG-16            5 WORSE
26-AUG-16            4 BETTER
27-AUG-16           15 WORSE
28-AUG-16            7 BETTER
29-AUG-16            0 BETTER
30-AUG-16           12 WORSE
31-AUG-16           11 BETTER
```

为了确定天气是好还是坏，需要定义什么是好天气，什么是坏天气，或者前后一天的降雨量保持不变。这些分类定义是在定义部分完成的。定义好天气的表达式如下：

```
better as better.rain < prev (rain)
```

当天的降雨量比前一天少就是好天气，当天的降雨量比前一天多就是坏天气。定义坏天气的表达式如下：

```
worse as worse.rain > prev (rain)
```

定义部分的最后一个表达式表示降雨量不变，当天与前一天的降雨量相同：

```
same as same.rain = prev (rain)
```

因为表达式中定义部分引用的是以前的值，所以根据时间排序很重要。因为需要根据日历比较日期，按时间顺序排列是显而易见的。match_recognize 函数表达式中的第一部分就是 ORDER BY 子句。

通过指定 classifier()函数，判断降雨量是增加还是减少。classifier()函数可以把表中的记录分别映射到定义部分的好天气、坏天气和保持不变。类似功能的函数还有 match_number()等。

定义模式的 pattern 子句是：

```
pattern (better* worse* same*)
```

模式的状态分别为：好天气 0 天或若干天；坏天气 0 天或若干天；降雨量保持不变 0 天或若干天。

当前示例中 weather 表的数据从 8 月 1 日开始，因为没有前一天的降雨量做比较，所以分类函数无法对它进行分类判断。8 月 2 日的降雨量比 8 月 1 日少，所以分类函数判断它是好天气，等等。

通过 Oracle 数据库的分析函数也可以实现上面的功能，特别是 lag 函数，它通过 over 子句实现表的自连接关联和按照日期排序，然后进行 rain 字段当前值与前一条记录的比较，如下所示：

```
select dt
     ,rain
     ,case
      when rain < lag (rain) over (order by dt)
      then 'Better'
      when rain > lag (rain) over (order by dt)
      then 'Worse'
      when rain = lag (rain) over (order by dt)
      then 'Same'
      end trend
from weather;
```

在使用正则表达式搜索数据中的模式时，match_recognize 子句可以大显身手。

下面的示例在八月的数据中匹配搜索旱季模式：一天或几天没有降雨量，当不下雨，降雨量开始减少时，被认为是旱季的开始。使用 match_recognize 函数需要在定义部分定义雨季和旱季。在当前的示例中，旱季的表达式如下：

```
dry as dry.rain <= 10
```

当降雨量小于 10 时是干燥(单位是毫米，估计的表记录没有提供度量单位)。

当降雨量大于 10 时是潮湿。

```
wet as wet.rain > 10
```

需要搜索匹配至少两天以上都是干燥时段的模式：

```
wet dry{2,} wet*
```

上面的表达式表示：1 天潮湿时段，两天或两天以上干燥时段，0 天或者若干天潮湿时段。

下面显示完整的查询结果：

```
select *
  from weather
 match_recognize (
   order by dt
   measures
     first (wet.dt) as first_wetday
    ,dry.dt as dryday
    ,last (wet.dt) as last_wetday
   one row per match
   pattern (wet dry{2,} wet*)
   define wet as wet.rain > 10
        ,dry as dry.rain <= 10
 );
FIRST_WET DRYDAY    LAST_WETD
--------- --------- ---------
10-AUG-16 12-AUG-16 14-AUG-16
23-AUG-16 26-AUG-16 27-AUG-16
```

这些结果表明，第一次的潮湿天从 8 月 10 日开始，第二次的潮湿天于 8 月 14 日结束，在两次潮湿天的中间有几天是干燥天。检查后发现与 weather 表中的数据是一致的：

```
10-AUG-16         18 Worse
11-AUG-16          9 Better
12-AUG-16          4 Better
13-AUG-16         17 Worse
14-AUG-16         16 Better
```

潮湿天 8 月 23 日之后到潮湿天 8 月 27 日之间是几天的干燥时段，如下所示：

```
23-AUG-16         18 Worse
24-AUG-16          2 Better
25-AUG-16          5 Worse
26-AUG-16          4 Better
27-AUG-16         15 Worse
```

match_recognize 查询返回的结果中，8 月 27 日和 8 月 30 日之间没有干燥时段，分析这个期间表的数据：

```
27-AUG-16         15 Worse
28-AUG-16          7 Better
29-AUG-16          0 Better
30-AUG-16         12 Worse
```

如上所示，有一个两天的干燥时段，在一个潮湿天的前面。识别干燥状态的模式：

```
dry{2,}
```

干燥状态的模式表示至少两天以上干燥。在 8 月 27 日和 8 月 30 日之间仅仅有两天干燥，不符合模式要求。

4.6 本章小结

本章讨论了如何在数据集合中匹配搜索模式，从最简单的形式——使用单字符或多字符的通配符，到使用更复杂的正则表达式。提取佛罗里达各主题公园表中描述摘要信息中的电话号码信息。当数据模型没有规范化，并且以非规范的方式存储数据时，正则表达式有助于搜索匹配数据和创建统一输出格式。但这种方法不能替代创建规范标准的数据模型。建议使用正则表达式作为检查约束条件，这样能够保证输入的数据是标准规范的数据格式。

本章的最后对 match_recognize 函数进行了简要介绍。

第 5 章

基于版本的重定义

Oracle Database 11g 引入了基于版本的重定义(Edition-Based Redefinition,EBR),这是一个不需要额外成本就可以在所有版本中使用的新概念。这些年来,为了降低数据库的停机时间,已经引用了各种技术。不影响用户就是不影响他们正在使用的数据库应用。升级数据库应用经常需要停机时间,不太可能很轻松地就替换正在使用的PL/SQL 对象。

5.1 计划停机

通常有两种停机:计划停机和非计划停机。非计划停机会不经意间发生,对于这种异常的防范是非常困难的。确实有些方法能降低非计划停机,但完全避免是不可能的。

计划停机就是预先计划,Oracle 提供了一系列方法,可以按需降低停机时间。硬件故障可以通过物理或逻辑备库来避免,或者使用 Oracle 真正应用集群(Real Application Clusters,RAC)。如果仅仅是升级数据库软件,是不需要关闭数据库的。如果有逻辑备库和流复制,就可以在升级过程中不停数据库。索引可以在线重建,表可以在线重定义，因此没有任何理由需要停机。

此外，剩下的就是应用造成的停机。在用户没有通知的情况下，没有办法在运行时替换 PL/SQL。某个 PL/SQL 对象仅有一个版本。当替换 PL/SQL 对象时，必须锁定对象，此时不能执行，因此会干扰正常的业务流程。依赖于被替换对象的 PL/SQL 会变为无效，可能需要重新编译。

以上问题可以通过基于版本的重定义来解决，允许升级应用的过程中避免额外的停机时间。利用基于版本的重定义，能在一个私有版本中变更 PL/SQL。因此，当升级应用时，能将此版本发布给用户。新登录的用户将使用这些新的应用对象，升级期间正在连接的用户则继续使用旧版的应用，就像什么都没发生过。当最后一批用户断开和旧版应用的连接时，旧版本就可以下线了，此时仅能使用新版本的应用。

5.2   术语

基于版本的重定义会通章引用一些术语。表 5-1 列出了常见的定义，可以用作快速参考。

表 5-1   与 EBR 相关的定义

术语	解释
版本	将非方案对象类型扩展为标准命名的解决方案。版本对象通过版本、方案和对象名称来标识
版本视图	一种特殊的视图类型，就像基表的抽象层。因为版本视图存在于某个版本中，所以它反映了基表的实际执行。对于版本视图会有一系列的限制
版本对象	版本标识的方案对象，例如同义词、视图以及所有 PL/SQL 对象类型
非版本对象	所有未被版本标识的方案对象，例如表、数据库链接和物化视图
跨版本的触发器	一种特殊类型的触发器，能跨越版本边界
非版本和版本之间的限制	非版本对象不能依赖于版本对象

5.3   概念

基于版本的重定义，目的非常明确：零停机打补丁和升级。即使有非常充足的停机时间，一定也可以这么做。这会让所有参与方受益。

打补丁和升级是有区别的：在理想的情况下，对于程序的需求，会在真实的程序中实现，程序会准确实现需求。当程序不能实现需求时，可以使用补丁来纠正目前的情况，目的就是让实现和需求统一。补丁会让程序和功能需求一致。程序实现后，需求变更时，升级就会起作用。从此刻开始，两者不再有区别。当谈到"升级"时，也会暗示"补丁"，反之亦然。

当然，想要达到零停机升级，数据库不是应用的唯一组成部分。建立数据库连接的方法，会决定需要连接哪个版本的数据库应用。通过负载均衡器，或者"交通指挥官"，可以达到这个目的。正在连接的会话(也就是正在连接升级前应用的会话)，会通过一个应用服务器进行连接，新建立连接的会话将会使用另一个应用服务器，连接升级后的应用。

为了能做到零停机，需要在 Oracle 数据库、应用服务器以及客户端应用中进行良好的设计。零停机意味着用户可以一直使用。这有一个大挑战：使用旧版本的应用用户不会停止他们的工作，同时允许部署新的应用版本。新版应用的用户开始使用前，不需要等待旧版应用的用户完成他们的工作。两个版本的应用(升级前和升级后的版本)需要同时在线，才能满足支持使用新旧版应用的用户(我们称之为热升级)。

对于某些类型的应用来说，在旧版应用提供服务的同时，只需要部署一些新的源文件，就可以完成新版应用的部署，非常简单。然而，如果数据库牵扯其中，这件事就变得非常困难。因此，需要回答一些基础的问题。

　　首先，当有一些人正在使用应用时，如何对应用进行变更？变更应用通常会修改一些对象，但是又不允许修改所有对象。因为这会让应用处于不可用的状态。毕竟，不可能在有人用的情况下，编译数据库代码。所有对象需要同时变更，但是这会影响旧版应用的使用。一种可能就是复制一份旧版本的数据库，对它执行变更，这可以解决第一个问题。另一种选择，就是复制数据库方案，在一个新方案中做变更。这两种选择都允许独立地变更对象，为升级应用做准备。

　　现在出现了另一个问题：如何让这两个应用(旧版应用和升级后的新版应用)做到数据同步？可以想象，这不是一件易事。原始数据库对象正在使用，数据可以随时增加或改变。因此需要有一种机制，能在新旧版应用之间复制数据。若两个版本应用之间数据可以共享，同步问题就会容易一些。旧版应用可以访问新版应用创建或改变的数据。新版应用同样可以访问旧版应用的数据。对于含有数据的所有对象，例如物化视图和索引，都是如此。

　　升级应用可能会改变数据结构，因此当数据对于新旧版应用相同的情况下，如何定义不同的数据表示？旧版应用中执行的事务必须能在新版应用中反映出来。在热升级过程中，反向也是正确的：旧版本中的变更也必须能在新版本中反映出来。

　　基于版本的重定义可以满足零停机要求的三项挑战。解决机制如下：

- 在一个私有的新版本中进行变更。
- 通过使用版本视图，满足同一个表的不同设计。
- 跨版本的触发器可以保证热升级过程中不同版本之间数据变更的一致性。

　　除了这些基于版本的重定义引入的结构以外，还有另外两种 Oracle 数据库支持的特性。第一种支持的特性就是非阻塞 DDL。当对表做一些变更时，例如新增一列，会以非阻塞的方式执行。表中当前的事务不会阻止这种变更。

　　另一种特性就是细粒度依赖跟踪。当创建一个引用某些表的包时，两者之间是有依赖关系的。改变表的操作，例如新增一列，会让包失效。这不再是问题。现在依赖会更加细粒度。因为包中没有对这个新增列的引用，所以包不会失效。对于向包声明中新增一个子程序，这同样有效；依赖不会失效。

　　在 Oracle 数据库内部有一些含有数据的对象，例如表、物化视图和索引，还有一些代码对象，例如所有的 PL/SQL 对象。一般来说，数据对象不能版本化，代码对象可以版本化。

　　Oracle 允许表中的某列使用用户自定义的类型(例如对象类型)。由于用户自定义类型可以版本化，表不能版本化，因此就存在一些不易处理的问题。当某个表定义有多个版本时，究竟应该使用哪一个用户自定义类型？这种困境被称为非版本和版本之间的限制。非版本化的对象不能依赖于版本化对象。

　　在 Oracle Database 12.1 中，有可能绕过这种限制。以往是让生效版本的整个方案生效，取而代之的是，可以删除已经版本化的对象。对于表中使用用户自定义类型的示例，可能需要定义已经版本化的用户自定义类型，此时就不会碰见非版本和版本之间的限制。稍后的章节会详细介绍这种限制。

　　也是从 Oracle Database 12.1 开始，物化视图和虚拟列能有些额外的元数据，提供一些关于评估版本的信息。当物化视图或虚拟列使用版本化的 PL/SQL 函数调用时，这些额外的元数据是唯一相关的信息。这些元数据需要使用 CREATE 和 ALTER 语句显示设置。

　　在 12.1 版本之前，由于违反非版本和版本之间的限制，公共同义词不能版本化。12.1 版本以后，Oracle 维护的公共用户可以版本化，但是所有已存在的公共同义词会被标记为非版本化。创建新的公共同义词能被版本化。

　　热升级期间，也可以在私有的新版本中测试新版应用。当需要在新版本中执行测试 DML 语句时，务必确认使用的是测试数据。由于使用的是测试数据，真实的数据不会受基于版本重定义操作的影响，一旦测试完成，就能够非常方便地识别和删除这些测试数据。另一种方法就是以只读模式进行测试，这样可以避免由于删除版本导致的垃圾数据。如果运行中出现错误，或者功能和需求不一致，就能持续运行在私有的新版本环境中。这么做的目标就是为了创建一个升级版本，并且只有当修复了所有的错误时才能发布此版本。

　　在热升级完成，触摸测试完成，并且没有和旧版应用的连接之后，旧版应用就可以下线了。首要步骤就是阻止用户连接到旧版应用。此时就不再需要跨版本的触发器来同步新旧版本之间的数据。旧版本中的对象可以删除，表中不用的列也能删除了。

无论什么原因，基于版本的重定义若失败，那么此版本就必须删除，通过一条语句就可以删除版本。请记住，版本从数据库中删除以后，表的任何变更就不能回滚了。此外，数据的变更也不能回滚，也应该删除，回退至升级前的版本。

5.4 准备：版本生效

我们需要一些步骤准备即将执行的变更。这有一些为升级应用需要的停机操作准备的步骤。从 11gR2 版本开始，每一个 Oracle 数据库版本都有一个名为 ORA$BASE 的默认版本。即使不使用基于版本的重定义，ORA$BASE 版本也依旧存在。

为了使用基于版本的重定义，接下来将展示数据库方案如何让版本生效。这是一次性操作，并且不可回滚。不可回滚并不意味着必须使用基于版本的重定义；这只是降低停机时间的必要一步。

```
alter user scott enable editions
```

如你所见，无法禁用数据库方案的版本。对于用户来说，版本生效是单向的。

```
alter user scott disable editions
                      *
ERROR at line 1:
ORA-00922: missing or invalid option
```

在 Oracle Database 12.1 之前的版本中，版本生效的粒度是整个方案。从 Oracle Database 12.1 版本开始，可以将某些通常会版本化的对象置为非版本化。

5.4.1 非版本和版本之间的限制

非版本化对象不可能依赖于版本对象。这称为非版本和版本之间的限制。Oracle Database 12.1 版本之前，当需要生效一个方案版本时，就不得不解决这些问题。例如，某张表中含有用户自定义类型，这就违反了非版本和版本之间的限制。用户自定义类型可以设置版本，而表不能设置版本。12.1 版本之前，如果坚持零停机的要求，不可避免地就需要改变方案设计。

从 Oracle Database 12.1 开始，可以显式地定义对象为非版本化。为使之前的方案版本生效，这是唯一的可能。一旦对象被设置为非版本化，方案设置为版本化，就会修复状态，并且不能改变。如果执行要改变，将会抛出以下异常：

```
ORA-38825: The EDITIONABLE property of an editioned object cannot be altered.
```

为了证明非版本和版本之间的限制，新建用户(名为 NEONE)：

```
create user neone identified by neone
/
grant connect, create table, create type to neone
/
alter user neone quota unlimited on users
/
```

用此用户身份登录，首先创建含有电话号码的用户自定义类型：

```
conn neone/neone@pdborcl

create type phone_number_ot as object
```

```
(type_name varchar2(10)
,phone_number varchar2(20)
)
/

create type phone_numbers_tt as table of phone_number_ot
/
```

创建一个表，**phone_numbers** 列采用自定义类型：

```
create table emps
(empno number
,phone_numbers phone_numbers_tt
)
 nested table phone_numbers store as phone_numbers_nt
/
```

使用 **SYS** 用户设置 **NEONE** 用户版本生效，会抛出异常信息：

```
alter user neone enable editions
/
ERROR at line 1:
ORA-38819: user NEONE owns one or more objects whose type is editionable
and that have noneditioned dependent objects
```

在 NEONE 用户版本生效之前，用户自定义类型需要设置为非版本化。可以使用 alter 子句改变用户自定义
类型：

```
alter type phone_numbers_tt noneditionable
/
alter type phone_number_ot noneditionable
/
```

用户自定义类型现在声明为非版本化，意味着它们不能被版本化。此时可以设置 NEONE 方案版本生效。当
未来需要改变用户自定义类型版本时，就需要执行与其他表列相似的操作。

在方案版本已经生效后，你希望将一个用户自定义类型添加为表中的一列，这个用户自定义类型需要设置为
非版本化。创建用户自定义类型的语法支持这种用法。用户 SCOTT 在本章开始时已经设置为版本生效。如果此
时使用这个用户自定义类型对象创建一个相同的表，则会抛出异常：

```
conn scott/tiger@pdborcl

create type phone_number_ot as object
(type_name varchar2(10)
,phone_number varchar2(20)
)
/

Type created.

create type phone_numbers_tt as table of phone_number_ot
/

Type created.

create table emps
(empno number
,phone_numbers phone_numbers_tt
)
```

```
  nested table phone_numbers store as phone_numbers_nt
/

create table emps
*
ERROR at line 1:
ORA-38818: illegal reference to editioned object SCOTT.PHONE_NUMBER_OT
```

如你从代码示例中所见，不允许创建一个基于版本化用户自定义类型的表。

因为 SCOTT 已经设置为版本生效，所以这个类型不能改变为非版本化：

```
alter type phone_numbers_tt noneditionable
/

*
ERROR at line 1:
ORA-38825: The EDITIONABLE property of an editioned object cannot be altered.
```

为了创建基于用户自定义类型的表，需要使用显式指定非版本化的方式重建用户自定义类型，如下所示：

```
drop type phone_numbers_tt
/
Type dropped.

drop type phone_number_ot
/
Type dropped.

create or replace
 noneditionable type phone_number_ot as object
(type_name varchar2(10)
,phone_number varchar2(20)
)
/
Type created.

create or replace
 noneditionable type phone_numbers_tt as table of phone_number_ot
/
Type created.

create table emps
(empno number
,phone_numbers phone_numbers_tt
)
 nested table phone_numbers store as phone_numbers_nt
/
Table created.
```

5.4.2 创建新版本

因为用户 SCOTT 已经设置版本生效，所以我们可以创建一个新版本。这两个版本之间有层级关系，每个版本总会有其父版本。唯一的例外就是 ORA$BASE，或者当这个版本被删除时，层级中的下一个版本就是所谓的根版本。

为了创建一个新版本，需要 CREATE ANY EDITION 系统权限：

```
grant create any edition to scott
```

在创建新版本之前，需要为作为父版本的版本设置 USE 权限。创建的是另一个版本的子版本。当创建一个版本时，会自动授予 USE 对象权限。

也可以单独授予 USE 权限，如下所示：

```
grant use on edition <edition_name> to <user>
```

这里，<edition_name>和<user>需要用授予权限的版本名称和用户名称替代。

为了删除根版本或叶子版本，需要 DROP ANY EDITION 系统权限：

```
grant drop any edition to scott
```

如下所示，可以使用 ALTER 语句改变版本，其中<edition_name>是需要改变的版本名称：

```
alter session set edition = <edition_name>
```

记住当存在活动事务时，不能改变版本。如果没有使用 COMMIT 或 ROLLBACK 结束事务，此时改变版本，就会抛出异常，如下所示：

```
alter session set edition = r2

ERROR:
ORA-38814: ALTER SESSION SET EDITION must be first statement of transaction
```

5.5 复杂级别

使用基于版本的重定义有不同程度的复杂级别。最低的级别是版本之间仅改变 PL/SQL 对象。下一级别是版本之间改变表结构，同时不需要保证多版本可用，因为所有的用户会在未来的指定时间点切换至新版本中。最复杂的级别就是需要改变表结构，同时用户需要访问不同的版本，因此还需要在不同版本间同步数据。

下面几节中将覆盖每个级别，首先从最简单的级别，不同版本间仅改变 PL/SQL 对象说起。

5.5.1 替换 PL/SQL 代码

如下所有的代码示例都会使用 SCOTT 用户通过 SQL*Plus 连接到 Oracle Database 12c。

既然已设置了所有必需的权限，用户也设置了版本生效，我们就从第一段真实的示例开始讲解。如下示例创建了一个 PL/SQL 存储过程，证明在不同的版本中可使用相同的名称标识不同的功能。

为了确定当前数据库会话使用的版本，执行如下查询：

```
select sys_context('userenv'
                  ,'current_edition_name'
                  ) "Current_Edition"
  from dual
/

Current_Edition
---------------
ORA$BASE
```

提示：
如果使用 SQL*Plus，可使用 SHOW EDITION 显示当前的版本。

在这个版本(ORA$BASE)中，创建了一个名为 hello 的存储过程：

```
create or replace
procedure hello
```

```
is
begin
   dbms_output.put_line ('Hello World');
end hello;
/
```

这个非常简单的存储过程会打印出"Hello World"，前提是需要打开 SERVEROUTPUT：

```
begin
   hello;
end;
/
Hello World
```

随着引入基于版本的重定义，也增加了一些数据字典视图，用于展示版本的信息。这些数据字典视图使用扩展名 AE，表示 All Editions。其中之一就是 USER_OBJECTS_AE 视图。当用这个数据字典检索新建的存储过程 hello 时，可以看出，它存在于 ORA$BASE 版本中：

```
select object_name
     ,object_type
     ,edition_name
  from user_objects_ae
 where object_name = 'HELLO'
/

OBJECT_NAME        OBJECT_TYPE      EDITION_NAME
---------------- --------------- ------------------------------
HELLO              PROCEDURE        ORA$BASE
```

提示：
如果查询 USER_OBJECTS_AE 数据字典，EDITION_NAME 列为空，则表示用户版本未生效。

接下来创建一个名为 R1 的新版本：

```
create edition r1 as child of ora$base
```

尽管没有严格要求必须指定 AS CHILD OF 子句，但显式地写出来是一个良好的习惯。

我们仅仅创建了版本，这并不意味着已切换使用这个版本。要将当前版本变为新创建的这个版本，需要使用 ALTER SESSION 语句：

```
alter session set edition = r1
/

select sys_context('userenv'
                 ,'current_edition_name'
                 ) "Current_Edition"
   from dual
/

Current_Edition
----------------
R1
```

从之前的检索中，我们已经知道当前版本是 R1。也可以用 SQL*Plus 登录时指定的版本，如下所示：

```
conn scott/tiger@pdborcl edition=r1
```

当试图执行 R1 版本的存储过程 hello 时，得到如下结果：

```
begin
   hello;
end;
/
Hello World
```

这是如何做到的？存储过程 hello 继承自 ORA$BASE，因此可以在 R1 版本中执行。子版本会继承所有版本的对象。所有的 PL/SQL 对象、同义词和视图，都是版本化对象。

我们引入了一个新版本，因此可改进 hello 存储过程。为此，我们使用一个非常熟悉的方法，即使用 CREATE OR REPLACE 来增强这个存储过程。这个存储过程的替换发生在 R1 私有版本中，原始存储过程仍然有效。已连接至 ORA$BASE 版本的用户不会受这个新版存储过程 hello 的影响。

```
create or replace
procedure hello
is
begin
   dbms_output.put_line ('Hello Universe');
end hello;
/
```

替换当前 R1 版本的存储过程 hello，从 USER_OBJECTS_AE 数据字典中可以看出来。USER_OBJECTS_AE 数据字典视图和 USER_OBJECTS 数据字典视图类似，区别在于它会展示所有版本的对象：

```
select object_name
     ,object_type
     ,edition_name
  from user_objects_ae
 where object_name = 'HELLO'
/


OBJECT_NAME        OBJECT_TYPE      EDITION_NAME
------------------ ---------------- --------------
HELLO              PROCEDURE        ORA$BASE
HELLO              PROCEDURE        R1
```

从输出结果可知，这里有两个名为 hello 的存储过程：一个存储于 ORA$BASE，一个存储于 R1。依赖于当前会话的版本，执行正确的存储过程，会打印出"Hello World"或"Hello Universe"。

有可能新版本中不再需要这个存储过程。可以使用 DROP 语句删除过时的存储过程。在版本 R1 中，执行以下语句，从当前版本删除存储过程 hello(注意，同名的存储过程仍存储于 ORA$BASE)：

```
drop procedure hello
```

删除存储过程后，检索 USER_OBJECTS_AE 数据字典视图，我们看到如下结果：

```
select object_name
     ,object_type
     ,edition_name
  from user_objects_ae
 where object_name = 'HELLO'
/


OBJECT_NAME        OBJECT_TYPE      EDITION_NAME
------------------ ---------------- ------------------------------
HELLO              PROCEDURE        ORA$BASE
HELLO              NON-EXISTENT     R1
```

如你所见，这里有两个名为 HELLO 的对象引用：一个存储于 ORA$BASE，一个存储于 R1。注意存储于 ORA$BASE 的对象类型是 PROCEDURE，存储于 R1 的对象类型是 NON-EXISTENT。

一旦从某版本删除，对象就不会被下一个子版本继承。同样，可以混合使用 DROP(针对存储过程)和 CREATE(针对函数)，将存储过程改为函数，如下所示：

```
create or replace
function hello
   return varchar2
is
begin
   return 'Hello Galaxy';
end hello;
/
```

USER_OBJECTS_AE 中会显示如下结果：

```
select object_name
     ,object_type
     ,edition_name
  from user_objects_ae
 where object_name = 'HELLO'
/


OBJECT_NAME        OBJECT_TYPE      EDITION_NAME
----------------   --------------   ----------------------------
HELLO              PROCEDURE        ORA$BASE
HELLO              FUNCTION         R1
```

既然所有新的 PL/SQL 对象已经替换，就需要让新版本对用户可见、旧版本对用户不可见。接下来的章节将介绍如何做，以及如何下线旧版本。

5.5.2 改变表结构

当发布新版应用时，有时需要改变表结构。理解表不能版本化是非常重要的。不可能有同一个表的多个版本。由于细粒度依赖跟踪，可以在不让现有代码失效的情况下向表中增加一列；而且由于非阻塞 DDL，不会阻碍其他会话。

为了展示新增列，在不同的版本中需要使用不同的表示。基于版本的重定义引入了版本视图的概念。顾名思义，它是一个视图，准确地说是一种特殊类型的视图。就像基表的一个抽象层。因为版本视图是版本化的，因此每一个版本可以有不同的结构。

由于存在抽象层，数据会存储在一个单独的地方。基表包含数据，而且是单一数据源。表中存在索引和约束。

首次(和上一次)执行基于版本的重定义，引入版本视图需要一些停机时间。记住在表上使用的一些特性可能会改变版本视图，例如授权、触发器和虚拟专用数据库(Virtual Private Database，VPD)。

假设有一个名为 EMP_BIR 的表级触发器，它的目的是使用序列 EMPSEQ 得到 EMP 表中 EMPNO 列的值。记住这个脚本，使用版本视图时会需要。

```
create sequence empseq
/

create or replace trigger emp_bir
before insert on emp
for each row
begin
   :new.empno := empseq.nextval;
```

```
end emp_bir;
/
```

基于版本的重定义执行期间，引入版本视图需要以下 6 个常见步骤：

(1) 重命名表。

(2) 创建版本视图。

(3) 改变版本视图的权限。

(4) 重建版本视图的触发器。

(5) 重新编译 PL/SQL。

(6) 重新应用虚拟专有数据库策略。

我们希望将版本视图用作表和应用之间的抽象层。应用最可能通过源代码在不同的场景下引用表。在和版本视图相关的源代码中修改表名，是一项让人望而却步且容易出错的任务。将版本视图命名为和表一样的名称，对应用的影响是最小的。然而不可能让表和版本视图使用相同的名称。但是通过重命名表，创建一个和原始表同名的版本视图就能解决这个问题。

应用不应该再能直接访问表，修改原始表名可以防止这种情况。例如，下面的命名转换引用了特殊字符(例如下划线)，并且是大小写敏感的：

```
alter table emp rename to "_emp"
```

这样就不能直接检索表名，除非如下例所示，使用引号标识的表名。因为这不是常规的表名转换(使用了特殊字符，并且大小写敏感)，所以它会告诉开发人员，这是一个特殊的表。

步骤(1)就完成了：表已经被重命名。下一步就是用原始表名创建版本视图：

```
create editioning view emp
as
select empno
     ,ename
     ,job
     ,mgr
     ,hiredate
     ,sal
     ,comm
     ,deptno
  from "_emp"
/
```

定义版本视图会有一些限制。例如，版本视图只能基于单个表，不能含有聚类或表达式。

任何授予其他方案的权限(例如 SELECT 和 INSERT)均需要重新设置。如果这些授权使用了脚本，则可以直接执行这些脚本。由于版本视图使用了与原始表相同的名称，因此这些权限就会授予版本视图。

所有原始表上的表级触发器需要在版本视图上重建。再次执行创建表级触发器的原始脚本可能更方便。执行这些脚本，会在版本视图上创建表级触发器。这也是和普通视图的区别，因为普通视图不可能有表级触发器。使用这些权限，就能使用相同的脚本重建触发器。

我们重命名表后，表上仍有触发器：

```
select trigger_name
     ,table_name
  from user_triggers
 /


TRIGGER_NAME                     TABLE_NAME
-------------------------------- -------------------------------
EMP_BIR                          _emp
```

为了让触发器和版本视图关联，需要删除触发器，因为不可能在同一版本中，所以有两个同名的对象：

```
drop trigger emp_bir
/

Trigger dropped.
```

创建版本视图后，可使用之前的脚本重建触发器：

```
create or replace trigger emp_bir
before insert on emp
for each row
begin
    :new.empno := empseq.nextval;
end emp_bir;
/

Trigger created.

select trigger_name
     ,table_name
  from user_triggers
/


TRIGGER_NAME                    TABLE_NAME
------------------------------- -------------------------------
EMP_BIR                         EMP
```

提示：

使用表级触发器脚本，将会让基于版本视图的触发器重建工作非常容易，这同样适用于虚拟专有数据库策略的脚本。

由于表已经改名，所有引用这张表的 PL/SQL 对象就会失效。重新编译这些 PL/SQL 可以解决问题，此时 PL/SQL 代码引用的是版本视图，而不再是这张表了。

当使用虚拟专有数据库(VPD)功能(请参见第 16 章)时，需要对版本视图重新应用策略。运行创建表的脚本，虚拟专有数据库策略将会应用于版本视图。

至此，所有的组件已经到位，不再需要任何停机时间来升级应用。可以在一个独立的版本中，不影响现有应用的情况下创建新功能。

假设我们有一个新需求，是将电话号码增加到雇员数据中。首先需要做的是使用 alter 语句向"_emp"表新增电话号码字段(phone_number)：

```
alter table "_emp"
add (
    phone_number varchar2(10)
)
```

向表中新增一列，会让所有引用此表的 PL/SQL 对象失效。但是随着 11g 引入细粒度依赖跟踪，这已经不再是问题。PL/SQL 代码中使用的真实列变动才会让代码失效。由于在任何 PL/SQL 代码中，没有引用这个新增列的逻辑，因此不会有任何代码失效。

在新的私有版本中，我们可以向版本视图中增加此列，这不会让任何现有应用失效：

```
create edition r2 as child of r1
/
```

```
Edition created.

alter session set edition = r2
/

Session altered.

create or replace
editioning view emp
as
select empno
      ,ename
      ,job
      ,mgr
      ,hiredate
      ,sal
      ,comm
      ,deptno
      ,phone_number
  from "_emp"
/

View created.

select empno
      ,ename
      ,phone_number
  from emp
/

     EMPNO ENAME      PHONE_NUMB
---------- ---------- ----------
      7369 SMITH
      7499 ALLEN
      7521 WARD
      7566 JONES
      7654 MARTIN
      7698 BLAKE
      7782 CLARK
      7788 SCOTT
      7839 KING
      7844 TURNER
      7876 ADAMS
      7900 JAMES
      7902 FORD
      7934 MILLER

14 rows selected.
```

从上面的查询结果中可以看出，电话号码已经存在于版本 R2。当把会话切换至版本 R1 时，电话号码列并不存在：

```
alter session set edition = r1
/

Session altered.
```

```
desc emp
 Name                    Null?     Type
 ---------------- -------- ------------------------
 EMPNO                    NUMBER(4)
 ENAME                    VARCHAR2(10)
 JOB                      VARCHAR2(9)
 MGR                      NUMBER(4)
 HIREDATE                 DATE
 SAL                      NUMBER(7,2)
 COMM                     NUMBER(7,2)
 DEPTNO                   NUMBER(2)
```

因为电话号码并不存在于 ORA$BASE 或 R1 版本中，所以没有数据需要从旧版本迁移至新版本。只有 R2 版本的用户和应用才会存储电话号码。ORA$BASE 的用户或者 R1 版本的应用没有电话号码的概念。

5.5.3　版本之间的数据同步

当需要在不同版本间改变列时，事情就会变得更加复杂。因此，下面介绍一些稍微复杂的示例。应用使用 ENAME 列存储雇员姓名。以下是新增需求：

"ENAME 必须拆为 FIRST_NAME 和 LAST_NAME 两个列，新增的 LAST_NAME 列必须增加长度，支持 25 个字符。原始的 ENAME 和新增的 LAST_NAME 存储相同的值。"

向表增加列并不复杂，就像修改版本视图来反映 FIRST_NAME 和 LAST_NAME 以及删除 ENAME 列。因为表不能版本化，当前是什么版本就无所谓了，尽管从常识上来说不应该在旧版本中执行 DDL 语句。

你可能倾向于将 ENAME 列改为允许 25 个字符的长度，就像新增的 LAST_NAME 一样，这是非常简单的事情。但这样做会影响现有的应用，因为源代码将会失效，进而引起停机。基于版本的重定义的整体目标就是做到零停机，所以不应该允许改变列长度的操作。

```
alter table "_emp"
add (
    first_name varchar2 (10)
  ,last_name varchar2 (25)
  )
/


Table altered.

create edition r3 as child of r2
/

Edition created.

alter session set edition = r3
/

Session altered.

create or replace
editioning view emp
as
select empno
     ,first_name
     ,last_name
     ,job
```

```
        ,mgr
        ,hiredate
        ,sal
        ,comm
        ,deptno
        ,phone_number
  from "_emp"
/
```

```
View created.
```

此时 LAST_NAME 列数据为空,对于新版本,它的值应该和原始表的 ENAME 列值相同。通过 UPDATE 语句可以实现这一点。然而,大规模的 UPDATE 语句会产生锁,因此可能影响正常的业务。

如果用户仅使用新版本(这个示例中的 R2 版本),那么执行大规模的 UPDATE 语句没有关系。因为用户仅使用 FIRST_NAME 和 LAST_NAME 列,ENAME 不再使用,不需要做什么操作。

比直接执行 UPDATE 更好的方法是使用 DBMS_PARALLEL_EXECUTE 降低执行时间。当处理大量数据时,这可能会更有用。在版本过渡阶段,也会有其他一些方法来实现 ENAME 和 LAST_NAME 列之间数据的同步。

在一段时间内,两个版本都需要对用户可见(所谓的热升级),因此需要一种机制来保证 ENAME 和 LAST_NAME 列的同步。旧版本(R2)的用户仅看见和控制 ENAME 列,而新版本(R3)的用户仅操作 FIRST_NAME 和 LAST_NAME 列。

有一种机制刚好可以实现这一点。因为在不同版本之间需要数据同步,所以可使用跨版本的触发器。让我们看一下示例代码。跨版本的触发器设置在基表中(我们示例中的"_emp"表)。使用与创建传统的表(语句和行)级触发器或复合触发器类似的方法,创建跨版本触发器。就像普通触发器一样,跨版本的触发器也是版本化的,需要在新版本(R3)中创建。

```
create or replace trigger EMP_R2_R3_Fwd_Xed
before insert or update on "_emp"
for each row
forward crossedition
disable
begin
  :new.last_name := :new.ename;
end EMP_R2_R3_Fwd_Xed;
/
```

```
Trigger created.
```

如你所见,第二行代码中,在基表而不是版本视图上创建了触发器。明确触发器需要对每行生效后,无论何时在父版本(R2、R1 或 ORA$BASE)上执行 DML 语句,触发器都会执行升级版本的操作。

作为最佳实践,创建触发器时使用了禁用模式(代码中的第 5 行)。只有当需要触发器生效时,才会让其有效。R2 版本的 LAST_NAME 和 ENAME 列保持数据同步的逻辑非常明确。LAST_NAME 列的值用 ENAME 列的值进行填充。

下一步就是生效触发器,这样在新版本(R3)的数据被旧版本(R2)的用户更新时,可以执行触发器操作。

```
alter trigger EMP_R2_R3_Fwd_Xed enable
/
```

```
Trigger altered.
```

为了确认行为是否正确,可以执行 UPDATE 语句:

```
alter session set edition = R1
/
```

```
Session altered.

update emp
   set ename = 'Widlake'
 where ename = 'MARTIN'
/

1 row updated.

commit
/

Commit complete.

alter session set edition = R3
/

Session altered.

select empno
     ,first_name
     ,last_name
  from emp
 where empno = 7654
/

    EMPNO FIRST_NAME LAST_NAME
---------- ---------- -------------------------
     7654            Widlake
```

无效的跨版本触发器

如前所述，以禁用模式创建跨版本触发器是一个最佳实践。原因就是一旦触发器创建，触发器就是无效的，旧版本用户(例如 R1 和 ORA$BASE)执行 DML 语句时，会立即得到异常：

```
update emp
       *
ERROR at line 1:
ORA-04098: trigger 'SCOTT.EMP_R2_R3_FWD_XED' is invalid and failed re-validation
```

当跨版本触发器以禁用模式创建时，不会产生异常，甚至触发器无效时，都不会产生异常。

仅有旧版本用户执行了插入或更新操作的记录，才会使用触发器得到 LAST_NAME 的值，在新版本中没有执行这些操作的记录，不会得到 LAST_NAME 的值。

在两个版本间同步的数据，有一种可能是回滚至旧版本，在版本视图中执行一次 update 操作，触发跨版本触发器执行升级版本的操作，在新版本中填充了 LAST_NAME 列。这个方法的负面作用就是，当你安装新软件时，需要切换版本。这会让人困惑，并且极易产生错误。

新版本中的另一个方法就是用一种特殊的方式更新基表，触发跨版本触发器执行升级版本的操作。注意，当你正常更新基表时，不会触发跨版本触发器。使用 DBMS_SQL，就可以在更新基表时触发跨版本触发器。在 DBMS_SQL 的 parse 存储过程中包含一个 apply_crossedition_trigger 的参数，它允许你传入为了同步数据需要执行的跨版本触发器的名称。

```
declare
   c number := dbms_sql.open_cursor();
   x number;
```

```
begin
   dbms_sql.parse
     (c => c
     ,language_flag => dbms_sql.native
     ,statement => 'UPDATE "_emp"
                       SET EMPNO = EMPNO'
     ,apply_crossedition_trigger => 'EMP_R2_R3_Fwd_Xed'
     );
   x := dbms_sql.execute(c);
   dbms_sql.close_cursor(c);
   commit;
end;
/
```

传入 DBMS_SQL 的是一个更新基表的语句。跨版本触发器的名称传入 apply_crossedition_trigger 参数中。触发跨版本触发器将会在新旧版本之间同步数据。

当有数据插入新版本时，依旧会有使用旧版本的用户，因此需要保留 ENAME。和跨版本升级触发器类似，也有一个所谓的跨版本回滚触发器。它会将插入的 LAST_NAME 列转换为 ENAME 列。

```
 create or replace trigger EMP_R3_R2_Rve_Xed
before insert or update of last_name on "_emp"
for each row
reverse crossedition
disable
begin
   if length (:new.last_name) > 10
   then
     raise_application_error (-20000
       ,'During the hot rollover it is not possible to enter more'||
        ' than ten (10) characters for the Last Name'
       );
   else
     :new.ename := :new.last_name;
   end if;
end EMP_R3_R2_Rve_Xed;
/
```

```
Trigger created.
```

跨版本回滚触发器也是基于基表创建的。当新版本有数据变更时，触发器将会执行回滚操作。类似跨版本升级触发器，这个触发器也是以禁用模式创建。在触发器的执行部分，完成了 LAST_NAME 列向 ENAME 列的转换，记住列长度是不同的。在热升级期间，旧版和新版应用都必须包含用户输入的有效数据。旧版应用中由于长度有限制，需要在跨版本触发器中检查输入的长度。有可能需要修改输入的数据，例如使用 SUBSTR 函数返回前 10 个字符，保存为 ENAME 列，但这就不是用户原始输入的数据了。

使触发器生效时，会将它切换至有效状态：

```
alter trigger EMP_R3_R2_Rve_Xed enable
/
```

```
Trigger altered.
```

跨版本触发器不总能执行
更新基表的操作不会触发跨版本触发器。下面示例中，跨版本触发器就没有执行：

```
update "_emp"
```

```
    set empno = empno
/

14 rows updated.

commit;

Commit complete.

select empno
     ,first_name
     ,last_name
  from emp
/
     EMPNO FIRST_NAME LAST_NAME
---------- ---------- -------------------------
      7369
      7499
      7521
      7566
      7654
      7698
      7782
      7788
      7839
      7844
      7876
      7900
      7902
      7934

14 rows selected.
```

为了证明这是正常的行为，以下代码中使用了 INSERT、UPDATE 和 MERGE 操作：

```
insert into emp
   (first_name, last_name)
values
   ('Heli', 'Helskyaho')
/

1 row created.

update emp
  set first_name ='Arup'
     ,last_name = 'Nanda'
 where empno = 7839
/

1 row updated.

merge into emp e
using (select 8888   empno
           ,'Brendan' first_name
           ,'Tierney' last_name
       from dual
     ) new_emp
```

```
on (e.empno = new_emp.empno)
when not matched
then
   insert
      (empno
      ,first_name
      ,last_name)
   values
      (new_emp.empno
      ,new_emp.first_name
      ,new_emp.last_name)
/

1 row merged.

commit
/
Commit complete.
```

输入超过 10 个字符长度的 last_name 会抛出异常：

```
insert into emp
   (last_name)
values
   ('This name is too long');
insert into emp
          *
ERROR at line 1:
ORA-20000: During the hot rollover it is not possible to enter more than
ten (10) characters for the Last Name
ORA-06512: at "SCOTT.EMP_R3_R2_RVE_XED", line 4
ORA-04088: error during execution of trigger 'SCOTT.EMP_R3_R2_RVE_XED'
```

使用了跨版本升级触发器和跨版本回滚触发器(两者都是定义在最新版本的表中)，新旧版本之间的数据就能进行同步了。

```
alter session set edition = R2
/


Session altered.

select empno
     ,ename
  from emp
 where empno in (7654, 7839, 1, 2)
/

    EMPNO ENAME
---------- ----------
        1 Helskyaho
        2 Tierney
     7654 Widlake
     7839 Nanda



alter session set edition = r3
```

```
/

Session altered.

select empno
     ,first_name
     ,last_name
  from emp
 where empno in (7654, 7839, 1, 2)
/


    EMPNO FIRST_NAME LAST_NAME
---------- ---------- ------------------------
        1 Heli       Helskyaho
        2 Brendan    Tierney
     7654            Widlake
     7839 Arup       Nanda
```

请注意，查询结果中 7654 号的雇员没有 FIRST_NAME，这是因为该雇员数据是在旧版本中改变的。旧版本不知道 FIRST_NAME 的存在，因此无法为该列赋值，值为 NULL。

在 Oracle Database 12c 中，还有第三种方法可以实现新旧版本的数据同步。DBMS_EDITIONS_UTILITIES 包含名为 set_null_column_values_to_expr 的存储过程。利用它可以使用表达式进行数据的转换，用这个表达式只能设置空值的行。当执行更新或查询语句时，会触发这个表达式。

```
create table emp_copy
as
select *
  from "_emp"
/

Table created.
```

下一步是删除 LAST_NAME 列值，将其置空：

```
update emp_copy
   set last_name = null
/

16 rows updated.

commit
/

Commit complete.
```

现在使用 DBMS_EDITIONS_UTILITIES 中的存储过程 set_null_column_values_to_expr：

```
declare
   expr constant varchar2(30) := 'LOWER (ENAME)';
begin
   dbms_editions_utilities.set_null_column_values_to_expr
     (table_name  => 'EMP_COPY'
     ,column_name => 'last_name'
     ,expression  => expr);
end;
/
```

```
PL/SQL procedure successfully completed.
```

注意这是基于表的，而不是基于版本视图的。它不会取代跨版本触发器，仅在升级的转换阶段有用。
注意观察数据，与 ENAME 列值相比，你可以看出执行了表达式，因为 LAST_NAME 列值都是小写的。

```
select ename
     ,last_name
  from emp_copy
/

ENAME      LAST_NAME
---------- ----------
SMITH      smith
ALLEN      allen
WARD       ward
JONES      jones
Widlake    widlake
BLAKE      blake
CLARK      clark
SCOTT      scott
Nanda      nanda
TURNER     turner
ADAMS      adams
JAMES      james
FORD       ford
MILLER     miller
Helskyaho  helskyaho
Tierney    tierney

16 rows selected.
```

为了清理实验的环境，可以删除 EMP_COPY 表：

```
drop table emp_copy purge
/

Table dropped.
```

现在新版本中的所有数据已经和旧版本一致了。由于跨版本升级触发器的存在，ENAME 列和 LAST_NAME 列的值已经同步。

DBMS_EDITIONS_UTILITIES 还有另一个存储过程：set_editioning_views_read_only。利用这个存储过程，可以将所有依赖于某张表的版本视图设置为只读，这通常是为了防止在跨版本触发器执行前对新版本进行数据变更。跨版本触发器执行完成后，可以用同一个存储过程再次将版本视图设置为可读写。

```
select view_name
     ,read_only
     ,edition_name
  from all_views_ae
 where owner = user
/

VIEW_NAME          R EDITION_NAME
------------------ - ------------
EMP                N R1
EMP                N R2
EMP                N R3
```

在之前的输出中，版本视图的 read_only 属性设置为 N，表示版本视图是可读写模式。

```
begin
  dbms_editions_utilities.set_editioning_views_read_only (
     table_name => '_emp'
    ,owner      => user
    ,read_only  => true);
end;
/

PL/SQL procedure successfully completed.
```

通过将只读参数设置为 TRUE，可将所有与_emp 表有关的版本视图设置为只读，这样可以防止对其进行 DML 操作。

```
select view_name
      ,read_only
      ,edition_name
  from all_views_ae
 where owner = user
/

VIEW_NAME                  R EDITION_NAME
-------------------------- ------------------------------
EMP                        Y R1
EMP                        Y R2
EMP                        Y R3
```

这段输出的代码显示版本视图的只读属性为 Y，无论版本在哪儿。要使版本视图改为只写模式，给只读参数赋予 FALSE 值。

```
begin
  dbms_editions_utilities.set_editioning_views_read_only (
     table_name => '_emp'
    ,owner      => user
    ,read_only  => false);
end;
/

PL/SQL procedure successfully completed.
```

5.5.4 丢失更新

当执行从旧版本到新版本的数据转换时，能否完成其他会话的所有事务是至关重要的。由于 Oracle 采用了多版本一致性读模型，这会是一个挑战。在升级转换阶段，我们不想丢失任何其他会话的更新。

DBMS_UTILITY 包含一个函数，可以标识何时所有事务执行了提交或者回滚。函数名称是 wait_on_pending_dml。为了验证，需要两个数据库会话。其中一个会话中创建了测试表：

```
create table s
   (x number)
/

Table created.
```

在这个会话中，执行以下 PL/SQL 块。它会向表中插入数据，通过调用 dbms_lock.sleep 降低执行速度：

```
begin
```

```
   for i in 1..100 loop
     insert into s (x)
     values (dbms_random.value);
     dbms_lock.sleep(.1);
   end loop;
   commit;
end;
/


PL/SQL procedure successfully completed.
```

最后，执行 commit 释放表锁资源。

在 PL/SQL 块执行过程中，另一个数据库会话执行以下代码：

```
declare
   l_bool boolean;
   l_scn number;
begin
   l_scn := timestamp_to_scn (systimestamp);
   l_bool := dbms_utility.wait_on_pending_dml
                 (tables => 's'
                 ,timeout => null
                 ,scn => l_scn);
   dbms_output.put_line( 'scn: ' || l_scn );
   dbms_output.put_line( 'now we start to do our thing' );
   l_scn := timestamp_to_scn (systimestamp);
   dbms_output.put_line( 'scn: ' || l_scn );
end;
/
```

第一次执行后，系统改变值(System Change Number, SCN)存储于本地变量中。接下来，调用 DBMS_UTILITY，暂停执行，直到所有等待的事务完成。当调用 wait_on_pending_dml 函数时，可以指定多张表，也可以指定一个等待超时的秒数。若没有指定具体值，就会无限等待。当调用 wait_on_pending_dml 函数时，最后一个参数指定了和这次请求相关的事务开始时的 SCN。

为了验证，使用 DBMS_OUTPUT 代替一些真实的操作。观察从 PL/SQL 块开始执行到结束 SCN 值的变化。首先，PL/SQL 块会挂起，等待其他会话的完成。当完成之后，可能看见如下的结果：

```
scn: 13737474
now we start to do our thing
scn: 13737485
```

注意在 PL/SQL 块执行期间，SCN 值已经变了。

5.6 旧版本下线

在完成应用升级，并且验证一切正常之后，就不再需要旧版本的应用了。当旧版本仍对用户可见时，就有可能再次使用旧版本。很明显，不应该允许这种情况发生。应该用某种方法下线旧版本，让其不再对用户可见。

尽管在一段时间内允许多个版本并行运行并不常见，但可以这么做。然而，升级应用和旧版本下线的过渡期通常需要尽可能短。

为了阻止新会话访问旧版本，最简单的方法是从数据库的每个用户和角色收回 USE 权限。下面的示例中，USE 权限授予了数据库用户 ALEX，然后又收回了此权限。当用户 ALEX 想要访问 USE 权限已经收回的版本时，抛出了异常，此时无法建立数据库会话，进而避免了用户访问下线的版本。

```
conn sys/oracle@pdborcl as sysdba

create user alex identified by alex
/
grant connect to alex
/

grant use on edition r1 to alex
/

Grant succeeded.
```

授予 USE 权限允许用户 ALEX 使用此版本。下面使用 SQL*Plus，在连接串中指定了版本：

```
conn alex/alex@pdborcl edition = R1
```

可以收回已授予的权限。如下所示：

```
conn sys/oracle@pdborcl as sysdba

revoke use on edition r1 from alex
/

Revoke succeeded.
```

既然已经收回了 ALEX 的 USE 权限，就不可能使用 R1 版本创建数据库连接，但可以连接 ORA$BASE 版本。

```
conn alex/alex@pdborcl edition = ora$base

Connected.

conn alex/alex@pdborcl edition = r1
ERROR:
ORA-38802: edition does not exist


Warning: You are no longer connected to ORACLE.
```

收回 USE 权限就能阻止用户连接这个版本，相当于有效地将其下线。

5.6.1   删除还是不删除

当版本只和一个根版本或者一个叶子版本有关时，就可以删除这个版本。如果它有子版本，就不能删除这个版本。

当你在一个新的私有版本中部署新版本应用时，一切都在按计划进行(例如某些对象会无效)，也许可能需要删除此版本，重新开始。但是为什么这么做？你其实可以继续这个版本，修复任何需要修复的功能。删除版本可能会影响一些功能，例如需要对基表做一些改动。此时有理由回退至上一个版本，但是要记住这会影响一些功能。对于数据的修改，同样存在这方面的影响。

为了回退至上一个版本，可以删除子版本。任何具有 DROP ANY EDITION 权限的用户都可以执行删除操作：

```
drop edition r3 cascade
/

Edition dropped.
```

在 DROP 语句中指定了 CASCADE，这个版本中创建的对象也将被删除。

```
drop edition r3
/
drop edition r3
*
ERROR at line 1:
ORA-38811: need CASCADE option to drop edition that has actual objects
```

如下所示，若有会话仍使用此版本，则抛出异常：

```
drop edition r3 cascade
/
drop edition r3 cascade
         *
ERROR at line 1:
ORA-38805: edition is in use
```

当需要回滚这次升级时，这个方法非常有用。

也能删除一个已下线的版本，尽管不必这样做。即使存在多个已下线的版本，也不会产生任何性能问题，因为是在编译时处理的这些引用。建议从不再使用的旧版本中删除所有对象，以及新版本中的跨版本触发器。这仅仅是一个良好清理的习惯。

5.6.2　改变默认版本

如果你使用的是 Oracle Database 11gR2，则会有默认版本 ORA$BASE。当你建立连接，但是未指定版本时，将会使用默认的版本。改变会话的默认版本需要执行 ALTER SESSION 指令。

通过执行以下指令，可以修改默认版本。为了执行此操作，需要具有 ALTER DATABASE 权限，以及指定版本上含有 WITH GRANT OPTION 的 USE 对象权限。DBA 通常比较关注这些。

```
alter database default edition = r1
/

Database altered.
```

整个数据库的默认版本修改可以立即生效。除了 SYS，会从此版本的所有用户收回所有对象权限。同时，USE 权限授予 PUBLIC。

当你使用普通用户(非 SYS)登录时，就能看见这个行为。检索 ALL_EDITIONS，仍能看见 ORA$BASE 版本的记录，其中可用标识为 YES。

如果将会话版本改为 ORA$BASE 将产生一个异常，表示此版本并不存在：

```
select edition_name
     ,parent_edition_name
     ,usable
  from all_editions
/

EDITION_NAME                    PARENT_EDITION_NAME            USA
------------------------------- ------------------------------ ---
ORA$BASE                                                       YES
R3                              R2                             YES
R1                              ORA$BASE                       YES
R2                              R1                             YES


alter session set edition = ora$base
/
ERROR:
```

```
ORA-38802: edition does not exist
```

以 SYS 身份连接才能将版本改为 ORA$BASE，甚至可以将其再次设置为默认版本：

```
conn sys/oracle@pdborcl as sysdba
Connected.

show edition

EDITION
------------------------------
R1

alter session set edition = ora$base
/

Session altered.

alter database default edition = ora$base
/

Database altered.
```

5.7　SQL Developer 和基于版本的重定义

Oracle SQL Developer 是一个免费的集成开发环境(Integrated Development Environment，IDE)，可以支持数据库应用开发。也有很多其他的商业版本 IDE，各有各的优势和劣势。

SQL Developer 声明支持数据库的最新功能，也会快速地支持 SQL 和 PL/SQL 的新增功能，而其他商业版本的支持则相对迟缓。

连接到 Oracle Database 11g 及以上版本，会看见一些和基于版本重定义相关的文件夹。目前暂不支持指定版本的连接。这在 4.1.1.19 版本中进行过验证。

在图 5-1 中，SQL Developer 导航栏中与 EBR 有关的文件被高亮显示。与版本重定义有关的文件夹是 Editioning Views、Crossedition Triggers 和 Editions。

右击文件夹会展示出可用的功能。在当前的版本(SQL Developer 4.1.4.19)中，版本视图和跨版本触发器仅能执行刷新、清除过滤器和应用过滤器。在文件夹中可以看见版本视图以及跨版本触发器，并且支持编辑。

右击版本文件夹，可以展示更多的功能：
- 打开
- 设置当前版本
- 创建版本
- 删除版本

在版本文件夹中，至少存在一个版本。单击上下文菜单中的

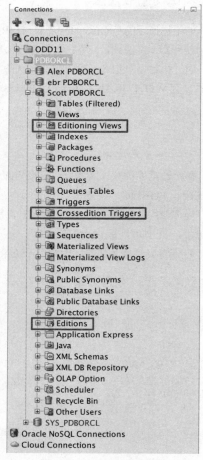

图 5-1　SQL Developer 导航

Open 菜单项，将会显示版本的更多内容，例如版本名、父版本、注释，以及是否可用。

图 5-2　版本层级

在图 5-2 中，可以看见本章使用的版本层级。

Set Current Edition 窗口可以设置当前的版本(见图 5-3)。

可以使用上下文菜单中的 Create Edition 选项，非常方便地创建版本。它会打开一个模式窗口，允许输入需要创建的版本名称。单击 Apply 按钮后，就会在单击上下文菜单的版本上创建一个叶子版本。如果需要在执行前预览 SQL，可以单击模式窗口中的 SQL 标签页(见图 5-4)。

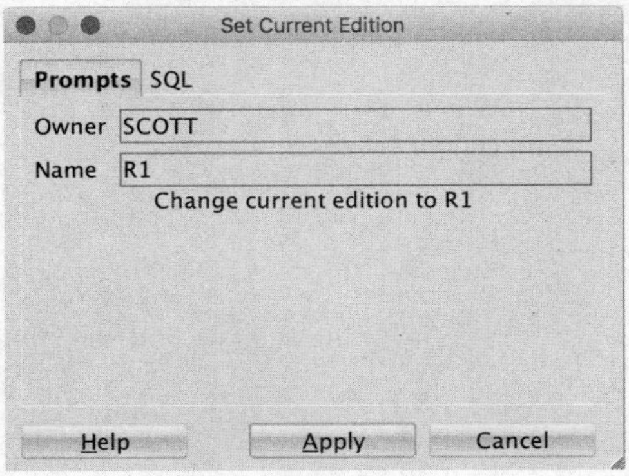

图 5-3　改变当前版本

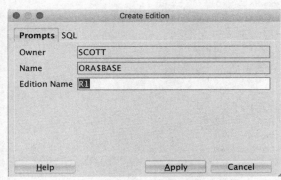

图 5-4　Create Edition 对话框

对于版本生效的现有用户，右击用户，从上下文菜单中选择 Edit User，选中 Edition Enabled 复选框。图 5-5 打开了模式窗口。单击 Apply，用户就生效了版本。记住，当用户已经生效版本时，复选框不能置空。如果你置空了复选框，单击 Apply，甚至得到了"成功处理 SQL 指令"的提示信息，但是不会有任何改变。用户版本生效的操作是单向的。

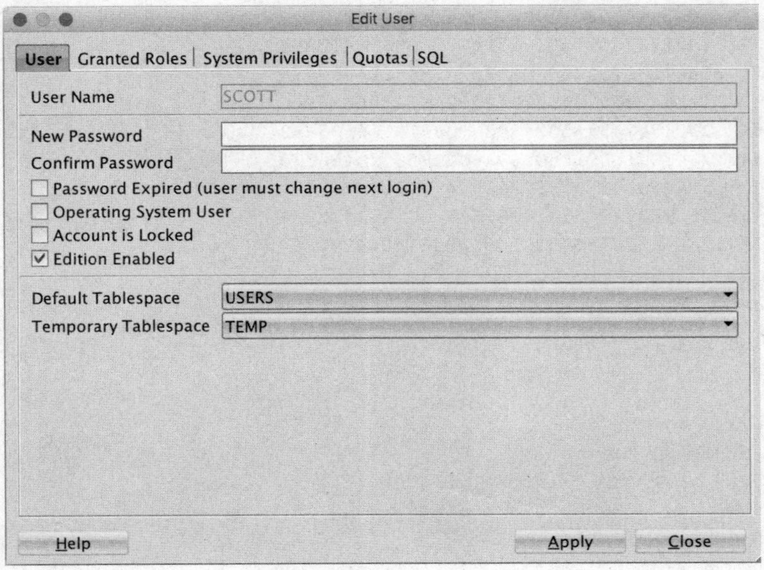

图 5-5　Edit User 窗口

使用 SQL Developer 可以同时创建用户和生效版本，其方法和编辑现有用户类似。

5.8 EBR 和 DBMS_REDACT

对于加密和 DBMS_REDACT 的完整介绍超出了本章的讨论范畴。这些话题可以参考第 13 章。当前基于版本的重定义不能支持正在加密的版本视图。如果尝试这样做，会得到如下错误的提示：

```
ORA-28061: This object cannot have a data redaction policy defined on it.
```

尽管文档中声明在版本视图中不能使用加密列，但实际并未有此限制。

如下示例证明了在版本视图中可以使用加密列。创建一个名为"_cc_info"含有两个字段的表，用随机整数填充 CC 列。加密策略是对每个数字展示"X"。

```
create table "_cc_info"
(id number primary key
,cc varchar2(40))
/
```

向表中插入一些测试数据：

```
insert into "_cc_info"
select rownum
      ,dbms_random.value(10000, 20000)
  from dual
 connect by level <= 10
/
```

当前表中的数据如下所示：

```
select *
  from "_cc_info"
/
        ID CC
---------- ----------------------------------------
         1 11875.7413173700680728205803909284385697
         2 16249.9662446058231634737545844229270079
         3 16993.4407700507756142394702309896413894
         4 19380.1501137402864895035535444864400766
         5 11913.5726493557341380137924652356236181
         6 17962.7101747457650349924900319106533948
         7 15943.7840001509186556978211256520456239
         8 19035.5514564876905888596747993129711433
         9 15396.5659809290034788653467547401472234
        10 18577.2155452575615231791283814064970397

10 rows selected.
```

对表应用加密策略屏蔽了 CC 列：

```
begin
  dbms_redact.add_policy
    (object_schema  => user
    ,object_name    => '"_cc_info"'
    ,policy_name    => 'Hide Creditcard'
    ,expression     => '1=1'
    ,column_name    => 'CC'
    ,function_type  => dbms_redact.regexp
```

```
      ,regexp_pattern => dbms_redact.re_pattern_any_digit
      ,regexp_replace_string => 'X'
      );
end;
/
PL/SQL procedure successfully completed.
```

查询表中的数据：

```
select *
  from "_cc_info"
/
```

```
        ID CC
---------- ----------------------------------------
         1 XXXXX.XXXXXXXXXXXXXXXXXXXXXXXXXXXXXX
         2 XXXXX.XXXXXXXXXXXXXXXXXXXXXXXXXXXXXX
         3 XXXXX.XXXXXXXXXXXXXXXXXXXXXXXXXXXXXX
         4 XXXXX.XXXXXXXXXXXXXXXXXXXXXXXXXXXXXX
         5 XXXXX.XXXXXXXXXXXXXXXXXXXXXXXXXXXXXX
         6 XXXXX.XXXXXXXXXXXXXXXXXXXXXXXXXXXXXX
         7 XXXXX.XXXXXXXXXXXXXXXXXXXXXXXXXXXXXX
         8 XXXXX.XXXXXXXXXXXXXXXXXXXXXXXXXXXXXX
         9 XXXXX.XXXXXXXXXXXXXXXXXXXXXXXXXXXXXX
        10 XXXXX.XXXXXXXXXXXXXXXXXXXXXXXXXXXXXX
```

```
10 rows selected.
```

既然已存在加密策略，下面就用这张表创建版本视图：

```
create editioning view cc_info
as
select *
  from "_cc_info"
/
```

```
View created.
```

可以创建版本视图，也可以查询它：

```
select *
  from cc_info
/
```

```
        ID CC
---------- ----------------------------------------
         1 XXXXX.XXXXXXXXXXXXXXXXXXXXXXXXXXXXXX
         2 XXXXX.XXXXXXXXXXXXXXXXXXXXXXXXXXXXXX
         3 XXXXX.XXXXXXXXXXXXXXXXXXXXXXXXXXXXXX
         4 XXXXX.XXXXXXXXXXXXXXXXXXXXXXXXXXXXXX
         5 XXXXX.XXXXXXXXXXXXXXXXXXXXXXXXXXXXXX
         6 XXXXX.XXXXXXXXXXXXXXXXXXXXXXXXXXXXXX
         7 XXXXX.XXXXXXXXXXXXXXXXXXXXXXXXXXXXXX
         8 XXXXX.XXXXXXXXXXXXXXXXXXXXXXXXXXXXXX
         9 XXXXX.XXXXXXXXXXXXXXXXXXXXXXXXXXXXXX
        10 XXXXX.XXXXXXXXXXXXXXXXXXXXXXXXXXXXXX
```

```
10 rows selected.
```

使用版本视图，可以正常执行 DML 语句：

```
update cc_info
   set cc = 1234
 where id= 3
/

1 row updated.

select *
  from cc_info
 where id = 3
/

        ID CC
---------- ----------------------------------------
         3 xxxx
```

根据文档的介绍，基于版本的重定义和 DBMS_REDACT 不能混用。但从实验来看可以一起使用。因为这些操作没有官方记录，所以还是谨慎使用为妙。

5.9 本章小结

本章主要介绍了降低甚至完全消除计划停机时间的解决方案。Oracle Database 11gR2 之前，当升级应用时，就需要计划停机。基于版本的重定义则解决了这个计划停机的问题。在一个私有版本中部署升级版本的应用至关重要。当升级完成后，用户可以切换至新版应用，不需要经历停机。

依赖于具体需求，可以选择合适的复杂度。从不同版本仅简单替换 PL/SQL 对象到使用跨版本触发器创建多个版本视图，来同步不同版本的数据。也讨论了下线旧版本的方法。

最后，展示了 SQL Developer 工具对于基于版本重定义的一些有限支持。还探讨了数据加密和基于版本重定义的混合使用，尽管文档声称不支持，但实验证明可以这样使用。

第 III 部分

**重要的日常使用的
高级 PL/SQL**

第 6 章

从 SQL 中运行 PL/SQL

　　人们会很自然地想到从 PL/SQL 中运行 SQL——毕竟，创建 PL/SQL 的目的是在 Oracle RDBMS 内部提供一种过程化的语言，以便能利用传统程序设计语言的所有循环、逻辑和异常处理结构来增强 SQL。然而，PL/SQL 也允许扩展 Oracle 内部的 SQL 功能。作为程序设计者，可以创建可以被 SQL 调用的自己的函数，它们就像是 SQL 语言的一部分。这允许利用 PL/SQL 的所有优势来扩展 SQL 的功能。例如，可以完成以下事情：

- 编写代码，每次以孤立的方式执行特定的重复任务。
- 从任何想要执行的 SQL DML 语句中调用代码。
- 在所使用(并备份)的数据库内部储存新代码和业务逻辑。
- 使用所有熟悉的 PL/SQL 特性。

　　在本章中，首先讨论 PL/SQL 和 SQL 标准函数的异同，然后讨论 Oracle 如何实现 PL/SQL 标准函数，还将讨论程序员如何通过创建自己的函数来扩展 SQL。当然，我们会提供如何创建 PL/SQL 函数并在 SQL 中使用的示例。

　　在创建自己的 PL/SQL 函数的过程中，有些问题经常会被忽视。需要弄清楚以下两件事：执行"从 SQL 中调用 PL/SQL 函数”时对“应用的时间点一致性”所产生的潜在影响，以及为什么“确保新的函数是确定性的 (deterministic)”非常重要。我们会重点介绍由于上下文切换所导致的“从 SQL 中调用 PL/SQL”对性能产生的影响，以及降低这种影响的方法。这就涉及 12c 引入的两个新特性。本章还会介绍通过缓存函数所返回的值来提高性能的方法，特别是相对较新的 11g 函数结果缓存。

6.1　SQL 和 PL/SQL 函数

在深入探讨如何使用用户定义的 PL/SQL 函数来扩展 SQL 之前，先看一下标准的 SQL 和 PL/SQL 函数究竟是什么。

我们总是在 SQL 查询和其他 DML 内部使用 SQL 函数，通常是修改从表中选择的值或向表中插入的值，但其实可以在 SQL 语句的任何地方使用 SQL 函数，只要这些地方的值或者表达式是合法的。INSTR、TRIM、UPPER 和 SUBSTR 等命令都是内置于 SQL 的函数。以下代码显示了一段较老的脚本，用来查看表空间的内容，列出 SYS/SYSTEM 的对象，在 SELECT、WHERE 和 ORDER_BY 部分使用了 SQL 函数：

```
select ds.tablespace_name                    ts_name
    ,ds.owner                                owner
    ,rtrim(ds.segment_name
        ||' '||ds.partition_name)            segment_name
    ,substr(ds.segment_type,1,7)             typ
    ,to_char(ds.extents,'999')               exts
    ,to_char(ds.bytes/1024,'99,999,999')     size_k
    ,to_char(do.created,'YYYY-MM-DD')        cre_date
    ,to_char(do.last_ddl_time,'MM-DD HH24:MI:SS') last_mod
from sys.dba_segments ds
    ,sys.dba_objects  do
where ds.tablespace_name               like upper(nvl('&ts_name','whoops')||'%')
and   do.object_name                   = ds.segment_name
and   do.owner                         = ds.owner
and   nvl(ds.partition_name,'X~') = NVL(do.subobject_name,'X~')
order by 1, decode(owner,'SYS'   ,'AAAAAA'
                        ,'SYSTEM','AAAAAB'
                        ,ds.owner)
        ,3
```

几乎所有在 SQL 中可用的函数都已经内置于 PL/SQL 语言，在区分 SQL 函数和 PL/SQL 函数时，通常会有一些小小的困惑。以下内容是我们要思考的：如果在 SQL 语句内部引用函数而不需要说明它在哪个包中，那么它就是原生 SQL 函数。如果必须声明它在哪个包中(即 PACKAGE.NAME，如 dbms_lock.sleep 和 dbms_utility.get_hash_value)，它就是 PL/SQL 函数。在 PL/SQL 中，如果一个函数在 SQL 语句之外使用，显然它是 PL/SQL 函数。

大多数“非聚合 SQL 函数”在 PL/SQL 中也可用，并且以完全相同的方式工作。这允许像在 SQL 语句中那样，在 PL/SQL 声明体或者表达式中使用这些函数，而不需要像很久以前那样从 DUAL 执行查询来获取它们。在 PL/SQL 中，不需要像下面这样写代码：

```
select upper(substr(variable,3,8)) into :v1 from dual
```

而是可以简写为：

```
v1:= upper(substr(variable,3,8)
```

仍然经常会遇到有人像下面这样写代码：

```
select sysdate into v_date from dual
```

这样声明 v_date :=sysdate 已经 20 年了，依然这样做真是令人困惑。如果曾经为了获取简单的 SQL 函数，或者为了获取 sysdate、systimestamp 和 user 等函数的值，而使用 FROM DUAL 方法，那么现在就千万别这样做了。这样做非常低效，并且绝大多数时候是不必要的。

在 PL/SQL 中使用 SQL 没有"标准"函数(to_char、substr、decode、least 和 greatest 等)时，实际上是使用了 PL/SQL 的内置函数。这些函数全部在 SYS 自己的 STANDARD 包中定义，该包和 DBMS_STANDARD 包是在创建数据库时一同创建的。这些函数包含 PL/SQL 的大部分基本功能。

6.1.1　STANDARD 包和 DBMS_STANDARD 包

SYS 的 PL/SQL 包 STANDARD 和 DBMS_STANDARD 中包含了数量可观的存储过程和函数。多数人会假设，这些存储过程和函数是以某种方式被编码到 PL/SQL 中，这种编码可能是在底层以一种不能被查看的方式而进行的。任何能够访问数据库的人实际上都可以从 SQL*Plus 中对这两个包使用 describe 命令。对于 STANDARD 包而言，可以通过 all_source 查看包的文本(所使用的任何 PL/SQL 开发 GUI 工具都能够做到)。与其他内置 PL/SQL 包不同，它的代码并没有因为害怕被窥视而进行包裹和隐藏。以下代码源自调用 desc sys.standard 命令的输出，调用它的账户只有 CONNECT 和 RESOURCE 权限(注意，仅显示一部分输出):

```
describe sys.standard
FUNCTION  SYS$DSINTERVALSUBTRACT RETURNS INTERVAL DAY TO SECOND
 Argument Name                Type                          In/Out Default?
 --------------------------- ----------------------------- --------
 LEFT                         TIMESTAMP                     IN
 RIGHT                        TIMESTAMP                     IN
FUNCTION  SYS$DSINTERVALSUBTRACT RETURNS INTERVAL DAY TO SECOND
...
FUNCTION ADD_MONTHS RETURNS DATE
 Argument Name                Type                          In/Out Default?
 --------------------------- ----------------------------- --------
 LEFT                         DATE                          IN
 RIGHT                        NUMBER                        IN
...
FUNCTION ASCII RETURNS NUMBER(38)
 Argument Name                Type                          In/Out Default?
 --------------------------- ----------------------------- --------
 CH                           VARCHAR2                      IN
...
FUNCTION SQRT RETURNS BINARY_DOUBLE
 Argument Name                Type                          In/Out Default?
 --------------------------- ----------------------------- --------
 D                            BINARY_DOUBLE                 IN
...
FUNCTION SUBSTR RETURNS VARCHAR2
 Argument Name                Type                          In/Out Default?
 --------------------------- ----------------------------- --------
 STR1                         VARCHAR2                      IN
 POS                          BINARY_INTEGER                IN
 LEN                          BINARY_INTEGER                IN     DEFAULT
...
FUNCTION SYSDATE RETURNS DATE
FUNCTION SYSTIMESTAMP RETURNS TIMESTAMP WITH TIME ZONE
FUNCTION SYS_AT_TIME_ZONE RETURNS TIME WITH TIME ZONE
 Argument Name                Type                          In/Out Default?
 --------------------------- ----------------------------- --------
 T                            TIME WITH TIME ZONE           IN
 I                            VARCHAR2                      IN
```

SYSDATE 是在 SYS.STANDARD 包中定义的 PL/SQL 函数。DBMS_STANDARD 包中的内容比 STANDARD 包中的内容要少很多，但它仍然包含许多数据类型的定义。我们认为这些数据类型是 PL/SQL 的一部分，例如:

```
package STANDARD AUTHID CURRENT_USER is        -- careful on this line
                                               -- SED edit occurs!

  /*********** Types and subtypes, do not reorder **********/
  type BOOLEAN is (FALSE, TRUE);

  type DATE is DATE_BASE;

  type NUMBER is NUMBER_BASE;
  subtype FLOAT is NUMBER; -- NUMBER(126)
  subtype REAL is FLOAT; -- FLOAT(63)
  subtype "DOUBLE PRECISION" is FLOAT;
  subtype INTEGER is NUMBER(38,0);
  subtype INT is INTEGER;
  subtype SMALLINT is NUMBER(38,0);
  subtype DECIMAL is NUMBER(38,0);
  subtype NUMERIC is DECIMAL;
  subtype DEC is DECIMAL;
```

commit、savepoint、rollback_nr、rollback_sv 和 commit_cm　这些存储过程都可以在 DBMS_STANDARD 包中找到。它们不是 SQL 命令，而是在 PL/SQL 内部使用的存储过程。但不可能找到 DBMS_STANDARD 包的包体，因为该包声明体中的所有项都是通过类 ADA 的 pragma 指令指向 C 函数的类型或函数/存储过程，PL/SQL 是基于 ADA 语言的。以下代码显示了 DBMS_STANDARD 包声明体中的一个个存储过程声明子块，指向 C 程序:

```
procedure commit;
pragma interface (C, commit);
```

在相关联的包体中，以 PL/SQL 编写的 commit 语句中没有存储过程代码。存储过程 commit 是用 C 语言编写的，不向我们展示。

但 SYS.STANDARD 却有一个包体，它很有趣。在以下代码中(从该包体中节选的一小部分)，可以看到 SYSDATE 实际上是对 C 函数的调用，用于获取系统时钟时间。如果失败，它会使用老的 SELECT SYSDATE FROM DUAL 方法(在任何现代系统中，Oracle 实际上并不会倒退成这样。它只是一道最后的防线，在一些算是老掉牙的或冷门的硬件上运行来解决问题)。

```
function pessdt return DATE;
  pragma interface (c,pessdt);

-- Bug 1287775: back to calling ICD.
-- Special: if the ICD raises ICD_UNABLE_TO_COMPUTE, that means we should do
-- the old 'SELECT SYSDATE FROM DUAL;' thing.  This allows us to do the
-- SELECT from PL/SQL rather than having to do it from C (within the ICD.)
function sysdate return date is
  d date;
begin
  d := pessdt;
  return d;
exception
  when ICD_UNABLE_TO_COMPUTE then
    select sysdate into d from sys.dual;
    return d;
end;
```

SYS.STANDARD 和 SYS.DBMS_STANDARD 有一个特殊之处：引用它们所包含的存储过程、函数或类型时，不需要包含包的名称。如果 Oracle 看到了一个限定于本地的对象引用(存储过程、函数或类型)，却缺少应该作为名称一部分的代码块、包或存储过程/函数)，那么 Oracle 首先在当前块内定义的本地对象中查找，然后再在父级 PL/SQL 块中查找。如果都找不到，Oracle 会查找 SYS.STANDARD 和 SYS.DBMS_STANDARD 中的对象。Oracle 这样做的确提供了创建本地版本(如 SYSDATE)的可能性：

```
-- show_date_override
declare
sysdate varchar2(20) := '31-DEC-4713BC';
begin
declare
out_text varchar2(100);
begin
  select to_char(sysdate) into out_text from dual;
  dbms_output.put_line (out_text);
end;
end;
/

@show_date_override
31-DEC-4713BC
```

此处不仅创建了一个本地变量 SYSDATE(该变量重载了同名的内置变量)，还把它设置成不同的数据类型，以便能给它赋一个在 Oracle 中不允许的值——Oracle DATE 的值不可能早于公元前 4712 年 1 月 1 日。

注意，虽然可以使用自己的变量替换内置的变量，却是不明智的。对那些重载了标准 PL/SQL 变量的代码进行调试，非常需要技巧。如果定义过与 STANDARD 包中的对象同名的一些东西，那么打开编译告警之后，将会看见 PLW-05004 错误代码。

如前所述，SQL 中大多数可用的函数在 PL/SQL 中也可用，从而有助于复用那些在两种语言中都使用了这些函数的代码片段。可以在 *12c Database PL/SQL Language Reference Guide* 中找到 PL/SQL 中不能使用的 SQL 函数的列表——PL/SQL Language Fundamentals(PL/SQL 语言的基础)。到 Release 12.1.0.2 为止，这份列表仍然包含少量的在 PL/SQL 中不能使用的单行(标量)SQL 函数——nvl2、decode 和 width_bucket。由于它们过于简单，因此未包含在 SYS.STANDARD 或 SYS.DBMS_STANDARD 中。在这些被遗漏的函数中，至少对前两个进行编码并不难。尽管通常的情况是，用于 SQL 语句中的标量函数的表达式可以简单直接地放在 PL/SQL 中，但如果使用这三个函数中的任何一个时，却不能这样做，这有些令人困扰。例如，以下语句中的 SQL 函数结构：

```
SELECT NVL(SUBSTR(POST_CODE,1,INSTR(POST_CODE,' ',1)-1),'UNKNOWN') from table
```
能够复制并直接在 PL/SQL 中使用：

```
v_region:= NVL(SUBSTR(v_postcode) ,1,INSTR(v_postcode),' ',1)-1),'UNKNOWN');
```
但是对于使用了 decode、nvl2 或 width_bucket 的表达式而言，却不能这样做。

这里不会继续深入探讨 SYS.STANDARD 和 SYS.DBMS_STANDARD。但到目前为止也应该了解：能够查看它们，并且能够看见许多有趣的事物，之前可能从没想到过它们可以这样呈现。

不要试图以任何方式去改动 SYS.STANDARD 或 DBMS_STANDARD

从前面可以看出，SYS.STANDARD 和 SYS.DBMS_STANDARD 是可存储的 PL/SQL。可能你想知道是否可以改动它们或者向它们添加代码。千万不要这样做。这些包对于 PL/SQL 的正常运行至关重要。如果以任何方式改动过它们，PL/SQL 的运行极有可能严重出错。而且，Oracle 公司很可能会拒绝帮你解决这类错误。可以随便阅读这些包，但是千万别动它们。

6.1.2 使用 PL/SQL 简化嵌套的 SQL 函数

可以组合使用多个 SQL 函数，就像"在函数中嵌套函数(在函数中(在函数中(在函数中)))"，以获取相对复杂的结果。例如，有一个适用于培训课程的简单 PERSON 表。创建这个表并在表中填写尽可能多数据的代码可以从本书网站(http://community.oraclepressbooks.com/downloads.html)下载。

```
Name                                          Null?      Type
--------------------------------------------- ---------- ----------------
PERS_ID                                       NOT NULL   NUMBER(8)
SURNAME                                       NOT NULL   VARCHAR2(30)
FIRST_FORENAME                                NOT NULL   VARCHAR2(30)
SECOND_FORENAME                                          VARCHAR2(30)
PERS_TITLE                                               VARCHAR2(10)
SEX_IND                                       NOT NULL   CHAR(1)
DOB                                                      DATE
ADDR_ID                                                  NUMBER(8)
STAFF_IND                                                CHAR(1)
LAST_CONTACT_ID                                          NUMBER(8)
PERS_COMMENT                                             VARCHAR2(2000)
```

该表包含 4 列，分别存储某个人姓名的一部分：SURNAME、FIRST_FORENAME、SECOND_FORENAME 和 PERS_TITLE。这些值都以全大写的格式储存。

```
PERS_TITLE FIRST_FORENAME  SECOND_FORENAME SURNAME
---------- --------------- --------------- ----------------
MR         LENNY           TOBY            THOMAS
MRS        VALERIE         AMANDA          WILLIAMS
MRS        SOPHIE          KATE            SINGH
MRS        AMBER           VICTORIA        MAHOUD
MR         LEWIS                           HUGHES
MRS        AMELIA          NICKIE          JONES
MR         DECLAN          JONATHAN        HALL
MR         SAMUEL          ASHFAQ          PREFECT
MR         JOHN                            WEBBER
MR         JAMES           STEVEN          SMITH)
```

对于文本化的数据，通常希望以全大写的格式储存，以便简化查询。应用 WHERE 子句时，Oracle 区分大小写——换言之，"WIDLAKE"并不等于"Widlake"，也不等于"widlake"。

如果使用如下区分大小写的查询：

```
where upper(SURNAME)=upper(search_string))
```

除非创建一个与查询函数条件相匹配的基于函数的索引，否则无法使用 SURNAME 列上的索引。如果允许以混用大小写的方式手工录入数据，根本无法控制文本的大小写，因此实践操作中，通常不允许混合使用大小写。我们会把用户录入的大部分文本信息储存为大写格式。然而，当给人们写信或者写电子邮件时，通常希望他们的名字显示为传统风格：姓、名和中间名的首字母大写，剩余的字母小写。这通过嵌套标准函数可以很容易实现：

```
--ch6_t1
select pers_title title,   first_forename   ,second_forename   , surname
    ,substr(pers_title,1,1)||lower(substr(pers_title,2))||' '
    ||substr(first_forename,1,1)||lower(substr(first_forename,2))||' '
    ||nvl2(second_forename,substr(second_forename,1,1)||' ',null)
    ||substr(surname,1,1)||lower(substr(surname,2))     Display_Name
from person
where pers_id > 100100
and rownum < 10
```

```
TITLE    first_fn    secon_fn    SURNAME    DISPLAY_NAME
-------  ----------  ----------  ---------  ---------------------------
MR       HARRISON    RICHARD     HARRIS     Mr Harrison R Harris
MRS      ANNEKA      RACHAEL     HARRIS     Mrs Anneka R Harris
MRS      NICKIE      ALISON      ELWIG      Mrs Nickie A Elwig
MASTER   JAMES       DENZIL      ELWIG      Master James D Elwig
MR       JEFF                    GARCIA     Mr Jeff Garcia
MRS      SARAH       GILLIAN     GARCIA     Mrs Sarah G Garcia
MASTER   MOHAMMAD    EWAN        GARCIA     Master Mohammad E Garcia
MISS     JODIE       MELISSA     GARCIA     Miss Jodie M Garcia
MRS      AMELIA      MARIA       ORPINGTON- Mrs Amelia M Orpington-smyth
                                 SMYTH
```

创建带有嵌套函数的 SQL 表达式,并以这种方式来处理文本并不难,但可能需要调试多次才能正确运行,并且解读代码往往需要花些时间。如果只需要这样做一次,最好直接在 SQL 语句中完成。然而,我们可能需要在应用程序的许多地方都进行这种处理。虽然可以根据需要剪切并粘贴代码,但是如果需要以任何方式修改代码,就会面临难题:如何在应用程序中粘贴过代码的所有位置都进行改动呢?另外,如果仔细查看之前的代码,会发现没有正确处理带有连字符的姓氏 "Orpington-Smyth",而且有些人可能会有疑问:Oracle 已经提供了处理单词首字母大写的函数,为什么还要自己费力编写这种代码呢?这是因为并不是每个人都了解所有可以直接使用的 SQL 函数,或者他们仅仅是从 Internet 上下载代码,甚至都没有审阅过(这越来越常见,是非常糟糕的编程习惯)。下面是一个改进的版本:

```
-- ch6_t2
select pers_title title,   first_forename  ,second_forename   , surname
     ,initcap(pers_title)||' '
     ||initcap(first_forename)||' '
     ||nvl2(second_forename,substr(second_forename,1,1)||' ',null)
     ||initcap(surname)        Display_Name
from person
where pers_id > 100100
and rownum < 10

TITLE    first_fn    secon_fn    SURNAME    DISPLAY_NAME
-------  ----------  ----------  ---------  ---------------------------
MR       HARRISON    RICHARD     HARRIS     Mr Harrison R Harris
MRS      ANNEKA      RACHAEL     HARRIS     Mrs Anneka R Harris
MRS      NICKIE      ALISON      ELWIG      Mrs Nickie A Elwig
MASTER   JAMES       DENZIL      ELWIG      Master James D Elwig
MR       JEFF                    GARCIA     Mr Jeff Garcia
...
MRS      AMELIA      MARIA       ORPINGTON- Mrs Amelia M Orpington-Smyth
                                 SMYTH
```

1. 使用函数简化代码

如果之前基于函数的代码块仅仅出现在一条 SQL 语句中,那没问题。如果不是这样,就必须在源代码仓库中找到出现过该代码块的其他位置,并应用相同的更改。不仅如此,还需要测试代码中改动过的所有片段(没有什么比 "无伤大雅" 地剪切和粘贴未经测试的改动部分更危险),并且把所有改动都置于更改控制流程中。

如果能够分隔并控制迅速变得复杂的代码片段未尝不是件好事。将其只放在一个能够扩展其逻辑以便处理新业务的地方呢?PL/SQL 的强大功能之一就是允许创建自己的函数并从任何 SQL 语句内部调用,就像它们是内置函数一样。该功能已使用很久了(作为基本方式从 Oracle Database 7.3 开始引入),但在一些地方仍然没有充分应用。而在使用了该功能的地方,其注意事项又通常被忽视。

在下面的代码中，新创建了一个名为 disp_name 的存储函数。它获取一个名字的 4 个部分作为参数，并返回一个包含"供显示的名字"的 VARCHAR2 值：

```
create or replace
function disp_name (p_sn      in varchar2
                   ,p_fn1     in varchar2
                   ,p_fn2     in varchar2  :=null
                   ,p_title   in varchar2  :=null)
return varchar2
is
v_return    varchar2(1000);
begin
  -- NVL2 and DECODE not available in PL/SQL (still true in 12.1)
  v_return := case when p_title is null then ''
              else p_title||' '
          end
       ||initcap(p_fn1)||' '
       ||case when p_fn2 is null then ''
              else p_fn2||' '
          end
       ||initcap(p_sn);
return v_return;
end disp_name;
```

代码与之前的有些许不同。允许 PERS_TITLE 为空，因为在应用程序的其他地方，有些人不一定有头衔。中心函数应该在它将被调用的不同地方都能够处理各种细微差别，这也会使其变得更复杂。我们也使用了 CASE 语句来探测某些值是否为 NULL，并以不同的方式填充输出结果串。nvl2 是 PL/SQL 中少数缺失的单行 SQL 函数之一。我们已经创建了临时变量并使用简单的 IF...THEN...ELSE 语句来替代它：

```
-- code fragment only!!!
v_title      varchar2(15);
v_fn2        varchar2(30);
...
begin
  -- NVL2 and DECODE not available in PL/SQL (still true in 12)
  if p_title is null then
    v_title :='';
  else
    v_title :=initcap (p_title)||' ';
  end if;
```

有了这个新的 PL/SQL 存储函数后，选择 display_name 的代码要简单许多，并且函数的名称也有助于描述在 SQL SELECT 语句中做了什么：

```
select pers_title title       ,first_forename
      ,second_forename        ,surname
      ,disp_name(p_sn =>surname       ,p_fn1 =>first_forename
             ,p_fn2=>second_forename  ,p_title=>pers_title)  display_name
from person
where pers_id > 100100
and   rownum < 10

TITLE      first_fn   secon_fn   SURNAME    DISPLAY_NAME
---------- ---------- ---------- ---------- ----------------------------
MR         HARRISON   RICHARD    HARRIS     Mr Harrison R Harris
MRS        ANNEKA     RACHAEL    HARRIS     Mrs Anneka R Harris
MRS        NICKIE     ALISON     ELWIG      Mrs Nickie A Elwig
```

```
MASTER      JAMES        DENZIL       ELWIG        Master James D Elwig
MR          JEFF                      GARCIA       Mr Jeff Garcia
MRS         SARAH        GILLIAN      GARCIA       Mrs Sarah G Garcia
MASTER      MOHAMMAD     EWAN         GARCIA       Master Mohammad E Garcia
MISS        JODIE        MELISSA      GARCIA       Miss Jodie M Garcia
MRS         AMELIA       MARIA        ORPINGTON-   Mrs Amelia M Orpington-Smyth
                                      SMYTH
```

2. 使用 PL/SQL 包集中代码并扩展 SQL

如前所述，可以创建独立的存储函数，但如果有一个中央包容纳所有要创建的新函数会更好。至少从功能角度而言，可以在一个对象内部管理并发布该功能领域的所有代码。我们熟悉 Oracle 的内置包，如 DBMS_STATS、DBMS_SCHEDULER 和 UTL_FILE 等。有些人会认为内置包有一些特殊之处——Oracle 采用我们自己做不到的某种方式把它们嵌入 PL/SQL 中。虽然大部分包都是包装好的(其中一些在内部调用了 C 代码或 Java 代码)，但本质上它们与我们自己创建的包没有任何区别。

下面创建包 STR_UTL，并在其中使用 disp_name 函数来格式化名称。这是基于我经常为所参与的项目创建的同名包。其中还包含一些处理文本信息的函数，尤其是 piece 函数。

piece 函数是什么？它是一个很好的示例，展示如何把所喜欢的来自其他语言的内容和曾重复过无数次的数据操作带入 Oracle 的 SQL 语言，并使其可用。在 20 年前涉足 Oracle 技术时，我曾从事过有关 MUMPS 语言的工作。在该语言的众多功能中，有许多围绕着管理字符串数据的功能。其中一个主要命令是 $PIECE，它可以根据另外一个或多个字符来析取所输入字符串的一部分。例如，

```
$PIECE("ERIC~THE~RED",3,"~")
```

将会返回 RED。使用 SQL 时，我非常怀念这个功能。在学会了如何添加自己编写的 PL/SQL 函数后，我就添加了它们。自此之后，我就为项目创建了 piece 函数。在需要处理重载列(即通过分隔符把多项信息存储于一个列中)或大量文本时，都可以使用它。

有关 STR_UTIL 包的完整代码可以从本书的网站(http://community.oraclepressbooks.com/downloads.html)下载。以下显示了 CRE_STR_UTIL 的一些关键片段：

```
-- cre_str_util.sql;
-- package to consolidate implementing string handling functions
create or replace package str_util as
...
function piece (p_string in varchar2      ,p_start     in number
            ,p_end    in number:= null ,p_delimiter in varchar2 := ',')
return varchar2;
function disp_name (p_sn   in out varchar2       ,p_fn1     in varchar2
                ,p_fn2 in     varchar2 :=null ,p_title   in varchar2 :=null)
return varchar2;
end str_util;

create or replace package body str_util as
...
function piece (p_string in varchar2      ,p_start     in number
            ,p_end    in number := null ,p_delimiter in varchar2 := ',')
return varchar2
is
v_string    varchar2(2000) := p_string;
v_start     number:= floor(abs(p_start)); v_end       number:= floor(abs(p_end));
v_delimiter varchar2(20)   := p_delimiter;
v_return    varchar2(2000) := null;
v_dlen      number         := length(v_delimiter);
```

```
v_from          number;                          v_to          number;
begin
-- parameter checking simplified for this demo
if v_string is null or v_start is null or v_delimiter is null then
  null;
else -- all parameters make sense.
  if v_start <2 then      -- ie want first part
    v_from :=1;           -- ensure v_from is 1
    v_start :=1;          -- Start at beginning of string
  else
    v_from := instr(v_string,v_delimiter,1,v_start-1)+v_dlen;
  end if;
  if v_end is null then
    v_end := v_start;
  end if;
  v_to := instr(v_string,v_delimiter,1,v_end) -1;
  if v_to = -1 then
    v_to := length(v_string);
  end if;
  v_return := substr(v_string ,v_from ,(v_to-v_from)+1);
end if;
return v_return;
end piece;
--
function disp_name (p_sn  in out varchar2          ,p_fn1     in varchar2
                   ,p_fn2 in     varchar2 :=null ,p_title  in varchar2  :=null)
return varchar2
is
v_return      varchar2(1000);
begin
  -- NVL2 and DECODE not available in PL/SQL (still true in 12)
  v_return := case when p_title is null then ''  else initcap(p_title)||' ' end
         ||initcap(p_fn1)||' '
         ||case when p_fn2 is null then ''     else substr(p_fn2,1,1)||' ' end
         ||initcap(p_sn);
return v_return;
end disp_name;
...
end str_util;
```

可以在系统中为每个业务或处理领域都创建一个包(该包内具有针对该领域的函数), 但是像 piece 这样几乎是所有系统通用的, 就不必一一创建。我个人会创建通用函数来完成以下工作: 从字符串中析取数字, 让字符串中的数字部分自动递增, 基于首字母或字符串中单词的字母为字符串创建别名等。然后, 在我开发的具体任务代码中使用这些通用函数。

3. PL/SQL 函数的维护优势

因为函数只写一次, 所以我们肯定会愿意多花一些时间来检查所传入的参数是否有效, 以及异常处理方式是否得当。如果输入不合法, 让函数不返回错误的方法是使其返回 NULL, 但有时反而会希望它返回一个错误。毕竟在每条 SELECT 语句中将会无数次调用这些函数, 因此也愿意多花些时间使代码更高效。比如, 需要仔细考虑检查 IF...THEN...ELSE 和 CASE 语句的顺序, 因为如果找到了第一个匹配的条件, Oracle 就会退出检查。可能还希望考虑函数的原生编译问题。

使用 PL/SQL 函数的真正好处在于, 以简单的方式定义代码的操作。函数的规范部分清楚声明了函数的名称、所有输入参数的个数和数据类型, 以及输出的数据类型。只要输入参数和返回值的数据类型和名称相同, 就可以用任何喜欢的方式更改函数的内部代码。即使该函数与 piece 一样通用，可能会被调用的函数最终将在应用程序代码中上百个不同的地方被调用，只要该函数的规范部分定义不变，任何调用它的代码都会正常工作并且不需要重新测试。这与在用到的每个地方都需要更改的本地代码不同。显然，在后一种情况下，必须确保更改过的函数在输入特定值时所返回的值都是正确的。

将这样的共享代码放在函数中的另一大好处是，当 Oracle 新版本中引入了 PL/SQL 的新特性时，可以审阅核心函数，并在合适的地方使用这些新特性。只要在一个地方应用更改，就能在整个应用程序上获取更改带来的好处。如果没有编写核心 piece 函数，而是在应用程序的许多部分都编写了相同的(或相似的)代码，那么即使知道可能可以改进性能，也不太可能会采用这些特性。这是因为在所有地方更改那些代码是一个巨大的工程。使用 PL/SQL 函数来扩展 SQL 意味着随着每一个 PL/SQL 新版本的出现，升级代码时都只需要在少量的代码集上花些时间和精力。我的 piece 函数已经相当老旧。本章中所引入的版本，其内部是 NUMBER 数据类型的，如果切换到 PLS_INTEGER，性能会更好些。而且，如果使用的是 Oracle Database 11g 或更新的版本，则应该关注 SIMPLE_INTEGER 数据类型和原生编译。只要不改变函数的规范部分，并且确保对于给定的输入值集都会产生相同的返回值，就可以很安全地更改核心函数代码，进而提升应用程序整体性能。

下面回到 disp_name 函数，你可能会想到还存在着其他问题，例如如何处理 McDonald 的大写问题或者荷兰语中的"van"(Vincent van Gogh，文森特·梵高)不需要大写的问题。对于名字的这些部分，可以嵌入检查规则并正确地处理，或者可以创建用于检查的异常表(如果打算按照后面的方式去做，就会出现 SQL 调用 PL/SQL 而 PL/SQL 又调用 SQL 的情况。这样就会出现一些新问题)。原先非常简单的函数会迅速变得复杂起来并且需要多注意。这种情况在现实中时常发生。让这段代码只出现在单个存储函数中，就只需要编码一次，并且只在一个地方维护，即可解决问题。使用 PL/SQL 实现业务逻辑的一个关键优势在于：在某处封装业务逻辑，并将其储存在所运行的数据库中。

> **用户定义的 PL/SQL 函数已经使用一段时间了**
> 实际上在 Release 2.1 中，Oracle 回溯性地加入了"在 PL/SQL 中创建自己的函数"这一功能。而该功能早在 Oracle Database 7.1 中就出现了，只是有许多限制条件。我在 1995 年开始使用自己的用户定义函数，但是直到 Oracle 开始通过内置包向其中添加越来越多的功能之前，都没有将其作为日常的操作。再说一个事实：第一批内置包是在 Release 2.1 中开始出现的(DBMS_OUTPUT、DBMS_LOCK 和 DBMS_SQL 就在其中，Release 2.3 引入了 UTL_FILE)。而直到现在，内置包的数量从 Oracle Database 8.0(从这时开始，PL/SQL 的版本号与数据库的版本号同步了)才有了实质性的大幅增长。

6.2　PL/SQL 函数的注意事项

如上所见，用户定义的 PL/SQL 函数在 SQL 中非常易用。它们与 SQL 语句集成，就像是内置于 SQL 语言或是由 Oracle 以一部分内置包的形式来提供。然而，还有一些事需要进一步考虑：可靠性，性能，以及数据库的一致性。

6.2.1　参数、"纯度"等级和确定性

本小节介绍创建用于 SQL DML 语句的函数时要考虑的一些事项：函数的参数、代码的"纯度"和确定性函数。

1. 函数的参数

不需要强调，就应该知道：不能在"从 SQL 中调用的 PL/SQL 函数"中使用 OUT 或 IN OUT 参数。总之，任何情况下都不要在函数中使用 OUT 或 IN OUT 参数。即使可以，也是不良实践。如果这样，对于由 SQL 调用

的函数而言，将会造成如下事实：试图改变作为参数传入函数的文本或列，而这是不合逻辑的。从 SQL 中调用的函数的所有参数都必须是 IN 型参数。如果真的创建了一个具有 OUT 型参数的函数，并且从 SQL 中调用，将收到诸如 "ORA-06572: Function DISP_NAME has out arguments.(ORA-06572：DISP_NAME 函数有 out 型参数)。" 的错误。

2. 改动数据和 "纯度"

对于从 SQL 中调用的函数而言，"纯度"(Purity)的概念非常重要。实际上，更深入一点说是至关重要的。*"纯度"*是指函数影响数据库中其他地方所发生的其他事情或受它们所影响的能力。

这也应该是不言自明的，在用户定义的 PL/SQL 函数中，不会想改动数据库中表的内容。如果这样做了，就会有一条 SELECT 语句或调用了该函数的 PL/SQL 表达式，并改动存储的数据。再次说明，这几乎是不合逻辑的，Oracle 也会阻止这样做。

要创建一个利用函数更改表数据的示例，需要修改 disp_name 函数，在其返回值之前引入 SQL INSERT 语句。下面使用一个专门为了跟踪和测试该 PL/SQL 函数的使用情况而创建的 EXEC_FUNC_TRACK 表。

```
-- Table to track function execution activity
create table exec_func_track
(function_name      varchar2(30) not null
,exec_timestamp     timestamp    not null
,extra_info         varchar2(100)
)

begin
  v_return := case when p_title is null then ''   else initcap(p_title)||' ' end
          ||initcap(p_fn1)||' '
          ||case when p_fn2 is null then ''     else substr(p_fn2,1,1)||' ' end
          ||initcap(p_sn);
insert into exec_func_track (function_name,exec_timestamp)
values ('DISP_NAME',SYSTIMESTAMP);
return v_return;
```

重新创建内嵌 INSERT 语句的函数，没有遇到问题。没什么能够阻止函数执行 DML；包创建语句不会报错。但是，执行调用该函数的 SELECT 语句时，会报错：

```
      str_util.disp_name(p_sn =>surname              ,p_fn1 =>first_forename
      *
ERROR at line 2:
ORA-14551: cannot perform a DML operation inside a query
ORA-06512: at "MDW.STR_UTIL", line 224
ORA-06512: at line 1
```

在这个关键时刻，可能想要使用 pragma RESTRICT_REFERENCES 语句在编译时检查包函数或存储过程的 "纯度"，以保证不会发生这样的错误。pragma 是编译时的指令，用来向 Oracle 发出命令去检查或增强使用CREATE 或 REPLACE 命令)存储在数据库中的 PL/SQL 代码的某些功能。当创建或替换 PL/SQL 存储代码时，编译器将会被出现的 pragma 所影响。根据 pragma 的类型，可以更改所创建的 pcode(*pcode* 是半解析代码，在运行 PL/SQL 存储代码时，它也是 Oracle 实际执行的代码)；也可以根本不创建任何存储代码并报错。pragma 应该在第一个 BEGIN 之前的函数规范中声明。虽然可以出现在规范部分的任何地方，但通常都放在规范部分的第一行，直接放在 RETURN 子句之后，目的是为了明晰。

为了说明 "纯度"，之前使用了 RESTRICT_REFERENCES pragma，它声明了一些关于函数(或存储过程)能做些什么的规则。对于从 SQL 中调用的函数而言，必须至少声明该函数代码不能改写数据库的状态(即不能改变任何数据库表的内容)。这是通过以下方式实现的：

```
pragma restrict_references (WNDS);
```

其中的 WNDS 意为 "Writes No Database State(不改写数据库的状态)"。如果编译器检测到代码违反了这些规则，就不会执行编译。现实中仍然能够见到这样的代码，例如：

```
function num_inc(p_text in varchar2,p_incr in number)
return varchar2;
pragma restrict_references (num_inc,wnds,rnds,wnps,rnps);
```

然而，对于 Oracle Database 11.1*g*，RESTRICT_REFERENCES pragma 已经过时了，而 Oracle 也不再支持继续使用它。如果编译代码的同时打开 PL/SQL 编译报警，将收到关于使用 RESTRICT_REFERENCES 的告警提示：

```
PLW-05019: the language element near keyword RESTRICT_REFERENCES is deprecated beginning with
version 11.2
```

提示：

PL/SQL 编译时告警(有时称为编译告警)提供了一种极佳的方式，可以在代码中检查是否存在过时的特性、常见错误或潜在的性能问题。创建或者替换存储的 PL/SQL 代码，或者检查已存在的代码时，都能检查代码的编译时告警提示。强烈推荐使用编译时告警。

一个纯函数不会依赖于任何会在数据库(如表数据)或会话(如包变量)中改动的东西。这正是 pragma RESTRICT_REFERENCES 所涉及的全部。可以使用它声明规则，这些规则说明该函数是否从数据库中读取数据，向数据库中写入一些数据，或者改动了一些内容；以及是否读取或者改动了包变量。因为任何一项改动都可能会产生无法预测的后果，所以才需要制订上述规则。正如之前所提到的，如果有一个函数在数据库中更改数据，那么一条简单的 SELECT 语句竟然能够更改数据，这显得十分荒谬。如果正在从数据库中读取数据(我们将回到这个话题)，那么之后函数所返回的结果是什么取决于数据库中的数据。在那个时间点，并不清楚该函数要做些什么，有时这确实是个问题。类似地，如果函数更改了会话中的包变量，那么在此会话中所执行的其他活动将会受到什么样的影响？因为无法控制人们使用那个函数的时机(什么时候使用那个函数)，所以你只有很有限的(或者根本没有)办法控制这种由于包变量被更改或者表数据被更改所带来的影响。

3. 确定性

一个纯函数是确定性的——对于函数的给定输入值，返回值总是相同的，并且结果仅由输入函数的值确定。disp_name 函数是确定性的，因为其结果完全取决于输入值，并仅仅取决于输入值。piece 函数也是确定性的。只能说使用 pragma 声明函数 "纯度" 的旧方法只是对函数进行了部分验证，因而是冗余的。这是什么意思呢？好吧，请看下面的函数：

```
package body pkg1 is
  c1 constant pls_integer not null := to_char(sysdate, 'J');
  function f1 return integer is
  begin
    return c1;
  end f1;
end pkg1;
```

这个函数并不读取或改变任何表数据或包函数，在旧方法中，它应该可以声明为完全纯净的——但仍然是不确定性的，其结果每天都在变化。

用 RESTRICT_REFERENCES 来强调，实际上并不是要告知数据库该函数是否是确定性的。我们可以告诉数据库函数何时是确定性的，因此可以安全地用它创建基于函数的索引；或者何时函数可以缓存其值。在函数中，使用 DETERMINISTIC 关键字来实现以上的告知：

```
function disp_name (p_sn     in varchar2
                  ,p_fn1    in varchar2
```

```
                    ,p_fn2     in varchar2 :=null
                    ,p_title   in varchar2 :=null)
return varchar2 DETERMINISTIC;
```

在使用这个命令时，告诉 Oracle 可以相信函数是确定性的。Oracle 并不保证它是确定性的——Oracle 无法保证，由程序编写人员来保证它是确定性的。只有绝对确认函数是确定性的，才能声明它是确定性的。如果不能确定就去声明，一定很疯狂。要允许某些操作(例如创建基于函数的索引和结果缓存)，函数必须是确定性的。例如，创建一个函数来生成某人成年时(选择 18 岁作为标准)的年份数据，并用它创建一个基于函数的索引：

```
function year_adult (p_dob  in date)
return integer deterministic
is
begin
  return to_number(to_char(p_dob,'YYYY'))+18;
end year_adult;

select count(*) from person where str_util.year_adult(dob)=2010;
  COUNT(*)
----------
      396
```

Id	Operation	Name	Rows	Bytes	Cost	Time
0	SELECT STATEMENT		1	8	776	00:00:01
1	SORT AGGREGATE		1	8		
* 2	INDEX FAST FULL SCAN	PERS_SNFFDOB	5691	45528	776	00:00:01

```
-- Note the INDEX FAST FULL SCAN and cost of 776

create index pers_adult_yr on person (str_util.year_adult(DOB))
Index created.

select count(*) from person where str_util.year_adult(dob)=2010;
  COUNT(*)
----------
      396
```

Id	Operation	Name	Rows	Bytes	Cost	Time
0	SELECT STATEMENT		1	13	16	00:00:01
1	SORT AGGREGATE		1	13		
* 2	INDEX RANGE SCAN	PERS_ADULT_YR	5691	73983	16	00:00:01

```
-- we built an index of the results from the deterministic function STR_UTIL.YEAR_ADULT
-- Oracle uses this new index, INDEX_RANGE_SCAN and the cost of the statement has
-- dropped to 16 from 776
```

如果使用没有标记为确定性的函数，会遇到以下错误：

```
ORA-30553: The function is not deterministic
```

注意，如果更改了用户定义的函数，不会使该基于函数的索引失效。如果忘记重建该索引，那么其所包含的值仍会基于旧版本的函数。为了演示这种现象(并表明 Oracle 并不会去验证函数是否如声明的那样是确定性的)，下面改动 year_adult 函数，使其基于 SYSDATE，然后选择一些数据，再将索引删除并重建。之后将得到不同的结果：

```
function year_adult (p_dob  in date)
```

```
return integer deterministic
is
begin
  return to_number(to_char(sysdate,'YYYY'))+18;
end year_adult;
@cre_str_util
Package created.
Package body created.

-- make sure I now get a the same value for different values passed into the func
select str_util.year_adult(sysdate-1000)
      ,str_util.year_adult(sysdate-10000)
from dual;
STR_UTIL.YEAR_ADULT(SYSDATE-1000) STR_UTIL.YEAR_ADULT(SYSDATE-10000)
--------------------------------- ----------------------------------
                             2033                               2033
-- I still get 396 rows for my test select
select count(*) from person where str_util.year_adult(dob)=2010;
  COUNT(*)
----------
       396

--drop and recreate the index
drop index pers_adult_yr;
Index dropped.

create index pers_adult_yr on person (str_util.year_adult(DOB));
Index created.

-- re do my select having only rebuilt my function-based index and I find no rows
select count(*) from person where str_util.year_adult(dob)=2010;
  COUNT(*)
----------
         0
```

4. 使用自治事务规避从 SQL 调用 PL/SQL 函数的限制

如本节开头所提到的，从 SQL 中调用的 PL/SQL 函数不允许存在 DML。当时可能会想这并不是严格正确，因为有一种方式可以绕开这种限制，就是使用自治事务。自治事务可以在其私有会话中有效运行，而不会影响它的父级会话。可以在声明部分使用 pragma 来标记一个存储过程将以自治事务方式运行。以下代码所示的存储过程向表中插入了一行记录，记录了函数被调用，并以自治事务方式运行。所创建的存储过程是从简单函数(在 STR_UTIL 包中)调用的，这说明该存储过程的确被函数调用了：

```
procedure func_track (p_vc1 in varchar2)
is
pragma autonomous_transaction;
begin
  insert into exec_func_track (function_name,exec_timestamp)
  values (p_vc1,SYSTIMESTAMP);
  commit;
end func_track;

function get_ts (p_vc1 in varchar2)
return timestamp
is
begin
```

```
   func_track('get_ts');
   return systimestamp;
end get_ts;

select surname,str_util.get_ts(pers_id) from person where rownum < 4;

SURNAME                      STR_UTIL.GET_TS(PERS_ID)
---------------------------- ------------------------------------------------
WALKER                       19-OCT-15 10.29.09.447000000
WALKER                       19-OCT-15 10.29.09.475000000
PATEL                        19-OCT-15 10.29.09.480000000
3 rows selected.

select * from exec_func_track where exec_timestamp > systimestamp -(1/144)

FUNCTION_NAME                EXEC_TIMESTAMP
---------------------------- ------------------------------------------------
get_ts                       19-OCT-15 10.29.09.447000
get_ts                       19-OCT-15 10.29.09.475000
get_ts                       19-OCT-15 10.29.09.480000
3 rows selected.
```

正如所见，仍然能够运行函数并能够获取写入数据库的信息。但能做并不意味着就应该去做。这种使用自治事务来规避规则的做法通常很糟糕，原因有以下几方面：

- 对函数性能方面的影响相当严重。作为一个测试示例，修改代码去查询 1000 行记录，即使隐藏了输出，都花了 4 秒。对于执行 1000 行简单 SELECT 操作的语句来说，这是相当长的时间！没有自治事务和 INSERT 语句的相同代码所花的时间不到 0.02 秒。那么，如果查询上百万行的记录，会发生什么呢？

- 如果不是只有一个会话同时在使用一个函数，那么在那个日志表上极其有可能会存在竞争。

- 所做的自治事务中的更改是不能回滚的。在这个示例中，使用的是 SELECT 语句。但是如果执行了使用该函数的 UPDATE、INSERT 或 DELETE 语句并想回滚这条语句时，会发生什么？可以回滚这条父级语句，但是其自治事务部分所做的任何事情都无法回滚。

- 该示例所做的都可以被认为是"独立的"，即不连接到原始查询——但是，如果采用连接到原始查询的做法去更改业务数据会怎样呢？

- 正如在后面会看到的，因为无法控制何时调用函数，所以也就无法控制隐藏在台面之下的 DML 实际上会做些什么。

对于从 SQL 调用的函数而言，在其中使用自治事务的唯一合理理由就是观察用户定义的函数是如何运行的。即使是这样，通常也不会为此在数据库中创建记录。我们会为每个函数创建一个包级别的变量，并在自治事务中让作为计数器的包变量的值递增，不是为了跟踪函数的行为向数据库中插入一条记录。但在生产环境中，仍然不会这样做——因为这依然有违于敏感的"纯度"概念。

6.2.2　上下文切换的开销

在 Oracle 中运行着两种处理引擎：SQL 和 PL/SQL(还有一种 Java 引擎，但本书不涉及 Java)。为什么会有两种不同的引擎呢？因为 SQL 和 PL/SQL 是完全不同的语言，即使它们能够很好地混用。PL/SQL 是标准的、过程化的第三代语言。它被设计成与 ADA 同级别。PL/SQL 程序被解析成字节代码(实际上被称为 pcode)，和大部分编程语言一样，利用循环、表达式评估和逻辑检查来执行。SQL 则截然不同，它是第四代语言。实际上只要告诉 SQL 引擎要做什么，引擎就知道如何去做。可以认为它是一步就位的语言。这是因为每条命令都是不同的任务，并且由 Oracle 决定如何满足那个任务。正如第 1 章所述，使用 PL/SQL 是向 SQL 添加过程化控制的优秀方法，并且能够把所有的活动都留在 Oracle 环境中。不过，它是独立的语言。

在 SQL 和 PL/SQL 之间切换时，所产生的上下文切换并不是 Oracle 所独有的。从一种编程语言切换到另一种时，都需要执行上下文切换。因为第一个编程引擎要暂停它所做的事情，保存状态，然后把信息传递给第二个编程引擎，所以这是 CPU 和内存集约操作。

1. 在 SQL 中调用 PL/SQL 函数时，上下文切换所产生的影响

PL/SQL 执行 SQL 命令时，存在着从 PL/SQL 引擎到 SQL 引擎的上下文切换。当控制信息和数据从一个引擎移动到另一个引擎时，会引入并不算少的 CPU 和内存处理。与此类似，从 SQL 中调用 PL/SQL 函数时，也存在着上下文切换和类似的开销。总之，从 PL/SQL 中调用 SQL 的开销要小一些——并且如果能够正确操作，那么由 PL/SQL 代码所完成的工作总开销会很小，并且是任务中可控的部分。其中大量的处理作业(对数据的处理)是由 SQL 完成的，整个操作过程中上下文切换很少。但是由 SQL 调用 PL/SQL 所产生的上下文切换可能会大得多。这是因为逐行处理时，PL/SQL 函数会频繁执行。每一次从 SQL 到 PL/SQL 的上下文切换，都必须调用 PL/SQL 虚拟机，以便运行 PL/SQL 代码。

例如，重新编写了 display-name 代码，使其有两个版本：其中一个使用 PL/SQL 函数(会产生上下文切换的开销)；另一个使用纯 SQL(注意 **case** 函数在 SQL 中是可用的，它并不局限于 PL/SQL)。两者都处理了 10 万行数据，我们还选择并返回了所显示名字的平均长度和记录计数。

```
select /*mdw_1a */ avg(length(
    str_util.disp_name(p_sn =>surname          ,p_fn1 =>first_forename
                    ,p_fn2=>second_forename  ,p_title=>pers_title)
        )    )   avg_name_length
    ,count(*)
from person
where pers_id > 100100
and rownum < 100000
/
--
--
Select /*mdw_1b */ avg(length(
    case when pers_title is null then ''
            else initcap(pers_title)||' '
        end
        ||initcap(first_forename)||' '
        ||case when second_forename is null then ''
            else substr(second_forename,1,1)||' '
        end
        ||initcap(surname)
        )     )  avg_name_length
    ,count(*)
from person
where pers_id > 100100
and rownum < 100000
```

因为需要对比性能，所以应该介绍一下如何测试。当对比相似的 SQL 语句的性能时，应该把这两个版本放进同一个脚本中，并执行该脚本数次。根据测试平台和硬件上所发生的其他活动(包括网络、共享存储、客户端和数据库服务器上的活动)，每条语句的性能(特别是花费的时间)会有变化。如果两个版本的差异很明显——比如差异大于 25%，并且它与用于计量的时钟速度相比较并不算少(比 SQL*Plus timing 计时器多 0.05 秒以上)——会重复执行 4 次测试并忽略其中的首次运行。忽略首次运行是因为它可能在解析时间、递归 SQL 和被缓存的数据方面都会有偏差——除非对那些方面感兴趣。如果两个版本所花费的时间差异小于 10%，要重复测试许多次——如 6 次、8 次或 10 次——因而可以对除了第一次以外的所有测试结果取均值以有利于排除随机涨落。如果差异值仍不很明显，那么几乎不值得再当心了！在调优练习中，经常会按数量级而不是百分比来处理性能差异。当然，也会注意

一致性获取、物理读取和重做字节等指标，但是通常更容易使用所花费的运行时间作为"性能提升"的代表性指标，并在之后一旦发觉有解决方案时，再关注其他特有的统计信息。

就像将在后几页会看到的那样，如果要去评判上下文切换所带来的影响，人们通常查看的指标都不会有用。因此略显粗糙的"所花费的时间"指标非常有用。

注意:

你可能也已经注意到，在代码中包含了注释。注释中包含有作者姓名的首字母和一些字符。这有助于在 SGA 和所使用的图形性能工具中识别代码的各个变种。

下一个例子展示了上述脚本的输出和统计信息。在打开 autotrace on 后，两条语句呈现 SELECT 输出相同、执行计划相同(执行计划哈希值相同，揭示执行计划相同)，并且诸如一致性获取等的统计信息也相同——然而 PL/SQL 版本花了 0.71 秒，而原生 SQL 版本花了 0.11 秒，这是唯一的区别。

```
AVG_NAME_LENGTH   COUNT(*)
--------------- ----------
    18.6638366      99999


Elapsed: 00:00:00.71

Execution Plan
----------------------------------------------------------
Plan hash value: 3553163410
---------------------------------------------------------------------------------
| Id | Operation                              | Name    | Rows | Bytes | Cost |
---------------------------------------------------------------------------------
|  0 | SELECT STATEMENT                       |         |    1 |   31 | 7790|
|  1 |  SORT AGGREGATE                        |         |    1 |   31 |      |
|* 2 |   COUNT STOPKEY                        |         |      |      |      |
|  3 |    TABLE ACCESS BY INDEX ROWID BATCHED| PERSON  | 100K| 3027K| 7790|
|* 4 |     INDEX RANGE SCAN                   | PERS_PK |      |      |  216|
---------------------------------------------------------------------------------
Statistics
----------------------------------------------------------
    7637  consistent gets
       0  physical reads
       0  redo size

AVG_NAME_LENGTH   COUNT(*)
--------------- ----------
    18.6638366      99999
Elapsed: 00:00:00.11

Execution Plan
----------------------------------------------------------
Plan hash value: 3553163410
---------------------------------------------------------------------------------
| Id | Operation                              | Name    | Rows | Bytes | Cost |
---------------------------------------------------------------------------------
|  0 | SELECT STATEMENT                       |         |    1 |   31 | 7790|
|  1 |  SORT AGGREGATE                        |         |    1 |   31 |      |
|* 2 |   COUNT STOPKEY                        |         |      |      |      |
|  3 |    TABLE ACCESS BY INDEX ROWID BATCHED| PERSON  | 100K| 3027K| 7790|
|* 4 |     INDEX RANGE SCAN                   | PERS_PK |      |      |  216|
---------------------------------------------------------------------------------
```

```
Statistics
-------------------------------------------------------------
       7637  consistent gets
          0  physical reads
```

你可能觉得对于 100 000 行而言，额外的区区 0.6 秒并不是明显的开销，但几乎是原生 SQL 版本总运行时间的 6 倍。而且，许多系统中的数据量会大大超过 100 000 条记录。在 1 亿行的查询中逐行上下文切换将会需要相当可观的开销——如果从 100 000～1 亿行记录来放大测试数值，那么没有 PL/SQL 函数的版本所花的时间将是 2 分钟，而有 PL/SQL 函数的版本耗时接近 12 分钟。

然而，注意一致性读和物理读的数值。在我们的测试中没有进行物理读——部分是因为需要运行好几次代码以便让执行时间保持一致性。如果 SQL 语句引发了物理 I/O，那么即便仅仅占一致性获取很小的比例，也可能对执行时间产生比函数的上下文切换所引起的大得多的影响。这些都是相对的。上下文切换对性能有影响，但并不如物理 I/O 的影响显著。

注意:

在测试中选择列，以保证计划不会改变。

测试 SELECT 代码时的常见错误是: 用带有 count(*)的语句替换所有要被查询的列以减少输出。优化器很聪明，能够搞清楚实际上是否需要表中的行来满足查询; 或者该仅仅通过索引就能满足查询。使用 count(*)的场景中，有时可能仅仅需要用到索引。为了保证测试代码仍然访问表数据，在没有被索引的列使用组函数。首先要测试的就是，缩减的输出版本与原始的 SELECT 版本要有相同的 explain 计划，然后才能开始代码调优。

2. 检测上下文切换

你可能关心不能 "看见" 上下文切换。计划是相同的、统计信息是相同的、预计的花费是相同的。令人遗憾的是: 没有一个容易可见的指标可以显示某个会话(系统或语句)中发生的上下文切换有多少次，例如在 V$SESSTAT 中，涉及一致性获取、提交块清除、数据块改变、需求空缓存区和其他 1150 个项。上下文切换的确发生了。除此之外，还可以检测它所产生的一些影响。如果在重新执行该测试脚本之前和每条语句分别执行完毕后，从 V$MYSTAT 或 V$SESSTAT(以 0.01 秒为单位来记录)中选择会话的 CPU，会看到以下输出:

```
select n.name statname,s.value
from v$mystat s,v$statname n
where n.statistic#=s.statistic#
and n.name = 'CPU used by this session'

1/100th seconds: 546

-- PL/SQL calling code
AVG_NAME_LENGTH    COUNT(*)
---------------  ----------
    18.6638366       99999
Elapsed: 00:00:00.90

cpu in 1/100th seconds: 626

-- Native SQL code
AVG_NAME_LENGTH    COUNT(*)
---------------  ----------
    18.6638366       99999
Elapsed: 00:00:00.14

cpu in 1/100th seconds: 638
```

　　调用 PL/SQL 产生上下文切换的代码版本导致该会话累积了 80 厘秒的 CPU 时间(626 – 546 = 80),而原生 SQL 版本使会话仅仅增加了 12 厘秒的 CPU 时间(638 – 626 = 12)。那些额外的 CPU 时间消耗在上下文切换上。不仅如此,还可以在 V$SQL 中找到运行过的代码,并检查分析这些语句(这就是要在 SQL 中包含/*mdw_1a*/和/*mdw_1b*/这些注释的原因, 这样可以在 V$SQL 中很容易地找到这些代码!):

```
select sql_id
    ,plan_hash_value       plan_hashv
    ,parse_calls           prse
    ,executions            excs
    ,buffer_gets           buffs
    ,disk_reads            discs
    ,cpu_time              cpu_t
    ,plsql_exec_time       plsql_exec
    ,rows_processed        rws
    ,substr(sql_text,1,80) sql_txt
from v$sql
where upper(sql_text) like upper('%'||nvl('&sql_txt','whoops')||'%')

SQL_ID        PLAN_HASHV PRSE  EXCS    BUFFS DISCS      CPU_T PLSQL_EXEC     RWS
------------- ---------- ----- ----- --------- ----- --------- ---------- ------
SQL_TXT
--------------------------------------------------------------------------------
c855h1h4jyb0v 3553163410   5     5     38198   0    4156250    2444823      5
select /*mdw_1a */ avg(length(       str_util.disp_name(p_sn =>surname

0mf8xzdma5cnu 3553163410   5     5     38198   0     609375          0      5
select /*mdw_1b */ avg(length(       case when pers_title is null then ''
```

　　注意上面的脚本,从 SQL*Plus 或者 SQL Developer 中运行时,会提示输入 SQL_TXT 的值以供查询——输入 "mdw_1a"。

　　标记为/*mdw_1a */的代码是调用了 PL/SQL 函数的版本,而标记为/* mdw_1b */的代码是原生 SQL 版本。注意,这两条语句的 SQL_ID 不同(代码不一样),但 plan_hash_value (3553163410)相同——说明使用了相同的计划。它们的解析、执行、缓存获取和磁盘获取指标都完全相同。但第一条语句,即上下文切换的版本,显示出明显高得多的 CPU_TIME 和 PLSQL_EXEC_TIME(这是选择的其他一些指标)。这两个指标都以微秒(就是百万分之一秒)为单位显示。

　　如果一条 SQL DML 语句(SELECT,INSERT,UPDATE,MERGE,DELETE)有 PLSQL_EXEC_TIME 值,则说明在其中调用了 PL/SQL,并且正在进行上下文切换。

　　注意,从不同源读取的会话以及其他的时间花销方面的信息可能会有小的差异。如果回看之前从 V$SQL 析取的信息,能够看到总共执行了 5 次测试脚本。而每次执行的 CPU 时间(经过简单的数学除法计算,分别是 83 厘秒和 12 厘秒)与在会话输出中看见的 CPU 时间 80 厘秒和 12 厘秒相符。但要注意,这两个(V$SQL 和会话中的输出)经常不会完全匹配。Oracle 非常擅长评测自己的活动(见第 7 章),针对 SQL 语句的统计信息也极为精确。但是,当 CPU 负载很小时,可能无法记录 V$SESSTAT 中会话的 CPU 时间。在 V$SESSTAT 中,它是以百分之一秒为单位记录的。如果一条语句的 CPU 活动或者行动小于这个单位,很可能会被忽略。为了获取会话的 CPU 时间,有时在前后两次运行测试代码之间,要多做一些事情去收集这些信息。比如,如果在会话中打开了 autotrace,那么在前后两次运行测试代码之间,为了收集和展示那些信息,将不得不消耗少量的 CPU 时间并将其包含在 autotrace 本身的统计数值中。另一方面,所花时间这个指标值有时会减少一点——会比 SQL 语句实际执行的 CPU 时间少 1%~2%。

　　关键是任意一种方法都能够足够精确地给出 CPU 工作负载的指示。多年前就知道不必为两者之间存在的微小差异而忧心了。

看到发生上下文切换的一种方法就是启用 DBMS_TRACE 功能。这样会显示会话中的 PL/SQL 活动。在第 7 章中能够找到设置和使用 PL/SQL 跟踪的全部细节，其中包括如何创建伴有公共同义词的 PLSQL_TRACE_EVENTS 表，以及相关的授权。如果使用某个 Oracle 用户身份登录却看不到这个表或者 DBMS_TRACE 包，则在第 7 章中查看 DBMS_TRACE 的相关内容。

因为我们仅需要跟踪特定的存储 PL/SQL，所以只需要在会话中启用 PL/SQL 跟踪功能。在 SQL*Plus 中，可以按如下方式更改会话：

```
alter session set PLSQL_DEBUG=true;
```

然后，重新编译 STR_UTIL 包。重新编译这个存储的 PL/SQL 时，把 PLSQL_DEBUG 设置为真。根据使用 DBMS_TRACE.SET_PLSQL_TRACE 包所设置的等级，对代码做了跟踪标记后并重新运行时，就能够把相应等级的诊断信息存储起来。在本例中，由于要限制输出，因此设置成 4 级。如果设置成 2 级，那么仅仅会跟踪使用了 debug 模式编译的存储 PL/SQL，但是对于每一个这样的调用却会变得更冗长详细。用以下命令在 SQL*Plus 中设置跟踪等级：

```
exec dbms_trace.set_plsql_trace(4)
```

然后运行该代码，它从 PERSON 表中选择了 9 条记录，并且每一条记录都调用了 STR_UTIL.DISP_NAME，之后从 PLSQL_TRACE_EVENTS 中为最后一个会话析取跟踪信息。在本例中，PL/SQL 虚拟机启动和停止了 9 次：

```
select pers_title title         ,first_forename
     ,second_forename          ,surname
     ,disp_name(p_sn =>surname          ,p_fn1 =>first_forename
           ,p_fn2=>second_forename  ,p_title=>pers_title)  display_name
from person
where pers_id > 100100
and   rownum < 10

SELECT e.runid,
     e.event_seq,
     TO_CHAR(e.event_time, 'HH24:MI:SS') AS event_time,
     e.event_unit,
     e.event_unit_kind,
     e.event_comment
FROM   plsql_trace_events e
where  e.runid = (select max(runid) from plsql_trace_runs)
ORDER BY e.runid, e.event_seq
```

run id	event seq	EVENT_TI	EVENT_UNIT	EVENT_UNIT_KIND	proc line	EVENT_COMMENT
8	1	13:56:26				PL/SQL Trace Tool started
8	2	13:56:26				Trace flags changed
8	3	13:56:26				PL/SQL Virtual Machine stopped
8	4	13:56:44	<anonymous>	ANONYMOUS BLOCK		PL/SQL Virtual Machine started
8	5	13:56:44				PL/SQL Virtual Machine stopped
8	6	13:56:45	<anonymous>	ANONYMOUS BLOCK		PL/SQL Virtual Machine started
8	7	13:56:45				PL/SQL Virtual Machine stopped
8	8	13:56:45	<anonymous>	ANONYMOUS BLOCK		PL/SQL Virtual Machine started
8	9	13:56:45				PL/SQL Virtual Machine stopped
8	10	13:56:45	<anonymous>	ANONYMOUS BLOCK		PL/SQL Virtual Machine started
8	11	13:56:45				PL/SQL Virtual Machine stopped
8	12	13:56:45	<anonymous>	ANONYMOUS BLOCK		PL/SQL Virtual Machine started

```
     8   13  13:56:45                                          PL/SQL Virtual Machine stopped
     8   14  13:56:45  <anonymous>   ANONYMOUS BLOCK  PL/SQL Virtual Machine started
     8   15  13:56:45                                          PL/SQL Virtual Machine stopped
     8   16  13:56:45  <anonymous>   ANONYMOUS BLOCK  PL/SQL Virtual Machine started
     8   17  13:56:45                                          PL/SQL Virtual Machine stopped
     8   18  13:56:45  <anonymous>   ANONYMOUS BLOCK  PL/SQL Virtual Machine started
     8   19  13:56:45                                          PL/SQL Virtual Machine stopped
     8   20  13:56:45  <anonymous>   ANONYMOUS BLOCK  PL/SQL Virtual Machine started
     8   21  13:56:45                                          PL/SQL Virtual Machine stopped
```

如果使用 dbms_trace.set_plsql_trace(2)运行该代码，可以从启用调试的包中看到该活动的详细信息。下面使用 exec dbms_trace.set_plsql_trace(2)修改会话并再次运行该代码。即使是这样非常简单的函数，输出也相当冗长，所以下面仅仅是摘录：

```
run  event                                     proc
 id   seq EVENT_TI EVENT_UNIT EVENT_UNIT_KIND  line EVENT_COMMENT
 --- ----- -------- ----------- --------------- ----- -----------------------------
   8   42  14:38:10 DBMS_TRACE  PACKAGE BODY       81 Return from procedure call
   8   43  14:38:10 DBMS_TRACE  PACKAGE BODY        1 Return from procedure call
   8   44  14:38:10                                   PL/SQL Virtual Machine stopped
   8   45  14:38:13 <anonymous> ANONYMOUS BLOCK       PL/SQL Virtual Machine started
   8   46  14:38:13 <anonymous> ANONYMOUS BLOCK   208 Procedure Call
   8   47  14:38:13 STR_UTIL    PACKAGE BODY          PL/SQL Internal Call
   8   48  14:38:13 STR_UTIL    PACKAGE BODY          PL/SQL Internal Call
   8   49  14:38:13 STR_UTIL    PACKAGE BODY          PL/SQL Internal Call
   8   50  14:38:13 STR_UTIL    PACKAGE BODY        1 Return from procedure call
   8   51  14:38:13                                   PL/SQL Virtual Machine stopped
   8   52  14:38:14 <anonymous> ANONYMOUS BLOCK       PL/SQL Virtual Machine started
   8   53  14:38:14 <anonymous> ANONYMOUS BLOCK   208 Procedure Call
   8   54  14:38:14 STR_UTIL    PACKAGE BODY          PL/SQL Internal Call
   8   55  14:38:14 STR_UTIL    PACKAGE BODY          PL/SQL Internal Call
   8   56  14:38:14 STR_UTIL    PACKAGE BODY          PL/SQL Internal Call
   8   57  14:38:14 STR_UTIL    PACKAGE BODY        1 Return from procedure call
   8   58  14:38:14                                   PL/SQL Virtual Machine stopped
```

DBMS_TRACE 的一大缺点类似于自治事务的缺点。当跟踪那些从 SQL 调用的 PL/SQL 函数时，对于所选择的每一行，在函数被调用过程中都会记录下大量的信息，并持续把这些跟踪信息填入数据库中。这个活动的性能影响非常显著。而这样的小测试都显示出：由于上下文切换，PL/SQL 虚拟机会不断地启动和停止。

可能想要使用 10046 跟踪来查看函数的调用信息——在我们的示例中看不见这些信息。10046 跟踪是 SQL 跟踪，它会显示函数调用的任何 SQL，但不会显示纯 PL/SQL，因而对上下文切换不会直接给出任何提示。

基于前面所描述的原因，在本章剩余的大部分内容中，不会不断地展示 PL/SQL 跟踪信息用以证明上下文切换正在发生。如果这样做，对性能的影响就太大了。我们转而采用"所花费时间"和 CPU 的 V$SQL 列以及 PLSQL_EXEC_TIME 字段作为出现上下文切换(及其影响)的表征。

3. 上下文切换的开销是累积的

上下文切换的影响也出现在 Oracle 提供的 PL/SQL 内置包中。在下面的示例中，改动了代码，以便使其中一个版本调用 dbms_random.value 函数，并获取这个值的平均值；而另一个原生 SQL 版本则对表的另一列完成相同的工作：

```
-- use the below to get the session CPU before and after each statement
select n.name statname,s.value
from v$mystat s,v$statname n
where n.statistic#=s.statistic#
```

```
and n.name = 'CPU used by this session'

-- and this for the statement CPU/PLSQL_EXEC information for the statements
select /* ignorethis!!! */
 sql_id
,plan_hash_value plan_hashv
,cpu_time        cpu_t
,plsql_exec_time plsql_exec
,substr(sql_text,1,40) sql_txt
from v$sql
where upper(sql_text) like upper('%mdw_2%')
and sql_text not like '%/* ignorethis!!! */%'

--
select /*mdw_2a */
       avg(dbms_random.value) avg_rdm
      ,avg(addr_id)
      ,count(*)
from person
where pers_id > 100100
and rownum < 100000

select /*mdw_2b */
       avg(pers_id)
      ,avg(addr_id)
      ,count(*)
from person
where pers_id > 100100
and rownum < 100000

-- Times are converted into seconds
code      elapsed   sess_cpu  v$sga cpu  v$sga plsql_exec
mdw_2a    0.82      0.83      0.83      0.63
mdw_2b    0.03      0.04      0.04      0
```

再次看到解释计划和执行成本都相同，但第一条语句花费时间 0.82 秒，同时其会话因运行语句而累积了 83 厘秒的 CPU 时间；而第二条语句花费时间 0.03 秒，同时其会话因运行语句累积了 4 厘秒的 CPU 时间。如果检查两条语句在 V$SGA 中的信息，会显示出每条语句的会话 CPU 时间几乎相同，而只有函数调用 DBMS_RANDOM 的版本累积了 0.63 秒的 PLSQL_EXEC_TIME。

从中学到了以下几点：

- 即使是简单的原生 SQL 函数，也会花费少量的时间。与 mdw_1b 版本相比，从代码中移除了对首字母大写的处理和对 case 表达式的处理之后，mdw_2b 原生 SQL 版本减少了不只一半的运行时间和 CPU 时间，而 mdw_1b 版本运行花了 0.11 秒。
- 内置 PL/SQL 包仍然有上下文切换开销(正如前面说过的，它们和自己编写的 PL/SQL 包没有区别)。
- dbms_random 函数的运行比 disp_name 函数更费力——即使它是由 Oracle 提供的(可能它的内核处使用了一些 C 代码)。

现在，看到了上下文切换所带来的影响，并且知道如何探知这些影响。如果调用多个 PL/SQL 函数，又会发生什么呢? 会产生多个上下文切换并扩大影响吗? 为此，我们准备了 3 个示例。在第一个示例中有一个调用 DBMS_RANDOM 的 PL/SQL 函数。在第二个示例中有一个对 str_util.disp_name 函数的调用。在最后一个示例中又加入了对 str_util.piece 的调用。这样就不断地增加了调用 PL/SQL 的次数。

```
--Version 1:
```

```
select /*mdw_4a */
       avg(dbms_random.value) avg_rdm
      ,avg(addr_id)
      ,count(*)
from person where pers_id > 100100 and rownum < 100000

--version 2:
select /*mdw_4b */
       avg(dbms_random.value) avg_rdm
      ,avg(length(str_util.disp_name
               (p_sn =>surname          ,p_fn1  =>first_forename
               ,p_fn2=>second_forename  ,p_title=>pers_title)
          ) ) disp_name_len
      ,avg(addr_id)
      ,count(*)
from person where pers_id > 100100 and rownum < 100000

--version 3
select /*mdw_4c */
       avg(dbms_random.value) avg_rdm
      ,avg(length(str_util.disp_name
               (p_sn =>surname          ,p_fn1  =>first_forename
               ,p_fn2=>second_forename  ,p_title=>pers_title)
          ) ) disp_name_len
      ,avg(length(str_util.piece(surname,2,'A'))) col3
      ,avg(addr_id)
      ,count(*)
from person where pers_id > 100100 and rownum < 100000
```

实际上，曾将这段代码扩展到 5 个或 7 个不同的函数调用。但是为了节省篇幅，没有在此展示代码。这些代码的执行时间和会话 CPU 时间均列于表 6.1 中。

表 6.1   代码执行时间和会话 CPU 时间

调用不同 PL/SQL 的次数	执行时间/秒	以厘秒为单位的会话 CPU
1	0.84	85
2	1.71	174
3	2.74	278
5	4.49	447
7	6.34	635

正如所见，调用越来越多的函数时，影响是累积的——换言之，每行中的每个函数都有一次上下文切换。没有什么聪明的事情。例如 Oracle 意识到每行中有对 PL/SQL 函数的多个调用，且每行只做一次上下文切换，去一次性地处理该行中的全部 PL/SQL 函数。逻辑上，对于 Oracle 数据库而言，是有可能为正在处理的每一行只进行一次上下文切换，处理完该行中所有的 PL/SQL 函数(因为只是查一些简单的字段，所以并不会对所获取的行或者表连接等产生什么影响)，但是这个逻辑显然没有植入 SQL 引擎。没有植入或许有合理的原因，当然——在这里只是为了看看这个简单的测试。

然而，如果在同一个选择列表中多次出现完全相同的函数结构(即相同的函数名和相同的实参值——完全相同的参数返回完全相同的结果)，那么优化器就会意识到，需要的是相同的东西，并且只需要使用这些参数执行一遍该函数即可。在下面的示例中，有两个扩展的代码版本。其中一个有 5 个不同的 PL/SQL 函数，而另一个有 3 个不同的函数以及对这 3 个函数中的一个额外重复执行 2 次:

```
select /*mdw_5b */
       avg(dbms_random.value) avg_rdm
      ,avg(length(str_util.disp_name(p_sn =>surname    ,p_fn1  =>first_forename
       ,p_fn2=>second_forename    ,p_title=>pers_title)      ) ) DNL
      ,avg(length(str_util.piece(surname,2,'A'))) col3
      ,avg(length(str_util.piece(surname,2,'E'))) col4
      ,avg(length(str_util.piece(surname,2,'I'))) col5
      ,avg(addr_id)
      ,count(*)
from person
where pers_id > 100100
and   rownum < 100000


   AVG_RDM        DNL COL3 COL4 COL5 AVG(ADDR_ID)   COUNT(*)
----------- ---------- ----- ----- ----- ------------ ----------
  .50065199 18.6638366     3     2     3    503047.01      99999
Elapsed: 00:00:04.81

select /*mdw_5c */
       avg(dbms_random.value) avg_rdm
      ,avg(length(str_util.disp_name(p_sn =>surname         ,p_fn1  =>first_forename
       ,p_fn2=>second_forename    ,p_title=>pers_title)       ) ) DNL
      ,avg(length(str_util.piece(surname,2,'A'))) col3
      ,avg(length(str_util.piece(surname,2,'A'))) col4
      ,avg(length(str_util.piece(surname,2,'A'))) col5
      ,avg(addr_id)
      ,count(*)
from person
where pers_id > 100100
and   rownum < 100000


   AVG_RDM        DNL COL3 COL4 COL5 AVG(ADDR_ID)   COUNT(*)
----------- ---------- ----- ----- ----- ------------ ----------
  .50061023 18.6638366     3     3     3    503047.01      99999
Elapsed: 00:00:03.10
```

调用 5 个不同 PL/SQL 函数的版本所花费的时间是 4.81 秒，这非常接近前面做 5 次调用时的测试值；而 3 次不同调用加上额外 2 次重复调用的版本是 3.10 秒，这几乎就与之前测试 3 个不同 PL/SQL 调用时的值完全相同。有趣的是，在本例运行时，并没有把其中任何一个函数设置成 DETERMINISTIC。这说明如果它们具有相同的参数，Oracle 就会在每行的上下文中认为 PL/SQL 函数调用是确定性的。

4. 上下文切换和 Oracle 何时调用 SQL 中使用的 PL/SQL 函数

通常的假设是：在每次对一个表达式进行评估时，以及为了处理每一行对 SELECT 列表中的表达式进行评估时，Oracle 都要执行函数。实际上并不总是这样。

下面通过调用 DBMS_RANDOM 来探讨这方面的内容。如果多次调用 DBMS_RANDOM，Oracle 会生成几个不同的值吗？例如：

```
-- grouped average over the data set
select avg(dbms_random.value) avg_dbrav1,avg(dbms_random.value) avg_dbrav2
    ,avg(addr_id) avg_addr_id
from person
where pers_id >100100 and rownum < 100000
/
```

```
AVG_DBRAV1 AVG_DBRAV2 AVG_ADDR_ID
---------- ---------- -----------
.501492222 .501492222    503047.01


-- data for specific rows
select dbms_random.value  dbrav1  ,dbms_random.value dbrav2
      ,addr_id
from person
where pers_id >100100 and rownum < 6

    DBRAV1     DBRAV2   ADDR_ID
---------- ---------- ---------
.114702105 .980702155    437456
.686506432 .780837409    437456
.706921245 .503403527    344386
.375036806 .396850327    344386
.650248679 .724716967    213623
```

当 dbms_random.value 包含在组函数内部时，选择的两列得到了相同的值。Oracle 认为那是所调用的函数的同一个定义，因而只执行了 1 次(这并不是两个随机数生成器线程使用了相同的种子值的结果——工作原理根本不同)。在第 2 个示例中，选择了单独的行(不是组函数)。即使是一样的调用，Oracle 还是为每次调用 dbms_random.value 而生成了不同的值。这是个 bug 吗？

肯定不是。Oracle 并不能够确认 SQL 语句内的 PL/SQL 函数会在什么时候以及会多么频繁地被调用。它不曾并很可能永远都不会确认这些情况。

这的确突出强调了在使用函数，特别是在 WHERE 和 ORDER BY 等子句中使用函数的关键要点。当 Oracle 解析 SQL 语句时，可以在内部把它们改写为相同逻辑的格式。这就是 Oracle 无法确认函数会在什么时候或者会多么频繁地被调用的部分原因。正如所见，如果在同一行中，函数使用相同的输入被调用(在 dbms_random.value 场景中，没有任何输入)，Oracle 会以相同的方式对待它并只执行它一次。这很重要吗？的确很重要。我们将通过先描述一种可能第一眼看上去与本主题无关，但是却很著名的问题来解释它。

考虑以下 SQL 语句。在 person 表中要取出给定生日(DOB)范围内的人员的记录：

```
select surname, first_forename,dob
from person
where dob between to_date ('01-JAN-1970','DD-MON-YYYY')
        and    to_date ('04-JAN-1970','DD-MON-YYYY')
```

如果没有 ORDER BY 子句，数据或者可能会也可能不会按照 DOB 排序——这取决于 Oracle 是如何满足计划的。很大的可能是：如果 DOB 上有索引，数据将会被对该索引的范围扫描锁定，并以 DOB 的顺序返回。在代码逻辑中，过去经常依靠这种做法(并且偶尔还这样做)。然而，当 Oracle 突然返回了没有经过排序的数据时(计划改变，调用了并行查询等各类情况都会导致计划改变)，应用程序就会出问题。除非声明了一个 ORDER BY 子句，否则 Oracle 不会保证数据集是已排序的。在版本 8 和 9 中，当这种消失的隐式排序开始大量出现时，人们抱怨连天。因为他们已经无数遍地测试过代码，并且几年来都运行良好，他们看见数据一直都被隐式排序。令人遗憾的是，一些经验性的测试和由副作用带来的某种效果的一段工作历史并不够。还需要理解 Oracle 处理数据的规则。

现在修改代码，使其基于 DBMS_RANDOM.VALUE 来排序。这是人们偶尔会想到的，特别是需要创建测试数据时：

```
select surname, first_forename,dob
from person
where dob between to_date ('01-JAN-1970','DD-MON-YYYY')
        and    to_date ('04-JAN-1970','DD-MON-YYYY')
```

```
-- To force the random order?
order by dbms_random.value
```

这段代码会做些什么呢？DBMS_RANDOM.VALUE 会只被评估一次，并且基于静态值排序吗？在该示例中，优化器会识别出这一点，并且为了省力而删除 ORDER BY 并仍提供以 DOB 顺序排列的数据吗？或者会为每行评估函数，并给出所需的随机化数据集吗？并无任何保证。为了达到自己的目标，人们写出了相应的 SQL 语句。但是，仔细想想后会发现，那样的 SQL 语句实际上充满了歧义。

下一个示例源自 Ask Tom 网站。最初的提问帖是：为什么看上去并不具有一致性的查询却会返回行结果？(参阅 https://asktom.oracle.com/pls/asktom/f?p=100:11:0::::P11_QUESTION_ID:3181424400346795479 上的原始讨论)：

```
select * from dual where dbms_random.value = dbms_random.value and
not ( dbms_random.value = dbms_random.value );

DUM
---
X

1 row selected.
```

在 10g 中，它不返回行，在 11g 中则会返回。

Tom 回帖重申：不能确认 SQL 会在什么时候调用函数或调用多少次，也不能确认先前的语句可以在逻辑上以各种方式被重写：

```
select ...
from t
where f() = f()

-- or

with data as (select f() F from dual)
select ...
from t,data
where F=F
```

这样，最初关于"order by dbms_random.value 哪个响应是正确的"这一问题是很有趣的思维实验——然而却意义不大。你要的数据是：unknown=unknown 及 unknown!=unknown。现在也已知道了：甚至不能确认语句中到底有多少个不同的 unknown。在 SQL 中使用了不具有确定性的 PL/SQL 函数时，会处于一种非常困惑的境地。

使用确定性函数时，该函数执行了多少次根本不是问题。函数会利用所选择的值，而且返回值与实际数据相关。如果在调用 dbms_random 或其他函数时传入真实的列值，那么该函数需要使用该列值进行计算。因为输入值是由所处理的行提供的，所以调用函数时必须使用这些值——每行的值。

这样也为保证获取不同的 dbms_random.value 值提供了解决方案。可以创建自己的函数，并让其接受一个参数，而它所做的就是执行 dbms_random.value 并返回它的值。如果用从来都不会重复的值调用该函数，同时保证不存在缓存(即使有人在本章后面学会了 DETERMINISTIC，并把该函数标记为 DETERMINISTIC)，将会得到逐行都处理过的执行结果。可以使用表中的 rowid 或唯一列作为参数传入函数。

5. 减少上下文切换所产生的影响

Oracle Database 12.1 中引入的两个新特性可用于减少上下文切换所产生的影响。第一个使用 WITH 子句(通常称为——并不很准确——子查询因子，而现在可以更改它的用途)来定义主查询中使用的函数文本，而不是在 PL/SQL 存储函数或者包中定义函数文本。另一个使用新的 pragma UDF 命令将存储函数标记为用户自定义的函数。

在 WITH 子句中声明的本地函数 PL/SQL 函数现在可以使用 WITH 子句，原生地嵌入 SQL 语句中。在下一个示例中，将以如下方式把 disp_name 函数嵌入 SQL 语句。

```
with
  function l_disp_name(p_sn      in varchar2
                      ,p_fn1     in varchar2
                      ,p_fn2     in varchar2  :=null
                      ,p_title   in varchar2  :=null)
return varchar2
is
v_return    varchar2(1000);
begin
  v_return := case when p_title is null then ''
                 else initcap(p_title)||' '
              end
           ||initcap(p_fn1)||' '
           ||case when p_fn2 is null then ''
                 else substr(p_fn2,1,1)||' '
              end
           ||initcap(p_sn);
return v_return;
end l_disp_name;
select /*mdw_7a */
       avg(length(l_disp_name(p_sn =>surname          ,p_fn1  =>first_forename
         ,p_fn2=>second_forename   ,p_title=>pers_title)       ) ) disp_name_len
      ,avg(addr_id)
      ,count(*)
from person
where pers_id > 100100
and rownum < 100000
```

执行这段代码后，与另一个使用了 str_util.disp_code 函数的类似代码进行比较，会发现速度显著提升了——从原先的 0.8 秒降低到 0.23 秒。

检查 PLSQL_EXEC_TIME 会发现，使用本地 WITH 子句的版本并没有累积 PL/SQL 引擎的执行时间。下面出现的其他 SQL_ID 供该版本代码调用存储函数所用。

```
select /* ignorethis!!! */
 sql_id
,plan_hash_value  plan_hashv
,parse_calls      prse
,executions       excs
,buffer_gets      buffs
,disk_reads       discs
,cpu_time         cpu_t
,plsql_exec_time plsql_exec
,rows_processed  rws
,substr(sql_text,1,80) sql_txt
from v$sql
where upper(sql_text) like upper('%'||nvl('&sql_txt','whoops')||'%')
and sql_text not like '%/* ignorethis!!! */%'
order by (greatest(buffer_gets,1)/greatest(rows_processed,1)) desc

SQL_ID        PLAN_HASHV PRSE EXCS  BUFFS DISCS   CPU_T PLSQL_EXEC   RWS
------------- ---------- ----- ----- -------- ----- --------- ---------- ------
SQL_TXT
-------------------------------------------------------------------------------
0h2ctbt00kkkv 3553163410    3    3  22922    0  718750          0    3
with   function l_disp_name(p_sn      in varchar2                ,p_fn1
bpkx9avbb9why 3553163410    3    3  22922    0 2296875    1338889      3
```

```
select /*mdw_7a */          avg(length(str_util.disp_name(p_sn =>surname
```

把存储 PL/SQL 函数转换成 WITH 子句中声明的版本，减少了从 SQL 中调用 PL/SQL 的影响。当然，这违反了集中和封装代码的指导思想。因此，应该在性能不是关键问题或所开销可以接受时，使用存储PL/SQL 函数(如数据录入系统和数据量小的报表生成系统)；应该仅仅在代码要处理非常大量的数据而且性能是关键因素、上下文切换开销引发的延时会超过可以忍受的范围时，使用 WITH 结构。

Oracle 是如何通过 WITH 子句做到减少开销的呢？上下文切换的开销是如何减少的呢？这不是通过消除实际的上下文切换做到的。如果启用会话的 DBMS_TRACE 跟踪并运行包含 PL/SQL 函数的 WITH 子句(注意：减少要获取的记录的数目！)，仍然可以看见对 PL/SQL 虚拟机启动和停止的调用。

```
with
  function l_disp_name(p_sn       in varchar2
                      ,p_fn1      in varchar2
                      ,p_fn2      in varchar2  :=null
                      ,p_title    in varchar2  :=null)
return varchar2
is
v_return      varchar2(1000);
... our usual function code
end l_disp_name;
select /*mdw_7b */
       avg(length(l_disp_name(p_sn =>surname       ,p_fn1 =>first_forename
       ,p_fn2=>second_forename   ,p_title=>pers_title) ) ) disp_name_len
       ,avg(addr_id)
       ,count(*)
from person
where pers_id > 100100
and rownum < 6
```

```
  run event
  id   seq EVENT_TI EVENT_UNIT     EVENT_UNIT_KIND   EVENT_COMMENT
----- ----- -------- ------------- ----------------- ---------------------------------
    7    7 18:06:49 <anonymous>    ANONYMOUS BLOCK   PL/SQL Virtual Machine started
    7    8 18:06:49 <anonymous>    ANONYMOUS BLOCK   PL/SQL Internal Call
    7    9 18:06:49 <anonymous>    ANONYMOUS BLOCK   PL/SQL Internal Call
    7   10 18:06:49 <anonymous>    ANONYMOUS BLOCK   PL/SQL Internal Call
    7   11 18:06:49                                  PL/SQL Virtual Machine stopped
... 3 more repeats of stating the PL/SQL vm, 3 calls and stopping it
    7   52 18:06:49 <anonymous>    ANONYMOUS BLOCK   PL/SQL Virtual Machine started
    7   53 18:06:49 <anonymous>    ANONYMOUS BLOCK   PL/SQL Internal Call
    7   54 18:06:49 <anonymous>    ANONYMOUS BLOCK   PL/SQL Internal Call
    7   55 18:06:49 <anonymous>    ANONYMOUS BLOCK   PL/SQL Internal Call
    7   56 18:06:49                                  PL/SQL Virtual Machine stopped
```

已经把查询 PLSQL_TRACE_EVENTS 的输出截断了一部分，但代码中有一列信息基于因素化的函数，并选择了 5 行记录。有 5 次启动和停止 PL/SQL 虚拟机的调用。相同数目的事件也出现在调用存储版本的 PL/SQL 函数上。因此，影响是如何被减少的？有些超出了本书的讨论范围。但如果你在操作系统级别跟踪那个进程，就会发现，与调用存储函数相比，使用 WITH 子句时代码栈(由调用产生)似乎减少了，而变化发生于数据在 SQL 和 PL/SQL 之间是如何传递的机制上。

如果决定要使用 WITH 子句来本地化 PL/SQL 函数，并且希望其变得更高效，就应该使用视图来实现该功能并把复杂的函数内置于视图中。这意味着仍然实现了"只在一处地方管理复杂性"的思想。当然，如果仅仅使用标准 SQL 函数来实施这个功能，将会完全避免发生上下文切换。

使用 WITH 子句可以不只声明一个函数，正如能够不只声明一个子查询一样。在每个函数声明之间，可以用逗号来分隔。因而能够使用这个特性把几个 PL/SQL 函数放入 SQL 语句。

在 WITH 子句中嵌入函数的问题 在 WITH 子句中使用函数时,有两件事情需要注意。首先,注意在函数文本中分号的使用,如下所示:

```
with
  function l_disp_name(p_sn       in varchar2
...
is
v_return     varchar2(1000);
begin
...
          ||initcap(p_sn);
return v_return;
end l_disp_name;
```

在一些客户端工具和 GUI 中,使用分号可能会引发问题。特别是在 Oracle Database 12*c* 之前的版本中,因为它们会把分号解释为 SQL 语句的结束字符。在 SQL*Plus 中,需要使用块终止符(/)结束语句;而在其他工具/版本中,可能需要更改 SQL 终止符。在 12*c* 的 SQL*Plus 中,在新行中的单独 ";" 会被忽略,因而需要使用块终止符,代码如下:

```
ora12> with function sal_inc(i in number) return number is
  2  begin
  3  return i+1234;
  4  end;
  5  select ename,sal,sal_inc(sal) from emp
  6  where sal>2000
  7  ;
  8
  9  /

ENAME          SAL SAL_INC(SAL)
---------- ---------- ------------
JONES         2975         4209
BLAKE         2850         4084
...
```

Oracle Database 12.1 中的 PL/SQL 并不能识别使用 WITH 子句嵌入 SQL 的函数,并且会给出一个错误,代码如下:

```
create procedure embed_with_demo
as
begin
  for v_rec in (with function sal_inc(i in number) return number is
             begin
             return i+1234;
             end;
             select ename,sal,sal_inc(sal) new_sal from emp
             where sal>2000) loop
  dbms_output.put_line(v_rec.ename||' sal:'||v_rec.sal||' new_sal:'||v_rec.new_sal);
  end loop;
end embed_with_demo;
/
LINE/COL ERROR
------- -----------------------------------------------------------------
4/17    PL/SQL: SQL Statement ignored
4/31    PL/SQL: ORA-00905: missing keyword
```

```
6/30     PLS-00103: Encountered the symbol ";" when expecting one of the
         following:
         loop
```

可以通过使用动态 SQL(参见第 8 章了解使用动态 SQL 的细节)解决这个问题。

最后，如果要在 SQL 子查询中使用 WITH 子句中定义的函数，必须使用名为+ **with_plsql** 的提示"通知"Oracle，代码如下：

```
select * from
(with function sal_inc(i in number) return number is
begin
return i+1234;
end;
select ename,sal,sal_inc(sal) from emp) emp_high
where sal>2000
/

(with function sal_inc(i in number) return number is
 *
ERROR at line 2:
ORA-32034: unsupported use of WITH clause

select /*+ with_plsql */ * from
(with function sal_inc(i in number) return number is
begin
return i+1234;
end;
select ename,sal,sal_inc(sal) from emp) emp_high
where sal>2000
/

ENAME          SAL SAL_INC(SAL)
---------- ---------- ------------
JONES         2975         4209
BLAKE         2850         4084
...
```

Pragma UDF　12*c* 的另一个新特性是 pragma UDF(用户定义的函数)，它会告诉编译器，该函数主要用来从 SQL 中调用。在解释这个 pragma 的作用时，它的手册条目并不冗长：

"UDF pragma 告诉编译器该 PL/SQL 单元是用户定义的函数，它主要用于 SQL 语句中，*可能会提高其性能*。"

注意那些斜体字(值得细细挖掘)。它"*可能会提高其性能*"，但是却没有涉及它做了些什么的详情。在函数的声明体中，可以使用简单的 PRAGMA UDF 命令来指定一个函数是 UDF 的。如果能够在声明体的第一行中声明它，那么就既清晰又恰当。其性能方面的影响类似于使用"通过 WITH 子句本地化在 SQL 中的函数"所产生的影响，而后者在本章前面介绍过。测试显示：就性能方面而言，PRAGMA UDF 比 WITH 子句更具优势，但是差别不大。使用 WITH 函数时，以下测试的执行时间下降到约 0.21 秒。这是在测试系统中运行多次后的平均值。如果使用 PRAGMA UDF，平均时间会降低到约 0.18 秒。以我们的经验，PRAGMA UDF 的性能收益通常会比使用 WITH 的要好几个百分点。但有时 WITH 版本反而会胜出。

```
function disp_name_udf (p_sn      in varchar2
                       ,p_fn1     in varchar2
                       ,p_fn2     in varchar2
                       ,p_title   in varchar2 ) return varchar2 is
PRAGMA UDF;
v_return    varchar2(1000);
```

```
begin
...

-- str_util.disp_name form
Elapsed: 00:00:00.74

-- str_util.disp_name_UDF form
Elapsed: 00:00:00.18
```

　　与 WITH 子句相比，PRAGMA UDF 的一大优势在于它只是一个非常简单的改动，并且并不需要直接应用于 SQL 语句。函数代码仍然可以作为存储函数或包。它的一个缺点是会降低一些在其他 PL/SQL 代码中使用该函数的速度。因此，应该只把那些在绝大多数情况下真正是从 SQL 中调用的函数标记为 PRAGMA UDF。

　　PRAGMA UDF 的另一个缺点是：在 12.1c 中，它对所使用的数据类型敏感。如果眼尖，可能已经注意到了：在 disp_name_udf 函数声明部分中，p_fn2 和 p_title 的默认值被删除了。在 12.1.0.2 的测试系统中，对于具有默认参数值的函数，PRAGMA UDF 并不提供性能帮助。而且，以 DATE 数据类型为参数或返回 DATE 数据类型的函数也不会从 PRAGMA UDF 中获得性能帮助。以上情况下都不会报错，但没有任何性能提升。建议一定要测试所有被改成"使用了 PRAGMA UDF 的函数"，以确保真有性能收益，特别是正在使用除了 NUMBER 和 VARCHAR2 以外的数据类型时。

　　PRAGMA UDF 减少性能影响的方式与 WITH 子句的方式非常类似。如果在 C 语言级别对过程进行跟踪，就会避免某些函数调用，但是所避免的调用与 WITH 子句的不一样。

6.2.3　"时间点视图"的遗失

　　Oracle 是一个 ACID 兼容的数据库：原子性、一致性、隔离性和持续性得到强制保障。作为隔离性的一部分，在任何 SQL 语句执行过程中，Oracle 都会保持数据的"时间点视图"。如果执行以下语句：

```
select * from person where modified_datetime<=sysdate
```

它会花几秒钟或几分钟来运行，Oracle 将保证：在那段时间中，查询不会发现所创建的任何行或者对已有行的改动。数据库视图将正好保持在查询开始的时间点——事实上是 System Change Number(系统变更号)的值。即使在 SELECT 运行期间，创建了一个新行并还将它的 modified_datetime 改为过去的时间，也看不到。这称为读一致性。

　　而且，如果在查询中多次引用 SYSDATE(或 SYSTIMESTAMP，或者任何从这些伪列派生出的内容)，那么在每一处引用到 SYSDATE 的地方，都会使用相同的值。

　　然而，使用 PL/SQL 函数时，时间点一致性可能会受到损害。创建一个返回 SYSTIMESTAMP 的简单函数，并且是在一个极其简单的 SELECT 语句中使用它。前面刚刚讲过直接在一条 SQL 语句中使用 SYSDATE 和 SYSTIMESTAMP，因此很可能会想，该函数返回的所有值是 SQL 语句执行时的那个时间点的值。代码如下：

```
function get_ts (p_vc1 in varchar2)
return timestamp
is
b number;
begin
  -- the time-waste loop is needed as systimestamp via the system clock ticks too
  -- slow for two calls on same row to come up with a different result.
  for a in 1..10000 loop
    b:=sqrt(a);
  end loop;
  return systimestamp;
end get_ts;
```

```
select systimestamp, str_util.get_ts('A'), str_util.get_ts('B')
from dual;

SYSTIMESTAMP                    STR_UTIL.GET_TS('A')          STR_UTIL.GET_TS('B')
----------------------          ------------------------      ------------------------
11-OCT-15 16.24.15.3330 +01:00  11-OCT-15 16.24.15.4870       11-OCT-15 16.24.15.6430
Elapsed: 00:00:00.31
```

此处选择一行——只有一行——却得到了 3 个不同的 TIMESTAMP 值！时间在流逝。注意：向该函数添加了循环以完成一些工作(它计算了 1 到 10000 的所有数字的平方根)，目的就是模拟一些活动。而且，由于 SYSTIMESTAMP 派生自以 0.001 秒为单位(这是我的计算机上操作系统时钟的限制)的系统时钟，如果该函数仅仅返回 SYSTIMESTAMP，可能看不到 SYSTIMESTAMP 的增长。

激活 PL/SQL 函数，每一次将控制权传递给 PL/SQL 虚拟机，并且将代码作为不同的行动执行时——在不同的时间和 SCN，此时会出现上述现象。我们已经打破了 RDBMS 的完整性，尤其是破坏了所保持的"时间点视图"。

这个问题比许多已经意识到的问题更隐蔽。下面的示例代码从 EMP 标准示例表中选择具有高工资的记录，并将其与董事会主席 KING 的工资进行比较：

```
with function king_sal(i in number) return number is
v_rtn number;
begin
  select sal into v_rtn from emp where ename='KING';
  dbms_lock.sleep(3);
  return v_rtn;
end;
select ename,sal,king_sal(rownum) King_sal
from emp
where sal >2000


-- output
ENAME          SAL    KING_SAL
----------  ----------  ----------
JONES         2975       5000
BLAKE         2850       5000
CLARK         2450       5000
SCOTT         3000       3900
KING          5000       2800
FORD          3000       1700

6 rows selected.
```

怎么会是这样呢？该函数简单地选择了 KING 的工资——可以看到 KING 的工资是 5000。函数中的 dbms_lock.sleep 让我们有足够多的时间在第二个会话中完成一些工作，而这些工作就是：

```
update emp set sal=sal-1100 where ename='KING';
1 row updated.
commit;
```

对 EMP 表的查询保持了"时间点视图"，因此它看到查询开始运行时 KING 的工资。但因为函数是在它们自己的子会话中运行的，所以函数中的任何 SQL 都可以看到该函数执行时的数据库。在第二个会话中，运行了更新后的语句，几次降低 KING 的工资，函数看到了这种更改所产生的影响——即使该函数是以 WITH 子句的形式作为 SQL 语句的一部分被定义的。当然，如果函数是在存储过程中定义的，那么结果也与以上的情形没有差别。

现在，考虑一份运行于数据库中的业务报表。它没有 SLEEP 命令，但是却需要几分钟时间来运行。在报表中有一个函数，它获取上星期销售的某件商品的利润。为何会使用函数获取该信息呢？因为这是一个需要相当复杂的计算才能算出来的数据——要考虑价格变化的因素，要决定是否考虑返点和特供的因素，还要使用与商品仓库管理系统中相同的代码来显示每个单独商品的信息。因此需要一个单独的存储函数来完成这个任务。

　　每次调用函数时，都会在不同的时间点计算利润。订单每时每刻都有，而在报表运行过程中每一次函数调用都有纷至沓来的新订单。由于这仅仅是个报表系统，所以很可能决定：接受这种缺乏一致性的情况——但是要知道这个问题是存在的。如果函数通过 SELECT 语句正在收集商品价格点，而该语句是针对一个不断修改的表甚至是外部数据源进行的，那么会怎样呢？你无法接受这种读一致性的缺失。

　　为应对这个难题，有以下几种可能的解决方案：
- **选项 1**：把函数代码放入报表的 SQL 语句中。如果函数在许多不同的 SQL 语句中使用，则不能这样做，因为会需要在所有出现的地方都要进行维护。还可能因为函数代码太复杂而无法很容易地将其包含入 SQL 中，所以该选项不可行。
- **选项 2**：写一个包含函数代码的视图。函数不同，可能可行，也可能不可行。而正如选项 1 那样，由于无法接受的复杂度或者糟糕的运行性能，因此这种方法不可行。但是，这样做却可以把复杂的代码保留在一个地方。另外，需要更改代码来查看新视图。
- **选项 3**：把函数所依赖的底表都设为只读的，这样就能控制什么时候进行更新。这听起来很简单。但是，当将表重新设置成可读写并且进行更新时，怎么才能保证代码在那时不会运行呢？在那时，那些代码需要保护，以避免发生读一致性的问题。
- **选项 4**：使用 SERIALIZABLE 事务模型，或者把事务设置成只读的(必须为每一个事务重复设置，并且限制该事务能够做的事情)。这两种都是受限的解决方案，并且可能需要额外的代码来处理无法串行访问的故障。
- **选项 5**：可以使用 DBMS_FLASHBACK 将会话的数据库特定时间点视图修复到代码运行之前。那是一个相当工程化的解决方案，应该仅仅在解决特定的高度影响业务的难题时才采用。
- **选项 6**：接受读一致性缺失的风险。

　　解决方案中的选项 3、4 和 5 并不能解决 TIMESTAMP 问题。它们能够保持时间点一致性，但会对剩余的应用程序产生较大的影响。

　　我的倾向是：使用选项 1 或选项 2 来替换简单的函数，或者将它们用于特有的需要长时间运行的或关键的报表系统中。而如果可以控制什么时候引用数据，或者逐渐变化的维度数据何时变化，可以使用选项 3。如果函数仅仅用于在线获取信息，选项 6 更好。

　　最后一个选项可能会令人吃惊。但是自问一下：要完成的业务目标是什么；集中的、模块化的代码所带来的好处是否能够超过"偶尔会被查询引入后续数据"所带来的坏处？如果你正在获取几千行的商品销售汇总数字(用来了解业务当日经营状况)，那么包含一点额外的商品项目可能无关紧要。毕竟在 1 分钟之后再运行该报表与遗失"时间点视图"(从 SQL 中通过 PL/SQL 函数调用 SQL 产生的结果)相比，在数字上差异很大。

　　然而，对账户的状态(因一系列交易而记录下来的)的检查是不能出错的，因此遗失"时间点视图"是不可接受的。重要：必须考虑 SQL 和 PL/SQL 之间互相调用所产生的"时间点视图"遗失问题——要了解各种解决方案的限制，进而来挑选合适的解决方案。毕竟，有很多代码正在受到这个问题困扰，而且甚至还没有被意识到！其中有些代码应该修复，因为它们正在(悄悄地)影响业务；而有些可能并没有什么真正的影响。

　　PL/SQL 函数的常用方法就是：替换简单的查询连接以扩展代码(如状态代码或国家 ID)。如果这个查询包含从表中收集信息，那么很可能就会遇到时间点问题。下面会进一步讨论这个问题。

6.2.4　PL/SQL 结果高速缓存

　　做某事最快的方式就是不做。如果有一个 PL/SQL 函数正在一遍又一遍地做相同的事情——例如，对相同输入值进行计算或者重复查询引用值的一小部分子集的详情——可以通过以下的方法节省时间：对每一个输入值运行一次函数，缓存结果，并在下一次遇到相同的输入值时直接给出该结果。下面看看描述这个问题的新示例。该示例基于一个 ACTIVITY 表，该表有指向 COUNTRY 表的一个外键约束，而在 COUNTRY 表中有国家全称。可以在网站上找到创建和填充这些表的脚本。

```
DESC ACTIVITY
Name                                                         Null?    Type
------------------------------------------------------------ -------- ----------------
ID                                                           NOT NULL NUMBER
COUNTRY_ID                                                            NUMBER(3)
R2                                                                    NUMBER(2)
NUM1                                                                  NUMBER(4)
NUM2                                                                  NUMBER(3)
VC1                                                                   VARCHAR2(10)
VC_R1                                                                 VARCHAR2(20)
V_PAD                                                                 VARCHAR2(1000)

DESC COUNTRY
Name                                                         Null?    Type
------------------------------------------------------------ -------- ----------------
ID                                                           NOT NULL NUMBER(3)
NAME                                                         NOT NULL VARCHAR2(40)
EU_IND                                                       NOT NULL VARCHAR2(1)
SHORT_NAME                                                   NOT NULL VARCHAR2(6)
COUN_COMMENT                                                          VARCHAR2(1000)

SELECT * FROM COUNTRY WHERE ROWNUM < 7
        ID NAME                                     E SHORT_ COUN_COMMENT
---------- ---------------------------------------- ------ -------------
         1 United Kingdom                           Y UK
         2 United States of America                 N USA
         3 India                                    N IND
         4 Bangladesh                               N BAN
         5 Russia                                   N RUS
         6 Austria                                  Y AUS
```

你可能想要对表中的引用值进行简单的查询，例如将国家代码扩展为其全称。这可能会比较高效，因为 COUNTRY 表的数据块被缓存在 SGA 中。这当然会比去磁盘寻找块更高效，但是仍然存在着开销，包括：从父表获取数字代码，然后在 COUNTRY.ID 列的相关索引上找到它，再根据索引返回的 ROWID 在 COUNTRY 表的数据块上寻找，最后获取相关的列。

1. 带有 DETERMINISTIC(确定性)的缓存

创建和填充测试表的方法与许多真实环境相像。有一个供引用或查询的表，它有几十行或几百行(甚至几千行)值，这些值会不断地被事实表引用。供查询的表中的每一行都被事实表中的几百行、几千行甚至几百万行记录所使用——它正是 RDBMS 所倾向的 "正则化引用数据" 的完美案例。共有 32 个不同的 COUNTRY 记录和 1 千万条 ACTIVITY 记录。我们将在 COUNTRY 表中多次查询相同的国家代码。因此，将创建一个简单的函数来完成这个查询：

```
CREATE OR REPLACE FUNCTION get_country(p_id IN number) RETURN varchar2 IS
v_rtn country.name%type;
BEGIN
  Select /*mdw_18a*/ name into v_rtn
  from country where id=p_id;
  RETURN v_rtn;
END;
```

```
select get_country(13) from dual;
GET_COUNTRY(13)
------------------------------------------
Estonia

select get_country(1) from dual;
GET_COUNTRY(1)
------------------------------------------
United Kingdom

select get_country(33) from dual;
GET_COUNTRY(33)
------------------------------------------

1 row selected.
```

看一下最后一条查询语句。可能已经注意到了：有些东西经常被忽视。该函数没有找到任何数据(国家代码是1~32)。然而，它没有抛出 NO_DATA_FOUND 错误，而是简单地返回了 NULL。如果要处理函数所发现的无数据异常，就需要在函数代码内部捕获异常。

现在，写两条不同的 SQL 语句——其中一条通过标准的表连接来完成查询；另一条使用函数去获取国家扩展名。哪一个会更快一点？

```
select max(ac.id),co.name co_name,max(ac.vc1)
from activity ac, country co
where co.id        =ac.country_id
and   ac.id        between 50000 and 50000+1000000
and   mod(ac.id,100)=0
group by co.name
/
MAX(AC.ID) CO_NAME                        MAX(AC.VC1)
---------- ------------------------------ ----------
   1032000 Denmark                        XQQQQQQQQQ
   1040000 Poland                         WQQQQQQQQQ
   1050000 Croatia                        XGGGGGGGGG
...
32 rows selected.
Elapsed: 00:00:00.21

Execution Plan
----------------------------------------------------------
Plan hash value: 4061328850
--------------------------------------------------------------------------------
| Id | Operation                            | Name     | Rows  | Bytes | Cost )|
--------------------------------------------------------------------------------
|  0 | SELECT STATEMENT                     |          |    32 |  1056 | 2541)|
|  1 |  HASH GROUP BY                       |          |    32 |  1056 | 2541)|
|* 2 |   HASH JOIN                          |          | 10000 |  322K | 2540)|
|  3 |    TABLE ACCESS FULL                 | COUNTRY  |    32 |   416 |    3)|
|  4 |    TABLE ACCESS BY INDEX ROWID BATCHED| ACTIVITY | 10000 |  195K | 2537)|
|* 5 |     INDEX RANGE SCAN                 | ACTI_PK  | 10000 |       | 2169)|
--------------------------------------------------------------------------------
Statistics
----------------------------------------------------------
        0  recursive calls
```

```
select max(ac.id),get_country(ac.country_id) co_name,max(ac.vc1)
from activity ac
where ac.id        between 50000 and 50000+1000000
and   mod(ac.id,100)=0
group by get_country(ac.country_id)


MAX(AC.ID) CO_NAME                      MAX(AC.VC1
---------- ---------------------------- ----------
   1032000 Denmark                      XQQQQQQQQQQ
   1040000 Poland                       WQQQQQQQQQQ
   1050000 Croatia                      XGGGGGGGGGG
...
32 rows selected.
Elapsed: 00:00:00.46


Execution Plan
----------------------------------------------------------
Plan hash value: 614599487

--------------------------------------------------------------------------------
| Id  | Operation                             | Name     | Rows  | Bytes | Cost |
--------------------------------------------------------------------------------
|  0  | SELECT STATEMENT                      |          |    32 |   640 | 2538|
|  1  |  HASH GROUP BY                        |          |    32 |   640 | 2538|
|  2  |   TABLE ACCESS BY INDEX ROWID BATCHED | ACTIVITY | 10000 |  195K | 2537|
|* 3  |    INDEX RANGE SCAN                   | ACTI_PK  | 10000 |       | 2169|
--------------------------------------------------------------------------------

Statistics
----------------------------------------------------------
     10002  recursive calls
```

函数版本花了两倍长的时间(0.46 秒 VS 0.21 秒)，因此它更慢。这应该不足为奇。总体来说，如果可以使用 SQL，单独使用 SQL 会更快。然而，性能上的差异没有预期的那么大。可能也已经注意到：纯 SQL 版本不会重复不断地查找国家代码。它只查找一次，并用从 ACTIVITY 表中收集的数据将它们散列到一起。SQL 内部有许多优化手段可以辅助完成重复查找。

前面这段代码证明了我要强调的某些东西。对于第二个版本的代码，即用 PL/SQL 函数来解决国家代码查询问题的代码，其 SQL 语句的解释计划中不再显示对 COUNTRY 表的访问，而在第一个(表连接)版本中看到过这个。这是因为对 COUNTRY 表的访问作为递归调用来执行。这经常使人们困惑。正如之前所讨论过的，通过 PL/SQL 函数执行的数据库活动都是作为"不同的"和"独立的"事务而执行的(因而潜在地会丢失时间点一致性——千万别忘记这一点)。正因如此，在语句的解释计划中，才会导致该活动和该步骤(对 COUNTRY 表的访问)的缺失。这是因为：现在它被置于不同的 SQL ID 下执行。以下显示了在运行代码之后，SGA 中(V$SQL 中)找到的 SQL 代码：

```
SQL_ID       PLAN_HASHV PRSE   EXCS    BUFFS DISCS   CPU_T PLSQL_EXEC   RWS
------------ ---------- ----- ------- --------- ----- --------- ---------- ------
SQL_TXT
----------------------------------------------------------------------
bncf9q7qu0r01 2256147665    1   10022   20044     0   62500          0  10022
SELECT NAME FROM COUNTRY WHERE ID=:B1
```

其中，SQL ID bncf9q7qu0r01 是 get_country 函数内部运行的 SQL 语句的 SQL ID。它被执行了 10 022 次：其中的 20 次是其他测试(没有展示细节)所为；而剩下的 10 002 次是测试代码时产生的递归调用。从 ACTIVITY 表中获取了 10 002 行记录，因此不得不对代码执行 10 002 次。这意味着对函数及其内部的 SQL 调用了 10 002 次。

跟踪从 PL/SQL 函数中激发的 SQL 没有标准函数容易，因为 PL/SQL 引擎会预解析 SQL，并且会把命令中的单词全部大写，移除 INTO 部分和注释。如果用从 SGA 中析取的 SQL 文本部分与示例代码中的 SQL 对比，就可以看到这一点。

过去已经看到(并且使用了)这种利用 PL/SQL 函数查找引用数据以提升 SQL 性能的方法。示例是对第二个表的直接外键查找。这种方法在该场景中不会提升性能(就目前而言)。那么如果查找比"通过外键查找简单访问子表"更复杂时会怎样呢？

也许它需要通过一个中间表进行处理，需要有更复杂的逻辑，或者只有一些能够找到的行需要，例如被扩展的 ACTIVITY 表的代码值经常是 NULL。有时还经常会出现这种场景：只需要为"驱动查询"所查出的每一行而激发查询函数，这样会更高效。这种高效率是与 CBO 执行计划相比较而言的。后者遵从通过两个或者三个表连接来得到所需要数据的原则。特别是当使用某些逻辑，为了某些特定场景而仅仅需要解决查询的问题时，前者就会显得更加高效。需要使用外键查找多个表的数据时(一些值在一个表中，而另一些值在另一个表中)，通常就是这种场景。函数能够探测到这些不同点，并仅仅转向需要的表。而与此等价的 SQL 将需要使用外连接(outer join)去连接所有的子表，并且使用 DECODE 或其他一些逻辑去合并几个 NULL 外连接(NULL outer-join)查找来得到一个值。

SQL 能力的提升，包括运用子查询因子，这削弱了 PL/SQL 的这些优势。但是，把复杂的查找替换成 PL/SQL 函数，特别是涉及几个表并包含外连接的复杂查找，仍然会改善性能。

在任何场景中，这个简单示例都表明正常的表连接会更快。如果使用 Oracle Database 12c 新的 pragma UDF 特性，会怎样呢？在本示例中(在我们的测试系统上)毫无帮助，至少代码多次执行之间的自然差异探测不到(因此，在现实中也不值得关注)。但是，还没有告诉 Oracle 函数是确定性的。严格意义上说，它不是确定性的——如果有人更新了 COUNTRY 表，那么任何瞬时使用了该函数的 SQL 都潜在地受这个更改的影响。这是因为在 PL/SQL 函数调用中，并不会保证"时间点视图"(不断地在提醒这个问题，真的需要对此引起警惕——只有当确定可以相对安全地忽略时，才可以放松警惕)。在现实世界中，联合国很少批准新的国家成员。因此国家数据不会经常发生变化。在一个代码的发布版本中，应该能够预先考虑到这样的表(通常是静态的)什么时候会发生更改。因此，将函数标记为确定性的，并看看会发生什么。可以简单地在 RETURN 子句之后添加 DETERMINISTIC 关键字来标记(如果是包函数，就必须同时在包头和包体中都标记)：

```
CREATE OR REPLACE FUNCTION get_country(p_id IN number) RETURN varchar2
DETERMINISTIC IS
v_rtn country.name%type;
BEGIN
  begin
    select name into v_rtn
    from country where id=p_id;
  exception
    when no_data_found then v_rtn :='Unknown!';
  end;
  RETURN v_rtn;
END;
/

select max(ac.id),get_country(ac.country_id) co_name,max(ac.vc1)
from activity ac
where ac.id        between 50000 and 50000+1000000
and   mod(ac.id,100)=0
group by get_country(ac.country_id)
MAX(AC.ID) CO_NAME                        MAX(AC.VC1
---------- ------------------------------ ----------
   1032000 Denmark                        XQQQQQQQQQ
   1040000 Poland                         WQQQQQQQQQ
```

```
...
   965000 Netherlands                        XUUUUUUUUU
32 rows selected.
Elapsed: 00:00:00.29
```

多次运行该代码许,并且确认平均值为 0.29 秒。现在为什么能看到性能提升呢? 因为 Oracle 相信了我们的话——认为函数是确定性的,并且就像在本小节开头所介绍的:对于给定的输入值,通过缓存结果来节省计算时间。如果再次出现相同的输入值,不会重新执行代码,而是会直接返回缓存的值。

从 Oracle Database 10g 开始,DETERMINISTIC 选项就能使用了,并且它替代了 pragma RESTRICT REFERENCES,而后者在 Oracle Database 11.1g 中已经过时。

关于 DETERMINISTIC 标记,要注意的是:Oracle 只会在单个 SQL 语句(该语句使用了函数)执行活动内部进行缓存优化——它不会在 SQL 语句的两次执行之间维持缓存。如果运行过一次代码,然后再次运行该代码;或者有另外一条 SQL 语句使用了相同的函数,那么第一次运行 SQL 语句时所缓存的值都不会用于后两者中。缓存仅仅在单条 SQL 语句范围内有效。它也不会应用于 PL/SQL 对函数的调用。

关于 DETERMINISTIC 标记,还要提醒:如果在查找用到的底层表发生了任何级别的更新(甚至是删除),那么就在"确定性"这件事情上对 Oracle 撒了谎。随着代码的运行,查询会改变。因为没有错误发生,所以可能不会注意到。即便没有报错,也将难以避免陷入奇怪的状况:得到错误的结果而竟然不自知。这就是强调从 SQL 中调用 PL/SQL 函数很可能破坏"时间点读一致性"的原因。可以设想这样的场景:基于查找值进行分组而得出的报表会生成一个结果。而面对相同的查找值所查到的两个值都可能出现在结果中。无法控制哪些行是基于哪个查询做的汇总。

声明一个函数是"确定性的"要考虑的重要一点是:SQL 语句将向函数提供多少个不同的输入值。如果代码要选择 1000 行记录,但会向函数提供 999 个不同的输入值,那么任何由 DETERMINISTIC 派生的基于输入值的缓存都不会有帮助。事实上,由于 Oracle 还要多做一些内部处理(来确定之前是否见到过所输入的值),甚至反而有机会看到负面的性能影响。面对这 1000 行,如果仅需要提供两个不同的输入值,那么从 DETERMINISTIC 派生的缓存获得的收益甚至比这里看到的更多。但是这只会在单个 SQL 语句内部出现。

2. 函数结果缓存

从 Oracle Database 11g 开始,就可以使用函数结果缓存功能。它的用法非常简单,并且取代了本章后面会提到的旧方法"基于包的缓存"。启用函数结果缓存功能后,Oracle 会为函数保存输入值和输出值。这与函数被标记为确定性时,在单个 SQL 语句执行过程中所做的非常类似。函数结果缓存的一大优点就是:已知的输入及其返回值列表不仅在 SQL 语句内部维护,也在会话中维护。Oracle Database 11.2g 改进了该功能,从而能够在 RAC 节点之间共享缓存。

这样做的一个关键好处就是:你(或 Oracle)可以标识该函数依赖于哪些表。然后,向底表提交任何更改时,会清除缓存,之后用对函数的新调用重新填充该缓存。这样就解决了前面不断提及的"时间点"问题。而在经常会改动的函数所基于的表上使用函数缓存功能,却不会取得任何收益。这是因为缓存会不断被丢弃——而这种情况下,还可能会被质疑:为什么要缓存这样的动态数据。你可能会辩解:只添加新值的引用数据集仍然应该缓存(事实上,添加新值并不会使缓存无效),但是这样做可能会显得故弄玄虚。

不需要像使用基于包的缓存那样进行编码,就能使用函数结果缓存。可以简单地在函数中声明缓存和依赖关系。并且在任何时候使用函数时,都会用到缓存,而不只从 SQL 中调用时才用。

以下代码展示了 Oracle Database 11.1g 中函数声明的格式:

```
CREATE OR REPLACE FUNCTION get_country(p_id IN number) RETURN varchar2
RESULT_CACHE RELIES_ON (COUNTRY) IS
v_rtn country.name%type;
BEGIN
```

```
begin
  select name into v_rtn
  from country where id=p_id;
exception
  when no_data_found then v_rtn :='Unknown!';
end;
  RETURN v_rtn;
END;
/


-- to indicate that the function relies on more than one table or view...
CREATE OR REPLACE FUNCTION get_country(p_id IN number) RETURN varchar2
RESULT_CACHE RELIES_ON (COUNTRY,DEPARTMENT,COUN_HIST_VW) IS
v_rtn country.name%type;
BEGIN
```

在 Oracle Database 11.1g 中，要靠自己声明结果缓存函数所依赖的表和视图。但不需要再声明视图所依赖的表，Oracle 会从视图定义中弄清楚这些信息。如果函数在包中，那么 RELIES ON 子句则必须既出现在包头中也出现在包体中(还必须内容一致)。

从 Oracle Database 11.2g 开始，RELIES ON 子句就已过时，并且不应该再使用。Oracle 会自己推断出函数所依赖的表。事实上，因为即使声明不存在的表都不会报错，所以如果出现 RELIES ON 子句，也会被直接忽略(而不会报错)。注意：不需要声明函数是 DETERMINISTIC，会自动假定它为确定性的，同时带上一个推论：如果改动函数所使用的表，将会改变函数的结果，进而导致已经存在的缓存无效并被清除。实施该特性，示例以下：

```
CREATE OR REPLACE FUNCTION get_country(p_id IN number) RETURN varchar2
deterministic IS
v_rtn country.name%type;

-- becomes
CREATE OR REPLACE FUNCTION get_country(p_id IN number) RETURN varchar2
RESULT_CACHE IS
v_rtn country.name%type;
```

如果现在重新运行先前的测试，就会发现该结果缓存是如何辅助那个非常简单的 SQL 查询的：

```
-- using the function now marked with RESULTS_CACHE
select max(ac.id),get_country(ac.country_id) co_name,max(ac.vc1)
from activity ac
where ac.id      between 50000 and 50000+1000000
and   mod(ac.id,100)=0
group by get_country(ac.country_id)

MAX(AC.ID) CO_NAME                          MAX(AC.VC1
---------- -------------------------------- ----------
   1032000 Denmark                          XQQQQQQQQQ
   1040000 Poland                           WQQQQQQQQQ
...
    965000 Netherlands                      XUUUUUUUUU

32 rows selected.
Elapsed: 00:00:00.22
```

带有结果缓存的函数的性能改进了，运行时间降低到 0.22 秒。这比使用 DETERMINISTIC 的版本更好，后者的运行时间是 0.29 秒，更比没有使用 DETERMINISTIC 或者缓存的版本(运行时间 0.49 秒)好。

PL/SQL 结果缓存真是 Oracle 的好特性，它替换并改进了使用包缓存函数值的老方法。

通过改动函数，使其在每次被激活时都能执行 DBMS_OUTPUT.PUT_LINE(这只能在小规模测试中才能做)来阐释缓存值。首先选择 20 行记录来查看结果。然后再次执行该语句。最后，将在第二个会话中更改 COUNTRY 表，并回到原会话再次运行该 SQL。

```
CREATE OR REPLACE FUNCTION get_country(p_id IN number) RETURN varchar2
RESULT_CACHE IS
v_rtn country.name%type;
BEGIN
  begin
    select name into v_rtn
    from country where id=p_id;
  exception
    when no_data_found then v_rtn :='Unknown!';
  end;
  dbms_output.put_line ('called with input '||p_id);
  RETURN v_rtn;
END;

select ac.id,get_country(ac.country_id) co_name,ac.vc1
from activity ac
where ac.id between 50000 and 50000+10000
and   mod(ac.id,500)=0
      ID CO_NAME                         VC1
---------- ------------------------------ ----------
    56500 India                          JHHHHHHHHH
    57000 India                          JHHHHHHHHH
    58000 Russia                         KIIIIIIIII
    57500 Russia                         KIIIIIIIII
    59000 Denmark                        LJJJJJJJJJ
    58500 Denmark                        LJJJJJJJJJ
...
21 rows selected.
called with input 15
called with input 13
called with input 21
called with input 17
called with input 18
called with input 27
called with input 3
called with input 5
called with input 12
called with input 28
Elapsed: 00:00:00.01
-- NOTE only 10 DBMS_OUTPUT lines for 21 rows and each one is for a unique input value

/
      ID CO_NAME                         VC1
---------- ------------------------------ ----------
    50000 France                         CAAAAAAAAA
    50500 Estonia                        DBBBBBBBBB
    51000 Estonia                        DBBBBBBBBB
...
21 rows selected.

Elapsed: 00:00:00.01
-- NOTE No output from DBMS_OUTPUT as all those values are cached already
```

```
-- {from second session}
UPDATE COUNTRY SET COUN_COMMENT='The Land of Apple Pie'
where id=2

1 row updated.
ora122> commit;
-- back to original session
/
       ID CO_NAME                         VC1
---------- --------------------------------- --------------------
    50000 France                           CAAAAAAAAA
    50500 Estonia                          DBBBBBBBBB
    51000 Estonia                          DBBBBBBBBB
    51500 Latvia                           ECCCCCCCCC
...
21 rows selected.

called with input 15
called with input 13
called with input 21
called with input 17
called with input 18
called with input 27
called with input 3
called with input 5
called with input 12
called with input 28
Elapsed: 00:00:00.01
```

该示例中包含了相当多的信息。在第一个 SELECT 语句(紧跟在那些更改了函数的文本之后)中可以看到，虽然从数据库中查询了 21 行记录，并且这些记录都扩展了国家名，但是函数中的 dbms_output 只产生了 10 条输出。检查这些行就会发现，不同的 ID 都只有一条对应的输出。对每一个唯一的输入值，函数只激发一次。接着，再次选择相同的记录，没有由该函数通过 dbms_output 发来的消息，这是因为该函数没有被激发——所有的值都已经缓存了。最后，在第二个会话中更改了源表 COUNTRY 中的一行记录。虽然没有改动任何一条函数已经看见的记录(修改的是 ID 为 2，USA 这条记录)，但无论如何还是使函数结果缓存无效了。之后，回到最初的会话并再次运行查询，又看见了 10 条相同的消息。这是因为缓存被重新填充了。

可能会设想：Oracle Database 应该检查对表的修改是否实际上涉及缓存的值(通过主键等)，并且只使部分缓存无效——含有从改动的行派生值的缓存，或者只让改动了的行相关的缓存值无效。但转念一想，马上会想到可能出现的问题。就目前而言，Oracle 的做法是简单地在全局让缓存失效，而简单意味着快速和可靠。未来的版本可能会考虑得更精明一些。

前面曾提醒过：对于所用到的表会频繁更改的函数，不要应用函数结果缓存，因为函数性能会下降。就像任何性能提升工具一样，每个应用场景都有一些注意事项，因此不能盲目实施。但令人遗憾的是，有时还能见到这种情况。如果怀疑函数结果缓存被应用到了一些函数，而这些函数并不会从中获益(或者只简单地想弄清楚它是否有益处)，可以查看 V$RESULT_CACHE_OBJECTS，其中含有每个函数结果缓存的统计信息。

Oracle 引入函数结果缓存来解决一个特殊问题。有些建立在 Oracle 上的应用程序(如公司财务应用程序和商务应用程序)往往含有复杂而低效的针对"值列表"的查找。通过低效的访问路径，频繁连接这些引用表带来了大量长时间的应用开销。为了解决这个问题，以前通常通过编些代码进而采用基于包的缓存这一解决方案。

3. 基于包的缓存

在 Oracle Database 11g 之前(如果不了解新的函数结果缓存特性或者没有机会了解这个新特性，在 Oracle

Database 11g 之后也只能使用基于包的缓存)，为了减少复杂的值列表记录查找所带来的影响，能够采用的通用技术就是编写基于包的缓存。虽然能够提供这种做法的示例代码，但是出于以下原因没有提供：①在互联网上有数量庞大的这类示例；②它是一种获取缓存的过时的方式(本书的是关于如何从 PL/SQL 中获取更多提升的，并且是用 Oracle Database 12c 完成的，而且在内容上还考虑到要面向未来)。你可以在网上找到许多示例代码。可能存在仍使用这项技术的场景，从完整性角度出发我们还是要让你能够理解其工作原理。下面将解释其工作原理并说明为什么这样做会带来一些问题。

创建包级别变量，其中包含表型变量，而该表型变量基于所查找的表。之后，有两种做法。

- 选项 A：利用第一次会话执行该包时所获取的所有值来填充该表型变量。这是通过包级别的执行单元来完成的(这是代码的可选部分，在包内可以将其置于所有变量、异常、函数和存储过程定义之后)。
- 选项 B：编写一个函数，让它接受 ID 作为输入，并在表类型中检查该 ID 的值。如果发现之前曾经见到过它，就直接返回它；如果没有见过，就收集该值，把它放进表类型变量中，并返回该值。

第一次调用函数时，选项 A 有很高的前置成本。但在此之后，所有的查找都会得到及时应答。选项 B 总的来说稍慢，但是却没有首次调用的高成本，而且它只缓存要用到的值。

两个选项都有一些明显的缺点。第一，每个会话都有自己的值集。如果存在大量值，那么最终所有使用该函数的会话都会在 PGA(进程全局区，只为单个会话而存在的内存区域)中拥有所查找的表的副本。无论是在每个会话的内存中还是在会话所创建的每一个"基于包的缓存"中，都会占据非常大的内存区域。如果为许多对象(如国家、部门、客户和货品项目代码)创建了这种基于缓存的函数，并且每个连接到数据库的会话都有自己的副本，那么可能会导致服务器大量的内存都无法分给 SGA！第二，如果对底表做了任何改动，那么这些函数对此都一无所知(除非添加了处理这种改动的代码)。如果添加了应对这种场景的代码，就会引入一些不得不频繁检查的控制表，因而可能会存在潜在的锁存竞争点。之前提及的从 SQL 调用 PL/SQL 函数的"时间点视图"问题与这里提及的这种方法所产生的潜在的错误比起来，真是小巫见大巫。最后，缓存的持续时间与会话一样长。如果应用程序创建了一个会话，执行了工作，接着退出了会话，那么整个过程的结果就是：应用程序不断创建私有会话缓存，而创建的目的仅仅是丢弃这些缓存。

如果有静态的查找表(只读表或表空间)，持续时间很长的会话，以及每个会话的 PGA 中允许缓存这些值的充足内存，那么基于包的缓存就可行。不过，在 Oracle Database 11g 中所引入的函数结果缓存解决了所有这些问题，而且内置于 Oracle 的代码库中。如果使用函数结果缓存，实在不明智。

6.2.5　DISP_NAME 函数的正确实现

本章的大部分内容都使用了 disp_name 函数的概念把一系列名称元素转换成显示名，供与人交流时使用。虽然该示例很好地解释了从 SQL 中调用 PL/SQL 函数的各方面内容，但还需要再用简短的一小节来结束这个示例。本小节介绍如何更好地实现这项功能，其中仍然会包含该函数的使用问题。

在本章开头，已经改进 disp_name 函数使其具有以下功能：使名字各部分首字母大写，允许名字的某些部分为空。然而，还没有解决名字首字母非标准大小写方面的问题和其他异常。因为人们会对这些出现在名字中的书写错误非常敏感，所以这些问题需要妥善解决。

首先，肯定没有在 PERSON 表中存储人们的头衔(Mr.、Mrs.、Dr.和 Madam 等)，而是由一段代码引用查找表来获取这些信息。因此，disp_name 函数需要处理该查找。

其次，应该为 SURNAME 字段实现一个异常表，在其中能够探查与首字母标准大写不同的异常，如 McDonald、van 和 de Souse 等。该函数的代码将在表中探查"姓名中名的部分"是否与表中的某条记录相匹配，如果匹配，使用表里说明的格式。如果没有找到相关的记录项，就简单地使"姓名中名的部分"首字母大写。

最后，disp_name 函数的结果应该保存在 PERSON 表的新列(DISPLAY_NAME)中。在 PERSON 表中创建一条记录或改动一个驱动字段时，将会调用 disp_name 函数，其结果将被放进 DISPLAY_NAME 列中。应用会允许更新该列，以便当函数仍然给出错误的结果、某个客户抱怨她的名字大小写不正确时，能够知道问题出现在哪里并更正问题。

将保存显示名的函数结果保存在新列中的第一个原因是允许修改函数生成的结果；第二个原因是在任何需要展示显示名时，可以避免多次重复调用该函数。

函数现在是一段相当复杂的代码。它使用了两个引用表，并且很可能还会有其他的内置逻辑("名字中名的部分"有时需要以不同的方式处理首字母和复杂的姓氏等)。编程语言的一个关键原则就是既能够实现复杂的算法，又能够把复杂性隐藏在简单、静态的界面背后。复杂性仅仅应该位于一处，可以在不改动界面的情况下单独改动，并且程序员不需要关心、更不需要担心语言本身是如何处理这些的。业务逻辑是分开的。PL/SQL 存储程序使我们能够实现这种区分。

最初填充 DISPLAY_NAME 列时，会用到所描述的 PL/SQL 函数；同样，当更新该列的一条 NULL 记录时，也会用到该函数。

虽然用户自定义的 PL/SQL 函数是一个强大的工具，并且能够增强 Oracle SQL，但如果在生成(总体上来说)静态信息时，就不应该重复生成它，而应该采用一种类似于这里所描述的方式将其存储在一个列中。

6.3 本章小结

在 SQL 和 PL/SQL 中，Oracle 几乎提供了所有可用的标量函数，而且可以在 PL/SQL 代码中直接使用，甚至可以在 SYS.STANDARD 和 SYS.DBMS_STANDARD 包中检查这些函数。

通过提供包含有新函数的内置包，Oracle 不断扩展着 Oracle Database 的功能。程序员则可以通过创建自己的函数(封装了业务或数据处理的逻辑)来进一步扩展 Oracle Database 和 Oracle SQL 的功能。通过使用 PL/SQL 来完成这些，可以把业务逻辑保留在数据库内部，因而业务逻辑总在数据库中，并随着数据库的备份而得到备份。

这些用户定义的函数与 Oracle 提供的内置函数以完全相同的方式工作。它们可以像所有 SQL 函数和内置的 PL/SQL 函数那样以完全相同的方式从 SQL 语句中被调用。

然而，从 SQL 中调用 PL/SQL 函数时会存在与之相关的成本(即上下文切换)。这个成本伴随着所使用的不同函数调用而累积。虽然该成本很重要，特别是对大数据量或者要求达到微秒级别响应时间的系统而言尤为重要，但是在大的框架上来讨论，该成本可能小于编写极差的 SQL 或者会引发物理 I/O 的 SQL 的成本。需要警惕，但不必偏执。

更大的问题是：PL/SQL 在时间点一致性这一 SQL 运行规则之外运行。程序员有责任确保这些函数是纯净的进而是确定性的；或者能够自己确认并允许"时间点一致性"的缺失。"使用自治事务"或者"故意错误地将用户自定义的函数标记为确定性的"这两种做法虽然可以规避一些 SQL 运行规则，但破坏这些规则通常很糟糕。

在 SQL 中使用非确定性 PL/SQL(包含发布它们自己的 SQL，或者查看 SYSDATE 等伪列，或者调用 dbms_random 函数)，都会对需要引起高度警惕的"时间点一致性"产生影响。从业务的视角观察，应该决定什么是可以接受的，并记录下那些选项。重要的是要意识到：Oracle 从来都无法保证将在什么时候、将会以何种频率从 SQL 中使用的 PL/SQL 函数。

在缓存 PL/SQL 结果以提升性能并替换旧的由包级别变量创建的会话级别缓存方面，Oracle Database 11g 和 Oracle Database 12c 都增加了新的功能。

Oracle Database 12c 引入了两个新特性——在 WITH 子句之内定义的本地函数，以及 pragma UDF——用来减少在 SQL 和 PL/SQL 之间进行上下文切换时所产生的影响，两者都相当成功。

第 7 章

PL/SQL 的性能测量和剖析

我们都在一起时，有人走过来情绪激动地说："现在系统运行缓慢！"。偶尔的情况是所有的业务都很缓慢，但通常是一个至关重要的业务运行慢且花费的时间长，他甚至会更加激动地说："某个业务功能不能用了！"

在这种情况下，需要我们立即解决问题，而且越快越好。通常几个问题会暴露出应用程序的某个部分存在缺陷(假设每天的批量负载是两小时而不是 20 分钟)。但问题究竟出现在哪里呢？

首先查看整个实例的监控，屏幕上显示了数据库的整体负载。问题的原因经常不明确。有时在系统层面出现"奇怪"的现象(例如，异常的争用或异常的缓存读取)，通常这是一个转移注意力的假象，要么是一直出现奇怪的现象，要么是一个不相干的问题。因此，你只知道每天的批量负载有问题，猜测是系统的性能指标有异常。然后你花了几小时检查这些奇怪的现象后却发现它们与已出现的问题并没有关联，重要的业务负责人对此很不安。

这是一种非常普遍的情况，没有必要担心！你所需要的信息是问题发生的地点和时间。这很简单，就像知道批量加载的任务是什么时候开始，然后它在其他日子里是什么时候开始和结束的。有了这些信息至少可以比较在不同时间段系统活动的差异。偶尔会突出显示代码的问题，虽然现在运行不慢，但是已经在开始变慢了，问题的根源在于之前的一项任务。或者任务开始执行得较晚，到实例忙时仍然在运行，而它通常是在实例空闲的时间运行。令人惊讶的是，很多时候数据库正常地完成了任务，却由于某种原因没有向用户返回信息。一种普遍的情况是，有些事情是错误的，却不是数据库进程的问题。出于某种原因，数据库常常被认为是问题的罪魁祸首，你必须证明问题实际上不在于数据库系统(通常是网络系统)。

令人担忧的是，根据经验，任务启动和运行期间的简单信息也是缺乏的，或者仅仅有最后一次和最后几次的相关信息。

知道任务的开始时间和持续时间对你是有帮助的，但你仍然在猜测发生了什么问题。你真正需要了解的是关于批处理过程的步骤的信息、完成这些步骤需要花费的时间，以及正在处理的数据的一般指示，以便你知道问题出在哪里。

作为一个示例，假设批处理执行过程如下：

(1) 启动(收集任何规则、开始和结束时间以及需要的参考数据)。

(2) 收集数据类型 A。

(3) 收集数据类型 B。

(4) 预处理数据类型 B。

(5) 整理并处理数据类型 A 和 B。

(6) 将结果放入目标表。

(7) 清理并结束过程。

你经常会遇到对问题一无所知的情况，所以提出了这个检测流程，在某个地方记录批量加载过程的总体流程是很有价值的。对于运行缓慢的批量任务，理想的情况如下：

1. 启动	5 秒钟
2. 收集数据类型 A	3 分钟，100 万条记录
3. 收集数据类型 B	1 分钟，200 000 条记录
4. 预处理数据类型 B	**103 分钟**
5. 整理并处理数据类型 A 和 B	10 分钟
6. 将结果放入目标表	2 分钟，170 万条记录
7. 清理并结束过程	10 秒钟

有了这些信息后，就没必要收集除了第 4 步(占整体耗时的绝大部分时间)之外的其他步骤中的源代码。

第 2 步收集数据使用的"缓慢"的嵌套循环 SQL 语句也是可以改进的，这就是我们在整个系统中所强调的"问题"。可能你会花几个小时改进第 2 步的执行效果，使其效率提升 100 倍，将执行时间从 3 分钟降低到几秒钟，但这只能将任务执行的整体时间从 120 分钟降低到 117 分钟。你需要知道批处理作业的真正问题在哪里？并且集中注意力解决第 4 步的效率问题。

理想情况下，还可以从历史记录中获得以前"良好"的运行状态信息：

1. 启动	6 秒钟
2. 收集数据类型 A	4 分钟，110 万条记录
3. 收集数据类型 B	**1 分钟，15 000 条记录**
4. 预处理数据类型 B	8 分钟
5. 整理并处理数据类型 A 和 B	3 分钟
6. 将结果放入目标表	2 分钟，170 万条记录
7. 清理并结束过程	10 秒钟

现在可以看到，第 4 步比在前一次任务中的执行时间快了很多，而第 3 步在前一次任务处理的数据量比本次任务多，两次任务的执行时间相同。第 4 步的优化可以做也可以不做，但第 3 步的代码有缺陷，或者接收和处理

的数据已经变化了。你知道了应该专注在哪个方面努力，可以将这些信息传递回开发部门，也可以自己查看涉及的代码，重点是不必猜测问题的原因。批量运行需要更长的时间，这是因为第 3 步收集了大量数据类型 B 的数据。

这是一个性能测量的示例——记录代码执行过程的信息。如果没有它，解决问题就像在黑暗中寻找出路。实际上没有它，解决问题就好像在暴风雪中找到自己的路。你看不到任何细节信息，也无法理解很多已存在的提示和信息！有了性能测量就可以通过剖析代码来查看代码的执行工作模式和分布情况。

许多开发人员在第一次编写代码时就会测量代码，这样就可以看到代码正在做什么，并且在应用程序创建时对调试应用程序有帮助。调试代码对于所有开发人员和大多数 DBA 来说都是一项重要的技能。但一些开发人员会在发布代码之前删除性能测量工具，原因在于：

(a) 生产代码不应该包含实际应用程序中不需要的任何东西。

(b) 由于性能原因，必须删除任何不必要的开销。

但是如前例所示，你仍需要性能测量工具来解决生产环境的问题。性能测量并不是代码的一部分，可能会在条件编译时被删除(容易导致你部署的应用程序没有完全测试过)。相反，性能测量工具是保障生产环境代码高效的必要性因素。如果不知道哪里存在性能问题，就无法解决问题，而且如果没有活动的代码剖析就无法判断其对性能影响的程度。

7.1　SQL 和 RDBMS 的性能测量

Oracle 数据库系统本身经历了大量的性能测量。每次它执行某个操作，例如执行一致性的逻辑读或获取闩锁资源时，该活动将通过等待接口进行记录——等待事件完成的 CPU 时间。这是分析 SQL 语句和数据库性能问题的基础性能指标。OEM 或其他图形监视工具(图形工具可以看到实时的数据库活动情况)是基于底层的性能测量构建的。因为 Oracle 数据库系统有非常好的性能测量，我们可以清楚数据库正在做什么，并且可以解决大多数可能遇到的 SQL 语句和数据库设计的性能问题。但数据库内置的性能测量工具对于解决 PL/SQL 代码的性能问题并不是特别有用，因为 PL/SQL 与 SQL 是不同的语言，在不同的引擎中运行。本章将介绍如何添加性能测量、分析代码以及简单快速修复 PL/SQL 代码的性能等问题。

7.2　性能测量带来的系统开销

如前所述，有些人担心性能测量带来的系统开销。如果在生产环境中代码运行的同时记录额外的测量指标信息，并配置代码做记录，将导致应用程序变慢，是不是？此外，额外的代码也是导致应用程序出错的原因。

根据我们的经验，这些担心是多余的。对应用程序的代码进行性能测量是否会减慢它的运行速度，这是我们将要讨论的问题，并告诉你如何避免问题的发生。我们所担心的代码的性能测量和分析方法要么非常简单，要么使用数据库系统内置的 Oracle 的功能，所以担心的问题不可能发生。

关于导致应用程序的运行速度变慢，性能测量对生产环境资源消耗的影响通常小于 1%，但使用工具可以解决性能问题，这是一个额外的性能开销，比监控测量需要的时间多上数百倍。还可以通过工具发现正在变得更糟糕的关键问题。回顾一下前面的示例，如果没有突然发现第 3 步的数据量变多，并且随着时间的推移，数据量慢慢地增加，那么代码的性能测量和剖析也有机会在它成为问题之前发现它。因此我们说，性能测量带来的开销实际上是一个负数。从系统的整体看，应用程序在没有合适的性能测量情况下运行会变得缓慢，而且负面影响会随着时间的推移而增加。

几年前，Tom Kyte 在他的博客中提出了这个确切的观点。可以查看他原来的帖子，链接为 http://tkyte.blogspot.co.uk/2009/02/couple-of-links-and-advert.html，其中一部分如下所示：

有一次，我正在做[关于性能测量]的演示，有人举手不假思索地问道:它带来的开销是什么？将会对我的生产系统产生多大程度的性能影响？

我停顿了一下，想了想回答道：可能降低至少 10%的开销。

观众们当时停顿了一下，我们互相看着对方，然后我解释说：增加性能测量工具和资料存储库将大大提高你的数据库系统的性能，所有监控检测带来的附加开销都将被性能优化的收获抵消掉。

7.3 性能测量由开发人员执行，有时只有 DBA 能执行

几年前，我们讨论了一个博客，它的标题是"所有优秀的 PL/SQL 开发人员都应该使用 DBMS_APPLICATION_INFO"。DBMS_APPLICATION_INFO 函数包是 PL/SQL 性能测量的主要工具之一。讨论进行了几个星期，包括很多关于这些帖子的评论。许多专家达成的普遍共识是，作为一名非常优秀的 PL/SQL 程序员，你必须使用 DBMS_APPLICATION_INFO 工具或者自己做类似的工作来检测 PL/SQL 代码。

部分问题是，开发人员通常无法访问生产系统，因此在应用程序开发、测试和部署完成后，他们看不到性能测量工具带来任何好处，他们就会删除性能测量工具，并且将代码置于源代码管理之下。能够访问生产系统的 DBA 或分析人员负责发现和解决生产环境中的性能问题。他们根本不懂代码或者知道得很少，而且可能没有权限访问或者修改源代码。DBA 特别喜欢测量代码的性能。大概就是这个原因我个人从未把 DBA 和开发人员单独区分开，两者都是同一逻辑团队的一部分。如果开发人员测量代码的性能，DBA 使用测量工具并且将采集到的信息反馈给开发人员，然后就可以在代码中定位出问题所在的确切位置。他们不用猜测，因为知道问题在哪里。

7.4 调试过程中的性能测量

如前所述，另一种性能测量的作用是对调试代码有帮助。这两种类型的性能测量(剖析和调试)是相关的，但却有不同的焦点。在前面的示例中，你希望以轻量级的方式剖析代码，以便发现性能趋势并解决问题。当你正在调试代码时，特别是在开发代码的过程中，通常需要深入了解更多细节，并且在调试时不太在意性能。你还需要即时反馈，这就是 DBMS_OUTPUT 和 GUI 调试工具是最佳选项的原因所在。如果添加性能测量以帮助调试代码，则可能需要删除其中的部分功能(但不是全部)，以进行最终版本的代码测试和发布生产环境代码。正如本章后面的内容所述，在不影响生产代码的情况下，可以保留附加的性能测量工具。

显然，如果运行代码的输出结果是错误的，那么需要找出原因并修复它。如果代码生成了正确的结果，但是结果却不被业务接受或需要消耗太多系统资源(CPU、内存、I/O)，那么代码仍然是不可接受的。它仍然是"坏"的代码，你需要考虑让它运行得更有效率。

根据我们的经验，如果没有性能测量工具，剖析代码几乎是不可能的，而且如果没有配置文件和工具，调试代码也会更加困难。实际上，概要分析通常只是查看工具信息。这就是为什么在本章将重点介绍几种方法来检测和剖析 PL/SQL 代码，并从每种方法中获得最大的好处。

7.5 性能测量、剖析和调试的区别

性能测量是剖析代码和调试的核心。它记录了代码运行的进度和所发生的活动(例如，在什么时候进行什么活动，以及处理的数据量)的测量信息。它还可包含更具体的信息，如控制数据和特定变量。

剖析代码涉及性能测量工具收集到的信息，以及了解代码控制流，在哪里花费时间和资源，以及哪些部分可以进一步地关注和从调优工作中获益。剖析代码是性能调优的关键。调试代码包括识别为什么代码没有按照计划执行。它通常不是关于性能的，而是关于正在做的事情是否是正确的。尽管调试是一项关键的编程技能，但在本章中，我们主要关注剖析和性能测量工具。

7.5.1　性能测量

性能测量最简单的形式是当事情发生时做记录。当一个代码段正在调用某个特定的函数，或者正好执行到程序的某个断点时你需要做记录。往往同时还要记录其他信息，例如变量的值、传递到函数中的值，或者循环的迭代次数。随着代码的处理进展，实时记录代码执行的位置和状态。

如果不保存这些信息，它只能被看成瞬时信息。如果一直在监控代码，那么这种瞬时信息就是有用的。如果保存信息以便稍后进行分析，它的功能就会更强大。当代码运行时出现问题，就可以通过这些信息来分析原因；如果在代码运行几分钟、几小时或几天后怀疑有问题，或者是几天、几周或几个月后怀疑有问题，则可以根据时间的变化跟踪分析性能或活动的问题。

Oracle 数据库系统仍然是当前流行的数据库，它优于许多竞争对手的原因之一就是它的性能测量非常好。Oracle 尽力地记录数以百计的单独执行的操作，比如执行一致性逻辑读，等待一个物理 I/O 操作，以及获得一个记录上的锁。Oracle 将这些都称为等待事件，针对 SQL 语句、会话和整个数据库的各种等待事件。这是 OEM(Oracle Enterprise Manager)性能页面、SQL Monitor 和第三方工具，比如 Toad 和 statspack(用于显示数据库正在执行的任务和历史性能均值的工具)使用的信息。这些数据保存在数据字典对象中，如 V$SQL、$SESSTAT 和 V$SYSSTAT。如果有诊断和调优包的许可权限，则可以查看活动会话历史记录(Active Session History，ASH)和活动负载存储信息(Active Workload Repository，AWR)，这些信息可以在数据库中永久保存。

这些数据通常被称为性能数据，但它们本质上不是真正的数据。它们只是收集的活动信息，可以通过它们获得性能数据。关于讨论 SQL 语句和 Oracle 数据库系统调优(使用内部性能测量工具来剖析 SQL 语句和数据库系统)的书籍和文章已有很多，因此本章不打算讨论这个主题。

PL/SQL 的性能测量是不同的。SQL 语句是按照前面所述的方法进行性能测量的，但 PL/SQL 代码本身是很少进行性能测量的，尤其是自动检测。你必须添加自己的性能测量代码。原因是 Oracle 并没有编写代码。因此必须自己决定什么需要记录以及何时进行记录。你自己无法打开对 PL/SQL 命令(例如，在每次循环时做一次记录)的自动检测，而且内置软件包也没有包括性能测量的代码(至少，不是普通用户可以得到的！)。但如果 Oracle 内部构建了这些性能测量工具，Oracle 就可决定如何完成性能测量和达到什么级别。你也不能期望 Oracle 会有专有代码工具对内置的 PL/SQL 进行测试。

Oracle 提供的是一整套的方法来进行代码的性能测量：

- 最普通的方法，在许多方面至少是可用的，随着代码与 DBMS_OUTPUT 的进展而输出消息。
- 可以使用 DBMS_APPLICATION_INFO 软件包实时记录你的代码在哪里，该信息在许多 Oracle 和第三方工具中公开，如 OEM、PL/SQL Developer 和 Toad。甚至可以通过这个软件包将信息放入数据字典视图 V$SESSION_ LONGOPS 中。
- 可以将信息存储在数据库中自己的表内。这可能是对代码进行性能测量最强大、最灵活的方法，也是你最关心的。

所有这些方法都有各自的优缺点，我们将详细介绍。你还可以综合使用这些技术，通过描述一个简单的、轻量级的、易于实现的检测方法来测试代码。

7.5.2　剖析

代码剖析主要是剖析性能而不是剖析正确性。你想知道执行时间花在哪里，从而可以努力减少在这些地方花费的时间。

要剖析 PL/SQL 的代码，主要有两个选择——添加自己的测量工具或使用 Oracle 的剖析工具。如果添加了测量工具，那么研究代码剖析几乎就是在测试你的编程技巧的高低。然而，大部分的优势在于技术简单。

第二个选择是使用 Oracle 的剖析工具。你可能无法将工具添加到代码中，但是 Oracle 提供了三种工具来自动剖析 PL/SQL，其中两个工具已经存在了一段时间(DBMS_TRACE 和 DBMS_PROFILER)并且已得到充分的利用。

第三个工具是使用 Oracle Database 11.1 版本的 PL/SQL 分层剖析器。它是具有类似于 DBMS_TRACE、DBMS_PROFILER 和 10046 跟踪综合功能的工具，它通过 DBMS_HPROF 软件包实现代码剖析。

后面将介绍这三种工具以及它们各自的优缺点。

7.5.3 调试

传统意义上讲，调试是为了找出代码为什么出错或者为什么会出现错误的结果。调试与性能调优有交集，虽然代码结果是正确的，但它的时效性不满足业务需求(这可能是用户感知，比如，没有人愿意等待 5 秒打开一个 Web 页面，即使这并非本质上的问题)。然而性能通常包括在剖析中。

虽然本章不打算专门介绍调试，但性能测量是调试的一个关键方面，而本节的主题与调试非常相关，所以在本章中介绍它。

一般来说，我们把缺陷归结为逻辑错误，就是还没有意识到循环结构导致的结果，或者是执行的顺序错了。变量是"范围敏感"，如果它们没有被合理命名，你可能指向的是变量的一个错误版本。对代码进行性能测量有助于修复缺陷，但是用来定位错误的根本原因是其作用不能超越分析代码和观察变量的变化。

> **样例表的使用说明**
>
> 对于本章中的一些示例，将使用 Oracle 数据库中标准的 HR 和 SALES 用户模式。当使用数据库配置助理(Database Configuration Assistant，DBCA)创建测试数据库(从 OTN 下载介质然后安装 Oracle 数据库软件，或下载预安装了数据库的虚拟环境)时通常会自动创建这些用户模式。这些数据库用户最初的状态是被锁定的，但可以找DBA(如果使用的是自己的测试数据库系统，那么 DBA 就是你自己)将用户解锁。如果用户模式不存在，则可以创建它们(参见 Oracle 官方文档的 Application Development 部分的"Database Sample Schemas")。
>
> 对于其他示例，我们将使用第 6 章中使用的 PERSON、PERSON_NAME、ADDRESS 表和 PNA_MAINT 软件包。

7.6 PL/SQL 的性能测量

现在将研究 PL/SQL 性能测量的主要方法。DBMS_OUTPUT 是最常用的工具，但实际上单独使用它对代码进行性能测量是很糟糕的。日志表允许使用更高级的 PL/SQL 性能测量方法，而且很多检测可以通过简单的方法实现。最后，可以通过 DBMS_APPLICATION_INFO 软件包实时地进行 PL/SQL 活动的性能测量和监控。

我们将依次讨论各工具的优缺点。当然，也可以综合使用它们，这就是我们找到的最佳解决方案。

7.6.1 DBMS_OUTPUT 包

DBMS_OUTPUT 包是第一个用于 PL/SQL 性能测量(还有剖析和调试)的工具，而且现在仍然是最流行的方法。在本书中都使用 DBMS_OUTPUT 来显示 PL/SQL 完成的任务。实际上，在 *Oracle V12.1 Database PL/SQL Packages and Types Reference* 中是这样描述 DBMS_OUTPUT 的：

DBMS_OUTPUT 包允许你从存储过程、包和触发器中输出消息，特别是用于显示 PL/SQL 调试信息。

然而设计 DBMS_OUTPUT 包并不是用来与用户沟通联系的！设计它的目的是作为存储数据的临时内存堆栈，它反馈信息的功能非常强大。

DBMS_OUTPUT 软件包是很吸引人的，因为它是对代码进行性能测量的简便方式，如果还没有使用过它，则非常令人惊讶。以下代码是针对 HR 用户的表 COUNTRIES 运行的一个简单示例：

```
--ch7_t1
```

```
begin
  dbms_output.put_line('started');
  for c in
    (select country_name,country_id from countries
    where country_name like'U%')
  loop
    dbms_output.put_line ('found country '||c.country_name);
  end loop;
  dbms_output.put_line('our code finished');
end;

@ch7_t1
started
found country United Kingdom
found country United States of America
our code finished
```

DBMS_OUTPUT 软件包的缺点

使用 DBMS_OUTPUT 软件包进行性能测量、代码剖析和调试 PL/SQL 代码是非常普遍的，因此将深入讨论使用 DBMS_OUTPUT 的一些细节，特别是大多数人在使用时往往忽略了它的工作原理和限制条件。

使用它的不便之处是必须在 SQL*Plus 中通过以下命令启用。

```
set serveroutput on
```

为了在 SQL*Plus 的会话中显示输出信息，或者在开发工具中打开它，如图 7-1 展示了如何在 SQL Developer 中执行此操作。使用 DBMS_OUTPUT 的烦恼之一是，在运行需要输出检测信息的代码时忘记打开 DBMS_OUTPUT 的输出信息，尤其是在测试需要运行很长时间的代码时。你设置了 DBMS_OUTPUT 输出开始运行代码，一个小时后已经执行完成却没有输出检测信息，你无法通过任何其他方法获得输出，必须打开它的设置重新运行这段代码(也许所有人都曾经这样做过)。

图 7-1　打开 SQL Developer 工具中的 DBMS_OUTPUT 输出显示

在 SQL Developer 中打开 DBMS_OUTPUT 软件包是显示输出信息的第二种方法,是在工作表中直接执行 SQL*Plus 风格的命令 set serveroutput on,软件包的输出结果被显示在 Script Output 选项卡中,而非 DBMS_OUTPUT 的输出选项卡中,这似乎有点混乱,如图 7-2 所示。

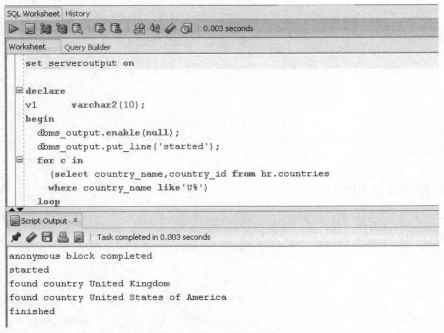

图 7-2　在 SQL Developer 工具中使用 DBMS_OUTPUT 软件包的 SQL 工作区和 Script Output 选项卡

DBMS_OUTPUT 和客户的痛苦:第一部分

几年前本书的作者之一在客户现场工作,客户需要生成一个政府监管报告,很匆忙……就好像在昨天。安排一名开发人员使用 PL/SQL 代码创建报告,并使用 DBMS_OUTPUT 包输出这些信息。虽然执行 PL/SQL 完成了任务,但是它的速度很慢——做了大量的工作,而且代码编写得很匆忙,没有时间去调整它。管理层已经非常急切地想要把报告写出来,并且觉得不可能再拖延下去了。

从开发的运行时间来看,我们知道代码要花几小时才能在生产数据库上运行完成,因此它开始运行后,安排一个人负责监控它的运行情况,并通报管理层何时可以完成。代码花了几乎整个晚上才运行完成,我们得到的是"PL/SQL 存储过程成功完成"的消息,并没有生成报告。

是的,运行它的人忘记了执行 set serveroutput on 命令。这对所有参与者来说都是一次印象深刻的经历。

DBMS_OUTPUT 非常易用,但它存在一些严重的缺陷。在 10gR2 版本之前早期的 Oracle 对行数和缓冲区的大小有一些令人尴尬的限制,一行的大小为 255 字节,整个缓冲区的最大值为 100 万字节(默认值为 20 000 字节,当你打开它没有指定缓冲区大小时)。直到 Oracle 10gR2,单行的大小可以达到 32KB,缓冲区的大小是无限的——所以默认情况下在 SQL * Plus 中打开 DBMS_OUTPUT 输出信息,而不指定大小(set serveroutput on)。

应该指出的是,拥有"无限制"的缓冲并不是无限的。这是一个内存堆栈,它会占用数据库服务器上会话的 PGA 空间。如果它变得太大,可能会导致服务器内存不足,并最终导致会话崩溃!

在后期版本中,仍然可以设置最大尺寸,但很难理解为什么要这样做,除非 PL / SQL 代码产生太多输出会导致执行失败。下面的示例中将缓冲区设置为非常低的 2000 字节,仅用于演示错误:

```
mdw2> set serveroutput on size 2000
--DBMS_O_Overflow
begin
```

```
for i in 1..100 loop
  dbms_output.put_line (lpad('a',100,'a'));
end loop;
end;
@DBMS_O_Overflow


aaaaaaaaaaaaaaaaaaaaaaaaaaaaaaaaaaaaaaaaaaaaaaaaaaaaaaaaaaaaaaaaaaaaaaaaaaaaaaa
aaaaaaaaaaaaaaaaaaaaaaaaaaaaaaaaaaaaaaaaaaaaaaaaaaaaaaaaaaaaaaaaaaaaaaaaaaaaaaa
...
aaaaaaaaaaaaaaaaaaaaaaaaaaaaaaaaaaaaaaaaaaaaaaaaaaaaaaaaaaaaaaaaaaaaaaaaaaaaaaa
begin
*
ERROR at line 1:
ORA-20000: ORU-10027: buffer overflow, limit of 2000 bytes
ORA-06512: at "SYS.DBMS_OUTPUT", line 32
ORA-06512: at "SYS.DBMS_OUTPUT", line 97
ORA-06512: at "SYS.DBMS_OUTPUT", line 112
ORA-06512: at line 3
```

另一个主要缺点是通过 DBMS_OUTPUT 写出的信息，直到包、存储过程、函数或匿名 PL/SQL 块完成后才会显示。如果代码长时间运行，就无法知道代码如何处理通过 DBMS_OUTPUT 发布的信息。正如前面提到且实践证明的，更糟糕的情况是在第一个 DBMS_OUTPUT 案例中描述的，需要输出结果却忽略了打开它 ——直到代码完成时也没有看到输出结果。使用 DBMS_OUTPUT 在代码执行过程中输出进度信息是完全行不通的。如果不使用 SQL * Plus、SQL Developer 或者其他交互式工具就得不到输出结果。

此外，如果使用 DBMS_OUTPUT 软件包在代码运行时进行性能测量，会话则被终止(例如，网络设置超过设定时间后关闭非活动连接)，PL/SQL 代码将继续执行直到其工作完成(因为当连接关闭时没有发送停止信号)，但是你将无法得到输出结果。多年来这几个问题一直困扰着我；我在运行数据处理的代码时，使用 DBMS_OUTPUT 包进行性能测量，当返回时发现连接已被终止。数据处理的代码已经运行了，但没有输出任何性能检测的信息：它是如何运行的，是否有任何问题，或者创建了多少数据！有时我能够完成所有数据处理的工作，而有时候我不得不回退那些数据处理的事务，重新再做一次。

DBMS_OUTPUT 和客户的痛苦：第二部分

几年前我在一个客户现场工作(作为 DBA)，正在进行计费系统迁移和新版本升级，其核心代码是用 PL/SQL 编写的。计费系统有一部分新功能，运行所有客户在新系统都可以通过他的账户登录网站并查看他们的账户详细信息。这个新功能已经公开向客户进行了广泛的宣传。

周末发布"大版本"时，代码被发布到生产系统上。一切都很顺利直到夜间执行的批处理运行失败并且输出以下错误信息：

```
ORA-20000: ORU-10027: buffer overflow,  limit of 1000000 bytes
```

批量任务正在处理账户信息，任何异常信息都是使用 DBMS_OUTPUT 包输出的。新代码在发布之前已经过广泛的测试，但数据量不多。在生产系统中，异常信息的增加与生产系统的预期相同，但是却导致 DBMS_OUTPUT 的输出数据超过 100 万个字符的固定限制(当时)。异常数据非常重要，将通过部署在数据库外的软件处理，所以必须生成输出。但使用 DBMS_OUTPUT 包却无法处理这么大的数据量。

在这时的一项重要任务就是要保障系统迁移后按时发布新版本，任务中潜在的风险导致客户非常尴尬。值得庆幸的是，尽管批量任务中使用 DBMS_OUTPUT 包存在很大的问题，但所有异常信息都是由一个核心 PL/SQL 包产生的。

然后我才可以专注编写 PL/SQL 包(在半夜，有很多非常强势的高级管理人员要求每五分钟更新一次处理进度)的临时补丁包，通过 UTL_FILE 工具将异常数据输出到文件中。

补丁的修复成功了，节省了一天(确实还包括晚上)的时间，客户的新版本应用程序能够按时上线。

DBMS_OUTPUT 实际上是一个 FIFO 内存堆栈

产生这些问题的原因是 DBMS_OUTPUT 并不是一个真正的通信工具！它是暂时保存文本信息的内存堆栈。文本信息保存在内存区域，即会话的私有全局区域(PGA)中；如果内存区域里存放了很多文本信息，就会增加占用的 PGA 大小。如果决定不限制缓冲区的大小，把数百万行的文本信息放入 DBMS_OUTPUT 的内存堆栈，那么你要注意的是，尤其是在许多连接并行执行代码时，可能会在服务器上占用大量的内存资源。

dbms_output.put_line('text')命令我们都很熟悉，实际上它将文本信息作为一个独立的行放入内存堆栈中。将信息输入到内存堆栈还有另外两种方法：

- dbms_output.put('text') 将文本信息输入到堆栈中的当前行但不换行。
- dbms_output.new_line 将行尾字符放到堆栈中的当前行上。换行后接下来输入信息将放在新的一行。

实际上，put_line 是一个紧跟着 new_line(在后面的章节中将看到剖析 PL/SQL 代码的证据)执行的内部调用。从内存堆栈中获取文本信息有以下两个存储过程：

- dbms_output.get_line(*varchar2*, *integer*)返回变量类型是 *varchar2* 的一行数据和变量类型是整型的状态指示信息(0 表示返回一行数据;1 表示没有返回一行数据)。
- dbms_output.get_lines(*chararr*，*integer*)返回 *chararr* 数组中的 *integer* 行。*chararr* 数组是 DBMSOUTPUT_LINESARRAY 的对象类型，它由一个字段定义是 varchar2(32767)的表和二进制整型的索引组成。变量类型是整型的实际返回行数。

如果堆栈没有启用，那么使用 DBMS_OUTPUT 命令将信息输出到堆栈上或将其信息取走都是不会生效的。在 PL/SQL 中使用 dbms_output.enable(*integer*)和 dbms_output.disable 存储过程来启用/禁用堆栈。这里 *integer* 类型的变量是可以放在堆栈上的字节数，默认为 20 000。如果将 *integer* 设置为 NULL，那么缓冲区是无限的。当在 SQL*Plus 中设置 set serveroutput on 和 off 时也会调用这些存储过程，默认设置为 NULL。如果希望使用 DBMS_OUTPUT 作为堆栈，那么在代码使用之前需要再以任一种方式调用 dbms_output.enable 存储过程来启用堆栈。

DBMS_OUTPUT 堆栈是一个 FIFO(先进先出)堆栈。因此从堆栈中取出数据的顺序与将数据输出到堆栈上的顺序是一致的。为了证明这一点，我们将创建一个表和序列，然后将 DBMS_OUTPUT 取出的信息插入到表中：

```
create table dbou_test
(id number,line number,text varchar2(4000));

create sequence dbte_seq cache 10;
```

现在，我们将修改前面的测试代码，把数据从堆栈中取出并插入到测试表中：

```
declare
lines1      integer :=10;
do_arr      dbms_output.chararr;
begin
  dbms_output.put_line('started');
  for c in
    (select country_name,country_id from countries
    where country_name like'U%')
  loop
    dbms_output.put_line ('found country '||c.country_name);
  end loop;
-- I now get out several lines of stored DBMS_OUTPUT data.
dbms_output.get_lines(do_arr,lines1);
-- and insert the lines, in order, into my temporary table.
for i in 1..lines1 loop
  insert into dbou_test(id,line,text)
  values (dbte_seq.nextval,i,do_arr(i));
```

```
    end loop;
    dbms_output.put_line('our code finished');
  end;
```

现在当运行代码并设置 serveroutput on 时，只看到 DBMS_OUTPUT 输出信息的最后一行，其意思是"结束"，因为我们已经从堆栈中取出其余的数据，可以通过查询表来查看数据，在查询结果中可以看到剩余的原始输出数据：

```
@ch7_t2
Our code finished
PL/SQL procedure successfully completed.

select * from dbou_test order by id
      ID        LINE TEXT
---------- -------------------------------------------------
        1           1 started
        2           2 found country United Kingdom
        3           3 found country United States of America


3 rows selected.
```

这些行数据是按照它们放入 DBMS_OUTPUT 堆栈的顺序读取出来的。此时你可能认为是通过 PUT 命令把数据添加到堆栈上和通过 GET 命令取出数据，而且如果使用 PUT_LINE 命令放入 10 行数据到堆栈中，并使用 GET_LINES 取出 3 行数据，那么在堆栈中还剩余 7 行数据，但事实并非如此。

当使用 GET_LINE 或者 GET_LINES 命令时，在执行下一个 PUT 或 PUT_LINES 命令添加更多的信息之前会清空堆栈。我们对代码做了一个修改：将变量 lines1 更改为 2，因此我们只从堆栈中获取(do_arr，2)条记录。这将信息 found country United States of America 留在了堆栈中。但执行下一个 dbms_output.put_line('finished')存储过程时，首先清空堆栈里的信息，所以当代码执行完毕后，会话的唯一输出信息就是"结束"，我们只在测试表中插入了两行数据：

```
declare
lines1      integer :=2;
do_arr      dbms_output.chararr;
begin
  dbms_output.put_line('started');
  for c in
    (select country_name,country_id from countries
    where country_name like'U%')
  loop
    dbms_output.put_line ('found country '||c.country_name);
  end loop;
  -- I now get out several lines of stored DBMS_OUTPUT data.
  dbms_output.get_lines(do_arr,lines1);
  -- and insert the lines, in order, into my temporary table.
  for i in 1..lines1 loop
    insert into dbou_test(id,line,text)
    values (dbte_seq.nextval,i,do_arr(i));
  end loop;
  dbms_output.put_line('our code finished');
end;

@ch7_t2
Our code finished
PL/SQL procedure successfully completed.
```

```
select * from dbou_test where id>3 -- to ignore my first test
order by id;

        ID     LINE TEXT
---------- ---------- ---------------------------------------
        4        1 started
        5        2 found country United Kingdom
```

2 rows selected.

实际上，我们遗漏了一行记录信息 "found country United States of America"。

使用 DBMS_OUTPUT 进行 PL/SQL 代码性能测量的唯一原因是，在运行任何 PL/SQL 语句之后 Oracle 在 SQL Plus 上使用了一些代码来执行 dbms_output.get_lines 存储过程(如果设置 serveroutput 为 on)，它将在会话中回显 GET_LINES 的输出结果。GUI 开发工具基本上也是完成这样的操作。这也解释了在运行代码时使用 dbms_output.put_line 存储过程但忘记设置 serveroutput 为 on，偶尔会看到的奇怪现象。当运行代码时将其设置为 on，也会看到上一次运行代码的输出。可能你在有些地方使用 dbms_output.enable 存储过程时，也会看到上一次的输出信息。

因此，DBMS_OUTPUT 实际上是一个保存文本信息的内存堆栈。它作为一个性能测量工具，只是被偶然使用，它是 Oracle 所做的一个次要决定的结果，为 SQL*Plus 添加代码启用堆栈，之后在 PL/SQL 程序运行之后检查堆栈中的内容。如果只把它用作 PL/SQL 程序中的堆栈，可能就会错失使用它作为性能测量工具的机会—— 尽管在实践中还没有看到有人将它作为堆栈使用。事实上，由于它被广泛地用于性能测量和调试，现在使用它作为堆栈可能非常危险!

考虑到使用 DBMS_OUTPUT 可能遇到的这些问题，你希望我们现在就告诉你不要使用它来进行代码的性能测量。但是这并不是真实的看法，因为我们一直在使用它。它使用起来简单而且总是可以完成任务。但我们倾向于使用它来检测一次性代码、快速任务或者测试代码，使用时可以添加一行 DBMS_OUTPUT 检测代码并在完成代码修复之后删除。如果想要测试即将上线的生产系统代码，或者在一个重大的任务中进行性能测量，那么可以使用在 DBMS_OUTPUT 之后介绍的两种性能测量的方法:日志表和 DBMS_APPLICATION_INFO。

使用 DBMS_OUTPUT 进行代码性能测量的提示

本节提供了一些有关如何最佳使用 DBMS_OUTPUT(和一般的检测工具)的提示。在前面示例中用到的时间戳信息，我们的检测只是简单标记了代码所在的位置。虽然这是有用的，但可以(也应该)做得更多。性能测量的信息无法衡量代码执行时间的长短。因此，除了添加标记查看代码段的位置，在输出的文本中还需要添加时间戳信息:

```
dbms_output.put_line(TO_CHAR(SYSTIMESTAMP,'YY-MM-DD HH24:MI:SS.FF3')|| ' started');
```

16-01-08 14:24:34.783 started

我们使用 SYSTIMESTAMP 标记时间戳的信息，这是因为 SYSDATE 的精度太粗糙。如果两行检测记录之间的变化是从 15:25:01 到 15:25:02，那么这个步骤几乎没有花费时间，但是它刚好在 15:25:01 结束时发生了，几乎需要 2 秒，从 15:25:01 到 15:25:02.99。另外，许多 PL/SQL 代码可以在两秒钟内处理完，因此许多行的时间戳可能在同一时间点。

使用时间戳信息，限制秒的精确度输出小数点后三位(.FF3 在格式字符串的末尾)，因为这与测试机上 SYSTIMESTAMP 的时间精确度相同。剖析 PL/SQL 代码时，我们通常不关心比千分之一秒更快的代码。在大多数的平台上，如果对精确度要求更高，可以将 SYSTIMESTAMP 返回的结果设置为小数点后六位。

如果使用 DBMS_OUTPUT 作为性能测量工具，除了"开始行"之外的信息不推荐输出日期，而且不会重复检测正在运行的程序。这是因为 DBMS_OUTPUT 是"即时"状态的性能测量，我们正在运行一些交互式的检测，并在最后看到输出结果。或者，我们有一个小封装器，每次运行它时将输出结果缓存到不同的文件中，该文件将具有程序名称和以它运行的日期/时间命名的 spool 文件。我们希望保持简洁的输出结果，以便人类更容易阅读和理解。我们愿意采用左对齐方式浏览输出内容，因为我们的母语是左对齐的。如果你的母语是右对齐的，那么可能想要调整 DBMS_OUTPUT 的输出内容，以采用相应的对齐方式。

我们修改了代码，做了更多的工作，以进行更好的性能测量(注意，需要在 DBMS_LOCK 包上具有 execute 权限才能执行 SLEEP 命令):

```
-- ch7_t4.sql
v_count1    integer;
lines1      integer :=2;  do_arr     dbms_output.chararr;
begin
  dbms_output.put_line(TO_CHAR(SYSTIMESTAMP,'YY-MM-DD HH24:MI:SS.FF3')||
                       ' started ');
  for l_c in
    (select country_name,country_id from countries where country_name like'U%')
  loop
    dbms_output.put_line(TO_CHAR(SYSTIMESTAMP,'HH24:MI:SS.FF3')||
     rpad(' processing country ',25,' ')||l_c.country_name);
    v_count1 :=0;
    for l_d in (select dept.department_id,dept.department_name
               from departments dept, locations loca
               where loca.location_id = dept.location_id
               and   loca.country_id = l_c.country_id
               order by dept.department_name)
    loop
      v_count1 :=v_count1+1;
      dbms_output.put_line(TO_CHAR(SYSTIMESTAMP,'HH24:MI:SS.FF3')||
      rpad(' processing department ',30,' ')||l_d.department_name);
      sys.dbms_lock.sleep(dbms_random.value(1,5)); -- to fake some processing;
    end loop;
    dbms_output.put_line(TO_CHAR(SYSTIMESTAMP,'HH24:MI:SS.FF3')||
    rpad(' No dept processed ',32,' ')||v_count1);
  end loop;
  dbms_output.put_line(TO_CHAR(SYSTIMESTAMP,' HH24:MI:SS.FF3')|| ' finished');
end;

@ch7_t4
16-01-08 17:22:21.016 started
17:22:21.016 processing country        United Kingdom
17:22:21.037 processing department     Human Resources
17:22:22.213 processing department     Sales
17:22:23.513 No dept processed         2
17:22:23.513 processing country        United States of America
...
17:23:08.911 processing department     Operations
17:23:10.501 processing department     Payroll
17:23:11.952 processing department     Purchasing
17:23:16.712 processing department     Recruiting
17:23:17.092 processing department     Retail Sales
17:23:20.632 processing department     Shareholder Services
17:23:22.213 processing department     Shipping
17:23:23.103 processing department     Treasury
17:23:24.674 No dept processed         23
17:23:25.674 finished
```

```
PL/SQL procedure successfully completed.
```

下面查看这段代码的一些内容。首先，现在代码相当庞大——大约有 1/3 的代码是用来性能测量的。我们不喜欢所有不得不做的打字工作，也不想让那些添加的检测代码与生产代码混淆在一起 (将用一两页篇幅讨论这个问题)。其次，我们添加了一个计数器 v_count1，它在前面代码中以粗体显示。这是为了跟踪反馈已经处理了多少记录。另外，我们现在可以看到，美国的部门比英国多得多。而且一个部门(即在美国采购)比其他部门花的时间要长得多。如果我们怀疑这段代码存在性能问题，现在可以去看看那个部门的数据(在这种情况下，它只是随机的，因为时间浪费在 SLEEP 语句)。

但是因为我们有计时器，所以可以知道代码执行时间花在哪里。耗时的通常是一段代码，而不是一个循环中的代码迭代，但是可以理解这个想法。拥有计时器对于统计代码的时间花费非常有价值。

限制 DBMS_OUTPUT 的性能测量信息数量和封装它的输出信息以保持程序的清晰性 在前面的示例中减少了我们的设备的输出信息，去掉了几行以节省空间，这个考虑很重要。良好的代码检测的关键是提供足够的信息，使其有用，而不会产生大量的信息，大量的信息会淹没重要的细节。记住，性能测量要占用空间(这种情况下，内存堆栈使用的 PGA)，如果我们处理 10000 行记录的销售报告，不需要性能测量，在处理了每行记录之后，不能敏捷地检查 10000 行输出。为了保持其清晰性，必须避免创建过多的信息。但我们需要一个总体进展的提示，这可以通过一个媒介来实现。还记得 v_count1 计数器吗?我们经常做的一件事是为每次被处理的第 n 个记录输出性能测量信息，或者仅仅是每次第 n 个循环，对计数器使用一个 mod 函数，例如，mod(v_count1，10)=0 只适用于 0、10、20、30 等值(即每 10 个循环)。

对代码和相应的输出进行一个小改动:

```
    if mod(v_count1,5)=1 then
      dbms_output.put_line(TO_CHAR(SYSTIMESTAMP,'HH24:MI:SS.FF3')||
      rpad(' got to department ',30,' ')||l_d.department_name);
    end if;

@ch7_t4
16-01-08 18:05:04.418 started
18:05:04.418 processing country        United Kingdom
18:05:04.418 got to department         Human Resources
18:05:11.330 No dept processed         2
18:05:11.330 processing country        United States of America
18:05:11.330 got to department         Accounting
18:05:27.002 got to department         Control And Credit
18:05:46.734 got to department         IT
18:05:57.576 got to department         Operations
18:06:13.589 got to department         Shareholder Services
18:06:21.841 No dept processed         23
18:06:21.841 finished
```

```
PL/SQL procedure successfully completed.
```

现在我们只看到每次第五个部门。这样的输出信息更干净，更容易检查。当处理成千上万的记录时，很可能会使用 mod(v_count1，10000)或类似的东西。事实上，我们有时会使用一个变量来表示 mod 函数，这样就可以反馈已修改记录的百分比:

```
mod(v_counter, v_check)=0
```

我们的性能测量代码现在占据了大约 30%的代码，必须不停地一次一次地打字输入相同类型的东西，比如:

```
dbms_output.put_line(to_char(systimestamp,'HH24:MI:SS.FF3')||…
```

要解决这个问题，可以使用一个存储过程来替换这些重复的元素。这个简单的封装器可通过调用

dbms_output.put_line 和 SYSTIMESTAMP 来实现：

```
procedure p1 (v_text in varchar2) is
begin
  dbms_output.put_line(to_char(systimestamp,'HH24:MI:SS.FF3 :')||v_text);
end p1;

procedure test1 is
begin
  p1('started code');
  -- do stuff
  p1('ended code');
end test1;

17:36:28.824 :started code
17:36:28.824 :ended code
```

使用这个封装器，我们减少了重复打字输入检测代码和代码"混乱"的状态(如果想试用这两个独立的存储过程，只需要在存储过程定义之前添加"创建或替换")。

DBMS_OUTPUT 的性能开销

DBMS_OUTPUT 并不会产生很大的性能开销，除了内存使用(如果对它感到恼火的话，这可能是一个问题)。这是因为它仅仅把信息存放在私有内存中。Oracle 甚至不需要控制谁在访问信息，因为唯一的访问途径是通过会话。缺乏对其他会话(不是其他进程)的可见性也是 DBMS_OUTPUT 的缺陷，甚至连 SYS 用户都无法访问堆栈和该堆栈上的消息。没有其他人可以看到 DBMS_OUTPUT 堆栈中的内容。

这是对轻量级 DBMS_OUTPUT 工具的快速演示，我们创建了一个简单的存储过程来浏览 PERSON 表的一部分数据(可以在网站上找到创建表和插入数据的脚本)。使用 DBMS_OUTPUT 反馈已经处理过的人名。

```
-- ch7_t5.sql
-- The impact (or not) of dbms_output.
set term off
spool ch7_t5.lst
declare
v_count1    integer;
v_text      varchar2(4000);
v_pad       varchar2(1001) := rpad('A',1000,'A');
begin
  dbms_output.put_line(TO_CHAR(SYSTIMESTAMP,'YY-MM-DD HH24:MI:SS.FF3')
                    || ' started ');
  v_count1 :=0;
  for l_c in
    (select surname,first_forename from person
     where  dob between to_date('01-JAN-1961','DD-MON-YYYY')
            and     to_date('01-JAN-1971','DD-MON-YYYY')
    )
  loop
    v_count1 :=v_count1+1;
    v_text :=  rpad(' processing person ',25,' ')||l_c.surname
              ||' '||l_c.first_forename||v_pad;
    dbms_output.put_line(TO_CHAR(SYSTIMESTAMP,'HH24:MI:SS.FF3')||v_text);
  end loop;
  dbms_output.put_line(TO_CHAR(SYSTIMESTAMP,' HH24:MI:SS.FF3')
                    || ' finished and processed '||v_count1);
end;
/
```

```
spool off
set term on
```

如果注释掉使用 DBMS_OUTPUT 的代码或不启用 DBMS_OUTPUT，就需要花掉 0.210 秒的时间。这段代码处理了大约 60 380 条记录。然后，我们使用 set serveroutput on 启用 DBMS_OUTPUT，而且还将输出缓存到一个文件中，并使用 set term off 来消除在屏幕输出信息和滚动的开销，它的信息只是被推送到 spool 文件中。运行的耗时增加到 14.2 秒，输出文件的大小为 63MB。但如果我们检查输出文件，从开始到结束的时间如下：

```
16-01-11 19:24:48.337 started
19:24:48.349 processing person       ADAMS
AALIYAHAAAAAAAAAAAAAAAAAAAAAAAAAAAAAAAAAAAAAAAAAAA
19:24:48.349 processing person       ADAMS
AALIYAHAAAAAAAAAAAAAAAAAAAAAAAAAAAAAAAAAAAAAAAAAAA
...
19:24:48.637 processing person       YOUNG
WENDYAAAAAAAAAAAAAAAAAAAAAAAAAAAAAAAAAAAAAAAAAAAAA
19:24:48.637 processing person       YOUNG
WENDYAAAAAAAAAAAAAAAAAAAAAAAAAAAAAAAAAAAAAAAAAAAAA
19:24:48.637 finished and processed 60368


PL/SQL procedure successfully completed.
Elapsed: 00:00:14.18
```

表明运行这段代码花费的时间是 0.300 秒，对比没有使用 DBMS_OUTPUT 花费的时间 0.21 秒，整体多了 0.09 秒却输出了 60 368 行检测信息，每一行的大小都超过 1KB。所有额外的花费时间是会话获取回 DBMS_OUTPUT 输出数据。如果我们通过将默认的数组大小从 15 个记录更改为 100 个记录(因此需要更少的循环访问将 dbms_output.getlines 的输出数据反馈到我们的会话)，那么可以通过修改 SQL*Plus 连接的网络通信来验证这一点。运行需要的时间下降到 3.68 秒，但是使用 DBMS_OUTPUT 输出的开始和结束之间的差别仍然是 0.300 秒。

在运行代码之前，我们还从会话中提取了 PGA 信息，在运行代码没有启用 DBMS_OUTPUT 之后，又运行它并且启用 DBMS_OUTPUT(注意，要运行该脚本以获得 PGA 信息，你需要访问 V$表。最简单的方法是授予它访问系统权限 SELECT ANY DICTIONARY)。

```
 -- chk_my_pga
select vses.username||':'||vsst.sid||','||vses.serial# username
, vstt.name
, vsst.value value
from v$sesstat vsst
, v$statname vstt
, v$session vses
where vstt.statistic# = vsst.statistic#
and vsst.sid = vses.sid
and vstt.name in ('session pga memory','session pga memory max')
and vsst.sid = sys_context('userenv','sid')

ora122> @chk_my_pga

USERNAME              NAME                                    VALUE
-------------------   ----------------------------   ----------
MDW:299,48902         session pga memory                  967,160
                      session pga memory max            2,491,544

@ch7_t5
-- took 0.21 seconds
@chk_my_pga
```

```
USERNAME                NAME                              VALUE
--------------------    ----------------------------    ----------
MDW:299,48902           session pga memory                 967,160
                        session pga memory max           2,491,544


set serveroutput on
@ch7_t5
-- took 14.2 seconds, but all but 0.3 seconds was my session fetching the data
@chk_my_pga

USERNAME                NAME                              VALUE
--------------------    ----------------------------    ----------
MDW:299,48902           session pga memory              71,680,504
                        session pga memory max          71,74,6040
```

在会话初始化时，Oracle 分配了 2.4MB 的 PGA 内存。在没有启动 DBMS_OUTPUT 的情况下运行代码时，PGA 内存使用没有变化(SQL 中没有进行排序或 HASH 连接，因此不需要 PGA 内存空间)。但是，启用 DBMS_OUTPUT 可以将其内存占用增加到大约 65MB。我们的输出文件大约为 61MB。

如果将大量信息传递回会话，特别是如果它直接在屏幕上显示，而不是输出到一个缓存的文件中，那可能会很慢。换言之，不是使用 DBMS_OUTPUT 慢，而是数据返回到会话中的小数组导致的。如果要生成大量 DBMS_OUTPUT 信息，请增加客户端通信缓冲区的大小。在 SQL*Plus 中，缓存检测输出信息到文件中并使用 set termout off 关闭屏幕显示和滚动输出信息。你可能最好不要使用 DBMS_OUTPUT，而是将检测信息记录在表中，也可能是一个临时表中(所以你不用将数以百万计的单行数据写入永久表中导致日志产生)。

这里的重点是，特别是当你使用 DBMS_OUTPUT 作为性能测量工具时，只添加你需要的检测工具，并使用采样来降低噪声。只要你的开发环境/规则没有阻止它，稍后在代码中添加更多的检测工具(如果需要)也是很容易的。

7.6.2　日志表

当调试代码时或者在偶然的情况手工运行脚本时，可以使用 DBMS_OUTPUT 精细地进行性能测量，但对于定期运行的或者数据量大的事务，它是一个作用贫乏的方法，比如分裂产生新分区和历史数据归档，运行常规数据加载，或者执行数据转换。对于这些任务，需要永久记录代码中的步骤，以及它们花费了多长时间，有两个原因：

- 可以事后调查问题原因。
- 不仅可以评估整个过程的性能趋势，还可以随着时间的推移而变化，从而使你对未来的性能问题有一个初步的预测。

可以使用 UTL_FILE 将信息写入操作系统文件，但是你的工作在数据库中——使用数据库来记录你的活动！将活动写入日志表中。

1. 使用日志表的常见问题

多年来，我们为许多应用程序和进程创建了日志表，它们都非常相似。记录应用程序中的步骤、每个步骤的时间、特定兴趣的任何输入值或控制变量，以及随着代码的发生异常给出的错误信息。

一个常见的错误(我们曾经犯过的几次错误)是为每个应用程序创建一个单独的日志表。通常这样做是因为当编写 PL/SQL 并设计支持表来控制流程时，最容易创建新表。但这意味着需要跟踪每个进程正确的日志表来解决一个问题。

另一个常见的错误是尝试记录每一步的响应时间并保存在日志表中。这使得查看日志数据和发现长时间运行的步骤变得更加简单——但要花费大量的时间来编写代码逻辑,以跟踪应用程序代码中的响应时间,并精细地调试代码。

最后一个问题,特别是当你为每个流程创建专用的日志表时,将向日志表添加更多的列来记录与该进程相关的特定变量,例如 PERSON_ID 或者 ACCOUNT_ID 字段。如果有一个用于记录多个应用程序的通用日志表,你通常会在日志表中获得占位符"变量"列,例如 NUMBER_1、NUMBER_2 等,或者 VARCHAR_1、VARCHAR_2 等。然后,你需要为每个应用程序设计如何使用这些占位符列。

2. 一个标准的日志表设计

根据多年的经验,我们设计出了一个标准的日志表。为客户开发应用系统或实用程序时,创建了一个表,如下所示:

```
create table PLSQL_LOG
(process_name    varchar2(30)  not null
,start_timestamp timestamp(6)  not null
,log_timestamp   timestamp(6)  not null
,status          varchar2(1)   not null
,log_level       number(1)     not null
,log_text        varchar2(4000)
,error_code      varchar2(10)
)
```

PROCESS_NAME 是流程或应用程序的唯一名称,例如,PARTITION_MAINTENANCE 或 BATCH_ACCOUNT_CLOSE。

START_TIMESTAMP 是该进程执行的开始时间。与 PROCESS_NAME 一起,唯一地标识了该进程的实际运行,并为我们提供了一个字段,可以从这个字段得到从运行的开始到日志表中的当前记录的响应时间。

STATUS 是创建日志记录时进程的状态:它可以是 I ,表示初始化;或者是 R,表示运行,也可以表示特殊类型的执行,例如(C)ontinuation 或者(R)ecovery run。通常设置为 E,表示由异常条款所写的信息错误。

LOG_LEVEL 表示代码运行的日志级别。我们将在后面的章节中进一步讨论这个问题,但是现在我们至少知道,能够将日志记录的级别变小或变大是非常有用的(数字级别越高意味着越多的日志记录)。当启动一个新的进程或遇到问题时,级别就变得更高,一旦问题解决,它就会降低。

ERROR_CODE 用来记录 Oracle 错误信息。这些错误实际上可能不会停止进程或者应用程序的运行,但是如果它们确实发生了,我们也将它们记录在日志表中,以便所有的细节都统一保存在一个地方。

剩下的 LOG_TIMESTAMP 和 LOG_TEXT,其中保存了日志记录的详细信息。根据经验我们不打算在表上创建额外的字段保存特定的变量或值——它从来没有为我们节省任何时间和精力,特别是在一个用于多个进程的通用日志表中。实际上,它只会导致使用日志表的时间更长。我们所做的是将额外的细节放在 LOG_TEXT 列中作为分隔的信息,这样就可以在需要时解析它(创建一个名为 piece 的用户定义函数)。因此,我们可能在 LOG_TEXT 列中有以下记录:

```
Processing department*60*Haematology
```

可以使用 str_util.piece(log_text, 3, '*')从日志记录中获取"血液学"。当想要分析存储在日志数据中的变量时,发现足够了而且比日志表中为使用日志表的某些应用程序保留一些额外的字段要简单得多。我们有许多查询 PLSQL_LOG 表的 SQL 脚本,为了获得通常想要的信息,将在这里介绍一个示例,但是在"使用 PLSQL_LOG 表"的部分会有更多的示例。

运行 pna_maint.pop_addr_batch 存储过程,在 ADDRESS 表中插入一些新数据,然后再运行以下查询语句:

```
--chk_pllo.sql
```

```
col process_name  form a16
col start_timestamp form a19 trunc
col log_level       form 99 head ll
col log_text        form a50 word wrap
col error_code      form a5 head err
break on start_timestamp nodup
select process_name
     ,start_timestamp
     ,substr(log_timestamp,10,13) log_ts
     ,log_level
     ,log_text
from plsql_log
where log_timestamp >systimestamp -0.01
order by process_name, log_timestamp


PROCESS_NAME    START_TIMESTAMP      LOG_TS         ll LOG_TEXT
--------------- -------------------- -----------    --- ------------------------------------
POP_ADDR_BATCH  24-JAN-16 21.26.12   21.26.12.449    5 started at 16-01-24 21:26:12.449
POP_ADDR_BATCH  24-JAN-16 21.26.12   21.26.12.449    5 towns 1 to 69  roads 1 to 81  types 1 to 74
POP_ADDR_BATCH  24-JAN-16 21.26.12   21.26.14.605    5 intermediate commit at 50000 addresses
POP_ADDR_BATCH  24-JAN-16 21.26.12   21.26.16.752    5 intermediate commit at 100000 addresses
POP_ADDR_BATCH  24-JAN-16 21.26.12   21.26.18.947    5 intermediate commit at 150000 addresses
...
POP_ADDR_BATCH  24-JAN-16 21.26.12   21.26.53.434    5 intermediate commit at 950000 addresses
POP_ADDR_BATCH  24-JAN-16 21.26.12   21.26.55.580    5 intermediate commit at 1000000 addresses
POP_ADDR_BATCH  24-JAN-16 21.26.12   21.26.55.587    5 elapsed is 0 00:00:43.138000000
POP_ADDR_BATCH  24-JAN-16 21.26.12   21.26.55.587    5 ended at 16-01-24 21:26:55.587
```

该脚本仅仅从 SYSDATE-0.01 开始提取日志数据，大约 14 分钟。我们想看看最近几分钟发生了什么。

现在将简要讨论本节的另一个重要主题——剖析和审核的输出。实际上在不了解 PL/SQL 代码的情况下，也可以很容易地理解日志的输出信息。如果理解不了，则可能需要更改日志中的记录文本信息。从 1 月 24 日 21:26:12.449 开始的事情，无论是正在填充地址信息或者批量执行中，它处理的数据是基于 1~69 个城镇、1~81 条道路和 1~74 条道路类型。

我们处理了一个块大小为 5000 的地址；通过观察相邻行的输出信息，可以看到第一个 5000 地址的处理时间是 2.1 秒，而最后一个 5000 地址的处理时间是 2.1 秒——换言之，处理过程是稳定的。整个工作花费了 43.138 秒(在输出结果中的倒数第二行)。可以通过开始和结束记录的原始数据来计算整体的运行时间，但这可能会超出页面的范围。我们可以使用一些简单的 SQL 语句获取总的运行时间，但是因为使用日志表的每条记录都有 START_TIMESTAMP，所以解决这个问题非常简单。虽然在你头脑中认为减去时间比你想象的要付出的努力更多。

如果在 PROCESS_NAME、START_TIMESTAMP 或 LOG_TIMESTAMP 字段上创建唯一索引或主键约束，PLSQL_LOG 表就会出现一个小问题，偶尔会遇到 ORA-00001 错误信息：违反唯一约束。查看输出示例中的最后两行信息，将看到它们的 PROCESS_NAME 和 START_TIMESTAMP 字段具有相同的值(当然)，而且 LOG_TIMESTAMP 字段也是。因此，这两个记录违反这些列上的主键唯一约束。这是因为我们检测两个点的时间差小于系统时钟的一个滴答声，系统时钟以千分之一秒级运行在 Windows 平台上，例如，我们知道很多人在自己的 Windows 台式机和笔记本电脑上对 ORACLE 系统做测试。在那段时间可以执行多行 PL/SQL 代码。在 Linux 平台上(甚至在 Windows 平台上运行的 Linux 虚拟机环境中)，系统时钟，也就是 SYSTIMESTAMP 函数输出值，可以精确到小数点后 6 位，那么这个问题就消失了。

可以在审计表中增加一个新字段写入序列生成的值，并且将这个字段包括在主键中来避免违反一致性约束，但我个人觉得使用序列是不符合轻量级的性能测量目标的，特别是在 RAC 环境中的一些自动化系统检测，必须协调对序列的访问。

可以添加代码来保存上次写入 PLSQL_LOG 的时间戳，并在下次调用该存储过程时检查它。如果当前的 SYSTIMESTAMP 函数的返回值与上一次使用的值相同或者更早，我们将增加 1 毫秒。同样，我们情愿没有这么复杂的情况。

另一个选择方案就是在这些列上创建非唯一的索引(为了支持对日志表的查询)，并且在检测表上不创建主键约束。尽管我通常会质疑生产系统上没有主键的永久表，但实际上我对这个解决方案很满意，就是我们要做的。

3. write_log 存储过程

下面是从 PNA_MAINT 包中获取的在 PLSQL_LOG 表中记录信息的存储过程:

```
procedure write_log(v_log_text   in varchar2
              ,v_status     in varchar2 :=''
              ,v_error_code in  varchar2 :=''
              )
--autonomous transaction so immediately observable and isolated from calling code
is
pragma autonomous_transaction;
v_timestamp      timestamp :=systimestamp;
begin
  if pv_log_level>=5 then
  dbms_output.put_line (pv_process_name||' log '||pv_log_level||' - '
                    ||to_char(v_timestamp,'HH24:MI:SS.FF3 :')||v_log_text);

  end if;
  INSERT INTO plsql_log(process_name
                  ,start_timestamp
                  ,log_timestamp
                  ,status
                  ,log_level
                  ,log_text
                  ,error_code)
  values (pv_process_name
      ,pv_executed_timestamp
      ,v_timestamp
      ,nvl(v_status,'I')
      ,pv_log_level
      ,v_log_text
      ,v_error_code
      );
  commit;
end write_log;
```

存储过程的代码很简单，但关键在于它是作为一个自治事务执行的，通过包含在第一行的声明部分(粗体突出显示)代码 pragma autonomous ous_transaction 实现的(Pragmas 关键字必须出现在声明部分，但不必是第一行[或若干行]。我们将任何 PRAGMA 语句都在包或存储过程规格说明之后，保持清晰)。这意味着，当数据保存到数据库时，代码将在自己的事务中执行。存储过程中的任何提交或回滚都不会对调用事务的执行产生任何影响。这个存储过程将写入一个记录到 PLSQL_LOG 并提交它。这将不会在调用代码中提交任何未完成的事务。

使用自治事务的结果如下:

- 写入 PLSQL_LOG 表的记录可以立即被其他会话看到，在当前的会话中查看 PLSQL_LOG 表的记录要在事务提交之后。
- 提交 PLSQL_LOG 表的记录不会导致任何数据创建，直到调用的存储过程被提交为止。
- 任何调用存储过程之后的回滚操作不会引起这个自治事务的回滚，保护性能检测数据在发生任何错误、异常中止或类似的事件时不受到影响。

DBMS_OUTPUT 工具、日志表和自治事务一起使用的好处是，在父代码的执行过程中可以看到日志和处理信息。与以前使用 DBMS_OUTPUT 的区别是你不需要等待应用程序完成后才看到输出信息。另外，可以从另外一个会话监控应用程序的进度。在超过它通常完成的时间之后程序仍然在运行，它可以提供信息给你决定是否终止应用程序。

另外，请注意粗体斜体显示的代码。如果 LOG_LEVEL 是 5 或以上，那么所有写入到 PLSQL_LOG 日志表的信息都会通过 DBMS_OUTPUT 显示输出。因此，如果我们通过一个交互式会话运行代码，并且将日志级别设置为 5 或者 5 以上，就可以在屏幕上输出结果。这在调试代码时非常有用。

最后，注意 INSERT 语句中的 PV_ 开头的以斜体突出显示的变量。这些是我们在代码中设置的包级的变量。你可能觉得提供这些给 write_log 存储过程作参数更好，对此我们不会强烈地进行争论。但是我们不喜欢重复几次打字输入相同的文本信息。在代码中的一个给定的存储过程中，作为输入参数的 PROCESS_NAME、START_TIMESTAMP 和 LOG_LEVEL，每次调用 write_log 存储过程将传递相同的值，因此使用包级变量替代它们。这样更简单，涉及的代码更少，并且减少了性能测量对代码外观的影响。但是你必须要在每个存储过程中设置这些包级变量。

在每个存储过程的开始，都有相同的几行代码来设置包变量，其中包括最初调用 write_log 表示存储过程已经开始的变量：

```
pv_process_name        :='POP_SOURCE';
pv_log_level           := p_log_level;
pv_executed_timestamp := systimestamp;
write_log ('started at '||to_char(pv_executed_timestamp,'YY-MM-DD HH24:MI:SS.FF3'));
```

使用包变量是因为在我们的重要包中都有 write_log 存储过程。如果我们把它放在一个核心包中，几乎没有选择必须要在每次写入到日志表时需要传递参数值 PROCESS_NAME、EXECUTED_TIMESTAMP 和 LOG_LEVEL。在核心“日志包”中的包级变量，从其他包中调用，这些包维护那些核心日志包变量是可能的——但是也很复杂(正如这个句子显示的那样)，并且很容易出错。使用本地版本和本地包变量(在主程序中通常想要用到的值)，我们保持了调用，因此代码和打字输入就变简单了。

下面是 PNA_MAINT 包中的存储过程 pop_addr_batch 的代码，我们在前面的章节“一个标准的日志表设计”中看到了它生成的输出信息。我们已删除了一些代码，以免占用太多的空间。我们想要介绍的是，使用包变量和 write_log 存储过程使性能测量变得简单了，任何人都很清楚地看到代码正在做什么，并且不会给系统增加很大的负担。

```
procedure pop_addr_batch(p_rows      in pls_integer :=1000000
                  ,p_log_level in pls_integer :=5) is
v_tona_min    pls_integer;
-- declaration code trimmed
v_num_addr    pls_integer;
begin
  pv_process_name        :='POP_ADDR_BATCH';
  pv_log_level           := p_log_level;
  pv_executed_timestamp := systimestamp;
  write_log ('started at '||to_char(pv_executed_timestamp,'YY-MM-DD HH24:MI:SS.FF3'));
  select min(tona_id),max(tona_id) into v_tona_min,v_tona_max from town_name;
  select min(rona_id),max(rona_id) into v_rona_min,v_rona_max from road_name;
  select min(roty_id),max(roty_id) into v_roty_min,v_roty_max from road_type;
  write_log ('towns '||to_char(v_tona_min)||' to '||to_char(v_tona_max)
      ||' roads '||to_char(v_rona_min)||' to '||to_char(v_rona_max)
      ||' types '||to_char(v_roty_min)||' to '||to_char(v_roty_max) );
  -- Now create as many addresses as asked (default 1 million)
  v_count :=0;
```

```
      loop_count :=0;
      while v_count < p_rows loop
        -- trimmed code
        forall idx in indices of addr_array
        insert into address (addr_id
          -- trimmed code
        v_count:=v_count+v_chunk_size;
        loop_count:=loop_count+1;
        if mod(loop_count,10)=0 then
          commit;
          write_log ('intermediate commit at '||v_count||' addresses');
        end if;
      end loop; -- main p_rows insert
      write_log ('ended at '||to_char(systimestamp,'YY-MM-DD HH24:MI:SS.FF3'));
      write_log ('elapsed is '||substr(systimestamp-pv_executed_timestamp,10,20));
      commit;
    end pop_addr_batch;
```

　　粗体显示的文本信息要么是实际的性能测量代码，要么就是必须添加的检测辅助代码。未编辑的存储过程有 100 行，增加了 12 行的辅助代码长度。付出的这些"开销"是为了获得信息，包括存储过程是何时启动的、使用的参考数据、创建数据的进度汇总信息、何时完成的、整体的响应时间。这 12% 的开销带给你的好出超过了大多数实例的代码，因为这 12 行中的前 4 行和最后 2 行的数据信息是"固定的"，额外的性能测量都是简单的文字，比如：

```
write_log('processing code-chunk name');
```

　　性能测量的第二个好处(特别是当它像这样"整洁"时)是它也有助于记录代码。你会发现，和我们一样，你的注释更少了，因为它和性能测量的文字信息几乎是一样的。

　　你应该记得在 DBMS_OUTPUT 的章节中，建议不要过度使用性能测量——你希望查看循环中处理数据的进度，而不是每个循环的细节，因为存在太多的细节。在这个性能测量的代码中，我们处理了一百万个地址，一个块的大小为 5000 行(指定 5000 行是因为块大小超过 1000，对检测的性能没有进一步提升而且也不想占用太多的内存空间)。然而，我们不希望每隔 1/5 秒就显示 200 行的性能测量信息。因此，使用"循环计数的取余数"的技巧来减少输出：

```
if mod(loop_count, 10)=0 then…
```

　　通常也不会同时插入两行性能测量数据，就像处理最后两行数据一样。我们将它们合并成一行，希望通过主键或者时间戳来显示问题。

4. 日志记录的级别

　　除了简单的应用程序外，日志记录的级别非常有用。日志的级别越高，记录的日志就越多。其目的是，当新的应用程序(例如，一个增量数据加载应用程序处理从上次运行后接收到的数据)正在开发时，日志中大量的细节是很有帮助的——大量的信息存储在日志表中，并通过 DBMS_OUTPUT 显示输出。

　　当最初在生产中部署代码时，需要非常高的日志级别，但不需要 DBMS_OUTPUT 显示输出信息。如果代码出现问题，则这些日志信息非常有用，在不需要更改代码的情况下提高日志级别，只需更改调用存储过程的一个值。可以通过一个控制存储过程来完成新代码的发布。

　　一旦应用程序被嵌入生产系统中，就需要性能测量但不需要相同日志级别的细节。你也不希望找个新的任务，不断地定期归档性能测量的历史数据！

我们通过在 PLSQL_LOG 日志表和包变量中设置 LOG_LEVEL 列来处理这个问题，保持日志级别，可以在已有的示例中看到它。要么在存储过程的特定规范中有一个供应用程序使用的输入参数，当调用代码时可以设置日志级别(与我对 pna_maint.pop_addr_batch 函数做的一样)；要么在控制表中有一个表示日志级别状态的字段，在任务执行的初始化时读取它的状态，或者两者都有！因此，我们只需要改变控制表中保存的状态值来升高或者降低日志级别，或者使用手动调用存储过程时传入的参数值。日志的级别 0 是性能测量的基本级别，表示在应用程序代码中调用 write_log 函数：

```
write_log('identifying the range to process with limits of '||pv_process_range
    ||' rows and '||pv_max_window||' days','I');
```

性能测量的日志级别 0 总是打开的；不能被关闭，无论如何我们都想要保存最基本的信息。

高于 0 的日志级别更改了对 write_log 的调用方式，它基于日志级别通过简单的 if-then-else 逻辑来实现：

```
if pv_log_level>=1 then
  write_log('Following record skipped, invalid trade_ID
        '||lv_gst_data(batch_loop).sdtrxtra_creation_ts,'I');
end if;
...
if pv_log_level>=3 then
  write_log('Finished identifying the range ','I',NULL);
end if;
```

如果日志级别是 1，将会输出显示性能检测前面行的内容；如果日志级别是 3 或者大于 3，将会输出显示两个部分的内容。这是我们实现记录各种级别日志的方法。在实践中，我们倾向于使用 1、3、5 和 7 的日志级别。使用奇数的级别便于以后引入更多中间级别的性能测量，在某些情况下只检测部分代码。

正如之前讨论 write_log 存储过程时所看到的，日志级别 5(或大于 5)是特殊的，它会将所有信息写入表 PLSQL_LOG 中，也可以用 DBMS_OUTPUT 输出。正如你在 DBMS_OUTPUT 的讨论中所看到的，这些可以通过在会话连接中关闭 DBMS_OUTPUT 来取消输出，因此如果想要的话，可以设置日志级别是 5 的情况下关闭 DBMS_OUTPUT 的活动。

日志级别几乎扼杀了我们的项目

几年前，使用 Oracle 客户端工具将数据实时加载到新的 Exadata 数据仓库系统中。我们并没有处理大量的数据，每天大约 100MB 数据。但是产生了巨大的重做日志——几百个 GB 的日志！这会引起数据备份的问题，而且每天处理的数据量还会显著增加。我们的系统有问题。

很快就发现问题是加载工具引起的。我们使用它的方式不同寻常，每小时处理数以千计的小批量的数据加载。每次加载都被记录下来，并且日志表包含几个 CLOB 类型的字段。更重要的是，处理每个日志记录时，该工具更新几乎所有的列(包括 CLOB 字段)。所有这些是产生巨大的重做日志的原因。实际上，相同的数据写入了很多次。这是一种疯狂的记录日志的方式。

我们设置了数据加载工具开关，关闭输出日志，但是没有效果。所以我们又把日志级别降到了最低并且关闭日志记录——仍然没有效果！事实上，情况变得更糟了。到目前为止，每天处理的数据增加到几百 MB，产生的重做日志已经超过了 1 个 TB。这简直是一场灾难。事实证明，使用这个版本的数据加载工具，关闭日志记录并没有减少所写的内容，而是删除已经写入的日志记录。删除操作只会产生更多的重做日志！

最终我们的项目更换了数据加载工具，这才解决了这个问题，并且 Oracle 也很快地对工具进行优化来消除这个问题。但这件事情强化了我对过度使用性能测量的风险意识。我们还在为"减少日志记录"导致日志疯狂增长而偷笑，只是简单地删除了大量的已经写入的和(大部分是无意义的)重复更新的数据内容。

日志记录不仅仅有 PL/SQL 和 SQL

在这些示例中，PLSQL_LOG 中只记录了 PL/SQL 或 SQL 活动。但是没有什么可以阻止你将计算机系统的其他活动写入 PLSQL_LOG 日志表中。事实上，你有很多信息可以收集。如果有一个在数据库外部运行的 Java、Python、Ruby 或其他的应用程序(例如，核对和准备解析文件)，然后使用数据库存储数据，那么可以在一个地方记录整个应用程序所有阶段的日志信息。

　　PLSQL_LOG 日志表是一个很好的选择，用来记录整个应用流程的中心日志，其中的一些流程在 Oracle 数据库中，原因如下：

- 已备份的日志信息被持久化。
- Oracle 数据库也是整个处理过程中必需的一部分，因此保障了系统可用性，否则整个过程也会失败！
- 可以使用简单的 SQL 查询分析和统计整个端到端过程的日志记录并生成报表。
- Oracle 数据库的所有审计和安全方面的特性可以应用于 PLSQL_LOG 表。

DBMS_APPLICATION_INFO

DBMS_APPLICATION_INFO 是我们最喜欢的 PL/SQL 工具之一。实际上，它只是我最喜欢的前 10 个 PL/SQL 特性之一。这是 Oracle 自 Oracle Database 8*i* 以来提供的一个令人惊奇的、简单的内置 PL/SQL 包，允许以一种简单且有效的方式对代码进行性能测量。它允许你填入当前会话的三个值：MODULE、ACTION 和 CLIENT_INFO。

```
ora122> desc v$session
Name                                  Null?    Type
------------------------------------- -------- -----------------------
SADDR                                          RAW(8)
SID                                            NUMBER
USERNAME                                       VARCHAR2(30)
...
MODULE                                         VARCHAR2(64)
MODULE_HASH                                    NUMBER
ACTION                                         VARCHAR2(64)
ACTION_HASH                                    NUMBER
CLIENT_INFO                                    VARCHAR2(64)
```

设置和查看 MODULE、 ACTION 和 CLIENT_INFO 信息

MODULE、 ACTION 和 CLIENT_INFO 字段都是 VARCHAR2 类型(忽略了在 V$ SESSION 系统视图中定义的这些字段的长度；稍后我们将看到这些字段的可用大小是不同的)。MODULE_HASH 和 ACTION_HASH 分别表示在 MODULE 和 ACTION 字段中文本信息对应的 HASH 值，并且在 Oracle Database 的版本 11 和 12 之间的相同文本信息的 HASH 值是唯一的。它们由 Oracle 内部使用，很少被正常的数据库用户查看。

　　使用 DBMS_APPLICATION_INFO 内置包来设置这些字段是非常容易的，它们包括存储过程 set_module (module_name，action_name)、set_action(action_name)和 set_client_info(client_info)。这些字段值的集合是保存在内存的，并且没有插入或更新任何表的记录，所以它非常快速和轻便。下面是设置这些字段值的简单示例：

```
-- I am logged in as user MDW
exec dbms_application_info.set_module('APPLICATION_NAME','BIT RUNNING')
PL/SQL procedure successfully completed.

exec dbms_application_info.set_client_info('A place to hold more detail')
PL/SQL procedure successfully completed.

select sid,username,module,action,client_info from v$session
where type != 'BACKGROUND'

  SID USERNAME  MODULE            ACTION        CLIENT_INFO
------ --------- ----------------- ------------- ----------------------------------
    3 MDW       APPLICATION_NAME  BIT RUNNING   A place to hold more detail
    9 MDW2      SQL*Plus
```

```
185 HR          SALARY RUN           INITIATING
302 MDW2        SQL Developer
419 SH          SALES MONTHLY        PROCESSING RETURNS
```

如你所见，我们和其他大多数人设置这三个字段的值，并且使用它们的目的是：MODULE 表示正在运行的整个应用程序或进程，ACTION 表示该模块中的步骤，而 CLIENT_INFO 则用于获取额外的信息。通过查看前面的输出信息，我们看到用户 HR 正在运行"SALARY RUN"应用程序，处理的步骤是"INITIATING"；而用户 SH 正在运行"SALES MONTHLY"应用程序，目前正在执行"PROCESSING RETURNS"操作，我们可以假设这是一个报表统计或月末的批处理。

> **V$SESSION 视图的字段长度大于所允许的值**
>
> MODULE、ACTION 和 CLIENT_INFO 这三个字段都是 VARCHAR2(64)类型，但 DBMS_APPLICATION_INFO 包将字段截断了，字段 MODULE 的长度为 48 字节，ACTION 字段的长度为 32 字节，CLIENT_INFO 字段的长度为 64 字节。从 Oracle Database 8i 到 12c 的所有版本都是如此。

由于你希望 ACTION 持有的值随着代码的进度而改变，因此不必反复地调用 SET_MODULE 存储过程为 MODULE 字段设置相同的值，以及调用 SET_ACTION 设置 V$SESSION 中的 ACTION 字段值为新的操作步骤名称。

```
exec dbms_application_info.set_action('COLLECTING_CUST_DATA')

select sid,username,module,action,client_info from v$session
where type != 'BACKGROUND'

SID USERNAME    MODULE              ACTION               CLIENT_INFO
------ --------- ------------------- -------------------- --------------------------
  3 MDW         APPLICATION_NAME    COLLECTING_CUST_DATA A place to hold more detail
  9 MDW2        SQL*Plus
185 HR          SALARY RUN          INITIATING
302 MDW2        SQL Developer
419 SH          SALES MONTHLY       PROCESSING RETURNS
```

你还看到 SQL*Plus 和 SQLDeveloper 应用程序为它们会话的 MODULE 字段设置了相对应的模块名称，这暗示了 DBMS_APPLICATION_INFO 包非常有用。许多 Oracle 工具、内部活动，甚至第三方软件都使用了这些 V$SESSION 字段。如果从 V$SESSION 中取出 MODULE 字段的所有模块值，会看到 MMON_SLAVE、DBMS_SCHEDULER、KTSJ、Streams 等名称。此外，Oracle 的性能和监视工具，例如 Enterprise Manager 和它的 performance screens 都是预先设计了这些字段对应的名称。

DBMS_APPLICATION_INFO 包主要用于实时的性能测量，用于查看当前的会话正在做什么。当你设置成不同的值时，Oracle 不记得以前的值，默认情况下信息不是永久保存的，就像 V$SESSION 中的所有等待和其他信息一样。但是，就像大部分会话和等待信息一样，如果通过 OEM Oracle 诊断包(额外收费的选项)访问了 Automatic Workload Repository (AWR)，那么该信息将被保留，这包括 MODULE 和 ACTION 信息。以下是 OEM 屏幕显示的信息。

图 7-3 展示了 Enterprise Manager Database Express 示例的截图，它是 Oracle 提供和安装的一个 Windows 平台的简化管理工具。这和完整的 OEM 一样，旨在向你展示会话的 MODULE 和 ACTION 的信息，以及浏览基于这些字段的性能信息。屏幕顶层和中间层的主要性能信息是"经典"的等待事件山脉轮廓图。然而，我们并没有显示大多数工作任务正在执行的 SQL 语句，而是显示了模块名称和操作步骤，让你看到哪些 PL/SQL 应用程序(MODULE 和 ACTION 部分)正在对工作负载做出贡献。

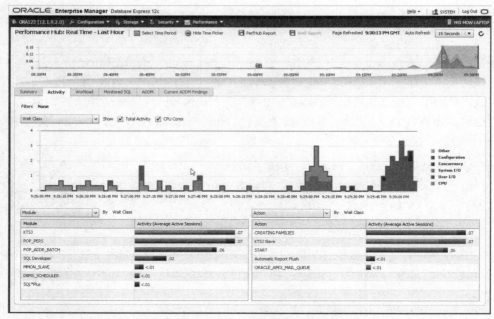

图 7-3 所有 Oracle 的性能监控工具都支持通过 MODULE 和 ACTION 进行调查

你还可以更改主图，不再显示等待事件最近的历史信息，而是模块(或操作)最近的历史信息，如图 7-4 所示。

可以使用 V$SESSION 中的 MODULE、 ACTION 和 CLIENT_INFO 字段信息，不受许可的限制，因此可以执行你喜欢的 SQL 语句查询这些字段。许多监控工具显示了这些信息。

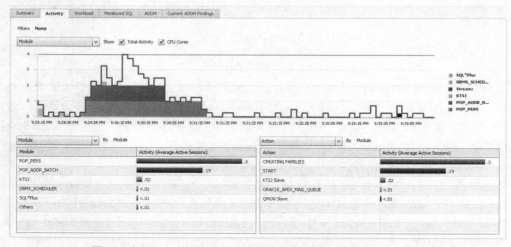

图 7-4 在 OEM Database Express 中看到的最近模块工作负载的历史信息

图 7-5 是 SQL Developer 中实时会话的监视屏幕，可以看到，它还显示了会话的 MODULE、ACTION 和 CLIENT_INFO 字段的信息，并允许你在屏幕上对会话进行排序和筛选。

SID	SERIAL	Username	Seconds in Wait	Command	...	OS User	Status	Module	Action	RESOUR...	CLIENT_INFO
3	36162	MDW	(null)	(null)	M...	MSI-MDW...	inactive	APPLICATION_NAME	BIT RUNNING	OTHER_...	An place to hold...
9	2902	MDW2	(null)	(null)	M...	MSI-MDW...	inactive	SQL*Plus	(null)	OTHER_...	(null)
185	40757	HR	(null)	(null)	M...	MSI-MDW...	inactive	SALARY RUN	INITIATING	OTHER_...	(null)
302	8750	MDW2	0	SELECT	M...	mwidl_000	active	SQL Developer	(null)	OTHER_...	(null)
361	10828	SYS	(null)	ALT USER	M...	MSI-MDW...	inactive	sqlplus.exe	(null)	OTHER_...	(null)
419	981	SH	(null)	(null)	M...	MSI-MDW...	inactive	SALES MONTHLY	PROCESSING RETURNS	OTHER_...	(null)

图 7-5 SQL Developer 的会话监视屏幕显示 MODULE、ACTION 和 CLIENT_INFO 字段的信息

使用 DBMS_APPLICATION_INFO 包进行 PL/SQL 的性能检测

使用 DBMS_APPLICATION_INFO 包很简单，它可以立即显示出你的系统正在做的事情，通过许多工具和方法方式来实现。我们已经多次使用它来识别占用大量资源的应用程序以及应用程序的时间都花费在哪些部分，只需要查看实时性能监控屏幕。只有使用这个包这些才能够成为有用的，但是许多 PL/SQL 的开发人员不使用它，可能是因为他们不负责监控生产系统。由于添加使用代码非常简单和轻量级，我们强烈鼓励那些不使用 DBMS_APPLICATION_INFO 包的 PL/SQL 开发人员开始这样做。

我们使用 DBMS_APPLICATION_INFO 包作为粗略的活动指标。如果我们正在查看 V$SESSION 或使用性能监视工具查看系统中当前运行的内容和使用的资源，则不需要太复杂的图片。我们可以看到有多少个会话在运行一个特定的模块，并找到消耗资源最多的模块，这就足够了。我们不希望使 ACTION 字段过于具体而不适合当前任务。如果需要关于某个进程的详细信息，在 PLSQL_LOG 日志表中有更详细的数据——希望在监视屏幕上看到交互式的整体的进展。初始化完成了吗?如果代码将数据加载到临时表，处理它，然后将其写入目标表，那么我们希望看到的就是它在三个阶段中的哪一个阶段。

对于简单的应用程序/包，只需要在一开始就设置 MODULE 字段的值(也可能是 ACTION 字段)。如果代码需要完成大量的工作，或者要一段时间才能完成(通常是超过 1 或者 2 分钟)，我们将在代码关键点上分段设置不同的操作步骤。

在下面的代码中，预计在几秒钟内运行完成，我们只需要在开始时设置 MODULE 字段和 ACTION 字段的值:

```
procedure trunc_tabs(p_log_also in varchar2 :='N') is
-- Note sequences are not reset (and should not matter)
begin
  dbms_application_info.set_module(module_name => 'TRUNC_TABS',action_name =>'START');
```

下面的内容是一个为客户开发的用于批量处理数据的真实包(为了保护客户的信息机密性做了细微的修改)。MODULE 是由一个包级变量设置的，实际上是一个常量。这个包中的所有代码在会话的 MODULE 字段的值都设置为 "XYZ_DATA_TRANSFORMATION"。这些代码在处理的每个主要步骤之前设置 ACTION 字段的值，通常由特定存储过程完成:

```
create or replace package body        xyz_data_transformation
pc_module              varchar2(48) :='XYZ_DATA_TRANSFORMATION';
pv_action              varchar2(32);
...
Procedure load_data_x
begin
  pv_action :='INCREMENT_DATA_X';
  DBMS_APPLICATION_INFO.SET_MODULE(pc_module,pv_ACTION);
...
  if v_recovery_fl=Y then
    pv_action :='INC_RECO_DATA_X';
  end if;
...
  dbms_application_info.set_module(null,null)
end load_data_x;
--
Procedure load_data_Y
```

```
Begin
    pv_action :='INCREMENT_DATA_Y';
    DBMS_APPLICATION_INFO.SET_MODULE(pc_module,pv_ACTION);
...
  dbms_application_info.set_module(null,null)
end load_data_y;
```

为什么要设置两个包变量并且在 DBMS_APPLICATION_INFO 包中使用它们？有三个原因：第一个原因是前面提到的"固定"值。如果不创建一个实际上是"常量"的包级变量，就必须在代码的几个地方输入相同的包名称，就很容易出错。第二个原因是可以在其他性能测量中使用这个变量。第三个原因是 DBMS_APPLICATION_INFO 包可以接受字符串的长度超过写入 V$SESSION 中字段长度的最大限制，我们需要知道在开发代码时不会有这样的值。因此设置了两个 VARCHAR2 类型的变量，定义其长度的最大限制，set_module 和 set_action 存储过程将把数据截断后再写入。以下是一个关于数据截断的简单展示：

```
-- dbms_application_info silently trims text that is too long
BEGIN
 dbms_application_info.set_module
  ('123456789A123456789B123456789C123456789D123456789E123456789F123456789G'
  ,'123456789A123456789B123456789C123456789D123456789E123456789F123456789G');
end;
PL/SQL procedure successfully completed.

select module,action from v$session where sid=sys_context('USERENV','SID')

MODULE
----------------------------------------------------------------
ACTION
----------------------------------------------------------------
123456789A123456789B123456789C123456789D12345678
123456789A123456789B123456789C12
```

还有一个现实中的示例值得我们注意。在每个存储过程结束时，代码将 MODULE 和 ACTION 字段的值设置为 null。这是因为在引入代码之前环境中的开发人员都没有使用 DBMS_APPLICATION_INFO 包。DBA 知道并且愉快地使用了我们的代码(以及即将发布的代码)，通过 OEM 查看有多少新应用程序正在使用数据库资源。因为我们无法控制客户端将如何使用代码，也不希望当前会话在执行新应用程序时仍然标记原来的应用模块名称和上一次的操作步骤，因为会话接下来的任务内容将被这个特定的应用程序所混淆。DBMS_APPLICATION_INFO 的一个问题是必须依赖应用程序代码精确地维护这些字段的值(也就是确保 MODULE 和 ACTION 字段内容根据需要被设置和清除)。

管理和设置会话的 MODULE 和 ACTION 字段的值的另一种方法是，在所有重要的 PL/SQL 包中添加 DBMS_APPLICATION_INFO 的性能测量，便于在做重要的事情时设置 MODULE 和 ACTION 字段的值；这样你在 PL/SQL 代码最终退出时不需要清除它。这样做最大的缺陷是，尽管我们有意愿在所有重要的代码中设置 MODULE 和 ACTION 字段的值，但实际上却没有做到。同样地，也有可能在代码完成后在会话中标记的值是错误的。

前面的情况很常见，使用 DBMS_APPLICATION_INFO 可能会引起小混乱。另外，如果有多个 PL/SQL 存储过程调用一个核心包，而你想要对它进行性能测量，那么你确实需要控制设置和取消设置 MODULE 和 ACTION 字段的值。这个包将设置你的 ACTION 和 MODULE 字段的值，并且你要记住在调用核心包之后在调用代码中需要重新设置。

有一个简单且方便的选择。DBMS_APPLICATION_INFO 包可以读取和设置它所控制的各种值，这样你就可以在核心包的开始处读取这些值(或者以这种方式进行 PL/SQL 的性能测量)，并在代码结束时将它们重置为初始状态。例如，我们在一个会话中运行以下操作(碰巧有一个 4 的 SID)，并从另一个会话检查 MODULE 和 ACTION 的值：

```
--dbin2
declare
v_init_module   varchar2(48);
v_init_action   varchar2(32);
begin
  dbms_application_info.read_module(v_init_module,v_init_action);
  dbms_application_info.set_module('MY_MODULE','INITIATION');
  dbms_lock.sleep (5);
  dbms_application_info.set_action('PROCESSING');
  dbms_lock.sleep (20);
  dbms_application_info.set_module(v_init_module,v_init_action);
end;
/


-- from our first session
select to_char(sysdate,'hh24:mi:ss') time ,sys_context('USERENV','SID') sid
from dual;
TIME      SID
-------- ----
12:59:10    4

exec dbms_application_info.set_module('BI REPORTING',NULL);

@dbin2

-- from the second session you run the below several times
select to_char(sysdate,'hh24:mi:ss') time, sid, username, module, action
from v$session
where sid =4


TIME     SID USERNAME  MODULE                ACTION
-------- ---- --------------------------------------------------------
12:59:05    4 MDW2      BI REPORTING
...
12:59:13    4 MDW2      MY_MODULE             INITIATION
...
12:59:18    4 MDW2      MY_MODULE             PROCESSING
...
12:59:31    4 MDW2      MY_MODULE             PROCESSING
...
12:59:35    4 MDW2      BI REPORTING
```

如你所见，在第一个会话中，运行代码之前 MODULE 的值是 BI_REPORTING，ACTION 的值是 NULL。运行过程中设置 ACTION 和 MODULE 字段的值与代码一致，在代码结束后，id 为 4 的会话具有与代码启动时相同的 MODULE 和 ACTION 的值。在开始执行核心 PL/SQL 代码时保存会话的 MODULE 和 ACTION 字段的值，并且在结束后执行 DBMS_APPLICATION_INFO 包将这些字段的值恢复成开始保存的结果，这是一种简单而有效的方法。

我们还没有提到 CLIENT_INFO 字段。虽然在 V$SESSION 视图中 CLIENT_INFO 字段也是由 DBMS_APPLICATION_INFO 包的 SET_CLIENT_INFO 函数写入数据，并通过 READ_CLIENT_INFO 函数读取数据，但是与 MODULE 和 ACTION 两个字段不一样，Oracle 的监控工具很少使用它，而且由于这个原因通常情况下很少使用它。它们的工作方式是一样的，并且可以保存一个更长字符串，长度为 64 字节。有时，我们使用它保存数据，表示长时间运行的步骤的进展，例如下面的代码片段(仍然是从实例中得到的)：

```
dbms_application_info.set_client_info(pv_process_name||' Savepoint. Processed: '
                ||TO_CHAR(pv_rows_processed||' of '||pv_process_range));
```

```
  SID MODULE              ACTION            CLIENT_INFO
----- ------------------- ----------------- ----------------------------------------
  248 TR_TRADE_LOAD       XYZ_UPDATE        Savepoint. Processed: 100000 of 570000
...
  248 TR_TRADE_LOAD       XYZ_UPDATE        Savepoint. Processed: 200000 of 570000
...
  248 TR_TRADE_LOAD       XYZ_UPDATE        Savepoint. Processed: 300000 of 570000
...
  248 TR_TRADE_LOAD       XYZ_UPDATE        Savepoint. Processed: 300000 of 570000
...
  248 TR_TRADE_LOAD       XYZ_UPDATE        Savepoint. Processed: 500000 of 570000
...
  248 TR_TRADE_LOAD       XYZ_UPDATE        Savepoint. Processed: 570135 of 570000
...
```

我们以这种方式使用 CLIENT_INFO，因为它很简单，而且我们有脚本来查看 MODULE 和 ACTION 字段的值，因此也很容易查看 CLIENT_INFO 字段。

V$SESSION_LONGOPS 和 DBMS_APPLICATION_INFO

DBMS_APPLICATION_INFO 包中还有一个存储过程可以在 V$SESSION_LONGOPS 视图中创建记录，该视图中通常包含长时间运行的 SQL 语句的信息，以及评估完成它们要多长时间。因此，它是保存进展信息"正确"的地方。我们将快速介绍如何将自己的信息放入$SESSION_LONGOPS 中，这比设置 MODULE、 ACTION 和 CLIENT_INFO 字段的值稍微复杂一点。

你需要一个"鱼钩"来触发在 V$SESSION_LONGOPS 中写入一行记录，通过将 binary_integer 变量设置为：

```
DBMS_APPLICATION_INFO.SET_SESSION_LONGOPS_NOHINT
```

(我不知道为什么它有这么奇怪的名字)。当第一次调用 SET_SESSION_LONGOPS 时，将该变量传递给参数rindex，这是一个 IN OUT 参数。返回的值是你在 V$SESSION_LONGOPS 中维护记录的内容。

```
-- longops1.sql
declare
v_rindex  binary_integer;
v_slno    binary_integer;
v_module  varchar2(48) :='ORDER DAILY BATCH';
v_action  varchar2(32) :='NEW CUSTOMERS';
v_count   binary_integer;
begin
  -- this sets v_rindex to a placeholder value;
  v_rindex := dbms_application_info.set_session_longops_nohint;
  dbms_output.put_line ('initial v_rindex value is '||v_rindex);
  -- slno is used internally for repeat calls to set_session_longops- leave alone
  -- nb - you need some way of estimating how far through the task you are!
  dbms_application_info.set_session_longops
    (rindex       => v_rindex            -- used to id your entry in v$session_longops
    ,slno         => v_slno              -- used by the package to track "stuff"
    ,op_name      => v_module||'-'||v_action -- what you want to call it
    ,target       => 1234                -- numeric ID of your target
    ,target_desc  => 'BATCH_LOAD_TABLE'  -- text of your target
    ,context      => 42                  -- any number you want
    ,sofar        => 1                   -- what has been done
```

```
  ,totalwork    => 10                      --   out of this many
  ,units        => 'beans');               --    in these units
dbms_output.put_line ('v_rindex value is '||v_rindex||' slno value is '
                  ||v_slno);
--
end;

mdw2> @longops1
initial v_rindex value is -1
v_rindex value is 489  slno value is 1241

PL/SQL procedure successfully completed.

select sid||'-'||serial# sid_ser    ,opname   ,target ,sql_id
    ,start_time ,last_update_time ,elapsed_seconds  ,time_remaining
    ,sofar     ,totalwork         ,units   ,message
from V$SESSION_LONGOPS
where target=1234


SID_SER    OPNAME                               TARGET          SQL_ID
----------------------------------------------------------------- -------------
START_TIME    LAST_UPD      elapsed    to_go   SOFAR TOTALWORK UNITS
------------------------------------------------------ ---------- --------- ------
MESSAGE
----------------------------------------------------------------------------
4-27517    ORDER DAILY BATCH-NEW CUSTOMERS 1234             3v52udfqgs5ct
31-01 17:12:43 31-01 17:12:43      0       0        1      10 beans
ORDER DAILY BATCH-NEW CUSTOMERS: BATCH_LOAD_TABLE 1234: 1 out of 10 beans done
```

当初始化设置变量 v_rindex 时，可以使用 dbms_application_info.set_session_longops_hint 函数设置它的值为 -1(至少在 Oracle Databases 11 和 12 版本中)。实际上，可以先把变量初始化设置为-1，然后它就会起作用，但这是不好的做法，因为你不知道这个内置的包变量将会如何被 Oracle 更改。每次手工创建一条新记录时，从 set_session_longops 中传回的 RINDEX 和 SLNO 的值似乎增加了 1。在调用该存储过程在 V$SESSION_LONGOPS 中写入一条记录之后，我们从 V$SESSION_LONGOPS 中取出一些字段，以便可以看到已被写入的内容，即 OPNAME、TARGET SOFAR、TOTALWORK、UNITS 和 MESSAGE。

现在我们看一个示例，完成一些任务后字段 SOFAR 和 TOTALWORK 的值就增加了。一旦在 V$SESSION_LONGOPS 中初始化了一条记录，我们只能使用 RINDEX 和 SLNO 的值来更新记录。你不需要每次都传入所有的参数值，但是要小心——如果只传入 SOFAR 的值而没有传入 TOTALWORK 值，就会得到奇怪的反馈。TOTALWORK 被设置为默认值 0，TIME_REMAINING 的值没有计算，并且 MESSAGE 字段也有以下类似的情况：

```
OBJECT MAINT-ALTERED OBJECTS: ALL_OBJECTS 35: 11 out of 0 Letters done
```

下面的代码表示随着工作的进展更新 V$SESSION_LONGOPS 的内容：

```
-- longops2.sql
declare
v_rindex binary_integer;
v_slno    binary_integer;
v_module varchar2(48) :='OBJECT MAINT';
v_action varchar2(32) :='ALTERED OBJECTS';
v_count  binary_integer;
begin
  -- this sets v_lops to a placeholder value;
  v_rindex := dbms_application_info.set_session_longops_nohint;
```

```
   dbms_output.put_line ('initial v_rindex value is '||v_rindex);
   dbms_application_info.set_session_longops
     (rindex => v_rindex ,slno        => v_slno ,op_name    => v_module||'-'||v_action
     ,target => 36        ,target_desc => 'ALL_OBJECTS',context=> 12
     ,sofar  => 0         ,totalwork   => 26              ,units => 'Letters');
   dbms_output.put_line ('v_rindex value is '||v_rindex||' slno value is '||v_slno);
   for a in 1..26 loop
     select count(*) into v_count
     from all_objects where object_name like (chr(64+a)||'%');
     dbms_lock.sleep(2);
     dbms_application_info.set_session_longops
     (rindex  => v_rindex ,slno      => v_slno
     ,sofar   => a ,totalwork=> 26);
     dbms_output.put_line ('v_rindex value is '||v_rindex||' slno value is '||v_slno);
   end loop;
end;
```

```
-- output
@longops2
initial v_rindex value is -1
v_rindex value is 498  slno value is 1248
v_rindex value is 498  slno value is 1248
...
v_rindex value is 498  slno value is 1248
v_rindex value is 0 slno value is 0


PL/SQL procedure successfully completed.

-- looking at the relevant V$SESSION_LONGOPS row from another session
-- where TARGET =36
```

```
SID_SER     OPNAME                          TARGET               SQL_ID
----------- ------------------------------- -------------------- --------------
START_TIME    LAST_UPD       elapsed   to_go    SOFAR  TOTALWORK UNITS
-------------- -------------- -------- -------- ---------- ---------- --------
MESSAGE
--------------------------------------------------------------------------------
4-27517     OBJECT MAINT-ALTERED OBJECTS     36                  as0ys6vrsj9ra
31-01 18:27:49 31-01 18:27:49      0               0        26 Letters
OBJECT MAINT-ALTERED OBJECTS: ALL_OBJECTS 36: 0 out of 26 Letters done

4-27517     OBJECT MAINT-ALTERED OBJECTS     36                  as0ys6vrsj9ra
31-01 18:27:49 31-01 18:27:53      4      48       2        26 Letters
OBJECT MAINT-ALTERED OBJECTS: ALL_OBJECTS 36: 2 out of 26 Letters done

4-27517     OBJECT MAINT-ALTERED OBJECTS     36                  as0ys6vrsj9ra
31-01 18:27:49 31-01 18:27:59     10      42       5        26 Letters
OBJECT MAINT-ALTERED OBJECTS: ALL_OBJECTS 36: 5 out of 26 Letters done
-- skipped several lines of output
4-27517     OBJECT MAINT-ALTERED OBJECTS     36                  as0ys6vrsj9ra
31-01 18:27:49 31-01 18:28:40     51       2      25        26 Letters
OBJECT MAINT-ALTERED OBJECTS: ALL_OBJECTS 36: 25 out of 26 Letters done

4-27517     OBJECT MAINT-ALTERED OBJECTS     36                  as0ys6vrsj9ra
31-01 18:27:49 31-01 18:28:42     53       0      26        26 Letters
```

```
OBJECT MAINT-ALTERED OBJECTS: ALL_OBJECTS 36: 26 out of 26 Letters done
```

可以看到，Oracle 不仅记录了 SOFAR 和 TOTALWORK 字段的值，而且还记录了 ELAPSED_SECONDS 的值，并在 TIME_REMAINING 字段(我们的脚本调用这些 elapsed 和 to go 可以节省空间)中计算评估了剩余时间。如果在更新语句中不包含 TOTALWORK 的值，那么 Oracle 不会重新估算 TIME_REMAINING。我们推测随着代码的进展，Oracle 可以更新 TOTALWORK 值，并且提供该值给 set_session_ longops 使用。这个包记住了最初传入的其他参数值(OP_NAME、TARGET、CONTEXT 和 UNITS)。

> **使用令人迷惑的动态视图 V$SESSION_LONGOPS**
>
> 关于将自己的信息写入 V$SESSION_LONGOPS 视图中的最后警告。如果不是你一人在监控代码运行的数据库，那么你最好向其他监控人说清楚写入的信息是什么。对于 V$SESSION_LONGOPS 视图来说，其他人经常有特定的目的需要查看长期运行的 SQL(比如长时间运行的查询、收集统计信息状态语句、表的复制和索引重建)。其他人不期望用户自定义信息出现在那里，或者知道这种可能性。在一些场合这些会令人恐慌!

7.6.3　SQL*Plus 的命令 SET APPINFO 和 SYS_CONTEXT

关于 DBMS_APPLICATION_INFO 包最后要介绍两件事情。

在 SQL*Plus 中可以执行 set appinfo on 或者 set appinfo text 命令。后一种形式将 MODULE 设置为文本信息。这两种形式都会导致 MODULE 被设置为(跟在@ 或者 @@后面的)执行脚本的名称。脚本执行完成后，输入内容会变回设置的默认文本。(如果未对 APPINFO 做任何设置，SQL*Plus 会在后台将该值设置为 "SQL*Plus" ——如果在一个会话中关闭了 APPINFO，然后运行脚本时，该会话的 MODULE 部分会变成空白。)

将 appinfo 设置为 on，可以检测和监控在 SQL*Plus 中运行的脚本:

```
set appinfo 'ORDERS_BATCH'
select module,module_hash from v$session where type !='BACKGROUND'

  SID MODULE
----- ------------------------------------------------------------
    8 ORDERS_BATCH
    9 01@ eric1.sql
  189 01@ D:\sqlwork\sqlutils\chk_mac.sql
  190 01@<k\sqlutils\verlongnameofscriptfortesting.sql
```

可以看到，会话(SID 为 8)现在被标记为 ORDERS_BATCH。此外，在其他三个设置了 set appinfo on 的会话中，可以看到它们最后执行的 SQL 脚本。其中一个 SQL 脚本位于当前工作目录(SID 为 9)，最后两个脚本位于 SQLPATH 变量中设置的目录中。注意，MODULE 的文本长度被裁剪为 48 个字符，但它被裁剪的字符串在前面开始的位置(请参见 SID 为 190，其中的"D:\sqlwor"被删除了)。如果显式地声明了 SQL 脚本的目录，就会显示在 MODULE 中。请记住，如果设置了 set appinfo tex，那么如果会话没有运行脚本，也可以在 MODULE 中看到文本信息。

不能通过执行 set appinfo 来设置 ACTION 或 MODULE 字段。

注意:

作为 Oracle Forms 的用户，Oracle Forms 自版本 11.1 开始为你设置 MODULE 的模块名称。Oracle 向你警示，尽管可以使用 DBMS_APPLICATION_INFO 更改表单中的值，但 Oracle 并不支持这样做，因为更改操作是为了 OEM 的新特性使用 MODULE 字段而设计的。

可以通过 SYS_CONTEXT 函数获取当前会话的 MODULE、ACTION 和 CLIENT INFO 字段的信息:

```
BEGIN
  dbms_application_info.set_module('ORDERS BATCH','NEW ORDERS');
```

```
        dbms_application_info.set_client_info('processed 572 new orders');
        dbms_lock.sleep(1);
        dbms_output.put_line('Module      : '||sys_context('userenv','module'));
        dbms_output.put_line('Action      : '||sys_context('userenv','action'));
        dbms_output.put_line('Client info : '||sys_context('userenv','client_info'));
end;

-- output
Module      : ORDERS BATCH
Action      : NEW ORDERS
Client info : processed 572 new orders
```

SYS_CONTEXT 信息保存在内存中,因此从内存中获取当前 SID 对应会话的 MODULE、ACTION 和 CLIENT INFO 信息比根据当前会话的 SID 查询 V$SESSION 更有效。但是,如果提供这些信息进行高级的性能测量,就像建议的那样并不需要一直检查它的信息,因此两种方法的性能差异并不显著。无论哪种方法都适合你。

7.6.4　性能测量选项概览

我们已经介绍了对代码进行性能测量的三个主要工具: DBMS_OUTPUT、DBMS_APPLICATION_INFO 和日志表。

DBMS_OUTPUT 的优点是它很容易使用,而且每个 PL/SQL 编程的人都知道如何使用 dbms_output.put_line 函数。可以输出任何想要的信息。但是这些信息是瞬时的,很容易丢失,要等到 PL/SQL 代码运行结束后才能看到,无法在其他的会话中看到。为了提升 DBMS_OUTPUT 的易用性,可以创建一个封装的存储过程。对性能的影响较小,除非在过度使用的情况下,将数据返回到持续增长的会话中会浪费较多的内存和时间资源。在老版本的 Oracle 中,你使用它可能会产生大量的错误,因为它只是开发代码的调试工具。

DBMS_APPLICATION_INFO 是非常轻量级的软件包,它的输出信息可以在 Oracle 的工具集中使用,而且使用起来很简单。此外,这些信息在其他会话中可以立即看到。然而,它只能输出少量的、瞬时的信息。你不必担心它对性能或数据库等产生负面影响。它是实时监控生产系统 PL/SQL 代码的理想工具。

使用日志表需要做设置,并且使用日志表中的数据需要编写代码来实现。但是数据是永久的,立即可见的,并且可以通过你想出的任何形式的 SQL 查询语句进行代码剖析。记录日志表是一种长期的最灵活的监控工具,允许你进行你想要的各种性能测量。如果过度地使用日志表,会对系统性能产生巨大的影响。使用日志表是对生产系统代码性能测量的理想选择。

当然,正如所演示的那样可以混合使用三个性能测量工具。可以使用 DBMS_APPLICATION_INFO 对信息进行粗略的实时监控,还可以使用存储过程将日志记录到表中,也可以选择 DBMS_OUTPUT 简单地设置 LOG_LEVEL 参数。

7.6.5　性能测量包

有几个包/实用程序可以用来对 PL/SQL 代码进行性能测量,这些通常是免费的。它们通常可以自动地写入信息到日志表中,或者为 DBMS_OUTPUT 或 DBMS_APPLICATION_INFO 提供封装器。但是在本章中,我们为你提供了源代码对 PL/SQL 代码进行性能测量!不打算介绍其他的工具包,除了 Oracle 的性能测量库,或者是 Method-R 公司(一个在 Oracle 性能方面非常著名和受人尊敬的公司)提供的工具 ILO。在撰写本文时 ILO 的版本是 2.3,可以从 SourceForge 网站下载:http://sourceforge.net/projects/ilo/。

在过去的几年,代码没有很大的改动——因为它不需要修改也可以正常工作。ILO 工具的开发人员偶尔会收到需求将数据保存在日志表中,但是他们认为关于创建特定的表以及如何使用这些表,是根据不同的客户需求确定的。而且在源代码中添加代码将数据保存在自己的永久表中是很容易的。

这个包简化了 DBMS_APPLICATION_INFO 包和 DBMS_SESSION 包的调用,可以记录处理代码的进展,并允许 DBA 定位和监控正在运行的代码。它还有助于创建 Oracle 的跟踪日志文件，并可以在跟踪日志文件和警告日志中添加额外的信息，这使它成为优秀的性能测量工具包之一。在本书中没有介绍跟踪日志文件。虽然生成、分析和读取跟踪日志文件是性能调优的一项重要技能，但它在许多其他书籍、Web 文章和博客中得到了充分的介绍。可能性能调优是关于 Oracle 的书中最受欢迎的技能了!

一旦有用户创建并且安装了包，使用它就非常简单了。在需要检测的存储过程或函数中代码最开始的位置，在退出代码时(就在终止 END 和 EXCEPTION 语句之前)，以及在代码的任何关键点上你想更改 ACTION 操作步骤名称，都可以调用工具包。

```
create or replace PROCEDURE ORDERS_BATCH(
  P_date        varchar2,
  P_department pls_integer) is
begin
  ilo_task.begin_task(module => 'ORDERS_BATCH', action => 'NEW_ORDERS');
  select ord_id,status,cust_id...
  ...
  ... -- lots of code
  ...
  ilo_task.end_task;
exception
when others
then
  dbms_output.put_line('Exception thrown');
  ilo_task.end_task(error_num =>SQLCODE);
end;
```

如前所述，我们不打算详细讨论这个工具；只需要知道它和其他包一样是可用的。如果认为 ILO 工具包可能对你有用，就去 SourceForge 网站下载文档和代码。

7.7　剖析

一旦你对代码进行了性能测量，那么剖析代码几乎就是检测的一个附属功能。毕竟，这是在生产系统代码中使用性能测量的主要原因。但是，如果在系统上没有性能测量工具，则可以使用其他工具来剖析 PL/SQL 的代码，包括 DBMS_TRACE、DBMS_PROFILER 和 DBMS_HPROF，我们稍后将讨论这些工具。

7.7.1　用 DBMS_OUTPUT 剖析生产环境代码的缺陷

如果是通过 DBMS_OUTPUT 进行性能测量的，那么对代码进行剖析将是一个手工过程，查看输出信息并简单地阅读理解它。以下是另一个写入地址的 pna_maint.pop_addr_batch 存储过程的输出信息:

```
POP_ADDR_BATCH log 5 - 12:18:19.603 :started at 16-02-03 12:18:19.603
POP_ADDR_BATCH log 5 - 12:18:19.603 :towns 1 to 69  roads 1 to 81  types 1 to 74
POP_ADDR_BATCH log 5 - 12:18:24.603 :intermediate commit at 100000 addresses
POP_ADDR_BATCH log 5 - 12:18:30.296 :intermediate commit at 200000 addresses
POP_ADDR_BATCH log 5 - 12:18:36.726 :intermediate commit at 300000 addresses
POP_ADDR_BATCH log 5 - 12:18:44.043 :intermediate commit at 400000 addresses
POP_ADDR_BATCH log 5 - 12:18:52.136 :intermediate commit at 500000 addresses
POP_ADDR_BATCH log 5 - 12:19:00.998 :intermediate commit at 600000 addresses
POP_ADDR_BATCH log 5 - 12:19:10.734 :intermediate commit at 700000 addresses
POP_ADDR_BATCH log 5 - 12:19:21.321 :intermediate commit at 800000 addresses
POP_ADDR_BATCH log 5 - 12:19:32.590 :intermediate commit at 900000 addresses
POP_ADDR_BATCH log 5 - 12:19:44.694 :intermediate commit at 1000000 addresses
POP_ADDR_BATCH log 5 - 12:19:44.694 :ended at 16-02-03 12:19:44.694
```

```
POP_ADDR_BATCH log 5 - 12:19:44.694 :elapsed is 0 00:01:25.091000000
```

如果查看输出信息，会发现每个 intermediate 的事务提交都花费了较长的时间。当处理的数据越来越多时，代码会慢下来，如果使用更复杂的性能测量代码更容易看到每个步骤之间的时间变化。我们使用 DBMS_OUTPUT 代码只是查看输出信息(然而我们必须强调，使用 DBMS_OUTPUT 比没有性能测量要好得多！)

你能从最后一行看到响应时间是 1:25.091，超过 1 分钟。你可能还记得之前的响应时间是 43.138 秒。但是你可能不记得了，它是 20 页左右。实际上，我们想证明在调试代码时使用 DBMS_OUTPUT 是可以的(因为我们反复运行它，并且能够记住或检查最后几次的运行记录)，但是不满足监控生产代码的要求。虽然你曾经看过运行记录，但是过几天可能就不记得了。你甚至可以缓存关于生产批处理代码的 DBMS_OUTPUT 的输出结果并且保存到文件中，那么必须能够找到它们。

关于这个主题，如果将输出结果保存到一组文件中，就可以使用各种工具来处理它，但实际上你将写一个小程序来完成。以前我们编写了 shell 脚本、使用 awk 命令(或两个都用)来处理操作系统中的日志文件，甚至将信息拖到 Microsoft Excel 中进行处理。但是它们与使用日志表和 SQL 语句相比，都是比较原始的方法。

7.7.2　使用 PLSQL_LOG 表

我们将日志信息写入一个类似 PLSQL_LOG 的日志表中，就可使用可修改的 SQL 语句查看数据。下面介绍一些示例。

我们先看看在前面章节出现的相同信息(使用 DBMS_OUTPUT 显示)也写到了 PLSQL_LOG 日志表中。在过去的几天里，代码运行花了多长时间？对这段代码进行性能测量的结果包括了一个最终的记录整体响应时间的信息，我们可以从过去几天的日志中提取出这些记录：

```
select process_name,start_timestamp,log_text
from plsql_log
where process_name='POP_ADDR_BATCH'
and log_text like '%elapsed%'
and start_timestamp > systimestamp -5
order by 2

PROCESS_NAME    START_TIMESTAMP          LOG_TEXT
----------------------------------------------------------------------
POP_ADDR_BATCH  23-JAN-16 20.59.48.926 elapsed is 0 00:00:42.037000000
POP_ADDR_BATCH  24-JAN-16 21.26.12.449 elapsed is 0 00:00:43.138000000
POP_ADDR_BATCH  25-JAN-16 20.52.56.916 elapsed is 0 00:00:44.089000000
...
```

如果想知道每段代码的响应时间，可以使用一个非常简单的分析函数。还有一个常见的需求是查看进程最近的运行情况，因此可以使用子查询找到给定进程名称的最新运行情况：

```
select  process_name,start_timestamp
     ,to_char(log_timestamp,'HH24:MI:SS.FF3') log_timestmap
     ,log_level,log_text
     ,substr(log_timestamp - lag(log_timestamp,1)
                        over (order by log_timestamp),12,12) as elapsed
from plsql_log
where process_name='POP_ADDR_BATCH'
and start_timestamp = (select max(start_timestamp) from plsql_log
                  where process_name = 'POP_ADDR_BATCH')
order by log_timestamp
```

PROCESS_NAME	START DATE	LOG TIMESTAMP	LOG LEV	LOG_TEXT	ELAPSED

```
--------------  -------- --------------  --------------------------------------  ----------
POP_ADDR_BATCH  03-FEB-1612:18:19.603 5 started at 16-02-03 12:18:19.603
                          12:18:19.603 5 towns 1 to 69  roads 1 to 81  types 1 to 74 00:00:00.000
                          12:18:24.603 5 intermediate commit at 100000 addresses      00:00:05.000
                          12:18:30.296 5 intermediate commit at 200000 addresses      00:00:05.693
                          12:18:36.726 5 intermediate commit at 300000 addresses      00:00:06.430
                          12:18:44.043 5 intermediate commit at 400000 addresses      00:00:07.317
                          12:18:52.136 5 intermediate commit at 500000 addresses      00:00:08.093
                          12:19:00.998 5 intermediate commit at 600000 addresses      00:00:08.862
                          12:19:10.734 5 intermediate commit at 700000 addresses      00:00:09.736
                          12:19:21.321 5 intermediate commit at 800000 addresses      00:00:10.587
                          12:19:32.590 5 intermediate commit at 900000 addresses      00:00:11.269
                          12:19:44.694 5 intermediate commit at 1000000 addresses     00:00:12.104
                          12:19:44.694 5 ended at 16-02-03 12:19:44.694               00:00:00.000
                          12:19:44.694 5 elapsed is 0 00:01:25.091000000              00:00:00.000
```

另一个常见的需求是，获取最新的性能测量来查看系统正在发生的情况。可以用一个简单的包括 WHERE 子句的查询语句来查看一下短时间内的情况。下面的示例显示了最近 15 分钟的所有日志信息：

```
AND  start_timestamp > sysdate-(1/(24*4))
```

为了表示最近一段特定时间，使用当前的日期(SYSDATE 函数返回值)减去一个分数。使用 x/24 分数表示最近 x 小时，x/(24*60)表示最近 x 分钟，x/(24*60*60)表示最近 x 秒。以下语句查看最近 30 分钟的信息：

```
select  process_name, to_char(start_timestamp,'DD-MM-YY HH24:MI:SS') Start_Date
     ,to_char(log_timestamp,'HH24:MI:SS.FF3') log_ts
     ,log_text
     ,substr(log_timestamp - start_timestamp,12,12) as elapsed
from plsql_log
where process_name='POP_ADDR_BATCH'
and start_timestamp > sysdate-(30/(24*60)) -- 30 minutes
and log_text like 'end%'
order by log_timestamp desc


PROCESS_NAME   START_DATE      LOG_TS            LOG_TEXT                          ELAPSED
-------------------------------  ------------------------------------------------  -----------
POP_ADDR_BATCH 20-02-16 15:41:06 15:41:55.560 ended at 16-02-20 15:41:55.560 00:00:48.934
```

在 POP_ADDR_BATCH 的示例中，性能测量的结果包括一个最终的"响应时间"的记录信息，但实际上不需要这样的派生的记录信息，因为它们很容易从 PLSQL_BATCH 中的日志数据中提取。我们只需要提取"start"和"end"的记录，并使用如下所示的 lag 分析函数：

```
select  process_name,start_timestamp
     ,to_char(log_timestamp,'HH24:MI:SS.FF3') log_timestmap
     ,log_level,log_text
     ,substr(log_timestamp - lag(log_timestamp,1)
                     over (partition by start_timestamp order by log_timestamp)
                     ,12,12) as elapsed
from plsql_log
where process_name='POP_ADDR_BATCH'
and (log_text like 'start%' or log_text like 'end%')
and start_timestamp > sysdate -3
order by log_timestamp
                START      LOG           LOG
PROCESS_NAME    DATE       TIMESTAMP     LEV LOG_TEXT                            ELAPSED
------------------------  ------------  ---  ------------------------------------  ------------
POP_ADDR_BATCH 01-FEB-16  11:43:27.824   5 started at 16-02-01 11:43:27.824
```

	11:44:27.708	5 ended at 16-02-01 11:44:27.708	00:00:59.884
02-FEB-16	11:46:34.370	5 started at 16-02-02 11:46:34.370	
	11:57:27.841	5 ended at 16-02-02 11:57:27.841	00:00:53.471
03-FEB-16	12:18:19.603	5 started at 16-02-03 12:18:19.603	
	12:19:44.694	5 ended at 16-02-03 12:19:44.694	00:01:25.091
03-FEB-16	16:03:36.964	5 started at 16-02-03 16:03:36.964	
	16:06:08.590	5 ended at 16-02-03 16:06:08.590	00:02:31.626

　　查看最近几次记录的响应时间，我们看到问题随着时间的推移变得越来越严重。编写 SQL 语句进行日志检查是很容易的，检查 PLSQL_LOG 日志表中记录的响应时间随着时间慢慢变得更糟，或者说日志中 50% 的响应时间比上次更慢。

　　正如在前面的性能测量中介绍使用 PLSQL_LOG 日志表的一个好处，通过自治事务将数据写入表，然后可以看到正在运行代码的进度。如果有人问为什么"地址写入批处理"花费了这么长的时间，我们可以查看 PLSQL_LOG 日志表或 OEM 性能屏幕上的 MODULE 信息，确定"地址批处理"的模块名称就是 POP_ADDR_BATCH。由于进度信息实时地写入 PLSQL_LOG，因此可以立即看到它已完成和正在做的事情。图 7-6 是 SQL Developer 展示页面(填充你喜欢使用的 GUI 数据库监控工具)的快照，内容是 POP_ADDR_BATCH 模块运行过程中使用的代码。

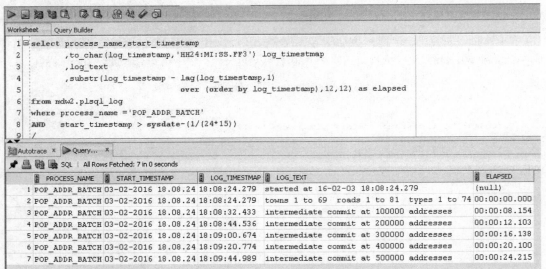

图 7-6　查看 POP_ADDR_BATCH 的实时进展

　　我们看到代码开始执行了(以及开始的时间)，并且通过了一些设置的阶段，正在处理中间事务提交。我们看到每个批处理的完成时间都比上一次的更慢。我们有了性能测量的信息以后就不用猜测了。我们看到代码正在运行没有被卡住，看到已经完成的步骤，也看到每个批任务处理相同的记录数的完成时间都比前一次的更慢。现在可以开始提问了，什么原因导致的？我们还可以打开包的代码查看，并在代码中查找 LOG_TEXT。然后就可以向客户提供反馈结果，决定是否有问题需要解决。如果存在问题，而你是掌握了重要信息的 DBA，那么尽快将其反馈回开发团队，以帮助他们研究这个问题。每个人都受益了。

　　我们展示几个用于获取 PLSQL_LOG 日志表中数据的脚本，当你把性能测量的数据写入日志表中，查询它的方式仅受限于想象力和时间。不要让这张表变得很大，但是可以按月或按年对表分区，这样做可以很方便地归档历史数据，如你所愿。因为你正在永久保存核心代码的运行日志，所以可以跟踪性能随时间的变化。这么做有各种意想不到的好处。其中之一就是，当管理层开始激动地指责"X 程序耗时超长"并且矛头不可避免地指向数据库时，你马上给出手上的日志表中的日志信息可以表明代码执行完成的时间与去年相同，问题出在其他地方，可能是在数据库中，目前正在分析为什么 X 程序的 B 部分代码在白天执行变得更慢。

7.7.3　性能测量强大威力的真实案例

在本章结束的部分介绍一个使用日志表进行性能测量的真实示例，将会是一项非常困难的管理工作。

客户付费要求我对他们的系统进行 Oracle 数据库系统迁移和版本升级。非常典型的需求是使用一个新的、更强大的服务器替换原来的服务器，并将数据库迁移到 Oracle 还提供维护支持的最新版本。他们希望对数据库的应用程序不做修改，对数据库结构不做修改，对 SQL 或 PL/SQL 也不做任何修改。他们还希望迁移到新服务器的新版本数据库“运行得更快”，但关键点是没有 SQL 语句和 PL/SQL 包运行变慢，什么都不能比旧系统慢。

这是一个几乎不可能完成的目标：尽管大多数 SQL 语句在新版本的 Oracle 上运行的效率与原来一样快或者更快，这是另一个有不同功能的优化器，总是有一些情况，执行计划包括新的访问路径将缩短 95%的 SQL 语句执行时间，但是会延缓 5%的 SQL 语句执行时间。设置与当前版本兼容被认为是无法接受的——他们想要所有的潜在收益，不允许有损失。

另一个典型的情况是，他们并不清楚应用程序的全部流程以及事务之间的关联关系。继续迁移，发现新的应用程序和原来的程序混合在一起，而且为了解决问题，已经被修改过了。他们甚至不知道许多组件执行完成的响应时间，除了经常出错和必须得到关注的组件。虽然应用有一些文档，但大部分都是旧的或不全的。

值得庆幸的是，当数据库和它的应用程序最初被创建时，它们使用了性能测量——并且也使用了随后添加的新代码。每个程序进程执行的开始和结束时间(无论是 shell 脚本、Java 还是 PL/SQL 应用程序)都记录在数据库的日志表中。不过日志表的记录并不是很多。没有关于数据量或关键参数的信息，但是有程序调用的开始和结束时间信息，可以回顾一年之内执行成功的指标信息(他们整理的数据)。还有一些辅助表描述了所有应用组件的层次结构。

在一到两周内，我们从这些信息中找到了应用程序的流程，以及在数据库中运行的应用逻辑，并知道了应用程序最近几个月的平均运行时间。现在我们又有了当前系统组件代码的剖析信息，并清楚地掌握应用程序总体的时间开销。在此之前，客户已经知道他们有性能测量的数据，但是他们没有生成这些代码剖析和数据的逻辑流程。如果我们没有性能测量的数据，就很难获得这些信息。

我们现在处于构建和测试新系统的阶段(这样简短的一句话实际上涵盖了很多工作)，并且运行剖析文件进行对比(因为有了性能测量而变得简单和方便)，然后修复那些运行速度变慢的应用组件。甚至最后的生产系统与测试系统也是完全不一样的，实际上在系统迁移割接后，第一天被处理的数据就被修改了(或者更多的数据！)。可以使用性能测量和代码剖析相当精确地预测(每个步骤准确率在 6%以内)系统割接迁移以后数据库应用组件的执行完成时间，还包括第一天 24 小时的实时进程监控。如果没有性能测量，在系统迁移后我们将会遇到严重的性能问题而且迁移过程中可能会漏掉一些应用组件。

性能测量和剖析几乎不占用系统开销。它们是专业系统运维至关重要的功能。

7.7.4　剖析和调试包

Oracle 提供了几个包来帮助你剖析 PL/SQL 代码，而不需要添加自己的性能测量工具。在你需要发现代码的问题而又没有对代码进行性能测量时，这些测量的包非常有用。三个主要的软件包分别是 DBMS_TRACE、DBMS_PROFILER 和 DBMS_HPROF。接下来，我们将看看这三个软件包的功能并且对它们进行比较。

我们还将查看 PLSQL_WARNINGS 软件包，它可以用来检测 PL/SQL 代码的潜在问题。严格地说，它更多的是一种调试(或者避免缺陷)工具，而且它与剖析工具配合得很好。特别是它和其他三个软件包一样为大家提供了有价值的帮助，但似乎很少使用。

PLSQL_WARNINGS

PLSQL_WARNINGS 是 Oracle 的一个初始化参数,可以在实例或会话级别设置。当你启用 PLSQL_WARNINGS 时，在编译 PL/SQL 代码的任何时候，Oracle 将会检查一些已知的问题，比如使用保留字或已经废弃的特性，然后输出警告信息并且编译 PL/SQL 代码，或者输出报错信息并且退出编译代码。在 Oracle Database 10.1 中默认引入了 PLSQL_WARNINGS 特性，默认值为 DISABLE，如下所示：

```
select name,value from v$parameter where name ='plsql_warnings';

NAME             VALUE
---------------  ------------------------------
plsql_warnings   DISABLE:ALL
```

可以在会话中使用命令 ALTER SESSION 或者包 DBMS_ WARNING 启用它的设置。以下是使用 ALTER SESSION 来设置打开所有编译警告：

```
alter session set plsql_warnings='enable:all'
Session altered.
```

编译警告用来控制编译 PL/SQL 代码时看到的告警信息。它对于识别 PL/SQL 代码中弃用或未达到最佳标准的功能和架构非常有用。实际上，为了检查输出告警信息，你必须重新编译存储的 PL/SQL 代码。如果找到问题，则不会输出"Warning: Package created with compilation errors"消息，而是输出 SP2-0808：

```
ora122> @bad_code
SP2-0808: Package created with compilation warnings
```

在 SQL*Plus 中，当收到告警信息时，可以使用命令 SHOW ERRORS 来显示实际的错误信息。图形化界面的 PL/SQL 开发工具可以帮助你处理这个问题。在第 6 章中提到的编译警告使用了弃用的 PRAGMA RESTRICT REFERENCES 特性，所以我们以此为例：

```
create or replace package bad_code authid definer as
function dummy1 (p_num in number)
return varchar2;
pragma restrict_references (dummy1,wnds);
end bad_code;

SP2-0808: Package created with compilation warnings

show errors
Errors for PACKAGE BAD_CODE:

LINE/COL ERROR
-------- ----------------------------------------------------------------
4/8      PLW-05019: the language element near keyword RESTRICT_REFERENCES
         is deprecated beginning with version 11.2
```

设置 PLSQL_WARNINGS 参数的值，使之匹配一个或多个状态和类别。状态信息如下所示：

- enable   显示警告的类别或者特定的警告代码。
- disable   不显示警告的类别或者特定的警告代码。
- error   设置为错误代码(也就是说，不编译 PL/SQL 代码的对象)。

类别信息如下所示：

- severe   可能出现异常行为或者不正确的结果。
- performance 可以正确地执行但是性能不是最佳的，比如使用隐式转换或者没有使用大参数的副本。
- informational   其他问题，比如出现弃用的特性或者代码从不被调用。
- all   以上所有三种类别。

设置要启用的参数值为 severe，将会收到这个类别的告警信息。可以设置 enable severe、enable performance 以及 disable informational 警告信息，如下所示：

```
alter session set plsql_warnings='enable:all,enable:performance,disable:informational'
Session altered.

show parameter plsql_warnings
NAME                                  TYPE        VALUE
------------------------------------- ----------- -------------------------------
plsql_warnings                        string      DISABLE:INFORMATIONAL, ENABLE:
                                                  PERFORMANCE, ENABLE:SEVERE
```

注意使用 SQL*Plus 命令 SHOW PARAMETER。

Oracle 提供了 DBMS_WARNING 软件包，可以允许你管理 PLSQL_WARNINGS 在会话和系统级别的使用权限，包括设置和关闭特定的错误代码。可以参考 Oracle Database PL/SQL 包和类型参考手册中完整的详细说明，下面演示了其中一些功能。可以查看各种设置 PLSQL_WARNINGS 的代码以及后面使用的参数值。

```
declare
v_temp varchar2(1000);
BEGIN
  v_temp := dbms_warning.get_warning_setting_string;
  dbms_output.put_line('plsql warning string : '||v_temp);
  -- set plsql_warning to a certain string
  dbms_warning.set_warning_setting_string('ENABLE:SEVERE','SESSION');
  dbms_output.put_line('plsql warning string : '||dbms_warning.get_warning_setting_string);
  -- set one of the categories
  dbms_warning.add_warning_setting_cat('performance','enable','session');
  dbms_output.put_line('plsql warning string : '||dbms_warning.get_warning_setting_string);
  -- get the category for a number
  v_temp := dbms_warning.get_warning_setting_num(5005);
  dbms_output.put_line('warning code 5005 : '||v_temp);
  -- error if warning code 5005 occurs
  dbms_warning.add_warning_setting_num(5005,'error','session');
  dbms_output.put_line('warning code 5005 : '||dbms_warning.get_warning_setting_num(5005));
  dbms_output.put_line('plsql warning string : '||dbms_warning.get_warning_setting_string);
end;

-- output
-- different settings for the PLSQL_WARNING parameter
plsql warning string : DISABLE:INFORMATIONAL,DISABLE:PERFORMANCE,ENABLE:SEVERE
plsql warning string : DISABLE:INFORMATIONAL,ENABLE:PERFORMANCE,ENABLE:SEVERE
-- Showing the warning level for specific codes
warning code 5005 : ENABLE: 5005
warning code 5005 : ERROR: 5005
-- PLSQL_WARNINGS when you set specific actions for a given error code
plsql warning string : DISABLE:INFORMATIONAL,ENABLE:PERFORMANCE,ENABLE:SEVERE,ERROR: 5005
```

这个参数的值非常复杂，实际上大多数人只用来打开或关闭所有警告信息！如果打开了 PL/SQL 的编译警告，还可以关闭希望忽略的当前可见的特定警告。例如不希望看见 PLW-07203 NOCOPY 警告信息，可以排除它，方法如下：

```
-- what are my plsql warnings
show parameter plsql_warnings

NAME                                  TYPE        VALUE
------------------------------------- ----------- --------------
plsql_warnings                        string      ENABLE:ALL

create or replace package body bad_code as
procedure dummy1 (p_vc in out varchar2) is
```

```
begin
  p_vc:=p_vc||'aaaaaaaaaaaaaaaaaaaaaaaaaaaaaaaaaaaaaaaaaaaaaaa';
end dummy1;
end bad_code;

SP2-0810: Package Body created with compilation warnings

show errors
LINE/COL ERROR
-------- ----------------------------------------------------------------
2/19     PLW-07203: parameter 'P_VC' may benefit from use of the NOCOPY
         compiler hint

-- exclude that warning
exec dbms_warning.add_warning_setting_num(7203,'disable','session');
show parameter plsql_warnings
NAME                                 TYPE        VALUE
------------------------------------ ----------- ----------------------------
plsql_warnings                       string      ENABLE:ALL, DISABLE:  7203

--now it should compile with no warnings
alter package bad_code compile body;
Package body altered.

show errors
No errors.
```

在 *Database Error Messages* 手册中可以看到所有的 PLW 错误代码(这是有趣的阅读)。从下面的示例可以得到关于编译警告的反馈。首先，让我们编译一个有问题的包：

```
alter session set plsql_warnings='enable:all';
Session altered.

create or replace package bad_code as
function dummy1 (p_num in number
               ,p_vc  in out varchar2)
return varchar2;
pragma restrict_references (dummy1,wnds);
procedure dummy2 (p_num in number
                 ,p_vc in out nocopy varchar2);
end bad_code;

SP2-0808: Package created with compilation warnings

ora122> show errors
Errors for PACKAGE BAD_CODE:

LINE/COL ERROR
-------- ----------------------------------------------------------------
1/1      PLW-05018: unit BAD_CODE omitted optional AUTHID clause; default
         value DEFINER used
3/18     PLW-07203: parameter 'P_VC' may benefit from use of the NOCOPY
         compiler hint
5/8      PLW-05019: the language element near keyword RESTRICT_REFERENCES
         is deprecated beginning with version 11.2
```

使用 SQL*Plus 的命令 SHOW ERRORS 只显示最后一个执行命令的错误信息，现在我们将编译代码主体。看一看代码并且尝试预测会看到的警告信息：

```
create or replace package body bad_code as
function dummy1 (p_num in number
                ,p_vc  in out varchar2)
return varchar2 is
v_vc     varchar2(1000);
systimestamp  number;
begin
  v_vc :=p_vc;
end;
--
procedure dummy2 (p_num in number
                ,p_vc in out varchar2) is
v_num number;
cursor get_name is
select surname into p_vc
from person where pers_id=45678;
begin
  select count(*) into v_num from person
  where pers_id =p_vc;
end dummy2;
--
procedure dummy3 (p_num in number
                ,p_vc in out varchar2) is
begin
  null;
end dummy3;
end bad_code;

SP2-0808: Package created with compilation warnings
ora122> show errors
Errors for PACKAGE BODY BAD_CODE:

LINE/COL ERROR
-------- -----------------------------------------------------------------
2/1      PLW-05005: subprogram DUMMY1 returns without value at line 9
3/18     PLW-07203: parameter 'P_VC' may benefit from use of the NOCOPY
         compiler hint
6/1      PLW-05004: identifier SYSTIMESTAMP is also declared in STANDARD
         or is a SQL builtin
12/19    PLW-05000: mismatch in NOCOPY qualification between specification
         and body
12/19    PLW-07203: parameter 'P_VC' may benefit from use of the NOCOPY
         compiler hint
14/1     PLW-06006: uncalled procedure "GET_NAME" is removed.
15/1     PLW-05016: INTO clause should not be specified here
19/18    PLW-07204: conversion away from column type may result in
         sub-optimal query plan
22/1     PLW-06006: uncalled procedure "DUMMY3" is removed.
23/19    PLW-07203: parameter 'P_VC' may benefit from use of the NOCOPY
         compiler hint
```

使用函数中的 IN OUT 参数是你希望看到但不愿意做的一件事情，这是一种常用的惯例。

"PLW-05004 identifier X is also declared in STANDARD or is a SQL built in"很有趣，因为它突出强调了在第 6 章中提到的，在 PL/SQL 中可以使用对象名称(人们都认为不可用的，在本例中是 SYSTIMESTAMP)。但是最好不要

这样做！

"PLW-07204: conversion away from column type may result in sub-optimal query plan"也很有趣，因为它突出了一个常见的性能错误——使用了错误数据类型的变量，从而导致隐式数据转换。这个错误导致 SQL 语句无法使用相关的索引，严重影响了性能。

这表明你会受益，在开发环境中打开编译警告，以突出显示许多易犯的常见错误。当然，它无法找出所有错误，但有帮助总比没有好。如果有不想一直突出显示任何特定的警告，现在你就知道如何控制它们。

DBMS_TRACE

DBMS_TRACE 软件包是在会话运行时显示 PL/SQL 代码的工具。从 Oracle Database 8i 开始它就已经存在。这个历史悠久的工具提供极简的输出——对于所跟踪的活动会话所执行的 PL/SQL 代码。

首先，需要查看包是否已安装。如果已经创建，任何用户都能执行 DESC 命令查看它。如果看不到该包，也可以通过 SYS 的身份登录(具有 SYSDBA 权限或者 DBA 角色)，要么执行命令 DESC 查看，要么在 DBA_OBJECTS 视图中查找：

```
select owner,object_name, object_type,created
from dba_objects where object_name ='DBMS_TRACE'


OWNER          OBJECT_NAME         OBJECT_TYPE          CREATED
-------------- ------------------- -------------------- -----------------
SYS            DBMS_TRACE          PACKAGE BODY         11-SEP-2014 09:04
SYS            DBMS_TRACE          PACKAGE              11-SEP-2014 09:00
PUBLIC         DBMS_TRACE          SYNONYM              11-SEP-2014 09:00
```

根据 CREATED_DATE 列可以猜到，在 Oracle Database 12.1.0.2 测试系统创建时就已经有了这个包。如果没有看到，需要以 SYS 用户身份登录并安装它。运行脚本的顺序如下：

- $ORACLE_HOME/RDBMS/ADMIN/dbmspbt.sql 创建包规范。
- $ORACLE_HOME/RDBMS/ADMIN/prvtpbt.plb　创建包封装的包主体。

与以前一样，查看 Oracle 提供的包规范非常有趣。事实上，　Database PL/SQL Packages and Types reference (至少从 Oracle Database 12c 回溯到 Oracle Database 9i 版本！)中的 DBMS_TRACE 官方文档声称，查看 dbmspbt.sql 脚本，可以获取一个所有可跟踪特性的列表。

跟踪的数据将写入 PLSQL_TRACE_EVENTS 表中，因此需要确保该表也存在。如果没有，则运行 $ORACLE_HOME/RDBMS/ADMIN/tracetab.sql 脚本(仍然是以 SYS 用户身份登录)创建表 PLSQL_TRACE_RUNS、表 PLSQL_TRACE_EVENTS 和序列 PLSQL_TRACE_RUNNUMBER。

DBMS_TRACE 的基本原理在表 PLSQL_TRACE_RUNS 中可以看到最近 DBMS_TRACE 的运行情况。下面的代码显示最近一天的跟踪数据：

```
select runid,run_date,run_owner
from plsql_trace_runs
where run_date > sysdate-1
order by runid desc
/
     RUNID RUN_DATE            RUN_OWNER
---------- ------------------- -------------------
        12 07-FEB-2016 14:14MDW2
        11 06-FEB-2016 15:44MDW2
```

表 PLSQL_TRACE_RUNS 中的大多数列都未使用

表 PLSQL_TRACE_RUNS 中包含好几个列，但似乎 DBMS_TRACE 包仅仅使用了 RUNID、RUN_DATE 和 RUN_OWNER 几个列。其他的列都没有数据写入，甚至在跟踪会话停止时 RUN_END 列都不会有数据。

在会话级别设置跟踪，可以通过 DBMS_TRACE.SET_PLSQL_TRACE 控制是否启用跟踪和跟踪事件内容。例如，DBMS_TRACE.SET_PLSQL_TRACE(1)将在会话中启用对所有 PL/SQL 代码调用的跟踪。在一个极简的示例中，调用 pna_maint.test1 存储过程，比设置 DBMS_APPLICATION_INFO 获得的信息多一些。注意，我们有 serveroutput on 命令，因此可以看到 DBMS_OUTPUT 包的所有输出信息。

```
-- turn on tracing of all PL/SQL in my session
exec dbms_trace.set_plsql_trace(1)
PL/SQL procedure successfully completed.

exec pna_maint.test1
15:16:38.044 :started code
15:16:38.060 :ended code
PL/SQL procedure successfully completed.

-- the below turns tracing off and ends the session.
exec dbms_trace.set_plsql_trace(16384)
PL/SQL procedure successfully completed.

-- test1 code
procedure test1 is
v_vc1 varchar2(100);
begin
  dbms_application_info.set_module(module_name => 'PNA_TEST'
                              ,action_name =>'START');
  pl('started code');
  -- do stuff
  v_vc1 :=piece('eric*the*red',3,'*');
  pl('ended code');
  dbms_application_info.set_module(module_name => 'PNA_TEST'
                              ,action_name =>'END');
end test1;
```

图 7-7 显示了 PLSQL_TRACE_EVENTS 表中 DBMS_TRACE 包运行的内容(DBMS_TRACE "run"就是从启用跟踪直到停止或退出)。现在我们使用 SQL Developer 代替 SQL*Plus 查看数据。这是因为在 DBMS_TRACE 中输出大量的信息，而且在 GUI 工具中更容易查看缓存的查询结果，并允许更改列的大小、上下滚动等 (如果愿意，也可以通过 SQL*Plus 查看信息)。

可以看到 PL/SQL 的启动过程，还可以看到 PL/SQL 虚拟机的启停作为 SQL 和 PL/SQL 之间的上下文切换出现(参见第 6 章可了解关于上下文切换的更多细节)。接下来可以看到设置的 DBMS_TRACE 级别，以及调用 DBMS_OUTPUT 的输出信息，这实际上说明 SQL*Plus 在每个 PL/SQL 语句之后检查 serveroutput。目前还没有迹象表明是 "属于我们的" 代码(需要继续往下看)。图 7-8 显示了实际执行的代码。这就是 DBMS_TRACE 的缺陷之一——非常冗长。

在图 7-8 中，我们直接跳到了第 15 行，可以看到 PL/SQL 虚拟机启动了，并且调用了 PNA_MAINT.TEST1。下面几行输出代码表示 DBMS_APPLICATION_INFO 设置了 MODULE 和 ACTION 列，这些列也存在于 PLSQL_TRACE_EVENTS 表中。在这些输出代码中，我们还可以查看 Oracle 内置包在干些什么。

从第 26 行开始，PL 过程被调用，它会赋值给一个变量(STANDARD 调用)，然后调用 DBMS_OUTPUT 包(因此我们看到很多内部 DBMS_OUTPUT 活动)。

一直到第 40 行，我们看到 PNA_MAINT 包中使用了 piece 函数。这些细节是非常有趣的，但在一般情况下使用它则过于冗长。幸运的是，可以调用 DBMS_TRACE 来控制跟踪内容。

```
Worksheet    Query Builder
13 ⊟ SELECT pte.runid rid,
14        pte.event_seq seq,
15        TO_CHAR(pte.event_time, 'DD-MM-YY HH24:MI:SS') AS event_time,
16        pte.event_unit_owner ownr ,
17        pte.event_unit,
18        pte.event_unit_kind eu_kind,
19        pte.event_line    e_line,
20        pte.proc_name     p_name,
21        pte.proc_line     p_line,
22        pte.event_comment,
23        pte.module,
24        pte.action
25   FROM  plsql_trace_events pte
26   where pte.runid = (select max(runid) from plsql_trace_runs)
27   ORDER BY pte.runid, pte.event_seq
```

Script Output × | Query Result ×
SQL | Fetched 50 rows in 0.016 seconds

	RID	SEQ	EVENT_TIME	OWNR	EVENT_UNIT	EU_KIND	E_LINE	P_NAME	P_LINE	EVENT_COMMENT	MODULE	ACTION
1	16	1	07-02-16 15:24:25	(null)	(null)	(null)	(null)	(null)	(null)	PL/SQL Trace Tool started	(null)	(null)
2	16	2	07-02-16 15:24:25	(null)	(null)	(null)	(null)	(null)	(null)	Trace flags changed	(null)	(null)
3	16	3	07-02-16 15:24:25	SYS	DBMS_TRACE	PACKAGE BODY	21	(null)	75	Return from procedure call	(null)	(null)
4	16	4	07-02-16 15:24:25	SYS	DBMS_TRACE	PACKAGE BODY	76	(null)	81	Return from procedure call	(null)	(null)
5	16	5	07-02-16 15:24:25	SYS	DBMS_TRACE	PACKAGE BODY	81	(null)	1	Return from procedure call	(null)	(null)
6	16	6	07-02-16 15:24:25	(null)	(null)	(null)	(null)	(null)	(null)	PL/SQL Virtual Machine stopped	(null)	(null)
7	16	7	07-02-16 15:24:25	(null)	<anonymous>	ANONYMOUS B...	0	(null)	(null)	PL/SQL Virtual Machine started	(null)	(null)
8	16	8	07-02-16 15:24:25	(null)	<anonymous>	ANONYMOUS B...	1	(null)	180	Procedure Call	(null)	(null)
9	16	9	07-02-16 15:24:25	SYS	DBMS_OUTPUT	PACKAGE BODY	192	(null)	(null)	PL/SQL Internal Call	(null)	(null)
10	16	10	07-02-16 15:24:25	SYS	DBMS_OUTPUT	PACKAGE BODY	200	(null)	(null)	PL/SQL Internal Call	(null)	(null)
11	16	11	07-02-16 15:24:25	SYS	DBMS_OUTPUT	PACKAGE BODY	202	(null)	129	Procedure Call	(null)	(null)
12	16	12	07-02-16 15:24:25	SYS	DBMS_OUTPUT	PACKAGE BODY	133	(null)	202	Return from procedure call	(null)	(null)
13	16	13	07-02-16 15:24:25	SYS	DBMS_OUTPUT	PACKAGE BODY	205	(null)	1	Return from procedure call	(null)	(null)

图 7-7　在 SQL Developer 中看到的 PLSQL_TRACE_EVENTS 表中内容

	RID	SEQ	EVENT_TIME	OWNR	EVENT_UNIT	EU_KIND	E_LINE	P_NAME	P_LINE	EVENT_COMMENT	MODULE	ACTION
15	16	15	07-02-16 15:24:26	(null)	<anonymous>	ANONYMOUS B...	0	(null)	(null)	PL/SQL Virtual Machine started	(null)	(null)
16	16	16	07-02-16 15:24:26	(null)	<anonymous>	ANONYMOUS B...	1	TEST1	142	Procedure Call	(null)	(null)
17	16	17	07-02-16 15:24:26	MDW2	PNA_MAINT	PACKAGE BODY	145	(null)	36	Procedure Call	(null)	(null)
18	16	18	07-02-16 15:24:26	SYS	DBMS_APPLICATION_INFO	PACKAGE BODY	38	(null)	(null)	PL/SQL Internal Call	(null)	(null)
19	16	19	07-02-16 15:24:26	SYS	DBMS_APPLICATION_INFO	PACKAGE BODY	38	(null)	(null)	PL/SQL Internal Call	(null)	(null)
20	16	20	07-02-16 15:24:26	SYS	DBMS_APPLICATION_INFO	PACKAGE BODY	38	(null)	(null)	PL/SQL Internal Call	(null)	(null)
21	16	21	07-02-16 15:24:26	SYS	DBMS_APPLICATION_INFO	PACKAGE BODY	38	(null)	(null)	PL/SQL Internal Call	(null)	(null)
22	16	22	07-02-16 15:24:26	SYS	DBMS_APPLICATION_INFO	PACKAGE BODY	38	(null)	(null)	PL/SQL Internal Call	(null)	(null)
23	16	23	07-02-16 15:24:26	SYS	DBMS_APPLICATION_INFO	PACKAGE BODY	38	(null)	(null)	PL/SQL Internal Call	(null)	(null)
24	16	24	07-02-16 15:24:26	SYS	DBMS_APPLICATION_INFO	PACKAGE BODY	38	(null)	(null)	PL/SQL Internal Call	(null)	(null)
25	16	25	07-02-16 15:24:26	SYS	DBMS_APPLICATION_INFO	PACKAGE BODY	40	TEST1	146	Return from procedure call	PNA_TEST	START
26	16	26	07-02-16 15:24:26	MDW2	PNA_MAINT	PACKAGE BODY	146	PL	105	Procedure Call	PNA_TEST	START
27	16	27	07-02-16 15:24:26	MDW2	PNA_MAINT	PACKAGE BODY	107	(null)	590	Procedure Call	PNA_TEST	START
28	16	28	07-02-16 15:24:26	SYS	STANDARD	PACKAGE BODY	593	(null)	(null)	PL/SQL Internal Call	PNA_TEST	START
29	16	29	07-02-16 15:24:26	SYS	STANDARD	PACKAGE BODY	599	PL	107	Return from procedure call	PNA_TEST	START
30	16	30	07-02-16 15:24:26	MDW2	PNA_MAINT	PACKAGE BODY	107	(null)	109	PL/SQL Internal Call	PNA_TEST	START
31	16	31	07-02-16 15:24:26	MDW2	PNA_MAINT	PACKAGE BODY	107	(null)	109	Procedure Call	PNA_TEST	START
32	16	32	07-02-16 15:24:26	SYS	DBMS_OUTPUT	PACKAGE BODY	112	(null)	77	Procedure Call	PNA_TEST	START
33	16	33	07-02-16 15:24:26	SYS	DBMS_OUTPUT	PACKAGE BODY	82	(null)	67	Procedure Call	PNA_TEST	START
34	16	34	07-02-16 15:24:26	SYS	DBMS_OUTPUT	PACKAGE BODY	69	(null)	(null)	PL/SQL Internal Call	PNA_TEST	START
35	16	35	07-02-16 15:24:26	SYS	DBMS_OUTPUT	PACKAGE BODY	75	(null)	88	Return from procedure call	PNA_TEST	START
36	16	36	07-02-16 15:24:26	SYS	DBMS_OUTPUT	PACKAGE BODY	107	(null)	113	Procedure Call	PNA_TEST	START
37	16	37	07-02-16 15:24:26	SYS	DBMS_OUTPUT	PACKAGE BODY	113	(null)	117	Procedure Call	PNA_TEST	START
38	16	38	07-02-16 15:24:26	SYS	DBMS_OUTPUT	PACKAGE BODY	127	(null)	115	Return from procedure call	PNA_TEST	START
39	16	39	07-02-16 15:24:26	SYS	DBMS_OUTPUT	PACKAGE BODY	115	PL	108	Return from procedure call	PNA_TEST	START
40	16	40	07-02-16 15:24:26	MDW2	PNA_MAINT	PACKAGE BODY	108	TEST1	148	Return from procedure call	PNA_TEST	START
41	16	41	07-02-16 15:24:26	MDW2	PNA_MAINT	PACKAGE BODY	148	PIECE	94	Procedure Call	PNA_TEST	START
42	16	42	07-02-16 15:24:26	MDW2	PNA_MAINT	PACKAGE BODY	101	PIECE	42	Procedure Call	PNA_TEST	START
43	16	43	07-02-16 15:24:26	MDW2	PNA_MAINT	PACKAGE BODY	55	(null)	(null)	PL/SQL Internal Call	PNA_TEST	START
44	16	44	07-02-16 15:24:26	MDW2	PNA_MAINT	PACKAGE BODY	56	(null)	(null)	PL/SQL Internal Call	PNA_TEST	START

图 7-8　DBMS_TRACE 输出信息中执行 PNA_MAINT.TEST1 的部分

　　控制 DBMS_TRACE 包跟踪的内容　设置 DBMS_TRACE 包的值为 1，意味着"跟踪所有 PL/SQL 代码"。如果设置值为 2，那么我们只跟踪缓存了的 PL/SQL 代码(启用跟踪已经编译过的代码)。每个"神奇的数字"(2 的幂次)的值，要么改变跟踪内容，要么控制是否跟踪。我们已看到值 16384 可以停止跟踪。任何控制跟踪的代码都应该单独使用，但是其他值可以添加数字组合。你会意识到每个值的数字对应于一个 2 字节、16 位模式的一个位置。该包也为每个值定义一个命名常量，并鼓励你使用它们。这样做需要输入更多文字，但是语句更有意义。

　　表 7-1 显示了带有其包常量名称的跟踪控制值。这些控制值应该单独使用。

　　表 7-2 显示了修改跟踪范围的值，除了 TRACE_ALL 和 TRACE_ENABLED_pairs 都可以合并，例如，不能将 TRACE_ALL_EXCEPTIONS 和 TRACE_ENABLED_EXCEPTIONS 混合使用。合并设置两个跟踪(例如，使用

值 12)将导致所有异常被跟踪。我们将在本章稍后讨论 ALL 和 ENABLED 的区别。

如果想跟踪所有 PL/SQL 调用，忽略如启动和停止 PL/SQL 虚拟机之类的管理事件，可以使用：

```
DBMS_TRACE.SET_PLSQL_TRACE(32769)
```

表 7-1　DBMS_TRACE 的控制值

名称	数字	操作
TRACE_LIMIT	16	控制在 PLSQL_TRACE_EVENTS 中保留多少条记录，默认 8192，最大 1000。参见 "Performance Impact and Data Volume from DBMS_TRACE"
TRACE_PAUSE	4096	暂停跟踪(并非结束跟踪会话)
TRACE_RESUME	8192	恢复跟踪
TRACE_STOP	16384	停止跟踪，结束会话

该值是 32768 + 1，如果使用常数就更清楚了。我们在下面展示了这一点，并在再次跟踪 PNA_MAINT.TEST1 之前关闭 serveroutput。

```
set serveroutput off
exec dbms_trace.set_plsql_trace(dbms_trace.trace_all_calls
                       +dbms_trace.no_trace_administrative)
PL/SQL procedure successfully completed.

exec pna_maint.test1
PL/SQL procedure successfully completed.
```

表 7-2　DBMS_TRACE 作用域设置

名称	数字	操作
TRACE_ALL_CALLS	1	跟踪所有 PL/SQL 的调用和返回
TRACE_ENABLED_CALLS	2	跟踪启用的调用和返回
TRACE_ALL_EXCEPTIONS	4	跟踪所有异常
TRACE_ENABLED_EXCEPTIONS	8	跟踪启用的异常和处理程序
TRACE_ALL_SQL	32	跟踪所有 SQL 语句(除了 10046 跟踪！)
TRACE_ENABLED_SQL	64	跟踪启用 PL/SQL 代码中的 SQL 语句
TRACE_ALL_LINES	128	跟踪每一行的执行
TRACE_ENABLED_LINES	256	跟踪启用 PL/SQL 代码中每一行的执行
NO_TRACE_ADMISTRATIVE	32768	不跟踪虚拟机和跟踪工具行
NO_TRACE_HANDLED_EXCEPTIONS	65536	不跟踪已处理的异常

如你在图 7-9 中所见，现在输出结果中的"fluff"变少了——看不到 PL/SQL 虚拟机消息，你将注意到存储过程 PL 中对 DBMS_OUTPUT(第 12 行) 的调用包含了一行跟踪输出的代码。如果 DBMS_OUTPUT 没有启用，调用时它仍然会执行，然后立即返回。我们还删除了包括 DBMS_APPLICATION_INFO 的一行代码，但也可以在 SQL 查询语句中添加 WHERE 子句实现这一点(因此从 SEQ5 跳到 14)。这表明可以控制从 DBMS_TRACE 中显示的信息，而不仅仅是修改作用域，还可以控制从表中查询的信息。然而输出信息仍然十分冗长。

图 7-9　删除了带有管理消息的 DBMS_TRACE 输出

EVENT_LINE、PROC_LINE 和 ALL_SOURCE

你可能已经注意到输出中的 EVENT_LINE (E_LINE)和 PROC_LINE (P_LINE)。它们是什么?应该是存储在内存中编译后的代码。EVENT_LINE 是事件发生的位置,PROC_LINE 是该行的目标。因此,如果 PNA_MAINT.PL 正在对 DBMS_OUTPUT 进行"Procedure Call",那么 EVENT_LINE 107 表示在 PNA_ MAINT 中正在执行的一行代码,而 PROC_LINE 109 表示在 DBMS_OUTPUT 中控制传递信息的一行代码。在 DBMS_OUTPUT 活动结束时,你将看到"Return from Procedure Call."。EVENT_LINE 115 表示 DBMS_OUTPUT 中的第 115 行正在被处理,即将处理下一个 PROC_LINE 108,这是在调用 DBMS_OUTPUT 之后的 PNA_MAINT 中的行。这一行的存储名称是 PL,但是下一行显示的是包名称 PNA_MAINT。如果有访问 ALL_SOURCE 视图源代码的权限(你不会为了 DBMS_OUTPUT,而是为了自己的代码),可以链接到该视图查看实际的源代码内容。

你可能想要所有的细节,但通常只需要输出代码信息或者是你认为有问题的代码信息。有两种方法可以缩小输出范围。其中一种是使用所有的"_ENABLED"跟踪选项。

当仅跟踪所启用的 PL/SQL 代码时,PL/SQL 代码是已经编译过的且可调试的。请注意,这与在 GUI PL/SQL 开发工具(如 SQL Developer 工具)的调试模式中运行 PL/SQL 不一样。查看图 7-10,将发现有两种调试模式。最上面的是 SQL Developer 的调试工具,另外一个高亮显示的选项是通过编译而且可调试,这是本节要讨论的内容。可以在 GUI 中实现这一点,或者手动重新编译缓存的 PL/SQL,比如:

```
alter package pna_maint compile debug;
Package altered.
```

现在,如果在会话中停止并重新启用跟踪,仅仅调试启用的代码,我们将调试 PNA_MAINT 的代码并且获得可管理的数据。图 7-11 对输出进行微调(即删除了 RUNID 和 EVENT_TIME 列)后使图像变得更大。这样可以在一个屏幕上看到调用 PNA_MAINT.TEST1 的整个活动。我们已丢掉了内部的 PL/SQL,因为存储过程打开调试代码后没有编译,但我们仍然可以看到对 DBMS_APPLICATION_INFO 存储过程的调用。

```
exec dbms_trace.set_plsql_trace(16384)
PL/SQL procedure successfully completed.

alter package pna_maint compile debug;
Package altered.
```

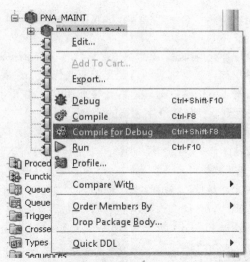

图 7-10　在 SQL Developer 中，可以选择 Compile for Debug 以使用 DBMS_TRACE

```
exec dbms_trace.set_plsql_trace(dbms_trace.trace_enabled_calls
                        +dbms_trace.no_trace_administrative)
PL/SQL procedure successfully completed.


exec pna_maint.test1
PL/SQL procedure successfully completed.
```

SEQ	OWNR	EVENT_UNIT	EU_KIND	E_LINE	P_NAME	P_LINE	EVENT_COMMENT	MODULE	ACTION
1	(null)	<anonymous>	ANONYMOUS BLOCK	1	PNA_MAINT	1	Package Body Elaborated	(null)	(null)
2	MDW2	PNA_MAINT	PACKAGE BODY	604	(null)	1	Return from procedure call	(null)	(null)
3	(null)	<anonymous>	ANONYMOUS BLOCK	1	TEST1	142	Procedure Call	(null)	(null)
4	MDW2	PNA_MAINT	PACKAGE BODY	145	(null)	36	Procedure Call	(null)	(null)
5	SYS	DBMS_APPLICATION_INFO	PACKAGE BODY	40	TEST1	146	Return from procedure call	PNA_TEST	START
6	MDW2	PNA_MAINT	PACKAGE BODY	146	PL	105	Procedure Call	PNA_TEST	START
7	MDW2	PNA_MAINT	PACKAGE BODY	107	(null)	590	Procedure Call	PNA_TEST	START
8	SYS	STANDARD	PACKAGE BODY	599	PL	107	Return from procedure call	PNA_TEST	START
9	MDW2	PNA_MAINT	PACKAGE BODY	107	(null)	(null)	PL/SQL Internal Call	PNA_TEST	START
10	MDW2	PNA_MAINT	PACKAGE BODY	107	(null)	109	Procedure Call	PNA_TEST	START
11	SYS	DBMS_OUTPUT	PACKAGE BODY	115	PL	108	Return from procedure call	PNA_TEST	START
12	MDW2	PNA_MAINT	PACKAGE BODY	108	TEST1	148	Return from procedure call	PNA_TEST	START
13	MDW2	PNA_MAINT	PACKAGE BODY	148	PIECE	94	Procedure Call	PNA_TEST	START
14	MDW2	PNA_MAINT	PACKAGE BODY	101	PIECE	42	Procedure Call	PNA_TEST	START
15	MDW2	PNA_MAINT	PACKAGE BODY	55	(null)	(null)	PL/SQL Internal Call	PNA_TEST	START
16	MDW2	PNA_MAINT	PACKAGE BODY	56	(null)	(null)	PL/SQL Internal Call	PNA_TEST	START
17	MDW2	PNA_MAINT	PACKAGE BODY	67	(null)	(null)	PL/SQL Internal Call	PNA_TEST	START
18	MDW2	PNA_MAINT	PACKAGE BODY	78	(null)	(null)	PL/SQL Internal Call	PNA_TEST	START
19	MDW2	PNA_MAINT	PACKAGE BODY	83	(null)	(null)	PL/SQL Internal Call	PNA_TEST	START
20	MDW2	PNA_MAINT	PACKAGE BODY	92	PIECE	101	Return from procedure call	PNA_TEST	START
21	MDW2	PNA_MAINT	PACKAGE BODY	103	TEST1	148	Return from procedure call	PNA_TEST	START
22	MDW2	PNA_MAINT	PACKAGE BODY	149	PL	105	Procedure Call	PNA_TEST	START
23	MDW2	PNA_MAINT	PACKAGE BODY	107	(null)	590	Procedure Call	PNA_TEST	START
24	SYS	STANDARD	PACKAGE BODY	599	PL	107	Return from procedure call	PNA_TEST	START
25	MDW2	PNA_MAINT	PACKAGE BODY	107	(null)	(null)	PL/SQL Internal Call	PNA_TEST	START
26	MDW2	PNA_MAINT	PACKAGE BODY	107	(null)	109	Procedure Call	PNA_TEST	START
27	SYS	DBMS_OUTPUT	PACKAGE BODY	115	PL	108	Return from procedure call	PNA_TEST	START
28	MDW2	PNA_MAINT	PACKAGE BODY	108	TEST1	150	Return from procedure call	PNA_TEST	START
29	MDW2	PNA_MAINT	PACKAGE BODY	150	(null)	36	Procedure Call	PNA_TEST	START
30	SYS	DBMS_APPLICATION_INFO	PACKAGE BODY	40	TEST1	151	Return from procedure call	(null)	(null)
31	MDW2	PNA_MAINT	PACKAGE BODY	151	(null)	1	Return from procedure call	(null)	(null)

图 7-11　仅启用跟踪 PL/SQL 代码的 DBMS_TRACE 输出

这就是为什么有成对选项可以对 ALL 或 ENABLED 代码启用调试功能的原因所在。你可能希望看到 ALL 异常(trace_all_exception，4)，但只跟踪 ENABLED 调用(trace_enabled_calls，2)，那么可以使用以下代码：

```
exec dbms_trace.set_plsql_trace(dbms_trace.trace_all_exceptions
                    +dbms_trace.trace_enabled_calls)
```

可以使用 alter session set plsql_debug=true 修改会话的模式，这样以后创建的所有代码(替换或者编译的)将处于调试模式。其目的是修改会话模式，重新编译所有正在调查的代码，然后运行跟踪。

注意，PL/SQL 代码在调试模式下仍然被编译，直到在非调试模式下重新编译它。这会导致下次使用 DBMS_TRACE 时出现问题，会看到软件包输出不想要的信息。

DBMS_TRACE 的性能影响和数据量　DBMS_TRACE 潜在的一个主要缺陷是它产生大量数据和对性能的影响。跟踪所启用的代码和仅重新编译有疑问或者你知道有问题的代码，可以限制产生这么大的数据量。然而 POP_ADDR_BATCH 中的代码生成了约数百万个地址，其中大多数是对 DBMS_RANDOM 的调用。如果我们跟踪该代码的运行，即使只有 100 000 个地址，输出的数据量也是巨大的。在此不会显示这么多的结果信息，但我们曾经这样做过。如果未在跟踪模式下，代码大约一分钟内执行完成。在跟踪模式下执行代码，过了一个小时也未完成，直到我们终止会话并清除掉 PLSQL_TRACE_EVENTS 表中的日志数据。

在会话级别设置 PLSQL_DEBUG=TRUE

我个人不太喜欢在会话级别设置 plsql_debug=true，因为我觉得应该在调试模式下更有针对性，在会话中忘记更改了设置，然后在不是你想要的调试模式下编译代码。例如，你想要调试存储过程 X，它被更大的主存储过程 Y 调用一次或两次。因此，你在会话级别更改设置后重新编译 X，并获得了调试信息。这导致你以后编译主存储过程 Y 时将会发生一些改变——当下一次测试时将会创建大量的跟踪数据，正如前面所讨论的，对系统性能的影响将迫使你必须终止会话。

要非常小心地跟踪循环调用的代码，比如用户定义的函数，或者使用 ALL 选项来跟踪执行大量工作的 PL/SQL 代码。在这种情况下，对性能的影响是巨大的。

可以使用 TRACE_LIMIT 参数限制在 PLSQL_TRACE_EVENTS 日志表中保存的数据量。当设置此选项时，会限制输出长度为 8192 +(最多 1000)行。设置后测试代码，但是这次在降低了的日志级别处理了 10 000 个地址，在另一个会话中检查 PLSQL_TRACE_EVENTS 日志表中最新的 RUN_ID 值的记录数：

```
select count(*) from plsql_trace_events
where runid=(select max(runid) from plsql_trace_runs);
9260
...
9316
...
9219
...
9244
```

表中的数据量是有限制的，但是对代码运行时间的影响仍然很大。跟踪代码的运行需要 58 秒的时间。但是在 PLSQL_TRACE_EVENTS 日志中，从没超过 9500 条记录。当禁用了 DBMS_TRACE 后运行代码，只需要 0.420 秒的时间。因此使用 DBMS_TRACE 跟踪对代码的性能影响在 100 倍以上。毕竟它记录了每个 PL/SQL 代码的步骤并将其日志写入表中。

可以在会话中使用事件 10940 设置 TRACE_LIMIT，调整在 DBMS_TRACE 中保存的数据量。设置事件级别 n，然后记录限制更改为 $n \times 1024$。

```
alter session set events='10940 level 12'
Session altered.

exec dbms_trace.set_plsql_trace(1+16)
PL/SQL procedure successfully completed.

exec pna_maint.pop_addr_batch(10000)
```

```
-- in second session count the number of entries for latest trace session
-- it should be 12+1024 + up to 1000
select count(*) from plsql_trace_events
where runid=(select max(runid) from plsql_trace_runs)
count(*)
--------
13382
```

在此的关键信息是，如果想要跟踪有问题的大量 PL/SQL 代码，那么可能希望更具体地了解跟踪的代码。你需要对被跟踪的代码拥有修改权限(通常更改代码的权限是受限的，这样你会希望使用其他两个剖析工具)。

可以调用 DBMS_TRACE 打开(或关闭)跟踪特定位置的代码。通过性能测量，你已经非常清楚代码中的问题，因此可以在有问题的区域调用 DBMS_TRACE 来打开跟踪代码。如下所示，在存储过程 POP_ADDR_BATCH 中增加几行代码进行性能测量，代码运行大约需要 8 秒的时间，而不是 0.45 秒。我们可获取有问题的代码区域的 DBMS_TRACE 信息。注意，我们跟踪这部分的所有调用和所有 SQL 语句。

```
dbms_trace.set_plsql_trace(dbms_trace.trace_all_calls
                          +dbms_trace.trace_all_SQL);
if pv_log_level >5 then
  chk_addr_count;
end if;
write_log ('ended at '||to_char(systimestamp,'YY-MM-DD HH24:MI:SS.FF3'));
write_log ('elapsed is '||substr(systimestamp-pv_executed_timestamp,10,20));
dbms_trace.set_plsql_trace(dbms_trace.trace_stop);
commit;
```

然后执行代码，响应时间仅增加了 0.1 秒(而不是 54 秒!)，因为我们限制了启用 DBMS_TRACE 的代码段。如下所示是跟踪的输出(54 行中的前面 17 行):

```
SEQ  EVENT_TI OWNR       EVENT_UNIT   E_LINE P_NAME           P_LINE EVENT_COMMENT
---- -------- ---------- ------------ ------ ---------------- ------ ----------------------------
   1 11:29:29                                                        PL/SQL Trace Tool started
   2 11:29:29                                                        Trace flags changed
   3 11:29:29 SYS        DBMS_TRACE   21                          75 Return from procedure call
   4 11:29:29 SYS        DBMS_TRACE   76                          81 Return from procedure call
   5 11:29:29 SYS        DBMS_TRACE   81     POP_ADDR_BATCH      565 Return from procedure call
   6 11:29:29 MDW2       PNA_MAINT    566    CHK_ADDR_COUNT      496 Procedure Call
   7 11:29:29 MDW2       PNA_MAINT    499                            SELECT COUNT(*) FROM ADDRESS
   8 11:29:36 MDW2       PNA_MAINT    500    WRITE_LOG          110 Procedure Call
   9 11:29:36 MDW2       PNA_MAINT    118                         590 Procedure Call
  10 11:29:36 SYS        STANDARD     593                            PL/SQL Internal Call
  11 11:29:36 SYS        STANDARD     599    WRITE_LOG          118 Return from procedure call
  12 11:29:36 MDW2       PNA_MAINT    121                            PL/SQL Internal Call
  13 11:29:36 MDW2       PNA_MAINT    121                         109 Procedure Call
  14 11:29:36 SYS        DBMS_OUTPUT  115    WRITE_LOG          121 Return from procedure call
  15 11:29:36 MDW2       PNA_MAINT    124                            INSERT INTO PLSQL_LOG(PROCE
  16 11:29:36 MDW2       PNA_MAINT    139                            COMMIT
  17 11:29:36 MDW2       PNA_MAINT    140    CHK_ADDR_COUNT      501 Return from procedure call
```

上面粗体显示的代码行存在性能问题，从 SEQ7 到 8 花费了 7 秒的时间。因为包含了显示 SQL 语句的跟踪选项，所以可以看到引起性能问题的语句。该语句是存储过程 CHK_ADDR_COUNT 中用于统计大表中记录数的 SQL 语句，大表上没有合适的索引来支持统计查询。

请别忘记可以在同一次运行中执行 dbms_trace.set_plsql_trace(dbms_trace.trace_pause)和 dbms_trace.set_plsql_trace(dbms_trace.trace_resume)来暂停和重启代码跟踪，所以可以关闭跟踪那些优质的代码，这些代码正在执行很

多 PL/SQL，包括大量循环或者使用了 PL/SQL 函数(用户定义或者系统内部自带的)的 SQL 语句。

总之，可以在会话级别打开 DBMS_TRACE 跟踪，用于在调试模式下编译缓存中的代码，并且可以控制跟踪的活动。如果有修改代码的权限，就可以精确地达到 DBMS_TRACE 的跟踪目标。因为跟踪活动产生的信息非常详细，所以你可能迫切地需要达到 DBMS_TRACE 的跟踪目标来避免产生大量的冗余数据。该工具对性能的影响非常显著。

DBMS_PROFILER

DBMS_TRACE 是一个主要的调试工具。它输出冗长的结果信息，而且对性能影响很大。当通过性能测量发现了问题的隐患时，可以通过 DBMS_TRACE 专注于感兴趣的区域。

DBMS_PROFILER 用于剖析 PL/SQL 代码并查看哪些代码块会花更多的时间。与 DBMS_TRACE 工具一样，DBMS_PROFILER 的使用已有很长时间(从 Oracle Database 7 版本开始)。如果使用 Oracle Database 11 或更高版本，就应该试一试 DBMS_HPROF 工具，它是一个层次化的 PL/SQL 剖析器。

设置　首先确保(参见章节开头介绍 DBMS_TRACE 的内容)工具对你是可用的，而不是去寻找 DBMS_PROFILER 包。如果使用 Oracle Database 10 或更高版本，没有它则很意外。如果工具确实没有安装，请通过 SYS 身份登录后运行以下脚本：

```
$ORACLE_HOME/RDBMS/ADMIN/profload.sql
```

在同一个子目录下运行两个脚本，然后验证安装。如果内部检查失败，它会立即删除包和同义词。

- **DBMSPBP.SQL**　创建包规范。
- **PRVTPBP.PLB**　创建包主体和封装器。

即使包已经存在，如果有访问脚本 DBMSPBP.SQL 的权限，则阅读其中的注释会令你受益匪浅。

你将会需要 PLSQL_PROFILER 表，执行相同目录中的 PROFTAB.SQL 脚本可以创建 PLSQL_PROFILER 表：

- **PLSQL_PROFILER_RUNS**
- **PLSQL_PROFILER_UNITS**
- **PLSQL_PROFILER_DATA**

应该在你想要剖析 PL/SQL 代码的用户中运行脚本(也就是说，以你剖析代码的用户身份登录)或在一个关键用户中创建，并给相应的用户授权和创建对应的同义词。

剖析代码需要具有创建代码的权限

剖析只需要收集有创建代码权限的数据——也就是说，是你写的代码或者你有权限编译它。你还可以剖析不是在本地编译的代码。

启动和停止 DBMS_Profiler　剖析代码是非常简单的。你只需要调用 dbms_profiler.start_profiler 来启动一个剖析代码的会话，运行你想要剖析的代码，结束会话，然后就可以查询所产生的剖析数据。

有两个存储过程和两个函数，它们的名称相同，可以用来剖析代码。如果调用存储过程失败将返回 Oracle 错误信息，同名的函数将返回一个错误代码。除此之外，它们所做的工作是一样的。

在函数和存储过程中，可以传递两个文本字段的注释信息，它们被记录在 PSLQL_PROFILER_RUN 表的字段定义中。在调用 COMMENT 字段时默认为调用时间点的 SYSDATE，COMMENT1 字段默认为 null。有一个函数和存储过程的版本返回了剖析会话的 runid，而另一个则没有返回：

```
DBMS_PROFILER.START_PROFILER(
    run_comment   IN VARCHAR2 := sysdate,
    run_comment1  IN VARCHAR2 :='',
    run_number    OUT BINARY_INTEGER)
  RETURN BINARY_INTEGER;
```

```
DBMS_PROFILER.START_PROFILER(
   run_comment IN VARCHAR2 := sysdate,
   run_comment1 IN VARCHAR2 :='')
RETURN BINARY_INTEGER;

DBMS_PROFILER.START_PROFILER(
   run_comment   IN VARCHAR2 := sysdate,
   run_comment1  IN VARCHAR2 :='',
   run_number    OUT BINARY_INTEGER);

DBMS_PROFILER.START_PROFILER(
   run_comment IN VARCHAR2 := sysdate,
   run_comment1 IN VARCHAR2 :='');
```

为了停止剖析，使用了一对同名的函数和存储过程：

```
DBMS_PROFILER.STOP_PROFILER
  RETURN BINARY_INTEGER;

DBMS_PROFILER.STOP_PROFILER;
```

要启动和停止剖析，可以定义一个变量，通过执行存储过程或者选择函数给变量赋值(例如，from dual)：

```
--method using the procedure
var runno number
exec :runno := dbms_profiler.start_profiler('mdw '||sysdate)
PL/SQL procedure successfully completed.

-- execute some code
exec pna_maint.test1
PL/SQL procedure successfully completed.

exec :runno := dbms_profiler.stop_profiler
PL/SQL procedure successfully completed.

-- alternative method using the functions

select dbms_profiler.start_profiler('mdw '||sysdate) from dual;
DBMS_PROFILER.START_PROFILER('MDW'||SYSDATE)
--------------------------------------------
                                           0
exec pna_maint.test1
PL/SQL procedure successfully completed.

select dbms_profiler.stop_profiler from dual;
STOP_PROFILER
-------------
            0
```

如果查看 PLSQL_PROFILER_RUN，可以看到它们的运行数据：

```
select runid,run_owner,run_date,run_comment,run_total_time
from plsql_profiler_runs
order by runid

    RUNID RUN_OWNE RUN_DATE            RUN_COMMENT                   RUN_TOTAL_TIME
---------- -------- ------------------ ----------------------------- ----------------
        1 MDW2     08-FEB-2016 17:27 mdw 08-FEB-2016 17:27  191,563,000,000
        2 MDW2     08-FEB-2016 17:50 mdw 08-FEB-2016 17:50   40,032,000,000
```

　　RUN_TOTAL_TIME 的数值是纳秒级的，但在我们的测试平台上只精确到微秒。此会话将记录所有内容，包括第一次运行递归调用的包、存储过程或函数。可以提前在 RUN_TOTAL_TIMES 中看到这些。代码所做的操作是一样的，但是第一次运行代码需要的时间更多。因此，应该提前运行一次未剖析的代码，以避免这种一次性开销。

　　解释 DBMS_PROFILER 数据　应该努力地去理解 PLSQL_PROFILER_DATA 和 PLSQL_PROFILER_UNITS 中保存的数据。除了 SQL Developer 外，其实还可以使用 GUI 工具。Hierarchical Profiler 是最近才出现的一个工具，它是 Oracle Database 11g 中新引入的一个工具。

　　PLSQL_PROFILER_UNITS 中保存了在会话中使用的每个 PL/SQL 代码块(匿名块、包、存储过程或函数)的记录。

　　在 PLSQL_PROFILER_DATA 中保存了每行代码所执行的次数和花费时间的概要信息，但是大多数计时字段仍然是默认值 0。这些信息对剖析毫无用处，应该被忽略。毕竟，这是一个代码剖析工具而不是调试工具。你当前查看的是时间花在哪些代码上了，而不是代码的详细流程。

　　代码剖析器比 DBMS_TRACE 对性能的影响要小得多。毕竟，你只是收集关于每行代码被执行的概要信息，而不是每执行一行代码就记录一条日志。例如，我们两次跟踪 PNA_MAINT.POP_ADDR_BATCH 代码：一次是 10 000 个地址，另一次是 100 000 个地址。这两次的步骤相同，因此在 PLSQL_PROFILE_DATA 中的记录如下：

```
select count(*),runid --count(*)
from plsql_profiler_data
where runid in (3,4)
group by runid
order by runid


count(*)  runid
-------   -----
    396       3
    396       4
```

　　运行 100 000 个地址的时间为 5.68 秒，对比不使用代码剖析器的时间为 4.12 秒。运行 10 000 个地址的时间有着相似的比例：0.591 秒与 0.438 秒。如果我们打开了 DBMS_TRACE 跟踪，将会花费大约 1 分钟的时间来处理 10 000 个地址。

　　与 DBMS_TRACE 一样，PLSQL_PROFILER_DATA 中的行与 ALL_SOURCE 中的内容相对应。数据非常冗长，所以你可能只需要 total time 非 0 的行。实际上，你只希望报告占工作负载 0.1% 的代码。在下面的示例中，我们提取了 runid 为 3 的耗时，只考虑在整体耗时超过执行时间的 0.01% 的行：

```
select ppu.runid,            ppu.unit_type,      ppu.unit_owner   owner,
       ppu.unit_name,        ppd.line# line,     ppd.total_occur execs,
       ppd.total_time tot_time,                  ltrim(also.text) line_text
from  plsql_profiler_units ppu
     ,plsql_profiler_data  ppd
     ,plsql_profiler_runs ppr
     ,all_source also
WHERE  ppr.runid     = 3
and    ppr.runid     = ppu.runid      and  ppu.runid       = ppd.runid
and    ppu.unit_number = ppd.unit_number and  ppu.unit_type   = also.type
and    ppu.unit_name = also.name      and  ppu.unit_owner  = also.owner
and    also.line     = ppd.line#
and    ppd.total_time >0 -- we are not interested in lines with no activity
and    ppd.total_time > (ppr.run_total_time/10000)
order by ppu.unit_number, ppd.line#;
```

```
id UNIT_TYPE OWNER   UNIT_NAME   LINE  EXECS    TOT_TIME LINE_TEXT
-- --------- ------- ----------- ----- ------ ---------- ----------------------------------------
 3 PACKAGE BO MDW2    PNA_MAINT    110     14      61118 procedure write_log(v_log_text    in varc
 3 PACKAGE BO MDW2    PNA_MAINT    121     14     104201 dbms_output.put_line (pv_process_name||'
 3 PACKAGE BO MDW2    PNA_MAINT    124     14    1199319 INSERT INTO plsql_log(process_name
 3 PACKAGE BO MDW2    PNA_MAINT    139     14     682319 commit;
 3 PACKAGE BO MDW2    PNA_MAINT    510      1     104201 select min(tona_id),max(tona_id) into v_
 3 PACKAGE BO MDW2    PNA_MAINT    511      1      68131 select min(rona_id),max(rona_id) into v_
 3 PACKAGE BO MDW2    PNA_MAINT    512      1      60116 select min(roty_id),max(roty_id) into v_
 3 PACKAGE BO MDW2    PNA_MAINT    520  10020     864672 for a in 1..v_chunk_size loop
 3 PACKAGE BO MDW2    PNA_MAINT    521  10000    7439389 addr_array(a).tn := trunc(dbms_random.va
 3 PACKAGE BO MDW2    PNA_MAINT    522  10000    6626817 addr_array(a).rn := trunc(dbms_random.va
 3 PACKAGE BO MDW2    PNA_MAINT    523  10000    6861271 addr_array(a).rt := trunc(dbms_random.va
 3 PACKAGE BO MDW2    PNA_MAINT    524  10000    8682794 addr_array(a).hn := case trunc(dbms_rand
 3 PACKAGE BO MDW2    PNA_MAINT    525      0    2736292 when 0 then trunc(dbms_random.value(1,61
 3 PACKAGE BO MDW2    PNA_MAINT    526      0    2487812 when 1 then trunc(dbms_random.value(1,12
 3 PACKAGE BO MDW2    PNA_MAINT    527      0    3091980 when 2 then trunc(dbms_random.value(1,12
 3 PACKAGE BO MDW2    PNA_MAINT    530  10000    6481536 addr_array(a).pcn := trunc(dbms_random.v
 3 PACKAGE BO MDW2    PNA_MAINT    531  10000    4386484 addr_array(a).pcvc := dbms_random.string
 3 PACKAGE BO MDW2    PNA_MAINT    533     40  157336328 forall idx in indices of addr_array
 3 PACKAGE BO MDW2    PNA_MAINT    557     20      65125 if mod(loop_count,2)=0 then
 3 PACKAGE BO MDW2    PNA_MAINT    559     10     604168 commit;
```

输出结果是按行号排序的，并且代码相当简单，我们可以"看到"程序的流程。尽管我们的代码是有逻辑的而且 PL/SQL 是过程性的，但是任何复杂的代码都是无序的，因为代码中包括嵌套的存储过程和函数。

更重要的是要知道时间是花费在哪块代码区域，所以我们根据代码的响应时间降序排列：

```
id UNIT_TYPE  OWNER UNIT_NAME  LINE  EXECS     TOT_TIME LINE_TEXT
-- ---------- ----- ---------- ----- -------  ---------- ----------------------------------------
 3 PACKAGE BO MDW2  PNA_MAINT   533      40   157336328 forall idx in indices of addr_array
 3 PACKAGE BO MDW2  PNA_MAINT   524   10000     8682794 addr_array(a).hn := case trunc(dbms_rand
 3 PACKAGE BO MDW2  PNA_MAINT   521   10000     7439389 addr_array(a).tn := trunc(dbms_random.va
 3 PACKAGE BO MDW2  PNA_MAINT   523   10000     6861271 addr_array(a).rt := trunc(dbms_random.va
 3 PACKAGE BO MDW2  PNA_MAINT   522   10000     6626817 addr_array(a).rn := trunc(dbms_random.va
 3 PACKAGE BO MDW2  PNA_MAINT   530   10000     6481536 addr_array(a).pcn := trunc(dbms_random.v
 3 PACKAGE BO MDW2  PNA_MAINT   531   10000     4386484 addr_array(a).pcvc := dbms_random.string
 3 PACKAGE BO MDW2  PNA_MAINT   527       0     3091980 when 2 then trunc(dbms_random.value(1,12
 3 PACKAGE BO MDW2  PNA_MAINT   525       0     2736292 when 0 then trunc(dbms_random.value(1,61
 3 PACKAGE BO MDW2  PNA_MAINT   526       0     2487812 when 1 then trunc(dbms_random.value(1,12
 3 PACKAGE BO MDW2  PNA_MAINT   124      14     1199319 INSERT INTO plsql_log(process_name
 3 PACKAGE BO MDW2  PNA_MAINT   520   10020      864672 for a in 1..v_chunk_size loop
```

如果这段代码有性能问题，我们将检查顶部的代码：FORALL 语句的响应时间超过了整体耗时的 90%。

顺便说一下，前面我们说过 SQL Developer 工具没有提供内置模块来查看 DBMS_PROFILER 的数据。我的朋友(本书的合著者)Alex Nuijten 在几年前写了一篇报告,介绍如何使用 SQL Developer 查看 DBMS_PROFILER 的数据。可以从网上的链接 https://technology.amis.nl/2007/07/19/dbms_profiler-report-for-sql-developer/找到。图 7-12 显示了它的屏幕截图，与我们示例的结果数据相似。

DBMS_HPROF

如果有 Oracle Database 11.1 或更高版本，则可以使用该版本中引入的层次剖析器。这个新特性是通过包 DBMS_PROFILER 实现的。与 DBMS_TRACE 或 DBMS_PROFILER 不同，层次剖析器的工作方式更复杂一些。它使用操作系统的文件写入和读取数据，因此需要一个软件目录。这个过程也包含两部分。启动和停止将数据收集到操作系统的日志文件中，然后分析数据并将结果保存在分层剖析器的日志表中。复杂的好处在于，能够以多种方式分析原始数据，而不只是获取每段代码的信息，可以看到各个代码段之间相互的关联——即它的层次结构，不仅包括执行 process_order 存储过程花费的时间，还包括存储过程的调用频率和在哪里调用的。

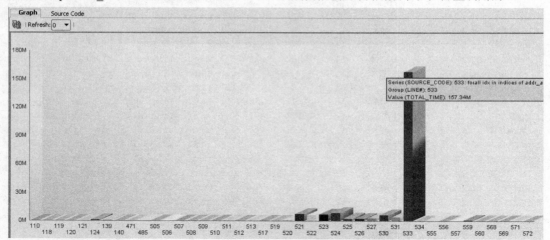

图 7-12　使用 SQL Developer 中的报告来可视化 DBMS_PROFILER 数据

　　另外，命令行工具 plshprof 也可以将剖析代码的信息生成 HTML 格式的报告，我们将在本节中介绍它。

　　安装　DBMS_PROF 包应该已经默认安装，它是作为数据库目录构建的一部分创建的。如果因为某种原因被删除了，则可以使用脚本$ORACLE_HOME/rdbms/admin/dbmshpro.sql 创建它。但是，你必须给需要使用层次剖析器包的用户授予执行权限：

```
grant execute on dbms_hprof to mdw2;
```

　　你需要创建一系列目标表来处理数据，目标表属于运行剖析器的用户，或者属于共享用户，并创建相应的同义词和授予需要的权限。创建表的脚本如下：

```
$ORACLE_HOME/rdbms/admin/dbmshptab.sql
@?/rdbms/admin/dbmshptab.sql
```

　　注意：
　　如果已经创建了目标表和序列，这个脚本将删除它们并重新创建它们，会导致当前表中的数据丢失。

　　被创建的表分别是：

- DBMSHP_RUNS
- DBMSHP_FUNCTION_INFO
- DBMSHP_PARENT_CHILD_INFO

　　与 DBMS_TRACE 和 DBMS_PROFILER 一样，如果有访问权限，就应该查看创建脚本中的注释信息，例如 DBMSHP_FUNCTION_INFO 的 OWNER 字段表示运行它的用户。从表名可以看出，Oracle 坚持使用以前的命名标准(笑话！)，可以从这三个表的名字中找到答案。

　　最后，创建一个目录(在 Oracle 目录对象中)，用于存储原始跟踪文件并授予用户访问权限(当然，软件目录还需要在操作系统中存在)：

```
create directory plsql_hprof_dir as 'D:\sqlwork\p_hprof';
Directory created.

grant all on directory plsql_hprof_dir to mdw2;
Grant succeeded.
```

　　DBMS_HPROF 的基本原理　现在可以运行层次剖析器(hprof)。首先使用 PNA_MAINT.TEST1 代码，正如前面所示。停止和启动 hprof 分别调用 dbms_hprof.start_profiling 包和 dbms_hprof.stop_profiling 包。传入 start_profiling 包的参数是创建文件的目录和名称。另外一个参数 MAX_DEPTH 将在稍后的章节中介绍。stop_profiling 包没有参数，它只是停止剖析代码。在剖析代码的开始和停止过程中，所有 PL/SQL 跟踪活动都被记录到指定目录的指定文件中。我们的第一个简单测试是：

```
--plhp1.sql
begin
  dbms_hprof.start_profiling (location => 'PLSQL_HPROF_DIR'
                             ,filename => 'mdw2'               );
  pna_maint.test1;
  dbms_hprof.stop_profiling;
end;
```

在新目录中创建了一个名为 mdw2 的文件(大小 2KB)。如果看过原始文件，会觉得非常有意思，但不是你想看的。如果想了解更多，可以在 *Oracle 12c Database Development Guide* 一书的第 13 章中找到这个文件结构的更多细节，以及 PL/SQL 层次剖析器的常规细节。以下是原始报告的一部分：

```
P#V PLSHPROF Internal Version 1.0
P#! PL/SQL Timer Started
P#C PLSQL."MDW2"."PNA_MAINT"::11."__pkg_init"
P#X 8
P#R
P#C PLSQL."MDW2"."PNA_MAINT"::11."TEST1"#980980e97e42f8ec #142
P#X 43
P#C PLSQL."SYS"."DBMS_APPLICATION_INFO"::11."SET_MODULE"#963b7b52b7a7c411 #36
P#X 23
P#R
P#X 1
P#C PLSQL."MDW2"."PNA_MAINT"::11."PL"#c5dd7e95abfe7e9f #105
P#X 83
P#C PLSQL."SYS"."DBMS_OUTPUT"::11."PUT_LINE"#c5dd7e95abfe7e9f #109
```

现在可以用 dbms_hprof 存储过程分析这个文件。我们必须向它提供目录位置和文件名(在启动 HPROF 时所声明的文件名称)，并且声明 RUN_COMMENT 是有意义的。我们稍后介绍其他可选参数。该存储过程返回 runid，它创建了下面的数据。在下面的示例中，我们分析文件，显示 runid，并显示记录在 dbmshp_run 中的内容：

```
-- an_plhp1
declare
v_num pls_integer;
begin
  v_num := dbms_hprof.analyze(location => 'PLSQL_HPROF_DIR'
                             ,filename => 'mdw2'
                             ,run_comment =>'first test run');
  dbms_output.put_line('runno '||v_num);
end;

@an_plhp1
runno 1
PL/SQL procedure successfully completed.

select * from DBMSHP_RUNS
  RUNID RUN_TIMESTAMP               TOTAL_ELAPSED_TIME RUN_COMMENT
------- -------------------------- ------------------- -------------------
      1 09-FEB-16 15.36.59.468000                  213 first test run
```

可以查询 DBMSHP_FUNCTION_INFO 和 DBMSHP_PARENT_CHILD_INFO 目标表中的数据，对于 TEST1

这样简单的示例，我们可以理解这些信息。如果只查看 OWNER、MODULE、TYPE、FUNCTION、LINE#和
FUNCTION_ELAPSED_TIME 字段的数据，那么与从 DBMS_PROFILER 获得的数据非常相似，并且可以通过对
象信息和行号以相同的方式关联 ALL_SOURCE(参见前面介绍 DBMS_PROFILER 的内容)：

```
select runid      ,symbolid     ,owner     ,module
      ,type        ,function     ,line#
      ,function_elapsed_time f_elap
      ,subtree_elapsed_time st_elap
      ,calls
from dbmshp_function_info
where runid = &runid
order by symbolid
```

```
RUN
 ID SYMBOLID OWNER MODULE              TYPE        FUNCTION        LINE#   F_ELAP  ST_ELAP CALLS
--- -------- ----- ------------------ -------- -------------- ----- --------- ------- -----
  1        1 MDW2  PNA_MAINT          PACKAGE BO PIECE            94        2      14     1
  1        2 MDW2  PNA_MAINT          PACKAGE BO PIECE            42       12      12     1
  1        3 MDW2  PNA_MAINT          PACKAGE BO PL              105       93     111     2
  1        4 MDW2  PNA_MAINT          PACKAGE BO TEST1           142       45     198     1
  1        5 MDW2  PNA_MAINT          PACKAGE BO __pkg_init        0        8       8     1
  1        6 SYS   DBMS_APPLICATION_I PACKAGE BO SET_MODULE        36       28      28     2
  1        7 SYS   DBMS_HPROF         PACKAGE BO STOP_PROFILING   63        0       0     1
  1        8 SYS   DBMS_OUTPUT        PACKAGE BO NEW_LINE         117        3       3     3
  1        9 SYS   DBMS_OUTPUT        PACKAGE BO PUT              77       18      18     3
  1       10 SYS   DBMS_OUTPUT        PACKAGE BO PUT_LINE        109        4      25     3
```

DBMSHP_PARENT_CHILD_INFO 表中的分层信息如下：

```
select * from dbmshp_parent_child_info
 RUN
 ID PARENTSYMID CHILDSYMID SUBTREE_ELAPSED_TIME FUNCTION_ELAPSED_TIME CALLS
---- ----------- ---------- -------------------- -------------------- -----
   1           1          2                   12                   12     1
   1           3         10                   18                    3     2
   1           4          3                  111                   93     2
   1           4          6                   28                   28     2
   1           4          1                   14                    2     1
   1          10          9                   18                   18     3
   1          10          8                    3                    3     3
```

在此可以计算出第 4 步是我们的根步骤(它有最大子树的响应时间，并且在层次视图中没有父节点)。可以编
写 SQL 语句来绘制我们的层次图：

```
select rpad('-',level*2,'-')||dfip.owner||':'||dfip.module||'.'||dfip.function||' '||dfip.line#
      ||' calls '||dfic.owner||':'||dfic.module||'.'||dfic.function||' '||dfic.line# hierarchy
    ,dpci.subtree_elapsed_time st_elap
    ,dpci.function_elapsed_time f_elap
    ,dpci.calls
from dbmshp_function_info      dfip
   ,dbmshp_function_info      dfic
   ,dbmshp_parent_child_info dpci
start with dpci.runid     =1
    and dfip.runid      = dpci.runid
    and dfic.runid      = dpci.runid
    and dpci.childsymid = dfic.symbolid
    and dpci.parentsymid = dfip.symbolid
    and dfip.symbolid    =4
```

```
connect by dpci.runid           = prior dpci.runid
       and dfip.runid           = dpci.runid
       and dfic.runid           = dpci.runid
       and dpci.childsymid      = dfic.symbolid
       and dpci.parentsymid     = dfip.symbolid
       and prior dpci.childsymid = dpci.parentsymid
HIERARCHY                                              ST_ELAP  F_ELAP CALLS
--------------------------------------------------     -------- ------- -----
--MDW2:PNA_MAINT.TEST1 142  calls MDW2:PNA_MAINT.PIECE 94         14       2    1
----MDW2:PNA_MAINT.PIECE 94  calls MDW2:PNA_MAINT.PIECE 42        12      12    1
--MDW2:PNA_MAINT.TEST1 142  calls MDW2:PNA_MAINT.PL 105          111      93    2
----MDW2:PNA_MAINT.PL 105  calls SYS:DBMS_OUTPUT.PUT_LINE 109     18       3    2
------SYS:DBMS_OUTPUT.PUT_LINE 109  calls SYS:DBMS_OUTPUT.NEW_LINE 117  3   3    3
------SYS:DBMS_OUTPUT.PUT_LINE 109  calls SYS:DBMS_OUTPUT.PUT 77    18      18    3
--MDW2:PNA_MAINT.TEST1 142  calls SYS:DBMS_APPLICATION_INFO.SET_MODULE  28  28  2
```

因此，我们可以看到函数 pna_maint.test1 调用了 pna_maint.piece 一次，同时 pna_maint.test1 也调用了 pna_maint.pl 两次，然后调用了 dbms_output.put_line 自己的子程序 put 和 new_line。最后，pna_maint.test1 调用了 dbms_application_info 两次。其中处理 PNA_MAINT.PL 的时间最长。

> **在复杂的代码上执行简单的 CONNECT BY 查询会报错**
>
> 查询目标表中层次数据的 SQL 包括复杂的 START WITH 子句和 CONNECT BY 子句。在 Web 上执行类似查询使用了更简单的代码，但是它在查询大部分剖析文件时都会报错 "ORA-01436 connect by loop in user data"。起初我们努力地想要解决这个问题，之后在共享缓存中获取 SQL Developer 使用的 SQL 语句，并将其作为模板使用。为什么要做无用功呢？

直接获取信息是很好的，即使对于这个基本示例来说，数据的含义也不是很简单和清晰。

分析 HPROF 数据　我们调用了分层剖析器剖析 POP_ADDR_BATCH 代码，运行代码创建了 100 000 条记录。需要注意它的时间是 10 秒，而调用 DBMS_PROFILER 的时间只有 5 秒，而没有剖析的时间是 4 秒。因此 DBMS_HPROF 的性能影响是显而易见的，但并不繁重，因为它可以与 DBMS_TRACE 使用。在目录中创建的文件是 270MB。如果在许多复杂循环代码中使用了层次剖析器，那么应该注意生成跟踪文件的数量——它可能相当大！

我们用 DBMS_HPROF 分析了跟踪文件的时间是 4 秒。只在 DBMSHP_FUNCTION_INFO 表中生成 23 行记录。我们没有执行每条代码的记录，也没有每一行 PL/SQL 的处理记录(就像对 DBMS_PROFILER 所做的那样)；相反，我们在调用另一个 PL/SQL 代码单元时得到一行。我们使用与前面相同的查询从表中提取了概要文件，但查询条件使用了 runid= 2 和根 **symbolid** =1。

```
HIERARCHY                                                              ST_ELAP
 F_ELAP  CALLS
------------------------------------------------------------------- ------- --------
-------
:.__plsql_vm 0 to :.__anonymous_block 0                               4955097   70
2
--:.__anonymous_block 0 to MDW2:PNA_MAINT.POP_ADDR_BATCH 471          4955027 364914
1
----MDW2:PNA_MAINT.POP_ADDR_BATCH 471 to MDW2:PNA_MAINT.WRITE_LOG 110    2431  518
14
------MDW2:PNA_MAINT.WRITE_LOG 110 to SYS:DBMS_OUTPUT.PUT_LINE 109         6    6
14
------MDW2:PNA_MAINT.WRITE_LOG 110 to MDW2:PNA_MAINT.__static_sql_exec_line124 124  1216  1216
14
------MDW2:PNA_MAINT.WRITE_LOG 110 to MDW2:PNA_MAINT.__static_sql_exec_line139 139   691   691
```

```
14
----MDW2:PNA_MAINT.POP_ADDR_BATCH 471 to SYS:DBMS_APPLICATION_INFO.SET_MODULE 36          11   11
1
----MDW2:PNA_MAINT.POP_ADDR_BATCH 471 to SYS:DBMS_RANDOM.STRING 169              824459194167
100000
------SYS:DBMS_RANDOM.STRING 169 to SYS:DBMS_RANDOM.VALUE 87                     630292162358
200000
--------SYS:DBMS_RANDOM.VALUE 87 to SYS:DBMS_RANDOM.RECORD_RANDOM_NUMBER 67       863716863716
800000
--------SYS:DBMS_RANDOM.VALUE 87 to SYS:DBMS_RANDOM.REPLAY_RANDOM_NUMBER 76       990093990093
800000
--------SYS:DBMS_RANDOM.VALUE 87 to SYS:DBMS_RANDOM.SEED 16                       331    331
1
--------SYS:DBMS_RANDOM.VALUE 87 to SYS:STANDARD.__static_sql_exec_line180 180     39     39
1
----MDW2:PNA_MAINT.POP_ADDR_BATCH 471 to SYS:DBMS_RANDOM.VALUE 130             2119752 270973
600000
------SYS:DBMS_RANDOM.VALUE 130 to SYS:DBMS_RANDOM.VALUE 87                    1848779 462534
600000
--------SYS:DBMS_RANDOM.VALUE 87 to SYS:DBMS_RANDOM.RECORD_RANDOM_NUMBER 67     863716 863716
800000
--------SYS:DBMS_RANDOM.VALUE 87 to SYS:DBMS_RANDOM.REPLAY_RANDOM_NUMBER 76     990093 990093
800000
--------SYS:DBMS_RANDOM.VALUE 87 to SYS:DBMS_RANDOM.SEED 16                       331    331
1
--------SYS:DBMS_RANDOM.VALUE 87 to SYS:STANDARD.__static_sql_exec_line180 180     39     39
1
----MDW2:PNA_MAINT.POP_ADDR_BATCH 471 to SYS:DBMS_RANDOM.__pkg_init 0              3      3
1
----MDW2:PNA_MAINT.POP_ADDR_BATCH 471 to MDW2:PNA_MAINT.__static_sql_exec_line510 510     83     83
1
----MDW2:PNA_MAINT.POP_ADDR_BATCH 471 to MDW2:PNA_MAINT.__static_sql_exec_line511 511     48     48
1
----MDW2:PNA_MAINT.POP_ADDR_BATCH 471 to MDW2:PNA_MAINT.__static_sql_exec_line512 512     41     41
1
----MDW2:PNA_MAINT.POP_ADDR_BATCH 471 to MDW2:PNA_MAINT.__static_sql_exec_line533 533  1642047 642047
100
----MDW2:PNA_MAINT.POP_ADDR_BATCH 471 to MDW2:PNA_MAINT.__static_sql_exec_line559 559   1223  1223
10
----MDW2:PNA_MAINT.POP_ADDR_BATCH 471 to MDW2:PNA_MAINT.__static_sql_exec_line571 571     15    315
1
--:.__anonymous_block 0 to SYS:DBMS_HPROF.STOP_PROFILING 63                        0      0
1
```

　　我们从输出信息看到了代码总体的结构，以及代码之间的调用关系和代码的执行时间。这使我们能够理解代码的逻辑流程并集中关注代码的性能问题。比 DBMS_TRACE 或 DBMS_PROFILER 的输出信息更清晰。其中不含每行代码的文本信息，容易导致输出太混乱了，因为关联 ALL_SOURCE 视图获取代码很简单。我们看到第 533 行的静态 SQL 语句执行时间很长(1642047)，就提取了代码查看该行发生了什么。通常，通过你感兴趣的正文内容以及前后 10 行的内容，足以让我们知道所发生的事情，当然也可以在开发界面或者图形化工具中找到代码：

```
select line,text from all_source where owner ='MDW2' and name='PNA_MAINT'
and type= 'PACKAGE BODY' and line between 532 and 543
      LINE TEXT
--------- ------------------------------------------------------------
      532    end loop;
```

```
533     forall idx in indices of addr_array
534     insert into address (addr_id
535                         ,house_number
536                         ,addr_line_1
537                         ,addr_line_2
538                         ,addr_line_3
539                         ,addr_line_4
540                         ,post_code)
541     select addr_seq.nextval
542            ,addr_array(idx).hn
543            ,rona.road_name||' '||roty.road_type
```

你应该还记得在使用 DBMS_PROFILER 的示例中，这个步骤占用了大部分时间，而现在仍然是较慢的，却不再是最慢的，相比之下是变快了。由于使用 DBMS_TRACE 包进行的测试非常缓慢，我们修改了代码并减少了 POP_ADDR_BATCH 程序中 ADDR_ARRAY 的大小。使用 DBMS_PROFILER 的测试提醒了我们在测试之前增加批处理的数量。为什么将不一致的内容保存在日志中？因为它突出显示了对代码进行剖析(和性能测量)的巨大用途。如果在开发阶段进行了代码剖析，就可以发现潜在的性能问题，并且有机会处理它们。这些代码剖析工具不仅可以解决生产系统的问题，还可用在开发代码过程中对代码进行验证。

使用简单的代码，也可以很快实现几个级别的层次结构。对于应用程序中广泛使用包的生产代码，可以很容易地得到令人困惑的深度嵌套代码。你希望代码看起来"如此有深度"。例如，假设你有以下层次结构：

```
Procedure A
  Procedure B
    Procedure C
      Procedure E
        Procedure F


  Procedure Q
    Procedure R
      Procedure S
```

在这种情况下，你希望看到两个或者三个级别的代码结构。

对于 HPROF，在代码剖析阶段通过声明 MAX_DEPTH 参数来完成此操作：

```
dbms_hprof.start_profiling (location => 'PLSQL_HPROF_DIR'
                           ,filename => 'mdw10'
                           ,max_depth=>3
                           );
-- analyze the code and you see:
```

HIERARCHY	ST_ELAP	F_ELAP	CALLS
MDW2:PNA_MAINT.POP_ADDR_BATCH 471 to MDW2:PNA_MAINT.WRITE_LOG 110	891	139	5
--MDW2:PNA_MAINT.WRITE_LOG 110 to SYS:DBMS_OUTPUT.PUT_LINE 109	1	1	5
--MDW2:PNA_MAINT.WRITE_LOG 110 to MDW2:PNA_MAINT.__static_sql_exec_line124 124	471	471	5
--MDW2:PNA_MAINT.WRITE_LOG 110 to MDW2:PNA_MAINT.__static_sql_exec_line139 139	280	280	5
MDW2:PNA_MAINT.POP_ADDR_BATCH 471 to SYS:DBMS_APPLICATION_INFO.SET_MODULE 36	12	12	1
MDW2:PNA_MAINT.POP_ADDR_BATCH 471 to SYS:DBMS_RANDOM.STRING 169	715877	175862	100000
--SYS:DBMS_RANDOM.STRING 169 to SYS:DBMS_RANDOM.VALUE 87	540015	540015	200000
MDW2:PNA_MAINT.POP_ADDR_BATCH 471 to SYS:DBMS_RANDOM.VALUE 130	1844353	266679	600000
--SYS:DBMS_RANDOM.VALUE 130 to SYS:DBMS_RANDOM.VALUE 87	1577674	1577674	600000

```
MDW2:PNA_MAINT.POP_ADDR_BATCH 471 to MDW2:PNA_MAINT.__static_sql_exec_line510 510   73      73      1
MDW2:PNA_MAINT.POP_ADDR_BATCH 471 to MDW2:PNA_MAINT.__static_sql_exec_line511 511   41      41      1
MDW2:PNA_MAINT.POP_ADDR_BATCH 471 to MDW2:PNA_MAINT.__static_sql_exec_line512 512   36      36      1
MDW2:PNA_MAINT.POP_ADDR_BATCH 471 to MDW2:PNA_MAINT.__static_sql_exec_line533 5331532447 1532447 10
MDW2:PNA_MAINT.POP_ADDR_BATCH 471 to MDW2:PNA_MAINT.__static_sql_exec_line559 559   560     560     1
MDW2:PNA_MAINT.POP_ADDR_BATCH 471 to MDW2:PNA_MAINT.__static_sql_exec_line571 571   14      14      1
```

限制层次级别不超过 3，我们从脚本的输出结果中看到了两个级别，虽然看到调用了 DBMS_RANDOM 包和 DBMS_OUTPUT 包代码，但是代码剖析中没有了它们调用其他代码的记录。在限制级别之下步骤的响应时间被合并到最低级别的父步骤中。因此，简化了代码剖析输出结果。

更多使用 plshprof 的高级分析　正如你所见，可以只使用 SQL 语句查询 DBMS_HPROF 的数据，但还有其他更好的选择。第一个是 plshprof 命令行工具，可以从跟踪原始数据生成一组 HTML 文件，然后在任何浏览器中进行查看。下面将使用名称 HPROF *filename*，在 destname 目录中创建一组文件，*filename* 是名称：

```
plshprof -output destname filename
```

创建一个新目录来存放 HTML 文件(D:\sqlwork\p_hprof\reports))，并生成 POP_ADDR_BATCH 代码的新 HPROF 剖析文件(mdw8)。在命令行模式中处理文件，如下所示：

```
D:\sqlwork\p_hprof\reports> plshprof -output mdw8 \sqlwork\p_hprof\mdw8
PLSHPROF: Oracle Database 12c Enterprise Edition Release 12.1.0.2.0 - 64bit Production
[20 symbols processed]
[Report written to 'mdw8.html']
```

这将在指定的目录中创建一组 HTML 文件，如图 7-13 所示。

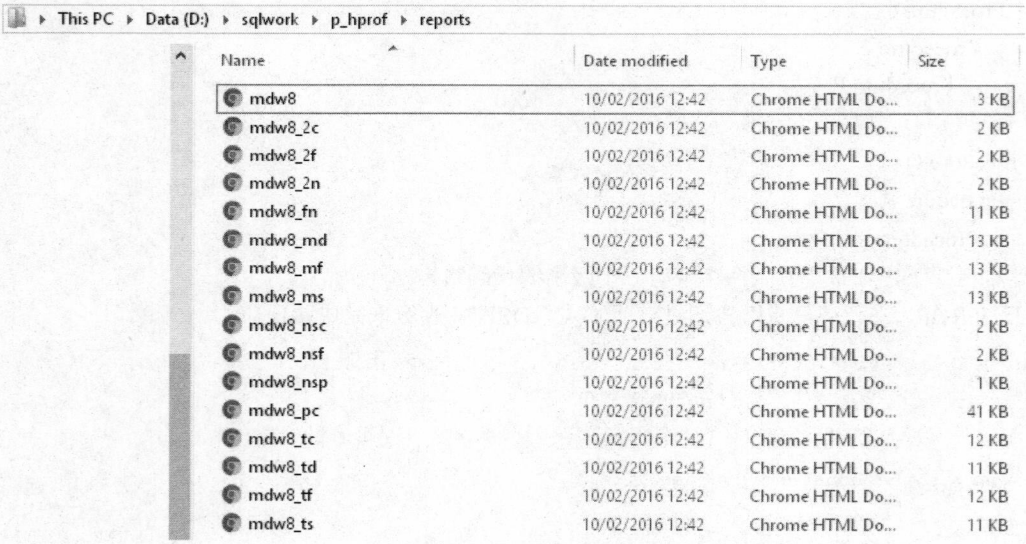

Name	Date modified	Type	Size
mdw8	10/02/2016 12:42	Chrome HTML Do...	3 KB
mdw8_2c	10/02/2016 12:42	Chrome HTML Do...	2 KB
mdw8_2f	10/02/2016 12:42	Chrome HTML Do...	2 KB
mdw8_2n	10/02/2016 12:42	Chrome HTML Do...	2 KB
mdw8_fn	10/02/2016 12:42	Chrome HTML Do...	11 KB
mdw8_md	10/02/2016 12:42	Chrome HTML Do...	13 KB
mdw8_mf	10/02/2016 12:42	Chrome HTML Do...	13 KB
mdw8_ms	10/02/2016 12:42	Chrome HTML Do...	13 KB
mdw8_nsc	10/02/2016 12:42	Chrome HTML Do...	2 KB
mdw8_nsf	10/02/2016 12:42	Chrome HTML Do...	2 KB
mdw8_nsp	10/02/2016 12:42	Chrome HTML Do...	1 KB
mdw8_pc	10/02/2016 12:42	Chrome HTML Do...	41 KB
mdw8_tc	10/02/2016 12:42	Chrome HTML Do...	12 KB
mdw8_td	10/02/2016 12:42	Chrome HTML Do...	11 KB
mdw8_tf	10/02/2016 12:42	Chrome HTML Do...	12 KB
mdw8_ts	10/02/2016 12:42	Chrome HTML Do...	11 KB

图 7-13　plshprof 产生的 HTML 文件

只需要单击根文件(filename.html)，就可以在浏览器中显示屏幕内容(见图 7-14)。

最上面的两个链接是代码剖析的概述：第一个根据代码块的最大耗时排序(见图 7-15)，第二个根据函数的最大耗时排序。

PL/SQL Elapsed Time (microsecs) Analysis

4874157 microsecs (elapsed time) & 3100204 function calls

The PL/SQL Hierarchical Profiler produces a collection of reports that present information derived from the profiler's output log in a variety of formats. The following reports have been found to be the most generally useful as starting points for browsing:

- Function Elapsed Time (microsecs) Data sorted by Total Subtree Elapsed Time (microsecs)
- Function Elapsed Time (microsecs) Data sorted by Total Function Elapsed Time (microsecs)

In addition, the following reports are also available:

- Function Elapsed Time (microsecs) Data sorted by Function Name
- Function Elapsed Time (microsecs) Data sorted by Total Descendants Elapsed Time (microsecs)
- Function Elapsed Time (microsecs) Data sorted by Total Function Call Count
- Function Elapsed Time (microsecs) Data sorted by Mean Subtree Elapsed Time (microsecs)
- Function Elapsed Time (microsecs) Data sorted by Mean Function Elapsed Time (microsecs)
- Function Elapsed Time (microsecs) Data sorted by Mean Descendants Elapsed Time (microsecs)
- Module Elapsed Time (microsecs) Data sorted by Total Function Elapsed Time (microsecs)
- Module Elapsed Time (microsecs) Data sorted by Module Name
- Module Elapsed Time (microsecs) Data sorted by Total Function Call Count
- Namespace Elapsed Time (microsecs) Data sorted by Total Function Elapsed Time (microsecs)
- Namespace Elapsed Time (microsecs) Data sorted by Namespace
- Namespace Elapsed Time (microsecs) Data sorted by Total Function Call Count
- Parents and Children Elapsed Time (microsecs) Data

图 7-14 plshprof 分析结果的主页

Function Elapsed Time (microsecs) Data sorted by Function Name

4874157 microsecs (elapsed time) & 3100204 function calls

Subtree	Ind%	Function	Ind%	Descendants	Ind%	Calls	Ind%	Function Name
4874154	100%	368581	7.6%	4505573	92.4%	1	0.0%	MDW2.PNA_MAINT.POP_ADDR_BATCH (Line 471)
2732	0.1%	618	0.0%	2114	0.0%	14	0.0%	MDW2.PNA_MAINT.WRITE_LOG (Line 110)
15	0.0%	15	0.0%	0	0.0%	1	0.0%	SYS.DBMS_APPLICATION_INFO.SET_MODULE (Line 36)
0	0.0%	0	0.0%	0	0.0%	1	0.0%	SYS.DBMS_HPROF.STOP_PROFILING (Line 63)
9	0.0%	9	0.0%	0	0.0%	15	0.0%	SYS.DBMS_OUTPUT.NEW_LINE (Line 117)
65	0.0%	65	0.0%	0	0.0%	15	0.0%	SYS.DBMS_OUTPUT.PUT (Line 77)
87	0.0%	13	0.0%	74	0.0%	15	0.0%	SYS.DBMS_OUTPUT.PUT_LINE (Line 109)
851671	17.5%	851671	17.5%	0	0.0%	800000	25.8%	SYS.DBMS_RANDOM.RECORD_RANDOM_NUMBER (Line 67)
976475	20.0%	976475	20.0%	0	0.0%	800000	25.8%	SYS.DBMS_RANDOM.REPLAY_RANDOM_NUMBER (Line 76)
823089	16.9%	193817	4.0%	629272	12.9%	100000	3.2%	SYS.DBMS_RANDOM.STRING (Line 169)
2467137	50.6%	638991	13.1%	1828146	37.5%	800000	25.8%	SYS.DBMS_RANDOM.VALUE (Line 87)
2106650	43.2%	268785	5.5%	1837865	37.7%	600000	19.4%	SYS.DBMS_RANDOM.VALUE (Line 130)
1380	0.0%	1380	0.0%	0	0.0%	14	0.0%	MDW2.PNA_MAINT.__static_sql_exec_line124 (Line 124)
650	0.0%	650	0.0%	0	0.0%	14	0.0%	MDW2.PNA_MAINT.__static_sql_exec_line139 (Line 139)
102	0.0%	102	0.0%	0	0.0%	1	0.0%	MDW2.PNA_MAINT.__static_sql_exec_line510 (Line 510)
69	0.0%	69	0.0%	0	0.0%	1	0.0%	MDW2.PNA_MAINT.__static_sql_exec_line511 (Line 511)
56	0.0%	56	0.0%	0	0.0%	1	0.0%	MDW2.PNA_MAINT.__static_sql_exec_line512 (Line 512)
1571641	32.2%	1571641	32.2%	0	0.0%	100	0.0%	MDW2.PNA_MAINT.__static_sql_exec_line533 (Line 533)
1205	0.0%	1205	0.0%	0	0.0%	10	0.0%	MDW2.PNA_MAINT.__static_sql_exec_line559 (Line 559)
14	0.0%	14	0.0%	0	0.0%	1	0.0%	MDW2.PNA_MAINT.__static_sql_exec_line571 (Line 571)

图 7-15 "Function" 报表显示每个函数及其子程序调用的耗时

最后的链接 Parents and Children Elapsed (microsecs) Time Data 显示了关于每个模块(PL/SQL 或静态 SQL 语句)之间的父子关联，以及与之有关系的许多其他模块(在这个报告中没有显示)。

其他页面根据函数、模块和名称空间显示信息(见图 7-16～图 7-18)。相反地，模块不是 DBMS_APPLICATION_INFO 设置的 MODULE，而是缓存中函数、存储过程或包的名称。

Function Elapsed Time (microsecs) Data sorted by Total Function Call Count

`4874157 microsecs (elapsed time) & 3100204 function calls`

Subtree	Ind%	Function	Ind%	Descendants	Ind%	Calls	Ind%	Cum%	Function Name
2467137	50.6%	638991	13.1%	1828146	37.5%	800000	25.8%	25.8%	SYS.DBMS_RANDOM.VALUE (Line 87)
976475	20.0%	976475	20.0%	0	0.0%	800000	25.8%	51.6%	SYS.DBMS_RANDOM.REPLAY_RANDOM_NUMBER (Line 76)
851671	17.5%	851671	17.5%	0	0.0%	800000	25.8%	77.4%	SYS.DBMS_RANDOM.RECORD_RANDOM_NUMBER (Line 67)
2106650	43.2%	268785	5.5%	1837865	37.7%	600000	19.4%	96.8%	SYS.DBMS_RANDOM.VALUE (Line 130)
823089	16.9%	193817	4.0%	629272	12.9%	100000	3.2%	100%	SYS.DBMS_RANDOM.STRING (Line 169)
1571641	32.2%	1571641	32.2%	0	0.0%	100	0.0%	100%	MDW2.PNA_MAINT.__static_sql_exec_line533 (Line 533)
87	0.0%	13	0.0%	74	0.0%	15	0.0%	100%	SYS.DBMS_OUTPUT.PUT_LINE (Line 109)
9	0.0%	9	0.0%	0	0.0%	15	0.0%	100%	SYS.DBMS_OUTPUT.NEW_LINE (Line 117)
65	0.0%	65	0.0%	0	0.0%	15	0.0%	100%	SYS.DBMS_OUTPUT.PUT (Line 77)
650	0.0%	650	0.0%	0	0.0%	14	0.0%	100%	MDW2.PNA_MAINT.__static_sql_exec_line139 (Line 139)
2732	0.1%	618	0.0%	2114	0.0%	14	0.0%	100%	MDW2.PNA_MAINT.WRITE_LOG (Line 110)
1380	0.0%	1380	0.0%	0	0.0%	14	0.0%	100%	MDW2.PNA_MAINT.__static_sql_exec_line124 (Line 124)
1205	0.0%	1205	0.0%	0	0.0%	10	0.0%	100%	MDW2.PNA_MAINT.__static_sql_exec_line559 (Line 559)
102	0.0%	102	0.0%	0	0.0%	1	0.0%	100%	MDW2.PNA_MAINT.__static_sql_exec_line510 (Line 510)
4874154	100%	368581	7.6%	4505573	92.4%	1	0.0%	100%	MDW2.PNA_MAINT.POP_ADDR_BATCH (Line 471)
56	0.0%	56	0.0%	0	0.0%	1	0.0%	100%	MDW2.PNA_MAINT.__static_sql_exec_line512 (Line 512)
69	0.0%	69	0.0%	0	0.0%	1	0.0%	100%	MDW2.PNA_MAINT.__static_sql_exec_line511 (Line 511)
15	0.0%	15	0.0%	0	0.0%	1	0.0%	100%	SYS.DBMS_APPLICATION_INFO.SET_MODULE (Line 36)
0	0.0%	0	0.0%	0	0.0%	1	0.0%	100%	SYS.DBMS_HPROF.STOP_PROFILING (Line 63)
14	0.0%	14	0.0%	0	0.0%	1	0.0%	100%	MDW2.PNA_MAINT.__static_sql_exec_line571 (Line 571)

图 7-16 *Function calls* 根据函数名称排序

Module Elapsed Time (microsecs) Data sorted by Module Name

`4874157 microsecs (elapsed time) & 3100204 function calls`

Module	Ind%	Calls	Ind%	Module Name
1944316	39.9%	157	0.0%	MDW2.PNA_MAINT
15	0.0%	1	0.0%	SYS.DBMS_APPLICATION_INFO
0	0.0%	1	0.0%	SYS.DBMS_HPROF
87	0.0%	45	0.0%	SYS.DBMS_OUTPUT
2929739	60.1%	3100000	100%	SYS.DBMS_RANDOM

图 7-17 "Namespace" 报表很好地说明了单元块在 SQL 和 PL/SQL 中的响应时间和调用次数

Namespace Elapsed Time (microsecs) Data sorted by Total Function Elapsed Time (microsecs)

`4874157 microsecs (elapsed time) & 3100204 function calls`

Function	Ind%	Cum%	Calls	Ind%	Namespace
3299040	67.7%	67.7%	3100062	100%	PLSQL
1575117	32.3%	100%	142	0.0%	SQL

图 7-18 "Module" 报表突出显示 PL/SQL 单元块的响应时间和调用次数

关于 plshprof 工具值得注意的一点是，它产生的报告没有关联 ALL_SOURCE 视图来显示 PL/SQL 或 SQL 的实际文本内容，这是令人遗憾的。原因是处理原始数据时无法访问数据库——没有在工具中说明数据库或者使用的连接详细信息，可以在关闭数据库的条件下运行 plshprof 命令行工具。

注意：
如果对于以前使用过的 plshprof 分析使用相同的输出名称，那么以前的文件内容将被覆盖。

命令行工具 plshprof 提供了一些其他技巧，但最主要的一个技巧是比较两个代码剖析文件的差异。当然，如果是相似代码的剖析文件，它们的差异比较是非常有意义的！修改 pop_addr_bulk 存储过程，让它能执行 100 行批处理，而不是 10 000 行，然后创建名为 mdw9 的层次剖析文件。最后使用 plshprof 命令行工具来分析它与 mdw8 的差异：

```
plshprof -output mdw89_diff \sqlwork\p_hprof\mdw8 \sqlwork\p_hprof\mdw9
PLSHPROF: Oracle Database 12c Enterprise Edition Release 12.1.0.2.0 - 64bit Production
[23 symbols processed]
[Report written to 'mdw89_diff.html']
```

HTML 报表的首页现在包含一个差异比较的概述(见图 7-19)。如你所见，有些代码变快了，有些变慢了。

PL/SQL Elapsed Time (microsecs) Analysis - Summary Page

This analysis finds a net **regression** of 1115473 microsecs (elapsed time) or **23%** (4874157 versus 5989630).
Here is a summary of the 23 most important individual function regressions and improvements:

Regressions: 1115475 microsecs (elapsed time)						Improvements: 2 microsecs (elapsed time)					
Function	Rel%	Ind%	Calls	Rel%	Function Name	Function	Rel%	Ind%	Calls	Rel%	Function Name
793458	+50.5%	71.1%	900	+900%	MDW2.PNA_MAINT.__static_sql_exec_line533 (Line 533)						
193812	NA%	17.4%	90	+643%	MDW2.PNA_MAINT.__static_sql_exec_line124 (Line 124)						
29617	+3.0%	2.7%	0		SYS.DBMS_RANDOM.REPLAY_RANDOM_NUMBER (Line 76)						
21022	+5.7%	1.9%	0		MDW2.PNA_MAINT.POP_ADDR_BATCH (Line 471)						
19944	NA%	1.8%	0		MDW2.PNA_MAINT.__static_sql_exec_line510 (Line 510)						
13833	+1.6%	1.2%	0		SYS.DBMS_RANDOM.RECORD_RANDOM_NUMBER (Line 67)						
12873	+4.8%	1.2%	0		SYS.DBMS_RANDOM.VALUE (Line 130)						
7055	+3.6%	0.6%	0		SYS.DBMS_RANDOM.STRING (Line 169)						
5658	+0.9%	0.5%	0		SYS.DBMS_RANDOM.VALUE (Line 87)	Function	Rel%	Ind%	Calls	Rel%	Function Name
4660	+754%	0.4%	90	+643%	MDW2.PNA_MAINT.WRITE_LOG (Line 110)	-2	-14.3%	100%	0		MDW2.PNA_MAINT.__static_sql_exec_line571 (Line 571)
4488	+372%	0.4%	90	+900%	MDW2.PNA_MAINT.__static_sql_exec_line559 (Line 559)						
4471	+688%	0.4%	90	+643%	MDW2.PNA_MAINT.__static_sql_exec_line139 (Line 139)						
1602	NA%	0.1%	0		MDW2.PNA_MAINT.__static_sql_exec_line511 (Line 511)						
1445	NA%	0.1%	0		MDW2.PNA_MAINT.__static_sql_exec_line512 (Line 512)						
646		0.1%	1		SYS.STANDARD.__static_sql_exec_line180 (Line 180)#						
447		0.0%	1		SYS.DBMS_RANDOM.SEED (Line 16)#						
286	+440%	0.0%	90	+600%	SYS.DBMS_OUTPUT.PUT (Line 77)						
89	+685%	0.0%	90	+600%	SYS.DBMS_OUTPUT.PUT_LINE (Line 109)						
61	+678%	0.0%	90	+600%	SYS.DBMS_OUTPUT.NEW_LINE (Line 117)						
7		0.0%	1		SYS.DBMS_RANDOM.__pkg_init #						
1	+6.7%	0.0%			SYS.DBMS_APPLICATION_INFO.SET_MODULE (Line 36)						

图 7-19　使用 plshprof 进行对比分析的结果

查看这份报表后发现，变糟糕的有 23 个，变好的有 1 个，但是在大多数情况下，变糟糕的要么耗时本来就少，要么只差一点点。这可能是在运行过程中机器设备(一台特定合理负载的笔记本)比较忙碌而受到影响。最突出的是在总结报表顶部第 533 行的静态语句：耗时是原来的两倍，而且是最耗时的代码。日志记录和进行性能测量调用的数量和总成本开销都增加了(DBMS_OUTPUT 和 write_log)，因为性能测量依赖于批处理运行的次数，并且每次批处理的数量越小，批量处理运行的次数就越多。

单击第一行内容，显示它的详细情况(见图 7-20)。减少每次批处理的数量，就会有 1000 次而不是 100 次调用(处理的总行数是相同的)，导致运行时间增加了 50.5%。

Elapsed Time (microsecs) Comparison for MDW2.PNA_MAINT.__static_sql_exec_line533 (Line 533) (71.1%

MDW2.PNA_MAINT.__static_sql_exec_line533 (Line 533)	First Trace	Ind%	Second Trace	Ind%	Diff	Diff%
Function Elapsed Time (microsecs)s	1571641	32.2%	2365099	39.5%	793458	+50.5%
Function Calls	100	0.0%	1000	0.0%	900	+900%
Mean Function Elapsed Time (microsecs)s	15716.4		2365.1		-13351.3	-85.0%

MDW2.PNA_MAINT.__static_sql_exec_line533 (Line 533)

Subtree	Function	Descendants	Calls	Function Name
793458	793458	0	900	MDW2.PNA_MAINT.__static_sql_exec_line533 (Line 533)
Parents:				
793458	793458	0	900	MDW2.PNA_MAINT.POP_ADDR_BATCH (Line 471)

图 7-20　显示差异最大步骤的详情，包括其父步骤

在 *Oracle 12c Database Development Guide* 一书的第 13 章中可以找到关于 plshprof 的更多信息。

HPROF 和 SQL Developer　最后，可以在 SQL Developer 工具中生成并查看代码的层次剖析文件。生成一个层次剖析文件有点奇怪，需要以 SYS 用户身份访问(或 SYSDBA 权限的账户)，第一次这样做是为了创建表、获取路径和目录对象。

导航到 Connections 选项卡中的 PL/SQL 对象，就可以看到关于它的信息。在本例中，我们将要访问 PNA_MAINT 包。右击对象，显示活动菜单如图 7-21 所示。

图 7-21　在 SQL Developer 中进行一个对象的层次剖析

你将看到 Profile PL/SQL 屏幕，如图 7-22 所示，在其中选择想要测试的存储过程或函数(奇怪的是，它没有列出那些无输入参数的函数)。如果需要，可以写一个注释(在窗口的顶部)，然后修改 PL/SQL 块把 NULL 值换成默认的输入参数，单击 OK 按钮。这部分在图 7-22 中被突出显示(也可以保存这些脚本，然后加载旧脚本)。

如果从未在 SQL Developer 中运行过这个操作，那么将提示你输入一个要使用的目录(在本例中，使用了之前创建的\sqlwork\hprof 目录)和 SYS 密码，然后运行代码剖析。

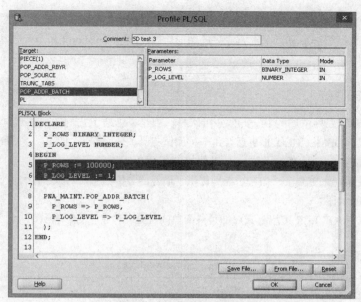

图 7-22   说明剖析代码的参数

    Profile PL/SQL 对话框将会消失，最初并没有什么要紧的事会发生。耐心地等待几秒钟(如果已经脚本化了，就不管代码剖析会花多长时间)，控制信息传递到该对象的 Profiles 选项卡，就会看到所有最新的代码剖析文件。这包括手动创建的内容。

    如果通过其他方法为缓存的 PL/SQL 创建了分层剖析文件，那么可以在 SQL Developer 中找到它们，访问该对象并单击 Profiles 选项卡(最右侧的选项卡)。可以在图 7-23 中看到它。

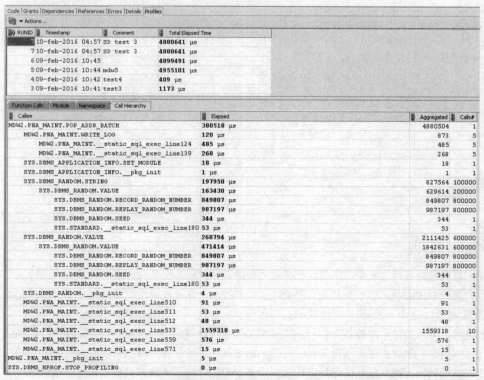

图 7-23   SQL Developer 中 HPROF 输出的分层视图

原因并不明显，SQL Developer 工具创建的代码剖析文件在列表中出现不止一次。哪一个文件突出显示并不重要；细节保持不变，包括图 7-23 所示的非常漂亮的图形化视图，这从 plshprof 命令行工具生成的 HTML 报表中是无法得到的。

7.7.5 剖析选项概览

现在我们已经讨论了三种主要的 PL/SQL 分析工具，表 7-3 总结了它们的主要优缺点。

相比其他两个工具，DBMS_TRACE 更适合是一种调试工具，使用起来很简单。它所产生的信息最详细。默认情况下，它对系统潜在的性能影响非常大。需要修改代码以限制其影响。

DBMS_HPROF 使用起来更复杂，但它潜在地提供了最好的分析信息，对系统的性能影响也很小。需要具有访问目录和操作系统的权限。

整体而言，DBMS_PROFILER 使用起来可能是最简单的工具，对性能的影响最小。它不需要访问代码或使用操作系统目录的权限。

表 7-3 剖析选项的概述

工具	优点	缺点
DBMS_TRACE	安装简单，需要 1 个软件包和两个表的访问权限 使用非常简单，虽然管理调用跟踪有点令人困惑 输出内容详细和冗长(既是优点也是缺点，取决于你想要什么) 提供了许多信息和显示一些其他选项没有的东西(例如，PL/SQL 上下文切换)	潜在巨大的性能影响 潜在地产生大量的数据 需要访问更改代码的权限以限制数据量和性能影响 输出内容非常详细和冗长 很难看到需要的信息 缺少层次化的视图 在其他 Oracle 工具中无法显示具体的数据
DBMS_PROFILER	安装简单，仅要 1 个软件包和两个表的访问权限 使用非常简单 所有三个选项中运行影响最小的	缺少 DBMS_TRACE 可用的详细信息 缺少层次化的视图 在其他 Oracle 工具中无法显示具体的数据
DBMS_HPROF	显示层次级别信息 详细级别(深度)是很容易限制的 运行时的影响是中等的 可以从其他工具中生成和查看数据 一个单独的分析工具可用	安装较复杂，需要访问操作系统目录的权限 使用更复杂(包括两个处理步骤)

7.8 本章小结

对 PL/SQL 代码进行性能测量，不仅对在开发过程中调试代码，而且对在生产系统中快速地调研和解决问题也非常重要。虽然 DBMS_OUTPUT 是最常用的性能检测方法，在开发阶段很适合调试 PL/SQL 代码，但对于生产系统的性能测量，这个选择是非常糟糕的。

Oracle 提供了用于实时监控的 DBMS_APPLICATION_INFO，在工具集中的所有工具都融入了这个内置特性。这两种方法可以与用户创建的性能测量结合在一起，通过自治事务保存到日志表中，为所有 PL/SQL 代码提供轻量级、健壮的性能测量方案。这些信息可以用来剖析 PL/SQL 代码，帮助你更合理和有针对性地解决生产问题，而不是猜测根本的原因，遗憾的是没有性能测量的标准规范。

　　Oracle 提供了几种在不同情况下使用的代码剖析工具。DBMS_TRACE 更适合用于调试、DBMS_HPROF 用来剖析代码和查找最需要的活动，而 DBMS_PROFILER 是介于两者之间的一种方案。

　　在开发过程中还可以使用代码剖析工具和 PL/SQL 编译警告，以突出显示代码的潜在问题，并指出存在性能问题的地方。

　　PL/SQL 已经存在了二十多年，现有的性能测量和代码剖析工具仍然没有得到充分利用，这是一个很大的遗憾。这些工具可以帮助你确定存在哪些问题 (避免猜测)，并且在总体上可保障 PL/SQL 应用程序运行更快、更有弹性。

第 8 章

动态 SQL

　　如果需要写一条 SQL 语句，但是不知道所有元素，此时就需要动态 SQL。利用动态 SQL，会在执行阶段构建真实的 SQL 语句。例如，当不知道查询语句中 SELECT 的列，或者 FROM 的表名，或者在运行之前不知道 WHERE 的条件，此时就可以使用动态 SQL。只有当静态 SQL 无法满足需求时，才应该使用动态 SQL。动态 SQL 只能用在 PL/SQL 中。

　　使用动态 SQL 时，SQL 注入被视作极大的安全隐患。如果不熟悉 SQL 注入，我们建议你在开始用动态 SQL 前，先熟悉一下它。在第 15 章中你能了解有关 SQL 注入和代码安全的更多知识。

　　动态 SQL 编程能处理数据定义的一些改变，不需要重新编译，而静态 SQL 则无法做到。SQL 语句通常依赖于用户或程序的输入，而且只有在运行期输入之后才能知道。动态 SQL 也能支持执行数据定义语言(Data Definition Language，DDL)的语句和会话控制语言(Session Control Language，SCL)的语句，静态 SQL 则不支持。DDL 语句诸如 CREATE、DROP、GRANT 和 REVOKE，SCL 语句诸如 ALTER SESSION 和 SET ROLE。

　　动态 SQL 的典型示例可能包含每天、每周、每月和每年的表，也许会以"表名_YYYYMMDD"命名或者使用其他一些预先知道的命名标准。在这些示例中，当写出动态 SQL 语句时，表可能尚未存在，但是命名规则存在。

动态 SQL 能用于查询语句，也能用于建表的语句。另一个示例也许可以重复使用：同一条 SQL 语句稍有改变，就能用在不同的地方。不需要写多条 SQL 语句，只需要一条动态 SQL 语句，就可以用在多处。

使用动态 SQL 也有风险。因为 SQL 语句仅在执行期间构建和编译，所以如果语句没有构建成功，则很有可能编译失败，丢失一些权限，性能下降，或者甚至出现错误的结果。

PL/SQL 提供两种编写动态 SQL 的方法：使用本地动态 SQL，使用 DBMS_SQL 包。本地动态 SQL 通常更易读写，性能上会比使用 DBMS_SQL 等价的代码更高效。然而，如果不知道动态 SQL 语句输入和输出参数的个数以及数据类型，就必须使用 DBMS_SQL 包。而且，如果想要使用一个存储子程序隐式地返回检索结果(即未使用一个 out ref cursor 变量)，就必须使用 DBMS_SQL 包，因为它需要使用 dbms_sql.return_result 存储过程。然而，如果动态 SQL 语句检索行数，或者需要在执行 INSERT、UPDATE、DELETE 或 MERGE 的动态 SQL 语句后面，使用%FOUND、%ISOPEN、%NOTFOUND 或者%ROWCOUNT 中的任意 SQL 游标属性，就必须使用本地动态 SQL。如果正同时使用 DBMS_SQL 包和本地动态 SQL，则可以使用 dbms_sql.to_refcursor 函数和 dbms_sql.to_cursor_number 函数在它们之间切换，本章后面的部分会有介绍。

8.1　使用本地动态 SQL

大多数情况下，本地动态 SQL 使用 EXECUTE IMMEDIATE 语句执行动态 SQL 语句。然而，如果动态 SQL 是一条返回多行的 SELECT 语句，就需要使用带有 BULK COLLECT INTO 子句的 EXECUTE IMMEDIATE 语句或是一条 OPEN FOR, FETCH, CLOSE 语句来编写本地动态 SQL。需要注意的是，INSERT、UPDATE、DELETE、MERGE 和单行 SELECT 语句的动态 SQL、SQL 游标属性的工作方式和静态 SQL 相同。关于游标，可以参考第 3 章。

EXECUTE IMMEDIATE 是编写本地动态 SQL 的最常用方法。比较容易读写，而且通常会比使用 DBMS_SQL 包这种更复杂的等价方案执行更高效。

如果正在编写不含绑定变量的 DDL 或 DML，则可以使用最简单的动态 SQL 编写方法(使用 EXECUTE IMMEDIATE 字符串)。可以很简单地创建一个 SQL 语句的字符串变量：

```
V_String VARCHAR2(3000) := 'SELECT '||columnname||
' FROM '||tablename||' WHERE '||whereclause;
```

使用 PL/SQL，当你得到变量(可能使用连接)时，可以向 SQL 语句中增加其他元素，最终你的变量(V_String)中就得到了完整的 SQL 语句：

```
'SELECT ename FROM Emp WHERE empno = 7782'
```

然后，你就能执行动态 SQL 语句：

```
EXECUTE IMMEDIATE V_String;
```

例如，假设我们需要一个创建年度 SALES 表的存储过程。存储过程(create_y_sales)接收年份作为输入参数：

```
CREATE OR REPLACE PROCEDURE Create_Y_Sales (V_Year NUMBER) IS
V_String VARCHAR2(2000);
V_Columns VARCHAR2(1000);
BEGIN
V_String := 'CREATE TABLE Sales_';
V_Columns := '(product_id NUMBER(16) NOT NULL,
customer_id NUMBER(16) NOT NULL,
time_id  DATE NOT NULL,
quantity_sold  NUMBER(10) NOT NULL,
amount_sold NUMBER(15,2) NOT NULL)';
V_String := V_String||To_Char(V_Year)||' '||V_Columns;
```

```
DBMS_OUTPUT.PUT_LINE(V_String);
EXECUTE IMMEDIATE V_String;
END;
/
```

注意：

SQL 语句不应该有分号，因为当执行查询时，EXECUTE IMMEDIATE 会自动添加。

下面调用存储过程 create_y_sales，输入参数为 2016：

```
set serveroutput on
exec create_y_sales(2016);
```

以上示例将会产生如下 SQL 语句：

```
CREATE TABLE Sales_2016
(product_id NUMBER(16) NOT NULL,
customer_id NUMBER(16) NOT NULL,
time_id  DATE NOT NULL,
quantity_sold  NUMBER(10) NOT NULL,
amount_sold NUMBER(15,2) NOT NULL)
```

而且，会创建表(SALES_2016)：

```
DESC Sales_2016
Name            Null       Type
------------- --------------------
PRODUCT_ID    NOT NULL NUMBER(16)
CUSTOMER_ID   NOT NULL NUMBER(16)
TIME_ID       NOT NULL DATE
QUANTITY_SOLD NOT NULL NUMBER(10)
AMOUNT_SOLD   NOT NULL NUMBER(15,2)
```

注意：

动态 DDL 也能使用 DBMS_UTILITY 包的 exec_ddl_statement 存储过程执行——例如，dbms_utility.exec_ddl_statement(v_string)。但是我们推荐使用 EXECUTE IMMEDIATE，因为使用它非常简单，比较新，而且还未过时。

如果正在编写一条 SELECT 列表中含有固定个数表达式的查询语句，可以使用如下语法：

```
EXECUTE IMMEDIATE v_string INTO
```

在这个示例中，我们从 EMP 表检索条件 empno=7782 对应的 ename 列，使用 INTO 将列值赋予变量(v_ename)。如果我们不知道 SELECT 列表中元素的个数(以及数据类型)，就没法这么做。

```
DECLARE
v_ename emp.ename%TYPE;
BEGIN
EXECUTE IMMEDIATE 'SELECT ename FROM EMP WHERE EMPNO = 7782 ' INTO v_ename;
DBMS_OUTPUT.put_line(v_ename);
END;
/
Result:
CLARK
```

如果动态 SQL 语句是一条返回多行的 SELECT 语句，你就能使用带有 BULK COLLECT INTO 子句的 EXECUTE IMMEDIATE 语句或是一条 OPEN FOR, FETCH, CLOSE 语句。如果使用 OPEN FOR, FETCH, CLOSE 语句，首先需要使用 OPEN FOR 将游标变量和动态 SQL 语句进行关联，然后在 USING 子句中为动态 SQL 语句的每一个占位符指定一个绑定变量。USING 子句不能含有字面值 NULL，如第 1 章所述，在关系型数据库和 SQL

中，NULL 通常是一个问题。然后使用 FETCH 语句检索结果集，一次检索一行(into 子句)，或者一次检索多行 (bulk_collect_into 子句，定义 LIMIT 数字表达式)，或者一次检索所有行记录(忽略 LIMIT 数字表达式)。最后，使用 CLOSE 语句关闭游标变量。在第 3 章，我们讨论了关于游标的更多内容。

　　带有 BULK COLLECT INTO 子句的 EXECUTE IMMEDIATE 语句更容易使用。让我们看一个相同的示例，但是现在我们使用一个嵌套表变量，以及 BULK COLLECT INTO 来提取检索结果记录。然后我们打印出集合中的第三个元素名称。

```
DECLARE
TYPE emp_nt_type IS TABLE OF emp%ROWTYPE;
v_emp_nt emp_nt_type;
BEGIN
EXECUTE IMMEDIATE 'SELECT * FROM EMP' BULK COLLECT INTO v_emp_nt;
DBMS_OUTPUT.put_line(v_emp_nt(3).ename);
END;
/


Result:
MILLER
```

如果正在编写一条查询语句，并且知道绑定变量的个数(SQL 语句中的 WHERE 部分)，就可以使用 EXECUTE IMMEDIATE v_string USING 语法。下面是一个和之前相同的示例，唯一的区别就是现在我们通过使用占位符 (:empno)来检索 empno=7782 的行，在关键字 USING 之后，将会为占位符赋予值：

```
DECLARE
l_emp emp%ROWTYPE;
BEGIN
EXECUTE IMMEDIATE 'SELECT * FROM EMP WHERE EMPNO = :empno ' INTO l_emp USING 7782;
DBMS_OUTPUT.put_line(l_emp.ename);
END;
/


Result:
CLARK
```

如果动态 SQL 语句包含绑定变量的占位符，在 EXECUTE IMMEDIATE 语句的 USING 子句中，每一个占位符就必须有一个对应的绑定变量。如果动态 SQL 不是代表匿名 PL/SQL 块或是调用语句，占位符会根据 USING 子句中的位置而不是名称和绑定变量关联。为了让同一个绑定变量和占位符的每次出现关联，你必须重复绑定变量。下面是一个示例：

```
EXECUTE IMMEDIATE V_SQL USING x, x, y, x
```

如果动态 SQL 语句代表一个匿名 PL/SQL 块或一个调用语句，则会用绑定变量的名称来和占位符进行关联，没必要重复绑定变量：

```
EXECUTE IMMEDIATE V_SQL USING x, y
```

在 USING 子句中，每个唯一的占位符名称必须有一个对应的绑定变量。

动态 SQL 支持所有的 SQL 数据类型，但是不支持特殊的 PL/SQL 类型(例如 BOOLEAN)。唯一的例外就是能出现在 INTO 子句的 PL/SQL 记录。

对我个人而言，动态 SQL 最复杂的用法就是终端用户有机会能在 Oracle Forms 用户接口中动态创建它们自己的查询语句。我们创建了一个表，含有表的信息，以及允许(可能需要)在查询语句中使用的列的信息。在 PL/SQL 代码中有三个变量：v_select、v_from 和 v_where。用户接口中，用户选择了表，以及他所想要添加到查询语句中的列，然后为它们设置标准。例如，在表 CUSTOMER，儿童的个数必须大于 0，消费者必须对烹饪感兴趣。终端用户可以定义一些标准，也能在所有不同的标准之间定义"与"或"或"的关系，基于用户的选择，程序会创建 SQL 语句。基于对标准表的选择和了解，会构建出动态 SQL 语句。例如，在标准表中，我们了解在 v_where 变量中表如何关联。不久之后，我们会意识到，有时查询语句非常快，有时却非常慢，这些会让终端用户感到困惑。然后，我们决定向查询语句增加一些 hints，以确保同一语句的响应时间，我们为此增加一个新的变量，名为 v_hint。而且，这发生在 Oracle Database 8*i* 时，这个版本的优化器还不像今天这样好。

对于动态 PL/SQL 块，可以使用相同的技术。块必须是一个有效的匿名块，为的是可以使用 EXECUTE IMMEDIATE 执行。注意，动态 PL/SQL 块必须用分号(;)结尾，否则就会将它看成一条 SQL 语句进行解析。正如之前提到的，使用绑定变量名称来引用占位符，所以没必要多次指出这些名称。代码中若格式清晰，动态 PL/SQL 就可能更有用。

不管你用动态 SQL 做什么，确认你已经系统地构建了逻辑，并且测试了每一个阶段。我的建议是，你要比通常测试 SQL 还要多地测试动态 SQL。不仅测试整体，而且还要独立地测试每一段代码。如果首先构建静态的逻辑，然后将其转换为动态 SQL，通常会比较有帮助。在开发阶段，使用 DBMS_OUTPUT 打印出生成的动态 SQL，当出现任何问题时，都能看见整个语句，也能执行。

8.2　使用 DBMS_SQL 包

自从 Oracle Database 7 版本开始，DBMS_SQL 包作为 Oracle 数据库的一部分已经有很长时间了。在 Oracle Database 8*i* 引入本地动态 SQL 之前，这是唯一一种执行在运行时非编译时构建的 SQL 语句的方法。大部分情况下，本地动态 SQL 已经够用了，但是在一些场景下，DBMS_SQL 是唯一能解决问题的方法。隐式返回结果集给客户端应用就是这样的场景。

和参考游标(REF CURSORS)交互，会比使用 DBMS_SQL 游标更加简单。参考游标可以在 SELECT 语句中打开，提取，完成时关闭。DBMS_SQL 游标需要打开，绑定变量，执行语句，然后关闭。当你使用 DBMS_SQL 时，就会认识到这点。Oracle Database 11*g* 增强了 DBMS_SQL 包的功能，允许你在 DBMS_SQL 游标和参考游标之间切换，反之亦然。

8.2.1　将结果集返回给客户端

一些客户端编程语言能处理来自数据库的结果集，并展示其内容。在过去，当和 Oracle 进行交互时，唯一的选择就是参考游标。数据库开发人员不得不创建一个数据类型为参考游标的输出参数，或者一个返回参考类型的函数。然后由客户端应用处理参考游标。这种类型的结果集被称作显式结果集。之所以是显式的，是因为当和存储过程或函数交互时，存在一个结果集(即参考游标)，并且你能描述结果集的结构。

其他数据库实现了所谓的隐式结果集。当你处理一个返回隐式结果集的程序时，直到执行阶段，你才会知道结果集的个数或结构。

假设有一个客户端应用，它和一个非 Oracle 数据库进行交互，并且依赖于隐式结果集。如果数据库换为 Oracle 数据库，客户端应用将不得不重写，以让其能处理参考游标。因此，除了"仅仅"替换数据库代码，你也不得不改动客户端代码。

为了简化 Oracle 数据库的迁移，12*c* 的 DBMS_SQL 包开始支持隐式结果集。从 PL/SQL 返回一个隐式结果集将会降低迁移的成本，因为现在客户端应用不需要修改代码；它已经知道如何处理隐式结果集。当你引入参考游标时，客户端应用将需要重写，以便能处理显式结果集。

注意：
接下来的代码片段会用 SQL*Plus 12 执行。之前版本的 SQL*Plus 不能处理隐式结果集。当你尝试使用旧版本的 SQL*Plus 执行代码时，会抛出以下异常：

ORA-29481:Implicit results cannot be returned to client.

接下来的示例中会创建一个独立的存储过程，它会返回两个隐式结果集——一个是部门表(DEPT)，一个是雇员表(EMP)。存储过程接受两个参数。第一个参数是需要返回的部门号码，这个参数必填。第二个参数是一个布尔值，表示是否需要返回雇员数据。

```
create or replace
procedure show_dept_emps (p_deptno    in number
                         ,p_show_emps in boolean := true
                         )
is
   l_rc sys_refcursor;
begin
   open l_rc
   for
   select deptno
        ,dname
        ,loc
    from dept
    where deptno = p_deptno;
   dbms_sql.return_result(l_rc);
   if p_show_emps
   then
     open l_rc
     for
     select empno
          ,ename
          ,job
          ,sal
       from emp
      where deptno = p_deptno
      ;
     dbms_sql.return_result (l_rc);
   end if;
end show_dept_emps;
/
```

因为 return_result 存储过程在 DBMS_SQL 包中重载了，所以才有可能使用参考游标打开初始游标，正如之前的代码示例所展示。然而，也能使用 dbms_sql.open_cursor 完成同样的操作。

当和其他 DBMS_SQL 存储过程和函数一起使用时，用 DBMS_SQL 打开的游标会返回一个能被引用的整型数。

执行上面的存储过程，会产生如下结果：

```
begin
   show_dept_emps (p_deptno => 10);
end;
/
ResultSet #1
    DEPTNO DNAME          LOC
---------- -------------- ----------------
        10 ACCOUNTING     NEW YORK

ResultSet #2
     EMPNO ENAME          JOB          SAL
---------- -------------- ---------- ----------
      7782 CLARK          MANAGER      2450
```

```
      7839 KING        PRESIDENT        5000
      7934 MILLER      CLERK            1300
```

正如你从输出结果看到的，会返回两个结果集。

如果第二个参数值设为 false，仅会返回部门的信息，如下所示：

```
begin
   show_dept_emps (p_deptno    => 10
                 ,p_show_emps => false
                 );
end;
/
ResultSet #1
    DEPTNO DNAME          LOC
---------- -------------- -------------
        10 ACCOUNTING     NEW YORK
```

8.2.2　从 PL/SQL 调用一个隐式结果集

之前的章节讨论了隐式结果集。大多数情况会从客户端应用调用这些存储过程。然而，也可能从 PL/SQL 调用这些存储过程。为了证明这种功能，我们将会使用如下的存储过程，它会基于 DEPT 表指定的一个具体部门号码(deptno)返回一个隐式结果集。

```
create or replace
procedure show_dept (p_deptno in number)
is
   l_rc sys_refcursor;
begin
   open l_rc
   for
   select deptno
        ,dname
        ,loc
     from dept
    where deptno = p_deptno;
   dbms_sql.return_result(l_rc);
end show_dept;
/
```

为了从 PL/SQL 调用这个存储过程，并处理隐式结果集的结果，我们需要像客户端处理结果集一样的 PL/SQL 代码。当你打开游标时，可以使用 DBMS_SQL 包完成。open_cursor 函数有一个参数 treat_as_client_for_results，默认值是 FALSE。

treat_as_client_for_results 参数设置为 TRUE，匿名块开始后，会立即打开游标：

```
declare
   l_sql_cursor     integer;
   l_rows_processed number;
   l_ref_cursor     sys_refcursor;
   l_deptno         number;
   l_dname          varchar2(20);
   l_loc            varchar2(20);
begin
   l_sql_cursor := dbms_sql.open_cursor
        (treat_as_client_for_results => true);
   dbms_sql.parse(c              => l_sql_cursor
```

```
                     ,statement      => 'begin show_dept(:p_deptno); end;'
                     ,language_flag => dbms_sql.native
                     );
    dbms_sql.bind_variable (c    => l_sql_cursor
                          ,name  => 'p_deptno'
                          ,value => 10
                          );
    l_rows_processed := dbms_sql.execute (c => l_sql_cursor);
    dbms_sql.get_next_result (c  => l_sql_cursor
                            ,rc => l_ref_cursor
                            );
    fetch l_ref_cursor into l_deptno
                         ,l_dname
                         ,l_loc;
    dbms_output.put_line ('Department Number: '|| to_char (l_deptno));
    dbms_output.put_line ('Department Name  : '|| l_dname);
    dbms_output.put_line ('Location         : '|| l_loc);
    close l_ref_cursor;
    dbms_sql.close_cursor (c => l_sql_cursor);
end;
/
```

游标打开后，使用语句调用已创建的存储过程，就开始了解析阶段。使用 bind_variable 存储过程设置绑定变量值，参数 p_deptno 设置为 10。

使用 DBMS_SQL 包打开的游标会返回一个整型。当和游标交互时，这个整型值将会需要传给其他的存储过程和函数。当你运行一段静态 SQL 语句(例如 opening，binding，and fetching)时，Oracle 为你做了一切，但是现在你需要自己关注这些。

接着，调用执行阶段以便能执行匿名块调用存储过程。调用 get_next_result(来自 DBMS_SQL 包)来提取隐式结果集。隐式结果集放置在 out 参数中，名为 l_ref_cursor。

既然从存储过程检索了隐式结果集，你就能按照常规处理参考游标。从参考游标中提取，但是不要忘了，用完记得关闭游标。

执行以上匿名块会产生如下结果(在 SQL*Plus 中设置 SERVEROUTPUT 值为 ON)：

```
Department Number: 10
Department Name  : ACCOUNTING
Location         : NEW YORK
```

8.2.3   dbms_sql.to_refcursor 函数

返回给客户端应用参考游标能创建非常弹性的应用。dbms_sql.to_refcursor 函数会将一个 SQL 游标号转换为一个弱游标变量，它能在本地动态 SQL 语句中使用。以下函数会返回一个 HR 方案 EMPLOYEES 表数据的参考游标。参数允许用户指定应该返回哪些部门以及哪些列：

```
create or replace
function emps (p_department_id in number
             ,p_cols          in varchar2
             )
   return sys_refcursor
is
   l_sql     varchar2(32767);
   l_cursor  binary_integer;
   l_execute binary_integer;
begin
```

```
        l_sql := 'select '
                ||p_cols
                ||' from employees '
                ||'where department_id = :department_id';
        l_cursor := dbms_sql.open_cursor;
        dbms_sql.parse (c               => l_cursor
                       ,statement       => l_sql
                       ,language_flag   => dbms_sql.native
                       );
        dbms_sql.bind_variable (c       => l_cursor
                               ,name    => 'department_id'
                               ,value   => p_department_id
                               );
        l_execute := dbms_sql.execute (c => l_cursor);
        return dbms_sql.to_refcursor (cursor_number => l_cursor);
end emps;
/
```

在声明所有变量之后构建 SQL 语句，就开始了执行环节。列名传给参数；在 SELECT 关键字右侧将这些参数连接起来。另一个参数传给需要检索的 department_id。当然，没用连接参数是为了防止 SQL 注入。

打开和解析 DBMS_SQL 游标，传入的参数用作绑定变量。在返回参考游标之前，需要执行 DBMS_SQL 游标。不执行 DBMS_SQL 游标会在运行时产生一个异常：

```
ORA-01001: invalid cursor
```

函数的最后一部分是将 DBMS_SQL 游标转换为参考游标。

SQL*Plus 知道如何处理一个弱类型的参考游标，从理论上适合证明之前的函数。首先，需要声明一个参考游标类型的变量：

```
var rc refcursor
```

接着，使用声明的 RC 变量调用函数：

```
begin
  :rc := emps (100, 'first_name, last_name, email');
end;
/

PL/SQL procedure successfully completed.
```

既然存储过程已经成功执行，就能使用 PRINT 命令查看 RC 变量，它将显示参考游标的内容：

```
print rc

FIRST_NAME              LAST_NAME                    EMAIL
----------------------------------------------------------------------
Nancy                   Greenberg                    NGREENBE
Daniel                  Faviet                       DFAVIET
John                    Chen                         JCHEN
Ismael                  Sciarra                      ISCIARRA
Jose Manuel             Urman                        JMURMAN
Luis                    Popp                         LPOPP

6 rows selected.
```

下面再次执行语句，但是这次使用不同的参数：

```
begin
```

```
   :rc := emps (30, 'last_name, phone_number');
end;

PL/SQL procedure successfully completed.

SQL> print

LAST_NAME                    PHONE_NUMBER
-------------------------------------------
Raphaely                     515.127.4561
Khoo                         515.127.4562
Baida                        515.127.4563
Tobias                       515.127.4564
Himuro                       515.127.4565
Colmenares                   515.127.4566

6 rows selected.
```

8.2.4 dbms_sql.to_cursor_number 函数

使用参考游标要比使用 DBMS_SQL 游标更容易：很简单地就能构建出你需要的 SQL 语句，然后从参考游标中提取数据即可。然而，不能描述组成参考游标的 SQL 语句的列。使用 DBMS_SQL，你就能描述游标。dbms_sql.to_cursor_number 函数可以将一个参考游标变量转换为一个 SQL 游标号码，将其传给 DBMS_SQL 子程序，因此使得描述 SQL 语句的结构变得容易。

接下来展示的匿名块会声明本地变量，以及一些用 DBMS_OUTPUT 封装的辅助存储过程，它会描述来自 dbms_sql.describe_columns3 存储过程返回的记录。

```
declare
   rc sys_refcursor;
   --
   l_cursorid        number;
   l_column_count    integer;
   l_describe_table dbms_sql.desc_tab3;
   --
   l_sql_stmt        varchar2(32767);
   --
   procedure p (p_text in varchar2)
   is
   begin
     dbms_output.put_line (p_text);
   end p;
   --
   procedure p (p_text1 in varchar2
           ,p_text2 in varchar2)
   is
   begin
     p (rpad (p_text1, 13)||': '||p_text2);
   end p;
   --
   procedure print_rec (p_rec in dbms_sql.desc_rec3)
   is
   begin
     p ('--------------------');
     p ('col_type', p_rec.col_type);
     p ('col_maxlen',p_rec.col_max_len);
```

```
        p ('col_name',p_rec.col_name);
        p ('col_precision',p_rec.col_precision);
        p ('col_scale',p_rec.col_scale);
        p ('type name',p_rec.col_type_name);
        p ('type name len',p_rec.col_type_name_len);
      end print_rec;
    --
begin
    open rc for 'select * from countries';
    l_cursorid := dbms_sql.to_cursor_number (rc);

    dbms_sql.describe_columns3 (c       => l_cursorid
                               ,col_cnt => l_column_count
                               ,desc_t  => l_describe_table
                               );

    for i in 1..l_describe_table.count
    loop
      print_rec (l_describe_table(i));
    end loop;

    dbms_sql.close_cursor( l_cursorid );

end;
```

在匿名块执行阶段，为了检索 COUNTRIES 表(存储于 HR 方案，是一个示例方案)，会打开一个参考游标。接着，使用 dbms_sql.to_cursor_number 函数会将参考游标转换为一个 DBMS_SQL 游标，dbms_sql.to_cursor_number 函数会返回一个唯一 ID 给创建的 DBMS_SQL 游标。

DBMS_SQL 有三个存储过程，允许你描述游标的列：describe_columns、describe_columns2 和 describe_columns3。describe_columns 和 describe_columns2 的主要区别就是 OUT 参数。第一个存储过程会返回 DESC_REC 记录的集合，后者会返回 DESC_REC2 记录的集合。其中一个字段会包含列名，在 DESC_REC 记录中限制为 32 个字符，而 DESC_REC2 记录最多可以支持 32767 个字符。由于 32 个字符的限制，DESC_REC 记录已经过时了，因此不赞成使用 DESC_TAB 集合以及 describe_columns 存储过程。

describe_columns3 存储过程有两个额外的字段：type name 和 col_type_name_len，用来描述对象类型和嵌套表类型。在这个示例中，没有严格的要求必须使用 describe_columns3 存储过程，因为 describe_columns2 已经够用了。

我们得到回调 describe_columns3 存储过程的描述之后，使用辅助存储过程打印每一列。以下是来自于存储过程的输出：

```
-------------------
col_type      : 96
col_maxlen    : 2
col_name      : COUNTRY_ID
col_precision: 0
col_scale     : 0
type name     :
type name len: 0
-------------------
col_type      : 1
col_maxlen    : 40
col_name      : COUNTRY_NAME
col_precision: 0
col_scale     : 0
type name     :
```

```
type name len : 0
-------------------
col_type     : 2
col_maxlen   : 22
col_name     : REGION_ID
col_precision: 0
col_scale    : -127
type name    :
type name len: 0

PL/SQL procedure successfully completed.
```

最后，关闭游标。注意需要关闭的游标类型是 DBMS_SQL，不是参考游标，原因很简单，因为参考游标已经转换为 DBMS_SQL 游标。正如之前的输出所见，转换参考游标为 DBMS_SQL 游标，以及研究游标结构的成本是微不足道的。

8.3　本章小结

只有运行期间才能知道检索条件时，可以使用动态 SQL。有两种执行动态 SQL 的方法：使用本地动态 SQL，使用 DBMS_SQL 包。只有当静态 SQL 无法满足要求时，才应该使用动态 SQL。使用动态 SQL，会有一些和性能、安全、权限以及事件相关的风险。由于动态 SQL 是在运行时编译的，因此由于编译的错误，甚至你可能会碰见语句根本没有执行的情况。最重要的一点是：谨慎使用动态 SQL。

第 9 章

PL/SQL 用于自动化和管理

　　本章主要介绍使用 PL/SQL 可以为管理数据库和自动执行任务的人员提供很多帮助。PL/SQL 可以帮助我们更轻松地工作，同时减少一些枯燥的事情，让我们可以将更多时间放在工作生活中的更有趣、更复杂的部分。

　　本章标题中不含有 DBA 这个词是有意而为之。这里有很多我们希望 DBA 会觉得有用的内容，但其中大部分对 PL/SQL 开发人员也是有用的。使用 PL/SQL 编写工具和实用程序可以使生产 DBA 的工作变得更加简单，并且使用内置的 PL/SQL 包可以实现许多传统的 DBA 类型的任务。许多内置的 PL/SQL 包可能被视为“特定于 DBA”，但对开发人员来说可能也是一个福音。我们将讨论关于使用 PL/SQL 进行数据库管理的三个重要主题：

- 使用 PL/SQL 进行脚本的快速开发和任务的快速解决
- 使用 PL/SQL 控制管理类或批处理类任务
- 用于数据库管理的内置 PL/SQL 包

　　第一部分是一个简单的开始，更多地指出了 PL/SQL 在 DBA 角色中的实际应用，并强调了为什么我们认为 PL/SQL 对于 DBA 和开发人员来说是一种无价的技能。

　　在第二部分中，我们描述了一个用于管理类或批处理类任务的体系结构。因为我们所涵盖的一系列表和概念都非常简单，所以让"体系结构"这个标题看起来有点大，但这些内容是本章的主要作者在做了 25 年这样的工作后的总结，并设计出了一种行之有效的方式，非常实用。这个讨论与第 7 章很好地结合在一起。

在本章的最后一节中，我们将介绍和演示一些大家不太熟悉的内置的 PL/SQL 包，它们可以帮助 DBA 或服务器端开发人员更轻松地完成工作。随着 Oracle 的每一个版本发布，越来越多的包被引入，并且一些现有的包得到了改进。我们虽可以花费数百页来涵盖其中的大量内容，但是我们还是仅选择了一些我们个人认为有用或满足共同需求的内容，不会像在一些其他书中深入讨论。

DBA/开发人员分裂

DBA/开发人员的"鸿沟"是一个奇怪的问题。本书作者没有明确说明这两个阵营之间的传统分工。我们所有人可能都是开发者，也是数据库管理员或数据库设计者。

显然，有些人是开发人员，有些人是 DBA。大多数大型组织都有专门的团队配备这些标签，而且人们通常被雇用为其中一种。但是真的不需要有这样的鸿沟，当然他们之间的对立(例如，"数据库管理员不会让我们的开发人员这样做"或"开发人员再次搞砸了")是没有好处的。开发人员和数据库管理员这两个术语更像数据库专业人员这一光谱的两端。我们可以肯定的是：如果 Oracle 是一个你使用的数据库，那么 PL/SQL 在两端都是非常有用的。

9.1 PL/SQL 和 DBA

一段时间以来，我们的博客中有一篇标题为"做好 DBA 需要 PL/SQL 技能吗？"的文章。这是由 OakTable 网络成员和其他 Oracle 专家之间的讨论引发的。普遍的共识是你可以成为一个非常好的生产 DBA 而不需要 PL/SQL。事实上，安装 Oracle、备份和恢复、用户维护以及占用大多数 DBA 时间的所有日常任务可以在没有 PL/SQL 的情况下完成，特别是使用现代数据库管理工具。但总有一些我们需要做的任务，通过程序可以简化甚至自动化它，几乎所有 DBA 都知道如何编写 shell 脚本、C 或 Java。但是，PL/SQL 是 Oracle DBA 的理想语言，主要有两个原因：

- PL/SQL 的唯一目的是控制 SQL，添加 SQL 缺乏的过程化元素。与其他编程语言不同，它完全了解 Oracle 的 SQL 并与其集成，可以识别所有 SQL 数据类型，并提供几乎与 SQL 相同的所有函数。
- 如果有一个 Oracle 数据库，那么 PL/SQL 总是可用的——除了引入新特性的新版本之外，它在所有 Oracle 数据库中都是相同的。Shell 脚本有许多种类，并且可以使用哪些编程语言可能每个站点都不尽相同，有时甚至是不同的服务器都不一样。我们大多数人在某个时候改变雇主，如果你仍然使用 Oracle，PL/SQL 将会在那里，而 Unix/Linux 的其他语言和风格可能会或可能不会在你的新工作场所中使用。

我们都认可的是，如果你是 DBA 并且不知道 PL/SQL，学习它会让你成为更好的 DBA。如果你是一名 DBA，那么考虑到你正在阅读关于 SQL 和 PL/SQL 的书籍，我们就不需要白费口舌了！我们希望这本书有所帮助。

下一节将重点介绍一些基本的 PL/SQL 专业知识如何帮助管理数据库。

9.2 简单的特定任务 PL/SQL 脚本

PL/SQL 允许你对数据库做一些事情，这些事情如果只使用 SQL 很难去完成，或者几乎不可能。在管理数据库时，特别是如果你无法访问 OEM、Grid Control 或类似的管理工具(有时你没有它们，有时代理已关闭或未安装在服务器上，而你需要对数据库执行一些操作)，那么这时 SQL 和 PL/SQL 就是你手边所能使用的东西。

9.2.1 用 PL/SQL 探究 LONG 字段类型

第一个示例涉及一个不会消失的长期问题——搜索 LONG 类型的数据。LONG 类型没有被弃用；但是 *Oracle*

12c Database SQL Language Reference 中有以下描述：

不要创建包含 LONG 类型列的表，改为使用 LOB 类型的列(CLOB、NCLOB、BLOB)。LONG 类型的列仅支持向后兼容。

然而，它们在数据字典表中。 即使在 Oracle Database 12*c* 中，数据字典中也有很多 LONG 列。 LONG 列不能出现在 SQL 内置函数、表达式或条件中。 因此，以下语句执行失败并出现错误：

```
select owner,view_name,text
from dba_views where text like '%PERSON%'

from dba_views where text like '%PERSON%'
                    *
ERROR at line 2:
ORA-00932: inconsistent datatypes: expected CHAR got LONG
```

但是你希望能够有时搜索 LONG 列的数据。 例如，假设你知道在 PERSON 表上有一个显示合法孩子的视图。 这个视图有一个小问题，所以你想找到它。 你认为可以在视图中搜索"-16"(许多国家用来定义一个孩子的年龄)。 你怎么做？ 你可以使用 PL/SQL，如下所示。(注意，PERSON 表是一个演示表，你可以下载本章的代码，然后使用代码来创建，并且它也是第 6 章和第 7 章中所使用的演示表中的一个表。)

```
-- 这创建了我们想要查找的测试视图
create or replace view pers_children
as select * from person
where dob > add_months(trunc(sysdate),12*-16)


-- show_vw_txt
set serveroutput on
declare
v_name varchar2(4000) :='&viewname';
v_search varchar2(100) :='&search_txt';
cursor get_vw_txt is
select vw.owner owner, vw.view_name name, vw.text_length textlen, vw.text text
from all_views vw
where vw.view_name     like upper(nvl(v_name,'%')||'%')
and   vw.text_length <32767; -- 超过 32K 的文本会被筛选掉不显示
                             -- 超过 32K 的文本不会使语句报错
v_text varchar2(32767);
v_where number;
begin
  v_name :=upper (v_name);
  v_search := upper(v_search);
  for vtr in get_vw_txt loop
    v_text := upper(vtr.text);    v_where := instr(v_text,v_search);
    if v_where !=0 then
      dbms_output.put_line('view '||vtr.owner||'.'||vtr.name||':** '
                     ||substr(v_text,greatest(0,v_where),80)||' **'  );
      dbms_output.put_line(vtr.text);
    end if;
  end loop;
end;

--
@show_vw_txt
Enter value for viewname: %
Enter value for search_txt: -16
```

```
view MDW9.PERS_CHILDREN:** -16) **
select
"PERS_ID","SURNAME","FIRST_FORENAME","SECOND_FORENAME","PERS_TITLE","SEX_IND"
,"DOB","ADDR_ID","STAFF_IND","LAST_CONTACT_
ID","PERS_COMMENT" from person
where dob > add_months(trunc(sysdate),12*-16)

PL/SQL procedure successfully completed.
```

如果没有 PL/SQL，而且你想要查找的视图的文本超过 4000 个字符(在这种情况下可以使用 TEXT_VC 列)，你的搜索就会很困难。 使用 PL/SQL，你可以搜索 LONG 列的内容，至少达到其中的前 32K，这基本上涵盖 99% 的情况。我们的代码主动忽略了超过 32K 的大视图，还有另一种选择是在遇到超过 32K 的视图时让应用程序抛出错误。

9.2.2　复杂 SQL 或简单 PL/SQL：通过相同的执行计划识别 SQL

下一个示例是一个脚本，用于显示具有相同执行计划的不同 SQL 语句。这通常是由于缺少绑定变量或在几个地方编写"相同"的代码导致的。虽然可以直接使用 SQL 解决这个需求，但就像代码中的注释说的那样："在这一点上，我认为简单的 PL/SQL 查询更好"。下面的代码很长，但实际上非常简单：

```
-- show_same_plan.sql
-- 找出一系列共享执行计划的语句
-- (在执行这个 PL/SQL 的系统上，有超过 100 个的 sql 语句共享同一执行计划)
-- 使用 PL/SQL，否则我将不得不在内联查询中
-- 使用分析函数来将连接限制回 v$sqlarea 上......
-- 但这一点上，我认为简单的 PL/SQL 查询更好
accept match_size number def 99 prompt 'number of statements with same plan(99) '
accept samp_no number def 5 prompt 'number of example statements to show(5) '
accept samp_size number def 100 prompt 'number of chars of samples to show(100) '
declare
v_match_size number :=&match_size;  v_samp_no   number :=&samp_no;
v_samp_size  number :=&samp_size;   v_tot       number :=0;
cursor get_matches(p_size number) is
    select
      min(substr(first_load_time,4,16)) frst_load_time
     ,count(*)          occ     ,inst_id           inst_id
     ,plan_hash_value p_hash ,sum(parse_calls)    prse
     ,SUM(EXECUTIONS) exec   ,sum(buffer_gets)   buffs
     ,sum(disk_reads) discs  ,sum(rows_processed)rws
    from gv$sqlarea
    where parsing_schema_id !='0'
    group by plan_hash_value,inst_id
    having (count(*) > v_match_size        or
         sum(buffer_gets)>500000 and count(*)>greatest (v_match_size/2,5)  )
    order by inst_id asc,occ desc,buffs desc;
cursor get_tots is
select inst_id,count(*)  r_count
from gv$sqlarea
group by inst_id;
cursor get_examples (p_hash   number      ,p_inst_id number
                  ,p_no      number      ,p_size    number) is
select substr(sql_text,1,p_size) found_text
from gv$sqlarea
where plan_hash_value =p_hash
and inst_id = p_inst_id         and rownum <= p_no;
```

```
v_inst_id number :=0;
begin
  v_match_size :=nvl(v_match_size,100);     v_samp_size :=nvl(v_samp_size,5);
  v_samp_no    :=nvl(v_samp_no,200);
  dbms_output.put_line ('starting at '||to_char(sysdate,'hh24:mi:ss DD-MM-YY'));
  for tots_rec in get_tots loop
    dbms_output.put_line('Instance '||to_char(tots_rec.inst_id)
                      ||' total cursors '||to_char(tots_rec.r_count));
    v_tot:=v_tot+tots_rec.r_count;
  end loop;
  dbms_output.put_line('total for all instances '||to_char(v_tot));
  for mat_rec in get_matches (v_match_size) loop
    if v_inst_id != mat_rec.inst_id -- and it won't if v_inst_id is null at start
    then
      dbms_output.put_line (lpad('+',80,'+'));
    end if;
    dbms_output.put_line (lpad ('-',80,'-'));
    dbms_output.put_line (to_char(mat_rec.inst_id)||' - '
              ||to_char(mat_rec.p_hash)||' - '||mat_rec.frst_load_time);
    dbms_output.put_line (mat_rec.occ||' occurrences, ' ||mat_rec.prse ||' prse, '
              ||mat_rec.exec ||' executes, '  ||mat_rec.buffs||' buff gets, '
              ||mat_rec.discs||' disc, '      ||mat_rec.rws ||' rows');
    v_inst_id:=mat_rec.inst_id;
    for ex_rec in get_examples(mat_rec.p_hash   ,mat_rec.inst_id
                          ,v_samp_no         ,v_samp_size) loop
      dbms_output.put_line (ex_rec.found_text);
    end loop;
  end loop;
  dbms_output.put_line('ending');
end;
```

我们在测试系统上运行这段代码进行一个快速演示之前，先运行了一些非常类似的 SQL 以便之后的查找：

```
@show_same_plan
number of statements with same plan(99) 5
number of example statements to show(5) 3
number of chars of samples to show(100) 60
starting at 18:33:04 28-02-16
Instance 1 total cursors 1975
total for all instances 1975
+++++++++++++++++++++++++++++++++++++++++++++++++++++++++++++++++++++++++++++++++
--------------------------------------------------------------------------------
1 - 2939684812 - 6-02-15/17:01:01
89 occurrences, 4039 prse, 4039 executes, 3368418 buff gets, 0 disc, 4039 rows
SELECT /* DS_SVC */ /*+ dynamic_sampling(0) no_sql_tune no_m
SELECT /* DS_SVC */ /*+ dynamic_sampling(0) no_sql_tune no_m
SELECT /* DS_SVC */ /*+ dynamic_sampling(0) no_sql_tune no_m
--------------------------------------------------------------------------------
1 - 1388734953 - 6-02-16/10:14:22
24 occurrences, 224 prse, 224 executes, 3775 buff gets, 90 disc, 224 rows
select sys_context('USERENV','SESSIONID') from dual
select dbms_utility.get_time       ,dbms_utility.get_time/10
SELECT DECODE('A','A','1','2') FROM DUAL
--------------------------------------------------------------------------------
1 - 1391249417 - 6-02-28/18:30:26
15 occurrences, 15 prse, 15 executes, 249 buff gets, 21 disc, 10 rows
select * from ADDRESS where ADDR_ID = 2365492
```

```
select * from ADDRESS where ADDR_ID = 2364792
select * from ADDRESS where ADDR_ID = 2166492
--------------------------------------------------------------------------------
1 - 1154882994 - 6-02-27/12:00:30
8 occurrences, 8 prse, 8 executes, 320367 buff gets, 294638 disc, 8 rows
select count(*) from person where surname LIKE 'JONE%'
select count(*) from person where surname LIKE 'DAS%'
select count(*) from person where surname LIKE 'NICH%'
ending
```

我们看到一些内部动态采样代码，对 dual 表进行查询，并且针对 PERSON 表和 ADDRESS 表的一些重复查询可能代表着绑定变量缺失。

9.2.3 收集和保存会话状态的轻量级工具

这个示例来自我们正在合作的客户，它们没有 OEM，也不能访问 ASH(Active Session History)信息(因为是 Oracle 的旧版本)。 但是，我们需要关于关键会话正在进行的全部工作以及此项工作在一段时间内和/或在应用程序各部分之间如何变化的信息，以帮助诊断性能问题。 我们创建了两个表——一个用于记录获取会话统计信息的快照的时间，另一个用于记录当时所有会话的统计信息。下面是建表语句：

```
-- cre_sesn
create table sesstat_snap_parent
(sesn_id        number(8)  not null
,sid            number     not null
,snap_ts        timestamp not null
,sesn_comment   varchar2(1000)
, constraint ssp_pk primary key (sesn_id)  )
--
create table sesstat_snap
(sesn_id       number(8)       not null
,sid           number          not null
,statistic#    number
,stat_name     varchar2(64)
,stat_value    number
,snap_ts       timestamp
,snap_comment varchar2(1000)
,constraint sesn_pk primary key (sesn_id,statistic#)  )
--
create index sesn_idx1 on sesstat_snap(sesn_id,stat_name);
create sequence ssp_seq;
```

为了填充这些表，使用了一个非常简单的 PL/SQL 包来处理数据。以下是代码(为了节省空间，创建出更紧凑的布局，相比原始版本稍微简化了一点，删除了一些存储过程)，其中包含了填充数据的关键存储过程：

```
--cre_s_snap_pkg.sql
-- 简单的用来保存会话统计信息的包。
create or replace package s_snap as
procedure my_snap (p_comment in varchar2);
-- 包中的公共变量
pv_me number;
end s_snap;
/
--
create or replace package body s_snap as
-- 第一次执行此包时，pv_me 将设置为你的 SID。
pv_int_test    varchar2(10);
```

```
pv_owner        all_tables.owner%type;
--
procedure my_snap (p_comment in varchar2) is
v_sesn_id number;
v_now timestamp;
begin
  select ssp_seq.nextval,systimestamp into v_sesn_id,v_now from dual;
  insert into  sesstat_snap
  ( sesn_id   ,sid    ,statistic#   ,stat_name ,stat_value  ,snap_ts )
  select v_sesn_id   ,vm.sid   ,vm.statistic#
       ,vs.name        ,vm.value   ,v_now
  from v$sesstat vm    ,v$statname vs
  where vs.statistic#=vm.statistic#
  and vm.sid =pv_me;
  insert into sesstat_snap_parent
  ( sesn_id  ,sid    ,snap_ts  ,sesn_comment)
  values
  (v_sesn_id ,pv_me  ,v_now   ,p_comment);
  commit;
end;
--
begin
 pv_me :=sys_context('USERENV','SID');
end s_snap;
/
```

　　我们在应用程序代码的关键位置插入了对此存储过程的调用。你可能想知道为什么我们有一个包变量来获取会话的 SID 而不是使用 V$MYSTAT 视图。原因是在数据库版本早于 Oracle Database 10g 的站点上执行，从 V$MYSTAT 中查询会在会话状态上产生锁定，并且重复调用它会导致性能下降。我们还有另一个存储过程(未展示)收集了一个指定会话 ID 的信息，并且可以同时运行这样的存储过程。

　　然后可以查看各种统计数据(例如，一致性读和物理读的数据)的增长情况。 以下显示了所有数值发生增长了的统计数据(我们还有其他更复杂的脚本可以在给定 SID 的最近四到五次快照中使用分析函数)：

```
select ss2.statistic#            stat# ,ss2.stat_name      stat_name
     ,ss2.stat_value              ,ss1.stat_value     prev_val
     ,ss2.stat_value-ss1.stat_value diff
from sesstat_snap ss1
   ,sesstat_snap ss2
where ss2.sesn_id=&last_sesn_id
and   ss1.sesn_id = ss2.sesn_id-1
and ss2.statistic#=ss1.statistic#
and (ss2.stat_value-ss1.stat_value)>1
order by ss1.stat_name
```

```
 st# STAT_NAME                         STAT_VALUE  PREV_VAL    DIFF
----- --------------------------------- ---------- ---------- --------
1007 CCursor + sql area evicted                27         25       2
  19 CPU used by this session              18105     18,100       5
  18 CPU used when call started            18105     18,100       5
  20 DB time                               18706     18,694      12
...
1091 bytes received via SQL*Net from client   24579     16,687   7,892
1090 bytes sent via SQL*Net to client      29611     20,855   8,756
...
 205 commit cleanouts                       99114     99,067      47
```

```
206 commit cleanouts successfully completed        99109    99,063     46
511 commit txn count during cleanout               5368      5,353     15
132 consistent gets                             8458847  8,458,396    451
```

这很容易用 PL/SQL 实现，但是很难用 SQL 或者用户使用的管理类的 GUI 工具(一件非常简单的事情;你可以看到一些信息，但是没有办法保存它)。

即使可以使用 OEM 和 ASH，这也是保留诊断过程中会话状态的有用方法。

9.2.4 处理快速变陈旧的数据库统计信息

在实施一个全新的应用程序的过程中，我们知道关键表中的数据量可能呈现爆炸式增长，在几天里增长到数千或数十万条记录，然后一周到一个月的时间内增长到数百万，这取决于应用程序的实际情况。

当表中的数据量增加了一个数量级时(从 10 个记录增加到 100，从 100 增加到 1000，从 10 万增加到 100 万)，这往往使得表现良好的执行计划开始变得非常差，嵌套循环在数据量达到自身平方时会变慢。解决方法是重新收集大对象的统计信息，使优化器可以更好地估计成本并选择更优化的计划。一旦系统正常运行了几周，数据量将会以一个足够慢的幅度增加，这时系统自动收集统计信息的 job，以及我们自己为最大的分区表收集信息的过程都可以进行平顺的处理了。

由于数据爆炸式增长，我们几乎肯定会遇到严重的性能问题，如果想要避免，我们就需要在上线和数据量稳定之间做一些事情。

解决方案很简单。使用 PL/SQL 包 DBMS_SCHEDULER 创建一个 job，最初一周每个小时在关键模式上运行来收集统计信息:

```
BEGIN
 DBMS_SCHEDULER.create_job (
   job_name         => 'stats_gather_performance',
   job_type         => 'PLSQL_BLOCK',
   job_action       => 'BEGIN dbms_stats.gather_schema_stats'||
                       '(ownname=>''KEY_SCHEMA'',no_invalidate=>FALSE); END;',
   start_date       => SYSTIMESTAMP,
   repeat_interval  => 'freq=hourly; byminute=40; bysecond=0;',
   end_date         => sysdate+7,
   enabled          => TRUE,
   comments         => 'gather stats on this schema every hour until Mon 14th');
END;
/
```

做了这些工作后，我们在第 2 天或第 3 天有一些"激动人心"的时刻(具体时间忘记了)，在主要应用程序网页的关键查询变慢时，但还在对用户的响应时间变得不可接受之前，这个 job 就已经开始并重新收集了统计信息。

9.2.5 一个灵活的 PL/SQL 编写的紧急备份脚本

这是本节的最后一个示例。虽然这是几年前的案例，但它体现了 PL/SQL 技能有时候非常有用。我们到达现场进行性能评估，并就将数据库迁移到新平台进行咨询。但是，在几小时的沟通中发现，客户竟然没有有效的数据库备份! 他们正在执行"全量导出"，每周都会失败并且还有其他的问题，例如，导出实际上是模式级别的导出，并且自该"备份"首次投入使用以来，包含生产数据的模式被不断地加入到导出列表。我们需要尽快备份，并且在那个时候我们不能使用 RMAN。更糟糕的是，新的表空间和数据文件经常被添加到这个系统中。因此，我们需要使用"手动"方法依次将每个表空间置于备份模式，并复制相关数据文件，再执行一些其他任务。以下代码是在几小时内编写的:

```
-- 紧急备份
-- 下面对 sql*plus 的列标题和行数以及其他大部分格式进行设置
set feedback off pagesize 0 heading off verify off timi off
-- 下面设置 linesize(必须比最长的单个 dos 命令长)
-- 格式化掉输出中的空格。
set linesize 180 trimspool on
-- 设置脚本中使用的 SQL*Plus 用户变量
define dir = 'd:\ora_backup\backup'
define fil = '&dir\open_backup_commands.sql'
define spo = '&dir\open_backup_output.lst'
prompt *** Spooling to &fil
set serveroutput on
spool &fil
prompt spool &spo
-- 在下面的这个日志文件之后产生的所有日志文件将用于恢复。
prompt alter system switch logfile;;
--PL/SQL 脚本转储出非临时表空间中的所有文件。
declare
  cursor get_ts is
   select tablespace_name
   from dba_tablespaces
   where contents !='TEMPORARY';
  cursor get_dbf (tn varchar2) is
    select file_name
    from  dba_data_files
    where tablespace_name = tn;
BEGIN
  FOR ct in get_ts loop
  -- 将表空间置于备份模式，进行复制，然后将表空间恢复到正常模式
  -- 在备份模式下，表空间将产生更多的重做日志，因此每次只对一个表空间进行备份
    dbms_output.put_line ('alter tablespace '||ct.tablespace_name
                    || ' begin backup;');
    FOR cd IN get_dbf (ct.tablespace_name) LOOP
     dbms_output.put_line ('host copy '||cd.file_name||' &dir');
-- 下面的 dbms_output 产生的一行长度必须小于上面设置的"linesize"。
     dbms_output.put_line ('host zip -1 -q -T -u '||' &dir\'
        ||ct.tablespace_name||'.zip '||cd.file_name||'');
    END LOOP;
    dbms_output.put_line ('alter tablespace '||ct.tablespace_name
                    ||' end backup;');
  END LOOP;
END;
/
-- 切换日志文件以提供恢复数据库所需的最小集合。
prompt alter system switch logfile;;
-- 将控制文件备份到可读版本。 备份在转储目录
prompt alter database backup controlfile to trace;;
-- 将一个控制文件的二进制副本备份到上面定义的备份位置
select 'alter database backup controlfile to '''||'&dir'
       ||'\control'||to_char(sysdate,'YMMDD-hh24MI')||'.ora'';' from dual;
--
select 'create pfile=''D:\ora_backup\backup\initXYZ_'
      ||to_char(sysdate,'YMMDD-hh24MI')
      ||'.ora''','from spfile=''D:\ORACLE\PRODUCT\10.2.0\DB_1\DBS\SPFILEXYZ.ORA'';'
from dual;
prompt spool off
```

```
spool off;
```

这个脚本为客户做了备份工作；我们创建了一个备份，并通过在第二台服务器上创建数据库的副本，将其打开，然后验证它是否正常工作。它的核心是代码使用 PL/SQL 程序创建一个 SQL 文件来执行备份。它工作了好几个月，在此期间客户添加了新的表空间和数据文件。然后他们转向 RMAN 并制定了一个更好的备份策略。

注意：

不要在未进行广泛的审查和测试的情况下，使用此脚本备份数据库。我们建议你使用 RMAN 或其他新方法执行备份。

无论是简单地从数据字典中获取信息，收集会话的性能信息，简单快速地对关键对象统计信息收集进行调度，还是创建紧急备份脚本，PL/SQL 都可以更轻松地完成所有这些任务。

9.3 用 PL/SQL 控制管理类和批处理类任务

即使在最新版本的 Oracle 中，也有很多管理任务可能会占用 DBA 相当长的时间。一个典型的示例是维护表和索引的分区。尽管 Oracle Database 11g 中引入了自动创建分区的时间间隔分区，但是它的限制可能会阻止你使用它，而且有现有的分区对象需要维护，或者你想扩展/更改 Oracle 为你所做的工作。我们已经看到许多网站，有人必须在每周、每月或每当有人记起时手动创建新分区或移动分区数据。归档旧数据是一个类似的任务，无论是否存在分区，人们都会定期手动移动数据。

这些任务涉及定期和可预测的流程或一组流程，并且非常适合自动化——但通常它们不是自动化的，因为每个星期或每个月如果用手工完成这些任务需要更少时间，所以没有动力去编写一些脚本来实现自动化。比如你需要拆分新的分区或将数据归档，但你很忙，无法花费超过半天的时间来检查结果。一年中你总共需要花费 6 天时间来做这件事情。你也许可以在 6 天内编写一个自动化系统——一旦解决方案在那里，如果你使用它超过一年，你就可以节省时间。而且，一旦这个过程自动化，就不太可能出错。在我们已经完成了 6 次的手工任务中，其中有多少次，由于我们分心、犯错，然后花费更多时间来整理事情的？

这些任务实际上非常类似于数据仓库(或数据湖泊，或任何符合当前趋势的叫法)的常规数据加载任务以及每日的批处理任务。

自动执行这些任务由两部分组成：
- 编写代码来完成这项工作(这通常非常简单)
- 编写控制框架来运行作业(这往往更具挑战性)

如果为了自动完成每一项新任务，每次都需要编写一个新控制框架，这是令人沮丧的。但是，如果你实施灵活的控制框架，则不需要这样做——你可以编写一次，并将其用于各种任务。现在，你不仅可以在一年的时间内节省 6 天，而且可能是 3 到 4 倍的时间。

我们这里的目标是给你一个自动化任务所需的第二部分，一个控制框架——它是不断改进的东西，但它某种程度上确实保持不变。该设计基于多年来编写此类框架并尝试不同的风格和方法所累积的经验。通常有两个极端类型的自动化任务框架："试图在一天之内解决问题"以及"超过一个月(或更长时间)开发出功能齐全的解决方案。"奇怪的是，"一天之内"的解决方案总是会在以后慢慢得到改进，而"功能齐全"版本都有从未使用的部分——所以一般的解决方案是介于这两种情况中间的最终产品。

这个框架允许你在几天内通过编码对这些任务之一进行自动化，这将在一年中为你节省 4 天时间。而且，由于这是一种灵活的解决方案，因此你可以将其用于各种自动化任务，你可以重复使用它来完成所有这些任务，并为整个一年节省更多时间。

整个解决方案基于 4 个表：

- **PROCESS_MASTER**　保存每项自动化任务的细节
- **PROCESS_RUN**　自动化任务每运行一次对应一条记录
- **PROCESS_LOG**　与自动化任务关联的日志记录
- **PROCESS_ERROR**　运行期间发生的错误

测试代码在网站上可以找到

在下一节关于自动化任务的部分中，我们展示了大量的代码示例，但其中大部分是代码片段——没有足够的空间来显示完整的代码清单。但是，除非另有说明，否则所有代码均位于 **PNA_MAINT** 包中，可以从网站获得该代码，你也可以使用代码来创建所有测试表。我们鼓励下载该代码并运行其中的示例。

9.3.1　主-明细控制表的核心

控制框架的核心是两个表：主表和运行表。 每当我们试图创建一个只有一个表的快速、简单的控制框架时，第二个表就会出现。 当我们试图创建主表、运行表和运行参数表时，运行参数表变得有点过于复杂，并最终变得多余。

我们将非常明智地从名为 PROCESS_MASTER 的主表开始。 该表将为你自动执行的每个过程保存一条记录。 此处显示的版本允许暂停(或放弃)任务并重新启动该任务，这可能超出了你对简单任务所需的功能范围，但对于常规批处理通常是非常理想的功能。(我们无法统计有多少次，一个简单的任务变成一个更严格的批处理过程)

```
Create table process_master
(process_name          varchar2(30) not null-- 该实用程序或作业的唯一名称
,last_executed_timestamp timestamp(6) not null -- 最后一次执行的时间
,status                varchar2(1)  not null-- 状态：正在运行，已完成……
,log_level             number(1)    not null -- 记录日志级别
,abandon_fl            varchar(1)   not null -- Y 表示阻止运行或放弃当前运行
-- 控制处理窗口和控制处理过程
,process_range         number(12)            -- 最大处理记录数
,batch_size            number(5)             -- 批量的大小
,stage                 number (2)            -- 在恢复时跳到处理点 X
,max_window            number(3)             -- 处理窗口的最大值
,process_delay         number(6)             -- 处理在 PROCESSING_DELAY 秒之前的记录
,last_id_num1          number                -- 已处理记录中的第一个唯一键的最大值
,last_id_num2          number                -- 已处理记录中的第二个唯一键的第大值
,last_timestamp1       timestamp(6)          -- 已处理记录中的唯一键的最大时间
-- 用于重启功能
,window_start_timestamp1 timestamp(6)        -- 恢复或重新启动的开始时间
,window_end_timestamp1   timestamp(6)        -- 恢复或重新启动的结束时间
,window_start_id_num1    timestamp(6)        -- 恢复或重新启动的唯一键开始值
,window_end_id_num1      timestamp(6)        -- 恢复或重新启动的唯一键结束值
-- constraints
,constraint prma_abandon_fl check (abandon_fl in ('Y','N'))
,constraint prma_status check (status in ('C','I','R','A','E'))
            -- 完成(Complete)，运行中(In-progress)，恢复(Recovery)，放弃(Abandoned)，错误(Error)
,constraint prma_pk primary key(process_name)
 )
```

表中的第一列是控制任何进程的关键列，即使是一个简单的进程，每天运行一次，只执行一个固定的任务，而不参考其先前的执行。例如，要生成每日 AWR 报告，以下是唯一的强制性列：

- **PROCESS_NAME**　这是表中的主键，它是我们自动执行的过程的名称。比如像 PARTITION_SPLIT 或者 DAILY_CUST_LOAD 这些名称。选择一些有意义的名称，因为我们会通过 DBMS_APPLICATION_INFO

包将这个值放入 V$SESSION 的 MODULE 列，这样我们可以看到代码的运行时间和资源占用情况。(有关 DBMS_ APPLICATION_INFO 包的更多详细信息，请参阅第 7 章。)

- **LAST_EXECUTED_TIMESTAMP**　这是一个时间戳。它也是 PROCESS_RUN 表的主键的一部分，它用于标识此进程的每次单独运行。在 PROCESS_MASTER 表中，它表示当前运行何时开始或最后一次运行何时完成(不管状态是完成、放弃或者错误)。

- **STATUS**　这是 job 的当前状态，有 5 种状态——C(omplete)、I(n-progress)、E(rror)、A(bandoned)或者 R(ecovery)。通常你应该只看到 C 或 I。

- **LOG_LEVEL**　此过程的默认日志记录级别。在第 7 章中，我们讨论为自动化任务调高或调低 LOG_LEVEL 值来改变检测级别。这个级别越高，记录的日志/检测信息就越多。这有助于解决问题。

下一组列主要用来控制已经处理的和正在处理的数据范围。许多数据库管理任务不需要这些列：

- **PROCESS_RANGE**　这是要处理的最大记录数。多年来，这已被证明是非常有价值的。当作业在某些处理间隙后重新启动以及处理初始数据量时(例如，将现有遗留数据加载到新系统中)，可以辅助判断来帮助停止那些 "咬了太大一口" 的批处理作业。

  在处理大量数据时，当某个步骤(几乎总是 SQL 语句)处理大量数据时，会有一个临界点，其中 order by 子句或哈希连接导致数据从内存溢出到 TEMP 表空间(也就是磁盘)。在这一点上，由于额外的 I/O，进程明显减慢。 如果达到了 "multipass sorts" 或类似情况(即信息块被重复写入 TEMP 表空间，读回并再次写入 TEMP 表空间)，那么性能就会急剧下降。在这一点上，处理更多数量更小的块实际上可能更有效率，或许有点违反直觉。

- **BATCH_SIZE**　通过 PL/SQL 高效地处理数据通常需要使用 BULK COLLECT 和 FORALL 语句，将数据放在集合中进行处理。这一列不是绝对必要的，但我们希望能够轻松修改该批量的大小。

- **ABANDON_FL**　本列有两个目的。它可用于停止任何尝试运行流程的动作(自动或手动)或放弃正在运行的任务。你可能觉得后者不是那么必要，但我们发现，特别是即使我们已经开发了失败后重新启动的功能，主动放弃一个任务也是一个很好的功能。管理人员(和数据库管理员)喜欢这样的想法，即可以以干净的方式中途停止工作(而不是杀死 Oracle 服务器进程！)。

- **STAGE**　记录流程当前或最后完成的阶段。如果你希望能够重新启动那些不止完成一件事情的流程，那么这是必需的信息。

- **MAX_WINDOW**　这列是可选的。为处理数据的时间跨度(按正在处理的数据而定)设置了上限。与 PROCESS_RANGE 参数类似，曾几次遇到这样的问题，因数据处理中断导致后续需要尝试处理大量数据，这些数据太大而无法高效处理或比作业的处理间隔更长(例如，该工作通常每小时运行一次，但已被搁置 2 天)。这时此列可以设置为 12 小时，以便应用程序仅尝试处理未完成数据的前 12 小时，然后在一小时后处理接下来的 12 小时数据，直到它赶上。

- **PROCESSING_DELAY**　当你处理那些正在进入系统的数据时，你可能会遇到数据分布在多个表的问题，并且在处理开始时的那一毫秒，最新的逻辑记录已存在于一个表中，但其他细节数据尚未存入其他表中。这意味着你将处理一个记录集的一部分。通过仅处理到达的时间在 PROCESSING_DELAY 秒之前的记录，你可以避免该问题。

- **LAST_ID_NUM1**　这是处理的最后一条记录的主键 ID 列的值。下一次运行将从 ID 大于此值的所有记录开始。见后面的示例。

- **LAST_ID_NUM2**　这是处理的最后一条记录的第二个 ID 列的值。下一次运行将从第二个 ID 列大于此值的所有记录开始。见后面的示例。

- **LAST_TIMESTAMP1**　这是处理的最后一条记录的时间戳。下一次将处理在此时间戳之后的任何记录。见后面的示例。

只有在你有恢复/重新启动这些需求的情况下，才需要接下来的 4 列。统计失败或放弃任务时正在处理哪些记录集是非常困难的，尤其是查找"自上次运行至……(X 记录/ Y 时间戳/ Z 时间前)以来的所有记录"。但是通过记录上次处理的窗口信息，你可以再次使用这些信息以及 PROCESS_RUN 表中的"最后处理"信息来实现任务的恢复和重新启动。

- WINDOW_START_TIMESTAMP1
- WINDOW_END_TIMESTAMP1
- WINDOW_START_ID_NUM1
- WINDOW_END_ID_NUM1

PROCESS_RUN 表是 PROCESS_MASTER 的一个子表，它将为每个执行过程保存一条记录。它用于保存此次执行从 PROCESS_ MASTER 表中获取的运行参数并记录进度信息，并可用于检查运行的内容、运行时间以及结果是什么。

```
create table process_run
(process_name          varchar2(30) not null -- 该实用程序或作业的唯一名称
,start_timestamp       timestamp(6) not null -- 此次运行的开始时间
,status                varchar2(1)  not null -- 状态：正在运行，已完成……
,log_level             number(1)    not null -- 记录日志级别
,process_range         number(12)         -- 最大处理记录数
,batch_size            number(5)          -- 批量的大小
,process_delay         number(6)          -- 处理在 PROCESSING_DELAY 秒之前的记录
,max_window            number(3)          -- 处理窗口的最大值
-- 下面是跟踪此运行
,start_timestamp1      timestamp(6)       -- 处理记录的开始时间
,start_id_num1         number             -- 处理记录第一个唯一键的开始值
,start_timestamp2      timestamp(6)       -- 处理记录的第二个开始时间
,start_id_num2         number             -- 处理记录第二个唯一键的开始值
,end_timestamp1        timestamp(6)       -- 处理记录的结束时间
,end_id_num1           number             -- 处理记录第一个唯一键的结束值
,end_timestamp2        timestamp(6)       -- 处理记录第二个结束时间
,end_id_num2           number             -- 处理记录第二个唯一键的结束值
,completed_timestamp   timestamp(6)       -- 所以我们可以看到每次运行需要多长时间
,records_processed     number             -- 本次运行处理的记录数
,records_skipped       number             -- 本次运行跳过的记录数
,records_errored       number             -- 本次运行出错的记录数
,constraint prru_status check (status in ('C','I','R','A','E'))
                --完成(Complete), 运行中(In-progress), 恢复(Recovery), 放弃(Abandoned), 错误(Error)
,constraint prru_pk primary key(process_name,start_timestamp)
,constraint prru_prma_fk foreign key (process_name)
    references process_master(process_name)
)
```

PROCESS_RUN 表中的许多列与 PROCESS_MASTER 中的相同。PROCESS_MASTER 表中的 LAST_EXECUTED_TIMESTAMP 列在 PROCESS_RUN 表中变为 START_TIMESTAMP 列，并与 PROCESS_NAME 一起组成 PROCESS_RUN 表的主键。(没有使用序列来生成一个 NUMBER 类型的代理主键，因为它不是必需的。如果一个表有一个自然的主键，就像在这种情况下一样，不要通过引入无意义的数字来混淆事物。)

在执行代码时，STATUS 被设置为 I(运行中)或 R(恢复)，并且在运行结束时适当地设置为 C(完成)、A(放弃)或 E(错误)。

了解前一次运行的控制变量是有帮助的，因此在运行发生时，如果它们已设置，我们将在 PROCESS_MASTER 表中保留 PROCESS_RANGE、BATCH_SIZE、LOG_LEVEL、PROCESS_DELAY 和 MAX_WINDOW 的值。

请注意，PROCESS_RUN 表中没有 ABANDON_FL。只需要在 PROCESS_MASTER 表中设置放弃标志。如

果运行被放弃，那将被记录在 STATUS 列中。

COMPLETED_TIMESTAMP、RECORDS_PROCESSED、RECORDS_SKIPPED 和 RECORDS_ERRORED 这些列是不言自明的。RECORDS_ERRORED 可能大于 1，因为批处理的一种常见方法是捕获某些错误并记录它们，但让主处理继续。不过，我们建议始终对运行设置一个允许的最大错误数量，并在错误数量达到最大值时终止运行。否则，在处理大量数据时，当你正在处理的数据存在某些基本错误时，因为运行没有因为错误而终止，会存在错过发现它的风险。

COMPLETED_TIMESTAMP 理论上可以从运行的日志表中找到(我们稍后会介绍)，但它属于我们经常要查看的信息，特别是在查看运行历史时，因此此处也会记录。

最后一组列，START_TIMESTAMP1、_TIMESTAMP2、_ID_NUM1、_ID_NUM2 和 END_TIMESTAMP1、_TIMESTAMP2、_ID_NUM1、_ID_NUM2 都与"处理窗口"有关，和本章后面的 RUN_MASTER 表中的 WINDOW_列一起做进一步的解释。

一个自动执行的简单任务的示例

在我们进一步讨论之前，让我们看一个简单任务自动化的示例。我们将使用名为 PNA_MAINT 的包，该包在第 6 章和第 7 章中有介绍，用于在 PERSON、PERSON_NAME 和 ADDRESS 表中创建测试数据。该软件包可从本书的网站获取。

我们将添加一个名为 TEST_AUTO 的新存储过程，其唯一目的是演示代码的自动化。它没有做任何"真实"的事情，这只是一个简单的示例。首先，我们需要在 PROCESS_MASTER 中为这个任务创建一个记录：

```
insert into process_master( PROCESS_NAME ,LAST_EXECUTED_TIMESTAMP
                          ,STATUS        ,LOG_LEVEL    ,ABANDON_FL)
values                    ('TEST_AUTO' ,systimestamp
                          ,'C'          ,5            ,'N')
```

对于一个简单的任务，我们不需要列来跟踪最后处理的记录和处理窗口；我们只需要基本信息，如下面所展示的。我们为 LAST_EXECUTED_TIMESTAMP 设置了一个值，因为该列是强制性的——在正常运行情况下，我们总是希望知道最近一次的运行时间。

接下来，我们需要代码在存储过程执行时收集这个 PROCESS_MASTER 记录。我们创建一个包级别的记录变量来保存这些值(还有一个用于 PROCESS_RUN 表的记录变量)。你可以为每个存储过程创建一组局部的标量变量，来保存要在自动执行该存储过程时使用的列，但是此时还需要代码才能收集该存储过程中的那些列。为了更简单、更容易维护和更便携的代码，我们还是使用了包级别的记录变量，虽然我们因为使用了比严格需要的更多列付出了一些小的"成本"。

在下面的示例中，我们定义了变量(在包的声明部分)并在包中创建一个存储过程来获取 PROCESS_MASTER 表中的信息：

```
-- 我们需要两个记录类型变量来保存我们的控制信息
pv_prma_rec           process_master%rowtype;
pv_prru_rec           process_run%rowtype;

--
procedure get_prma (p_process_name in process_master.process_name%type
               ,p_upd        in boolean :=true) is
Begin
  -- 代码非常简单，将行数据赋值给记录类型变量
  select prma.* into pv_prma_rec
  from process_master prma
  where prma.process_name = upper(p_process_name);
  if p_upd then
    -- 给记录变量赋值，然后将这些值更新到表中
```

```
    pv_prma_rec.status                  :='I';
    pv_prma_rec.last_executed_timestamp :=pv_exec_ts;
    update process_master
    set status                =pv_prma_rec.status
      ,last_executed_timestamp=pv_prma_rec.last_executed_timestamp
    where  process_name = p_process_name;
  end if;
  commit;
exception
  when no_data_found then
    -- 无法将日志写到 process_log 表或 process_error 表，因为没有该存储过程的信息!
    -- 所以将日志写到 plsql_log 表
    pv_log_level :=5;
    pv_process_name :=nvl(pv_process_name,p_process_name);
    write_log ('Failed to find record in PROCESS_MASTER for '||p_process_name,'F','01403');
  raise;
end get_prma;
```

代码将 PROCESS_MASTER 表中的所有列赋值到 PV_PRMA_REC 记录变量中。当我们从外部调用存储过程时，默认情况下，它会将 PROCESS_MASTER 表中记录的 STATUS 列更新为"I"(表示"运行中")和将 LAST_EXECUTED_TIMESTAMP 列更新为包变量 pv_exec_ts 的值。因此，当我们获取流程的控制细节时，同时也在 PROCESS_MASTER 表中记录了代码正在运行。

如果只是想获取进程的当前信息(不做记录)，则会调用该存储过程，并将传入的参数 p_upd 设置为 FALSE。你将在本节后面看到一个示例。

请注意，GET_PRMA 是一个自治事务。在提交对 PROCESS_MASTER 表所做的更改时，不会影响调用此存储过程的代码中的任何未完成的 DML 操作。

接下来，需要在 PROCESS_RUN 表中为此运行创建一条记录，使用以下过程执行此操作:

```
procedure ins_prru (p_prru_rec    in process_run%rowtype) is
pragma autonomous_transaction;
begin
  insert into process_run
  values p_prru_rec;
  commit;
exception
  when others then
    pv_err_msg:=dbms_utility.format_error_stack;
    pv_err_stack := dbms_utility.format_error_backtrace;
    write_log(pv_err_msg,'E',SQLCODE);
    write_log(pv_err_stack,'E',SQLCODE);
    raise;
end ins_prru;
```

该代码甚至比 GET_PRMA 更简单。我们传入一个记录变量，它就是基于 PROCESS_RUN 表进行声明的，因此可以直接进行插入。使用记录类型的变量确实可以简化代码——这个示例代码的一半是异常处理。

所以现在我们有了包变量，一个从 PROCESS_MASTER 表中获取信息(并更新它)的存储过程——GET_PRMA，以及一个向 PROCESS_RUN 表中插入运行记录的存储过程——INS_PRRU。 我们自动化的任何代码都需要使用这些基本元素。这里我们展示 test_auto 存储过程的前半部分:

```
1)  procedure test_auto is
2)  -- 自动化任务的最基本的测试
3)  v_count pls_integer;
4)  begin
5)  pv_process_name        :='test_auto';
```

```
 6)  pv_log_level           := 5;
 7)  pv_exec_ts := systimestamp;
 8)  pv_prma_rec:=null;
 9)  pv_prru_rec:=null;
10)  get_prma('TEST_AUTO');
11)  pv_prru_rec.process_name      := pv_prma_rec.process_name;
12)  pv_prru_rec.start_timestamp   := pv_prma_rec.last_executed_timestamp;
13)  pv_prru_rec.status            := pv_prma_rec.status;
14)  pv_prru_rec.log_level         := pv_prma_rec.log_level;
15)  ins_prru(pv_prru_rec);
16)  -- 程序的工作现在开始
17)  select count(*) into v_count from person;
18)  --
```

在第 5~9 行中，我们设置了变量来控制过程，包括清空两个记录变量 pv_prma_rec 和 pv_prru_rec。 在第 10 行中，我们调用 get_prma 存储过程将控制信息提取到 pv_prma_rec 中。在第 11~14 行中，我们将控制数据从 pv_prma_rec 中复制到 pv_prru_rec 记录变量中。在第 15 行中，我们使用 INS_PRRU 记录实际运行情况。

我们用第 17 行来模拟我们的流程可能做的一些事情——收集统计信息，运行性能报告并检查表空间使用情况。在示例中，我们只简单统计 PERSON 表的行数。

我们还需要记录任务完成的时间。我们将创建另外两个存储过程——UPD_PRMA 更新 PROCESS_MASTER 表；UPD_PRRU 更新 PROCESS_RUN 表：

```
procedure upd_prma (p_prma_rec in   process_master%rowtype
                   ,p_upd     in varchar2 :='CS') is
pragma autonomous_transaction;
begin
  if p_upd='CS' then -- complete simple
    update process_master
    set status                = p_prma_rec.status
      ,stage                  = p_prma_rec.stage
      ,abandon_fl             = p_prma_rec.abandon_fl
    where  process_name           = p_prma_rec.process_name
    and    last_executed_timestamp = p_prma_rec.last_executed_timestamp;
-- 省略代码
  end if;
  commit;
end upd_prma;
```

UPD_PRMA 存储过程更新 PROCESS_MASTER 表，传入的参数是一个基于表的记录类型和一个用来指定更新类型的参数 p_upd。 p_upd 默认为 CS，表示简单关闭(Close Simple)。对于不需要特殊控制的存储过程，我们只需要记录新的 STATUS、STAGE 和 ABANDON_FL 值。 通常情况下分别对应的值是 C(完成-Complete)、null 和 N(未放弃-Not abandoned)。

随着自动化任务更加复杂，我们需要其他更新类型(通过入参 p_upd 值控制)来包含其他列。如果没有提供 p_upd 值或提供的 p_upd 值无效，则将所有列更新为传入的记录变量 p_prma_rec 的值(此处未显示代码)。将列更新为自身当前值通常不是一个好习惯，因为不必要产生重做日志。但是当我们只是谈论少量记录时(这种情况下是一条记录)，我们认为，你不需要对更新的列进行大量复杂的排列，而是"简单，平均，一切"的方法。这种方法在以下 UPD_PRRU 代码中更新 PROCESS_RUN 表中有体现：

```
procedure upd_prru (p_prru_rec   in process_run%rowtype
                   ,p_upd        in varchar2 :='CS') is
pragma autonomous_transaction;
begin
  if p_upd='CS' then -- complete simple
```

```
      update process_run
      set status              = p_prru_rec.status
         ,completed_timestamp = p_prru_rec.completed_timestamp
         ,records_processed   = p_prru_rec.records_processed
      where  process_name     = p_prru_rec.process_name
      and    start_timestamp  = p_prru_rec.start_timestamp;
    else -- 更新所有的值。 一般来说，你应该只更新那些需要更新的列
      update process_run
      set status              = p_prru_rec.status
         ,completed_timestamp = p_prru_rec.completed_timestamp
         ,records_processed   = p_prru_rec.records_processed
         ,start_timestamp1    = p_prru_rec.start_timestamp1
         ,start_id_num1       = p_prru_rec.start_id_num1
         ,start_timestamp2    = p_prru_rec.start_timestamp2
         ,start_id_num2       = p_prru_rec.start_id_num2
         ,end_timestamp1      = p_prru_rec.end_timestamp1
         ,end_id_num1         = p_prru_rec.end_id_num1
         ,end_timestamp2      = p_prru_rec.end_timestamp2
         ,end_id_num2         = p_prru_rec.end_id_num2
         ,records_skipped     = p_prru_rec.records_skipped
         ,records_errored     = p_prru_rec.records_errored
      where  process_name     = p_prru_rec.process_name
      and    start_timestamp  = p_prru_rec.start_timestamp;
    end if;
    commit;
  exception
    when others then
      pv_err_msg:=dbms_utility.format_error_stack;
      pv_err_stack := dbms_utility.format_error_backtrace;
      write_plog(pv_err_msg,'E',SQLCODE);
      write_plog(pv_err_stack,'E',SQLCODE);
      write_error(pv_err_msg,sqlcode,'F');
      raise;
  end upd_prru;
```

这两个存储过程的思路是主代码维护记录变量 pv_prma_rec 和 pv_prru_rec，这两个存储过程负责将数据保存在两个表中。没有这些记录变量，我们需要维护许多“旧式”标量变量。

以下是 test_auto 存储过程的后半部分，记录任务已完成：

```
    select count(*) into v_count from person;
    dbms_lock.sleep(10);
    pv_prru_rec.records_processed  :=v_count;
    pv_prru_rec.status             :='C';
    pv_prru_rec.completed_timestamp  :=systimestamp;
    upd_prru(pv_prru_rec,'CS');
    pv_prma_rec.status :='C';
    pv_prma_rec.stage  :=null;
    upd_prma(pv_prma_rec,'CS');
    write_plog ('ended at '||to_char(systimestamp,'YY-MM-DD HH24:MI:SS.FF3'));
  end test_auto;
```

代码中 DBMS_LOCK.SLEEP 的目的是让我们可以捕捉到正在运行的过程。其余代码只是在设置 PV_PRRU_REC 和 PV_PRMA_REC 中的列并调用我们的两个存储过程来关闭任务。

到目前位置基本上都准备好了。在我们运行代码之前，我们将检查 PROCESS_MASTER 表。之后，我们将再次检查 PROCESS_MASTER 表以及检查 PROCESS_LOG 表。

```
PROCESS_NAME    Last_Exec_Timestamp      STATUS LOG_LEVEL ABANDON
--------------  -----------------------  ------ --------- -------
TEST_AUTO       09-MAR-16 12.26.38.713C               5 N

Exec pna_maint.test_auto
PL/SQL procedure successfully completed.

PROCESS_NAME    Last_Exec_Timestamp      STATUS  LOG_LEVEL ABANDON
--------------  -----------------------  ------  --------- -------
TEST_AUTO       09-MAR-16 18.18.50.036C                5 N
```

PROCESS_NAME	START_TIMESTAMP	STATUS	COMPLETED_TIMESTAMP	Recs procd	LOG LEVEL
TEST_AUTO	09-MAR-16 18.18.50.036C		09-MAR-16 18.18.50.067	275424	5

--再次运行
```
Exec pna_maint.test_auto
PL/SQL procedure successfully completed.

PROCESS_NAME    Last_Exec_Timestamp      STATUSLOG_LEVEL ABANDON
--------------  -----------------------  -----------------
TEST_AUTO       09-MAR-16 18.43.59.6790C             5 N
```

PROCESS_NAME	START_TIMESTAMP	STATUS	COMPLETED_TIMESTAMP	recs_procd
TEST_AUTO	09-MAR-16 18.43.59.679C		09-MAR-16 18.43.59.710	275424
TEST_AUTO	09-MAR-16 18.18.50.036C		09-MAR-16 18.18.50.067	275424

我们可以在 PROCESS_MASTER 更新中看到最后一次运行的详细信息，并为每次运行都在 PROCESS_ RUN 中新增了记录。我们将再次运行代码，并在第二个会话中查看"正在运行"的 PROCESS_MASTER 表和 PROCESS_LOG 表：

```
-- 会话 1
Exec pna_maint.test_auto

-- 会话 2
PROCESS_NAME    Last_Exec_Timestamp      STATUS LOG_LEVEL ABANDON
--------------  -----------------------  ------ --------- -------
TEST_AUTO       09-MAR-16 20.23.53.0670I              5 N
```

PROCESS_NAME	START_TIMESTAMP	STATUS	COMPLETED_TIMESTAMP	RECS PROCD	LOG LEVEL
TEST_AUTO	09-MAR-16 20.23.53.067I				5
TEST_AUTO	09-MAR-16 18.43.59.679C		09-MAR-16 18.43.59.710	275424	5
TEST_AUTO	09-MAR-16 18.18.50.036C		09-MAR-16 18.18.50.067	275424	5

正如所看到的，因为控制表中的数据通过自治事务过程来维护，所以第二个会话可以看到执行的进度。在我们非常简单的测试案例中，我们只能看到两个表中的状态是 I(表示运行中)。PROCESS_RUN 表中的 COMPLETED_TIMESTAMP 和 RECORDS_PROCESSED 还没有被更新。如果我们使用更多的控制列，会看到它们相应地被更新。

所以我们现在相当于有了一个简单任务的控制装置。可以使用我们创建的 TEST_AUTO 代码，复制它，并将任何需要执行的操作放入"select count(*) into v_ count from person"部分。在没有其他控制要求的情况下(因此它可以用来收集模式级别标准的统计信息或生成不需要入参的报告)，代码将执行并记录所有内容。事实上，我们在编写其他示例代码时就是这么做的。我们复制了 TEST_AUTO，将 PV_PROCESS_NAME 更改为我们的新进程名称，并在 PROCESS_MASTER 表中新增一条记录。然后添加了我们需要的任何额外控制机制。

网站上的代码还有一些额外的东西，比如工具代码(如第 7 章所述)和异常处理(我们在本章其余部分将更详细地介绍)。

下面继续使用 PROCESS_LOG 表和 PROCESS_ERROR 表对自动化代码进行日志记录/检测。

9.3.2　日志表和错误表

在第 7 章中(使用的表为 PLSQL_LOG)广泛地介绍了使用日志表检测代码的方法。以下是自动化任务的日志表：

```
create table process_log
(process_name     varchar2(30) not null
,start_timestamptimestamp(6) not null
,log_timestamp    timestamp(6) not null
,status           varchar2(1)  not null
,log_level        number(1)    not null
,log_text         varchar2(4000)
,error_code       varchar2(10)
,constraint prlo_prru_pk foreign key (process_name,start_timestamp)
        references    process_run( process_name,start_timestamp)
)
--
Create index polo_prna_stti_loti
on process_log(process_name,start_timestamp,log_timestamp)
```

你会注意到 PROCESS_LOG 和 START_TIMESTAMP 从 PROCESS_ RUN 表中继承而来。 每个日志条目都链接回 PROCESS_ RUN 表并有外键强制约束。 第 7 章广泛地介绍了该表的用法。总而言之，它用于存储 PL/SQL(以及其他任何)代码中的检测信息。 这些日志信息在代码运行时就能看到，因为它是通过自治事务过程产生的。

我们没有将检测代码视为一种开销：这对于专业的运行和维护系统至关重要。尽管之前描述的 PROCESS_MASTER / PROCESS_RUN 表可以展示单个运行的进度(启动时间，当前状态等)以及运行开始时间和耗时的历史记录，这些轮廓信息不足以帮助你在问题发生时进行调查，或者确定代码中的哪些地方可以找到问题，或者跟踪代码随着数据量变化而变化的情况。这都需要检测。

PROCESS_LOG 中每一列的作用都是不言而喻的。如果你想了解更多细节，请参阅第 7 章。

PROCESS_MASTER 表中的 LOG_LEVEL 列可用于确定记录多少信息。无论如何，某些活动(例如任务的开始和结束时间)都会写入 PROCESS_LOG。但是，关于代码中关键变量的检测以及循环的迭代次数是可选的，并且只有在 LOG_LEVEL 值大于一个指定的值时才会记录。通过这种方式，可以控制记录多少信息。参见第 7 章了解更多细节。

PLSQL_LOG 和 PROCESS_LOG

表 PLSQL_LOG 和表 PROCESS_LOG 非常相似。区别在于 PROCESS_ LOG 是 PROCESS_RUN 的子表，而 PROCESS_RUN 是 PROCESS_MASTER 的子表，在我们的示例中是通过创建参考表 PROCESS_RUN 的外键约束来实现的。因此，只有通过这些表管理的 PL/SQL 日志条目才能记录在此日志表中。另外，在自动化任务找到与其关联的 PROCESS_MASTER 记录并在 PROCESS_RUN 中为该运行创建条目之前，无法在 PROCESS_LOG(或 PROCESS_ERROR)中插入记录。你可以选择从 PROCESS_LOG 中删除外键，或者将这些代码的早期步骤的检测/错误记录到 PLSQL_LOG 中。

出于这个原因，可能想使用两个表。PLSQL_LOG 用于记录未通过 PROCESS_MASTER/PROCESS_RUN 表控制的代码。

表 PROCESS_LOG 有一个名为 ERROR_CODE 的列，你可能认为这已足够，并且将使用这个表来记录日志和错误。但实际上最好有一个专门用于记录错误的表。你可能遇到有些错误(例如，在将数字字段中的日期转换为实际日期时数据类型不匹配)，并在表 PROCESS_ERROR 中记录它们。其他情况，如从终端错误到程序错误，通过相关的异常处理代码将错误记录在 RUN_ERROR 表中。在有任何错误的情况下，你想要确切地知道该去哪里寻找它们(并快速找到它们!)，那么它们应该被记录在表 PROCESS_ERROR 中。这个表很小：

```
create table process_error
 (process_name    varchar2(30)  not null
 ,start_timestamp timestamp(6)   not null
 ,error_timestamp timestamp(6)   not null
 ,status          varchar2(1)  not null -- fatal 或 none-fatal
 ,error_text   varchar2(4000)      -- 错误文本和标识值
 ,error_code   varchar2(10)        -- oracle 错误代码(如果适用)
 ,constraint prer_pk primary key (process_name,start_timestamp,error_timestamp)
 ,constraint prer_prru_pk foreign key (process_name,start_timestamp)
        references   process_run (process_name,start_timestamp)
```

PROCESS_ERROR 的表结构与 PROCESS_LOG 非常相似，LOG_TEXT 列被替换为 ERROR_ TEXT 列，并且我们不需要 LOG_LEVEL 列。

当然，我们需要创建一个独立的过程来填充每个表，而不是在我们要写入它们的每个点使用 insert 语句进行插入。它们是自治事务，因此信息可以立即被其他会话读取到(因此可以跟踪进度)，并且不会影响主程序中数据的提交和回滚：

```
procedure write_plog(v_log_text   in varchar2
                    ,v_status     in varchar2 :=''
                    ,v_error_code in varchar2 :=''  )
is
pragma autonomous_transaction;
v_timestamp     timestamp :=systimestamp;
begin
  if pv_log_level>=5 then
  dbms_output.put_line (pv_process_name||' log '||pv_log_level||' - '
                  ||to_char(v_timestamp,'HH24:MI:SS.FF3 :')||v_log_text);
  end if;
  INSERT INTO PROCESS_LOG(process_name ,start_timestamp  ,log_timestamp
              ,status    ,log_level     ,log_text    ,error_code)
  values (pv_process_name   ,pv_exec_ts    ,v_timestamp
          ,nvl(v_status,'I'),pv_log_level   ,v_log_text  ,v_error_code
       );
  commit;
end write_plog;
--
procedure write_error(v_error_text in varchar2
                    ,v_error_code in varchar2 :=''
                    ,v_status     in varchar2 :='' )
is
pragma autonomous_transaction;
v_timestamp      timestamp :=systimestamp;
begin
  if pv_log_level>=3 then
  dbms_output.put_line (pv_process_name||' log '||pv_log_level||' - '
                  ||to_char(v_timestamp,'HH24:MI:SS.FF3 :')||v_error_text);
  end if;
  INSERT INTO process_error(process_name ,start_timestamp ,error_timestamp
```

```
                         ,status         ,error_text          ,error_code)
     values (pv_process_name   ,pv_exec_ts  ,v_timestamp
             ,nvl(v_status,'E')  ,v_error_text ,v_error_code
             );
     commit;
     exception
     when others then
     dbms_output.put_line('CRITICAL the error handling subroutine write_error in '
                     ||pv_process_name||' failed');
     raise;
   end write_error;
```

WRITE_ERROR 有一个简单的异常处理代码，如果由于某种原因而导致程序本身发生错误，则会调用 DBMS_OUTPUT。通常，一旦你已经成功将一个或两个任务自动化，那么这个简单的过程一般来说非常可靠，不会失败。但是在异常处理部分包含 DBMS_ OUTPUT 也是值得的。

前面已经在我们的代码中看到了一个或两个调用这些存储过程的示例(即 UPD_PRMA 和 UPD_PRRU)。WRITE_ERROR 应该被其他代码的异常处理部分调用，WRITE_PLOG 在其他代码中的重要节点被调用。

我们的测试代码还包含 WRITE_LOG(不是 WRITE_PLOG)存储过程，你将看到它在 GET_PRMA 和 INS_PRRU 中被使用。这是因为，在 PROCESS_RUN 存在相关联的记录前，无法向 PROCESS_LOG 中插入记录！WRITE_LOG 只能写入独立的 PLSQL_LOG 表。

PROCESS_LOG 和 PROCESS_ERROR 以及前面讨论的两张表组成的这四个表是我们控制框架的基础。我们还给出了一个简单的自动化任务代码，代码中需要从这些表中读取数据或写入数据。

1. 一个简单的数据处理任务的自动化

作为自动执行任务的更现实的示例，我们将向 PNA_MAINT 包中添加一个名为 POP_ADDR_H 的新存储过程，以在 ADDRESS 表中创建一小组记录。首先，我们需要为这个新任务在 PROCESS_MASTER 表中插入一行：

```
insert into process_master
    ( PROCESS_NAME ,LAST_EXECUTED_TIMESTAMP    ,PROCESS_RANGE
    ,STATUS       ,LOG_LEVEL      ,ABANDON_FL    ,BATCH_SIZE)
values                   ('POP_ADDR_H' ,systimestamp           ,20000
                         ,'C'          ,5              ,'N'       ,5000)
```

我们将使用 PROCESS_RANGE 来限制每次运行处理的最大记录数(即 20 000，同时 BATCH_SIZE 为 5000)。我们也将在代码中使用 ABANDON_FL。

复制 TEST_AUTO 存储过程中的代码，但因为设置了 ABANDON_FL 标志，因此添加了中止任务的代码，并使用 PROCESS_RANGE 和 BATCH_SIZE 信息来控制任务。 为简洁起见，不会显示用于创建 ADDRESS 记录的 SQL(完整的代码可以在网站上找到)。

```
1)  procedure pop_addr_h is
2)  --定义本地变量
3)  begin
4)    pv_process_name :='POP_ADDR_H'; pv_log_level:=5; pv_exec_ts:= systimestamp;
5)    pv_prma_rec:=null;                pv_prru_rec:=null;
6)    get_prma(pv_process_name);
7)    pv_log_level               := pv_prma_rec.log_level;
8)    pv_prru_rec.process_name := pv_prma_rec.process_name;
9)    --其他几行设置pv_prru_rec变量
10)   ins_prru(pv_prru_rec);
11)   write_plog ('started at '||to_char(pv_exec_ts,'YY-MM-DD HH24:MI:SS.FF3'));
12)   if pv_prma_rec.abandon_fl = 'Y' then
13)     write_plog('process set to Abandon so halted');
```

```
14)    else
15)      -- address 表的处理代码
16)      write_plog ('towns '||to_char(v_tona_min)||' to '||to_char(v_tona_max));
17)      while v_count < pv_prma_rec.process_range loop
18)        for a in 1..pv_prma_rec.batch_size loop
19)          --
20)          -- address 表的处理代码
21)          --
22)        end loop;
23)        v_count:=v_count+pv_prma_rec.batch_size;
24)        commit;
25)        write_plog ('intermediate commit at '||v_count||' addresses');
26)      end loop; -- main p_rows insert
27)      commit;
28)      pv_prru_rec.records_processed    :=v_count;
29)    end if; -- 检查任务是否被放弃运行
30)    if pv_prma_rec.abandon_fl='Y' then
31)      pv_prru_rec.status   :='A';      pv_prma_rec.status   :='A';
32)    else
33)      pv_prru_rec.status   :='C';      pv_prma_rec.status   :='C';
34)    end if;
35)    pv_prru_rec.completed_timestamp  :=systimestamp;
36)    upd_prru(pv_prru_rec,'CS');
37)    pv_prma_rec.stage  :=null;
38)    upd_prma(pv_prma_rec,'CS');
39)    write_plog ('ended at '||to_char(systimestamp,'YY-MM-DD HH24:MI:SS.FF3'));
40) exception
41)    when others then
42)    --
43)    -- 错误记录代码
44)    --
45)    -- 更新控制表中的状态为“错误”
46)    pv_prru_rec.status     :='E';    pv_prru_rec.completed_timestamp  :=systimestamp;
47)    upd_prru(pv_prru_rec,'CS');
48)    pv_prma_rec.status :='E';    pv_prma_rec.stage  :=null;  pv_prma_rec.abandon_fl :='Y';
49)    upd_prma(pv_prma_rec,'CS');
50)    raise;
51) end pop_addr_h;
```

新代码以粗体显示。 第 4~10 行与 TEST_BATCH 代码的开始非常相似，设置了包级记录变量，更新了 PROCESS_RUN 表并在 PROCESS_LOG 表中新增了记录。然后在第 12 行我们对 ABANDON_FL 的值进行判断，如果它被设置为'Y'，我们会通过 IF_THEN_END-IF 构造跳过所有处理。为什么在这个地方做判断？

因为我们想记录运行实际发生了但又被中止了。在第 29 行的 END_IF 之后，我们再次使用 ABANDON_FL 来判断我们应该在控制表中记录什么状态。

在第 16 和 17 行中，使用 PV_PRMA_REC.PROCESS_RANGE 和 BATCH_SIZE 列控制数据的处理。

第 45~49 行显示了异常处理程序的相关部分，以便在出现任何错误时更新控制表并写入日志和错误表。当自动化代码时，需要从代码中的所有可能的退出点更新控制表！如果设计得很好，这将只是两个地方——代码正常的结束处和异常处理部分。将在整个代码中调用几次 WRITE_PLOG，以检测正在发生的事情。

可以手动调用 POP_ADDR_H 并确保一切正常。接下来将展示 PROCESS_MASTER、PROCESS_RUN 和 PROCESS_LOG 中生成的记录：

```
exec pna_maint.pop_addr_h
PL/SQL procedure successfully completed.
-- 查看 process_master、process_run 和 process_log 中和 POP_ADDR_H 有关的记录
```

PROCESS_NAME	Last_Exec_Timestamp	STATUS	LOG_LEVEL ABANDON	range	batch
POP_ADDR_H	10-MAR-16 17.51.46.118	C	5 N	20,000	5000

PROCESS_NAME	START_TS	ST	COMPLETED_TIMESTAMP	recs_procd	LL	RANGE	BATCH
POP_ADDR_H	10-MAR-16 17.51.46.118	C	10-MAR-16 17.51.46.978	20000	5	20,000	5000

PROCESS_NAME	START DATE	LOG TIMESTAMP	LL	LOG_TEXT	ELAPSED
POP_ADDR_H	10-MAR-16	17:51:46.118	5	started at 16-03-10 17:51:46.118	
		17:51:46.118	5	towns 1 to 69 roads 1 to 81 types 1 to 74	00:00:00.000
		17:51:46.337	5	intermediate commit at 5000 addresses	00:00:00.219
		17:51:46.540	5	intermediate commit at 10000 addresses	00:00:00.203
		17:51:46.743	5	intermediate commit at 15000 addresses	00:00:00.203
		17:51:46.978	5	intermediate commit at 20000 addresses	00:00:00.235
		17:51:46.978	5	ended at 16-03-10 17:51:46.978	00:00:00.000

可以通过将 ABANDON_FL 设置为'Y'来让进程不运行，然后尝试运行代码：

```
update process_master set abandon_fl='Y'
where process_name='POP_ADDR_H';
COMMIT;

exec pna_maint.pop_addr_h
PL/SQL procedure successfully completed.
```

PROCESS_NAME	Last_Exec_Timestamp	STATUS	LL	ABANDON	RANGE	BATCH
POP_ADDR_H	10-MAR-16 18.12.49.981A	5	Y		20,000	5000

PROCESS_NAME	START_TS	ST	COMPLETED_TIMESTAMP	recs_procd	LL	RANGE	BATCH
POP_ADDR_H	10-MAR-16 18.12.49.981A	10-MAR-16 18.12.49.981	0	5	20,000	5000	

PROCESS_NAME	START DATE	LOG TIMESTAMP	LL	LOG_TEXT	ELAPSED
POP_ADDR_H	10-MAR-16	18:12:49.981	5	started at 16-03-10 18:12:49.981	
		18:12:49.981	5	process set to Abandon so halted	00:00:00.000
		18:12:49.981	5	ended at 16-03-10 18:12:49.981	00:00:00.000

请注意 PROCESS_MASTER 表中的 status 被设置为 A，它反映了 PROCESS_RUN 表中的最近一次运行的情况(但我们确实记录了运行已启动然后被放弃)，并且 PROCESS_LOG 表证实了这一点。

当然，自动化任务的关键是自动运行它！为此，可以简单地使用 DBMS_SCHEDULER 自动执行任务：

```
BEGIN
  DBMS_SCHEDULER.create_job (
    job_name         => 'HOURLY_ADDRESS_ADD',
    job_type         => 'PLSQL_BLOCK',
    job_action       => 'BEGIN pna_maint.pop_addr_h'||  '; END;',
    start_date       => SYSTIMESTAMP,
    repeat_interval  => 'freq=hourly; byminute=40; bysecond=0;',
```

```
        end_date          => sysdate+2,
        enabled           => TRUE,
        comments          => 'Should create 20k addresses every hour');
END;
```

我们计划从现在开始,每小时的第 40 分钟运行,两天后停止运行。我们创建了这个调度,几个小时后我们检查了这个过程的运行情况(最近的运行出现在顶部):

```
PROCESS_NAME  START_TS                ST COMPLETED_TIMESTAMP    recs_procd LL  RANGE   BATCH
------------  ---------------------   -- ---------------------  ---------- --  ------- ------
POP_ADDR_H    10-MAR-16 20.40.03.929  I                                  0  5  40,000  10000
POP_ADDR_H    10-MAR-16 19.40.01.975  A  10-MAR-16 19.40.01.975          0  5  40,000  10000
POP_ADDR_H    10-MAR-16 18.40.00.825  A  10-MAR-16 18.40.00.825          0  5  40,000  10000
POP_ADDR_H    10-MAR-16 17.50.32.926  C  10-MAR-16 17.50.34.579      40000  5  40,000  10000
POP_ADDR_H    10-MAR-16 17.40.03.461  C  10-MAR-16 17.40.05.158      40000  5  40,000  10000
POP_ADDR_H    10-MAR-16 16.40.01.226  C  10-MAR-16 16.40.02.943      40000  5  40,000  4000
POP_ADDR_H    10-MAR-16 15.40.02.965  C  10-MAR-16 15.41.45.084      40000  5  40,000  4000
POP_ADDR_H    10-MAR-16 14.40.03.523  C  10-MAR-16 14.41.45.673      40000  5  40,000  4000
POP_ADDR_H    10-MAR-16 13.40.01.342  C  10-MAR-16 13.40.42.299      20000  5  20,000  5000
```

14:40 发生了什么? 处理的记录数突然变多了。这是因为我们改变了 PROCESS_MASTER 表中的 process_range 设置来处理更多数据,同时使用较小的批量值:

```
update process_master
set process_range=40000,batch_size=4000
where process_name = 'POP_ADDR_H'
```

在 17:40 之前,我们将批量大小更改为 10 000 条记录。

在 18:40 之前,我们将 ABANDON_FL 设置为'Y'来暂时停止处理,并且我们将此设置保留几个小时。 但在最后一次运行之前,你会看到在 20:40 时,我们将 ABANDON_FL 设置回'N',并且我们捕捉到了"运行中"的任务,这也可以从 PROCESS_MASTER 和 PROCESS_RUN 的内容中看到:

```
PROCESS_NAME  Last_Exec_Timestamp     STATUS LL ABANDON   RANGE   BATCH
------------  ---------------------   ------ -- -------   ------- ------
POP_ADDR_H    10-MAR-16 20.40.03.929  I       5 N         40,000  10000


                 START      LOG
PROCESS_NAME  DATE       TIMESTAMP    LL LOG_TEXT                                 ELAPSED
------------  --------   ------------ -- --------------------------------------   ------------
POP_ADDR_H    10-MAR-16  20:40:03.929  5 started at 16-03-10 20:40:03.929
                         20:40:03.929  5 towns 1 to 69  roads 1 to 81  types 1 to 74  00:00:00.000
                         20:40:14.181  5 intermediate commit at 10000 addresses   00:00:10.252
                         20:40:24.415  5 intermediate commit at 20000 addresses   00:00:10.234
                         20:40:34.642  5 intermediate commit at 30000 addresses   00:00:10.227
```

虽然我们的示例是处理数据,但是这种自动化和控制级别是我们通常用于数据库管理任务的,例如拆分新分区或将数据从生产表移动到归档表。我们之所以没有明确展示这些示例,因为实际的代码非常冗长,特别是对于完整的生产版本。但是,为了让你体会到这一点,我们将在下一节中介绍部分分区拆分代码。

2. 用于分区拆分的示例代码

我们没有足够的篇幅来覆盖自动拆分新分区的所有代码,但我们在此包含一些代码,以展示如何自动执行此类任务。这是来自为客户开发的生产系统的真实代码(稍微编辑以删除识别名称),所以代码不在网站上。

拆分新分区实际上比它看起来更复杂。对于一个表是相对容易的,因为你(希望!)对分区有一个标准的命名规则,它们将进入什么表空间,一个固定的范围,并且索引也是以相同的方式分区的。

但是，为了创建更通用的解决方案，你需要了解诸如全局索引等因素，以及本地索引分区可能具有与相关表分区不同的名称(通常你尝试自动化时会发现一些过去的错误)和不同类型的分区。因此，你需要一个特定于该任务的表，用来保存要维护分区的每个表的详细信息；类似如下的表：

```
create table partition_control
  ( table_owner                   varchar2(30) not null,
    table_name                    varchar2(30) not null,
    partition_type                varchar2(30) not null,
    date_format                   varchar2(20),
    partition_prefix              varchar2(30),
    high_value                    varchar2(256),
    partition_range_in_days       number,
    create_number_of_partitions   number,
    default_partition_name        varchar2(30),
    created_by                    varchar2(30),
    created_timestamp date,
    constraint paco_pk primary key (table_owner, table_name)  )
```

在你的应用程序代码中，循环访问此表的内容，并为每一行记录找到指定表的最新分区，并使用该信息构建要创建的新分区的名称以及新的最大值，如下所示：

```
when i.partition_range_in_days <30 then
lv_part_name_date:=to_char(lv_split_date,lv_date_format);
lv_split_date :=lv_split_date+i.partition_range_in_days;
lv_partition_name :=to_char(lv_split_date,lv_date_format);
when i.partition_range_in_days <32 then
-- month
lv_part_name_date:=to_char(lv_split_date,lv_date_format);
lv_split_date :=add_months(lv_split_date,1);
lv_partition_name :=to_char(lv_split_date,lv_date_format);
else
lv_part_name_date:=to_char(lv_split_date,lv_date_format);
lv_split_date :=lv_split_date+i.partition_range_in_days;
lv_partition_name :=to_char(lv_split_date,lv_date_format);
end case;
```

做实际的分区拆分，必须使用动态 SQL——不知道 split 语句是什么，直到生成它——即使知道完整的 split 语句，也不能在 PL/SQL 存储过程中将它作为 SQL 执行，因为它会引用在编译时不存在的分区！ 这是数据库管理任务中常见的"问题"——需要编写代码来生成当前不存在的内容，或者编译在编译时不存在的对象。第 8 章介绍动态 SQL。我们的示例代码使用本地动态 SQL(即，EXECUTE IMMEDIATE)。

```
PROCEDURE split_range_partition
(i_table_owner            IN VARCHAR2
,i_table_name             IN VARCHAR2
,i_new_partition          IN VARCHAR2
,i_high_value             IN VARCHAR2 -- 'DD-MON-YYYY HH24:MI'
,i_split_partition        IN VARCHAR2
,i_override_tablespace    IN VARCHAR2
) IS
...
BEGIN
 write_plog(to_char(sysdate,'DD-MON-YY HH24:MI:SS')
                 || '  Split range   : ' || i_split_partition);
--
-- 此处代码用来处理目标表空间发生变化和其他一些特定的事情
--
```

```
lv_sql := 'ALTER TABLE '
        || i_table_owner || '.' || i_table_name
        || ' SPLIT PARTITION ' || i_split_partition
        || ' AT ( to_date(''' || i_high_value
        ||''','''DD-MON-YYYY HH24:MI'')  )'
        || ' INTO ( PARTITION ' || i_split_partition||lv_ts
        || ', PARTITION '        || i_new_partition || lv_ts
        || ')';
write_plog(to_char(sysdate,'DD-MON-YY HH24:MI:SS')||' '||lv_sql);
EXECUTE IMMEDIATE lv_sql;
```

如你所见，我们正在构建一个 split 语句，其中部分使用了我们之前构建的名称和最大值数据。我们将此语句写入 PROCESS_LOG 并执行它——无论何时生成动态 SQL，都需要记录生成的内容，这样可以简化后续的问题处理。

整个分区拆分的代码是冗长而复杂的。但是，可以单独开发它，然后将其放入控制框架中。

让我们继续讨论自动化任务的主要问题之一，那就是控制"批量-加载-类型"活动的处理。

自动执行任务的过程中可能会揭示历史错误

我对几个客户的分区维护任务进行了自动化，经常发现他们的数据库在过去发生的奇怪事情，比如表中的索引和表属于不同的用户，本地分区索引的表空间错误以及分区的名称应该指示分区键范围但是并没有包含。我还看到"永不分裂"的旧分区，因此它覆盖了几个月，而不仅是一个月。我看到各种各样的东西。我甚至看到一个分区表，它使用的是全局分区索引，但是"看起来"像是本地分区的。

具有讽刺意味的是，当你编写一个面对这些一直存在的历史错误的自动化任务时，你最终可能会被指责。当你自动执行维护任务时，请留出一些时间来发现并解决这些问题。请记住，Oracle 经常为你提供灵活性来做一些非常奇特的事情！

3. 处理窗口

就像我们这个非常简单的示例一样，有些自动执行的任务不需要考虑之前发生的情况；不需要检查最后一次运行中处理了哪些数据，也不需要确定要处理的数据范围。但对于其他自动化任务(例如数据接收)，每次执行都必须知道最后一次加载的位置，以便从该点继续，而不会丢失数据。有时你可以检查目标表中的内容并从中进行处理，但根据我们的经验，我们经常会发现数据有多个来源(例如，批量加载以及来自在线输入或更新)，以及要从目标表中找出最后一次加载的位置是比较困难的。 因此更安全更简单的方法就是记录它。

第一个问题是你必须能够计算并识别要处理的数据范围。 通常做法是在表上使用递增 ID(通常通过序列生成，在这种情况下，请参阅以下有关使用序列生成主键的说明)或日期/时间戳(例如 CREATED_TIMESTAMP 或 ORDERED_TIMESTAMP)。 如果你正在处理的数据后期可以修改，那么还必须考虑 LAST_MODIFIED DATE / TIMESTAMP。

如果要处理的数据保存在多个表中(例如，经典的 ORDER 和 ORDER_ LINES 表)，那么你将通过 ORDER 表标识符来控制数据的处理，该表标识符由子 ORDER_LINES 表继承。

我们来看一个简单批处理的示例。我们创建了三个新表。CUSTOMER_ORDER 和 CUSTOMER_ORDER_LINE 是这类表的高度简化版本，第三个表 CUSTOMER_ORDER_SUMMARY 将由我们的示例代码填充(请注意，第 9 章的示例脚本为你创建了这些表)。

```
create table customer_order
(id              number   not null
,created_dt      date     not null
,customer_id     number   not null
,address_id      number   not null
,status          varchar2(1)
```

```
,completed_dt    date
)

alter table customer_order
add constraint cuor_pk primary key (id,created_dt)

create table customer_order_line
(cuor_id         number   not null
,created_dt      date     not null
,line_no         number   not null
,product_code    number   not null
,unit_number     number
,unit_cost       number
)

alter table customer_order_line
add constraint col_pk primary key (cuor_id,line_no,created_dt)

create table customer_order_summary
(id              number   not null
,created_dt      date     not null
,customer_id     number   not null
,num_items       number   not null
,tot_value       number   not null
)

alter table customer_order_summary
add constraint cos_pk primary key (id,created_dt)
```

按序列生成的 ID 进行处理

许多 Oracle 数据库都是这样设计的，活动表的主键(PK)由序列生成。有时候这是一个好主意，有时候这只是糟糕的设计。如果你可以使用自然主键，请使用它。但是，我们经常会遇到主键是由 Oracle 序列产生的情况。因此，这些记录总是按顺序排列的？并没有！

如果使用 RAC，除非为序列设置 NOCACHE 和 ORDER(在这种情况下，任何活动序列可能会表现糟糕)，那么每个实例将从序列中获取保证唯一但未排序的值。事实上，如果使用 CACHE，它们肯定不会被排序。

即使不是 RAC 环境，Oracle 也只保证序列值是唯一的。在单节点实例中，这些值将以有序方式生成——但应用程序如何使用这些值提交记录超出了 Oracle 的控制范围。如果有三个会话根据序列创建 PK 记录，则会根据请求时间顺序(sess1，sess2，sess3)依次获取值，但不能保证 sess1 在 sess2 之前，sess2 在 sess3 之前提交。

因此，如果你本次已经处理到该列的最高值(例如 12345)，然后在下一个运行中将处理所有高于先前最高值的记录(12345 + 1 到新的最高值之间的记录)——你可能会错过奇怪的纪录！在这个示例中是 12344 那条记录，恰好在记录 12345 之后 1 秒被提交。

例如，延迟 60 秒处理数据，可以消除单节点实例上的乱序问题——在不涉及 RAC 时。如果涉及 RAC，你需要认真思考并研究如何给数据排序。

网站上脚本创建的是在 CREATED_DT 列上分区的表，这就是为什么将它包含在主键中，但你也可以创建不分区的表，如下所示。 在我们的测试包中使用一个存储过程，pna_maint.pop_cuor_col(这样你就可以看到它做了什么)，为 CUSTOMER_ORDER 表每一天创建几千条记录，覆盖前几个月，同时在 CUSTOMER_ORDER_LINES 表为每个订单创建 1～10 条记录。 我们希望批量处理数据并在第三个表 CUSTOMER_ORDER_SUMMARY 中创建每个订单的摘要。

下面假设数据量要大得多，所以必须以分片的形式处理数据。可以通过控制 CREATED_DT 的范围来实现这一点。我们也希望能够中断处理。为了安全起见，必须按顺序处理数据。如果不按顺序而且加载过程中断，我们就不知道该范围内的哪些记录已被处理。首先在 PROCESS_MASTER 表中创建一条记录：

```
insert into process_master
    ( PROCESS_NAME ,LAST_EXECUTED_TIMESTAMP    ,PROCESS_RANGE
    ,STATUS        ,LOG_LEVEL      ,ABANDON_FL  ,BATCH_SIZE
    ,MAX_WINDOW    ,PROCESS_DELAY,LAST_TIMESTAMP1 )
values ('SUMMARIZE_ORDERS' ,systimestamp            ,50000
    ,'C'          ,5              ,'N'         ,5000
    ,12           ,10             ,TO_TIMESTAMP('01-01-2016','DD-MM-YYYY') )
```

我们正在使用几个新列，和之前的稍有不同。PROCESS_RANGE 是每次执行处理的最大记录数。MAX_WINDOW 限制我们将考虑多少天的数据——这也可以限制我们处理的记录数量,但也会阻止代码一次考虑处理太多的数据。PROCESS_DELAY 意味着我们不会考虑最近 10 分钟内创建的数据。这是因为我们的应用程序设计不佳,而 CUSTOMER_ORDER_LINES 没有和 CUSTOMER_ORDERS 一并提交,并且可能在几秒钟后提交。这是一个常见的现实情况,并且在处理数据之前留下一点时间间隔通常可以解决问题。最后,LAST_TIMESTAMP 最初必须设置为比我们的第一条记录更早的日期; 否则，我们会错过一些数据。

第二个关键部分是确定要处理的数据范围。我们知道起点——是最后一次运行的结束位置。我们只需要终点,但它可能受到几个因素的限制(如 PROCESS_DELAY、MAX_WINDOW 和 PROCESS_RANGE)。我们用类似下面的代码来做到这一点(所有代码都在存储过程 pna_maint.summarize_orders 中):

```
with source_t as
   (select /*+ materialize */ created_dt
                       ,rownum r1
    from (select created_dt
        from   customer_order
        where created_dt> pv_prma_rec.last_timestamp1
        and    created_dt <= pv_prma_rec.last_timestamp1
                            +(interval '1' hour*pv_prma_rec.max_window)
        and    created_dt <= systimestamp
                            -(interval '1' minute*pv_prma_rec.process_delay)
        order by created_dt)
    where rownum <=pv_prma_rec.process_range
    )
    -- 从有序和有限的集合中获取最大行。
select max(created_dt)
        ,max(r1)
into p_end_dt
    ,p_expected_rows
from source_t st;
```

粗体部分帮助查找我们想要处理的所有行：

- 上次运行之后的任何记录，**last_timestamp1**
- 任何小于我们最大时间范围的记录，**max_window**
- 任何在当前时间减去延迟之前的记录，**process_delay**

这个数据集必须按 created_dt 排序——我们必须按顺序处理数据。

获得有序数据集后，我们再通过 PROCESS_RANGE(其中 rownum <= pv_prma_rec.process_range)进一步限制它,这就是我们的有序和有限集合。我们现在需要的是该集合中的最大 CREATED_DT。我们还得到行数(max(r1)),因为它是一个有用的完整性检查。

作为第二个示例,我们考虑处理一年前的一组历史数据,我们希望以 100 000 行的数据块(大约一天左右的数据)处理数据。希望你能看到,发现第一个数据块将涉及扫描整年的数据并对其进行排序——如果我们没有

MAX_WINDOW 限制。所以在这种情况下，我们可能会将 MAX_WINDOW 设置为一周。在一个系统中，我们发现缺少 MAX_WINDOW 概念，扫描和排序该数据量需要大约一个小时，处理其实际需要处理的数据需要大约两分钟。添加 MAX_WINDOW 将扫描和排序缩短到几秒钟。

然后，应用程序代码将使用这个日期范围，并通过游标获取数据：

```
cursor get_cos is
  select cuor.id, cuor.created_dt,cuor.customer_id
    ,sum(col.unit_number) num_items
    ,sum(col.unit_number*col.unit_cost) tot_value
  from customer_order cuor
    ,customer_order_line col
  where cuor.id =col.cuor_id
  and   cuor.created_dt = col.created_dt
  and   cuor.created_dt >   p_start_dt
  and   cuor.created_dt <=  p_end_dt
  group by cuor.id, cuor.created_dt,cuor.customer_id
  order by cuor.created_dt;
```

变量 P_START_DT 和 P_END_DT 是我们刚刚计算的值。请注意，游标对数据集进行了排序。我们将这个数据范围保存在 PROCESS_MASTER.WINDOW_* 列和 PROCESS_RUN.START/END 列中，以便我们知道处理过的内容，这样发生故障(可能删除部分数据集)可以手工处理，或从结束的地方构建恢复代码来继续运行：

```
pv_prma_rec.window_start_timestamp1 := pv_prma_rec.last_timestamp1;
pv_prma_rec.window_end_timestamp1   := p_end_dt;
pv_prma_rec.stage                    :=1;
upd_prma(pv_prma_rec,'WU');
pv_prru_rec.start_timestamp1 := pv_prma_rec.last_timestamp1;
pv_prru_rec.end_timestamp1   := p_end_dt;
upd_prru(pv_prru_rec,'WU');
```

最后一部分涉及如何处理数据。实际上，我们可以用一条简单的 SQL 语句来代替我们在这里所做的，但我们想尽量演示这种方法。所以我们打开游标，开始循环，并在每个循环中，如 PROCESS_MASTER.BATCH_SIZE 所定义的批量收集一组记录。我们"处理"这些记录，然后将它们批量插入到目标表中。在循环的每次迭代中，我们提交新数据并更新控制表到最新的进度。

当数据处理完时，我们退出循环，然后像更简单的示例中那样更新控制表。以下是执行该处理循环的代码：

```
v_count :=0; v_loop_count :=0;
open get_cos;
loop
  fetch get_cos bulk collect
  into get_cos_array  limit pv_prma_rec.batch_size;
  exit when get_cos_array.count = 0;
  v_loop_count:=v_loop_count+1;
  v_last      := get_cos_array.count;
  v_count :=v_count+v_Last;
  for i in 1..v_last loop  --处理数据
    if get_cos_array(i).num_items >60 then
      get_cos_array(i).tot_value :=round(get_cos_array(i).tot_value*.9,2);
    end if;
  end loop;
  -- 将日期插入最终的目标表
  forall i in indices of get_cos_array
  -- 最佳实践是对应列出需要的列
  insert into customer_order_summary
  values
```

```
        get_cos_array(i);
      commit;
      -- 更新控制表的相关进度信息
      pv_prma_rec.last_timestamp1 :=get_cos_array(v_last).created_dt;
      upd_prma(pv_prma_rec,'CF');
      pv_prru_rec.records_processed :=v_count;
      upd_prru(pv_prru_rec,'CS');
   end loop main_loop;
```

实际上，你的真实数据处理将会更加复杂，并且可能包括循环来自多个表的数据或更加复杂的数据处理。你所要做的就是建立一步步的代码来做到这一点，调用 UPD_PRRU 和 UPD_PRMA 来记录进度，并添加你想要的任何额外的控制逻辑。

现在我们有了代码和测试数据。在本章的示例代码中，这个存储过程是 pna_maint.summarize_orders。我们运行了几次该存储过程并查询了 PROCESS_RUNS 表：

```
PROCESS_NAME
----------------
SUMMARIZE_ORDERS


START_TS                ST COMPLETED      recs_p WIN   RANGE BATCH ROWS_FROM          ROWS_TO
--------------------    -- ------------   ------ ---  ------- ----- ------------------ ------------
12-MAR-16 14.06.57.857  C  14:07:04.403   29870  72   40,000  5000 11-15:07:1414-15:07:05
12-MAR-16 13.54.34.157  A  13:54:34.158          72   40,000  5000
12-MAR-16 13.52.53.115  A  13:52:53.115          72   40,000  5000
12-MAR-16 13.47.41.240  C  13:47:50.267   29868  72   40,000  5000 08-15:07:20 11-15:07:14
12-MAR-16 13.46.26.110  C  13:46:32.799   20000  72   20,000  5000 06-14:48:32 08-15:07:20
12-MAR-16 13.26.13.165  C  13:26:16.525   15000  48   15,000  5000 05-02:40:32 06-14:48:32
12-MAR-16 13.24.42.388  C  13:24:45.638   15000  48   15,000  5000 03-14:32:57 05-02:40:32
12-MAR-16 13.23.31.234  C  13:23:35.450    8000  24    8,000  2000 02-19:12:52 03-14:32:57
12-MAR-16 13.17.57.130  C  13:18:01.375    8000  24    8,000  2000 01-23:55:55 02-19:12:52
12-MAR-16 13.17.20.897  C  13:17:22.120    4967  12   50,000  5000 01-11:59:56 01-23:55:55
12-MAR-16 13.06.49.531  C  13:06:51.805    5034  12   50,000  5000 01-00:00:00 01-11:59:56
```

行按最近到最早的顺序显示。从下往上看，可以看到我们改变了 PROCESS_RANGE(RANGE) 和 MAX_WINDOW(WIN) 以及它们如何影响 RECORDS_PROCESSED(recs_p) 的数量。可以看到每次处理的数据范围，以及最近两次将任务设置为 (A)bandon 的运行数据。

以下显示了 PROCESS_MASTER 表中 WINDOWS 相关列被更新，而且随着数据的处理和提交，LAST_TIMESTAMP1 列的值也在慢慢增加：

```
PROCESS_NAME       LAST_EXECUTED_TS        LAST_TIMESTAMP1WINDOW_START        WINDOW_END
-------------------------------------- --- -------------------------------- ---------------
SUMMARIZE_ORDERS 12-MAR-16 15.46.26.422  15-JAN-16 03.06.04  14-JAN-16 15.07.0517-JAN-16 15.06.58


START_TS             LOG_TS         ST LL LOG_TEXT
-------------------  ------------   -- -- ------------------------------------------------
12-MAR-16 15.46.26.422 15:46:26.422 I 5started at 16-03-12 15:46:26.422
12-MAR-16 15.46.26.422 15:46:26.422 I 5 identifying the range of data to process, limited by 40000
12-MAR-16 15.46.26.422 15:46:26.562 I5 would process up to 17-JAN-16 15:06:58 processing 29908
12-MAR-16 15.46.26.422 15:46:29.176 I 5iteration 1 processing 5000

-- 稍后随着处理过程的进行

PROCESS_NAME     LAST_EXECUTED_TS         LAST_TIMESTAMP1WINDOW_START        WINDOW_END
-------------------------------------- --- -------------------------------- ---------------
SUMMARIZE_ORDERS12-MAR-16 15.46.26.422  15-JAN-16 14.58.28   14-JAN-16 15.07.0517-JAN-16 15.06.58
```

```
START_TS              LOG_TS          ST LL LOG_TEXT
--------------------  ------------    -- -- ---------------------------------------------------------
12-MAR-16 15.46.26.42215:46:26.422   I  5 started at 16-03-12 15:46:26.422
12-MAR-16 15.46.26.42215:46:26.422   I  5 identifying the range of data to process, limited by 40000
12-MAR-16 15.46.26.42215:46:26.562   I  5 would process up to 17-JAN-16 15:06:58 processing 29908
12-MAR-16 15.46.26.42215:46:29.176   I  5 iteration 1 processing 5000
12-MAR-16 15.46.26.42215:46:39.204   I  5 iteration 2 processing 5000
```

上面展示了一个正在运行的任务的相关信息,分别来自 PROCESS_MASTER 表和 PROCESS_LOG 表。在上半部分,我们处理了 1 次迭代,共计 5000 条记录。在下半部分,我们处理了两次迭代。我们在 PROCESS_MASTER.WINDOW_列中保留了处理窗口:14-JAN-16 15.07.05 和 17-JAN-16 15.06.58。在我们处理和提交数据时,PROCESS_MASTER.LAST_TIMESTAMP1 中的值从 15-JAN-16 03.06.04 增加到 15-JAN-16 14.58.28,表明我们正在记录提交的最新时间。

就是这样的。我们处理所有历史数据,一旦我们处理的数据已经达到最新日期,相同代码将处理所有接下来的新数据(具有十分钟的延迟很重要)。但是,最后还有一个部分,即如何放弃一个运行并在发生错误后恢复。在讨论关于处理窗口的一些注意事项之后,我们将会做到这一点。

自动化处理使得循环开发变得简单

本节中的示例代码与我们不久前为客户开发的真实系统非常接近。最初,客户只是想将旧有应用程序的 X 年数据迁移到新系统。然后,他们希望将 Y 个月时间内的数据以接近实时的速度从旧系统迁移至新系统,因此最初简单的控制代码需要更加复杂。随着开发的进展,显而易见的是,旧数据到新数据的映射仍在"讨论",旧系统中的数据结构随时间也发生着变化——现在还没有关于数据如何变化的文档。此外,测试团队需要至少整整一年的转换数据来测试已加载和已转换的数据,以确保它们是新的格式,该格式是当天才决定的,而我们随后一天就要跟着改变。

我们的批量转换代码的初始版本可能使用了比这些更简单的一组表,而且不支持恢复或重新启动。但是,我们实施这些功能"以防万一"。

在过去的几周里,我们不得不一遍又一遍地重新处理数百 GB 的相同历史数据,并且随着数据新的"被遗忘的特征"被发现,经常出现故障。控制结构通过将数据分块,遇到错误(或规格改变)就停止运行并重新启动的能力为我们节省了大量时间和精力。我们通常会整夜运行它,在早上修复任何错误,并在下午准备好转换的数据,因为最新的需求更改迫使我们重来一遍。

4. 处理窗口的进一步考虑

在控制表模板中,我们允许使用数字和时间戳处理窗口。我们的示例使用时间戳(或者更确切地说是日期),但是我们没有 VARCHAR2 的 WINDOW 列。这是因为我们没有真正看到 VARCHAR2 列用于控制数据范围(唯一记得一次基于 VARCHAR2 列处理数据的情况,那一列实际上是带前缀的数字,但是前缀可以忽略)。

根据我们处理数据的经验,通过 NUMBER 列、DATE/TIMESTAMP 列、NUMBER 列和 DATE/TIMESTAMP 列以及很少情况下使用两个 NUMBER 列来定位最后一条记录。因此,PROCESS_MASTER 表具有 LAST_ID_NUM1、LAST_ID_NUM2 和 LAST_TIMESTAMP1 来处理所有这些情况。如果遇到任何超越上面的情形,就需要添加另一列。同样,我们唯一一次遇到基于 VARCHAR2 列来确定"最后处理"的记录时,这一列中保存的却都是数字。

对于处理窗口,我们已经介绍了为什么在处理历史数据时要限制数据范围(出于性能原因)以及为什么设置延迟处理可能有用(为了避免不完整数据集或序列用作主键产生的相关问题)。

为什么要在 PROCESS_MASTER 表中的 WINDOW_列中保留当前的处理窗口信息?因为有益于任务恢复,我们将在稍后讨论。因为重新计算这些值可能会很麻烦(例如,PROCESS_DELAY 必须基于最近一次正常运行代码的时间),并且这是你只需要记录窗口详细信息即可避免的一个步骤。我们在 PROCESS_RUN 表中记录 START_ 和 END_ 值，以便知道特定运行处理的数据范围。

你可能想知道为什么 PROCESS_MASTER 表中只有 LAST_TIMESTAMP1 列，而在 PROCESS_ RUN 表上有 START_TIMESTAMP2 和 END_TIMESTAMP2。这是因为我们遇到了一些问题，用来标识要处理的数据的列不是索引列，也不在分区键中——因为应用程序是由第三方提供的，所以在这些列上创建索引也是一件难事。但是，我们有一个解决方案。

我们来看一个示例。CUSTOMER_ORDER 表有一个 CREATED_DT 列，但也有一个 COMPLETED_DT 列，如下所示:

```
create table customer_order
(id              number   not null
,created_dt      date     not null
,customer_id     number   not null
,address_id      number   not null
,status          varchar2(1)
,completed_dt    date
)
```

我们的业务规则是只处理已完成的订单，确定要处理的记录的规则是——从最后一次 COMPLETED_DT 到之后一天的所有记录。 因此，我们获取要处理的数据的游标代码如下所示:

```
cursor get_cos is
  select cuor.id, cuor.created_dt,cuor.customer_id
      ,sum(col.unit_number) num_items
      ,sum(col.unit_number*col.unit_cost) tot_value
  from customer_order cuor
      ,customer_order_line col
  where cuor.id =col.cuor_id
  and   cuor.created_dt = col.created_dt
  and   cuor.completed_dt >  last_rows_processed_dt
  and   cuor.completed_dt <= last_rows_processed_dt+1
  group by cuor.id, cuor.created_dt,cuor.customer_id
```

但是，CUOR.COMPLETED_DATE 列上没有索引，分区键也不包括此列。 这条语句的性能可能很糟糕，因为它扫描了整个表，特别是当表中有数年的数据时。

但是，可以使用一些逻辑来帮助我们。首先，COMPLETED_DT 不可能在 CREATED_DT 之前。其次，我们知道有一些业务规则，例如订单在给定的时间范围内(例如三天)肯定会完成(或取消)。可以检查 CREATED_DT 和 COMPLETED_DT 之间的最大差距(在我们的案例中大约两天)。所以保守做法是乘以 2。我们可以在代码中添加新的 WHERE 子句:

```
and   cuor.completed_dt >  last_rows_processed_dt
and   cuor.completed_dt <= last_rows_processed_dt+1
and   cuor.created_dt > last_rows_processed_dt-4
and   cuor_created_dt < last_rows_processed+1
```

CREATED_DT 是索引列，所以游标的性能会更好。

我们已经多次使用这种方法，而不仅是在自动批处理代码中。然而，由于确实想要记录这个"更广泛的窗口"来帮助我们进行数据处理，因此增加了额外的列。

5. 放弃、错误和重新启动

我们未涉及的最后一个部分是在部分受控方式放弃运行，并在发生错误后重新启动。这两者实际上几乎相同。一个是你选择结束运行，另一个是偶然发生的。但是，结果是一样的。

在编写放弃运行并允许在放弃或错误后重新启动的相关代码之前，首先要问自己是否值得？更具体地说，是否值得进行额外的测试？当你允许一个进程被打断然后继续时，你必须产生一些方法来引起这种中断，并确保在恢复时处理的数据与没有中断时的数据一样。相比实际添加的代码，需要做更多的工作。实际处理越复杂，发生错误的可能性越大，并且需要更多的测试场景来"证明"重启能力。

正如你已经看到的，增加放弃任务的功能很容易。RUN_MASTER.ABANDON_FL 列已经存在；所需要的只是在代码的开头添加一个针对该标志的判断，并在代码的主体内间隔进行检查。如果任务非常简单并且运行时间不长，你可能会认为不值得编写放弃当前运行的功能代码。

但是，我们将修改测试代码以允许在运行过程中放弃运行。首先，我们需要添加一个检查放弃标志和平滑退出的代码。最好在提交数据并更新了控制信息后再做检查。在下面的示例中，我们添加代码执行此操作，以及最终更新控制信息的代码部分检查了正在放弃的进程，并更改 PROCESS_MASTER 和 PROCESS_RUN 中记录的 STATUS 列：

```
      insert into customer_order_summary
      values
        get_cos_array(i);
      commit;
      -- 更新控制信息
      pv_prma_rec.last_timestamp1 :=get_cos_array(v_last).created_dt;
      upd_prma(pv_prma_rec,'CF');
      pv_prru_rec.records_processed :=v_count;
      upd_prru(pv_prru_rec,'CS');
      -- 检查是否放弃运行
      select abandon_fl into pv_prma_rec.abandon_fl
      from  process_master where process_name=pv_prma_rec.process_name;
      exit when pv_prma_rec.abandon_fl='Y';
    end loop main_loop;
...
  if pv_prma_rec.abandon_fl='Y' then
    pv_prru_rec.status     :='A';  pv_prma_rec.status     :='A';
  else
    pv_prru_rec.status     :='C';  pv_prma_rec.status     :='C';
  end if;
  pv_prru_rec.completed_timestamp  :=systimestamp;
  upd_prru(pv_prru_rec,'CF');
```

有了这个，在处理每一组记录后，检查 ABANDON_FL；如果为'Y'，则代码将干净地退出。

还有一件事是需要的。我们需要告诉代码它正在从被放弃的任务中恢复(你可以用逻辑代码自动执行，但这种方法更简单)。当状态为 A(放弃)时，该过程不会再次运行；我们已经看到了。当我们准备再次运行时，我们将状态设置为 R(用于恢复)。

代码从 PROCESS_MASTER 表中查找保存的窗口值，而不是像往常一样计算处理窗口：

```
get_prma(pv_process_name,false); -- 需要查看上次运行是否出错或正在运行
if pv_prma_rec.status = 'I' then -- 想简单地停下来
                              -- 更新 PRMA 或 PRRU 的话，会搞乱运行版本
   write_log('attempted to run whilst already running, so aborted');
   raise abort_run;
elsif pv_prma_rec.status in ('E','R') then
  null; -- 遇到错误时，记录本次运行，跳过处理并将其关闭。
else pv_prma_rec.status :='I';
end if;
pv_prma_rec.last_executed_timestamp :=pv_exec_ts;
upd_prma(pv_prma_rec,'SU');
```

```
...
   if pv_prma_rec.status ='R' then
     p_end_dt :=pv_prma_rec.window_end_timestamp1;
     p_expected_rows :=-1;
   else
     write_plog('identifying the range of data to process, limited by'
||pv_prma_rec.process_range||' rows' ||' and '||pv_prma_rec.max_window||' hours');
     with source_t as
        (select /*+ materialize */ created_dt
...
```

请注意，不直接调用 GET_PRMA，因为它会自动更新 PROCESS_MASTER 记录；我们只需要获取信息
(get_prma(pv_prma_rec,false))，然后根据状态做不同的事情。

有了这个新代码，我们现在可以控制放弃运行，然后执行恢复运行：

```
PROCESS_NAME       LAST_EXECUTED_TS       ST LAST_TIMESTAMP1  WINDOW_START      WINDOW_END
------------------ ---------------------- -- ----------------- ----------------- -----------------
SUMMARIZE_ORDERS12-MAR-16 17.28.16.044  I  11-FEB-16 03.07.35 10-FEB-16 15.05.52 13-FEB-16 15.05.41


START_TS               LOG_TS         ST LL LOG_TEXT
---------------------- -------------- -- -------------------------------------------------------
12-MAR-16 17.28.16.044 17:28:16.044 I  5started at 16-03-12 17:28:16.044
12-MAR-16 17.28.16.044 17:28:16.044 I  5identifying the range of data to process, limited by 40000
12-MAR-16 17.28.16.044 17:28:16.153 I  5would process up to 13-FEB-16 15:05:41 processing 30023
12-MAR-16 17.28.16.044 17:28:16.153 I  5processing range 10-FEB-16 15:05:52 to 13-FEB-16 15:05:41
12-MAR-16 17.28.16.044 17:28:16.434 I  5iteration 1 processing 5000

-- 第二个会话
update process_master set abandon_fl='Y'
where process_name = 'SUMMARIZE_ORDERS'
commit;

PROCESS_NAME       LAST_EXECUTED_TS       ST LAST_TIMESTAMP1  WINDOW_START      WINDOW_END
------------------ ---------------------- -- ----------------- ----------------- -----------------
SUMMARIZE_ORDERS12-MAR-16 17.28.16.044  A  11-FEB-16 15.06.46 10-FEB-16 15.05.52 13-FEB-16 15.05.41

START_TS               LOG_TS         ST LL LOG_TEXT
---------------------- -------------- -- -------------------------------------------------------
12-MAR-16 17.28.16.044 17:28:16.044 I  5started at 16-03-12 17:28:16.044
12-MAR-16 17.28.16.044 17:28:16.044 I  5identifying the range of data to process, limited by 40000
12-MAR-16 17.28.16.044 17:28:16.153 I  5 would process up to 13-FEB-16 15:05:41 processing 30023
12-MAR-16 17.28.16.044 17:28:16.153 I  5processing range 10-FEB-16 15:05:52 to 13-FEB-16 15:05:41
12-MAR-16 17.28.16.044 17:28:16.434 I  5iteration 1 processing 5000
12-MAR-16 17.28.16.044 17:28:26.472 I  5ended at 16-03-12 17:28:26.472
```

在完成 5000 条记录的处理后，流程停止——可以看到 LAST_TIMESTAMP 已经往前推进了，并且流程日志
显示运行在受控的方式下结束。该运行预计将处理 30 023 条记录。如果我们试图再次运行这个过程，它会简单直
接地中止，因为在 PROCESS_MASTER 中 ABANDON_FL 被设置为 A。

我们将 PROCESS_MASTER 表的 ABANDON_FL 更新为 N，并将 STATUS 更新为 R，以便启动恢复：

```
update process_master
set ABANDON_FL='N'
   ,status = 'R'
where process_name = 'SUMMARIZE_ORDERS';

PROCESS_NAME       LAST_EXECUTED_TS       ST LAST_TIMESTAMP1  WINDOW_START      WINDOW_END
```

```
--------------- -------------------- -- ---------------- ---------------- ----------------
SUMMARIZE_ORDERS 12-MAR-16 17.29.07.079 C 13-FEB-16 15.05.41  11-FEB-16 03.07.35 13-FEB-16 15.05.41
```

```
START_TS                 LOG_TS          ST LL LOG_TEXT
---------------------- --------------- -- -- --------------------------------------------
12-MAR-16 17.29.07.079 17:29:07.079 I  5 started at 16-03-12 17:29:07.079
12-MAR-16 17.29.07.079 17:29:07.079 I  5 would process up to 13-FEB-16 15:05:41 processing -1
12-MAR-16 17.29.07.079 17:29:07.079 I  5 processing range 11-FEB-16 03:07:35 to 13-FEB-16 15:05:41
12-MAR-16 17.29.07.079 17:29:07.079 I  5 would process up to 13-FEB-16 15:05:41 processing -1
12-MAR-16 17.29.07.079 17:29:07.297 I  5 iteration 1 processing 5000
12-MAR-16 17.29.07.079 17:29:17.323 I  5 iteration 2 processing 5000
12-MAR-16 17.29.07.079 17:29:27.351 I  5 iteration 3 processing 5000
12-MAR-16 17.29.07.079 17:29:37.371 I  5 iteration 4 processing 5000
12-MAR-16 17.29.07.079 17:29:47.401 I  5 iteration 5 processing 5000
12-MAR-16 17.29.07.079 17:29:57.423 I  5 iteration 6 processing 23
12-MAR-16 17.29.07.079 17:30:07.445 I  5 ended at 16-03-12 17:30:07.445
```

该作业继续执行，处理 5 批 5000 个记录，然后处理 23 个——因此加上中止运行前的 5000 个记录，即最初预计的 30 023 行。

最后，需要增强代码以在发生错误后进行恢复。在更新控制表之前，我们稍微修改异常代码以回滚任何未完成的更改。我们之前添加的代码就已经可以支撑在发生故障后进行恢复。

为了模拟下一条记录会失败，在 CUSTOMER_PROCESS_SUMMARY 表中插入一条记录，然后让它违反唯一约束。当我们运行代码时，它报错了：

```
insert into customer_order_summary
SELECT ID,CREATED_DT,CUSTOMER_ID,20,200
FROM CUSTOMER_ORDER
WHERE ID= 501500

exec pna_maint.summarize_orders
```

```
PROCESS_NAME      LAST_EXECUTED_TS       ST LAST_TIMESTAMP1 WINDOW_START      WINDOW_END
--------------- -------------------- -- ---------------- ---------------- ----------------
SUMMARIZE_ORDERS 12-MAR-16 18.34.10.083 E 20-FEB-16 03.04.57 19-FEB-16 15.05.40 22-FEB-16 15.05.30
```

```
START_TS                 LOG_TS          ST LL LOG_TEXT
---------------------- --------------- -- -- --------------------------------------------
12-MAR-16 18.34.10.083 18:34:10.083 I  5 identifying the range of data to process, limited by 40000
12-MAR-16 18.34.10.083 18:34:10.083 I  5 started at 16-03-12 18:34:10.083
12-MAR-16 18.34.10.083 18:34:10.208 I  5 processing range 19-FEB-16 15:05:40 to 22-FEB-16 15:05:30
12-MAR-16 18.34.10.083 18:34:10.208 I  5 would process up to 22-FEB-16 15:05:30 processing 29986
12-MAR-16 18.34.10.083 18:34:10.208 I  5 would process up to 22-FEB-16 15:05:30 processing 29986
12-MAR-16 18.34.10.083 18:34:12.913 I  5 iteration 1 processing 5000
12-MAR-16 18.34.10.083 18:34:22.936 I  5 iteration 2 processing 5000
12-MAR-16 18.34.10.083 18:34:22.967 E  5 ORA-00001: unique constraint (MDWCH9.COS_PK) violated
12-MAR-16 18.34.10.083 18:34:22.967 E  5 ORA-06512: at "MDWCH9.PNA_MAINT", line 1595
```

修复错误(通过删除额外添加的行)，将 PROCESS_MASTER.STATUS 设置为 R，然后再次运行代码：

```
PROCESS_NAME      LAST_EXECUTED_TS       ST LAST_TIMESTAMP1 WINDOW_START      WINDOW_END
------------------- -------------------- -- ---------------- ---------------- ----------------
SUMMARIZE_ORDERS12-MAR-16 18.38.51.306 C 22-FEB-16 15.05.30 19-FEB-16 15.05.40 22-FEB-16 15.05.30
```

```
START_TS                 LOG_TS          ST LL LOG_TEXT
-------------------------------- -- -- --------------------------------------------
12-MAR-16 18.38.51.30618:38:51.306 I  5 processing range 20-FEB-16 03:04:57 to 22-FEB-16 15:05:30
```

```
12-MAR-16 18.38.51.30618:38:51.306 I    5 would process up to 22-FEB-16 15:05:30 processing -1
12-MAR-16 18.38.51.30618:38:51.306 I    5 would process up to 22-FEB-16 15:05:30 processing -1
12-MAR-16 18.38.51.30618:38:51.306 I    5 started at 16-03-12 18:38:51.306
12-MAR-16 18.38.51.30618:38:53.884 I    5 iteration 1 processing 5000
12-MAR-16 18.38.51.30618:39:03.916 I    5 iteration 2 processing 5000
12-MAR-16 18.38.51.30618:39:13.948 I    5 iteration 3 processing 5000
12-MAR-16 18.38.51.30618:39:23.979 I    5 iteration 4 processing 5000
12-MAR-16 18.38.51.30618:39:34.011 I    5 iteration 5 processing 4986
12-MAR-16 18.38.51.30618:39:44.043 I    5 ended at 16-03-12 18:39:44.043
```

如你所见，代码只是从停止的地方继续并完成了下一次运行。由失败前和恢复运行处理的记录总数与预期的
29 986 条记录数相符。

> **自动化数据库管理的测试**
>
> 在主体代码中，我们描述了设计一个可以重新启动的过程的要求，测试此类代码是主要困难。数据库管理类任务使用自动化造成损失的可能性远远高于数据处理或应用程序任务。这不是为了贬低数据处理和应用程序任务，也不是不建议对它们进行正确的测试。但是，数据实际上被删除而不是被移动(或删除了太多数据)的自动化归档过程中和造成数据损坏(可能不可修复)的错误之间存在显著差异。这可能需要数据库恢复。
>
> 当自动执行数据库管理任务时，请务必进行彻底测试！在我职业生涯的早期，有一两次我没有足够好地测试这些代码。结果是痛苦的，无论是对我自己还是团队。

6. 表中缺少调度信息

你可能想知道为什么 PROCESS_MASTER 表没有关于进程调度的信息。这是因为有很多方法可以调度自动化任务——使用专用的调度应用程序，使用 Oracle 调度程序(DBMS_SCHEDULER)，就像我们在前面的示例中所用的一样，或者甚至使用 cron——大多数站点都有一个标准的调度任务的方法。

在这些情况下，不需要在主表中保存调度信息——当应用程序运行时，它要做的第一件事就是从主表中获取其控制信息。

如果你的站点没有可用于 Oracle 任务的调度解决方案，我们建议你研究一下 Oracle 调度程序(DBMS_SCHEDULER)，特别是在使用 OEM /Grid Control 时。

如果你决定创建自己的作业调度程序(例如，每分钟运行一次 PL/SQL 作业以查找未完成的任务)，则可以将列添加到 PROCESS_MASTER 表中。但是，如果你选择创建一个新表来用作调度控制可能会是一个更好的解决方案。

9.3.3 进程特定表

某些自动化任务可能需要额外信息，例如收集统计信息的作业，你需要指定收集关于特定表、索引或扩展列的统计信息。我们建议使用专用表来存放这些额外的特定于某一任务的信息——当然，应用程序代码将使用该表及其数据。你依然使用前面描述的四个表来保存控制信息和记录/错误。在之前关于自动创建新分区的部分，我们创建了一个名为 PARTITION_CONTROL 的表来保存这些信息。

这些进程特定表与进程控制表之间不需要任何连接，但是可能需要将一列添加到 PROCESS_MASTER 表来保存进程特定表的名称，这只是为了帮助人们追踪额外信息的保存位置。

9.4   对数据库开发人员和管理人员有帮助的 PL/SQL 包

本书是关于使用 SQL 和 PL/SQL 的，因此我们不打算查看 Oracle 附带的所有内置 PL/SQL 包。但是，Oracle 通过内置的软件包提供了许多功能，可以帮助开发人员和管理员。例如：

通过 OEM 提供的许多被视为"DBA 工具"的任务实际上都是通过 PL/SQL 包实现的，并且可以直接使用。我们将看一个用于生成 AWR 性能报告的示例，DBMS_WORKLOAD_REPOSITORY。

其他包可以向开发人员和管理员提供有用的信息(通常是 SQL 语句！)，比如 DBMS_METADATA 包(它比许多其他实现方式更强大)和新的 Oracle Database 12*c* 提供的 DBMS_UTILITY.EXPAND_SQL_TEXT 包。

最后，有些包通过显示代码堆栈错误发生的位置以及你的位置，可以帮助进行错误处理和调试。我们将查看 DBMS_UTILITY 和新的 UTL_CALL_STACK，它们涵盖了这些功能。

9.4.1　本书涉及的其他内置 PL/SQL 包

本书其他地方广泛介绍了一些内置包。 例如，第 7 章介绍了 DBMS_OUTPUT 和 DBMS_APPLICATION_INFO(用于检测 PL/SQL)以及用于分析 PL/SQL 的三个包(DBMS_TRACE、DBMS_PROFILER 和 DBMS_HPROF)。DBMS_WARNING(用于控制 PL/SQL 编译警告)也包含在第 7 章中，而且 DBMS_RANDOM 也在该章节中进行了部分讨论。第 8 章介绍了 DBMS_SQL(用于动态 SQL 生成和执行)。

用于限制数据访问的程序包(称为虚拟专用数据库、行级别安全性或细粒度访问控制)，DBMS_RLS 和 DBMS_SESSION.SET_CONTEXT 在第 16 章中介绍，该章包含虚拟专用数据库和应用程序上下文。 DBMS_ASSERT 在第 15 章中介绍。

9.4.2　DBMS_WORKLOAD_REPOSITORY 包

DBMS_WORKLOAD_REPOSITORY 包含用于管理 AWR 快照，运行可能在 OEM/Grid Control 中看到的报告以及创建基线和标记 SQL(标记那些需要始终收集有关信息的 SQL)的存储过程和函数。

Oracle 经常通过 PL/SQL 软件包在新版本中实现新功能，该软件包就是一个主要示例。许多人认为许多这些 DBA 类型的工具和 OEM/Grid Control 中使用的报告都是 OEM 的一部分，但它们可以直接使用 SQL*Plus 或任何 GUI SQL 或 PL/SQL 开发工具生成。其他示例包括用于自动数据库诊断监视器(Automatic Database Diagnostic Monitor)的 DBMS_ADDM，用于 SQL Tuning Advisor 功能的 DBMS_SQLTUNE 以及用于 SQL 计划管理的 DBMS_SPM。

OEM 是管理 AWR 和运行报告的理想工具；但是，有时可能不使用 OEM 或没有权限访问 OEM。另外，OEM 适合交互式使用，但你可能希望自动生成报告。几乎你可以通过 OEM 完成的 AWR 处理都可以通过 PL/SQL 包实现。

在我们继续之前，让我们看看 AWR 快照设置是什么以及如何改变它们。这很重要，因为 AWR 报告会比较快照之间的信息。没有提供的功能或程序来显示当前设置；相反，可以查看 DBA_HIST_WR_CONTROL 表。但是，可以使用存储过程 dbms_workload_repository.modify_snapshot_settings 来更改设置。

```
select * from dba_hist_wr_control

    DBID SNAP_INTERVAL          RETENTION              TOPNSQL      CON_ID
---------- -------------------- -------------------- ---------- ----------
3937097240 +00000 01:00:00.0    +00008 00:00:00.0     DEFAULT             0

begin
  dbms_workload_repository.modify_snapshot_settings(retention =>42*24*60,interval =>15);
end;
    DBID SNAP_INTERVAL          RETENTION                    TOPNSQL      CON_ID
---------- -------------------- ------------------------------ ---------- ----------
3937097240 +00000 00:15:00.0    +00042 00:00:00.0     DEFAULT             0
```

注意：

默认情况下，AWR 每小时拍摄一次快照。但是，需要相关的许可证(Oracle 诊断程序包)才能使用这些信息，并且如果查看数据，Oracle 会进行审核。另外，如果有可插拔的数据库，则必须在根容器中设置 AWR，而不是在可插拔数据库级别。AWR 运行在实例级别。

默认情况下是每小时采集一次快照，保留 8 天，并且每个快照的很多个(20 个)部分都会包含 top DEFAULT SQL 语句。我们将这些值更改为通常在生产系统上使用的值——保留期为 42 天，因此可以比较每月的数据，并有几天时间这样做，快照间隔为 15 分钟。我们更改了快照间隔，因为报告是快照期间的平均值，一小时通常太长，无法找到特定时段性能下降的原因。

要查看存在的快照，我们再次查看底层表 DBA_HIST_SNAPSHOTS 和 DBA_HIST_DATABASE_INSTANCE，以获取一些额外的信息：

```
--chk_snaps
select to_char(dhs.startup_time,' DD MON HH24:MI:SS')   inst_startup
    ,dhdi.instance_name inst_name ,dhdi.db_name        db_name
    ,dhs.dbid          dbid      ,dhs.snap_id          snap_id
    ,to_char(dhs.end_interval_time,'DD MON HH24:MI')  snap_time
    ,substr(to_char(dhs.flush_elapsed),7,13)          flush_elapsed
from dba_hist_snapshot dhs
    ,dba_hist_database_instance dhdi
where dhdi.dbid          = dhs.dbid
and   dhdi.instance_number = dhs.instance_number
and   dhdi.startup_time   = dhs.startup_time
and dhs.end_interval_time > systimestamp-nvl(&daysback,5)
order by snap_id desc

@chk_snaps
Enter value for daysback: 1
INST_STARTUP        INST_NAME   DB_NAME       DBID SNAP_ID SNAP_TIME   FLUSH_ELAPSED
--------------------------- ----------- -------- ---------- ------- ------------------------
 15 FEB 15:48:30 ora122      ORA122    3937097240 2477 29 FEB 14:00  00:00:00.1
                                                  2476 29 FEB 13:45  00:00:00.1
                                                  2475 29 FEB 13:30  00:00:00.4
                                                  2474 29 FEB 13:15  00:00:00.4
                                                  2473 29 FEB 12:55  00:00:00.2
                                                  2472 29 FEB 12:00  00:00:00.7
...
```

查看/更改了快照设置并查看了如何查找快照后，可以运行一些 AWR 报告。在指定的快照范围所涵盖的时间段内，这些报告会列出 *n* 个顶级 SQL 语句(按物理读、CPU、逻辑读以及其他几个指标排序)和度量信息。如果指定一个很大的范围(例如，一天)，你可能会对数据库的活动有一个非常广泛但是没有重点的观察。也许你能查看到运行次数最多 SQL 和系统的工作负载，但在解决性能问题时作用有限。要做到这一点，你需要确定性能问题的时间段，并针对仅包含该时段的快照运行 AWR 报告。例如，如果我们被告知从 13:20 到 13:50 出现性能问题，我们将运行 2474 到 2477(即 13:15 到 14:00)的快照报告。如果性能问题长达数小时，我们将在此期间的每小时或部分小时生成报告，以便我们可以看到每个时间段的顶级 SQL。

为了以最简单的形式运行 AWR 报告，可以使用返回值为 TABLE 类型的函数，然后使用 TABLE 命令将其转换为行，并将结果输出到文件。有两种方式可以选择，分别为 AWR_REPORT_TEXT 和 AWR_REPORT_HTML，很明显它们会分别生成文本和 HTML 报告。这里我们尝试一下文本报告。你必须传入 DBID、开始和结束的 SNAPSHOT_ID 以及 INST_ID(1 代表非 RAC 数据库)。

-- 如果使用 sql*plus，请设置行大小(linesize)和列的相关属性

```
-- 对于报告来说，列需要足够宽
Set lines 81 pages 0
Col output form a80
select output from table(dbms_workload_repository.awr_report_text
  (l_dbid =>3937097240
  ,l_bid =>2464  ,l_eid =>2468
  ,l_inst_num =>1  ))


WORKLOAD REPOSITORY report for
DB Name         DB Id       Instance      Inst Num Startup Time    Release    RAC
------------ ------------------------------ --------------- ---------- ---
ORA122       3937097240  ora122              1 15-Feb-16 15:48 12.1.0.2.0 NO

Host Name         Platform                             CPUs Cores Sockets Memory(GB)
---------------- ------------------------------------- ---- ----- ----------------
MSI-MDW-LAPTOP   Microsoft Windows x86 64-bit             8     4       1      15.92

              Snap Id       Snap Time          Sessions Curs/Sess CDB
           --------- --------------------------- --------------
Begin Snap:   2464 28-Feb-16 19:00:49         54      1.8 YES
  End Snap:   2468 28-Feb-16 23:00:19         58      1.7 YES
  Elapsed:           239.49 (mins)
  DB Time:             3.79 (mins)


Load Profile               Per Second   Per Transaction Per Exec Per Call
~~~~~~~~~~~~~~~          --------------- --------------- --------- ---------
            DB Time(s):          0.0               0.2     0.00      0.01
            DB CPU(s):           0.0               0.1     0.00      0.01
     Background CPU(s):          0.0               0.0     0.00      0.00
     Redo size (bytes):       7,054.5          84,476.1
  Logical read (blocks):        681.5           8,161.2
        Block changes:          44.6             533.6
...
```

　　该报告运行需要几秒钟，具体取决于你的设置。报告运行时间不取决于快照范围的大小，因为它比较的是开始和结束快照，而不是中间的快照。

　　可以以类似的方式运行 HTML 版本，但文件的输出更宽，即使在浏览器中查看时，布局的宽度与报告的文本版本类似。在 SQL*Plus 中，需要将行大小和列大小设置为 1500(table 函数返回的 VARCHAR2 的大小)。当你知道有一些数据库活动时，可以运行不同快照范围的报告：

```
--awr_html1
set lines 1500 pages 0
col output form a1500
set term off
spool awr_html.html
select output from table(dbms_workload_repository.awr_report_html
  (l_dbid =>3937097240
  ,l_bid =>2462    ,l_eid =>2463
  ,l_inst_num =>1  ))
/
spool off
set term on
```

将文件输出到扩展名为.html 的文件，以便浏览器识别它。图 9-1 显示了这个示例的输出。

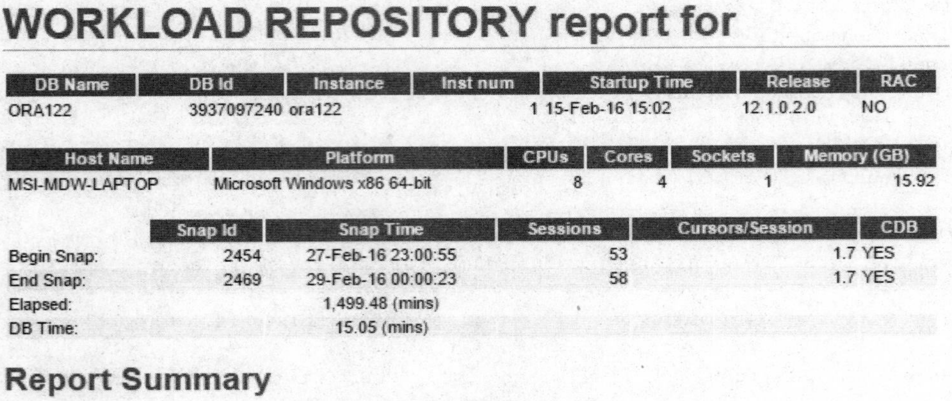

图 9-1　AWR HTML 报告

　　"手工"生成 AWR 报告很好，但你可能想让它们自动化。或许最好的办法是创建一个目录，并根据你的需求每小时或每天运行一次报告。如前所述，按天运行的报告缺乏调查问题需要的一些细节信息，但它们提供了一种总体上查看工作量模式变化和系统活动变化的好方法。每小时报告更适合调查问题，当然，如果拥有快照，仍然可以根据需要手动创建新报告。可以将这些报告提供给无权访问生产系统的人员。

　　首先，为报告创建一个 OS 目录，然后创建一个 Oracle 目录对象：

```
create or replace directory AWR_reports as 'D:\sqlwork\AWR_reports';
```

　　以下代码用来运行昨天的 AWR 报告。首先获取 DBID 和实例号，然后找到前天最后的一个快照以及今天的第一个快照(可能需要考虑如果今天还没有快照，该怎么做)。代码使用 UTL_FILE 在 AWR_Reports 目录中打开文件并将文件句柄返回到 v_file_handle 变量中。运行 AWR_REPORT_HTML 并将输出放入文件中，然后关闭该文件。无论何时使用 UTL_FILE 打开文件，最好在发生任何异常时再次关闭它们。

```
declare
v_dir    varchar2(20) :='AWR_REPORTS';
v_file   varchar2(30);
v_dbid   number;       v_inst    number;
v_snap_s pls_integer;    v_snap_e pls_integer;
v_file_handle utl_file.file_type;
begin
 select dbid            into v_dbid from v$database;
 select instance_number into v_inst from v$instance;
 select max(snap_id)    into v_snap_s
 from dba_hist_snapshot
 where dbid=v_dbid    and   instance_number = v_inst
 and end_interval_time between (trunc(systimestamp-2))
                 and     (trunc(systimestamp-1));
 select min(snap_id) into v_snap_e
 from dba_hist_snapshot
 where dbid=v_dbid    and   instance_number = v_inst
 and end_interval_time between (trunc(systimestamp))  and    (systimestamp);
 v_file :='AWR_'||to_char(sysdate-1,'YYMMDD')||'_'||to_char(v_snap_s)
       ||'-'||to_char(v_snap_e)||'.html';
 dbms_output.put_Line ('would run report for '||to_char(v_dbid)||' '
               ||to_char(v_inst)||' for '||to_char(v_snap_s)||' to '
               || to_char(v_snap_e));
 dbms_output.put_Line ('file '||v_file);
```

```
v_file_handle :=utl_file.fopen(v_dir,v_file,'w',1500);
for awr_lines in
  (select output from table(dbms_workload_repository.awr_report_html
                      (l_dbid =>v_dbid
                      ,l_bid =>v_snap_s  ,l_eid =>v_snap_e
                      ,l_inst_num => v_inst) ) )              loop
  utl_file.put_line(v_file_handle,awr_lines.output);
end loop;
utl_file.fclose(v_file_handle);
exception
  when others then
    if utl_file.is_open(v_file_handle) then
      utl_file.fclose(v_file_handle);
    end if;
    raise;
end;

-- output
would run report for 3937097240 1 for 2454 to 2469
file AWR_160228_2454-2469.html
```

然后，在输出目录中找到刚刚创建的文件(v_file：='AWR_'‖ to_char(sysdate-1，'YYMMDD')...)并单击它，在 Web 浏览器中打开它。通过按日期和 snap_id 范围命名 AWR 文件，我们可以在此目录中运行其他报告，而不会因命名约定而覆盖任何现有报告(例如，我们也可以每小时或每 3 小时运行报告到此目录中)。如果这是一个 RAC 数据库，我们会将实例 ID 包含在文件名中。

将此代码转换为存储过程或包，并将其增强，以运行每小时报告也是一项简单的任务。当然，你可以使用本章前面介绍的控制表和日志表来自动化它。

就像文本报告一样，这些报告也有全局版本，以涵盖RAC集群的多个实例，例如AWR_GLOBAL_REPORT_HTML。

还可以在不同的快照周期之间运行差异报告，这对于比较正常的和出现问题时的每日或每小时报告非常有用。然后，可以查看哪些指标正在发生变化，是否存在较大差异，或者顶级 SQL 语句是否发生了实质性更改(这是我们特别要查找的内容)。图 9-2 是 HTML 差异报告的一个示例。正如标准报告一样，也有 GLOBAL 和 TEXT 版本。正如你在下面的示例中看到的，你只需要提供两组快照信息。有一个小区别是 AWR_REPORT_HTML 的参数带有"1_"前缀。差异报告具有不带前缀的参数。

```
select output from table(dbms_workload_repository.awr_diff_report_html
  (dbid1 =>3937097240 ,bid1 =>2505 ,eid1 =>2506 ,inst_num1 =>1
  ,dbid2 =>3937097240 ,bid2 =>2506 ,eid2 =>2507 ,inst_num2 =>1 ))
```

我们的系统每隔15分钟采集一次快照，因此我们在两个相邻的快照(2505-2506 和 2506-2507)之间运行了报告。报告的开始如图 9-2 所示。

如果遇到性能问题，并且希望在问题发生期间采集快照，或者理想情况下快照正好是在问题的一前一后采集的(基于上面的快照生成的 AWR 报告是覆盖问题发生时间段的)，如以下示例所示，可以轻松地执行此操作：

```
exec dbms_workload_repository.create_snapshot

-- 我们检查最近的快照，看到一个快照并不是按通常 15 分钟的间隔采集的
@chk_snaps
INST_STARTUP       INST_NAME      DB_NAME      DBID SNAP_ID SNAP_TIME        FLUSH_ELAPSED
----------------------------    -------- ----------    ---- ------------------------------
 15 FEB 15:48:30 ora122         ORA122   3937097240   2501 29 FEB 19:50  00:00:00.7
                                                      2500 29 FEB 19:45  00:00:00.7
                                                      2499 29 FEB 19:30  00:00:00.1
```

WORKLOAD REPOSITORY COMPARE PERIOD REPORT

Report Summary

Snapshot Set	DB Name	DB Id	Instance	Inst num	Release	Cluster	Host	Std Block Size
First (1st)	ORA122	3937097240	ora122	1	12.1.0.2.0	NO	MSI-MDW-LAPTOP	
Second (2nd)	ORA122	3937097240	ora122	1	12.1.0.2.0	NO	MSI-MDW-LAPTOP	

Snapshot Set	Begin Snap Id	Begin Snap Time	End Snap Id	End Snap Time	Avg Active Users	Elapsed Time (min)	DB time (min)
1st	2505	29-Feb-16 20:45:09 (Mon)	2506	29-Feb-16 21:00:11 (Mon)	0.1	15.0	0.9
2nd	2506	29-Feb-16 21:00:11 (Mon)	2507	29-Feb-16 21:15:12 (Mon)	0.1	15.0	1.5
%Diff					66.7	0.0	67.3

Host Configuration Comparison

	1st	2nd	Diff	%Diff
Number of CPUs:	8	8	0	0.0
Number of CPU Cores:	4	4	0	0.0
Number of CPU Sockets:	1	1	0	0.0
Physical Memory:	16303.7M	16303.7M	0M	0.0
Load at Start Snapshot:				
%User Time:	4.84	5.35	.51	10.5
%System Time:	1.4	1.27	-.13	-9.3
%Idle Time:	93.77	93.4	-.38	-0.4

Load Profile

	1st per sec	2nd per sec	%Diff	1st per txn	2nd per txn	%Diff
DB time:	0.1	0.1	66.7	1.1	1.4	18.3
CPU time:	0.1	0.1	66.7	1.1	1.3	22.2
Background CPU time:	0.0	0.0	100.0	0.1	0.1	0.0
Redo size (bytes):	636,872.9	775,638.8	21.8	12,480,811.5	10,753,348.6	-13.8

图 9-2 HTML AWR diff 报告

接下来，我们将展示如何获得特定 SQL 语句的有针对性的信息，包括如何标记 SQL 语句。

可以针对特定的 SQL 语句运行文本或 HTML 格式的 AWR 报告。我们将通过查找 pna_maint.pop_pers 存储过程中的一条特定语句来演示此操作：SQL_ID"0agr573bs40nb"是用于将记录插入到 PERSON 表中的语句(SQL_ID 是从我们的 AWR 差异报告中获得，但可以通过多种方式获得)。SQL*Plus 后台打印和其他示例中的相同，因此为简洁起见，我们将仅显示原始语句部分。图 9-3 显示了 HTML 格式报告的开始部分。

```
select output from table(dbms_workload_repository.awr_report_html
   (l_dbid =>3937097240 ,l_bid =>2462 ,l_eid =>2463 ,l_inst_num =>1 ))
```

WORKLOAD REPOSITORY SQL Report

Snapshot Period Summary

DB Name	DB Id	Instance	Inst num	Startup Time	Release	RAC
ORA122	3937097240	ora122	1	15-Feb-16 15:02	12.1.0.2.0	NO

	Snap Id	Snap Time	Sessions	Cursors/Session
Begin Snap:	2506	29-Feb-16 21:00:11	59	2.1
End Snap:	2507	29-Feb-16 21:15:12	56	2.2
Elapsed:		15.02 (mins)		
DB Time:		1.47 (mins)		

SQL Summary

SQL Id	Elapsed Time (ms)	Module	Action	SQL Text
0agr573bs40nb	2,268	Module: POP_PERS	CREATING FAMILIES	INSERT INTO PERSON (PERS_ID , SURNAME , FIRST_FORENAME , SECOND_FORENA...

Back to Top

SQL ID: 0agr573bs40nb

- 1st Capture and Last Capture Snap IDs refer to Snapshot IDs witin the snapshot range
- INSERT INTO PERSON (PERS_ID , SURNAME , FIRST_FORENAME , SECOND_FORENAME ...

#	Plan Hash Value	Total Elapsed Time(ms)	Executions	1st Capture Snap ID	Last Capture Snap ID
1	824332917	2,268	59,933	2507	2507

图 9-3 SQL ID specific AWR 报告

通常，Oracle 会在各种指标(CPU，逻辑读，物理读等)的报告中包含前 *n* 个 SQL 语句，但是当语句存在多个执行计划或由于绑定变量的值不同而改变其性能时，它会显示在某些报告中，而不显示在其他报告中，具体取决于它是否在该快照期间位于前 *n* 位。可能你希望始终显示此语句，并且 DBMS_WORKLOAD_REPOSITORY 有能力对语句进行 "着色"，以便它始终位于报告中(如果语句在该时段中运行)。你需要这个语句的 SQL_ID，操作如下:

```
exec DBMS_WORKLOAD_REPOSITORY.ADD_COLORED_SQL
  (sql_id=>'5pjr4t91tq05z',dbid=>3937097240)
PL/SQL procedure successfully completed.
```

现在，只要此语句在快照覆盖的时段内运行，就会收集关于它的信息。 下面是如何取消对一个语句的 "着色":

```
exec DBMS_WORKLOAD_REPOSITORY.REMOVE_COLORED_SQL
  (sql_id=>'5pjr4t91tq05z',dbid=>3937097240)
PL/SQL procedure successfully completed.
```

DBMS_WORKLOAD_REPOSITORY 包还有许多其他方面的功能，比如创建和使用基线以及运行 ASH 报告(这些报告与 AWR 报告非常相似，但是使用了过去的一个小时左右、主要存储在内存中的更详细的活动会话历史数据)。 但是，我们只想告诉你，通过直接使用 SQL 和 PL/SQL 调用所提供的 PL/SQL 包，可以生成所有那些通过 OEM/Grid Control 生成的报告，并且还可以自动生成这些报告。

9.4.3 DBMS_METADATA 包

如果你想查看数据库对象的某些信息，可以使用各种字典视图(DBA_，ALL_，USER_TABLE / INDEX / SEQUENCE 等)，这些视图保存了你访问的对象的所有内容。 但是，有时想要找到确切的信息可能需要一点点延伸或对这些视图进行关联查询。有时需要复制 Oracle 数据库结构的某些部分，或将其复制然后做一些较小的更改。你可以仅对数据库对象执行导出和导入，复制表和重建索引，但这可能会非常烦琐，最后可能会通过字典视图编写查询以生成创建脚本。但是，将这些视图上查询的输出格式化为可执行脚本并不简单，编写查询所需的时间可能相当长。

这时就需要 DBMS_METADATA 包。这是 Oracle 在 9*i* 版本中引入的一个包，有时似乎仍然被忽略，或者只是以最基本的方式使用。它为数据库中的任何对象(包括所有选项)创建 DDL 语句。随着向 Oracle 引入新的选项和对象，DBMS_METADATA 被更新以包含它们。

从一个简单的示例开始。我们将获取 DDL 语句来创建 Oracle 标准的演示表 HR.EMPLOYEES(你需要访问此表来执行此操作):

```
set pagesize 0
set lines 100
set long 20000
select dbms_metadata.get_ddl('TABLE','EMPLOYEES','HR') from dual;

CREATE TABLE "HR"."EMPLOYEES"
  (  "EMPLOYEE_ID" NUMBER(6,0),
     "FIRST_NAME" VARCHAR2(20),
     "LAST_NAME" VARCHAR2(25) CONSTRAINT "EMP_LAST_NAME_NN" NOT NULL ENABLE,
     "EMAIL" VARCHAR2(25) CONSTRAINT "EMP_EMAIL_NN" NOT NULL ENABLE,
     "PHONE_NUMBER" VARCHAR2(20),
     "HIRE_DATE" DATE CONSTRAINT "EMP_HIRE_DATE_NN" NOT NULL ENABLE,
     "JOB_ID" VARCHAR2(10) CONSTRAINT "EMP_JOB_NN" NOT NULL ENABLE,
     "SALARY" NUMBER(8,2),
     "COMMISSION_PCT" NUMBER(2,2),
     "MANAGER_ID" NUMBER(6,0),
     "DEPARTMENT_ID" NUMBER(4,0),
```

```
        CONSTRAINT "EMP_SALARY_MIN" CHECK (salary > 0) ENABLE,
        CONSTRAINT "EMP_EMAIL_UK" UNIQUE ("EMAIL")
USING INDEX PCTFREE 10 INITRANS 2 MAXTRANS 255 COMPUTE STATISTICS NOLOGGING
STORAGE(INITIAL 65536 NEXT 1048576 MINEXTENTS 1 MAXEXTENTS 2147483645
PCTINCREASE 0 FREELISTS 1 FREELIST GROUPS 1
BUFFER_POOL DEFAULT FLASH_CACHE DEFAULT CELL_FLASH_CACHE DEFAULT)
TABLESPACE "EXAMPLE"  ENABLE,
        CONSTRAINT "EMP_EMP_ID_PK" PRIMARY KEY ("EMPLOYEE_ID")
USING INDEX PCTFREE 10 INITRANS 2 MAXTRANS 255 COMPUTE STATISTICS NOLOGGING
STORAGE(INITIAL 65536 NEXT 1048576 MINEXTENTS 1 MAXEXTENTS 2147483645
PCTINCREASE 0 FREELISTS 1 FREELIST GROUPS 1
BUFFER_POOL DEFAULT FLASH_CACHE DEFAULT CELL_FLASH_CACHE DEFAULT)
TABLESPACE "EXAMPLE"  ENABLE,
        CONSTRAINT "EMP_DEPT_FK" FOREIGN KEY ("DEPARTMENT_ID")
         REFERENCES "HR"."DEPARTMENTS" ("DEPARTMENT_ID") ENABLE,
        CONSTRAINT "EMP_JOB_FK" FOREIGN KEY ("JOB_ID")
         REFERENCES "HR"."JOBS" ("JOB_ID") ENABLE,
        CONSTRAINT "EMP_MANAGER_FK" FOREIGN KEY ("MANAGER_ID")
         REFERENCES "HR"."EMPLOYEES" ("EMPLOYEE_ID") ENABLE )
SEGMENT CREATION IMMEDIATE
PCTFREE 10 PCTUSED 40 INITRANS 1 MAXTRANS 255
NOCOMPRESS NOLOGGING
STORAGE(INITIAL 65536 NEXT 1048576 MINEXTENTS 1 MAXEXTENTS 2147483645
PCTINCREASE 0 FREELISTS 1 FREELIST GROUPS 1
BUFFER_POOL DEFAULT FLASH_CACHE DEFAULT CELL_FLASH_CACHE DEFAULT)
TABLESPACE "EXAMPLE"  BUFFER_POOL DEFAULT FLASH_CACHE DEFAULT
CELL_FLASH_CACHE DEFAULT)
  TABLESPACE "USERS"
```

上面的查询给我们提供了完整的创建脚本。也许输出结果包含了关于 EMPLOYEES 表的太多细节,但是在后面的步骤中你将学习如何减少细节的数量。

我们在 SQL*Plus 中将 pagesize 设置为 0 以禁止分页。将 long 设置为 20 000 的原因是 GET_DDL 函数返回的是 CLOB 类型,并且默认情况下,SQL*Plus 仅显示 80 个字节的 CLOB。我们将它增加到 20 000 字节,以便可以看到 CLOB 的完整返回值。

通过之前运行的脚本,你可能已经猜到了调用 GET_DDL 函数所需的参数。以下是该函数的信息:

```
DBMS_METADATA.GET_DDL (
object_type    IN VARCHAR2,
name           IN VARCHAR2,
schema         IN VARCHAR2 DEFAULT NULL,
version        IN VARCHAR2 DEFAULT 'COMPATIBLE',
model          IN VARCHAR2 DEFAULT 'ORACLE',
transform      IN VARCHAR2 DEFAULT 'DDL')
RETURN CLOB;
```

如你所见,我们已经用'TABLE'作为 object_type, 'EMPLOYEES'作为 name, 'HR'作为 schema(与 OWNER 一样,如许多其他数据字典视图中所述)来调用存储过程,我们依赖于其余参数的默认值。如果已经以 HR 登录,那么就不需要声明模式。

在调用 GET_DDL 时,需要考虑一个重要的问题,实际上 DBMS_METADATA 中的任何存储过程或函数:在处理对象名称时与许多其他 Oracle 包不同,输入参数区分大小写。因此,如果用'employees'而不是'EMPLOYEES'作为参数,则会引发以下异常:

```
ORA-31603: object "employees" of type TABLE not found in schema "HR"
```

这是因为你可以强制 Oracle 通过将名称放在引号中来创建小写或混合大小写的表名。许多其他数据库都允许这样的表名，所以如果你想这么做的话，Oracle 也会允许这样做。就我个人而言，我认为这样做是一个糟糕的主意，因为它使得通过其他方式引用特定的表更容易出现问题。

请注意，可以指定 GET_DDL 的 VERSION 和 MODEL 参数。可以从 9.2 开始指定任何 Oracle 版本以获取该版本的 DDL。你可能期望 MODEL 允许声明其他数据库语言，例如 MySQL 或 SQL Server——但它只允许'ORACLE'。

1. 控制输出

我们的 DDL 包含了表的所有信息——它必须如此，因为我们可以改变任何这些信息，例如存储、压缩或段属性信息。即使它们是默认值，在运行此代码的数据库或模式中，可能会覆盖其中的一些默认值。为了不让事情变得更加复杂，避免试图找出哪些默认值可能会被忽略，Oracle 给了我们完整的 DDL 语句。但我们可能不想要这一切。谢天谢地，为了节省我们大量的编辑工作，Oracle 提供了 dbms_metadata.set_transform_param 存储过程来对 get_ddl 函数的输出执行"转换"。在这种情况下，可以禁止在函数的输出中显示 STORAGE 子句信息。

```
exec dbms_metadata.set_transform_param(dbms_metadata.session_transform
  ,'STORAGE',false)
```

然后再次运行初始查询：

```
select dbms_metadata.get_ddl('TABLE','EMPLOYEES','HR') from dual;

CREATE TABLE "HR"."EMPLOYEES"
  (  "EMPLOYEE_ID" NUMBER(6,0),
...
     CONSTRAINT "EMP_EMAIL_UK" UNIQUE ("EMAIL")
USING INDEX PCTFREE 10 INITRANS 2 MAXTRANS 255 COMPUTE STATISTICS NOLOGGING
TABLESPACE "EXAMPLE"  ENABLE,
     CONSTRAINT "EMP_EMP_ID_PK" PRIMARY KEY ("EMPLOYEE_ID")
USING INDEX PCTFREE 10 INITRANS 2 MAXTRANS 255 COMPUTE STATISTICS NOLOGGING
TABLESPACE "EXAMPLE"  ENABLE,
...
  ) SEGMENT CREATION IMMEDIATE
PCTFREE 10 PCTUSED 40 INITRANS 1 MAXTRANS 255
NOCOMPRESS NOLOGGING
TABLESPACE "EXAMPLE"
```

如你所见，所有 STORAGE 子句都消失了，包括作为约束一部分创建的索引。

在我们继续描述如何控制输出的其他部分之前，先讨论 dbms_metadata.set_transform_param 存储过程。这个存储过程有多个接口。使用以下接口来调用它：

```
DBMS_METADATA.SET_TRANSFORM_PARAM (
   transform_handle   IN NUMBER,
   name               IN VARCHAR2,
   value              IN BOOLEAN DEFAULT TRUE,
   object_type        IN VARCHAR2 DEFAULT NULL);
```

transform_handle 是一个为 DBMS_METADATA.GET_DDL 等函数提供两种不同用例的概念：

- 你可能希望每次使用 DBMS_METADATA 执行一次检索。
- 你可能想要在同一个会话中依次处理多个检索任务。

你可能注意到我们在调用 set_transform_param 存储过程时使用了 dbms_metadata.session_transform 作为句柄的值。这意味着我们选择应用的转换将会应用于此会话中的所有 GET_DDL 和类似的命令，直到我们改变该转换的状态为止。

当我们介绍在 PL/SQL 中使用 DBMS_METADATA 的示例时，将讨论第二个用例(同时处理多个检索任务)。

如果使用默认的段属性创建表，则提取段属性可能不是必须的。如你所见，HR.EMPLOYEES 表和主键和唯一约束索引是使用默认段属性创建的：

```
SEGMENT CREATION IMMEDIATE
  PCTFREE 10 PCTUSED 40 INITRANS 1 MAXTRANS 255
 NOCOMPRESS LOGGING
  TABLESPACE "USERS"
```

可以通过以下转换禁用段属性的显示：

```
exec dbms_metadata.set_transform_param(dbms_metadata.session_transform
 ,'SEGMENT_ATTRIBUTES',false)

select dbms_metadata.get_ddl ('TABLE','EMPLOYEES','HR') from dual;

CREATE TABLE "HR"."EMPLOYEES"
 (   "EMPLOYEE_ID" NUMBER(6,0),
     "FIRST_NAME" VARCHAR2(20),
...
       CONSTRAINT "EMP_EMAIL_UK" UNIQUE ("EMAIL")
USING INDEX  ENABLE,
       CONSTRAINT "EMP_EMP_ID_PK" PRIMARY KEY ("EMPLOYEE_ID")
USING INDEX  ENABLE,
       CONSTRAINT "EMP_DEPT_FK" FOREIGN KEY ("DEPARTMENT_ID")
        REFERENCES "HR"."DEPARTMENTS" ("DEPARTMENT_ID") ENABLE,
       CONSTRAINT "EMP_JOB_FK" FOREIGN KEY ("JOB_ID")
        REFERENCES "HR"."JOBS" ("JOB_ID") ENABLE,
       CONSTRAINT "EMP_MANAGER_FK" FOREIGN KEY ("MANAGER_ID")
        REFERENCES "HR"."EMPLOYEES" ("EMPLOYEE_ID") ENABLE
 )
```

这可能更接近我们最初想要的实际的 DDL 语句。

SEGMENT_ATTRIBUTES、STORAGE 和 TABLESPACE 转换之间的关系是要重点搞清楚的。这里有一个层次结构：TABLESPACE 转换是 STORAGE 转换的一个子集，而 STORAGE 转换是 SEGMENT_ATTRIBUTES 转换的一个子集。

因此，如果禁用 SEGMENT_ATTRIBUTES 的显示，STORAGE(以及 TABLESPACE)转换的状态将被忽略，并且不会显示。

段属性也包含压缩和日志记录信息，但 DBMS_METADATA 不提供任何特定的转换来控制这些属性的显示，并且它们都由 SEGMENT_ATTRIBUTES 转换来控制。

可以选择不显示约束和参照约束：

```
exec dbms_metadata.set_transform_param(dbms_metadata.session_transform
 ,'REF_CONSTRAINTS',false);
exec dbms_metadata.set_transform_param(dbms_metadata.session_transform
 ,'CONSTRAINTS',false);
```

还可以通过 DBMS_METADATA 将 SQL*Plus 中的 SQL 结束符号放置在脚本的末尾(但需要注意，有时 GET_DDL 的输出会换行，这取决于你的列和行大小设置)：

```
exec dbms_metadata.set_transform_param(dbms_metadata.session_transform
 ,'SQLTERMINATOR', true)
```

2. 分区表

我们将使用 SH.SALES 表来考察分区表的情况。(请注意，为了空间和清晰度，我们仍然禁用了 SEGMENT_

ATTRIBUTES、CONSTRAINTS 和 REF_CONSTRAINTS。)

```
Col output form a140
Set lines 140
SELECT DBMS_METADATA.GET_DDL ('TABLE','SALES','SH')  output FROM DUAL;

  CREATE TABLE "SH"."SALES"
   (    "PROD_ID" NUMBER,
        "CUST_ID" NUMBER,
        "TIME_ID" DATE,
        "CHANNEL_ID" NUMBER,
        "PROMO_ID" NUMBER,
        "QUANTITY_SOLD" NUMBER(10,2),
        "AMOUNT_SOLD" NUMBER(10,2)
   )
  PARTITION BY RANGE ("TIME_ID")
 (PARTITION "SALES_1995"  VALUES LESS THAN (TO_DATE(' 1996-01-01 00:00:00',
'SYYYY-MM-DD HH24:MI:SS', 'NLS_CALENDAR=GREGORIAN')) ,
 PARTITION "SALES_1996"  VALUES LESS THAN (TO_DATE(' 1997-01-01 00:00:00',
'SYYYY-MM-DD HH24:MI:SS', 'NLS_CALENDAR=GREGORIAN')) ,
 PARTITION "SALES_H1_1997"  VALUES LESS THAN (TO_DATE(' 1997-07-01 00:00:00',
'SYYYY-MM-DD HH24:MI:SS', 'NLS_CALENDAR=GREGORIAN')) ,
 PARTITION "SALES_H2_1997"  VALUES LESS THAN (TO_DATE(' 1998-01-01 00:00:00',
'SYYYY-MM-DD HH24:MI:SS', 'NLS_CALENDAR=GREGORIAN')) ,
 PARTITION "SALES_Q1_1998"  VALUES LESS THAN (TO_DATE(' 1998-04-01 00:00:00',
'SYYYY-MM-DD HH24:MI:SS', 'NLS_CALENDAR=GREGORIAN')) ,
 PARTITION "SALES_Q2_1998"  VALUES LESS THAN (TO_DATE(' 1998-07-01 00:00:00',
'SYYYY-MM-DD HH24:MI:SS', 'NLS_CALENDAR=GREGORIAN')) ,
...
PARTITION "SALES_Q4_2003"  VALUES LESS THAN (TO_DATE(' 2004-01-01 00:00:00',
'SYYYY-MM-DD HH24:MI:SS', 'NLS_CALENDAR=GREGORIAN')) )
```

可能会注意到我们使用了 SQL*Plus 命令(set lines 140 和 col output form a140)，并给出了我们正在选择的列(函数 GET_DDL 的返回值)设置别名为"output"。

通过 GET_DDL 的大部分输出来看，DDL 语句在 80 个字符范围内格式良好，但对于分区表经常超出此范围，并在(默认)列大小或行大小下降的任何位置进行拆分，并且你必须编辑该脚本。实际上，我们仍然不得不编辑格式以适应本书的页面大小(但这是我们的问题，而不是你的问题)。

你可以像这样禁止分区信息：

```
exec dbms_metadata.set_transform_param(dbms_metadata.session_transform
  ,'PARTITIONING', false);
PL/SQL procedure successfully completed.

select dbms_metadata.get_ddl ('TABLE','SALES') FROM DUAL;

CREATE TABLE "SH"."SALES"
   (    "PROD_ID" NUMBER,
        "CUST_ID" NUMBER,
        "TIME_ID" DATE,
        "CHANNEL_ID" NUMBER,
        "PROMO_ID" NUMBER,
        "QUANTITY_SOLD" NUMBER(10,2),
        "AMOUNT_SOLD" NUMBER(10,2)
   )
```

为什么想要一个分区表的非分区版本的 DDL 语句？一个可能的原因是分区交换。可以将新分区的数据加载到此表中，然后执行分区交换。但是，除了分区外，它需要具有完全相同的结构，因此还需要约束和索引的定义信息。

你无法控制获得哪些 PARTITION 子句或子分区子句。要么是包含所有分区和子分区，要么就不包含任何分区子句。但是，如果想以固定方式更改 PARTITION 子句，则可以编写一些 PL/SQL 将分区信息放入数组中，然后对其进行编辑。

3. 单独的约束条件

在迄今为止的示例中，在表定义中已经声明了所有约束。我们可能希望它们在表定义之外声明，以便我们可以创建表，加载数据，然后添加约束(因为具有约束/索引会减慢表上 DML 的速度，比较好的做法是，先加载数据然后添加约束和索引)。

```
exec dbms_metadata.set_transform_param(dbms_metadata.session_transform
  ,'CONSTRAINTS',true);
exec dbms_metadata.set_transform_param(dbms_metadata.session_transform
  ,'CONSTRAINTS_AS_ALTER', true);
exec dbms_metadata.set_transform_param(dbms_metadata.session_transform
  ,'SQLTERMINATOR', true)

select dbms_metadata.get_ddl ('TABLE','EMPLOYEES','HR') output from dual;

CREATE TABLE "HR"."EMPLOYEES"
 (    "EMPLOYEE_ID" NUMBER(6,0),
...
     "DEPARTMENT_ID" NUMBER(4,0)
 ) ;
ALTER TABLE "HR"."EMPLOYEES" ADD CONSTRAINT "EMP_SALARY_MIN"
CHECK (salary > 0) ENABLE;
ALTER TABLE "HR"."EMPLOYEES" ADD CONSTRAINT "EMP_EMAIL_UK"
UNIQUE ("EMAIL") USING INDEX  ENABLE;
ALTER TABLE "HR"."EMPLOYEES" ADD CONSTRAINT "EMP_EMP_ID_PK" PRIMARY KEY
("EMPLOYEE_ID") USING INDEX  ENABLE;
```

请注意，需要在约束语句后加上 SQL 终止符，所以在每个语句的末尾都有分号(;)，这样就可以在 SQL*Plus 中执行。现在可以将输出缓存到文件中，对其进行拆分，然后分别处理表和约束。

4. DBMS_METADATA 包结合 PL/SQL 使用

你可能因为某些原因想要从 PL/SQL 中调用 DBMS_METADATA。你可能想要自动修改生成的元数据，你可能需要通过 DBMS_SCHEDULER 计划生成 DDL，并且还有一些 DBMS_METADATA 的功能无法通过 SQL 直接调用。

在 PL/SQL 块中使用 DBMS_METADATA 并不像我们在 SQL 中使用 GET_DDL 所做的那样，它涉及一个过程。这个过程的步骤如下：

(1) 为所需的对象类型获取对象类型处理程序。

(2) 在运行 PL/SQL 块的模式可以访问的所有模式中，处理程序有助于你访问所有类型的对象。(请记住，如果 PL/SQL 未使用调用者权限创建，则会忽略调用者的角色)。

(3) 可能需要重新映射对象名称、模式、数据文件或表空间。

(4) 你可能想要添加转换(例如，在 SEGMENT_ATTRIBUTES 上)。

(5) 生成元数据。

(6) 关闭第一步中获取的对象处理程序。

这个过程还需要考虑其他一些因素。解释它的最好方法是使用示例而不是描述整个包。我们来看看下面的

PL/SQL 块，将使用 HR 模式运行以下代码：

```
declare
  l_object_type_handler NUMBER;
  l_table_definition    CLOB;
begin
--1
  l_object_type_handler := dbms_metadata.open('TABLE');
--2
  dbms_metadata.set_filter(l_object_type_handler, 'SCHEMA', 'HR');
  dbms_metadata.set_filter(l_object_type_handler, 'NAME','EMPLOYEES');
--5
  l_table_definition := Dbms_metadata.fetch_clob(l_object_type_handler);
--6
  dbms_metadata.close(l_object_type_handler);
-- use the metadata
  dbms_output.put_line(l_table_definition);
END;
```

正如你所见(步骤的数量与前面给出的步骤列表一一对应)：

(1) 使用 DBMS_METADATA.OPEN 函数获取对象类型处理程序，指定我们想要检索 TABLE 对象的元数据。

(2) 使用 DBMS_METADATA.SET_FILTER 设置模式为 HR 和对象为 EMPLOYEES。

(3) 使用 DBMS_METADATA.FETCH_CLOB 将对象定义提取到 CLOB 变量中。

(4) 关闭对象类型处理程序。最后使用 DBMS_ OUTPUT.PUT_LINE 输出。

但是，请注意，输出(它被重新格式化并被省略了大部分)并不是我们所期望的：

```
<?xml version="1.0" encoding="UTF-8"?>
<ROWSET>
    <ROW>
        <TABLE_T>
            <VERS_MAJOR>2</VERS_MAJOR>
            <VERS_MINOR>5</VERS_MINOR>
--
--trimmed
--
            </CON2_LIST>
            <REFPAR_LEVEL>0</REFPAR_LEVEL>
        </TABLE_T>
    </ROW>
</ROWSET>
```

这不是一个 DDL 语句！什么地方出了错吗？答案是，什么都没有错。如果你还记得我们之前的示例，只使用 DBMS_METADATA.GET_DDL 来检索对象元数据。返回的是纯文本 SQL。但是，还可以使用 DBMS_METADATA.GET_XML 以 XML 格式检索元数据，而且(如本例所示)XML 是使用 DBMS_METADATA 检索元数据的默认格式。大多数存储过程和函数都返回 XML。但是，我们经常希望以正常的文本格式获取元数据。我们能做到吗？答案是肯定的。

我们之前定义的在 PL/SQL 中使用 DBMS_METADATA 包的存储过程，有一个被忽略的步骤：你需要决定输出格式。可以使用转换(步骤 4)来更改输出格式以生成 DDL 语句而不是 XML，但该决定会产生影响。

使用对象类型处理程序和 DBMS_METADATA.ADD_ TRANSFORM 应用转换。以下 PL/SQL 块生成文本 DDL 语句，类似于使用 DBMS_METADATA.GET_DDL 的第一个示例：

```
Set serveroutput on
Declare
  l_object_type_handler number;
```

```
  l_tranform_handler      number;
  l_table_definition      clob;
Begin
  l_object_type_handler := dbms_metadata.open('TABLE');
  dbms_metadata.set_filter(l_object_type_handler, 'SCHEMA',user);
  dbms_metadata.set_filter(l_object_type_handler, 'NAME','EMPLOYEES');
--1
  l_tranform_handler :=dbms_metadata.add_transform(l_object_type_handler,'DDL');
  l_table_definition := dbms_metadata.fetch_clob(l_object_type_handler);
  dbms_metadata.close(l_object_type_handler);
  dbms_output.put_line(l_table_definition);
end;
/

  CREATE TABLE "HR"."EMPLOYEES"
   (    "EMPLOYEE_ID" NUMBER(6,0),
        "FIRST_NAME" VARCHAR2(20),
--
-- 此处省略部分信息
--
   ) SEGMENT CREATION IMMEDIATE
  PCTFREE 10 PCTUSED 40 INITRANS 1 MAXTRANS 255 NOCOMPRESS NOLOGGING
  STORAGE(INITIAL 65536 NEXT 1048576 MINEXTENTS 1 MAXEXTENTS 2147483645
  PCTINCREASE 0 FREELISTS 1 FREELIST GROUPS 1
  BUFFER_POOL DEFAULT FLASH_CACHE DEFAULT CELL_FLASH_CACHE DEFAULT)
  TABLESPACE "EXAMPLE"
```

请注意，必须创建一个变量 L_TRANFORM_HANDLER，类型为数字，然后在应用变换(--1)时将变换处理程序提取到该变量中。

使用 XML 还是文本 DDL 的一个主要考虑因素是后期如何使用转换(例如，屏蔽诸如我们之前看到的段属性信息等部分)。这种转换只能应用于文本 DDL 输出格式，所以，如果需要此转换，PL/SQL 代码将变成这样：

```
declare
  l_object_type_handler number;
  l_tranform_handler      number;
  l_table_definition      clob;
begin
  l_object_type_handler := dbms_metadata.open('TABLE');
  dbms_metadata.set_filter(l_object_type_handler, 'SCHEMA',user);
  dbms_metadata.set_filter(l_object_type_handler, 'NAME','EMPLOYEES');
  l_tranform_handler :=dbms_metadata.add_transform(l_object_type_handler,'DDL');
--1
dbms_metadata.set_transform_param(l_tranform_handler,'SEGMENT_ATTRIBUTES',false);
  l_table_definition := DBMS_METADATA.FETCH_CLOB(l_object_type_handler);
  dbms_metadata.close(l_object_type_handler);
  dbms_output.put_line(l_table_definition);
end;
```

请注意，要应用此转换来忽略段属性信息，使用在交换到 DDL 时返回的转换处理程序。

5. 使用 REMAP 更改 DDL 语句

利用 XML 版本，我们可以使用 DBMS_METADATA.SET_REMAP_PARAM 将对象/模式/数据文件/表空间名称映射到新名称。其次，为了做到这一点，即使 XML 是默认的输出格式，我们也需要获得一个转换处理程序，然后执行转换。

以下示例演示如何将生成的元数据中的'HR'更改为'SH'，然后将其转换为 DDL：

```
declare
  l_object_type_handler number;
  l_tranform_handler    number;
  l_table_definition    clob;
begin
  l_object_type_handler := dbms_metadata.open('TABLE');
  dbms_metadata.set_filter(l_object_type_handler, 'SCHEMA','HR');
  dbms_metadata.set_filter(l_object_type_handler, 'NAME','EMPLOYEES');
--1
  l_tranform_handler :=
      dbms_metadata.add_transform(l_object_type_handler, 'MODIFY');
  dbms_metadata.set_remap_param(l_tranform_handler,'REMAP_SCHEMA','HR','SH');
--2
  l_tranform_handler :=
      DBMS_METADATA.ADD_TRANSFORM(l_object_type_handler, 'DDL');
  dbms_metadata.set_transform_param(l_tranform_handler,'SEGMENT_ATTRIBUTES',false);
  l_table_definition := dbms_metadata.fetch_clob(l_object_type_handler);
  dbms_metadata.close(l_object_type_handler);
  dbms_output.put_line(l_table_definition);
end;
/


-- output
CREATE TABLE "SH"."EMPLOYEES"
  (  "EMPLOYEE_ID" NUMBER(6,0),
     "FIRST_NAME" VARCHAR2(20),
...
       CONSTRAINT "EMP_JOB_FK" FOREIGN KEY ("JOB_ID")
        REFERENCES "SH"."JOBS" ("JOB_ID") ENABLE,
       CONSTRAINT "EMP_MANAGER_FK" FOREIGN KEY ("MANAGER_ID")
        REFERENCES "SH"."EMPLOYEES" ("EMPLOYEE_ID") ENABLE
  )
```

无论模式出现在 DDL 的什么地方，都可以看到 HR 变成了 SH。我们可以将 HR 转换为 null，这种情况下，输出中的 DDL 没有模式信息，并且创建的对象将由运行它的模式拥有。我们必须得到一个转换处理程序(--1)来修改 XML，然后可以使用这个程序来将 XML 修改为文本 DDL，并使用该程序转换 DDL 来移除段属性等细节信息。

请注意，这是 SET_TRANSFORM_PARAM 的另一个用法——它没有被应用到我们的会话中，而是通过 L_TRANSFORM_HANDLER 用于单个 DDL。

这种重新映射转换可以应用于 DDL 的其他方面：数据文件、对象名称、模式和表空间。例如，以下行将 EMPLOYEES 重新映射到 EMPLOYEES_COPY：

```
DBMS_METADATA.SET_REMAP_PARAM(l_tranform_handler,'REMAP_NAME'
                      ,'EMPLOYEES','EMPLOYEES_COPY');
```

这里没有足够的空间覆盖所有选项，而这样做只会使手册反复出现。所有可能的重新映射和转换都可以在 *Oracle Database PL/SQL Packages and Types reference* 中的 DBMS_METADATA 部分找到。

9.4.4 UTL_FILE 包

在上一节关于 DBMS_WORKLOAD_REPOSITORY 的部分中，我们使用 UTL_FILE 将每日 AWR 报告写入目录。这个示例很好地演示了 UTL_FILE 包的用法，但我们认为应该添加一些进一步的说明。

UTL_FILE 用于从操作系统写入和读取文件。它是在 Oracle Database 8*i* 中引入的，最初只能访问初始化参数 UTL_FILE_DIR 中指定的目录，该目录通常设置为*，表示 Oracle 可以访问所有目录！这是因为更改此初始化参数以添加任何位置具有破坏性，因为必须停止并启动实例以使其生效。当然，允许 Oracle OS 用户访问所有可以看到的目录是存在安全问题的！

在版本 9i 中，Oracle 引入了 DIRECTORY 对象的概念，它可以被定义为控制从哪里读取和写入文件。用户访问 DIRECTORY 对象可以通过授权进行控制，就像访问大多数数据库对象一样。与大多数数据库对象不同，DIRECTORIES 不是创建者拥有的。尽管 DBA_DIRECTORIES 包含 OWNER 列，但所有目录均由 SYS 拥有。这是我们在 DBMS_WORKLOAD_REPOSITORY 部分创建的目录，它是通过名为 MDW2 的模式创建的：

```
select * from dba_directories where directory_name like 'AWR%';
OWNER        DIRECTORY_NAME           DIRECTORY_PATH                   ORIGIN_CON_ID
----------   ----------------------   ------------------------------   --------------

SYS          AWR_REPORTS              D:\sqlwork\AWR_reports                       3
```

显然，Oracle DIRECTORY 对象必须存在一个对应的操作系统目录才能引用，并且 Oracle 操作系统用户必须具有该目录的访问权限。如果你使用 RAC，则目录所在的文件系统需要共享给所有节点，这样才能看到这个目录。

可以在第 7 章的 DBMS_HPROF 部分看到另一个创建和使用目录对象的示例。

当你想访问一个文件时，必须用函数 utl_file.fopen 打开它，指定目录的名称、文件名、访问的方法和最大行大小。该函数返回一个文件句柄，我们在其他函数和存储过程中使用它引用文件。

```
v_file_handle :=utl_file.fopen(v_dir,v_file,'w',1500);

utl_file.put_line(v_file_handle,'whatever text you want');
```

就像 DBMS_OUTPUT(在第 7 章中详细介绍)一样，使用 PUT、NEWLINE 和(最常见的)PUT_LINE 命令写入文件，使用 GET 和 GET_LINE 存储过程从文件中获取数据。NCHAR 和 RAW 版本的 PUT 和 GET 命令用于处理 Unicode 和原始数据。

当打开一个文件时，可以用以下三种方法之一来完成：

- R　只从文件中读取。
- W　读取和写入文件，并且打开命令会删除文件中的任何现有内容。
- A　以附加模式读取和写入(即文件中的现有数据保持不变)。

更高版本的 UTL_FILE 引入了使用 fcopy、fremove 和 frename 存储过程来复制、删除和重命名文件的功能。 fgetattr 获取文件的属性，fgetpos 和 fseek 允许你在文件中查找当前的相对偏移位置并移至新位置。

当完成一个文件时，应该用 fclose 存储过程关闭它，就像在 DBMS_WORKLOAD_REPOSITORY AWR 示例中看到的那样。而且，正如在该示例中所示，你应确保在任何异常处理部分中使用 fclose 关闭文件。 fclose_all 将关闭打开的所有文件。

这应该让你对可以用 UTL_FILE 做什么有了基本的概念。根据我们的经验，大多数人倾向于简单地打开文件，对文件执行 PUT_LINE 操作，最后关闭它。有时候，人们也会从文件中读取数据，但似乎很少有人知道该软件包的全部功能。有关更多详细信息，请参阅 *Database PL/SQL Packages and Types reference*。

9.4.5　DBMS_UTILITY 包

顾名思义，DBMS_UTILITY 是一个包含一些有用的小工具的软件包，Oracle 觉得这些小工具不适合放在其他包中。虽然这个包有几个有用的工具，但我们会重点介绍两个特别感兴趣的工具——EXPAND_SQL_TEXT，这是 12c 的新增功能，以及在 PL/SQL 代码堆栈中回溯错误和当前位置的存储过程(FORMAT_ERROR_STACK、FORMAT_ERROR_BACKTRACE 和 FORMAT_CALL_STACK)。

1. EXPAND_SQL_TEXT

存储过程 dbms_utility.expand_sql_text 在 Oracle Database 12*c* 中是新增的，用于向你展示 SQL 语句在解析之前展开的内容。其中最明显的示例就是在查询中使用视图或在选择列表中使用星号(*)。我们将创建一个视图，然后对其执行快速选择操作：

```
create or replace view pers_sum
as select pers.surname
    ,pers.first_forename
    ,pers.dob
    ,pena.surname         prior_surname
    ,pena.first_forename prior_first_fn
    ,addr.post_code
from person       pers
   ,person_name pena
   ,address      addr
where pers.addr_id = addr.addr_id
and pers.pers_id  = pena.pers_id

select/* mdw_du2 */ * from pers_sum
where surname = 'WIDLAKE'
and dob between sysdate -(365*30)
      and       sysdate -(365*29)
SURNAME          FIRST_FORENAME DOB          PRIOR_SURNAME          PRIOR_FIRST_FN OST_COD
---------------  -------------- ------------ ---------------------- -------------- --------
WIDLAKE          ANNA           25-DEC-1986  WIDLAKE                ANNA           RG2 5WT
WIDLAKE          CHENG          07-JAN-1987  WIDLAKE                CHENG          BS18 2AW
WIDLAKE          DAVE           18-JUN-1986  WIDLAKE                DAVE           YO41 2WK
...
```

在这里，DBMS_UTILITY.EXPAND_SQL_TEXT 接收 CLOB 类型的原始文本，并传出一个 CLOB(扩展文本)。你可以将 SQL 作为文本传入，并将其隐式转换为 CLOB。这对一个小的 SQL 语句来说很好，但是如果你可以在 V$SQLAREA 中找到这条 SQL，它本来就是以 CLOB 类型存储的，那么你可以直接将其传递到存储过程中，如下所示：

```
-- 我们需要一个持有 SQL 文本的 clob，让我们在 V$SQLAREA 中找到它
select sql_id,substr(sql_text,1,50)
from v$sqlarea
where sql_text like '%mdw_du2%'
and sql_text not like '%sql_text%'

SQL_ID          SUBSTR(SQL_TEXT,1,50)
------------- --------------------------------------------------
4fx3zzc5m606b select/* mdw_du2 */ * from pers_sum_vw where surna

-- 现在让我们得到它的完整扩展文本
declare
v_clobin   clob;
v_clobout  clob;
begin
  select sql_fulltext into v_clobin
  from v$sqlarea
  where sql_text like '%mdw_du2%'
  and sql_text not like '%sql_text%';
  dbms_utility.expand_sql_text(v_clobin,v_clobout);
```

```
        dbms_output.put_line(v_clobout);
end;

SELECT "A1"."SURNAME" "SURNAME","A1"."FIRST_FORENAME"
"FIRST_FORENAME","A1"."DOB" "DOB","A1"."PRIOR_SURNAME"
"PRIOR_SURNAME","A1"."PRIOR_FIRST_FN" "PRIOR_FIRST_FN","A1"."POST_CODE"
"POST_CODE" FROM  (SELECT "A4"."SURNAME" "SURNAME","A4"."FIRST_FORENAME"
"FIRST_FORENAME","A4"."DOB" "DOB","A3"."SURNAME"
"PRIOR_SURNAME","A3"."FIRST_FORENAME" "PRIOR_FIRST_FN","A2"."POST_CODE"
"POST_CODE" FROM MDWCH6."PERSON" "A4",MDWCH6."PERSON_NAME" "A3",MDWCH6."ADDRESS"
"A2" WHERE "A4"."ADDR_ID"="A2"."ADDR_ID" AND "A4"."PERS_ID"="A3"."PERS_ID") "A1"
WHERE "A1"."SURNAME"='WIDLAKE' AND "A1"."DOB">=SYSDATE-365*30 AND
"A1"."DOB"<=SYSDATE-365*29
```

通过整理文本，可以看到简单的四行查询已扩展为：

```
SELECT "A1"."SURNAME"             "SURNAME"
      ,"A1"."FIRST_FORENAME" "FIRST_FORENAME"
      ,"A1"."DOB"                 "DOB"
      ,"A1"."PRIOR_SURNAME"  "PRIOR_SURNAME"
      ,"A1"."PRIOR_FIRST_FN" "PRIOR_FIRST_FN"
      ,"A1"."POST_CODE"       "POST_CODE"
FROM  (SELECT "A4"."SURNAME" "SURNAME"
            ,"A4"."FIRST_FORENAME""FIRST_FORENAME"
            ,"A4"."DOB"             "DOB"
            ,"A3"."SURNAME"         "PRIOR_SURNAME"
            ,"A3"."FIRST_FORENAME" "PRIOR_FIRST_FN"
            ,"A2"."POST_CODE"       "POST_CODE"
      FROM MDWCH6."PERSON"       "A4"
          ,MDWCH6."PERSON_NAME" "A3"
          ,MDWCH6."ADDRESS"      "A2"
      WHERE "A4"."ADDR_ID"="A2"."ADDR_ID"
      AND  "A4"."PERS_ID"="A3". "PERS_ID") "A1"
WHERE "A1"."SURNAME"='WIDLAKE'
AND   "A1"."DOB"  >=SYSDATE-365*30
AND   "A1"."DOB"  <=SYSDATE-365*29
```

可以看到 select * 被替换为完整的列选择列表，并且该视图被扩展为全文。很明显，在这种情况下，我们可以轻松构建 Oracle 正在做的事情，但作为 DBA(或开发人员)，你可能并不知道应用程序中使用的所有视图以及视图中引用的视图等。展开文本将向你显示正在运行的内容。这可能导致"解释计划"输出也变得更有意义。当两个"表"上相当简单的 SQL 语句展开为两页解释计划时，你应该强烈怀疑是否涉及视图(和视图中引用的视图)。这个 DBMS_UTILITY 中的函数显示了确切的细节。

> **所有的引号(和细节)是为什么？**
> 在我们的 DBMS_UTILITY.EXPAND_SQL_TEXT 示例中，你可能想知道为什么有那么多的引号。这是因为任何主要的 Oracle 工具支持 Oracle 允许的任何事情。你可以强制 Oracle 使用引号来允许使用小写或混合大小写的对象名称，因此 Oracle 工具都必须考虑到这一点。你会看到主要工具的输出中显示了很多引号。
>
> 通常使用 replace 函数删除引号，如下所示：
>
> ```
> replace(v_clobout,'"','')
> ```
>
> 然而，有一天我们将会有一个小写或混合大小写的对象名称，那么就会出现问题。如果 Oracle 遇到这样的情况也同样出错，那么你可能遇到了一个 bug。

如果你有相关权限，则可以针对字典视图运行此功能。我们在这里展示一个示例，包括删除这些引号。只需要将 SQL 作为文本传入，并让该过程隐式地将其转换为 CLOB：

```
declare
v_clob1  clob;
begin
  dbms_utility.expand_sql_text('select * from all_sequences',v_clob1);
  dbms_output.put_line('Original SQL is: select * from all_sequences');
  dbms_output.put_line('Expanded SQL is:');
  dbms_output.put_line(replace(v_clob1,'"',''));
end;

Original SQL is: select * from all_sequences
Expanded SQL is:

SELECT A1.SEQUENCE_OWNER SEQUENCE_OWNER,A1.SEQUENCE_NAME
SEQUENCE_NAME,A1.MIN_VALUE MIN_VALUE,A1.MAX_VALUE MAX_VALUE,A1.INCREMENT_BY
INCREMENT_BY,A1.CYCLE_FLAG CYCLE_FLAG,A1.ORDER_FLAG ORDER_FLAG,A1.CACHE_SIZE
CACHE_SIZE,A1.LAST_NUMBER LAST_NUMBER,A1.PARTITION_COUNT
PARTITION_COUNT,A1.SESSION_FLAG SESSION_FLAG,A1.KEEP_VALUE KEEP_VALUE FROM
(SELECT A2.NAME SEQUENCE_OWNER,A3.NAME SEQUENCE_NAME,A4.MINVALUE
MIN_VALUE,A4.MAXVALUE MAX_VALUE,A4.INCREMENT$
INCREMENT_BY,DECODE(A4.CYCLE#,0,'N',1,'Y')
CYCLE_FLAG,DECODE(A4.ORDER$,0,'N',1,'Y') ORDER_FLAG,A4.CACHE
CACHE_SIZE,A4.HIGHWATER
LAST_NUMBER,DECODE(A4.PARTCOUNT,0,TO_NUMBER(NULL),A4.PARTCOUNT)
PARTITION_COUNT,DECODE(BITAND(A4.FLAGS,64),64,'Y','N')
SESSION_FLAG,DECODE(BITAND(A4.FLAGS,512),512,'Y','N') KEEP_VALUE FROM SYS.SEQ$
A4,SYS.OBJ$ A3,SYS.USER$ A2 WHERE A2.USER#=A3.OWNER# AND A3.OBJ#=A4.OBJ# AND
(A3.OWNER#=USERENV('SCHEMAID') OR  EXISTS (SELECT 0 FROM SYS.OBJAUTH$ A6 WHERE
A3.OBJ#=A6.OBJ# AND  EXISTS (SELECT 0 FROM  (SELECT A8.ADDR ADDR,A8.INDX
INDX,A8.INST_ID INST_ID,A8.CON_ID CON_ID,A8.KZSROROL KZSROROL FROM SYS.X$KZSRO
A8 WHERE A8.CON_ID=0 OR A8.CON_ID=3) A7 WHERE A6.GRANTEE#=A7.KZSROROL)) OR
EXISTS (SELECT 0 FROM  (SELECT A9.PRIV_NUMBER PRIV_NUMBER,A9.CON_ID CON_ID FROM
(SELECT A10.PRIV_NUMBER PRIV_NUMBER,A10.CON_ID CON_ID FROM  (SELECT A11.INST_ID
INST_ID,(-A11.KZSPRPRV) PRIV_NUMBER,A11.CON_ID CON_ID FROM SYS.X$KZSPR A11) A10
WHERE A10.INST_ID=USERENV('INSTANCE')) A9 WHERE A9.CON_ID=0 OR A9.CON_ID=3) A5
WHERE A5.PRIV_NUMBER=(-109)))) A1
```

如果你尝试扩展数据库视图，但缺乏查看的权限，则可能会出现类似以下的错误：

```
ORA-24256: EXPAND_SQL_TEXT failed with ORA-28113: policy predicate has error
ORA-06512: at "SYS.DBMS_UTILITY", line 1525
ORA-06512: at line 25
```

此工具还会在应用其他更改后显示你的 SQL，例如 VPD 策略(即列过滤之外的 WHERE 子句)。如果你使用 VPD 并希望保护策略免受窥探，你可能需要注意这一点！ 它还会向你显示在应用了新的 12*c* 时态子句(temporal clauses)之后的 SQL。

总而言之，该工具似乎向你显示了实际传递给查询优化器的内容，但是是在进行任何查询转换之前的内容。

2. FORMAT_ERROR_STACK、_ERROR_BACKTRACK 和_CALL_STACK

在异常处理部分使用 DBMS_UTILITY 中的两个函数显示有关的错误信息。在关于自动化任务的部分有过这样的示例：

- 函数 format_error_stack 返回当前错误的完整错误信息。与较旧的 SQLERRM 函数(限于 512 字节)不同，它可以显示错误消息到2000字节。可以将错误代码传递到SQLERRM并获取文本，但是 format_error_stack 没有参数。
- 函数 format_error_backtrace 返回一个格式化的字符串，该字符串描述上次发生错误时的错误堆栈信息。它的一个弱点是，当你在你的代码中使用异常处理部分来处理错误，然后重新抛出它们或抛出新的异常时，函数仅会追踪最新抛出的异常。此外，它仅显示代码单元(存储过程、函数)内的行号，而不显示包内的代码单元名称。可以使用行号在 DBA_SOURCE 中查找代码的行，但有时返回的数字可能会让人混淆。(使用大于 0 的 PLSQL_OPTIMIZER_LEVEL，以便 Oracle 可以在编译时重写某些 PL/SQL 是一个原因；条件编译是另一个原因——有时似乎就是有点奇怪)。

第三个函数是 dbms_utility.format_call_stack，在调用它时显示你的调用堆栈。这实际上更多用于调试代码。

现在演示这些函数。创建两个新的存储过程，test_depth1 和 test_depth2，只是为了进行多层调用。我们还修改了 PNA_MAINT 包中的 TEST1 代码来调用函数 pna_maint.gen_err，使用该函数产生一个错误，但是是在调用 format_call_stack 函数并显示输出之后。除了在最外层的 test_depth1 之外，我们不会捕获任何异常，因为这样会让错误回溯信息到某一点而到不了最外层。

```
-- PNA_MAINT 中新建的存储过程
procedure gen_err_1 is
v_n1 number;   v_n2 number;
begin
  pv_call_stack := dbms_utility.format_call_stack;
  dbms_output.put_line('where are we in our code stack?');
  dbms_output.put_line(pv_call_stack);
  dbms_output.put_line (' should error now!');
  v_n1:=0;
  v_n2:=100/v_n1;
end gen_err_1;

-- PNA_MAINT 中的 test1 代码
procedure test1 is
v_vc1 varchar2(100);
begin
  --
  -- 删除此列表的代码
  gen_err;
end test1;

create or replace procedure test_depth2 as
begin
  pna_maint.test1;
end test_depth2;

create or replace procedure test_depth1 as
pv_err_msg varchar2(2000);
pv_err_stack varchar2(2000);
pv_call_stack  varchar2(2000);
begin
  test_depth2;
exception
  when others then
    pv_err_msg:=dbms_utility.format_error_stack;
    pv_err_stack := dbms_utility.format_error_backtrace;
    pv_call_stack :=dbms_utility.format_call_stack;
```

```
      dbms_output.put_line (pv_err_msg);
      dbms_output.put_line ('*******************************************************');
      dbms_output.put_line (pv_err_stack);
      dbms_output.put_line ('-------------------------------------------------------');
      dbms_output.put_line (pv_call_stack);
end test_depth1;

-- 运行代码
exec test_depth1

where are we in our code stack?
----- PL/SQL Call Stack -----
  object      line  object
  handle     number name
00007FFD64D23F98      357  package body MDWCH9.PNA_MAINT
00007FFD64D23F98      398  package body MDWCH9.PNA_MAINT
00007FFD5BE48FF8        3  procedure MDWCH9.TEST_DEPTH2
00007FFCE539D4A8        6  procedure MDWCH9.TEST_DEPTH1
00007FFD6CE8C578        1  anonymous block

should error now!
ORA-01476: divisor is equal to zero

*******************************************************
ORA-06512: at "MDWCH9.PNA_MAINT", line 384
ORA-06512: at "MDWCH9.PNA_MAINT", line 398
ORA-06512: at "MDWCH9.TEST_DEPTH2", line 3
ORA-06512: at "MDWCH9.TEST_DEPTH1", line 6

-------------------------------------------------------
----- PL/SQL Call Stack -----
  object      line  object
  handle     number name
00007FFCE539D4A8       11  procedure MDWCH9.TEST_DEPTH1
00007FFD6CE8C578        1  anonymous block
```

因此，你在错误("where are we now")之前看到 format_call_stack，它告诉我们调用它时的路径，但它缺少具体是包中的哪个单元(存储过程、函数)的信息。(列标题与输出不匹配不是本书中的布局错误，这是它原本的输出方式)。然后，我们遭遇到了错误("should error now")。

由于我们的"ORA-01476: divisor is equal to zero"错误是唯一被抛出的错误，它是唯一一个由 format_error_stack 返回的错误，并且 format_error_backtrack 向我们显示了最后一个错误发生位置的路径，该路径从 test_depth1 开始，转到 test_depth2，然后到 pna_maint。我们无法看到 PNA_MAINT 内部具体的程序单元，只有行号。

最后，在错误处理部分显示 format_call_stack 的信息，仅仅是为了演示 test_depth1 中唯一的堆栈信息：test_depth1 被一个匿名块调用(在 SQL * Plus 中)。

现在将修改 test_depth2 以捕获任何错误(WHEN OTHERS)并抛出 NO_DATA_ FOUND 错误：

```
create or replace procedure test_depth2 as
begin
  pna_maint.test1;
exception
  when others then raise no_data_found;
end test_depth2;
/
```

```
Exec test_depth1
-- 注意：删除了 DBMS_UTILITY.FORNMAT_CALL_STACK

 should error now!
ORA-01403: no data found
ORA-06512: at "MDW2.TEST_DEPTH2", line 5
ORA-01476: divisor is equal to zero

******************************************************
ORA-06512: at "MDW2.TEST_DEPTH2", line 5
ORA-06512: at "MDW2.TEST_DEPTH1", line 7
```

现在看到 format_error_stack 中的三个错误：原来的 01476 错误、06512 错误(这只是一个回溯消息)，以及新的错误 01403-No Data Found。但是现在 FORMAT_ERROR_BACKTRACK 数据只会回溯到 test_depth2 中的"raise no data found"错误，而不是 PNA_MAINT 中的原始错误。假设每一个异常处理程序都会在错误发生时完整地回溯错误的整个流程，然后再抛出相同的错误或新的错误，那么我们可以间接地找到原始错误。但是最常见的情况是无法保证每个异常处理程序都处理回溯信息(这并不理想，但非常普遍)。在实践中，在这种情况下最终做法是注释掉那个简单的中间异常处理程序，并让完整的错误和回溯返回到更健壮的异常处理程序，在那里你现在可以获得有关源错误的信息。这样有点笨重，如果你不能改变生产代码，那么删除那个中间处理程序可能是做不到的。

Oracle Database 12c 提供了一个名为 UTL_CALL_STACK 的新包，可以使用它获取调用堆栈信息，我们将在后面介绍。

3. UTL_CALL_STACK

UTL_CALL_STACK 允许你更详细地检查调用堆栈，并让你控制(或者说是负责！)输出信息的布局。最后，它还会为你提供有关包内部程序单元的信息。相比我们刚才介绍的 DBMS_UTILITY 函数要稍微难用一点，但是如果你想要了解 IT 世界的更多细节，代价通常是代码会更复杂。有三个堆栈：调用堆栈、错误堆栈和错误回溯堆栈。我们以类似(但不完全相同)的方式处理所有三个堆栈信息。现在将使用 UTL_CALL_STACK 来重复我们为 DBMS_UTILITY 异常处理和堆栈信息查看所做的测试。

必须对包进行多次调用以获取每个堆栈的多种信息。然后，如果想要很好地布局信息，则需要格式化信息并允许某些 UTL_CALL_STACK 函数产生空值。

我们将使用 UTL_CALL_STACK 替换原始示例中的 dbms_utility.format_call_stack。首先，使用函数 DYNAMIC_DEPTH 获取调用堆栈的层数。对于每一层，你都可以调用函数 UNIT_LINE、OWNER 和 CONCATENATE_SUBPROGRAM(需要将函数 SUBPROGRAM 的结果传递给它)以获取信息，然后必须布局这些信息。请参阅以下代码：

```
procedure gen_err is
v_n1 pls_integer;
v_n2 pls_integer;
v_stack_d pls_integer;
begin
  dbms_output.put_line(' lv  Line      Owner unit_name');
  dbms_output.put_line('---  ----- ------------ --------------------------------');
  v_stack_d := utl_call_stack.dynamic_depth;
  for i in reverse 1..v_stack_d loop
   dbms_output.put_line(to_char(i,'99')||' '
      ||to_char(utl_call_stack.unit_line(i),'99999')||' '
      ||lpad(nvl(utl_call_stack.owner(i),' '),12)||' '
      ||utl_call_stack.concatenate_subprogram(utl_call_stack.subprogram(i)));
  end loop;
  ...
```

输出如下所示:

```
lv   Line    Owner unit_name
---  -----   ------------   --------------------------------
  5    1                    __anonymous_block
  4    7       MDW2 TEST_DEPTH1
  3    5       MDW2 TEST_DEPTH2
  2  178       MDW2 PNA_MAINT.TEST1
  1  159       MDW2 PNA_MAINT.GEN_ERR
```

如你所见,我们现在可以获取 PNA_MAINT 中堆栈条目对应的具体的存储过程名称。然而,此外几乎没有额外的信息,收集和处理数据比使用 dbms_utility.format_call_stack 要复杂一点。不过,我们可以(而且确实)改变输出的顺序。

为了处理错误堆栈,我们用类似于上面处理调用堆栈的代码替换了 TEST_DEPTH1 中的 dbms_utility.format_error_stack,如下所示。我们运行两次测试代码:一次在 GEN_ERR 中产生的错误,第二次在 TEST_DEPTH2 中捕获中间错误:

```
exception
  when others then
--    pv_err_stack := dbms_utility.format_error_backtrace;
--    dbms_output.put_line (pv_err_stack);
    pv_err_depth := utl_call_stack.error_depth;
    dbms_output.put_line ('error depth is '||to_char(pv_err_depth));
    for i in 1..pv_err_depth loop
     pv_err_msg :=utl_call_stack.error_msg(i);
     dbms_output.put_line(to_char(i,'99')||'  ORA-'
            ||to_char(utl_call_stack.error_number(i),'099999')
            ||' '||rtrim(pv_err_msg,chr(10))); -- 删除回车
    end loop;
end test_depth1;

-- 对于第一个测试产生了 ORA-001476 错误,现在得到的错误如下
error depth is 1
  1  ORA- 001476 divisor is equal to zero

-- 我们的第二个示例是在 TEST_DEPTH2 中捕获 WHEN OTHERS
-- 并抛出 NO_DATA_FOUND,这次我们得到如下信息
error depth is 3
  1  ORA- 001403 no data found
  2  ORA- 006512 at "MDW2.TEST_DEPTH2", line 5
  3  ORA- 001476 divisor is equal to zero
```

如你所见,除了获取错误数量和自定义数据输出之外(或额外的需求,取决于你如何看待它),没有额外的信息。你还会注意到,我们必须在 UTL_CALL_STACK.ERROR_MSG 结尾处删除回车符文本。

最后,可以通过类似的调用获得错误回溯,获取每个层级的回溯深度和信息:

```
--    pv_err_stack := dbms_utility.format_error_backtrace;
--    dbms_output.put_line (pv_err_stack);
    pv_bt_depth :=utl_call_stack.backtrace_depth;
    dbms_output.put_line ('backtrace depth is '||to_char(pv_bt_depth));
    for i in 1..pv_bt_depth loop
      dbms_output.put_line(to_char(i,'99')||' Line'
      ||to_char(utl_call_stack.backtrace_line(i),'09999')
      ||' '||utl_call_stack.backtrace_unit(i) );
    end loop;
```

```
-- 对于我们之前生成的 ORA-001476，现在测试得到如下信息
backtrace depth is 4
  1 Line 00008 MDW2.TEST_DEPTH1
  2 Line 00003 MDW2.TEST_DEPTH2
  3 Line 00180 MDW2.PNA_MAINT
  4 Line 00166 MDW2.PNA_MAINT

-- 对于第二个示例，我们在中间过程的异常处理程序中抛出了 NO_DATA_FOUND
-- 现在可以得到如下信息
backtrace depth is 2
  1 Line 00008 MDW2.TEST_DEPTH1
  2 Line 00005 MDW2.TEST_DEPTH2
```

UTL_CALL_STACK 错误回溯不包括调用堆栈所在包中的程序单元信息，而且就像 dbms_utility.format_error_backtrace 一样，它只能回溯到最后一次抛出而不是原始错误抛出的点，这是相当令人失望的。

总而言之，在实现相同功能的情况下，UTL_CALL_STACK 的使用比 DBMS_UTILITY 的要复杂得多，UTL_CALL_STACK 能提供很少额外的功能。那么为什么我们要介绍它呢？那么它确实增加了查看调用堆栈或回溯堆栈深度的功能，并且通过调用堆栈功能，还可以查看对应包中的具体程序单元信息。DBMS_UTILITY 函数并没有被弃用，但是可能在将来会发生，因此我们认为应该涵盖新的 Oracle Database 12*c* 中检查 PL/SQL 调用堆栈的功能。

目前，我们发现 UTL_CALL_STACK 可用于展示我们的调用堆栈，因为它包括包中程序单元信息以及其他一些很好的功能，但错误消息和错误回溯功能不足以帮助我们将现有代码中的 DBMS_UTILITY.FORMAT_ERROR_STACK 和 FORMAT_ERROR_BACKTRACE 替换掉。虽然按你觉得合适的方式来格式化输出信息的能力可能会有所帮助。

我们将使用 UTL_CALL_STACK 提供的另外两个信息。首先是 LEXICAL_DEPTH，这是当前程序单元的子嵌套深度。另一个是代码的当前版本，用于基于版本的重定义(Edition Based Redefinition，有关 EBR 的详细信息，请参阅第 5 章)。

我们将添加一个新的存储过程 TEST_DEPTH_NESTED，只是为我们的调用堆栈添加一些子嵌套：

```
create or replace procedure test_depth_nested as
procedure p1 is
  procedure p2 is
    procedure p3 is
    begin
      pna_maint.test1;
    end p3;
  begin
    p3;
  end p2;
begin
  p2;
end p1;
begin
  p1;
end test_depth_nested;
```

我们将调用它而不是调用 TEST_DEPTH2。我们还将在 PNA_MAINT.GEN_ERR 中的代码中添加两条新信息以显示调用堆栈：

```
dbms_output.put_line('    loc');
dbms_output.put_line
  (' lv lev Line        Owner unit_name                    Edition');
dbms_output.put_line
```

```
  ('--- --- ----- ------------ -------------------------------- ---------');
v_stack_d := utl_call_stack.dynamic_depth;
for i in 1..v_stack_d loop
  dbms_output.put_line(to_char(i,'99')||' '||to_char(utl_call_stack.lexical_depth(i),'99')
    ||to_char(utl_call_stack.unit_line(i),'99999')||' '
    ||lpad(nvl(utl_call_stack.owner(i),' '),12)||' '
    ||rpad(utl_call_stack.concatenate_subprogram(utl_call_stack.subprogram(i)),32)
    ||nvl(utl_call_stack.current_edition(i),' cur'));
end loop;
```

```
-- 输出

     loc
 lv  lev Line     Owner unit_name                                  Edition
 --- --- -----  ------------ --------------------------------     ---------
  1   1  399     MDWCH9 PNA_MAINT.GEN_ERR                          cur
  2   1  421     MDWCH9 PNA_MAINT.TEST1                            cur
  3   3    6     MDWCH9 TEST_DEPTH_NESTED.P1.P2.P3                 cur
  4   2    9     MDWCH9 TEST_DEPTH_NESTED.P1.P2                    cur
  5   1   12     MDWCH9 TEST_DEPTH_NESTED.P1                       cur
  6   0   16     MDWCH9 TEST_DEPTH_NESTED                          cur
  7   0    8     MDWCH9 TEST_DEPTH1                                cur
  8   0    1     __anonymous_block                                cur
```

可以看到 LEXICAL_DEPTH 是如何工作的。如果代码单元是没有嵌套代码的存储过程(或函数)，则词法深度为 0。当位于包中的存储过程或函数中时，词法深度为 1。在 TEST_DEPTH_NESTED 中，我们可以看到随着程序嵌套深度增加，相应的等级也在增加。显示的是在 TEST_DEPTH_NESTED 中的本地层级！

在我们的示例中，没有任何 EBR，对于 CURRENT_EDITION，我们默认"null"为"cur"，但你可以看到它是如何工作的。

9.5　本章小结

如本章所见，PL/SQL 技能对于管理 Oracle 数据库或自动执行 Oracle 任务的人员具有无法估量的价值。

基本的 PL/SQL 技能使你可以编写简单的脚本来处理 LONG 数据类型，如果是处理数据，可能需要复杂 SQL(如分析函数)，PL/SQL 还可以收集数据以帮助分析问题。

大量的内置 PL/SQL 包可以帮助 DBA，其他一些章节介绍了其中一些。在本章介绍了直接运行 DBMS_WORKLOAD_REPOSITORY 来生成与 OEM/Grid Control 中相同的性能报告，以及如何自动执行该任务。其他 PL/SQL 内置包允许你访问数据库中任何对象的 DDL 语句，并查看 Oracle 在解析之前如何转换 SQL 语句。

本章还介绍了一组表和代码，可用于控制、管理和记录一系列后台 PL/SQL 任务——无论这些任务是只需要启动的简单的管理任务，或是需要记录和保存正在处理的数据范围的数据处理任务。该控制机制可以保持简单或扩展以支持暂停和自动重启功能。

第IV部分

高 级 分 析

第 10 章

使用 Oracle Data Mining 工具
进行库内数据挖掘

　　了解自身的数据并深入了解数据背后的行为(进而更好地了解客户)是企业一直以来的追求。很多的技术解决方案可以帮助我们实现这一理解和洞察力,但就在我们实现这一点时,又出现一些新的挑战迫使我们考虑其他可能的方案。使用一些先进的机器学习算法是可以帮助我们深入了解数据的技术之一。这些通常被称为数据挖掘算法。

　　数据挖掘算法可以被认为是一个通过搜索数据发现模式和趋势的过程,它使企业更加具有竞争力。数据挖掘最常用的定义如下:

　　数据挖掘是从数据中提取未知和潜在有用信息的重要手段。

　　数据库内的数据挖掘是将数据挖掘算法构建到数据库中。我们不再需要另外的应用程序和服务器来运行数据挖掘应用程序。这些都是 Oracle 数据挖掘所提供的。将一套数据挖掘算法构建到 Oracle 数据库的内核中,就像我们常说的"将算法移至数据,而不是数据移至算法"。

在本章中,我们将展示 Oracle 数据挖掘(Oracle Data Mining)的主要组件。Oracle 数据挖掘是 Oracle 数据库企业版额外的一个付费选项。我们将举例说明如何使用 Oracle 数据挖掘的主要元素,并逐步完成从准备输入数据到使用 Oracle 数据挖掘创建归类数据挖掘模型和评估模型,最后将 Oracle 数据挖掘模型应用到新的数据的一个完整的数据挖掘过程。所有这些都是使用 SQL 和 PL/SQL 完成的。

10.1 Oracle 高级分析选项概览

Oracle 高级分析选项包括 Oracle 数据挖掘和 Oracle R Enterprise。Oracle 高级分析选项是 Oracle 数据库企业版额外的一个付费选项。通过将数据库内高级数据挖掘算法与 R 的强大功能和灵活性相结合,Oracle 提供了一套工具,让数据科学家、Oracle 开发人员和 DBA 等人员可以对其数据进行高级分析,从而深入了解数据以及获得竞争优势。

Oracle 数据挖掘包含一套嵌入在 Oracle 数据库中的高级数据挖掘算法,可以对数据执行高级分析。数据挖掘算法被集成到 Oracle 数据库内核中,所以能以本地运行的方式分析处理存储在数据库表中的数据。在大多数数据挖掘应用程序中,通常需要提取数据或将数据传输到独立数据挖掘/数据分析服务器,而这些在 Oracle 数据挖掘中是可以避免的。所以通过接近零的数据移动,数据挖掘项目的时间显著缩短。

除了表 10-1 中列出的一系列数据挖掘算法之外,Oracle 还提供了多种接口来使用这些算法。这些接口包括构建模型和应用模型到新数据的 PL/SQL 包、用于实时数据评分的各种 SQL 函数以及提供图形化工作流界面来创建数据挖掘项目的 Oracle Data Miner 工具。

表 10-1 Oracle 数据挖掘中提供的数据挖掘算法

数据挖掘技术	数据挖掘算法
异常检测	一类支持向量机
关联规则分析	先验算法
变量的相对重要性	最小描述长度
归类	决策树
	广义线性模型
	朴素贝叶斯
	支持向量机
聚类	最大期望算法
	k-均值
	正交分区聚类
特征提取	非负矩阵分解
	奇异值分解
	主成分分析
回归	广义线性模型
	支持向量机

表 10-1 列出了 Oracle 高级分析选项中可用的各种数据挖掘算法。

Oracle R Enterprise(ORE)于 2011 年推出,它使开放源代码的统计编程语言 R 和相关环境能够在数据库服务器和数据库内运行。Oracle R Enterprise 将 R 与 Oracle 数据库集成在一起。当 Oracle R Enterprise 发布时,它与 Oracle 数据挖掘结合起来组成了 Oracle 高级分析选项。

当分析师以交互式的方式分析数据并编写 R 脚本时，将从 Oracle 数据库中提取数据，以便他们进行分析。借助 ORE，数据科学家仍然可以编写 R 脚本并分析数据，但现在数据可以保留在 Oracle 数据库中。没有数据必须下载到数据科学家的计算机上，这样可以节省大量的时间，并使数据科学家专注于解决手头的业务问题。让 R 脚本在数据库中运行可以使这些脚本充分利用数据库以高效方式管理数百万条数据记录，并且可以利用其他数据库性能选项，包括并行(Parallel)选项。这克服了在数据科学家的计算机上运行 R 的许多限制。

10.2　Oracle Data Miner GUI 工具

Oracle Data Miner(ODM)工具是 SQL Developer 的一个组件。它是基于工作流的 GUI(图形用户界面)工具，可以让数据科学家、数据分析师、开发人员和 DBA 快速简便地为其数据和数据挖掘业务问题构建数据挖掘工作流程。Oracle Data Miner 工作流工具最先在 SQL Developer 3 中引入，并在所有后续版本中都有提供。目前已经增加了许多新的功能。

如图 10-1 所示，Oracle Data Miner 工具允许通过定义节点来构建工作流程，这些节点可以执行以下操作：

- 使用统计学和各种图形方法探索数据。
- 构建各种数据转换(包括采样)、构建各种数据缩减技术、创建新功能、应用复杂的过滤技术以及为数据创建自定义转换。
- 使用各种数据库内数据挖掘算法构建数据挖掘模型。
- 将数据挖掘模型应用于新数据以生成可被商业用户参考并采取行动的评分数据集。
- 使用预测查询来实时地调用数据挖掘模型。
- 在半结构化和非结构化数据上创建和应用复杂的文本分析模型。

当需要将工作流程部署到生产环境时，可以生成运行工作流程所需的所有 SQL 脚本。这些脚本可以很容易地在 Oracle 数据库中定期运行。

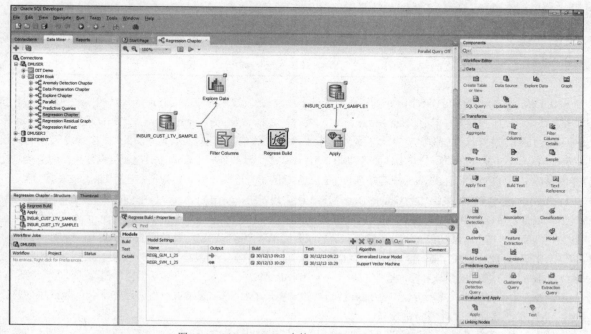

图 10-1　SQL Developer 中的 Oracle Data Miner 工具

10.2.1 安装 Oracle Data Miner 和演示数据集

在开始使用 Oracle Data Miner 工具或使用数据库内置功能之前，需要确保完成一些准备工作：

- 已安装 Oracle 12*c* 企业版或 Oracle 11 R2 企业版。
- 已经在数据库中安装了示例模式。
- 已下载并安装最新版本的 SQL Developer(建议使用版本 4 或更高版本)。
- 拥有 SYS 用户密码，或者在一些必要的步骤中让 DBA 帮助操作执行。
- 已经创建了将用于 Oracle 数据挖掘工作的模式。 可以创建新的模式(例如 DMUSER)或使用现有的模式。

第一步是在 SQL Developer 中为新 DMUSER 模式创建一个连接。 在 SQL Developer 左边的 Connections 选项卡中选择绿色加号。这将打开 Create New Connection 窗口。 在这个窗口中，输入 DMUSER 连接的详细信息。 表 10-2 提供了创建 DMUSER 模式所需的详细信息。

输入连接的详细信息后，请单击 Test 按钮检查是否可以建立连接。任何错误将被显示。如果所有的细节都是正确的，将在屏幕左侧看到一条消息，显示"Status: Success"。成功连接后，可以单击 Connect 按钮打开连接。新连接将被添加/保存到 Connections 选项卡的列表中，并且将为 DMUSER 模式打开一个 SQL 工作表。

在开始使用 Oracle 数据挖掘之前，需要在 Oracle 数据库中创建一个 Oracle 数据挖掘存储库。最简单的方法是使用 SQL Developer 中的内置功能。另一种方法是使用 SQL Developer 附带的脚本来创建存储库。这些方法都需要使用到 SYS 用户密码，或者可以让 DBA 帮助执行这些步骤。

表 10-2　在 SQL Developer 中创建 DMUSER 连接

设置	描述
连接名称	这是一个标签，可以在这里输入一些有意义的东西
用户名	输入 DMUSER，即 ODM 模式的名称
密码	输入 DMUSER，即 ODM 模式的密码
主机名	数据库所在的服务器的名称。 如果是本地机器，则可以输入 localhost
端口	输入 1521
服务名	选择服务名或SID。 对于可插拔数据库，输入服务名(例如 pdb12c)

SQL Developer 将 Oracle Data Miner 的模式放在一个单独的列表。要将 DMUSER 模式附加到此列表中，请单击 View 菜单，从下拉菜单中选择 Data Miner 选项，最后单击 Data Miner Connections。这将在现有的 Connection 选项卡旁边或下方打开新的选项卡。可以将此选项卡重新定位到你的首选位置。这个新的数据挖掘选项卡将列出与 Oracle Data Miner 关联的所有连接。要将 DMUSER 模式添加到此列表中，单击绿色加号以创建新的连接。在打开的窗口中，列出了 SQL Developer 连接列表下已经创建的所有连接。从下拉列表中选择 DMUSER 模式即可。

DMUSER 模式现在将被添加到 Oracle Data Miner 连接列表中。双击 DMUSER 模式时，SQL Developer 将检查数据库以查看数据库中是否存在 Oracle Data Miner 存储库。如果存储库不存在，则会显示一条消息，询问是否要安装存储库。单击 Yes 按钮继续安装。接下来，系统会提示一个连接窗口，要求你输入 SYS 用户的密码。如果你有这个密码，可以输入它，或者可以让你的 DBA 为你输入。输入密码后，单击 OK 按钮。在新窗口中，将要求输入存储库账户/模式的默认和临时表空间名称——ODMRSYS。下一个窗口将展示创建存储库的进度。确保"安装演示数据"选项被选中。然后可以单击 Start 按钮开始安装。之后 SQL Developer 继续在 Oracle 数据库中创建存储库，并且在创建存储库时更新进度条。

存储库从本地数据库安装大约需要 1 分钟，从远程数据库安装大约需要 10 分钟。存储库安装完成后，将看到一个窗口，显示 Task Completed Successfully。可以关闭此窗口并开始使用 ODM。

作为存储库安装的一部分，DMUSER 将被授予创建和使用 Oracle 数据挖掘对象所需的所有 Oracle 系统权限。

另外，DMUSER 模式将被授予访问示例模式的权限。所有必要的视图都在示例模式上创建，并且包含一些演示数据的表将在 DMUSER 模式中创建。包含演示数据的表名为 INSUR_CUST_LTV_SAMPLE。一些演示数据将在本章节以及后续两章中使用。

10.2.2　创建 Oracle Data Miner 工作流

作为 SQL Developer 一部分的 Oracle Data Miner 工具允许使用基于工作流的方法构建数据挖掘模型。使用 Oracle Data Miner，可以创建一系列链接的节点，组成一个工作流程。Oracle Data Miner 附带了许多节点，这些节点定义了处理数据和创建数据挖掘模型的最常见步骤。每个节点都允许自定义默认设置，包括如何处理数据、应该包含或排除哪些数据、应用什么条件、将特定 SQL 或 R 代码添加到工作流中的某个步骤、配置数据挖掘算法，以及使用数据挖掘模型对新数据进行评分。图 10-2 显示了 Oracle Data Miner 的一个典型视图，该工作流创建了归类数据挖掘模型，然后对新数据进行评分。

在 Oracle Data Miner 工具中创建工作流时，如图 10-2 所示，该工具在后台其实是调用了一系列 SQL 和 PL/SQL 脚本。本章的其余部分将展示如何使用 SQL 和 PL/SQL 创建类似的工作流程。

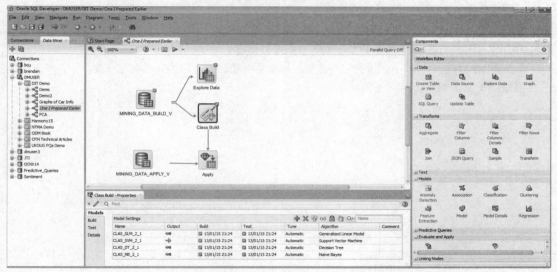

图 10-2　Oracle Data Miner 中的工作流示例

注意：
如果要深入了解 Oracle Data Miner 工具的全部功能以及用于在 Oracle 中执行数据挖掘的 SQL 和 PL/SQL 功能，请参阅 Oracle Press 出版的图书 *Predictive Analytics Using Oracle Data Miner*(2014)。

10.3　使用 SQL 和 PL/SQL 进行 Oracle 数据挖掘

Oracle 数据挖掘包含了许多数据字典视图、SQL 函数和 PL/SQL 包，它们可用于为数据挖掘过程准备数据、构建数据挖掘模型、修改和调整数据挖掘算法的设置、分析和评估模型，以及最后将模型应用到新的数据。由于 Oracle Data Miner 是数据库内的数据挖掘工具，因此所有创建的对象和模型都将存储在 Oracle 数据库中。这使我们可以使用 SQL 作为执行数据挖掘任务的主要接口。在本章中，将通过示例介绍如何使用一些 ODM 数据字典视图、各种 SQL 评分函数和主要的 PL/SQL 包。

Oracle 数据挖掘模型和其他对象储存在创建它们的模式中。它们可以被共享、查询，并且可以被授权给数据库中的任何模式使用。可以通过许多 Oracle 数据字典视图查询 Oracle 数据挖掘模型及其各种属性。表 10-3 列出了 Oracle 数据挖掘相关的数据字典视图。除了 DBA_MINING_MODEL_SETTINGS 这个视图外，其他几个视图都有 3 个不同的版本：以 USER_开头的视图是本地模式中使用的 Oracle 数据挖掘对象的信息；以 ALL_开头的是用户有访问权限的 Oracle 数据挖掘对象的信息；以 DBA_开头的是 DBA 用户可访问的 Oracle 数据挖掘对象的信息。

表 10-3　Oracle 数据挖掘的数据字典视图

字典视图名称	说明
*_MINING_MODELS	该视图包含已创建的每个 Oracle 数据挖掘模型的详细信息。该信息包含模型名称、数据挖掘类型(或函数)、使用的算法以及有关模型的其他一些高级信息
*_MINING_MODEL_ATTRIBUTES	该视图包含用于创建 Oracle 数据挖掘模型的属性的详细信息。如果某个属性作为目标，则会在 Target 列中显示
*_MINING_MODEL_SETTINGS	该视图包含了 Oracle 数据挖掘模型中的算法设置
DBA_MINING_MODEL_TABLES	该视图只能由具有 DBA 权限的用户访问，包含数据挖掘模型元数据的所有表的信息

在这个表中，*可以被下面的几项代替：

- ALL_　包含用户可访问的 Oracle 数据挖掘信息。
- DBA_　包含 DBA 用户可访问的 Oracle 数据挖掘信息。
- USER_　包含当前用户可访问的 Oracle 数据挖掘信息。

以下示例查询检索当前模式中的所有归类数据挖掘模型以及已被授权的数据挖掘模型。如果尚未创建任何 Oracle 数据挖掘模型，则不会返回任何结果。

```
SELECT model_name,
       algorithm,
       build_duration,
       model_size
FROM  ALL_MINING_MODELS
WHERE mining_function = 'CLASSIFICATION';


MODEL_NAME        ALGORITHM                              BUILD_DURATION MODEL_SIZE
----------------  -------------------------------------- -------------- ----------
CLAS_GLM_1_13     GENERALIZED_LINEAR_MODEL                           13      .1611
CLAS_NB_1_13      NAIVE_BAYES                                        13      .061
CLAS_DT_1_13      DECISION_TREE                                      13      .0886
CLAS_SVM_1_13     SUPPORT_VECTOR_MACHINES                            13      .0946
```

10.3.1　Oracle 数据挖掘 PL/SQL API

Oracle Data Miner 包含一些数据库内的 PL/SQL 包，可使用这些包来完成所有的数据挖掘任务。与 Oracle Data Miner 相关的 3 个 PL/SQL 包如下：

- DBMS_DATA_MINING
- DBMS_DATA_MINING_TRANSFORM
- DBMS_PREDICTIVE_ANALYTICS

DBMS_DATA_MINING 是执行数据挖掘任务的主要工具包，包括创建新模型以及评估和测试模型，然后将模型应用于新数据。下面会给出这个包的概述，本章的其余部分将给出如何使用这个包中的各种存储过程来创建数据挖掘模型的示例。

DBMS_DATA_MINING_TRANSFORM 包对数据集应用各种数据转换，然后将它们输入数据挖掘算法中。

DBMS_PREDICTIVE_ANALYTICS 包中包含许多存储过程，使用这个包可以让整个数据挖掘过程自动化。Oracle Data Miner 引擎会确定要使用的算法和设置。程序的输出是结果，程序完成后将不存在任何的模型。这与

DBMS_DATA_MINING 包差别很大，因为该包可以确定算法、定义设置、查看模型的性能结果等。

Oracle 数据挖掘的主要软件包是 DBMS_DATA_MINING。Oracle Data Miner GUI 工具使用的是这个包，本章的其余部分将说明如何使用这个包的各个组件。

DBMS_DATA_MINING 包可以创建数据挖掘模型、定义所有必要的算法设置、查看结果以确定模型的效率，并将数据挖掘模型应用于新的数据。作为 SQL Developer 一部分的 Oracle Data Miner GUI 工具建立在这个包及其包含的存储过程之上。

表 10-4 列出了 DBMS_DATA_MINING 包中的所有存储过程。

表 10-4　DBMS_DATA_MINING 包中的存储过程和函数

函数和存储过程	说明
add_cost_matrix	将成本矩阵添加到归类模型
alter_reverse_expression	将逆转换表达式更改为指定的表达式
apply	将模型应用于数据集(对数据进行评分)
compute_confusion_matrix	计算归类模型的混淆矩阵
compute_lift	计算归类模型的提升
compute_roc	计算归类模型的受试者工作特征(ROC)
create_model	创建一个模型
drop_model	删除一个模型
export_model	将模型导出到转储文件
get_association_rules	从关联模型返回规则
get_frequent_itemsets	返回关联模型的频繁项集
get_model_cost_matrix	返回模型的成本矩阵
get_model_details_ai	返回变量的相对重要性模型的详细信息
get_model_details_em	返回有关期望最大化模型的详细信息
get_model_details_em_comp	返回有关期望最大化模型参数的详细信息
get_model_details_em_proj	返回有关期望最大化模型项目的详细信息
get_model_details_glm	返回有关广义线性模型的详细信息
get_model_details_global	返回有关模型的高级别统计信息
get_model_details_km	返回有关 k-均值模型的详细信息
get_model_details_nb	返回有关朴素贝叶斯模型的详细信息
get_model_details_nmf	返回有关非负矩阵分解模型的详细信息
get_model_details_oc	返回有关 O-Cluster 模型的详细信息
get_model_details_svd	返回有关奇异值分解模型的详细信息
get_model_details_svm	返回有关线性内核的支持向量机模型的详细信息
get_model_details_xml	返回有关决策树模型的详细信息
get_model_transformations	返回模型中嵌入的转换
get_transform_list	在两种不同的转换规范格式之间转换
import_model	将模型导入一个模式
rank_apply	根据模型应用的结果对归类模型的预测进行排序
remove_cost_matrix	从模型中移除成本矩阵
rename_model	重命名模型

10.3.2 Oracle 数据挖掘 SQL 函数

Oracle 数据挖掘最强大的功能之一就是能够使用 SQL 函数来运行数据挖掘模型并对数据进行评分。 表 10-5 中列出的函数可以将挖掘模型应用于数据，也可以通过执行分析子句动态地挖掘数据。SQL 函数可用于支持评分操作的所有数据挖掘算法。通过使用这些 SQL 函数，可以轻松地将数据挖掘功能嵌入 Oracle 环境的所有部分，包括批处理任务、报表工具、分析仪表板以及前端应用程序。

表 10-5　Oracle 数据挖掘 SQL 函数

函数名	说明
prediction	返回目标的最佳预测
prediction_probability	返回预测的概率
prediction_bounds	返回预测值(线性回归)或概率(逻辑回归)的上限和下限。 此功能仅适用于广义线性模型
prediction_cost	返回错误预测成本的度量
prediction_details	返回有关预测的详细信息
prediction_set	返回归类模型的结果，包括每种情况的预测和相关概率
cluster_id	返回预测聚类的 ID
cluster_details	返回有关预测聚类的详细信息
cluster_distance	返回与预测聚类质心的距离
cluster_probability	返回指定聚类的案例的概率
cluster_set	返回给定案例所属的所有可能聚类列表以及相关的包含概率
feature_id	返回系数值最高的特征的 ID
feature_details	返回有关特征预测的详细信息
feature_set	返回包含所有可能特征以及关联系数的对象列表
feature_value	返回特征预测的值

10.4　使用 Oracle 数据挖掘进行归类

归类是最常用的数据挖掘技术之一。归类使用以前已知案例的数据集作为数据挖掘算法的输入来生成归类模型。这个模型表示属性、这些属性的组合以及它们的值是否有助于特定的目标值。目标值是由数据集上的一个属性表示的一个指标，它将不同的情况区分开来。客户流失预测是典型的归类应用。在这种情况下，模型中包含指示客户是否流失的目标值。用作数据挖掘算法输入的数据集称为构建数据集(build data set)。这个数据集包含历史数据，可以从客户的过去行为中学习。当有一个好的数据挖掘模型时，可以将这个模型应用到新的数据。也就是说获取新的客户数据，并将数据挖掘模型应用于其中，以确定这些客户是否可能离开。有时这被称为给数据评分。

与这类数据挖掘相关的一个常见的说法是"我们从过去学习，然后预测未来"。我们将使用构建数据集来学习过去。

10.4.1　数据准备

数据挖掘算法通常需要准备数据，方法是将每个要提供的案例记录作为数据挖掘算法的输入。这些案例中的每一个记录通常都有一个称为 CASE_ID 的唯一标识符。此标识符可以用来构成记录的某个属性，也可以由自己或开发人员以某种方式自动生成。

通常，在构建案例记录时，需要执行多个数据准备步骤，以便将数据转换为所需的格式并创建目标属性。

以下部分概述了数据准备中的一些典型任务，并举例说明如何使用 SQL 和 PL/SQL 中提供的各种函数执行这些任务。

1．采样和创建数据子集

当我们的数据集规模相对较小(包含十万条记录或更少)时，我们可以在相对较短的时间内探索数据，并使用整个数据集建立我们的数据挖掘模型。但是，如果我们的数据集大于这个数据规模，特别是随着公司规模的增加，考虑到包含各种"大数据"数据源时可能获得的所有数据，新的困难就是需要花费大量时间来分析数据并构建我们的数据挖掘模型。

抽样让我们在保持整个数据集的相同特征的同时，仅仅需要处理数据的一个子集。它从我们的数据集中随机选择记录，直到获得样本中指定的记录数。对于某些数据挖掘技术，抽样可以用来将我们的数据集分成两个独立的数据集，一部分用来构建我们的模型，另一部分用来测试这些模型的有效性。

在 Oracle 中，sample 函数的参数是一个百分比数字。这个数字代表抽样结果占整个数据集的百分比。

```
SELECT count(*)
FROM   mining_data_build_v
SAMPLE (20);


  COUNT(*)
----------
       319
```

注意：

sample 函数返回样本大小记录的估计值。每次运行此查询时，都会返回稍微不同的记录数，因为 Oracle 会根据样本大小并根据函数使用的默认种子值完成估计。

sample block 也是一个抽样函数。在这种情况下，仍然可以指定一个百分比值，但是 Oracle 会按照这个百分比从每个数据块中随机抽取相应比值的样本记录。

```
SELECT count(*)
FROM   mining_data_build_v
SAMPLE BLOCK (20);


  COUNT(*)
----------
       150
```

注意：

就像 sample 函数一样，每次运行 sample block 函数可能会返回不同数量的记录。

每次使用 sample 函数时，Oracle 都会生成一个随机的种子编号，用作样本函数的种子。如果省略种子编号(如前面的示例中所示)，则在每种情况下都会得到不同的结果集，而且结果集的记录数会略有不同。如果一遍又一遍地运行前面的示例代码，则会看到返回的记录数量一直有些小的变化。

如果希望每次都返回相同的样本数据集，则需要指定种子值。种子必须是 0 和 4294967295 之间的整数。

```
SELECT count(*)
FROM   mining_data_build_v
SAMPLE (20) SEED (124);


  COUNT(*)
----------
       350
```

同样，如果多次运行这个查询，仍然会得到一些稍微不同的数字，但是它们没有像未使用种子时的结果那样变化。

sample 函数的替代方案是使用 ora_hash 函数。ora_hash 函数为一个给定的表达式生成一个散列值，当你想要根据一个特定的属性生成一个随机样本时，它会非常有用。以下示例说明如何生成数据集的一个子集，其中 60% 的数据可用于构建数据挖掘模型。ora_hash 值有三个参数。第一个参数是数据集/表的 case_id。第二个参数是可以创建的哈希桶的数量。桶的编号从 0 开始，因此 ora_hash 函数的值为 99 时将创建 100 个桶。第三个参数是种子值，在下面的示例中，种子值是 0：

```
create view BUILD_DATA_SET_V
as
SELECT *
FROM   mining_data_build_v
WHERE ORA_HASH(CUST_ID, 99, 0) <= 60;
```

本示例创建一个包含数据集中 60% 记录的视图。可以将这部分数据用作构建数据集，并将其输入数据挖掘算法中。

原始数据集的其余部分(40%)可以用于测试数据集，如本示例所示，使用了 ora_hash 值的不同范围：

```
create view TEST_DATA_SET_V
as
SELECT *
FROM   mining_data_build_v
WHERE ORA_HASH(CUST_ID, 99, 0) > 60;
```

2. 数据转换

DBMS_DATA_MINING_TRANSFORM 包提供了许多存储过程和函数，允许在数据集上执行某些类型的数据转换。这个 PL/SQL 包可以与其他类型的转换一起使用来处理数据。

有两种不同的方法来使用 DBMS_DATA_MINING_TRANSFORM 包。第一种方法是使用包来定义一个转换列表。转换列表定义了需要在数据上执行的一系列转换。这个转换列表的输出将是一个数据库视图。这个数据库视图可以被用作数据挖掘算法的数据源。每次要使用数据挖掘模型对新数据进行评分时，都需要在将模型应用到数据之前将转换列表先应用于数据。

第二种方法是先定义转换列表，然后将此转换列表作为参数传递给 create_model 存储过程，该存储过程用于创建数据挖掘模型。当使用这种方法时，转换列表将嵌入数据挖掘模型中。所以，当你想把模型应用到新的数据时，不必将转换列表作为一个单独的步骤来运行。相反，模型将在应用之前将这些转换应用于数据。

注意：

在数据挖掘模型中嵌入转换时，可能仍然需要在数据集上运行一些其他的数据转换。这是因为 DBMS_DATA_MINING_TRANSFORM 包可以处理一些特定的转换。使用这个 PL/SQL 包可能仅可以构成数据转换的一部分。

如果要用平均值或众数替换丢失的数据，则需要三个阶段的处理过程。第一阶段是创建一个更新后的转换数据的表。第二阶段是运行计算替换值的过程，然后在第一阶段创建的表中创建必要的记录。数值和分类属性都需要遵循这两个阶段。对于第三阶段，需要创建一个新的视图，其中包含原始表中的数据，并将第二阶段生成的缺失数据规则应用于该视图。以下示例展示了 MINING_DATA_BUILD_V 数据集中数值和分类属性的前两个阶段：

```
-- Transform missing data for numeric attributes
BEGIN
  --
  -- Clean-up : Drop the previously created tables
```

```
   --
   BEGIN
      execute immediate 'drop table TRANSFORM_MISSING_NUMERIC';
   EXCEPTION
      WHEN others THEN
         null;
   END;
   BEGIN
      execute immediate 'drop table TRANSFORM_MISSING_CATEGORICAL';
   EXCEPTION
      WHEN others THEN
         null;
   END;

   --
   -- Transform the numeric attributes
   --
   dbms_data_mining_transform.CREATE_MISS_NUM (
      miss_table_name => 'TRANSFORM_MISSING_NUMERIC');

   dbms_data_mining_transform.INSERT_MISS_NUM_MEAN (
      miss_table_name=> 'TRANSFORM_MISSING_NUMERIC',
      data_table_name=> 'MINING_DATA_BUILD_V',
      exclude_list    => DBMS_DATA_MINING_TRANSFORM.COLUMN_LIST (
                          'affinity_card',
                          'cust_id'));

   --
   -- Transform the categorical attributes
   --
   dbms_data_mining_transform.CREATE_MISS_CAT (
      miss_table_name => 'TRANSFORM_MISSING_CATEGORICAL');

   dbms_data_mining_transform.INSERT_MISS_CAT_MODE (
      miss_table_name => 'TRANSFORM_MISSING_CATEGORICAL',
      data_table_name => 'MINING_DATA_BUILD_V',
      exclude_list    => DBMS_DATA_MINING_TRANSFORM.COLUMN_LIST (
                          'affinity_card',
                          'cust_id'));
END;
/
```

当这个代码执行完成时，两个转换表将在你的模式中。查询这两个表时，将找到列出的属性(数值或分类)以及用于替换缺失值的值。例如，下面的示例说明了分类属性数据缺失的数据转换：

```
column col format a25
column val format a25
SELECT col, val
FROM   transform_missing_categorical;

COL                      VAL
--------------------------------------------------
CUST_GENDER              M
CUST_MARITAL_STATUS      Married
COUNTRY_NAME             United States of America
CUST_INCOME_LEVEL        J: 190,000 - 249,999
EDUCATION                HS-grad
```

```
OCCUPATION                Exec.
HOUSEHOLD_SIZE            3
```

对于第三阶段，需要创建一个新的视图(MINING_DATA_V)，其中包含原始表中的数据，并将第二阶段生成的缺失数据规则应用于该视图。这是通过先创建视图(MINING_DATA_MISS_V)分阶段构建的，该视图合并数据源和缺失的数值属性的转换。然后基于这个视图对缺失的分类属性进行转换，以创建一个名为MINING_DATA_V的新视图，其中包含所有缺失的数据转换。

```
BEGIN
  -- xform input data to replace missing values
  -- The data source is MINING_DATA_BUILD_V
  -- The output is MINING_DATA_MISS_V
  DBMS_DATA_MINING_TRANSFORM.XFORM_MISS_NUM(
    miss_table_name => 'TRANSFORM_MISSING_NUMERIC',
    data_table_name => 'MINING_DATA_BUILD_V',
    xform_view_name => 'MINING_DATA_MISS_V');

  -- xform input data to replace missing values
  -- The data source is MINING_DATA_MISS_V
  -- The output is MINING_DATA_V
  DBMS_DATA_MINING_TRANSFORM.XFORM_MISS_CAT(
    miss_table_name => 'TRANSFORM_MISSING_CATEGORICAL',
    data_table_name => 'MINING_DATA_MISS_V',
    xform_view_name => 'MINING_DATA_V');
END;
/
```

现在可以查询视图 MINING_DATA_V 并查看显示的数据不包含任何属性的任何 NULL 值。

以下示例显示如何转换数据以识别离群值，然后如何转换它们。在该示例中，执行 Winsorizing 变换，其中离群值由不是离群值的最近值替换。转换过程分三个阶段进行。对于第一阶段，创建包含离群值数据的表。第二阶段计算离群值转换数据并将其存储在第一阶段创建的表中。离群值过程的其中一个参数要求列出不希望应用转换过程的属性(而不是列出希望应用的属性)。第三阶段创建一个视图(MINING_DATA_V_2)，其中包含应用了离群值转换规则的数据集。此阶段的输入数据可以是之前转换过程的输出(例如 DATA_MINING_V)。

```
BEGIN
  -- Clean-up : Drop the previously created tables
  BEGIN
    execute immediate 'drop table TRANSFORM_OUTLIER';
  EXCEPTION
    WHEN others THEN
      null;
  END;

  -- Stage 1 : Create the table for the transformations
  -- Perform outlier treatment for: AGE and YRS_RESIDENCE
  --
  DBMS_DATA_MINING_TRANSFORM.CREATE_CLIP (
    clip_table_name => 'TRANSFORM_OUTLIER');

  -- Stage 2 : Transform the categorical attributes
  -- Exclude the number attributes you do not want transformed
  DBMS_DATA_MINING_TRANSFORM.INSERT_CLIP_WINSOR_TAIL (
    clip_table_name => 'TRANSFORM_OUTLIER',
    data_table_name=> 'MINING_DATA_V',
    tail_frac       => 0.025,
```

```
        exclude_list    => DBMS_DATA_MINING_TRANSFORM.COLUMN_LIST (
                        'affinity_card',
                        'bookkeeping_application',
                        'bulk_pack_diskettes',
                        'cust_id',
                        'flat_panel_monitor',
                        'home_theater_package',
                        'os_doc_set_kanji',
                        'printer_supplies',
                        'y_box_games'));

   -- Stage 3 : Create the view with the transformed data
   DBMS_DATA_MINING_TRANSFORM.XFORM_CLIP(
      clip_table_name => 'TRANSFORM_OUTLIER',
      data_table_name => 'MINING_DATA_V',
      xform_view_name => 'MINING_DATA_V_2');
END;
/
```

视图 MINING_DATA_V_2 现在将包含 MINING_DATA_BUILD_V 的数据，缺失的数值和分类属性数据已经被处理，并且对 AGE 属性也作了离群值的处理。

标准化的过程遵循与之前的转换类似的过程，也是一个三阶段的过程。第一阶段涉及创建一个包含需要标准化的数据的表。第二阶段将标准化过程应用于数据源，定义所需的标准化，并将所需的转换数据插入第一阶段创建的表中。第三阶段涉及定义一个视图，将标准化转换应用于数据源，并通过数据库视图显示输出。以下示例说明了如何规范 AGE 和 YRS_RESIDENCE 属性。输入数据源是作为前一个转换的输出创建的视图(MINING_DATA_V_2)。这个视图的数据来自原始的 MINING_DATA_BUILD_V 数据集。该转换步骤和所有其他数据转换步骤的最终输出是 MINING_DATA_READY_V。

```
BEGIN
   -- Clean-up : Drop the previously created tables
   BEGIN
      execute immediate 'drop table TRANSFORM_NORMALIZE';
   EXCEPTION
      WHEN others THEN
         null;
   END;

   -- Stage 1 : Create the table for the transformations
   -- Perform normalization for: AGE and YRS_RESIDENCE
   dbms_data_mining_transform.CREATE_NORM_LIN (
      norm_table_name => 'MINING_DATA_NORMALIZE');

   -- Step 2 : Insert the normalization data into the table
   dbms_data_mining_transform.INSERT_NORM_LIN_MINMAX (
      norm_table_name => 'MINING_DATA_NORMALIZE',
      data_table_name => 'MINING_DATA_V_2',
      exclude_list    => DBMS_DATA_MINING_TRANSFORM.COLUMN_LIST (
                        'affinity_card',
                        'bookkeeping_application',
                        'bulk_pack_diskettes',
                        'cust_id',
                        'flat_panel_monitor',
                        'home_theater_package',
                        'os_doc_set_kanji',
                        'printer_supplies',
```

```
                                    'y_box_games'));
    -- Stage 3 : Create the view with the transformed data
    DBMS_DATA_MINING_TRANSFORM.XFORM_NORM_LIN (
       norm_table_name => 'MINING_DATA_NORMALIZE',
       data_table_name => 'MINING_DATA_V_2',
       xform_view_name => 'MINING_DATA_READY_V');

END;
/
```

现在可以使用视图 MINING_DATA_READY_V 作为 Oracle 数据挖掘算法的数据源。

在准备好数据之后，对其进行所有必要的转换，现在可以将数据用作数据挖掘算法的输入。

作为前面过程的延续，下面的示例说明了如何将前面章节中转换后的数据作为数据源添加到数据挖掘算法中。在创建数据挖掘模型之前，需要创建一个包含模型所需的所有算法设置的设置表。以下示例为一个表明我们要创建决策树归类模型的设置表：

```
-- create the settings table for a Decision Tree model
CREATE TABLE demo_class_dt_settings
( setting_name  VARCHAR2(30),
  setting_value VARCHAR2(4000));

-- 插入决策树的设置记录
-- 决策树算法。 默认情况下朴素贝叶斯用于分类
-- ADP 已打开。 默认情况下 ADP 被关闭。
BEGIN
  INSERT INTO demo_class_dt_settings (setting_name, setting_value)
  values (dbms_data_mining.algo_name, dbms_data_mining.algo_decision_tree);

  INSERT INTO demo_class_dt_settings (setting_name, setting_value)
  VALUES (dbms_data_mining.prep_auto,dbms_data_mining.prep_auto_on);
END;
/
```

定义设置后，可以使用作为 DBMS_DATA_MINING 包一部分的 create_model 存储过程来创建数据挖掘模型。以下示例显示 create_model 存储过程如何使用上例中的设置表，并使用 MINING_DATA_READY_V 作为构建模型的数据源：

```
BEGIN
  DBMS_DATA_MINING.CREATE_MODEL(
    model_name           => 'DEMO_CLASS_DT_MODEL',
    mining_function      => dbms_data_mining.classification,
    data_table_name      => 'MINING_DATA_READY_V',
    case_id_column_name  => 'cust_id',
    target_column_name   => 'affinity_card',
    settings_table_name  => 'demo_class_dt_settings');
END;
/
```

此示例说明如何创建数据转换，将其应用于数据集，然后通过多个步骤应用它们，最终生成一个数据库视图，该视图可用作 create_model 存储过程的输入数据集。 这个转换后的数据集将包含各种转换。此外可能还需要使用 PL/SQL(或其他一些编程语言)进行一些其他的转换。

如果有一个明确的转换列表，那么可以考虑将它们嵌入数据挖掘模型中。为此，可以将包含转换列表的参数传递给 create_model 存储过程。该参数具有以下的格式：

```
xform_list              IN TRANSFORM_LIST DEFAULT NULL
```

其中 transform_list 具有下列结构：

```
TRANFORM_REC      IS RECORD (
    attribute_name        VARCHAR2(4000),
    attribute_subname     VARCHAR2(4000),
    expression            EXPRESSION_REC,
    reverse_expression    EXPRESSION_REC,
    attribute_spec        VARCHAR2(4000));
```

可以使用 set_transform 存储过程(在 DBMS_DATA_MINING_TRANSFORM 中)来定义所需的转换。 以下示例展示了将 BOOKKEEPING_APPLICATION 属性从数字类型转换为字符类型的方法：

```
DECLARE
    transform_stack    dbms_data_mining_transform.TRANSFORM_LIST;
BEGIN
    dbms_data_mining_transform.SET_TRANSFORM(
            transform_stack,
            'BOOKKEEPING_APPLICATION',
            NULL,
            'to_char(BOOKKEEPING_APPLICATION)',
            'to_number(BOOKKEEPING_APPLICATION)',
            NULL);
END;
/
```

或者，可以使用 set_expression 存储过程，然后使用它创建转换。

也可以将转换叠加在一起。 使用前面的示例，可以设置一些转换，并把它们存储在 transform_stack 变量中。然后，可以将此变量传递给 create_model 存储过程，并将这些转换嵌入数据挖掘模型(DEMO_TRANSFORM_MODEL)中。 以下示例展示了具体方法：

```
DECLARE
    transform_stack    dbms_data_mining_transform.TRANSFORM_LIST;
BEGIN
    -- Define the transformation list
    dbms_data_mining_transform.SET_TRANSFORM(
            transform_stack,
            'BOOKKEEPING_APPLICATION',
            NULL,
            'to_char(BOOKKEEPING_APPLICATION)',
            'to_number(BOOKKEEPING_APPLICATION)',
            NULL);
    -- Create the data mining model
    DBMS_DATA_MINING.CREATE_MODEL(
        model_name                => 'DEMO_TRANSFORM_MODEL',
        mining_function           => dbms_data_mining.classification,
        data_table_name           => 'MINING_DATA_BUILD_V',
        case_id_column_name       => 'cust_id',
        target_column_name        => 'affinity_card',
        settings_table_name       => 'demo_class_dt_settings',
        xform_list                => transform_stack);
END;
/
```

在前面的章节中，举例说明了如何在数据集上创建各种转换。 然后使用这些转换来创建包含这些转换的数据集的视图。如果你希望将这些转换嵌入数据挖掘模型中，而不必创建各种视图，则可以使用 DBMS_DATA_MINING_TRANSFORM 包中的 stack 存储过程。以下示例展示了将上一节中创建的各种转换堆叠到一起。 这些转换被添加

(或堆叠)到转换列表中。然后，在 create_model 存储过程调用中使用此转换列表，以便将转换嵌入模型(MINING_STACKED_MODEL)中。

```
DECLARE
   transform_stack   dbms_data_mining_transform.TRANSFORM_LIST;
BEGIN
   -- Stack the missing numeric transformations
   dbms_data_mining_transform.STACK_MISS_NUM (
        miss_table_name => 'TRANSFORM_MISSING_NUMERIC',
        xform_list       => transform_stack);

   -- Stack the missing categorical transformations
   dbms_data_mining_transform.STACK_MISS_CAT (
        miss_table_name => 'TRANSFORM_MISSING_CATEGORICAL',
        xform_list       => transform_stack);

   -- Stack the outlier treatment for AGE
   dbms_data_mining_transform.STACK_CLIP (
        clip_table_name => 'TRANSFORM_OUTLIER',
        xform_list       => transform_stack);

   -- Stack the normalization transformation
   dbms_data_mining_transform.STACK_NORM_LIN (
        norm_table_name => 'MINING_DATA_NORMALIZE',
        xform_list       => transform_stack);

   -- Create the data mining model
   DBMS_DATA_MINING.CREATE_MODEL(
      model_name           => 'DEMO_STACKED_MODEL',
      mining_function      => dbms_data_mining.classification,
      data_table_name      => 'MINING_DATA_BUILD_V',
      case_id_column_name => 'cust_id',
      target_column_name  => 'affinity_card',
      settings_table_name => 'demo_class_dt_settings',
      xform_list           => transform_stack);
END;
/
```

要查看数据挖掘模型中的嵌入式转换，可以使用作为 DBMS_DATA_MINING 包一部分的 get_model_transformations 存储过程。以下示例展示了添加到数据挖掘模型 DEMO_STACKED_MODEL 中的嵌入式转换：

```
SELECT TO_CHAR(expression)
FROM TABLE
(dbms_data_mining.GET_MODEL_TRANSFORMATIONS('DEMO_STACKED_MODEL'));

TO_CHAR(EXPRESSION)
--------------------------------------------------------------------------------
(CASE  WHEN (NVL("AGE",38.892)<18) THEN 18 WHEN (NVL("AGE",38.892)>70) THEN 70
ELSE NVL("AGE",38.892) END -18)/52

NVL("BOOKKEEPING_APPLICATION",.880667)
NVL("BULK_PACK_DISKETTES",.628)
NVL("FLAT_PANEL_MONITOR",.582)
NVL("HOME_THEATER_PACKAGE",.575333)
NVL("OS_DOC_SET_KANJI",.002)
NVL("PRINTER_SUPPLIES",1)
(CASE  WHEN (NVL("YRS_RESIDENCE",4.08867)<1) THEN 1 WHEN (NVL("YRS_RESIDENCE",4.
```

```
08867)>8) THEN 8 ELSE NVL("YRS_RESIDENCE",4.08867) END -1)/7

NVL("Y_BOX_GAMES",.286667)
NVL("COUNTRY_NAME",'United States of America')
NVL("CUST_GENDER",'M')
NVL("CUST_INCOME_LEVEL",'J: 190,000 - 249,999')
NVL("CUST_MARITAL_STATUS",'Married')
NVL("EDUCATION",'HS-grad')
NVL("HOUSEHOLD_SIZE",'3')
NVL("OCCUPATION",'Exec.')
```

3. ODM 中的自动数据转换

在 Oracle 中，大多数数据挖掘算法需要在模型构建之前执行某种形式的数据转换。Oracle 已经在数据库中构建了大量必要的处理方法，并且所需的数据转换将自动在数据上执行。这样可以减少准备用于数据挖掘的数据所需的时间，并且可以将精力集中在数据挖掘项目及其目标上。这就是 Oracle Data Miner 中的自动数据准备 (Automatic Data Preparation，ADP)。

在构建模型的过程中，Oracle 会根据每个算法的具体情况来为输入数据应用一些数据转换。更重要的是，可以对这些嵌入式数据转换进行补充并添加自己的转换，也可以选择自行管理所有转换。

ADP 查看每个算法和输入数据集的要求，并应用必要的数据转换，这些转换可能包括分箱、规范化和离群值处理。

表 10-6 总结了为每个算法执行的自动数据准备情况。

表 10-6　使用 Oracle 数据挖掘的自动数据转换

算法	自动数据准备(ADP)的应用范围
先验	ADP 对关联规则没有影响
决策树	ADP 对决策树没有影响。数据准备由算法处理
最大期望	对用高斯分布建模的单列(非嵌套)数值列的离群值进行标准化。ADP 对其他类型的列没有影响
广义线性模型	数值属性进行离群值敏感的标准化
k-均值	数值属性进行离群值敏感的标准化
最小描述长度	所有的属性都通过监督合并来分类
朴素贝叶斯	所有的属性都通过监督合并来分类
非负矩阵分解	数值属性进行离群值敏感的标准化
O-Cluster	数值属性用专门的等宽装箱形式进行装箱，它自动计算每个属性的箱数。所有值都是 NULL 或只有单个值的数值列将被删除
奇异值分解	数值属性进行离群值敏感的标准化
支持向量机	数值属性进行离群值敏感的标准化

在使用 Oracle Data Miner 工具时，每个模型构建节点中的自动数据准备功能都会自动打开。使用 DBMS_DATA_MINING 包创建模型时，自动数据准备的默认设置为关闭状态(prep_auto_off)。可以通过在设置表中添加记录来开启(prep_auto_on)ADP。下面的代码是一个示例：

```
-- create the settings table for a Decision Tree model
DROP TABLE demo_class_dt_settings;
CREATE TABLE demo_class_dt_settings
( setting_name  VARCHAR2(30),
  setting_value VARCHAR2(4000));
```

```
-- 插入支持向量机的设置记录
-- 支持向量机算法。 默认情况下朴素贝叶斯用于归类
-- ADP 已打开。 默认情况下，ADP 关闭。
BEGIN
  INSERT INTO demo_class_dt_settings (setting_name, setting_value)
  values (dbms_data_mining.algo_name, dbms_data_mining.algo_decision_tree);

  INSERT INTO demo_class_dt_settings (setting_name, setting_value)
  VALUES (dbms_data_mining.prep_auto,dbms_data_mining.prep_auto_on);
END;
/
```

10.4.2　建立归类模型

在创建数据集并应用所有必要的数据转换之后，流程的下一个阶段是创建数据挖掘模型。在本节中，我们将展示如何准备和创建归类模型。使用 Oracle Data Mining，可以选择 4 种数据挖掘算法：决策树、朴素贝叶斯、广义线性模型和支持向量机。

在本节中，我们将展示如何创建决策树模型。在大多数项目中，我们需要重复本节中列出的一些步骤，来创建使用了其他 Oracle 数据挖掘算法的数据挖掘模型。

1. 设置表

要使用数据挖掘算法构建模型，需要列出要用于算法的设置。 要指定设置，需要创建一个包含每个设置的一个记录的表。设置表将有两个属性：

- **名称**　这包含设置参数的名称。
- **值**　这包含设置参数的值。

可以为设置表定义名称，如前面数据转换中的示例所示。因为在模式中可能有多个这样的表，所以需要确保它们具有唯一的名称，并且每个名称都是有意义的。

通常情况下，设置表中有两个记录。其中一个记录指定了在构建模型时要使用的算法，第二个记录指定是否要使用自动数据处理(ADP)功能。当使用 Oracle Data Miner 工具时，ADP 自动打开，但在使用 create_model 函数时，默认情况下 ADP 处于关闭状态。

以下示例提供了创建设置表的代码并插入两个设置记录。这些记录指定使用决策树算法和 ADP。此代码可以使用 SQL Developer 中的 SQL 工作表或者使用 SQL * Plus 或 SQLcl 运行。执行语句而使用的用户要有使用 Oracle Data Miner 的必要权限(例如，可以使用 DMUSER 用户)。

```
-- create the settings table for a Decision Tree model
DROP TABLE demo_class_dt_settings;
CREATE TABLE demo_class_dt_settings
( setting_name  VARCHAR2(30),
  setting_value VARCHAR2(4000));

-- insert the settings records for a Decision Tree
-- Decision Tree algorithm. By Default Naive Bayes is used for classification
-- ADP is turned on. By default ADP is turned off.
BEGIN
  INSERT INTO demo_class_dt_settings (setting_name, setting_value)
  values (dbms_data_mining.algo_name, dbms_data_mining.algo_decision_tree);

  INSERT INTO demo_class_dt_settings (setting_name, setting_value)
  VALUES (dbms_data_mining.prep_auto,dbms_data_mining.prep_auto_on);
END;
/
```

```
SELECT *
FROM   demo_class_dt_settings;

SETTING_NAME                 SETTING_VALUE
---------------------------- ----------------------------
ALGO_NAME                    ALGO_DECISION_TREE
PREP_AUTO                    ON
```

如果要执行自己的数据准备，则不需要包含第二个 INSERT 语句，也可以将设置值更改为 prep_auto_off。

需要为每个要使用的算法创建一个单独的设置表。在我们的示例中，只是指定了创建决策树模型的设置。如果要同时创建其他归类模型，则需要为每个其他算法创建一个单独的设置表。

表 10-7 列出了 Oracle 中可用的数据挖掘算法。

表 10-7　Oracle 数据挖掘算法的算法名称

算法名称	描述
ALGO_DECISION_TREE	决策树
ALGO_GENERALIZED_LINEAR_MODEL	广义线性模型
ALGO_NAIVE_BAYES	朴素贝叶斯
ALGO_SUPPORT_VECTOR_MACHINES	支持向量机

每种算法都有自己的设置，表 10-8 显示了每种归类算法的设置和默认值。

表 10-8　可用于每个 Oracle 数据挖掘算法的设置

算法	设置	取值范围和默认值
朴素贝叶斯	NABS_PAIRWISE_THRESHOLD	算法的成对阈值的值 值≥0 且≤1 0.001(默认值)
	NABS_SINGLETON_THRESHOLD	算法的单例阈值的值 值≥0 且≤1 0.001(默认值)
广义线性模型	GLMS_CONF_LEVEL	间隔的置信度 值>0 且<1 0.95(默认值)
	GLMS_DIAGNOSTICS_TABLE_NAME	包含在模型构建期间创建的行级诊断信息的表的名称，默认值由算法决定
	GLMS_REFERENCE_CLASS_NAME	在逻辑回归模型中用作参考值的目标值，默认值由算法决定
	GLMS_RIDGE_REGRESSION	指示是否启用岭回归： GLMS_RIDGE_REG_ENABLE GLMS_RIDGE_REG_DISABLE 默认值由算法决定
	GLMS_RIDGE_VALUE	算法使用的岭参数的值。只有在启用岭回归时才应设置 值> 0 如果自动设置，默认值由算法确定; 否则，必须提供一个值
	GLMS_VIF_FOR_RIDGE	表示使用岭回归时是否创建方差膨胀因子统计： GLMS_VIF_RIDGE_ENABLE GLMS_VIF_EIDGE_DISABLE(默认值)

算法	设置	取值范围和默认值
支持向量机	SVMS_ACTIVE_LEARNING	指示启用还是禁用主动学习: SVMS_AL_DISABLE SVMS_AL_ENABLE(默认值)
	SVMS_COMPLEXITY_FACTOR	复杂性因子的值 值> 0 默认值是由算法估计的
	SVMS_CONV_TOLERANCE	算法的收敛容差 值> 0 0.001(默认值)
	SVMS_EPSILON	Epsilon 因子的值 值> 0 默认值是由算法估计的
	SVMS_KERNEL_CACHE_SIZE	内核缓存大小的值,仅适用于高斯内核 值> 0 50MB(默认值)
	SVMS_KERNEL_FUNCTION	算法使用的内核: svm_gaussian svm_linear 默认值是由算法估计的
	SVMS_OUTLINER_RATE	一类模型的训练数据中的轮廓比率 值> 0 且< 1 1(默认值)
	SVMS_STD_DEV	使用高斯核的算法的标准偏差值 值> 0 默认值是由算法估计的
决策树	TREE_IMPURITY_METRIC	该算法用于确定为每个节点分割数据的最佳方法: TREE_IMPURITY_GINI (默认值) TREE_IMPURITY_ENTROPY
	TREE_TERM_MAX_DEPTH	树的最大深度(也就是根节点和叶节点之间的节点数量) 值$\geq$2 且$\leq$20 7(默认值)
	TREE_TERM_MINPCT_NODE	子节点的百分比记录数不会低于此值 值$\geq$0 且$\leq$10 0.5(默认值)
	TREE_TERM_MINREC_SPLIT	考虑拆分父节点前,父节点中的最小记录数 值$\geq$0 且$\leq$20 20(默认值)
	TREE_TERM_MINREC_NODE	子节点的记录数不会低于此值 值$\geq$0 10(默认值)
	TREE_TERM_MINPCT_SPLIT	分割节点所需记录的最小百分比 值$\geq$0 .1(默认值)

2. 创建归类模型

要创建新的 Oracle 数据挖掘模型，可以使用属于 DBMS_DATA_MINING 包的 create_model 存储过程。create_model 存储过程接受如表 10-9 所列出的参数。

在以下示例中，我们将根据本章前面创建的示例数据集创建决策树模型。此示例数据集包含 MINING_DATA_BUILD_V 视图。create_model 存储过程将 MINING_DATA_BUILD_V 中的所有记录作为输入项来创建模型(在本例中为决策树)。

```
BEGIN
  DBMS_DATA_MINING.CREATE_MODEL(
     model_name             => 'DEMO_CLASS_DT_MODEL',
     mining_function         => dbms_data_mining.classification,
     data_table_name         => 'mining_data_build_v',
     case_id_column_name     => 'cust_id',
     target_column_name      => 'affinity_card',
     settings_table_name     => 'demo_class_dt_settings');
END;
/
```

表 10-9　CREATE_MODEL 存储过程的参数

参数	描述
model_name	正在创建的模型的名称，是一个有意义的名称
mining_function	要使用的数据挖掘功能。可能的值是 association、attribute_importance、classification、clustering、feature_extraction 和 regression
data_table_name	包含构建数据集的表或视图的名称
case_id_column_name	构建数据集的主键列名(PK)
target_column_name	构建数据集中的目标属性列的名称
settings_table_name	设置表的名称
data_schema_name	构建数据集所在的模式。如果构建数据集在当前模式中，则可以保留 NULL
settings_schema_name	设置表所在的模式。如果设置表在当前模式中，则可以保留 NULL
xform_list	如果想要将一组转换嵌入模型中，则可以在此处指定它。 这些转换可以代替或与 ADP 执行的转换相结合

注意:

如果想删除一个模型，可以使用 drop_model 函数。以下是一个示例:

```
BEGIN
  DBMS_DATA_MINING.DROP_MODE('DEMO_CLASS_DT_MODEL');
END;
/
```

如果要使用其他归类算法创建多个归类模型，则需要为每个归类模型设置一个单独的设置表。 然后必须为每个模型执行 CREATE_MODEL 命令。该命令与前面的决策树示例相同，除了将具有不同的设置表和不同的模型名称。以下示例展示了使用相同的构建数据集和另外的设置表，用 CREATE_MODEL 命令创建支持向量机模型:

```
-- create the settings table for a Support Vector Machine model
CREATE TABLE demo_class_svm_settings
( setting_name  VARCHAR2(30),
  setting_value VARCHAR2(4000));
```

```
-- insert the settings records for a Support Vector Machine
-- Support Vector Machine algorithm. By Default Naive Bayes is used for classification
-- ADP is turned on. By default ADP is turned off.
BEGIN
  INSERT INTO demo_class_svm_settings (setting_name, setting_value)
  values (dbms_data_mining.algo_name,
dbms_data_mining.algo_support_vector_machines);

  INSERT INTO demo_class_svm_settings (setting_name, setting_value)
  VALUES (dbms_data_mining.prep_auto,dbms_data_mining.prep_auto_on);
END;
/

BEGIN
  DBMS_DATA_MINING.CREATE_MODEL(
     model_name             => 'DEMO_CLASS_SVM_MODEL',
     mining_function         => dbms_data_mining.classification,
     data_table_name        => 'mining_data_build_v',
     case_id_column_name    => 'cust_id',
     target_column_name     => 'affinity_card',
     settings_table_name    => 'demo_class_svm_settings');
END;
/
```

以下代码展示了如何检查归类模型和支持向量机模型是否已经建立，以及模式中还存在哪些其他的归类模型。我们看到了新的决策树模型 DEMO_CLASS_DT_MODEL 和新的支持向量机模型 DEMO_CLASS_SVM_MODEL。

```
SELECT model_name,
       algorithm,
       build_duration,
       model_size
FROM ALL_MINING_MODELS
WHERE mining_function = 'CLASSIFICATION';
```

MODEL_NAME	ALGORITHM	BUILD_DURATION	MODEL_SIZE
CLAS_GLM_1_13	GENERALIZED_LINEAR_MODEL	13	.1611
CLAS_NB_1_13	NAIVE_BAYES	13	.061
CLAS_DT_1_13	DECISION_TREE	13	.0886
CLAS_SVM_1_13	SUPPORT_VECTOR_MACHINES	13	.0946
DEMO_CLASS_DT_MODEL	**DECISION_TREE**	**27**	**.0661**
DEMO_CLASS_SVM_MODEL	**SUPPORT_VECTOR_MACHINES**	**7**	**.1639**

要查看用于构建模型的设置，需要查询视图 ALL_DATA_MINING_SETTINGS，该视图将显示设置表中指定的设置以及每种算法的其他默认设置。

```
SELECT setting_name,
       setting_value,
       setting_type
FROM  all_mining_model_settings
WHERE model_name = 'DEMO_CLASS_DT_MODEL';
```

SETTING_NAME	SETTING_VALUE	SETTING
TREE_TERM_MINREC_NODE	10	DEFAULT
TREE_TERM_MAX_DEPTH	7	DEFAULT
TREE_TERM_MINPCT_SPLIT	.1	DEFAULT

```
TREE_IMPURITY_METRIC          TREE_IMPURITY_GINI               DEFAULT
TREE_TERM_MINREC_SPLIT        20                               DEFAULT
TREE_TERM_MINPCT_NODE         .05                              DEFAULT
PREP_AUTO                     ON                               INPUT
ALGO_NAME                     ALGO_DECISION_TREE               INPUT
```

接下来，可以查看用于构建决策树模型的属性。数据挖掘算法可能不会使用数据源表或视图中可用的所有属性来构建它的模型。该算法将确定哪些属性及其值对目标属性中的值有影响。要查看模型中使用的属性，我们可以查询 ALL_MINING_MODEL_ATTRIBUTES 视图：

```
SELECT attribute_name,
       attribute_type,
       usage_type,
       target
FROM  all_mining_model_attributes
WHERE model_name = 'DEMO_CLASS_DT_MODEL';


ATTRIBUTE_NAME                ATTRIBUTE_T USAGE_TY TAR
----------------------------- ----------- -------- ---
AFFINITY_CARD                 CATEGORICAL ACTIVE   YES
YRS_RESIDENCE                 NUMERICAL   ACTIVE   NO
OCCUPATION                    CATEGORICAL ACTIVE   NO
HOUSEHOLD_SIZE                CATEGORICAL ACTIVE   NO
EDUCATION                     CATEGORICAL ACTIVE   NO
CUST_MARITAL_STATUS           CATEGORICAL ACTIVE   NO
AGE                           NUMERICAL   ACTIVE   NO
```

10.4.3 评估归类模型

当使用 create_model 存储过程创建新模型时，它会使用数据源中的所有记录来构建模型。当使用 PL/SQL 包 DBMS_DATA_MINING 时，测试和评估是单独的步骤。使用 DBMS_DATA_MINING 包创建模型时，必须使用单独的数据源来测试数据。这个单独的数据源可以是一个表或视图。

当测试数据集准备就绪时，模型可以应用到这个测试数据集。有两种方法来做到这一点。首先是使用属于 DBMS_DATA_MINING 包的 apply 存储过程，或者可以使用 SQL 函数 prediction 和 prediction_probability。这些在本章后面的章节中有更详细的说明。当使用 apply 存储过程时，将创建一个新表来存储结果。如果不希望模式被很多这些表填充，另一种方法是使用 SQL 函数创建一个视图。后一种方法将在接下来的示例中说明。在下面的这个示例中，将创建一个视图，其包含测试数据集表的主键、预测的目标值和预测概率。CASE ID 是需要的，以便我们可以链接回测试数据集，并且比较实际目标值与预测值。样本数据有一个名为 MINING_DATA_TEST_V 的视图，我们将用它来测试决策树模型。

```
CREATE OR REPLACE VIEW demo_class_dt_test_result
AS
SELECT cust_id,
       prediction(DEMO_CLASS_DT_MODEL USING *) predicted_value,
       prediction_probability(DEMO_CLASS_DT_MODEL USING *) probability
FROM  mining_data_test_v;

SELECT *
FROM demo_class_dt_test_result
FETCH first 8 rows only;

  CUST_ID PREDICTED_VALUE PROBABILITY
--------- --------------- -----------
```

```
103001                   0  .952191235
103002                   0  .952191235
103003                   0  .859259259
103004                   0  .600609756
103005                   1  .736625514
103006                   0  .952191235
103007                   1  .736625514
103008                   0  .600609756
```

以下部分使用 DEMO_CLASS_DT_TEST_RESULT 和 MINING_DATA_ BUILD_V 视图来构建混淆矩阵以及计算 LIFT 和 ROC(受试者工作特征)。所有这些计算结果都是数字，因此不会有类似 Oracle Data Miner 工具的图表来帮助我们理解结果。

要计算模型的混淆矩阵，可使用 compute_confusion_matrix 存储过程，该存储过程是 PL/SQL 包 DBMS_DATA_MINING 的一部分。混淆矩阵可用于通过比较模型生成的预测目标值与测试数据集中的实际目标值来测试归类模型。因此该存储过程需要两组输入，一是预测的目标值数据(包括 Case Id、Prediction 和 Probabilities)，二是来自测试数据集的实际目标值(包括 Case Id 和 Target 属性)。以下是该过程的语法：

```
DBMS_DATA_MINING.COMPUTE_CONFUSION_MATRIX (
   accuracy                       OUT NUMBER,
   apply_result_table_name        IN VARCHAR2,
   target_table_name              IN VARCHAR2,
   case_id_column_name            IN VARCHAR2,
   target_column_name             IN VARCHAR2,
   confusion_matrix_table_name    IN VARCHAR2,
   score_column_name              IN VARCHAR2 DEFAULT 'PREDICTION',
   score_criterion_column_name    IN VARCHAR2 DEFAULT 'PROBABILITY',
   cost_matrix_table_name         IN VARCHAR2 DEFAULT NULL,
   apply_result_schema_name       IN VARCHAR2 DEFAULT NULL,
   target_schema_name             IN VARCHAR2 DEFAULT NULL,
   cost_matrix_schema_name        IN VARCHAR2 DEFAULT NULL,
   score_criterion_type           IN VARCHAR2 DEFAULT 'PROBABILITY');
```

以下示例展示了如何使用测试数据集和前期创建的视图创建本章前面创建的决策树模型的混淆矩阵。混淆矩阵结果将存储在一个名为 DEMO_CLASS_DT_CONFUSION_MATRIX 的新表中。

```
set serveroutput on

DECLARE
   v_accuracy NUMBER;
BEGIN
   DBMS_DATA_MINING.COMPUTE_CONFUSION_MATRIX (
      accuracy                    => v_accuracy,
      apply_result_table_name     => 'demo_class_dt_test_result',
      target_table_name           => 'mining_data_test_v',
      case_id_column_name         => 'cust_id',
      target_column_name          => 'affinity_card',
      confusion_matrix_table_name => 'demo_class_dt_confusion_matrix',
      score_column_name           => 'PREDICTED_VALUE',
      score_criterion_column_name => 'PROBABILITY',
      cost_matrix_table_name      => null,
      apply_result_schema_name    => null,
      target_schema_name          => null,
      cost_matrix_schema_name     => null,
      score_criterion_type        => 'PROBABILITY');
```

```
    DBMS_OUTPUT.PUT_LINE('**** MODEL ACCURACY ****: ' || ROUND(v_accuracy,4));
END;
/

**** MODEL ACCURACY ****: .8187
```

以下是查看混淆矩阵的方法：

```
SELECT *
FROM   demo_class_dt_confusion_matrix;

ACTUAL_TARGET_VALUE PREDICTED_TARGET_VALUE       VALUE
------------------- ----------------------  ----------
                  1                      0         192
                  0                      0        1074
                  1                      1         154
                  0                      1          80
```

要计算模型的 LIFT，可以使用属于 PL/SQL 包 DBMS_DATA_MINING 的 compute_lift 存储过程。LIFT 是使用分类器获得的正类数量和不使用分类器随机获取的正类数量的比例。它是根据将模型应用于测试数据集的结果计算得出的。这些结果按概率排列，然后分为分位数。每个分位数都有相同数量样本的分数。

该存储过程需要两组输入，一是预测的目标值数据(包括 Case Id、Prediction 和 Probabilities)，二是来自测试数据集的实际目标值(包括 Case Id 和 Target 属性)。以下是该存储过程的语法：

```
DBMS_DATA_MINING.COMPUTE_LIFT (
    apply_result_table_name     IN VARCHAR2,
    target_table_name           IN VARCHAR2,
    case_id_column_name         IN VARCHAR2,
    target_column_name          IN VARCHAR2,
    lift_table_name             IN VARCHAR2,
    positive_target_value       IN VARCHAR2,
    score_column_name           IN VARCHAR2 DEFAULT 'PREDICTION',
    score_criterion_column_name IN VARCHAR2 DEFAULT 'PROBABILITY',
    num_quantiles               IN NUMBER DEFAULT 10,
    cost_matrix_table_name      IN VARCHAR2 DEFAULT NULL,
    apply_result_schema_name    IN VARCHAR2 DEFAULT NULL,
    target_schema_name          IN VARCHAR2 DEFAULT NULL,
    cost_matrix_schema_name     IN VARCHAR2 DEFAULT NULL
    score_criterion_type        IN VARCHAR2 DEFAULT 'PROBABILITY');
```

以下示例展示了如何使用测试数据集和应用了模型后的结果视图 DEMO_CLASS_DT_TEST_RESULT，来计算本章前面创建的决策树模型的 LIFT。LIFT 结果将存储在名为 DEMO_CLASS_DT_LIFT 的新表中。

```
BEGIN
    DBMS_DATA_MINING.COMPUTE_LIFT (
        apply_result_table_name     => 'demo_class_dt_test_result',
        target_table_name           => 'mining_data_test_v',
        case_id_column_name         => 'cust_id',
        target_column_name          => 'affinity_card',
        lift_table_name             => 'DEMO_CLASS_DT_LIFT',
        positive_target_value       => '1',
        score_column_name           => 'PREDICTED_VALUE',
        score_criterion_column_name => 'PROBABILITY',
        num_quantiles               => 10,
        cost_matrix_table_name      => null,
        apply_result_schema_name    => null,
        target_schema_name          => null,
```

```
        cost_matrix_schema_name      => null,
        score_criterion_type         => 'PROBABILITY');
END;
/
```

在此代码运行之后,分位数的 LIFT 结果将存储在 DEMO_CLASS_DT_LIFT 表中。这个表包含许多属性信息,这些信息的重要部分(在下面的 SQL 中说明)显示了主要的 LIFT 结果:

```
SELECT quantile_number,
       probability_threshold,
       gain_cumulative,
       quantile_total_count
FROM   demo_class_dt_lift;
```

```
QUANTILE_NUMBER PROBABILITY_THRESHOLD GAIN_CUMULATIVE QUANTILE_TOTAL_COUNT
-------------- --------------------- --------------- --------------------
             1           .736625514        .1025641                   24
             2           .736625514     .205128199                   24
             3           .736625514     .307692317                   24
             4           .736625514     .410256398                   24
             5           .736625514     .508547003                   23
             6           .736625514     .606837582                   23
             7           .736625514     .705128211                   23
             8           .736625514     .803418791                   23
             9           .736625514      .90170942                   23
            10           .736625514               1                   23
```

要计算模型的 ROC,可以使用属于 PL/SQL 包 DBMS_DATA_MINING 的 compute_roc 存储过程。ROC 是假阳性率和真阳性率的比率。它可以用来评估模型的概率阈值变化的影响。概率阈值是模型用于预测的决策点。ROC 可用于确定适当的概率阈值。这可以通过检查真阳性率和假阳性率来实现。真阳性率是测试数据集中正确预测为阳性的所有阳性病例的百分比。假阳性率是测试数据集中被错误预测为阳性的阴性病例的百分比。

该存储过程需要两组输入,一是预测的目标值数据(包括 Case Id、Prediction 和 Probabilities),二是来自测试数据集的实际目标值(包括 Case Id 和 Target 属性)。以下是该存储过程的语法:

```
DBMS_DATA_MINING.COMPUTE_ROC (
   roc_area_under_curve         OUT NUMBER,
   apply_result_table_name      IN VARCHAR2,
   target_table_name            IN VARCHAR2,
   case_id_column_name          IN VARCHAR2,
   target_column_name           IN VARCHAR2,
   roc_table_name               IN VARCHAR2,
   positive_target_value        IN VARCHAR2,
   score_column_name            IN VARCHAR2 DEFAULT 'PREDICTION',
   score_criterion_column_name  IN VARCHAR2 DEFAULT 'PROBABILITY',
   apply_result_schema_name     IN VARCHAR2 DEFAULT NULL,
   target_schema_name           IN VARCHAR2 DEFAULT NULL);
```

以下示例展示了如何使用测试数据集和应用了模型后的结果视图 DEMO_CLASS_DT_TEST_RESULT,来计算本章前面创建的决策树模型的 ROC 数据。ROC 的计算结果将存储在名为 DEMO_CLASS_DT_ROC 的新表中。

```
set serveroutput on
DECLARE
   v_area_under_curve NUMBER;
BEGIN
   DBMS_DATA_MINING.COMPUTE_ROC (
      roc_area_under_curve         => v_area_under_curve,
```

```
        apply_result_table_name      => 'demo_class_dt_test_results',
        target_table_name            => 'mining_data_test_v',
        case_id_column_name          => 'cust_id',
        target_column_name           => 'affinity_card',
        roc_table_name               => 'DEMO_CLASS_DT_ROC',
        positive_target_value        => '1',
        score_column_name            => 'PREDICTED_VALUE',
        score_criterion_column_name => 'PROBABILITY');

    DBMS_OUTPUT.PUT_LINE('**** AREA UNDER ROC CURVE ****: ' ||
        ROUND(v_area_under_curve,4));
END;
/
```

```
**** AREA UNDER ROC CURVE ****: .5
```

在此代码运行之后，ROC 结果将存储在 DEMO_CLASS_DT_ROC 表中。 这个表包含许多属性信息，这些信息的重要部分(在下面的 SQL 中说明)显示了主要的 ROC 结果：

```
SELECT probability,
       true_positive_fraction,
       false_positive_fraction
FROM   demo_class_dt_roc;
```

10.4.4　将归类模型应用到新数据

在本节中，我们将展示如何使用本章中生成的归类模型。可以在收集数据或处理记录时，在应用程序中调用模型来为新的数据评分。

在 Oracle 数据库中，有两种主要的方式来完成这个任务。第一种方法是使用 SQL 函数 prediction 和 prediction_probability 来在应用程序中为正在收集的数据评分。第二种方法是以批处理模式处理大量记录。这种方法把应用模型作为日常过程的一部分，先对数据进行评分，然后根据此评分过程的输出执行另一个操作。为此，可以使用 DBMS_DATA_MINING 包的 apply 存储过程。使用此存储过程输出的数据将持久化地存储在数据库表中。

1. 使用批处理模式应用模型

在批处理模式下应用 ODM 模型主要是使用 PL/SQL 包 DBMS_DATA_MINING 中的 apply 存储过程。使用此包和存储过程的主要特点在于输出的结果存储在新的表中。此方法最适合于要批处理或离线处理大量记录的情况。apply 存储过程的语法如下所示：

```
DBMS_DATA_MINING.APPLY (
    model_name           IN VARCHAR2,
    data_table_name      IN VARCHAR2,
    case_id_column_name  IN VARCHAR2,
    result_table_name    IN VARCHAR2,
    data_schema_name     IN VARCHAR2 DEFAULT NULL);
```

如表 10-10 所示，介绍了 DBMS_DATA_MINING.APPLY 存储过程的参数。

包含要评分的数据的表(DATA_TABLE_NAME)或视图必须为相同的格式，并且具有与创建 ODM 模型所用的原始数据源相同的列名。除了模型中执行的数据处理，如果有其他任何的数据处理，也要先执行完成，再运行 apply 存储过程。

表 10-10　apply 存储过程的参数

参数	描述
model_name	这是要用来评分数据的 Oracle 数据挖掘模型的名称
data_table_name	包含要评分的数据的表或视图的名称
case_id_column_name	Case Id 属性名称
result_table_name	存储结果的表的名称
data_schema_name	包含评分数据的模式名称。 如果表或视图存在于模式中，则可以忽略这个参数或将其设置为 NULL

apply 存储过程的结果存储在新表(RESULT_TABLE_NAME)中。apply 存储过程将创建这个新的表，并确定它将包含什么属性。如表 10-11 所示，描述了对归类模型来说结果表所包含的属性。

表 10-11　apply 存储过程的结果表结构(二元归类模型)

列	描述
CASE_ID	源于评分的数据集的 Case Id 属性名称
PREDICTION	预测的目标属性值
PROBABILITY	预测的目标值的预测概率

结果表(RESULT_TABLE_NAME)将包含每个可能的目标变量值的记录。在这种情况下，有两个目标变量值(0 或 1)，我们将会从应用数据集(DATA_TABLE_NAME)的每一个记录的结果表中获取到两条记录。对于每个记录，将给出每个预测的预测概率。然后可以使用这些信息来决定如何处理数据。

使用我们先前构建的决策树模型，以下示例说明了如何使用 apply 存储过程对 MINING_DATA_APPLY_V 中的数据进行评分。结果表(DEMO_DT_DATA_SCORED)将包含 apply 存储过程的输出。

```
BEGIN
   dbms_data_mining.APPLY(model_name           => 'DEMO_CLASS_DT_MODEL',
                          data_table_name      => 'MINING_DATA_APPLY_V',
                          case_id_column_name  => 'CUST_ID',
                          result_table_name    => 'DEMO_DT_DATA_SCORED');
END;
/

SELECT *
FROM   demo_dt_data_scored
FETCH first 10 rows only;

   CUST_ID PREDICTION PROBABILITY
---------- ---------- -----------
    100001          0  .952191235
    100001          1  .047808765
    100002          0  .952191235
    100002          1  .047808765
    100003          0  .952191235
    100003          1  .047808765
    100004          0  .952191235
    100004          1  .047808765
    100005          1  .736625514
    100005          0  .263374486
```

在 DEMO_CLASS_DT_MODEL 模型中有两个可能的目标值。MINING_DATA_APPLY_V 中有 1500 条记录。

结果表 DEMO_DT_DATA_SCORED 中有 3000 条记录。为每个目标值生成了一个记录，并为每个可能的目标值关联了预测概率。

2. 实时应用模型

通过实时数据评分，可以在捕获数据时对其进行评分。这对于在应用程序中需要评分或标记数据的情况特别有用。一个示例就是当输入新客户的详细信息时。在输入应用程序中每个字段的值时，可以使用 Oracle 数据挖掘来说明此客户是高价值客户还是低价值客户，或者是否可以提供某些服务。Oracle 已经在融合应用程序中构建了这种功能。

可以使用的两个函数分别是 prediction 和 prediction_probability。prediction 函数根据输入数据和模型返回预测值。prediction_probability 函数将返回一个 0 到 1 之间的值，表示模型预测结果的概率。

prediction 函数返回给定模型和输入数据的最佳预测。该函数的语法如下所示：

```
PREDICTION (model_name, USING attribute_list);
```

属性列表可以由表中的属性组成。ODM 模型将处理这些属性中的值以进行预测。此函数一次处理一条记录进行预测，处理的记录数由查询决定。以下示例说明如何使用 prediction 函数来对表中已存在的数据进行评分：

```
SELECT cust_id, PREDICTION(DEMO_CLASS_DT_MODEL USING *)
FROM   mining_data_apply_v
FETCH first 8 rows only;

   CUST_ID PREDICTION(DEMO_CLASS_DT_MODELUSING*)
---------- -------------------------------------
    100001                                     0
    100002                                     0
    100003                                     0
    100004                                     0
    100005                                     1
    100006                                     0
    100007                                     0
    100008                                     0
```

这个示例使用了在上一节中创建的决策树模型(**DEMO_CLASS_DT_MODEL**)。使用 USING *将获取所有属性并将其值输入决策树模型中以进行预测。

也可以在 WHERE 子句中使用 prediction 函数来限制查询返回的记录，如下所示：

```
SELECT cust_id
FROM   mining_data_apply_v
WHERE  PREDICTION(DEMO_CLASS_DT_MODEL USING *) = 1
FETCH first 8 rows only;

   CUST_ID
----------
    100005
    100009
    100012
    100026
    100029
    100034
    100035
    100036
```

可以使用的第二个函数是 prediction_probability 函数。它与 prediction 函数具有相同的语法：

```
PREDICTION_PROBABILITY (model_name, USING attribute_list);
```

prediction_probabilty函数返回一个介于0和1之间的值，表示模型预测结果的概率。可以在SELECT和WHERE中使用此函数，就像 prediction 函数一样。示例如下：

```
SELECT cust_id,
       PREDICTION(DEMO_CLASS_DT_MODEL USING *) Predicted_Value,
       PREDICTION_PROBABILITY(DEMO_CLASS_DT_MODEL USING *) Prob
FROM   mining_data_apply_v
FETCH first 8 rows only;

   CUST_ID PREDICTED_VALUE        PROB
---------- --------------- ----------
    100001               0 .952191235
    100002               0 .952191235
    100003               0 .952191235
    100004               0 .952191235
    100005               1 .736625514
    100006               0 .952191235
    100007               0 .952191235
    100008               0 .952191235
```

3. Oracle 数据挖掘中的假设分析

这些 SQL 函数也可以用于将数据库中的数据挖掘模型应用到捕获的数据中。可以轻松地将这个功能集成到我们的应用程序中，这使我们能够进行实时假设分析。在这种情况下，我们没有表中的数据。相反，我们可以将捕获的实际值作为 prediction 和 prediction_probability 函数的输入，如下所示：

```
SELECT prediction(DEMO_CLASS_DT_MODEL
    USING 'F' AS cust_gender,
         62 AS age,
       'Widowed' AS cust_marital_status,
         'Exec.' as occupation,
         2 as household_size,
         3 as yrs_residence)  Predicted_Value,
      prediction_probability(DEMO_CLASS_DT_MODEL, 0
    USING 'F' AS cust_gender,
         62 AS age,
       'Widowed' AS cust_marital_status,
         'Exec.' as occupation,
         2 as household_size,
         3 as yrs_residence) Predicted_Prob
FROM dual;

PREDICTED_VALUE PREDICTED_PROB
--------------- --------------
              0     .935768262
```

在捕获更多数据或更改某些值时，函数将从数据挖掘模型返回对应的值。下面的示例说明了当我们捕获越来越多的数据时，预测值和概率如何变化：

```
SELECT PREDICTION(DEMO_CLASS_DT_MODEL using AGE) Pred_Value2,
     prediction_probability (DEMO_CLASS_DT_MODEL using AGE) Pred_Prob2,
     PREDICTION(DEMO_CLASS_DT_MODEL using AGE, HOUSEHOLD_SIZE) Pred_Value3,
     prediction_probability (DEMO_CLASS_DT_MODEL using AGE, HOUSEHOLD_SIZE) Pred_Prob3,
     PREDICTION(DEMO_CLASS_DT_MODEL using AGE, HOUSEHOLD_SIZE, EDUCATION) Pred_Value4,
     prediction_probability (DEMO_CLASS_DT_MODEL using AGE, HOUSEHOLD_SIZE, EDUCATION) Pred_Prob4,
     PREDICTION(DEMO_CLASS_DT_MODEL using *) Pred_Value,
```

```
        prediction_probability (DEMO_CLASS_DT_MODEL using *) Pred_Prob
FROM  MINING_DATA_BUILD_V WHERE cust_id = 101504;

PRED_VALUE2 PRED_PROB2 PRED_VALUE3 PRED_PROB3 PRED_VALUE4 PRED_PROB4 PRED_VALUE PRED_PROB
----------- ---------- ----------- ---------- ----------- ---------- ---------- ----------
          0 .746666667           0 .533994334           1 .736625514           1 .736625514
```

例如，可以在呼叫中心应用程序中构建一种假设分析，以便在输入每个客户属性时提供实时预测结果。另一个示例是分析潜在的人员流失。作为经理，可以使用 Oracle 数据挖掘构建的应用程序来查看特定加薪(或不加)对员工的影响以及他们离开或留下的潜在风险。

10.5　Oracle 数据挖掘：其他技术

在本章中，我们介绍了如何为数据挖掘准备数据，以及如何使用 Oracle Data Mining 的 SQL 和 PL/SQL 特性构建归类数据挖掘模型。在探索数据并试图找出最佳数据挖掘算法时，可能会基于所有归类算法构建和测试数据挖掘模型。表 10-1 列出了当前可用的各种数据库中的 Oracle 数据挖掘算法。

随着数据科学项目的发展，最终可能会使用这些算法的组合，以提供可选的预测解决方案，并将其与其他一些技术(如聚类)结合使用。例如，可以使用聚类将数据分割到相关的客户群中，然后为每个群组建立一个归类模型。

使用 SQL 和 PL/SQL 可以轻松地将数据评分嵌入日常应用程序中。应用程序构建的语言并不重要，只要使用 SQL 来处理 Oracle 数据库中的数据，就可以使用 SQL 进行预测分析，而不需要进行任何额外的体系结构更改。表 10-5 列出了 SQL 可用的函数供我们最大限度地在应用程序中使用 Oracle 数据挖掘。

10.6　本章小结

归类是一种非常强大且常见的数据挖掘技术，有许多可能的应用领域。随着数据挖掘技术的发展，可以使用数据库中可用的许多函数和存储过程。使用这些数据库函数和存储过程，可以构建数据挖掘模型，并使用各种方法对模型进行评估。将数据挖掘模型集成到组织的应用程序中是一项相对简单的任务。Oracle 开发人员可以编写一些简单的 SQL 代码来使用数据库中的数据挖掘模型。

第 11 章

Oracle R Enterprise

    Oracle R Enterprise 是 Oracle 高级分析(Oracle Advanced Analytics，OAA)选项的组件之一，该选项作为 Oracle 数据库企业版的一部分提供。第 10 章概述了如何使用 Oracle Data Mining 以及如何使用数据库内的数据挖掘算法构建数据挖掘模型。

    Oracle R Enterprise(简称 ORE)使开源的 R 统计编程语言和环境能够在数据库服务器和数据库内运行。它将 R 编程语言与 Oracle 数据库集成，并安装在 Oracle 数据库服务器上的 Oracle 主目录中。

    Oracle R Enterprise 在一定的情况下允许将 R 代码无缝转换为 Oracle SQL，这使得 R 程序员可以利用 Oracle 数据库的性能和可扩展功能。它们不再受到客户端计算能力的限制。Oracle R Enterprise 还能够运行嵌入在 SQL 代码中的 R 代码。数据保留在 Oracle 数据库中，并且 R 代码中定义的所有操作都将被转换并在 Oracle 数据库中的数据上执行。Oracle R Enterprise 的这种核心功能允许数据分析人员使用比他们通常能做的更大的数据集。使用嵌入式 R 执行，可以通过 R 编程环境或使用 SQL(或者同时使用两者)，在数据库中存储和运行 R 脚本。可以在任何启用了 SQL 的工具中使用由 R 代码生成的结果。嵌入式 R 执行还允许在工具中利用 R 中可用的大量图形功能，包括 Oracle 业务智能企业版(OBIEE)、Oracle BI Publisher、APEX 等。

在本章中，我们将探讨如何使用 Oracle R Enterprise 来启动和运行。我们将着眼于将 Oracle R Enterprise 作为 Oracle 数据库服务器上的一部分进行安装，讨论如何在客户端上安装 Oracle R Enterprise、如何使用 ORE 创建与 Oracle 数据库的连接、如何在数据库中探索数据、如何构建数据挖掘模型、如何在 SQL 中使用嵌入式 R 执行，以及如何将 R 代码生成的分析和图形包括在 OBIEE、Oracle Publisher、APEX 等工具中。

11.1　ORE 透明层

Oracle R Enterprise 的主要功能之一是它支持在数据库内分析数据。它通过透明层来实现这一点。透明层允许将一些 R 代码翻译并运行在 Oracle 数据库中的数据上。R 程序员不需要学习任何新的语言，只需要很少的修改，就可以使用 Oracle 数据库的性能和扩展性来获得 R 代码。它还允许数据分析人员使用所有可用的数据，而不必使用适合客户端机器的较小数据样本。

透明层将 R 函数翻译成等效的 SQL 函数。然后这些 SQL 函数在数据上运行，产生结果。这些结果之后被发送回 R 客户端并被转换成 R 格式的结果。当在 Oracle 数据库的数据集上运行一组 R 函数时，这些 R 函数不会立即执行。相反它们是累积的，只有当某些计算需要结果或用户查看时才会执行。此外 Oracle 数据库和透明层将优化这些函数来确保它们以有效的方式执行。

在下面的示例中，有一个在我们的数据库中定义的视图。在这个特定的示例中，视图位于 SH 用户中的 CUSTOMERS 表上。该视图通过透明层作为 ORE 数据框架分配给本地 R 变量(full_dataset)。这意味着数据驻留在 Oracle 数据库中，我们在本地 R 会话中有一个指向它的指针。我们在数据库中使用 ORE 数据框架把 R 函数转换为等效的 Oracle SQL 函数。R 聚合函数将对数据进行聚合，计算每个性别的人数。然后显示结果。

```
> full_dataset <- CUSTOMER_V
> AggData <- aggregate(full_dataset$CUST_ID,
      by = list(CUST_GENDER = full_dataset$CUST_GENDER),
      FUN = length)
> AggData

  CUST_GENDER     x
F           F 18325
M           M 37175
```

前面的代码会通过透明层转换为等效的 SQL 函数。然后这个查询是在数据库中的视图上运行的，结果返回并显示在 R 会话中。

可以使用透明层来检查实际使用的 SQL。通过使用透明层产生的信息来检查对数据库中的数据实际生成和执行了哪些 SQL。可以使用 R 函数 str 来获取透明层生成的所有细节。它产生了大量的信息，这将留给你去尝试。以下示例显示了如何提取透明层在 Oracle 数据库中运行的 SQL 查询。

```
 > AggData@dataQry

66_45
"( select \"CUST_GENDER\" NAME001, \"CUST_GENDER\" VAL001,count(*) VAL002 from
\"ORE_USER\".\"CUSTOMER_V\" where (\"CUST_GENDER\" is not null) group by
\"CUST_GENDER\" )"
```

11.2　安装 Oracle R Enterprise

Oracle R Enterprise 是 Oracle 数据库企业版的 Oracle 高级分析选项的一个组件。在使用 Oracle R Enterprise 之前，需要完成许多安装步骤。安装可以分为两个主要部分。其中第一个是 Oracle 数据库服务器上的安装。第二部分是数据分析师和数据科学家使用的客户端上的安装。另外，本章还将介绍在安装开始之前需要完成的各种安装前提条件。

11.2.1　安装条件

在安装 Oracle R Enterprise 之前，需要满足以下前提条件：

- 已经安装 Oracle Database 12*c* 或 11gR2 的企业版。
- 知道 Oracle 数据库的 SID 或服务名称。
- 拥有 SYS 密码，或者有 DBA 人员配合执行需要密码的步骤。
- 已经下载对应服务器操作系统的 Oracle R Enterprise Server 和支持包安装文件。
- 已经在客户端上安装 Oracle 客户端软件。
- 已经下载对应服务器操作系统的 Oracle R Enterprise Client 和支持包安装文件。

此外建议安装 Oracle 示例数据。虽然这些对于安装和使用 Oracle R Enterprise 来说不是必需的，但是它们提供了一套完整的数据集，可以帮助我们学习和使用 Oracle R Enterprise 的功能。

11.2.2　服务器安装

安装 Oracle R Enterprise 涉及两个主要阶段。第一个阶段涉及在数据库服务器上安装 R 和 Oracle R Enterprise。第二阶段涉及在客户端上安装 R 和 Oracle R Enterprise。

确保在数据库服务器和客户端上安装相同版本的 Oracle R Enterprise 软件包，这一点非常重要。还需要确保同时升级数据库服务器和客户端 ORE 软件包。如果这些不同，那么会得到一些错误消息，并且 ORE 代码将不会运行或将不正确地运行。

Oracle R Enterprise 仅在 Oracle Database 11.2*g* 和 Oracle Database 12*c* 上受支持。在 Oracle 数据库服务器上安装 Oracle R Enterprise 的要求如下：

- 验证 Oracle R Enterprise 是否支持 Oracle 数据库服务器平台。
- 启用 Oracle 高级分析。
- 获取 SYS 密码以及 Oracle 数据库的 SID 或服务名称。
- 获取可以存储 ORE 元数据和系统对象的表空间名称。这通常是 SYSAUX 表空间。
- 检查这个表空间是否有足够的空间。如果没有，请 DBA 再分配一些。
- 知道临时表空间的名称。通常默认是 TEMP 表空间。
- 知道 ORE 用户的默认表空间(例如 USERS 表空间)。
- 确定 ORE 系统账户 RQSYS 的密码(例如 RQSYS)。此用户已创建，仅在 ORE 安装过程中使用。一旦安装完成，RQSYS 用户将被锁定，并带有过期的密码。RQSYS 用户没有 create session 特权。
- 准备一个 ORE 用户名称和密码。这将在 ORE 安装期间创建(例如 ore_user / ore_user)。
- 检查是否设置了 ORACLE_HOME 和 SID 环境变量。

图 11-1 概括了在 Oracle 数据库服务器上安装 Oracle R Enterprise 所涉及的步骤。以下部分详细介绍每个步骤所需的内容。

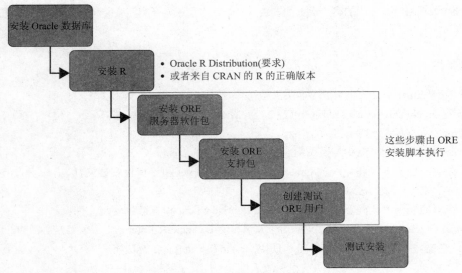

图 11-1　Oracle 数据库服务器上的 Oracle R Enterprise 安装步骤

1. 在服务器上安装 R

要在 Oracle 数据库服务器上使用 Oracle R Enterprise，需要安装 R 软件。有两个选项可供我们选择。第一个选项是安装 Oracle 提供的 R 版本。这被称为 Oracle R Distribution。第二个选项是安装 Oracle R Enterprise 版本所需的 R 版本。如果选择第二个选项，那么安装 R 的正确版本至关重要。否则，Oracle R Enterprise 可能无法工作。

Oracle 建议使用 Oracle R Distribution。Oracle R Distribution 是 Oracle 提供的 R 的单独维护和支持版本。此外，Oracle 还致力于与某些库——如 Intel Math Kernel Library (MKL) 和 Sun Performance Library——进行集成。这些库提高了某些数学函数(包括 BLAS 和 LAPACK)的性能，以确保它们利用底层的硬件优先权。

要安装 Oracle R Distribution，需要从 Oracle Open Source 下载页面下载该软件。打开 Web 浏览器，访问 https://oss.oracle.com/ORD。

在此网站上，选择想要下载的 Oracle R Distribution 版本。下载完成后，解压缩文件，然后运行可执行文件来安装。在安装过程中不需要输入任何信息，完成后服务器上就安装了 R(Oracle R Distribution)。

在 Linux 上，可以使用 YUM 自动下载并安装 Oracle R Distribution。启用 YUM 来下载并安装 Oracle R Distribution，需要对位于/etc/yum.repos.d 中的 YUM 存储库文件进行以下编辑。以下示例说明了详细步骤以及需要以 root 用户身份执行的更改。

```
cd /etc/yum.repos.d
vi yum.repos.d
```

对于 Oracle Linux 5 或 Oracle Linux 6，请找到以下部分，并以粗体突出显示更改(请注意，olX 是 ol5 或 ol6，并取决于我们使用的 Oracle Linux 版本)：

```
[olX_latest]
enabled=1
[olX_addons]
enabled=1
```

如果使用 Oracle Linux 7，则需要对 YUM 存储库文件进行如下更改：

```
[ol7_optional_latest]
enabled=1
```

完成这些更改后，现在已经准备好运行 yum.repos.d 脚本来下载和安装 Oracle R Enterprise。它还将下载并运行任何其他相关的操作系统更新。要运行下载及安装，可以运行以下命令：

```
yum install R.x86_64
```

该命令将安装最新版本的 Oracle R Distribution。如果需要安装稍旧版本的 Oracle R Distribution，则可以指定版本号。例如，对于 Oracle R Enterprise 版本 1.5，需要安装 Oracle R Distribution 3.2.0。示例如下所示：

```
yum install R.XXX
```

其中 XXX 是特定的版本号码，例如 3.2.0、3.0.1、3.1.1 等。

更新完成时，Oracle R Distribution 安装结束。可以运行 R 软件并通过运行 R 命令来使用大量的统计函数，如下所示：

```
$ R
```

2. 在服务器上安装 ORE

第一步是从 Oracle R Enterprise 下载网页下载并解压缩 Oracle R Enterprise Server 和支持软件包。确保下载的版本与数据库服务器的操作系统保持一致。

创建对应的安装目录(例如 ORE_Server_Install)，并将这两个下载文件解压缩到这个安装目录中。解压缩后，安装目录应如下所示：

```
/ORE_Server_Install
    ore-server-linux-x86-64-1.5.zip
    ore-supporting-linux-x86-64-1.5.zip
    server.sh
    /server
    /supporting
```

注意：

如此处所示，将安装包和支持软件包解压缩到同一个目录中非常重要，因为这将简化 Oracle R Enterprise 的安装。否则，在完成服务器软件包的安装后，需要单独安装 R 的支持软件包。

server.sh(或 Windows 服务器上的 server.bat)文件是可以运行以安装 Oracle R Enterprise 和支持软件包的批处理文件。有两个选择来运行这个文件。首先是批处理模式，可以在命令行中指定所有参数。要查看可以运行的所有可用参数，可以运行下列脚本：

```
./server.sh -help
```

运行此脚本的另一种方式是采用非活动状态：

```
./server.sh
```

在运行此服务器安装脚本之前，需要提前设置 ORACLE_HOME 和 ORACLE_SID 环境变量。

如果使用的是 Oracle Database 12*c*，则可以将 ORACLE_SID 设置为 PDB 名称。在安装期间提示输入 SYS 密码时，需要在密码后添加 PDB 名称。如果使用的是 Oracle 11gR2 数据库，则输入 SYS 密码后不需要添加任何内容。

```
[oracle@localhost ORE_install]$ ./server.sh -i
```

此外，还将提示输入永久(SYSAUX)和临时(TEMP)表空间的名称、ORE 用户 RQSYS 的密码、启用 ORE 的用户(ORE_USER)的名称和密码以及默认(USERS)和临时(TEMP)表空间。

11.2.3　客户端安装

任何将要使用 Oracle R Enterprise 的数据分析师都需要在他们的机器上安装 R 软件，以及 Oracle R Enterprise 和它的软件支持包。图 11-2 显示了客户端安装过程。

安装在客户端上的R版本与安装在Oracle数据库服务器上的R或Oracle R Distribution版本相匹配是非常重要的。如果使用不同版本的R,在我们尝试建立到数据库的ORE连接时,将会出现错误。

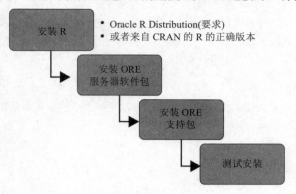

图11-2　Oracle R Enterprise 的客户端安装

1. 在客户端上安装 R

此步骤与在Oracle数据库服务器上安装R完全相同,但是这次是在客户端上安装R。可以从R CRAN站点下载并安装适用于我们的Oracle R安装的正确版本的R,或者可以到以下Oracle网站下载所需的Oracle R Distribution版本:https://oss.oracle.com/ORD。

安装后需要执行的唯一步骤是在PATH环境变量中添加Oracle R Distribution 的bin目录(或R bin目录)的完整路径。

现在可以执行已安装Oracle R Distribution 或R的快速检查。打开命令窗口并输入以下命令:

```
> R
```

2. 安装 ORE 客户端和支持包

要在客户端计算机上安装Oracle R Enterprise,需要从Oracle R Enterprise网站下载并解压Oracle R Enterprise客户端和Oracle R Enterprise软件支持包。请注意下载这些软件包的正确版本,并且该版本要与Oracle数据库服务器上安装的版本相匹配。

下载压缩文件后,可以将这些文件解压缩到同一个目录(例如 ORE_Client_Install)。解压这些文件之后,目录应该包含以下内容(对于 ORE 1.5):

```
...\ORE_Client_Install
        \client
                \ORE_1.5.zip
                \OREbase_1.5.zip
                \OREcommon_1.5.zip
                \OREdm_1.5.zip
                \OREeda_1.5.zip
                \OREembed_1.5.zip
                \OREgraphics_1.5.zip
                \OREmodels_1.5.zip
                \OREpredict_1.5.zip
                \OREstats_1.5.zip
                \ORExml_1.5.zip
        \supporting
                \arules_1.1-9.zip
                \Cairo_1.5-8.zip
                \DBI_0.3.1.zip
```

```
\png_0.1-7.zip
\randomForest_4.6-10
\Roracle_1.2-1.zip
\statmod_1.4.21.zip
```

要安装这些软件包，有两个选项可用。第一个选项是使用 R 中的 install.packages 函数。要使用此函数，需要启动 R，然后运行下面显示的命令来安装核心 Oracle R Enterprise 程序包和支持程序包：

```
> ## Install the Oracle R Enterprise Client Packages
> ##
> ## Need to ensure your Client has the correct version of R or Oracle R
> ## Distribution
> ##
> install.packages("C:/app/ORE_Client_Install/client/ORE_1.5.zip")
> install.packages("C:/app/ORE_Client_Install/client/OREbase_1.5.zip")
> install.packages("C:/app/ORE_Client_Install/client/OREcommon_1.5.zip")
> install.packages("C:/app/ORE_Client_Install/client/OREdm_1.5.zip")
> install.packages("C:/app/ORE_Client_Install/client/OREeda_1.5.zip")
> install.packages("C:/app/ORE_Client_Install/client/OREembed_1.5.zip")
> install.packages("C:/app/ORE_Client_Install/client/OREgraphics_1.5.zip")
> install.packages("C:/app/ORE_Client_Install/client/OREmodels_1.5.zip")
> install.packages("C:/app/ORE_Client_Install/client/OREpredict_1.5.zip")
> install.packages("C:/app/ORE_Client_Install/client/OREstats_1.5.zip")
> install.packages("C:/app/ORE_Clien_Install/client/ORExml_1.5.zip")

> ## Install the ORE Supporting packages
> install.packages("C:/app/ORE_Client_Install/supporting/arules_1.1-9.zip")
> install.packages("C:/app/ORE_Client_Install/supporting/Cairo_1.5-8.zip")
> install.packages("C:/app/ORE_Client_Install/supporting/DBI_0.3.1.zip")
> install.packages("C:/app/ORE_Client_Install/supporting/png_0.1-7.zip")
> install.packages("C:/app/ORE_Client_Install/supporting/randomForest_4.6-10.zip")
> install.packages("C:/app/ORE_Client_Install/supporting/ROracle_1.2-1.zip")
> install.packages("C:/app/ORE_Client_Install/supporting/statmod_1.4.21.zip")
```

RStudio

R 语言带有一个命令行界面和一个非常简单的 GUI 界面。 RStudio(www.rstudio.com)是许多数据分析师和数据科学家使用的非常受欢迎的替代工具，它可用于开源和商业版本。RStudio 提供了一个集成开发环境(IDE)，可以在一个集成工具中使用 R 项目的所有组件。

11.2.4　使用 Oracle 示例环境

要使用 Oracle R Enterprise，需要访问 Oracle 数据库(版本 11gR2 或 12c)。如果无法随时访问合适的 Oracle 数据库环境，或者不允许在 Oracle 数据库服务器上安装 Oracle R Enterprise，那么一个选择是在自己的客户端上构建虚拟机。这将涉及操作系统的安装、安装 Oracle 数据库以及设置模式和数据集。但是，你可能不适合使用此选项。

作为替代方案，可以使用 Oracle 示例环境，其中安装配置了大量的 Oracle 软件，并配置了一些示例数据集。这些示例环境是在开发环境中安装之前尝试软件的好方法。可以将示例环境导入 Oracle VirtualBox 以拥有自己的个人 Oracle 虚拟机。

如果想尝试 Oracle R Enterprise，则可以使用这些示例环境之一作为学习环境，并尝试 Oracle R Enterprise 的各种功能。Oracle 提供了许多适用于 Oracle R Enterprise 的示例环境，以及 Oracle OBIEE 示例应用程序和已安装和配置了 Oracle R Enterprise 的 Oracle Big Data Lite 设备。

或者，可以使用 Oracle 数据库开发人员示例环境。虽然它没有安装 Oracle R Enterprise，但可以使用 Oracle 数据库服务器安装一节中给出的说明轻松安装 Oracle R Enterprise。

11.3 连接 Oracle 数据库

完成 Oracle R Enterprise 的服务器和客户端安装后，现在可以执行初始测试以确保安装已正确完成。以下代码示例说明了如何使用 ore.connect 命令创建数据库连接。此示例连接到 Oracle R Enterprise Server 安装期间创建的 ORE_USER 用户。该示例还使用 SERVICE_NAME 连接到 Oracle Database 12*c*。如果使用 Oracle Database 11gR2，则需要使用 SID 而不是 SERVICE_NAME。

```
> # First you need to load the ORE library
> library(ORE)

> # Create an ORE connection to your Oracle Schema
> ore.connect(user="ore_user", password="ore_user", host="localhost",
              service_name="PDB12C", port=1521, all=TRUE)
```

本示例使用 localhost 作为服务器名称。当然也可以使用 Oracle 数据库服务器的名称或 IP 地址。

现在可以执行一些简单的检查。首先检查是否连接到数据库。对此的响应是 TRUE，表示我们有一个到数据库的开放连接；否则，我们会得到 FALSE。

```
> # Test that we are connected
> ore.is.connected()
 [1] TRUE
```

接下来，可以列出 Oracle 用户(ORE_USER)中存在的所有对象。这些对象包括所有的表和视图。ORE_USER 用户是在 Oracle R Enterprise Server 安装期间创建的。此时，我们在这个用户中没有任何对象，并且用 character(0) 表示：

```
> # List the objects that are in the Oracle Schema
> ore.ls()
 character(0)
```

验证嵌入式 R 执行的另一个测试是运行以下 ore.doEval 函数。要运行这个函数，ORE_USER 将需要授予 rqadmin 数据库的特权：

```
> ore.doEval(function() .libPaths() )
```

这个 ore.doEval 函数列出了 Oracle 数据库服务器上的 R 库的路径。在这些目录中，Oracle 数据库将寻找必要的 R 包和代码来运行。

ore.exec 函数允许在模式中执行 SQL 语句。除非出现错误，否则这些语句通常是不返回值或结果的 DDL 和 DML 语句。也可以使用此命令来配置任何优化程序或会话级别的设置、使用 In-Memory 选项等。

以下示例说明如何使用 ore.exec 删除一些视图、创建一些视图、创建一个表并将表放入内存中。此示例假定已在 SH 模式中的表上被授予 SELECT 特权，并配置了 Oracle In-Memory 选项。如果没有 Oracle In-Memory 选项，则可以忽略最后的 ORE.EXEC 语句。

```
> ore.exec("DROP VIEW customers_v")
> ore.exec("DROP VIEW products_v")
> ore.exec("DROP VIEW countries_v")
> ore.exec("DROP VIEW sales_v")
> # You will need select privileges on the tables in the SH schema
> ore.exec("CREATE VIEW customers_v AS SELECT * FROM sh.customers")
```

```
> ore.exec("CREATE VIEW products_v AS SELECT * FROM sh.products")
> ore.exec("CREATE VIEW countries_v AS SELECT * FROM sh.countries")
> ore.exec("CREATE VIEW sales_v AS SELECT * FROM sh.sales")
> # create a view for Customers who live in USA
> ore.exec("CREATE TABLE customers_usa
            AS SELECT * FROM customers_v WHERE COUNTRY_ID = 52790")
> # put the new Customers table in memory
> ore.exec("ALTER TABLE customers_usa inmemory")
```

ORE.EXEC 只能在没有返回值的情况下在 SQL 语句中使用。

本例中创建的视图和表不包含在 R 环境中，因为没有为它们创建 ORE 代理对象；另外，它们还没有被添加到 R 搜索空间中。如果使用 ore.ls()函数，那么可以看到这个。这些对象不存在。你将需要运行 ore.sync 函数来让 R 环境可以访问这些对象。

```
> ore.sync()
> ore.ls()
[1] "COUNTRIES_V"  "CUSTOMERS_USA" "CUSTOMERS_V"  "PRODUCTS_V"  "SALES_V"
```

在使用 Oracle 表或视图中的数据时，可以使用 ORE 代理对象执行分析等操作，也可以使用本地 R 变量引用数据库中的对象。下面的示例说明了这种分配以及关于数据的一些基本信息和统计数字的显示：

```
> # create a local variable ds that points to SALES_V in the database
> ds <- ore.get("SALES_V")
> # list the attributes of the SALES_V. This is the same as using DESC in SQL
> names(ds)
[1] "PROD_ID"       "CUST_ID"       "TIME_ID"       "CHANNEL_ID"  "PROMO_ID"
[6] "QUANTITY_SOLD" "AMOUNT_SOLD"
> # We can verify we are pointing at the object in the database
> class(ds)
[1] "ore.frame" attr(,"package")
[1] "OREbase"
> # How many rows and columns are in the table
> dim(ds)
[1] 918843       7
> # Display the first 6 records from the table
> head(ds)
  PROD_ID CUST_ID   TIME_ID CHANNEL_ID PROMO_ID QUANTITY_SOLD AMOUNT_SOLD
1      13     987 1998-01-10          3      999             1     1232.16
2      13    1660 1998-01-10          3      999             1     1232.16
3      13    1762 1998-01-10          3      999             1     1232.16
4      13    1843 1998-01-10          3      999             1     1232.16
5      13    1948 1998-01-10          3      999             1     1232.16
6      13    2273 1998-01-10          3      999             1     1232.16
Warning messages:
1: ORE object has no unique key - using random order
2: ORE object has no unique key - using random order
> # Get the Summary statistics for each attribute in SALES_V
> summary(ds)
    PROD_ID          CUST_ID          TIME_ID         CHANNEL_ID      PROMO_ID
Min.   : 13.00  Min.   :     2  Min.   :1998-01-01  Min.   :2.000  Min.   : 33.0
1st Qu.: 31.00  1st Qu.:  2383  1st Qu.:1999-03-13  1st Qu.:2.000  1st Qu.:999.0
Median : 48.00  Median :  4927  Median :2000-02-17  Median :3.000  Median :999.0
Mean   : 78.18  Mean   :  7290  3rd Qu.:2001-02-15  Mean   :2.862  Mean   :976.4
3rd Qu.:127.00  3rd Qu.:  9163  Max.   :2001-12-31  3rd Qu.:3.000  3rd Qu.:999.0
Max.   :148.00  Max.   :101000                      Max.   :9.000  Max.   :999.0
QUANTITY_SOLD AMOUNT_SOLD
Min.   :1     Min.   :   6.40
```

```
1st Qu. :1      1st Qu. :  17.38
Median  :1      Median  :  34.24
Mean    :1      Mean    : 106.88
3rd Qu. :1      3rd Qu. :  53.89
Max.    :1      Max.    :1782.72
```

如果希望使用本地计算机(PC 或笔记本电脑)上的数据，则可以使用 ore.pull 函数来创建数据的本地副本。使用此功能时需要小心，因为根据数据量，这可能需要很长时间。另外，这将不会使用数据库中默认提供的任何性能功能。这个功能只能在极少数情况下使用。

```
> # Create a local copy of the SALES_V data
> sales_ds <- ore.pull(SALES_V)
Warning message:
ORE object has no unique key - using random order
> # Check to see that this is a local data frame and not an ORE object
> class(sales_ds)
 [1] "data.frame"
> # Get details of the local data
> dim(sales_ds)
 [1] 918843       7
```

可以使用 ore.push 函数获取本地数据框架并将其移动到数据库的模式中。这将在数据库模式中创建一个名称以 ORE$开头的临时表。随后会有一些数字。以下示例使用了 R 附带的 MTCARS 数据集并将数据集推送到数据库的临时表中：

```
> cars_ore_ds<-ore.push(mtcars)
```

变量 cars_ore_ds 现在将成为一个 ORE 对象，指向数据库中的一个表。如果登录到数据库中，就可以查到该表。

可以对此数据执行许多典型的数据操作和分析操作，所有这些操作都将在数据库中执行。

在前面的示例中，我们展示了如何获取本地 R 数据框架，并将其作为临时表推送到数据库中。在下面的示例中，这个相同的数据框架将被创建为模式中的一个表。

```
> ore.create(mtcars, "CARS_DATA")
```

函数 ore.create 接受两个参数。第一个是我们要在数据库模式中保留的数据框架的名称。第二个参数是数据库模式中表的名称。

当运行 ore.ls 函数时，将看到新表被列出。ore.create 函数还为这个新对象执行 ore.sync 和 ore.attach。这使得它不需要运行任何附加功能就可以使用。

我们有 ore.drop 函数来从数据库中删除一个对象。在这种情况下，可以使用 ore.drop 函数从模式中删除数据库表或数据库视图。

以下示例说明了在上例中使用 ore.create 函数创建的 CARS_DATA 表的删除操作：

```
> ore.drop("CARS_DATA")
```

当我们完成 ORE 连接时，需要发出 ore.disconnect 命令彻底退出我们的 ORE 连接并断开与 Oracle 数据库的连接。在数据库模式中创建的任何临时对象和没有保存的对象都在数据库连接断开前删除。所有的临时 ORE 对象都有一个以 ORE $开头的名称。

```
> ore.disconnect()
```

当退出 R 会话或使用 ore.connect 发出新的 ORE 连接时，ORE 将发出隐式的 ore.disconnect 命令。

但是，如果会话异常中断(例如，会话中止、终止会话、计算机休眠等)，则在我们的 ORE 会话期间创建的任何临时对象将保留为数据库中的对象。当连接正常断开时，ORE 将清理并从模式中删除任何临时对象。

11.4　使用 ORE 浏览数据

R 语言在探索数据时可以使用大量的函数。有很多书籍和网站可以帮助我们来了解它们。我们不考虑所有的各种探索性数据分析(EDA)功能，而是看一些 ORE 特定的功能，如表 11-1 所示。

除表 11-1 中列出的功能外，Oracle R Enterprise 还通过透明层将 R 基本软件包和 R 统计软件包中的大部分典型统计函数映射为等效的 SQL 函数。

R 语言具有大量的统计函数，并且有大量的资源可以帮助我们学习 R 语言并利用这些统计函数。在这一章中，将无法涵盖这一切。相反，下面的示例说明了如何使用表 11-1 中列出的一些高度调整的 ORE 函数。

表 11-1　Oracle R Enterprise 探索数据分析函数

ORE 函数	说明
ore.corr	用于执行跨数字列的关联分析
ore.crosstab	用于构建交叉表并支持多列。也允许可选的聚合、加权和排序选项
ore.esm	在有序的 ore.vector 函数的数据上建立一个指数平滑模型
ore.freq	使用 ore.crosstab 函数的输出，ore.freq 确定是否应该使用双向交叉表或 N 路交叉表
ore.rank	允许调查沿数字列的值分布
ore.sort	允许以各种方式对数据进行排序
ore.summary	根据 ORE 数据框架中的数据提供一系列描述性分析
ore.univariate	提供 ORE 数据框架中数字列的分布分析。从 ore.summary 函数提供所有统计信息，以及有符号级别测试和极端值

函数 ore.summary 使用基于数字属性的大量统计函数计算描述性统计量。默认情况下，使用的统计函数包括非忽略值的频率或计数、平均值、最小值和最大值。

以下示例说明如何在一个基本级别上为一个数字属性使用 ore.summary 函数。如果想包含其他数字属性，那么可以将它们包括在 var 列表中。

```
> # EDA - Examples
> #
> # Use the CUSTOMERS_V data. It is in our schema in the Database
> full_dataset <- V
> # list the attributes of the CUSTOMERS_USA table in the database.
> names(full_dataset)
> # Generate the summary statistics
> ore.summary(full_dataset, var="CUST_YEAR_OF_BIRTH")

   FREQ     N    MEAN  MIN  MAX
1 55500 55500 1957.404 1913 1990
```

这个示例说明了 ore.summary 如何使用统计函数的默认列表。如果想使用 ore.summary 的其他一些函数，那么需要列出所有的统计函数，如下例所示：

```
> ore.summary(full_dataset, var="CUST_YEAR_OF_BIRTH",
             stats=c("n", "nmiss", "min", "max", "var", "range") )

   FREQ     N NMISS MIN  MAX    VAR RANGE
1 55500 55500     0 1913 1990 225.388    77
```

函数 ore.summary 还允许我们在计算中添加一个分组。添加分组会根据分组属性中的所有值生成数字属性的统计信息。以下示例说明了我们在 CUST_GENDER 属性中具有的每个值的统计信息的计算。结果的第三行为我们提供了 CUST_YEAR_OF_BIRTH 属性的总体统计信息。这和我们之前示例中的一样。然后，对于第一行和第二行，我们得到 CUST_GENDER 属性中的值 M 和 F 的统计信息。

```
> ore.summary(full_dataset, class="CUST_GENDER", var="CUST_YEAR_OF_BIRTH")

  CUST_GENDER FREQ TYPE     N    MEAN MIN  MAX
1           F 18325    0 18325 1957.577 1913 1990
2           M 37175    0 37175 1957.318 1913 1990
3        <NA> 55500    1 55500 1957.404 1913 1990
```

可以将更多级别添加到为类列出的分组属性中。对于列出的每个属性，我们将得到不同的分组级别。例如，如果将 CUST_CITY 添加到类列表中，则可以获得数据集中每个城市的男性和女性的统计数据。这在下面的示例中说明，它显示了一部分输出：

```
> ore.summary(full_dataset, class=c("CUST_CITY", "CUST_GENDER"),
            var="CUST_YEAR_OF_BIRTH", ways=2)

  CUST_CITY CUST_GENDER FREQ TYPE   N    MEAN MIN  MAX
1      Ede           F   54    0  54 1955.704 1922 1985
2      Ede           M  100    0 100 1958.420 1917 1986
3      Opp           F   10    0  10 1963.800 1944 1983
4      Opp           M   14    0  14 1952.357 1942 1972
5      Ulm           F   15    0  15 1968.733 1939 1989
6      Ulm           M   30    0  30 1961.367 1923 1984
7     Alma           F   37    0  37 1958.000 1922 1986
8     Alma           M   74    0  74 1957.257 1926 1986
...
```

ore.corr 函数允许我们对数据执行相关性分析。相关性分析可以包括数字属性上的 Pearson、Spearman 和 Kendall 相关性。默认情况下，ore.corr 函数将创建 Pearson 相关性分析。以下示例说明了 CUST_POSTAL_CODE 和 CUST_CITY 的相关性分析。在 Oracle 数据库的表中，这些属性是使用字符数据类型定义的。但是，这些实际上是数字值，可以将它们重新映射到数字。

```
> # Use the CUSTOMERS_V data. It is in our schema in the Database
> full_dataset <- CUSTOMERS_V
> # add an index to the data frame
> row.names(full_dataset) <- full_dataset$CUST_ID
> # Remap the following to numeric data type
> full_dataset$CUST_POSTAL_CODE <- as.numeric(full_dataset$CUST_POSTAL_CODE)
> full_dataset$CUST_CITY_ID <- as.numeric(full_dataset$CUST_CITY_ID)
```

然后可以用下面的方法进行相关性分析：

```
> # Correlation analysis using Pearson
> ore.corr(full_dataset, var="CUST_POSTAL_CODE, CUST_CITY_ID")

                ROW          COL  PEARSON_T PEARSON_P PEARSON_DF
1 CUST_POSTAL_CODE CUST_CITY_ID 0.05713612  1.6e-14      55498
```

正如所料，这是高度相关的，这在 PEARSON_P 列下的值中指出。可以将其他属性添加到 var 列表中，并计算每对属性的相关性分析。

如果想执行 Spearman 或 Kendall 相关性分析，可以通过更改 Stats 设置的默认值来完成，如下所示：

```
> # Correlation analysis using Spearman
```

```
> ore.corr(full_dataset, var="CUST_POSTAL_CODE, CUST_CITY_ID", stats="spearman")

                 ROW          COL SPEARMAN_T   SPEARMAN_P SPEARMAN_DF
1 CUST_POSTAL_CODE CUST_CITY_ID 0.06935903 3.737711e-60       55498
```

ore.crosstab 函数允许我们根据数据集中的属性创建一些交叉表分析。交叉表将根据我们指定的属性创建一个频率计数表。

以下示例显示如何使用 ore.crosstab 创建数据集中男性和女性的简单频率计数：

```
> # Use the CUSTOMERS_V data. It is in our schema in the Database
> full_dataset <- CUSTOMERS_V
> # add an index to the data frame
> row.names(full_dataset) <- full_dataset$CUST_ID
> # Crosstab example
> ore.crosstab(~CUST_GENDER, data=full_dataset)

  CUST_GENDER ORE$FREQ ORE$STRATA ORE$GROUP
F           F    18325          1         1
M           M    37175          1         1
```

可以添加任意数量的属性以包含在交叉表计算中，还可以为计算添加不同的组。例如，假设想要计算每个年龄段的男性和女性人数。在下面的示例中以及一个输出示例中说明了这一点：

```
> full_dataset$AGE <- as.numeric(format(Sys.time(), "%Y")) -
                      full_dataset$CUST_YEAR_OF_BIRTH
> # Analyze Age by Customer Gender
> ore.crosstab(AGE~CUST_GENDER, data=full_dataset)

     AGE CUST_GENDER ORE$FREQ ORE$STRATA ORE$GROUP
26|F  26           F       10          1         1
26|M  26           M       21          1         1
27|F  27           F       28          1         1
27|M  27           M       29          1         1
28|F  28           F       30          1         1
28|M  28           M       52          1         1
29|F  29           F       54          1         1
29|M  29           M       97          1         1
30|F  30           F      102          1         1
30|M  30           M      179          1         1
...
```

在处理数据集时，许多人希望对其进行排序，以便根据已计算的排名对记录进行排序。以下示例说明如何创建包含原始数据的数据集以及包含排名值的新属性。然后可以使用 ore.sort 函数根据 RANK 属性中的值创建一个有序的数据集。

```
> # Create a Sorted dataset of the Ranked Data
> ranked_data <- ore.rank(full_dataset, var="CUST_CREDIT_LIMIT=Rank_CL",
                  group.by="CUST_CITY", percent=TRUE, ties="dense")
> sorted_ranked_data <- ore.sort(ranked_data, by=c("CUST_CITY", "Rank_CL"))
> head(sorted_ranked_data,30)
```

当我们开始使用数据集时，可以轻松使用 R 从数据库中提取数据并在笔记本电脑或 PC 上本地处理这些数据。但是，当我们进入大数据世界时，数据集的大小(包括记录数和属性或特性的数量)可能会急剧增加。在这些情况下，数据集变得太大，无法在本地机器上使用。传统上是使用 R 提取数据到本地机器，然后在本地创建不同的数据子集。在处理大数据时，我们需要一种替代方法。借助 Oracle R Enterprise，可以使用在 Oracle 数据库中执行的各种数据抽样技术。这是通过 Oracle R Enterprise 的透明层实现的。表 11-2 列出了 Oracle R Enterprise 中可用的典型数据抽样技术。

当我们使用表 11-2 中列出的数据抽样技术时,数据采样和相应的过程将在 Oracle 数据库上进行。生成的采样数据集将存于 Oracle 数据库中,可以通过 ORE 代理对象访问这些数据集。然后可以选择将这些对象和数据保留在数据库中,或将数据集提取到本地计算机。

通过分层抽样,我们希望生成一个基于来自一个或多个特定属性的值的样本数据集。这是一种非常常见的采样技术,与构建分类数据挖掘模型一起使用。通过分层采样,可使采样数据集与原始数据集具有相同的比例。

以下示例说明如何基于 CUST_GENDER 属性值的比例创建分层样本集。本示例使用 CUSTOMER_V 的相同数据集,它将创建 1000 条记录的样本数据集。do.call 构造并执行一个函数。根据分割属性(CUST_GENDER)的值将数据集拆分成子组,并根据该组的记录数比例从该子组中选择一个随机样本。然后使用 rbind 合并这些采样子组中的每个子组的输出以形成 ore.frame 对象。

表 11-2 数据采样技术

抽样技术	描述
随机(random)	此方法从输入数据集中随机抽取样本,并创建一个包含指定数量记录的子集。该方法将输入样本数据集中的记录数作为输入
分层(stratified)	此方法将创建基于特定属性的随机数据选择。例如,如果属性包含值 0 和 1,则采样数据集将根据原始数据集中的 0 和 1 的记录数成比例选择记录。这是创建用于构建和测试分类数据挖掘模型的数据集的一种非常常见的技术
分割(split)	可以使用分割采样技术将数据集分成若干较小的数据集。例如,可以使用此方法创建训练和测试数据集。这种方法与分层抽样技术的不同之处在于没有用于比例分配数据的属性
群集(cluster)	群集采样允许我们根据某个特定属性中的值,使数据样本基于随机选择的组
系统(systematic)	系统抽样定期从数据集中选择行,也可以为选择的第一条记录提供一个起始位置

```
> # Stratified Sampling example
> #
> full_dataset <- CUSTOMERS_V
> # add an index to the data frame
> row.names(full_dataset) <- full_dataset$CUST_ID
> # Check the class of the object. It should be an ore.frame pointing
> #   to the object in the Database
> class(full_dataset)
 [1] "ore.frame"
 attr(,"package")
 [1] "OREbase"
> # Set the sample size
> SampleSize <- 1000
> # Calculate the total number of records in the full data set
> NRows_Dataset = nrow(full_dataset)
> # Create the Stratified data set based on using the CUST_GENDER attribute
> stratified_sample <- do.call(rbind,
          lapply(split(full_dataset, full_dataset$CUST_GENDER),
          function(y) {
              NumRows <- nrow(y)
              y[sample(NumRows, SampleSize*NumRows/NRows_Dataset), , drop=FALSE]
          }))
> class(stratified_sample)
 [1] "ore.frame"
 attr(,"package")
 [1] "OREbase"
```

```
> nrow(stratified_sample)
 [1] 999
```

在这个特定的示例中，虽然我们要求 1000 条记录，但采样数据集只包含 999 条记录。当进行分层抽样时，根据所使用的属性的值对数据集进行划分和比例分配。这可能会导致采样数据集的数量略少于要求的数量。如果更改了属性(例如，更改为 COUNTRY_ID)，我们将会得到一个示例数据集，其记录数略有不同。

ORE 有许多其他数据采样技术，如表 11-2 所列。使用这些技术对数据进行采样时，可以采用类似的方法。

可以对数据执行的最后一个步骤是对其进行组织，以便记录按特定顺序列出。这可能涉及一个特定属性的排序(例如，为时间序列分析排序数据时)。排序数据时，可以使用数据集中任意属性的组合，并且可以指定是按升序还是降序排序。

以下代码示例说明了可以对数据进行排序的各种方法：

```
> # Sorting Data
> # Sort the data set by COUNTRY_REGION (in ascending order by default)
> ore.sort(data = customers, by = "COUNTRY_REGION")

> # Sort the data by COUNTRY_REGION in descending order
> ore.sort(data = customers, by = "COUNTRY_REGION", reverse=TRUE)

> # Sort the data set by COUNTRY_REGION and AGE_BIN
> ore.sort(data = customers, by = c("COUNTRY_REGION","AGE_BIN"))

> # Sort the data by COUNTRY_REGION ascending and by CUST_YEAR_OF_BIRTH in
> # descending order
> #   You will notices a different way for indicating Descending order. This
> #   is to be used when sorting your data using a combination of 2 or more
> #   attributes.
> cust_sorted <- ore.sort(data = customers, by = c("COUNTRY_REGION",
                          "-CUST_YEAR_OF_BIRTH"))

> # Sorted data is stored in an ORE data frame called 'cust_sorted'
> #   This allows you to perform additional data manipulations on the data set
> #   The following displays 3 of the attributes from the sorted data set
> head(cust_sorted[,c("AGE_BIN","COUNTRY_REGION","CUST_YEAR_OF_BIRTH")], 20)
```

探索数据以获得更多的见解是任何数据科学项目中非常重要的一部分。另外我们需要以各种方式修改和处理数据。在本节中，我们介绍了一些用于探索数据的典型 Oracle R Enterprise 方法。这个列表并不是详尽无遗的，我们建议花一些时间研究和尝试 R 语言和 Oracle R Enterprise 的其他功能。

11.5 利用 ORE 构建数据挖掘模型

Oracle R Enterprise 附带了许多数据挖掘算法。这些算法旨在使用 Oracle 数据库的全部功能、可扩展性和性能特点。这些 Oracle R Enterprise 算法运行在 Oracle 数据库内的数据上。Oracle R Enterprise 数据挖掘算法分为两种类型。首先，Oracle 数据库中已经存在的数据挖掘算法可以使用 SQL 进行访问。这些数据挖掘算法是 Oracle 数据挖掘产品的一部分，可以使用作为 Oracle R Enterprise 一部分的 OREdm 包进行访问。第二套数据挖掘算法是 OREmodels 软件包的一部分。这是一组额外的数据挖掘算法，已经过高度调整来使用 Oracle 数据库。所有这些算法都列在表 11-3 中。

然而我们没有足够的页面来展示所有的示例。但是我们将展示如何使用 OREdm 包中的 ore.odmAssocRules 和 ore.odmDT 算法以及 OREmodels 包中的 ore.neural。

表 11-3 Oracle R Enterprise 中可用的数据挖掘算法

ORE 算法	ORE 包	描述
ore.odmAI	OREdm	使用最小描述长度算法生成属性重要性
ore.odmAssocRules	OREdm	使用 Apriori 算法执行关联规则分析
ore.odmDT	OREdm	使用决策树算法创建分类模型
ore.odmGLM	OREdm	使用广义线性模型算法创建分类或回归模型
ore.odmKMeans	OREdm	使用 k-均值算法创建聚类模型
ore.odmNB	OREdm	使用朴素贝叶斯算法创建分类模型
ore.odmNMF	OREdm	使用非负矩阵分解算法进行特征提取
ore.odmOC	OREdm	使用正交分区聚类算法创建聚类模型
ore.odmSVM	OREdm	使用支持向量机算法创建分类或回归模型
ore.glm	OREmodels	为 ORE 数据框架中的数据创建一个广义线性模型
ore.lm	OREmodels	为 ORE 数据框架中的数据创建一个线性回归模型
ore.neural	OREmodels	为 ORE 数据框架中的数据创建一个神经网络模型
ore.stepwise	OREmodels	为 ORE 数据框架中的数据创建一个逐步线性回归模型
Ore.RandomForest	OREmodels	为 ORE 数据框架中的数据创建一个随机森林模型

11.5.1 关联规则分析

关联规则分析是一种无监督的数据挖掘技术，可以在数据中查找频繁项集。这种数据挖掘技术通常用于零售行业，以发现哪些产品经常被一起购买。用来说明关联规则分析的一个常见示例为面包和牛奶是在杂货店经常一起购买的两种产品。这种类型的数据挖掘在零售行业非常普遍，有时也被称为"购物篮分析"。通过分析以前的客户购买的产品，可以提示新客户可能感兴趣的产品。每当在 Amazon.com 上查看产品(例如数据挖掘书)时，除了正在查看的产品之外，还会显示以前客户购买的其他产品列表。通过使用关联规则分析，可以开始回答关于数据以及数据模式的问题。

对于关联规则分析，可以使用 ore.odmAssocRules 函数。该函数使用嵌入在 Oracle 数据库中的 Apriori 算法。ore.odmAssocRules 函数具有以下语法和默认值：

```
> ore.odmAssocRules(formula,
      data,
      case.id.column,
      item.id.column = NULL,
      item.value.column = NULL,
      min.support = 0.1,
      min.confidence = 0.1,
      max.rule.length = 4,
      na.action = na.pass)
```

我们所需的用于关联规则分析的数据集必须包含事务记录，算法将查看项目的共现性(在以下示例中为产品)。首先，我们需要构造输入数据集。这是通过创建对事务数据的视图并创建一个单独的属性作为每个记录和产品名称的标识符来完成的。然后将这些信息以及支持度和置信度度量值传递给 ore.odmAssocRules 算法。我们可能需要花些时间调整这些度量值。如果将它们设置得太高，则不会生成关联规则，而如果将它们设置得太低，则会产生太多的规则。下面的代码示例演示了为我们的事务数据生成关联规则模型：

```
> # Build an Association Rules model using ore.odmAssocRules
> ore.exec("CREATE OR REPLACE VIEW AR_TRANSACTIONS
```

```
  AS
  SELECT s.cust_id || s.time_id case_id,
         p.prod_name
  FROM   sh.sales s,
         sh.products p
  WHERE s.prod_id = p.prod_id")
> # You need to sync the meta data for the newly created view to be visible in
> #  your ORE session
> ore.sync()
> ore.ls()
> # List the attributes of the AR_TRANSACTION view
> names(AR_TRANSACTIONS)
> # Generate the Association Rules model
> ARmodel <- ore.odmAssocRules(~., AR_TRANSACTIONS, case.id.column = "CASE_ID",
        item.id.column = "PROD_NAME", min.support = 0.06, min.confidence = 0.1)
> # List the various pieces of information that is part of the model
> names(ARmodel)
> # List all the information about the model
> summary(ARmodel)

Call:  ore.odmAssocRules(formula = ~., data = AR_TRANSACTIONS, case.id.column =
"CASE_ID",
     item.id.column = "PROD_NAME", min.support = 0.06, min.confidence = 0.1)

Settings:                          value
asso.min.confidence         0.1
asso.min.support            0.06
odms.item.id.column.name prod.name
prep.auto                   off


Rules:    RULE_ID NUMBER_OF_ITEMS                                   LHS
1           38             2              CD-RW, High Speed Pack of 5
2           38             2  CD-R, Professional Grade, Pack of 10
3           37             2     CD-R with Jewel Cases, pACK OF 12
4           37             2  CD-R, Professional Grade, Pack of 10
5           39             2              CD-RW, High Speed Pack of 5
...

                              RHS      SUPPORT CONFIDENCE      LIFT
1     CD-R with Jewel Cases, pACK OF 12 0.06122021  0.9064860 8.772463
2     CD-R with Jewel Cases, pACK OF 12 0.06122021  0.9064860 8.772463
3           CD-RW, High Speed Pack of 5 0.06122021  0.8566820 9.733656
4           CD-RW, High Speed Pack of 5 0.06122021  0.8566820 9.733656
5 CD-R, Professional Grade, Pack of 10 0.06122021  0.8412211 9.746766
...
```

    这只是输出和关联规则的部分列表。如果想探索这些关联规则和关联的项集，可以将它们从 Oracle 数据库拉到本地数据框架中，然后使用 R 语言中的 ARULES 包进行更详细的探索。以下代码示例说明如何执行此附加分析，但由于空间限制，输出未显示：

```
> # Bring the Association Rules to the client & use the 'arules' package
> #  to see more details of the association rules
> #install.packages("arules")
> library(arules)
> ARrules <- rules(ARmodel)
> local_ARrules <- ore.pull(ARrules)
> inspect(local_ARrules)
```

```
> ARitemsets <- itemsets(ARmodel)
> local_ARitemsets <- ore.pull(ARitemsets)
> inspect(local_ARitemsets)
```

11.5.2 构建决策树模型并对新数据评分

决策树是建立问题分类模型的非常受欢迎的技术。分类是一种有监督的数据挖掘方法，它采用预先标记的数据集，并使用一种或多种算法构建分类模型。预先标记的数据集称为训练数据集，其中包含我们已经知道结果的数据。例如，如果想要进行客户流失分析，那么我们会选取所有注册到某一特定日期的客户。可以编写一些代码，它很容易确定哪些客户仍然是客户(即他们仍然活跃)，以及哪些不再是活跃客户(即他们已经离开)。我们将为每个客户创建一个新的属性。这个属性通常被称为目标变量，这个目标变量包含将被分类算法用来建立模型的标签(0或1)。然后，可以使用这些模型之一来对一组新客户评分，并确定哪些客户可能会留下来，以及哪些客户将离开(流失)。

Oracle R Enterprise 中有许多可用于分类问题的算法。本节中显示的示例说明如何使用 ore.odmDT 算法构建决策树数据挖掘模型。这指向可以使用 SQL 和 PL / SQL 访问的数据库内的决策树算法。

注意：
在第10章中，我们展示了如何使用 SQL 创建 Oracle 数据挖掘决策树模型。在以下示例中，我们使用 Oracle R Enterprise 创建了一个类似的 Oracle 数据挖掘决策树模型。

构建分类数据挖掘模型的第一步是准备数据挖掘算法的数据输入。这可能需要整合来自各种来源的数据、对数据执行各种数据转换、决定如何处理丢失的数据、生成其他属性等。准备好数据后，可以将其输入数据挖掘算法。以下代码示例说明了在 Oracle 数据库中创建视图，其中包含我们将输入数据挖掘算法的数据。然后使用 ore.odmDT 函数创建数据挖掘模型。

```
> ore.exec(" CREATE OR REPLACE VIEW ANALYTIC_RECORD
  AS
  SELECT a.CUST_ID,
  a.CUST_GENDER,
  2003-a.CUST_YEAR_OF_BIRTH AGE,
  a.CUST_MARITAL_STATUS,
  c.COUNTRY_NAME,
  a.CUST_INCOME_LEVEL,
  b.EDUCATION,
  b.OCCUPATION,
  b.HOUSEHOLD_SIZE,
  b.YRS_RESIDENCE,
  b.AFFINITY_CARD,
  b.BULK_PACK_DISKETTES,
  b.FLAT_PANEL_MONITOR,
  b.HOME_THEATER_PACKAGE,
  b.BOOKKEEPING_APPLICATION,
  b.PRINTER_SUPPLIES,
  b.Y_BOX_GAMES,
  b.OS_DOC_SET_KANJI
  FROM sh.customers a,
       sh.supplementary_demographics b,
       sh.countries c
  WHERE a.CUST_ID = b.CUST_ID
  AND a.country_id = c.country_id
  AND a.cust_id between 101501 and 103000")
> # You need to run the ore.sync function to bring the meta data of this
```

```
> #  view into your session
> ore.sync()
> ore.ls()
> # Build a Decision Tree model using ore.odmDT
> DTmodel <- ore.odmDT(AFFINITY_CARD ~., ANALYTIC_RECORD)
> class(DTmodel)
> names(DTmodel)
> summary(DTmodel)
```

函数 summary(DTmodel)的冗长输出在这里没有显示(大约需要两页)。运行前面的代码并检查 summary(DTmodel)
生成的输出时，将能够看到一些决策树属性，包括构成决策树的各个节点。

第二步是评估产生的模型。为此，需要使用用于构建数据挖掘模型的单独数据集。这个数据集还应该包含已
知的目标值。在我们的示例中，目标值在 AFFINITY_CARD 变量中。

为了创建训练数据集，我们在 SH 用户中创建另一个视图。该视图的结构与用于创建 ANALYTICS_RECORD
视图的结构完全相同，但最后一行替换为以下内容：

```
AND a.cust_id between 103001 and 104500
```

可以将这个视图命名为 TEST_DATA。确保在创建视图后运行 ore.sync()函数，使其元数据在 R 会话中可用。
以下代码示例说明如何将决策树模型应用于此新数据，然后使用混淆矩阵格式呈现结果，该格式与统计信息中的
类型 I 和类型 II 错误类似：

```
> # Test the Decision Tree model
> DTtest <- predict(DTmodel, TEST_DATA, "AFFINITY_CARD")
> # Generate the confusion Matrix
> with(DTtest, table(AFFINITY_CARD, PREDICTION))
              PREDICTION
 AFFINITY_CARD    0     1
             0 1074    80
             1  192   154
```

混淆矩阵允许我们衡量数据挖掘模型的准确性，并从中找出它对我们的有用之处。例如，这个混淆矩阵在预
测 AFFINITY_CARD 值为 0 时是非常准确的，但它不像预测值是 1 时那么准确。

如果决定在新数据上使用此数据挖掘模型，则可以使用 predict 函数将模型应用于新数据并对数据进行评分；
例如，如果有一个名为 NEW_DATA 的新数据集，它的格式完全相同，并且执行了完全相同的步骤来准备它(就像
我们准备用于构建数据挖掘模型的数据所做的那样)。以下代码示例说明了如何对这些新数据评分：

```
> # Add an index to the data set. This is needed when using the cbing
> DTnew <- predict(DTmodel, NEW_DATA, "AFFINITY_CARD")
> # Combine the New Data Set with the scored values
> DTresults <- cbind(TEST_DATA, DTnew)
> head(DTresults, 5)
```

11.5.3　构建神经网络模型并对新数据评分

神经网络是另一种流行的数据挖掘技术，用于分类数值或二元目标变量。它可以用来捕捉输入和输出之间复
杂的非线性关系，从而找到数据中的模式。下一个代码示例遵循上一节中用于决策树模型的相同过程。使用相同
的数据集来构建数据挖掘模型。可以使用 summary 函数来检查数据挖掘模型的一些属性，然后使用该模型对新数
据进行评分或标记。

```
> # Build a Neural Network using ore.neural
> Nmodel <- ore.neural(AFFINITY_CARD ~., data = ANALYTIC_RECORD)
> summary(Nmodel)
```

```
> Ntest <- predict(Nmodel, TEST_DATA, supplemental.cols=c("CUST_ID"))
> row.names(Ntest) <- Ntest$CUST_ID
> Nresult <- cbind(TEST_DATA, Ntest )
> head(Nresult, 5)
```

我们建议研究表 11-3 中列出的所有其他 Oracle R Enterprise 数据挖掘算法的功能。

11.6 嵌入式 R 执行

嵌入式 R 执行是 Oracle R Enterprise 的一个主要功能，可以在 Oracle 数据库中存储和运行 R 脚本。当这些脚本通过 SQL 或 PL／SQL 运行时，Oracle 数据库将执行一个或多个在数据库服务器上运行的 R 引擎。这些 R 引擎完全由 Oracle 数据库管理。使用嵌入式 R 执行允许我们不仅在 Oracle 数据库中运行 ORE 功能，还可以使用和运行开源的 CRAN 软件包。Oracle 为运行嵌入式 R 执行提供了两个主要接口：R 接口和 SQL 接口。

在本书的这一部分，我们只介绍使用 SQL 接口的嵌入式 R 执行的一些功能。表 11-4 列出了执行嵌入式 R 执行的 SQL 接口。

在使用嵌入式 R 执行功能之前，Oracle 模式将需要额外的数据库特权。可以要求 Oracle DBA 将 RQADMIN 权限授予你的模式。

表 11-4　SQL 中的嵌入式 R 执行接口

SQL 接口	描述
rqEval()	调用一个独立的 R 脚本
rqTableEval()	调用 R 脚本输入表中的所有数据
rqRowEval()	每次在一行或一组行上调用 R 脚本
rqGroupEval()	对基于分组列划分的数据调用 R 脚本

11.6.1 使用 rqEval 调用函数并返回一个数据集

使用 SQL 接口和嵌入式 R 执行功能的关键方面之一是，我们需要在脚本中编写想要对数据执行的所有 R 代码。然后，该脚本可以存储在 Oracle 数据库中，并可供其他人用于分析和应用程序中。以下示例演示了一个输出 Hello World 的简单脚本。第一步是创建一个名为 HelloWorld 的脚本。这将创建一个包含字符串'Hello World'的数据框架。需要额外的格式化步骤将数据集中的属性从因子转换为字符串。在最后一步，res 会返回'Hello World'字符串。

```
BEGIN
--    sys.rqScriptDrop('HelloWorld');
    sys.rqScriptCreate('HelloWorld',
      'function() {
         res <- data.frame(Ans="Hello World", stringsAsFactors=FALSE)
         res} ');
END;
/
```

这个示例中的第一行被注释掉了。这一行发出一个 DROP SCRIPT 命令。如果以后运行或重新创建此函数，则需要包含这一行代码。

该脚本将存储在 Oracle 数据库的 ORE 数据存储中，我们将成为该脚本的所有者。下一步是使用 SELECT 语句调用此 ORE 脚本并显示结果。在这个特定的场景中，我们只是调用一个执行预定义步骤的函数。在这种情况下，可以使用 rqEval 接口来调用 ORE 脚本。这个 rqEval 接口有 4 个参数。第一个是函数所需的参数值。在我们的示例中，这个函数不带任何参数，可以将这个值设置为 NULL。第二个参数详细说明如何对结果进行格式化和显示。第三个参数是 ORE 脚本的名称。当运行这个查询时，我们从显示的 HelloWorld 脚本中得到结果：

```
SELECT *
FROM   table ( rqEval( NULL,
                'select cast(''a'' as varchar2(14)) "Ans" from dual',
                'HelloWorld'));


ANS
--------------
Hello World
```

下一个示例演示如何创建一个脚本，用于从一系列值中选择一些随机数。这个示例适用于多种不同的场景。

```
BEGIN
--    sys.rqScriptDrop('Example1');
    sys.rqScriptCreate('Example1',
      'function() {
          ID <- sample(seq(100), 11)
          res <- data.frame(ID = ID)
         res } ');
END;
/


SELECT *
FROM   table( rqEval(NULL,
                'select 1 id from dual',
                'Example1'));


        ID
----------
        54
        23
        40
        44
        33
        84
        58
        66
        38
        57
        86
```

可以通过参数化 ORE 脚本中的函数来为这个函数增加更大的灵活性。例如，可以将两个参数添加到我们的 Example1 脚本中。可以为要考虑的数据点的数量添加一个参数，然后为样本大小添加第二个参数。这是参数化函数的一个简单示例，但是希望你能知道这使得你的函数在许多不同的情况下更具动态性和可用性。创建一个名为 Example2 的 ORE 脚本的新版本，其中包含该函数的这些新参数。这在下面的代码中显示：

```
BEGIN
--    sys.rqScriptDrop('Example2');
    sys.rqScriptCreate('Example2',
       'function(NumPoints, SampleSize) {
          ID <- sample(seq(NumPoints), SampleSize)
          res <- data.frame(ID = ID)
          res } ');
END;
/
```

函数 drop script 再一次被注释掉了。如果需要重新运行此代码,则需要包含此函数。

在 Example1 中,展示了如何调用 ORE 脚本并运行其中的函数。Example1 不需要传入任何参数,那么为什么我们有一个 NULL 作为 rqEval 接口的第一个参数。在 Example2 中,我们有参数,我们需要在 rqEval 的调用中包含这些参数。以下查询说明了如何将参数传递给此函数。在对 Example2 的调用中,我们想要为数据点的数量(NumPoints)传递一个值 50,并且使随机样本大小(SampleSize)的值为 6。

这些参数的传递有一些格式化。这包括一个 SELECT from DUAL 语句,然后将其包装在一个 cursor 函数中。

```
SELECT *
FROM
    table( rqEval(cursor(select 50 "NumPoints", 6 "SampleSize" from dual),
                  'select 1 id from dual',
                  'Example2'));
```

当运行这个查询时,每次都得到一组随机出现的 6 个数字。每次运行此查询时,都会得到一组不同的随机值:

```
       ID
----------
       50
       28
       39
       23
        8
       22
```

在通过这些 SQL 接口运用 Oracle R Enterprise 的嵌入式 R 执行功能时可看到,可以在 Oracle 数据库中执行包含 R 代码的各种分析。在下一节中,我们将探讨一些其他功能以及如何使用这些功能。

11.6.2 使用 rqTableEval 将数据挖掘模型应用于数据

rqTableEval 函数允许我们将一个数据集传递给一个函数,并对这个数据集进行处理,然后用 SELECT 语句返回并显示结果。我们有许多选项可用于汇总数据。到目前为止,最简单的方法是使用带有 GROUP BY 的 SELECT 语句。作为替代方案,还有一个非常常用的 R 软件包 PLYR,它允许我们处理数据集并对数据执行各种统计分析操作。

在下面的示例中,一个数据集被传递到函数中,并且 PLYR R 包将被用来根据其中一个属性执行聚合。这是一个表明如何使用 R 语言的成千上万个软件包之一的示例。可以将这些 R 软件包安装到作为数据库服务器上 Oracle Home 一部分的 Oracle R Enterprise 环境中。一旦安装完成,就可以通过 Oracle R Enterprise 的嵌入式 R 执行功能使用这些 R 包。查看 Oracle R Enterprise 文档可获取有关如何将其他 R 包安装到 Oracle R Enterprise 环境中的更多详细信息。

第一步是创建一个将存储在 Oracle 数据库中的 R 脚本。这个脚本将包含想要执行的所有 R 代码。该脚本接受一个输入——将在脚本中使用和处理的数据集。第二步是加载包含要使用的函数的 R 库/包。第三步是读取数据,然后使用 plyr 函数执行数据聚合。与所有数据库中的 R 脚本一样,最后一步是返回函数的结果。

```
BEGIN
--   sys.rqScriptDrop('plyrExample');
    sys.rqScriptCreate('plyrExample',
        'function(dat) {
            library(plyr)
            df3 <- dat
            res <- ddply(df3, .(CUST_GENDER), summarize, freq=length(CUST_ID))
            res } ');
END;
```

这个 PL / SQL 代码中的第一行被注释掉了。如果必须重新运行此脚本，则需要包含此第一个命令以删除现有脚本。

接下来，我们需要使用 SQL 执行对此 R 脚本的调用。在这种情况下，我们将使用 rqTableEval 函数，因为我们需要传入表的内容。可以传递表中的所有内容，也可以编写一个查询来选择输入该函数的所有必需数据。

```
SELECT *
FROM   table( rqTableEval( cursor(select * from customers_v),
              NULL,
              'select cast(''a'' as varchar2(14)) "Cust_Gender", 1 as freq from dual',
              'plyrExample'));


Cust_Gender          FREQ
-------------- ----------
F                   18325
M                   37175
```

在前一节中，展示了如何使用数据库内的数据挖掘决策树算法创建和使用决策树数据挖掘模型。如果可以将此数据挖掘代码及其功能打包到数据库内的 R 脚本中，那将会非常有用。这个脚本可以用在所有可以执行 SQL 的应用程序中。我们不打算使用和前一节中完全相同的场景；相反，我们将展示如何使用 R 标准安装附带的常用数据挖掘算法之一。通过展示这一点，来展现 Oracle R Enterprise 的一些灵活性和附加功能。在以下示例中，我们使用 R 语言标准的 glm 算法创建数据挖掘模型。

所有数据挖掘项目的第一步是使用训练数据集创建数据挖掘模型。在这些示例中使用的数据集可以在第 10 章创建的 DMUSER 模式中使用。如果打算使用 DMUSER 模式，则需要为该模式授予 rqadmin 的额外特权。这将使 DMUSER 架构有权运行 Oracle R Enterprise 的嵌入式 R 执行功能。

需要做的第一件事是创建一个数据库内的 R 脚本，它将创建数据挖掘，然后将此模型保存到数据库。以下代码显示了这一点：

```
-- Build & save the R script, called Demo_GLM in the DB
--  This builds a GLM  DM model in the DB
--
BEGIN
--   sys.rqScriptDrop('Demo_GLM');
   sys.rqScriptCreate('Demo_GLM',
     'function(dat,datastore_name) {
         mod <- glm(AFFINITY_CARD ~ CUST_GENDER + AGE + CUST_MARITAL_STATUS +
                    COUNTRY_NAME + CUST_INCOME_LEVEL + EDUCATION + HOUSEHOLD_SIZE
                    + YRS_RESIDENCE, dat, family = binomial())
      ore.save(mod, name=datastore_name, overwrite=TRUE)   }');
END;
```

第二件事是在 Oracle 数据库中调用或运行这个脚本。通过运行此脚本，我们创建 glm 数据挖掘模型，并将此 R 生成的数据挖掘模型存储在名为 datastore_name 的 Oracle R Enterprise 数据存储中。以下 SELECT 语句用于运行 Demo_GLM 脚本，并使用 rqTableEval 函数来定义将哪些数据用作此脚本的输入：

```
--
-- After creating the script you need to run it to create the GLM model
--
SELECT *
FROM table(rqTableEval(
    cursor(selectCUST_GENDER,
                AGE,
                CUST_MARITAL_STATUS,
                COUNTRY_NAME,
```

```
                        CUST_INCOME_LEVEL,
                        EDUCATION,
                        HOUSEHOLD_SIZE,
                        YRS_RESIDENCE,
                        AFFINITY_CARD
              from mining_data_build_v),
      cursor(select 1 as "ore.connect", 'myDatastore' as "datastore_name" from dual)
                 'XML', 'Demo_GLM' ));
```

完成后会返回一条记录，其中包含一些没有值的 XML。此时，我们知道 glm 数据挖掘模型已经创建并存储在 Oracle 数据库中。

下一步是将使用前面的代码构建的数据挖掘模型应用于新数据。同样，我们需要编写一个 R 脚本存储在 Oracle 数据库中，该脚本定义了需要运行的所有 R 代码。以下示例说明了这样一个脚本。它使用之前构建的 glm 数据挖掘模型，并返回评过分或标记的数据。

```
-- Script to apply the GLM data mining model to your new data
BEGIN
--   sys.rqScriptDrop('Demo_GLM_Batch');
     sys.rqScriptCreate('Demo_GLM_Batch',
       'function(dat, datastore_name) {
       ore.load(datastore_name)
       prd <- predict(mod, newdata=dat)
       prd[as.integer(rownames(prd))] <- prd
       res <- cbind(dat, PRED = prd)
       res}');
END;
/
```

同以前一样，可以使用 rqTableEval 函数来调用这个脚本并提供一个数据集，其中包含我们想要用预测值进行评分或标记的数据。

```
SELECT *
FROM table(rqTableEval(
    cursor(select CUST_GENDER, AGE, CUST_MARITAL_STATUS, COUNTRY_NAME,
               CUST_INCOME_LEVEL, EDUCATION, HOUSEHOLD_SIZE, YRS_RESIDENCE
                 from   MINING_DATA_APPLY_V
                 where rownum <= 10),
    cursor(select 1 as "ore.connect", 'myDatastore' as "datastore_name"
           from dual),
    'select CUST_GENDER, AGE, CUST_MARITAL_STATUS, COUNTRY_NAME,
         CUST_INCOME_LEVEL, EDUCATION, HOUSEHOLD_SIZE, YRS_RESIDENCE,
         1 PRED from MINING_DATA_APPLY_V','Demo_GLM_Batch'))
ORDER BY 1, 2, 3;
```

上面的查询从 MINING_DATA_APPLY_V 视图中选择 10 行并将它们提供给函数。这些数据将形成由存储的 R 脚本处理的数据集。该函数使用预测值对数据进行评分，然后返回一个数据集，其中包含输入 R 脚本中的原始数据集以及包含预测值的属性。

在本节中，我们研究了如何使用 rqTableEval 函数将数据集传递给存储在 Oracle 数据库中的 R 脚本。这些数据集基于对数据的查询，可以包含来自表的所有数据、记录的子集，或者可以组合来自多个表的数据。我们还介绍了几种使用这些存储的 R 脚本的不同方法，以及如何利用 R 语言提供的各种功能和软件包来扩展 SQL 语言中的分析功能。

11.6.3 在仪表板中创建和使用 ORE 图形

R 语言附带了用于创建图形的各种库。这可能是 R 语言最强大的功能之一。大多数典型的报告工具都带有可创建的有限图形集。与 R 语言中可用的相比,这些只是可用的一小部分。

借助 Oracle R Enterprise 的嵌入式 R 执行功能,我们现在可以在 Oracle 数据库中使用 R 语言的绘图功能。在上一节中,我们展示了如何使用 Oracle 数据库服务器上新安装的 R 包。现在可以安装各种 R 绘图包,并使用这些包生成各种数据图。

但是使用 Oracle R Enterprise 的嵌入式 R 执行功能时遇到的问题是,SQL 是一种不允许我们显示这些图形的语言。使用 Oracle R Enterprise,可以定义输出的格式。对于图形,可以选择使用 XML 或 PNG 创建它们。Oracle R Enterprise 随附 PNG 软件包,作为安装的一部分。借助此功能,现在可以将 R 图形集成到 Oracle 商业智能企业版(OBIEE)仪表板、Oracle BI Publisher、APEX 等中。对于 OBIEE,可以将 PNG 图形传输到 BLOB 列,然后将其显示在 OBIEE 仪表板上。对于 Oracle BI Publisher,可以使用 XML 格式。

以下示例说明了一个 R 脚本,它聚合了 ANALYTIC_RECORD 表中的数据,计算 AGE 属性的每个唯一值的记录数。最终的命令使用 R 中的标准 plot 函数来生成聚合数据的折线图。

```
BEGIN
-- sys.rqScriptDrop('AgeProfile');
   sys.rqScriptCreate('AgeProfile',
      'function(dat) {
         mdbv <- dat
         aggdata <- aggregate(mdbv$AFFINITY_CARD,
                            by = list(Age = mdbv$AGE),
                            FUN = length)
         res <- plot(aggdata$Age, aggdata$x, type = "l") } ');
END;
/
```

在架构中创建这个脚本之后,可以使用以下代码调用此脚本并生成图表。可以采用以下查询并将其嵌入 OBIEE 的 RPD 的不同层中,然后在 OBIEE 仪表板上提供。例如,前面的示例会创建如图 11-3 所示的图表。还可以使用 SQL Developer 查看此图表。

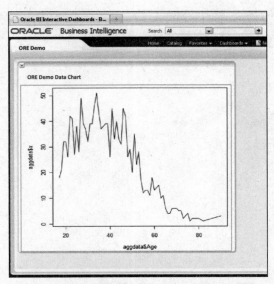

图 11-3　OBIEE 仪表板中的 Oracle R Enterprise 图表

```
SELECT *
FROM table(rqTableEval(
        cursor(select * from ANALYTIC_RECORD),
                cursor(select 1 "ore.connect" from dual),
                'PNG', 'AgeProfile'));
```

11.7 本章小结

Oracle R Enterprise 是 Oracle 高级分析选项的一部分，它允许我们在使用 Oracle 数据库的同时扩展分析功能。可以借助 Oracle R Enterprise 来克服许多 R 的限制并使用 Oracle 数据库的性能和扩展性功能。这样可以很大地扩展分析中的数据量，快速地执行分析，并使用 Oracle 数据库的并行功能在数据集的各个部分上同时运行高级分析。

通过与 Oracle 数据库的集成，可以使用 SQL 和 PL / SQL 语言在 Oracle 数据库服务器上运行 R 代码。通过使用 SQL 和 PL / SQL 语言，可以在传统应用程序、分析仪表板和报告中集成 R 语言的分析功能。

Oracle R Enterprise 在一定的情况下允许将 R 代码无缝转换为 Oracle SQL，这使得 R 程序员可以利用 Oracle 数据库的性能和扩展性功能。它们不再受客户端计算机的计算能力的限制。Oracle R Enterprise 还能够运行嵌入 SQL 代码中的 R 代码。数据保留在 Oracle 数据库中，并且 R 代码中定义的所有操作都将被转换并在 Oracle 数据库中的数据上执行。Oracle R Enterprise 的这种核心功能使数据分析人员能够处理比他们通常能做的更大的数据集。使用嵌入式 R 执行，可以通过 R 编程环境或 SQL(或者同时使用两者)在数据库中存储和运行 R 脚本。可以在任何启用 SQL 的工具中使用由 R 代码生成的结果。嵌入式 R 执行还允许在工具中利用 R 中可用的大量图形功能，包括 OBIEE 和 Oracle BI Publisher。

在本章中，我们展示了使用 Oracle R Enterprise 的一些功能。其中包括如何在 Oracle 数据库服务器上安装和使用 Oracle R Enterprise，以及如何在 Oracle R Enterprise 透明层上通过 R 语言来使用 Oracle 数据库的计算功能。我们还展示了如何在 Oracle 数据库中创建 R 脚本并使用 SQL 调用它们。

Oracle R Enterprise 极大地扩展了 Oracle 数据库的分析功能。如果在 R 语言中遇到一个新软件包，它提供了你想要使用的特定功能，则只需要将其安装在 Oracle 数据库服务器上，之后可以从 SQL 中调用该功能。正如所见，这对于数据分析是一个强大功能，可以鼓励更多的人使用 Oracle R Enterprise。

注意：

可查看 *Oracle R Enterprise: Harnessing the Power of R in the Oracle Database*(McGraw-Hill Professional，2016) 一书了解有关在数据分析和应用程序中如何探索和使用 Oracle R Enterprise 的更多详细信息。

第 12 章

Oracle Database 12*c* 中的预测查询

前两章中介绍了如何使用 Oracle 数据挖掘功能，并通过运行在 SQL 中的 R 代码大大地扩展了数据库的分析能力。要充分利用这些特性，需要很好地理解它们的原理，以及实施和使用它们的方法。

但是如果不想陷入这么复杂的局面呢？如果想要使用这些先进的机器学习算法，而不想知道或理解它们做了什么以及它们是如何做的呢？如果只是想知道这些方案适用于哪些类型的业务问题，另外，如果不太在意它们的准确程度呢？相反，你只是对某些东西感兴趣，它给出了一个指示(一个近似的结果)，以及一些用于预测的属性的细节？如果希望这些预测是可伸缩的，而不必编写任何额外的代码，又该如何呢？

如果这些问题的答案是肯定的，那么也许预测查询就是你想要的。Oracle Database 12*c* 版本中引入了预测查询这个新功能，允许创建数据挖掘模型并将其应用于你的数据，而无须额外编写如前两章所示的代码。所有的工作流程和数据处理都在后台执行，当所有的工作任务和数据计算完成后，系统自动删除挖掘模型并显示计算结果。

在本章中，我们将展示如何使用预测查询来执行分类、回归、异常探测，以及使用 Oracle 数据库中新增的功能强大的分析函数进行聚类。

12.1 什么是预测查询和为什么需要它

预测查询是 Oracle Database 12c 版本中引入的新 SQL 特性之一，能够为数据提供动态预测模型。我们所要做的是编写一个 SQL 查询和建立一个预测模型，然后将此模型应用于数据。这些都是一步完成的，不需要知道其内部的运作机制。执行预测查询期间构建的预测模型仅仅在执行过程中存在。查询执行完成后，所有的预测模型和相关设置信息都被删除，所以它们也被称为瞬态模型。

注意：
需要非常仔细地在 Oracle 文档中查找预测查询的详细资料，因为看起来它有很多名称。在官方文档中，它有时出现在动态模型(On-the-Fly Model)中，有时它又被称为动态查询(Dynamic Queries)。在 SQL Developer 软件的 Oracle Data Miner 工具中，它被称为预测查询(Predictive Queries)。换言之，动态模型=动态查询=预测查询。看起来是有点混乱！

预测查询功能可以运用数据库内部的数据挖掘算法快速构建模型和对数据评分，而不需要理解必要的设置和模型的微调。在执行预测查询过程中创建的所有模型都将在查询完成以后被删除。预测查询使用的算法或模型是不能被监控和调整的。所以你必须相信 Oracle 数据库后台执行的工作。如果你是一名数据科学家，那么通常会希望对模型进行优化，这种预测查询就不适合你。但是，如果想快速建立模型并且给数据评分，而且并不关心做预测所涉及的算法和模型，那么可以使用预测查询功能。

使用预测查询的一个主要优点是可以对数据进行分区，并且针对每个分区构建预测模型。这是通过使用分区子句来实现的。将数据根据属性分成不同的分区，然后创建基于分区的预测模型和对分区内的数据进行评分。通常对于大部分的数据挖掘工具，必须定义专门的分区创建数据子集，定义构建模型的算法，然后运行模型来对数据进行评分。以上这些步骤都必须是手动定义的。通过定义预测查询中的分区可以自动完成这些工作。预测查询有两个主要的优点。首先，当创建新的数据分区(也就是说，为分区属性创建一个新值)时，预测查询会自动选择并完成所有的工作。第二个是允许使用并行查询选项提高评分任务的效率，这在处理大数据时特别有用。

创建预测查询有两种方法。第一个方法是编写 SQL 语句提示数据库使用数据库内的数据挖掘算法。第二个方法是使用 Oracle Data Miner 工具中的 Predictive Queries。本章节中介绍如何编写 SQL 语句实现预测查询。本章后面的章节将介绍如何使用 SQL Developer 软件中的 Oracle Data Miner 工具构建预测查询。

注意：
本章中介绍预测查询所使用的样本数据集与第 10 章介绍 Oracle 数据挖掘时使用的是一样的。样本数据集主要包括 Oracle 数据库的样本模式中的表和视图。这些表和视图是在使用 SQL Developer 工具创建 Oracle 数据挖掘仓库(Oracle Data Miner Repository)时自动创建的。或者也可以运行 SQL Developer 工具自带的脚本 instDemoData.sql 来创建，自带脚本存放在软件工具主目录下的子目录中：...\sqldeveloper\dataminer\scripts。

12.1.1 Oracle 分析函数

Oracle 数据库中第一次出现分析函数要追溯到 Oracle 8i 版本(甚至更早)。随着每次数据库新版本的发布，都新增了更多的功能。到当前的 Oracle Database 12c 版本为止，数据库已有 46 个以上的分析函数。表 12-1 列出了分析函数，其中与预测查询相关的函数用星号突出显示。

如表 12-1 所示，有 10 个预测分析函数。第一部分预测函数(函数名称是以 cluster 开头的)可用于执行聚类分析和查看每个聚类的详细情况。

表 12-1　Oracle Database 12*c* 中的分析函数

avg	max
cluster_details*	min
cluster_distance*	nth_value
cluster_id*	ntile
cluster_probability*	percent_rank
cluster_set*	percentile_cont
corr	percentile_disc
count	prediction*
covar_pop	prediction_cost*
covar_samp	prediction_details*
cume_dist	prediction_probability*
dense_rank	prediction_set*
feature_details	rank
feature_id	ratio_to_report
feature_set	regr_(Linear Regression)
feature_value	row_number
first	stddev
first_value	stddev_pop
lag	stddev_samp
last	sum
last_value	var_pop
lead	var_samp
listagg	variance

　　第二部分预测函数(在表 12-1 的右边列中，函数名称是以 prediction 开头的)可以用于分类、回归、异常探测和特征集。这部分预测函数的功能强大，需要小心谨慎地编写预测查询的语句，否则会得到一个意料之外的预测类型。

　　分析函数的语法包括三个主要部分。首先是函数的定义。另外两个分别是 Partition 子句和 Window 子句，如图 12-1 所示。

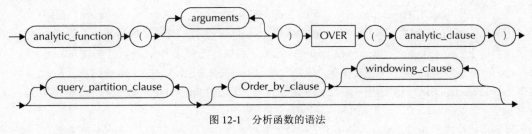

图 12-1　分析函数的语法

12.1.2　分区子句的奥秘

　　当我们使用预测查询功能时，要求 Oracle 在数据上构建和应用预测模型。这些预测结果可以用于更深入地了解数据和做决策支持。

编写预测查询时使用 Partition 子句，是告诉 Oracle 数据库根据不同的分区处理数据。这意味着，Oracle 数据库将会构建并应用不同的数据挖掘模型处理各个分区数据(使用 Partition 子句定义)。

例如，在图 12-2 中，我们看到大约 90％的数据来自一个国家。在这种情况下，所有国家都使用相同的数据挖掘模式是没有意义的。我们应该为每个国家创建一个单独的模型。

使用 Partition 子句时，还可以指定预测查询根据不同分区创建数据挖掘模型。通过使用图 12-2 中的数据，可以在 Partition 子句中添加 COUNTRY_NAME 属性。这样做的话，Oracle 数据库可以根据 COUNTRY_CODE 的值把数据分成几个分区。在数据库中为每个分区创建数据挖掘模型，然后对数据进行评分。数据挖掘模型在完成数据评分后就不存在了。

同样地，如果想要将数据挖掘深入到更细粒度的级别，那么可以在 Partition 子句中添加更多的属性。这在本章给出的各个示例中都有说明。

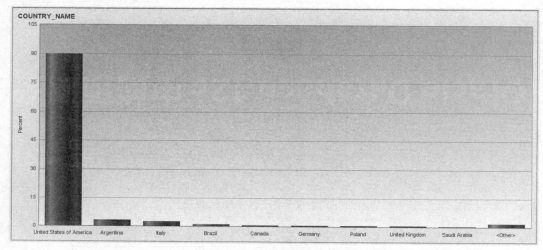

图 12-2　各个国家事务记录的分布

12.2　创建预测查询

在刚刚开始使用预测查询时，编写出语法正确的查询语句可能会比较困难。为了帮助你解决这个问题和提高预测查询的效率，Oracle 数据库提供了两种简单的方法。

12.2.1　在 SQL Developer 中创建预测查询

第一种方法是使用 SQL Developer 工具界面的 Snippets 区域，如图 12-3 所示。Snippets 是代码片段，它提供了使用特定函数的预构建查询的示例。对预测查询来说，Snippets 为我们提供了使用各种类型的预测查询的示例代码片段，同样也包括使用 dbms_predictive_analytics 函数。可以打开 SQL Developer 工具，在界面主菜单中选择并单击 View 菜单选项，打开对应的下拉菜单，选择并单击 Snippets 选项，打开 Snippets 窗口。在此窗口中，从下拉列表中选择 Predictive Analytics 选项，如图 12-3 所示。当单击选中 Predictive Analytics 时，窗口将显示正在查找的代码片段。

为了显示代码片段的详细情况，需要单击下拉列表中的函数并将其拖到 SQL Developer 工具的工作表中。例如，如果在代码片段列表中选择并单击 Prediction Classification Function，那么可以看到基于 Oracle 数据挖掘的样本数据集的预测查询示例代码片段。如图 12-4 所示，在 SQL Developer 工具的工作表中显示了分类预测查询的示例代码片段。这段代码还演示了如何使用 prediction、prediction_details、prediction_probability 和 prediction_set 函数。

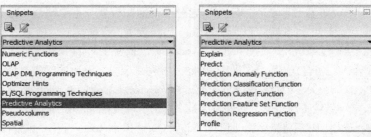

图 12-3　Oracle SQL Developer 窗口中的 Snippets

```
--In this example, dynamic classification is used to predict the cust_marital_status partitioned by affinity_card.
--The query also includes information about the top 5 predictors that have the
--greatest influence on the prediction.
--In addition to the most probable prediction, a prediction_set is returned with the full set of possible predictions
--and probability and associated probability for each customer.
--Available starting in Oracle Enterprise DB 12.1.
SELECT /*+ inline */ "CUST_MARITAL_STATUS",
   "CUST_ID",
   "AFFINITY_CARD",
   PREDICTION( FOR "CUST_MARITAL_STATUS" USING "AGE", "OCCUPATION", "FLAT_PANEL_MONITOR", "CUST_INCOME_LEVEL", "YRS_RESIDEN
      OVER (PARTITION BY "AFFINITY_CARD"
      ORDER BY "CUST_ID"
      ) "PRED_CUST_MARITAL_STATUS_1"
   ,PREDICTION_DETAILS( FOR "CUST_MARITAL_STATUS" , NULL , 5 ABS USING "AGE", "OCCUPATION", "FLAT_PANEL_MONITOR", "CUST_INC
      OVER (PARTITION BY "AFFINITY_CARD"
      ORDER BY "CUST_ID"
      ) "PDET_CUST_MARITAL_STATUS_1"
   ,PREDICTION_PROBABILITY( FOR "CUST_MARITAL_STATUS" USING "AGE", "OCCUPATION", "FLAT_PANEL_MONITOR", "CUST_INCOME_LEVEL",
      OVER (PARTITION BY "AFFINITY_CARD"
      ORDER BY "CUST_ID"
      ) "PROB_CUST_MARITAL_STATUS_1"
   ,CAST(PREDICTION_SET ( FOR "CUST_MARITAL_STATUS"  USING "AGE", "OCCUPATION", "FLAT_PANEL_MONITOR", "CUST_INCOME_LEVEL",
      OVER (PARTITION BY "AFFINITY_CARD"
      ORDER BY "CUST_ID"
      ) AS ODMR_PREDICTION_SET_CATPD) "PSET_CUST_MARITAL_STATUS_1"
FROM "MINING_DATA_BUILD_V";
```

图 12-4　SQL Developer 的 Snippets 区域中的预测查询示例

12.2.2　在 Oracle Data Miner 中创建预测查询

尝试预测查询的第二种方法是使用 Oracle SQL Developer 软件中的 Oracle Data Miner 工具。首先，需要打开 Oracle Data Miner。只有连接 Oracle Database 12c 版本，才可以看到界面中的 Predictive Queries 区域，如图 12-5 所示。

在 Oracle Data Miner 工具中创建预测查询时，需要创建或打开一个 Oracle Data Miner 工作表窗口，自动检查正在使用的数据库版本。如果是 12c，则 Predictive Queries 区域会显示在 Workflow Editor 中，如图 12-5 所示。Predictive Queries 节点的 4 个模板允许执行分类、回归(两者都可以使用 Predictive Query 节点)、异常探测、聚类和特征提取。

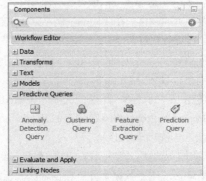

图 12-5　Oracle Data Miner 中的 Predictive Queries 区域

Predictive Query 节点允许在预测查询过程中创建分类或回归模型。本章剩余的部分将逐步引导你完成 Predictive Query 节点的设置，它与本章后面提供的 SQL 代码版本执行的操作相同。

第一步定义连接的数据源。首先，在 Components Workflow Editor 的 Data 区域选择 Data Source 节点。然后单击一个新的或已有的工作表。创建节点以后，从可用的表和视图列表中选择 MINING_DATA_BUILD_V。为了在已有的工作表中创建 Predictive Query 节点，从 Components Workflow Editor 的 Predictive Queries 区域选择该节点，并再次单击 Data Source 节点附近的工作表。现在需要定义这两个节点之间的连接，方法为右击 Data Source 节点并选择菜单中的 Connect 选项。然后将鼠标移动到 Predictive Query 节点并再次单击，就会在工作表上出现带箭头的连接线。接下来准备定义预测查询的属性。

为了编辑预测查询的属性和定义要执行的查询类型，需要双击 Predictive Query 节点。打开 Edit Predictive Query Node 窗口。这个窗口包含 4 个选项卡，如图 12-6 所示，我们将在下面的段落中详细说明。

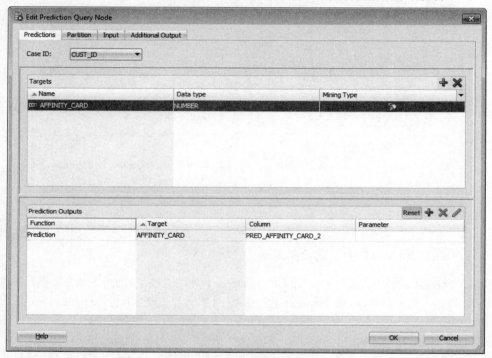

图 12-6　Predictive Query 节点的 Predictions 选项卡

Predictions 选项卡允许定义 CASE ID(它代表数据集)以及预测查询基于和预测的目标属性。在我们的示例中，将 CASE_ID 的值设置为 CUST_ID。为了定义想要预测的属性，需要单击窗口 Targets 区域上方的绿色加号图标。打开数据源的属性列表窗口，选择想要预测的属性。在我们的示例中，可以选择 AFFINITY_CARD 属性，然后单击 OK 按钮关闭。在窗口的 Targets 区域将出现 AFFINITY_CARD 属性。在选择 Oracle 数据库要执行的数据挖掘类型时，需要更改 Targets 属性的 Mining Type。在我们的示例中，需要执行分类。为了确保成功，修改 Mining Type 为 Categorical(然后单击 OK 确认警告消息)。如果 Mining Type 仍然是 Numerical，那么将创建一个回归预测模型。下一步需要做的是定义为目标属性创建什么样的预测。默认情况下创建 Prediction、Prediction Details 和 Prediction Probability。选择 Prediction Details 和 Prediction Probability(在窗口的 Prediction Outputs 区域中)，然后单击红色的 X 图标将其删除。图 12-6 显示了 Predictions 选项卡的设置。

Partition 选项卡允许定义数据分区(用于模型构建和评分)。如果设置了数据分区，Oracle 数据库将为每个分区属性创建单独的模型。这些单独的模型将被应用于数据集并且根据分区的值对其进行评分。要创建分区，可单击 Partition 选项卡上的绿色加号图标。从列表中选择 CUST_GENDER 属性，然后单击 OK 按钮后完成。Partition 选项卡将被更新来显示这个属性，如图 12-7 所示。

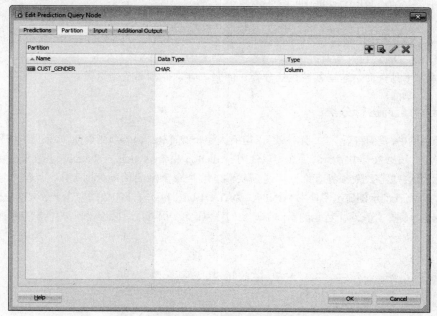

图 12-7   Predictive Query 节点的 Partitions 选项卡

Input 选项卡允许定义数据挖掘算法用于构建数据挖掘模型的属性。默认情况下，所有的属性被选中作为数据挖掘模型的输入参数。如果想删除某个属性，可以通过取消选择 Determine Input Automatically 复选框来删除。可以单击一个属性并将其从列表中删除。作为预测查询输入使用的属性数量是没有限制的。

Additional Output 选项卡允许定义预测查询显示的属性。默认情况下，输出中包括设置为 CASE_ID 的属性、定义的目标属性和所有分区属性。除了这些，输出中还包括在 Predictions 选项卡中定义的预测属性。

定义了所有预测查询属性后，可以关闭该窗口。运行 Prediction Query 节点的操作是右击该节点，然后从菜单中选择 Run 选项。当 Prediction Query 节点完成后，右上角会出现一个绿色的勾号标记。为了查看运行的结果，可以右击 Prediction Query 节点，然后从菜单中选择 View Data 选项。这将打开一个新窗口来显示结果，如图 12-8 所示。

	AFFINITY_CARD	CUST_ID	CUST_GENDER	PRED_AFFINITY_CARD_2
1	0	101,501	F	1
2	0	101,503	F	0
3	0	101,512	F	0
4	0	101,515	F	0
5	0	101,517	F	0
6	0	101,519	F	0
7	1	101,522	F	1
8	0	101,525	F	0
9	0	101,533	F	0
10	1	101,535	F	1
11	0	101,539	F	0
12	0	101,540	F	0
13	1	101,542	F	1
14	0	101,545	F	0
15	0	101,546	F	0

图 12-8   Predictive Query 节点的运行结果

12.3 使用 SQL 创建预测查询

可以编写 SQL 语句使用预测查询快速构建数据挖掘模型和对数据评分。在上一节中，已介绍了如何使用 SQL Developer 中的 Oracle Data Miner 工具提供的向导类型接口来构建预测查询。在本节中，将介绍如何在每个典型的数据挖掘领域建立预测查询。这些领域包括分类、回归、异常探测和数据聚类。

12.3.1 使用预测查询进行分类

在这第一个示例中，我们将看看如何在 SQL 语句中执行一个简单的分类预测查询。如果已经构建了一个 Oracle 数据挖掘分类模型，如第 10 章中所示，那么可以使用 prediction 和 prediction_probability 函数来将这个模型应用于数据。也可以使用这些函数做预测查询，但是需要额外的指令来激活预测查询工作。

如下所示的预测查询示例显示了使用 MINING_DATA_BUILD_V 视图的数据构建一个数据挖掘模型，并使用这个模型对数据进行评分。在这个特定的示例中，我们可以比较一下实际取得亲和卡的客户与预计取得亲和卡的客户：

```
SELECT cust_id, affinity_card,
       PREDICTION( FOR to_char(affinity_card) USING *) OVER ()
                                               pred_affinity_card
FROM mining_data_build_v;
```

在这个查询中，我们要求 Oracle 采集 MINING_DATA_BUILD 视图中的所有数据(查询中的 USING *)，并计算出要使用的数据挖掘算法和使用什么设置以及通过这些数据进行自我优化。在这种情况下将只创建一个数据挖掘模型，因为我们在分区子句中没有指定任何属性。此预测查询产生以下输出(注意只显示了结果集的子集)：

```
   CUST_ID AFFINITY_CARD PRED_AFFINITY_CARD
---------- ------------- ------------------
...
    101523             0 0
    101524             0 1
    101525             0 0
    101526             1 1
    101527             0 0
    101528             0 0
    101529             0 0
    101530             1 1
    101531             0 0
    101532             0 0
    101533             0 0
    101534             0 0
    101535             1 0
    101536             1 1
    101537             0 1
    101538             1 1
    101539             0 0
    101540             0 0
    101541             1 1
    101542             1 0
    101543             1 0
    101544             0 0
...
```

在这部分结果中，我们观察并比较实际值与预测值。可以注意到它的一些预测是不正确的。这在数据挖掘中是典型的。它不会百分之百正确,但没关系。其中的部分原因是数据挖掘算法试图找出针对数据集中所有记录的最有效的方法。一种提高准确率的方法就是基于不同的数据分组构建数据挖掘模型。在这种情况下,我们使用分区子句将数据分成组。

使用 PARTITION 子句

当需要为数据分组创建单独的数据挖掘模型时,使用 PARTITION BY 子句就可以实现。例如,我们有一个 COUNTRY_NAME 属性,那么为每个国家建立单独的数据挖掘模型也许会更好。通过这样的方式,数据挖掘算法建立的模型可以更好地反映每个分组的数据特征。这也会导致每组数据产生更准确的预测值。

在我们的示例中,可以将 COUNTRY_NAME 添加到 PARTITION BY 子句中。当执行查询时,将为每个国家(分区数据)创建一个单独的数据挖掘模型。这些模型将被用来评分或标记预测数据。如下所示查询使用 PARTITION BY 子句扩展了前面的示例:

```
SELECT cust_id, affinity_card,
       PREDICTION( FOR to_char(affinity_card) USING *) OVER
                   (PARTITION BY "COUNTRY_NAME") pred_affinity_card
FROM mining_data_build_v;
```

观察这个查询的结果时,发现当前有一个非常准确的预测。这是我们所期望的,因为有一个具有高度协调能力的数据模型。

如果我们想要更加细化数据挖掘模型,那么可以在视图中添加更多的属性。例如,我们可以添加 CUST_GENDER 属性。这样可以为每个国家分区数据构建两个数据挖掘模型。因而将会有 38 个数据挖掘模型(19 个国家×2 种性别)。我们也可以调用 prediction_probability 函数计算一个预测的强壮度。预测概率值越接近 1,预测越强壮。

```
SELECT cust_id, affinity_card,
       PREDICTION( FOR to_char(affinity_card) USING *) OVER
             (PARTITION BY "COUNTRY_NAME", "CUST_GENDER") pred_affinity_card,
       PREDICTION_PROBABILITY( FOR to_char(affinity_card) USING *) OVER
             (PARTITION BY "COUNTRY_NAME", "CUST_GENDER") prod_affinity_card
FROM mining_data_build_v;
```

预测查询的另外一个问题是高效的数据挖掘模型并没有永久保存在数据库中。它们只在查询过程中存在,仅仅在分析函数执行过程中临时出现。数据挖掘模型不能在 Oracle 数据库中保存下来,即使是很短暂的时间。

提示:

针对典型的问题分类类型,需要的目标属性是字符类型。如果不是,需要将它进行转换。例如,如果它被定义为数字类型,则使用 to_char 函数将目标属性转换为一个分类值。如果不使用 to_char 函数转换属性的数字类型,预测查询将把它的数据视为一个回归数据挖掘问题。

12.3.2　使用预测查询进行回归

对于回归类型的问题和应用,我们的目的是对某个连续值变量进行预测。典型的应用包括预测货币支出、生命周期价值、索赔值等。为了举例说明回归预测查询,我们将使用另外一个样本数据集(在安装 Oracle Data Miner 仓库时附带的)。样本数据集中有一个名为 INSUR_CUST_LTV_SAMPLE 的表。我们想要做的是通过表里的数据预测每个客户的潜在生命周期价值(LTV)。然后可以对比预测值和计算值,判断在所有客户当中是否有人收入突然增加或者突然减少。

以下示例显示了一个计算 LTV 的预测查询,并且显示预测值与当前值。对于没有 LTV 值的记录,预测值会给出一个估计的 LTV 值。

```
SELECT customer_id,
       ltv,
       PREDICTION( FOR ltv USING *) OVER ( ) pred_ltv
FROM   insur_cust_ltv_sample
ORDER BY customer_id;

CUSTOMER_ID                 LTV    PRED_LTV
-------------------- ---------- ----------
CU100                  24891.25 24635.6722
CU10006                 23638.5 23550.5382
CU10011                 35600.5 35384.337
CU10012                   26070 26317.024
CU10020                25092.75 24870.8761
CU10025                   27149 26898.858
CU10041                 27342.5 27177.981
CU10044                   23786 24003.0287
CU1005                 25530.25 25782.2133
CU10110                 20978.5 20766.2043
CU10119                    9603 9333.17705
CU10148                18586.75 18763.5533
CU1015                    20439 20376.9408
CU10154                19845.75 19756.1573
CU10161                 20400.5 20475.0282
CU10168                18977.75 19183.9125
```

使用 PARTITION 子句

与前面章节中的预测查询示例一样，我们要求数据库根据一个属性值或一组属性值创建多个数据挖掘模型。如下所示，我们扩展了 LTV 预测查询，根据 STATE 属性和 SEX 属性的不同组合创建单独的数据挖掘模型。在这种情况下，预测查询会创建 44 个不同的数据挖掘模型，因为在数据集中 STATE 属性有 22 个不同的值，而 SEX 属性有两个不同的值。

```
select customer_id,
       ltv,
       PREDICTION( FOR ltv USING *)
                  OVER ( PARTITION BY STATE, SEX ) pred_ltv
from   insur_cust_ltv_sample;

CUSTOMER_ID                    LTV    PRED_LTV
------------------------------ ---------- ----------
CU100                    24891.25 24585.7955
CU10006                   23638.5 22684.1578
CU10011                   35600.5 35327.8755
CU10012                     26070 23770.4415
CU10020                  25092.75 24877.3583
CU10025                     27149 26946.9569
CU10041                   27342.5 27123.4588
CU10044                     23786 24667.3585
CU1005                   25530.25 24676.8757
CU10110                   20978.5 20567.8927
CU10119                      9603 9627.61307
CU10148                  18586.75 19284.6848
CU1015                      20439 19502.895
CU10154                  19845.75 19942.1711
CU10161                   20400.5 19999.6592
CU10168                  18977.75 19189.9201
```

可看到当前查询的结果比前一次更接近实际值。我们将继续扩展预测查询来包括百分比差异等其他统计数据，以得到一个清晰的差异对比图。例如，仔细分析客户 CU10012，可发现他们计算的 LTV 值与显示的其他客户的结果有明显不同，可以利用这些附加信息(作为一种方式)关注那些需要特别关注的客户。

提示：

对于数据集中新增加的状态，不需要增加新的编码或者对前面的代码进行修改。预测查询的动态特性将会自动提取新的状态值，并且处理它们。这是使用预测查询的主要优势，因此可以轻松地把它构建到报告和仪表板中。

prediction_details 函数可以用于分类、回归和异常探测预测查询，以查看数据挖掘算法详细的决策支持信息。这种信息对于决策支持和决策属性的选择特别有用，每条记录的值是不相同的。例如，如果用的是 LTV 示例，那么可以使用 prediction_details 给出的信息来决定如何与客户进行沟通。如下所示代码将扩展以前的预测查询示例，使之包括 prediction_details 函数：

```
SELECT customer_id,
       ltv,
       PREDICTION( FOR ltv USING *)
                 OVER ( PARTITION BY STATE, SEX ) pred_ltv,
       PREDICTION_DETAILS( FOR ltv USING *)
                  OVER ( PARTITION BY STATE, SEX ) details_ltv
FROM   insur_cust_ltv_sample;
```

prediction_details 函数以 XML 格式返回结果。最简单的浏览方法是使用 SQL Developer 格式化函数的输出结果。对于结果中的每条记录，双击 prediction_details 区域的字段，会得到如图 12-9 所示的窗口，其中显示了格式化的 XML 输出结果。

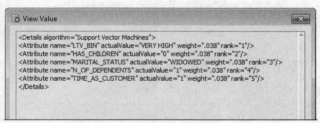

图 12-9　浏览 prediction_details 的输出结果

12.3.3　使用预测查询进行异常探测

当通过预测查询分析数据进行异常探测时，需要知道哪些数据项或者记录与其他的是不同的。异常探测是搜索和识别不符合案例记录典型模式的案例记录。这些不符合的案例通常被称为异常值或离群值。

异常探测可应用于许多问题领域，包括以下内容：

- 由清算所进行金融交易监控，确定哪些交易是需要进一步调查潜在欺诈或洗钱交易的。
- 检测欺诈信用卡交易。
- 保险索赔分析，以确定与典型索赔不符的索赔要求。
- 网络入侵，以检测由员工发起的黑客行为或非典型行为。

对于这些示例，通常不易发现我们感兴趣的交易类型。它们发生的概率微乎其微，但如果发生了，就会对方案产生很大的负面影响。

要使用预测函数来识别异常记录，必须要执行异常探测，如下例所示。使用的数据集来自保险索赔方案。可以使用预测查询快速发现哪些保险索赔记录是异常的。

```
SELECT policynumber,
       PREDICTION( OF ANOMALY USING *) OVER ()  ANOMALY_PRED
```

```
FROM   claims;

POLICYNUMBER ANOMALY_PRED
------------ ------------
           1            0
          29            1
          53            0
          54            1
          80            1
          95            1
          97            1
         101            1
         114            0
         118            1
         119            1
         120            0
```

对于异常检测，prediction 函数将给出值为 0 或 1 的一个结果。当值为 0 时，表示预测查询标识它为一个异常记录。这些记录是需要特别关注并进行额外调查的。

除了 prediction 函数外，还可以使用 prediction_probability 和 prediction_details 函数更深入地分析异常记录。例如，可以使用 prediction_probability 函数将预测返回结果中的异常记录按照预测概率的顺序排列。那么调查分析师就可以利用 prediction_details 函数提供的信息和见解来识别出是哪些特定的属性和属性值引起异常的。

以下示例说明了在保险索赔数据集中使用这些预测函数的情况：

```
SELECT policynumber,
       PREDICTION( OF ANOMALY USING *) OVER ()  ANOMALY_PRED,
       PREDICTION_PROBABILITY( OF ANOMALY USING *) OVER ()  ANOMALY_PROB,
       PREDICTION_DETAILS( OF ANOMALY USING *) OVER ()  ANOMALY_DETAILS
FROM   claims
ORDER BY policynumber;

POLICYNUMBER ANOMALY_PRED ANOMALY_PROB ANOMALY_DETAILS
------------ ------------ ------------ ------------------------------
           1            0      0.60092 <Details algorithm="Support Ve
                                       ctor Machines" class="0">
                                       <Attribute name="ADDRESS
          29            1      0.51399 <Details algorithm="Support Ve
                                       ctor Machines" class="1">
                                       <Attribute name="WEEKOFM
          53            0      0.51583 <Details algorithm="Support Ve
                                       ctor Machines" class="0">
                                       <Attribute name="ACCIDEN
          54            1      0.55443 <Details algorithm="Support Ve
                                       ctor Machines" class="1">
                                       <Attribute name="WEEKOFM
          80            1      0.50958 <Details algorithm="Support Ve
                                       ctor Machines" class="1">
                                       <Attribute name="FRAUDFO
```

如果分析如上所示的 ANOMALY_DETAILS 输出结果列表中的两个异常记录(当 ANOMALY_PRED 字段值为 0 时)，就会发现其属性和属性值都是不同的。ANOMALY_PRED 值是 0 的两条记录如图 12-10 所示。

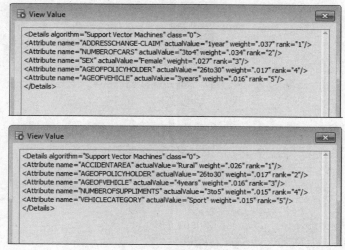

图 12-10 异常检测属性的差异

同分类和回归的示例一样，我们可以通过在 PARTITION 子句中添加属性扩展异常检测模型的数量：

```
SELECT policynumber,
       PREDICTION( OF ANOMALY USING *)
             OVER ( PARTITION BY VEHICLECATEGORY )  ANOMALY_PRED,
       PREDICTION_PROBABILITY( OF ANOMALY USING *)
             OVER ( PARTITION BY VEHICLECATEGORY )  ANOMALY_PROB,
       PREDICTION_DETAILS( OF ANOMALY USING *)
             OVER ( PARTITION BY VEHICLECATEGORY )  ANOMALY_DETAILS
FROM   claims
ORDER BY policynumber;
```

12.3.4 使用预测查询进行聚类

聚类是一种无人监督的数据挖掘技术。可以使用聚类算法找到更为相关的数据分组(簇)。使用聚类数据挖掘技术的案例包括客户划分、营销、保险理赔分析、异常值检测、图像模式识别、生物学和安全。

聚类的过程就是将数据分成更小的相关的子集。每个子集被称为一个簇。每个簇中的数据是相似的，与其他簇的数据是不同的。

使用预测查询进行聚类时，有一系列不同的函数可供使用：

- cluster_id 给出记录所属的簇标识符。
- cluster_probability 指示记录与簇联系的健壮度。
- cluster_details 提供构成簇核心的属性及属性值的详细信息。
- cluster_set 列出记录可能属于的所有簇。

cluster_id 标识的簇表示记录与其的联系是最强烈的。

如下所示的预测查询示例说明了这些聚类函数的用法。聚类预测查询函数与之前的预测函数之间的主要区别是我们要明确地把数据分成若干个簇。在下面的示例中，我们将数据集分成 10 个簇：

```
SELECT cust_id,
       CLUSTER_ID( INTO 10 USING *) OVER ()  CLUS_ID,
       CLUSTER_PROBABILITY( INTO 10 USING *) OVER ()  CLUS_PROB,
       CLUSTER_DETAILS( INTO 10 USING *) OVER ()      CLUS_DETAILS,
       cast(CLUSTER_SET( INTO 10 USING *) OVER () AS ODMR_CLUSTER_SET_NUMPD) CLUS_SET
FROM   mining_data_build_v
```

```
   CUST_ID    CLUS_ID   CLUS_PROB CLUS_DETAILS
---------- ---------- ---------- --------------------------------------------
CLUS_SET(CLUSTER_ID, PROBABILITY)
--------------------------------------------
   101501         7    0.77232 <Details algorithm="K-Means Clustering" cl
                               uster="7">
                               </Details>
ODMR_CLUSTER_SET_NUMPD(ODMR_CLUSTER_NUMPD(
7, 0.77232), ODMR_CLUSTER_NUMPD(4, 0), OD
MR_CLUSTER_NUMPD(6, 0), ODMR_CLUSTER_NUMPD
(8, 0), ODMR_CLUSTER_NUMPD(9, 0))
   101502         9    0.84828 <Details algorithm="K-Means Clustering" cl
                               uster="9">
                               </Details>
ODMR_CLUSTER_SET_NUMPD(ODMR_CLUSTER_NUMPD(
9, 0.84828), ODMR_CLUSTER_NUMPD(4, 0), OD
MR_CLUSTER_NUMPD(6, 0), ODMR_CLUSTER_NUMPD
(7, 0), ODMR_CLUSTER_NUMPD(8, 0))
   101503         6    0.98450 <Details algorithm="K-Means Clustering" cl
                               uster="6">
                               </Details>
ODMR_CLUSTER_SET_NUMPD(ODMR_CLUSTER_NUMPD(
6, 0.98450), ODMR_CLUSTER_NUMPD(4, 0), OD
MR_CLUSTER_NUMPD(7, 0), ODMR_CLUSTER_NUMPD
(8, 0), ODMR_CLUSTER_NUMPD(9, 0))
```

查看 cluster_details 和 cluster_set 函数输出结果的最简单的方法是使用 SQL Developer 工具。图 12-11 展示了 cluster_details 函数的输出，图 12-12 展示了 cluster_sets 函数的输出。

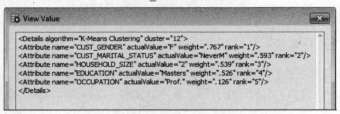

图 12-11　cluster_details 函数的输出结果

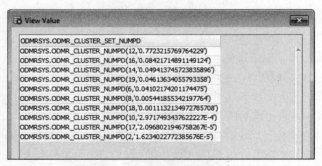

图 12-12　cluster_sets 函数的输出结果

与前面的预测查询示例类似，这些聚类函数是可以扩展的，方法是在 Partition 子句中包括属性。

12.4 用预测查询进行工作

本章中介绍的预测查询是 Oracle Database 12c 版本的一个强大新功能。它使我们可以专注于使用数据库内的高级机器学习算法(来自 Oracle 高级分析选项)。预测查询的简单易用性表现在,开发人员可以使用它们构建自定义应用程序及进行后台处理(管理工作流),还可以将它们用在商业智能(BI)和数据分析环境中。

使用预测查询有一定的限制条件。在执行预测查询过程中,Oracle 自动创建瞬态或者临时的数据挖掘模型。模型仅仅在执行查询过程中存在(查询完成之后就不存在了),而且是不能监控和调整的。如果需要检查模型来关联评分结果、指定特殊算法设置或者使用相同的模型执行多个评分查询,那么必须在 SQL Developer 软件的 Oracle Data Miner 工具中,使用 Oracle Data Miner 模型节点创建预定义的模型。或者,也可以使用 Oracle Data Mining PL/SQL 包 DBMS_DATA_MINING。我们很有可能使用 Oracle Data Mining PL/SQL 包构建自定义的数据挖掘模型,并以动态的方式将预测功能与前端和后端应用程序集成。这样的模型示例在第 10 章中已经展示过。

12.5 本章小结

Oracle 一直致力于给数据分析师提供更加完善的数据库高级分析功能。预测查询还有另外一个示例,它允许在查询中构建高级分析,而无须理解或了解底层技术。但是,可以利用我们的基本理解,以一种非常简单和有效的方式获得对数据的特别见解。可以在应用程序和报表仪表板中很简单地扩展统计和分析功能。如果想构建更复杂的解决方案,需要使用 Oracle Data Miner 工具或 Oracle Data Mining SQL 和 PL/SQL 功能(如第 10 章中所述)。

第 V 部分

数据库安全

第 13 章

数据编写和掩蔽

　　数据安全性总是会成为人们关注的中心。这不仅要感谢像 SOX 和 HIPAA 这样的组织所制定的规章制度对数据安全的强制要求，还要归功于许多公司领导层的安全意识。他们不希望因数据失窃而变得尴尬，甚至更糟糕的是因此而吃到官司。在最近的几起数据泄漏事件发生之后，数据安全性得到了异乎寻常的关注。全球信息安全部门正在加班加点地工作以降低各种来自不同源头的数据安全的威胁。然而数据安全性不仅仅应该由信息安全部门负责，它始于底层代码开发，并且如前所述，它包含 PL/SQL 编程。安全性类似于一个链条。人们都知道链条的强度取决于其最薄弱环节的强度。当一个受到入侵的脆弱应用程序访问应该被高度保护的数据库时，该数据库就严重地被暴露于 SQL 注入攻击之下。要提供真正的安全性，代码必须根深蒂固地基于安全性，从底层开始创建和编写。

　　本章将介绍一些开发代码的技巧和技术。这些技术不仅仅是为了实现特定的功能和达到更高的运行效率的目的而引入的，而是为了安全性和可靠性。我们把安全主题分成 4 个不同的部分。第 13 章描述数据编写和数据掩蔽；第 14 章描述使用 PL/SQL 进行数据静态加密和数据哈希化的技术；第 15 章介绍如何进行编码以避免常见的代码脆弱性(例如 SQL 注入攻击)，也包括如何开发围绕于代码自身周围的安全代码(例如包裹代码和防止非授权调用的代码)。最后, 第 16 章介绍如何使用虚拟专用数据库 (Virtual Private Database, VPD) 特性, 这一特性也被称为行级安全性, 以 PL/SQL 方式来实现数据的受限视图。在读完这些章节之后, 应该能增强开发安全代码的技能, 进而增强整个系统的安全性。本章将介绍数据编写和掩蔽, 这些内容与后续章节中将要学到的内容既相关又有区别。

13.1　进行数据编写的原因

假设你经常需要在生产环境数据库和非生产环境数据库之间移动数据, 例如做阶段汇总、查询分析和开发等。通常, 这些非生产环境数据库与生产环境数据库比起来所能得到的安全保护会更少。首先这些非生产环境数据库可能会有更多的用户: 在开发数据库中当然会有开发人员的账户, 而这些账户应该不会访问最终的生产环境数据库。但是为了方便编写代码, 这些账户需要具有更多不受限制的权限来访问数据库。其次至少和生产环境的服务器相比, 这些数据库疏于被防火墙规则所保护——这可能也是为了让第三方合同参与者更方便地访问数据库以编写代码。因此这些环境中的一些敏感数据应该先被转换而不是被直截了当地展示出来。这样做不仅很重要, 甚至已经成为一些规章或策略的强制要求。例如 EMP 表中的工资列, 当移动生产环境中的这个数据表到非生产环境时, 需要转换该工资列中的数值以隐藏原始值。 最简单的方法是: 把非生产环境数据库中这个数据列的值都设置为空值。这称为数据编写, 它隐藏了敏感数据。然而或许在很多时候并不能这么简单地去做: 如果开发人员需要用到这些值来测试匹配条件, 那么空值总是会产生一个相同的结果而使该测试变得无意义。如果 DBA 要做索引的性能测试, 那么空值的大量存在会导致索引总是被忽略, 也会使这个测试变得无意义。 因此不应该把这列全部设为空值而应该把它改成随机数; 或者, 也可以把这个数据列都改成某个特定值(例如 0000), 对于字符列可以改成 XXXX。这个过程被称为掩蔽。

有时需要局部地而不是完全掩蔽这些值。设想一下美国的社会安全号(Social Security Number, SSN)。它是一串 9 位的数字, 由于第一位可能是 0(不能被删除), 因此通常被存成字符串。为了验证的目的, 很有必要显示这串号码中的一部分(例如最后 4 位)。隐藏前 5 位使得整个 SSN 无法辨认, 但是让最后 4 位可见使得初步验证客户成为可能, 这称为部分掩蔽(partial masking)。

对数据编写和掩蔽的需要不仅仅适用于非生产环境。考虑一下之前讨论过的工资列: 对于需要处理工资进而要访问这个数据列的应用程序和用户来说必须见到该列的真实值, 而对于其他人来说则无所谓。但是不能为了让其他人看不见而去改变这些值, 而应该去掩蔽这些值, 因为应用程序还需要用到它们。这就是第二种数据编写——保持真实数据原封不动但对非授权的用户显示编写过的值。这被称为实时数据编写。

虽然目标不同, 但两种问题的整体解决方案是相同的。对于实时数据编写, 我们需要基于不同的访问者(正在请求数据的人)来不同地表现数据。对于永久数据编写, 除了需要一个额外的步骤, 可以使用与实时数据编写相同的手段来改变数据值。为了追求简单性, 本书仅仅介绍实时数据编写方面的技术。

为了演示这个概念, 我们将使用 SCOTT 用户方案(Oracle Database 中的可用示例方案)中的 EMP 表。让我们授予 HR 用户在这个表上的 SELECT 权限, 如下所示:

```
SQL> conn scott/tiger
Connected.
SQL> grant select on emp to hr;
Grant succeeded.
```

现在以 HR 用户的角色进行连接, 并执行以下语句:

```
SQL> conn hr/hr
SQL> select deptno, empno, ename, hiredate, sal
  2  from scott.emp;
```

结果如下：

```
    DEPTNO     EMPNO ENAME            HIREDATE          SAL
---------- ---------- -------------------- ----------
        20      7369 SMITH            17-DEC-80         800
        30      7499 ALLEN            20-FEB-81        1600
        30      7521 WARD             22-FEB-81        1250
        20      7566 JONES            02-APR-81        2975
        30      7654 MARTIN           28-SEP-81        1250
        30      7698 BLAKE            01-MAY-81        2850
        10      7782 CLARK            09-JUN-81        2450
        20      7788 SCOTT            19-APR-87        3000
        10      7839 KING             17-NOV-81        5000
        30      7844 TURNER           08-SEP-81        1500
        20      7876 ADAMS            23-MAY-87        1100
        30      7900 JAMES            03-DEC-81         950
        20      7902 FORD             03-DEC-81        3000
        10      7934 MILLER           23-JAN-82        1300
```

查询结果把所有值都清楚地展示了出来，而实际上我们并不希望如此。我们希望数据被扰码，如表 13-1 所示。

表 13-1 EMP 表中的数据编写需求

列名	如何掩蔽值	示例输出
ENAME	不带数字的随机字符串，随机长度	KXPWD
HIREDATE	受雇的日期和月份应该可见，但是年份应该被更新成 1900	17-DEC-1980 要变成 17-DEC-1900
SAL	0 到 1000 之间的任意随机数	500

记住，因为这是一个生产数据库，所以不能真正去更新这些列。如果要更新数据，我们在本章稍后会介绍一种方法。显然方案所有者 SCOTT 应该看到实际的值，而 HR 用户或任何其他用户都不应该被授权访问表中的实际数据。

所有这些目标都可以通过 PL/SQL 相对容易地实现。Oracle 提供了一个数据库附加选项，即数据掩蔽和数据子集包(Data Masking and Subsetting Pack)，该包是一个额外的付费选项。然而，也能在不引入额外花销的情况下，使用纯 PL/SQL 的方式完成大多数相同的任务。下面探讨一下这两种解决方案。

13.2 进行数据编写时仅用 PL/SQL 的解决方案

这种解决方案不需要任何特有的包或选项，仅仅使用纯 PL/SQL。它也能在任何版本的 Oracle 数据库中工作。以下是完成任务的常见序列：

(1) 创建函数或存储过程，产生随机的数据输出。

(2) 在实际的表上创建视图，产生随机输出。

(3) 创建指向视图而不是指向表的同义词。

(4) 撤销原表上的所有权限，并对视图授予所有必要的权限。

(5) 如果会存在数据更改，则在视图上创建 INSTEAD OF 触发器。在对视图更改后，该触发器会反映表上的数据更改。

下面详细探讨这些任务。

13.2.1 随机化

首先，需要开发一些代码来产生随机值，以满足我们的需要。令人欣慰的是，Oracle 提供了一个 DBMS_RANDOM 包来产生随机值，但是它对我们的需求来说可能太一般化了。可以使用这个包进一步开发一些特殊的有针对性的例程。

1. 随机数

下面创建一些对用户友好的函数，以获取特定的随机数。以下是一个创建这种随机数的示例。该随机数将会落在两个指定的数值之间，并且具有预先指定的小数点之后的长度：

```
create or replace function get_num (
  p_highval    number,
  p_lowval    number := 0,
  p_scale     pls_integer := 0
)
  return number
is
  l_ret    number;
begin
  l_ret := round (dbms_random.value (p_lowval, p_highval), p_scale);
  return l_ret;
end;
```

该函数返回随机数，这个随机数落在作为参数传入的两个数值之间。该函数也允许我们指定精度(也就是小数点之后的位数)。默认精度是 0，这意味着所产生的数字将是一个整数，而不是一个分数。以下示例演示了如何使用此函数去获取一个有两位小数并在 100 和 200 之间的随机数：

```
SQL> select get_num(100,200,2)
  2  from dual;

GET_NUM(100,200,2)
------------------
          104.46
```

当然，输出可能会不同，因为这是一个随机数。虽然这个函数能很好地产生正的随机数(账户、序号、工资等)，但是在一些场景中也需要产生负的随机数。考虑一下银行账户余额：当账户透支时，这会真实地变成负数。然而所有账户肯定不会都是负数。负的余额应该是随机出现的，我们也很容易对之前的函数做些小的改动：

```
create or replace function get_num (
  p_highval             number,
  p_lowval             number := 0,
  p_negatives_allowed  boolean := false,
  p_scale              pls_integer := 0
)
  return number
is
  l_ret    number;
  l_sign   number := 1;
begin
  if (p_negatives_allowed)
  then
    l_sign := sign (dbms_random.random);
  end if;
  l_ret := l_sign * round (dbms_random.value (p_lowval, p_highval), p_scale);
```

```
    return l_ret;
end;
```

什么是播种

什么使得随机数变得真正随机？为了可视化这个机制，以下有个练习：请迅速想一个数字，可以是任何数字。想到了什么？那个数字很可能会对你有某种意义：你的年龄、你的电话号码的一部分、你的街道地址中的号码——任何你熟悉或者在此时碰巧看到的东西。换言之，那个数字并不是随机选择的，而且因为存在以上的原因，所以它是可重现的或可预见的。

好吧，以上可能都说得对。你不是需要随机数吗？我会闭上眼睛并在我的计算器上随便敲击键盘。可以肯定：那样做会导致随机数产生。

很可能不是这样的。如果仔细检查这些数字，就会注意到，一些数字总是会在另一些数字旁边重复出现。这很自然：如果敲击一个键(例如 9)，因为手指会在那个键的附近悬停，那很可能会在 9 附近再次击键。

正如在这些简单的思维练习之后所见：人类很难想出真正的随机数。类似地，机器也不能仅仅从虚空中就制造出一个随机数字。基于复杂的数学方程，有许多方法能够实现真正的随机性，但这超出了本书的讨论范畴。任何随机数生成器的大部分常见组件都是一些随机函数发生器，它们在诸如系统时间这些事物里能够被找到。这些发生器可以保证在时间轴的两个点上，它的值是不同的。这种随机函数发生器组件就称为种子。它与把手指悬停在计算器键盘上制造随机数这类事情在概念上是相似的。如果种子的选择足够随机，那么产生的数字将会真正随机。如果种子是恒定的，产生的随机数就不会是真正随机的，产生的模式将会可重现并且可能很容易被猜出。因此，种子在随机数生成过程中至关重要。

DBMS_RANDOM 包中包含了一个 initialize 过程。该过程提供了一个会在之后被它的随机函数调用的初始种子。以下是调用该程序的示例：

```
begin
   dbms_random.initialize (239076190);
end;
```

这个过程接受一个 BINARY_INTEGER 参数，并且把这个值作为种子。种子中的位数越多，产生的数字的随机性就越高。总的来说，应该要使用超过 5 位数的数字来达到可接受的随机度。

当使用 DBMS_RANDOM 时，显式调用 initialize 过程完全是可选的，并且不是必需的。默认情况下，如果没有进行显式初始化的话，Oracle 会用日期、用户 ID 和进程 ID 自动地进行初始化。

为了实现真正的随机性，该数字不应该是恒定的。这个种子的一个很好选择是系统时间，在 24 小时周期内，每次都会保证不同。以下是一个示例：

```
begin
   dbms_random.initialize (
      to_number (to_char (sysdate, 'mmddhhmiss')));
end;
```

在此我们把月份、日期、小时、分钟和秒作为种子。这个种子在初始时就使用，但如果在会话过程中使用相同的种子，随机性将会受到损害。因此，要在常规间隔的周期中不断提供新的种子。这可以通过 seed 过程来实现。这个过程同 initialize 过程一样，接受一个二进制整数作为参数：

```
begin
   dbms_random.seed (to_char (sysdate, 'mmddhhmiss'));
end;
```

当会话不需要产生任何更多的新种子时，可以执行 terminate 过程以停止产生新的随机数(并停止浪费 CPU 周期)，如下所示：

```
begin
```

```
    dbms_random.terminate;
end;
```

2. 随机字符串

接下来，我们要产生随机字符对员工名进行扰码。DBMS_RANDOM 包也为此提供了这样一个函数，它的名称为 string()。同 value()函数一样，它对我们来说也过于一般化了，因此下面创建自己的函数，演示如何实现这些函数。我们将要传递两个参数：要产生的字符串的长度和字符串的类型(全部小写、全部大写或全部混用大小写等)。

```
create or replace function get_random_string (
  p_len    in   number,
  p_type   in   varchar2 := 'a'
)
  return varchar2
as
  l_retval   varchar2 (200);
begin
  l_retval := dbms_random.string (p_type, p_len);
  return l_retval;
end;
```

参数 p_type 指定了要创建什么类型的字符值。表 13-2 显示了可以传递给参数的值和它们产生的结果。

表 13-2　产生随机串的参数值

P_type	创建的字符串类型	示例
U	仅大写字符	WFKHSL
L	仅小写字符	wfkhsl
A	大小写混用字符	WfKhsL
X	大写字符和数字混用	A1GH45KL
P	任何可打印字符	@FH*k9L

要有真正的随机性，员工姓名不应该都具有相同长度。每一个随机化的名字的长度不应该仅仅与原始长度不同，长度自身也应该是随机的。因此我们需要一个变更过的函数。该函数能接受长度的上下限作为参数并产生长度范围落在其间的随机字符串。以下是该函数的代码：

```
create or replace function get_random_string (
  p_minlen   in   number,
  p_maxlen   in   number,
  p_type     in   varchar2 := 'a'
)
  return varchar2
as
  l_retval   varchar2 (200);
begin
  l_retval :=
     dbms_random.string (p_type
                          , dbms_random.value (p_minlen, p_maxlen));
  return l_retval;
end;
```

以下表明如何用此函数来产生带有随机长度为 3 到 13 个字符的随机字符串：

```
SQL> select get_random_string(3,13,'a') from dual;
GET_RANDOM_STRING(3,13,'A')
```

```
-----------------------------------------------------
LszXXmgGGJK
```

再次调用它：

```
SQL> select get_random_string(3,13,'a') from dual;
GET_RANDOM_STRING(3,13,'A')
-----------------------------------------------------
rTZVn
```

如你所见，不仅字符串本身是随机的，而且它的长度也是随机的。现在，已经准备好编写数据的所有工具。

13.2.2　为数据编写而准备的视图

现在，要用视图来创建数据编写的解决方案。请记住：这种解决方案可以在任何版本的 Oracle 中工作并且不需要任何昂贵的选项或包。

(1) 以 SCOTT 用户的身份撤销 HR 对表访问的权限：

```
SQL> conn scott/tiger
Connected.
SQL> revoke select on emp from hr;
Revoke succeeded.
```

(2) 创建视图 VW_EMP_REDACTED，以显示被数据编写过的数据：

```
create or replace view vw_emp_redacted
as
  select empno,
    cast(get_random_string(3,10,'a') as varchar2(10)) as ename,
    job,
    mgr,
    to_date(to_char(hiredate,'dd-mon')
    ||'-1900','dd-mon-yyyy') as hiredate,
    get_num(3000,1000)        as sal,
    comm,
    deptno
  from emp;
```

(3) 把这个视图的 SELECT 权限授予 HR 用户：

```
Grant select, update, insert, delete on vw_emp_redacted to hr;
```

注意：
从主表上撤销权限并在视图上授权非常重要。数据编写发生在视图中，用户获得数据编写的体验的唯一方式是通过对视图而不是通过对表的查询。

(4) 以 HR 用户的身份创建指向视图的同义词：

```
SQL> conn hr/hr
Connected.
SQL> create synonym emp for scott.vw_emp_redacted;
Synonym created.
```

(5) HR 用户除了查询视图外不需要做任何别的事情。以 HR 用户的身份进行连接并执行查询：

```
SQL> select * from emp;
    EMPNO ENAME                JOB          MGR HIREDATE      SAL        COMM       DEPTNO
---------- -------------------- ----- ---------- --------- ------- ---------- ----------
      7369 wgquNdu              CLERK       7902 17-DEC-00     2132                     20
      7499 ZZxFP                SALESMAN    7698 20-FEB-00     2770         300         30
      7521 nanfB                SALESMAN    7698 22-FEB-00     1789         500         30
      7566 yAVIH                MANAGER     7839 02-APR-00     2606                     20
      7654 oFPXYQQWk            SALESMAN    7698 28-SEP-00     1804        1400         30
      7698 CMD                  MANAGER     7839 01-MAY-00     1253                     30
      7782 KwfpE                MANAGER     7839 09-JUN-00     2100                     10
      7788 FewCzBDWj            ANALYST     7566 19-APR-00     2336                     20
      7839 xxOVleg              PRESIDENT        17-NOV-00     2656                     10
      7844 AiHkauf              SALESMAN    7698 08-SEP-00     1452           0         30
      7876 khyTB                CLERK       7788 23-MAY-00     1682                     20
      7900 ZUmFTB               CLERK       7698 03-DEC-00     1023                     30
      7902 aYr                  ANALYST     7566 03-DEC-00     2789                     20
      7934 nJqnkcgZb            CLERK       7782 23-JAN-00     1536                     10
14 rows selected.
```

(6) 你也许要与实际表中的数据作比较。以SCOTT用户的身份连接数据库，执行相同的查询语句：

```
SQL> select * from emp;
    EMPNO ENAME                JOB          MGR HIREDATE      SAL        COMM       DEPTNO
---------- -------------------- ----- ---------- --------- ------- ---------- ----------
      7369 SMITH                CLERK       7902 17-DEC-80      800                     20
      7499 ALLEN                SALESMAN    7698 20-FEB-81     1600         300         30
      7521 WARD                 SALESMAN    7698 22-FEB-81     1250         500         30
      7566 JONES                MANAGER     7839 02-APR-81     2975                     20
      7654 MARTIN               SALESMAN    7698 28-SEP-81     1250        1400         30
      7698 BLAKE                MANAGER     7839 01-MAY-81     2850                     30
      7782 CLARK                MANAGER     7839 09-JUN-81     2450                     10
      7788 SCOTT                ANALYST     7566 19-APR-87     3000                     20
      7839 KING                 PRESIDENT        17-NOV-81     5000                     10
      7844 TURNER               SALESMAN    7698 08-SEP-81     1500           0         30
      7876 ADAMS                CLERK       7788 23-MAY-87     1100                     20
      7900 JAMES                CLERK       7698 03-DEC-81      950                     30
      7902 FORD                 ANALYST     7566 03-DEC-81     3000                     20
      7934 MILLER               CLERK       7782 23-JAN-82     1300                     10
14 rows selected.
```

(7) 如果要用户在视图上进行数据的更新、删除或插入操作，就需要在视图上创建INSTEAD OF触发器。该触发器将在实际的表上执行对应的操作。以下是触发器的代码：

```
create or replace trigger tr_io_vw_emp_red instead of
  insert or
  update or
  delete on vw_emp_redacted
begin
if (inserting) then
  insert
  into emp values
    (
      :new.empno,
      :new.ename,
      :new.job,
      :new.mgr,
      :new.hiredate,
      :new.sal,
```

```
        :new.comm,
        :new.deptno
    );
elsif (deleting) then
  delete emp where empno = :old.empno;
elsif (updating) then
  update emp
  set ename   = :new.ename,
    job       = :new.job,
    mgr       = :new.mgr,
    hiredate  = :new.hiredate,
    sal       = :new.sal,
    comm      = :new.comm,
    deptno    = :new.deptno
  where empno = :new.empno;
else
  null;
end if;
end;
```

(8) 这些准备就绪后，就可以测试更新。首先，以 SCOTT 用户的身份登录数据库，查看一下实际值：

```
SQL> select sal, comm from emp where empno = 7902;
      SAL       COMM
---------- ----------
     3000
```

(9) 然后，以 HR 用户的身份执行更新：

```
SQL> conn hr/hr
SQL> update emp set sal = 2250 where empno = 7902;
1 row updated.
SQL> commit;
Commit complete.
```

(10) 以 SCOTT 用户的身份检查更新(以便了解它并没有被数据编写)：

```
SQL> conn scott/tiger
SQL> select sal, comm from emp where empno = 7902;
      SAL       COMM
---------- ----------
     2250
```

(11) 再次以 HR 用户的身份进行检查：

```
SQL> conn hr/hr
SQL> select sal, comm from emp where empno = 7902;
      SAL       COMM
---------- ----------
     1298
```

该值是 1298。因为 HR 用户不应该看到实际值，所以该值是一个完全随机的值。早前我们通过 SCOTT 用户的身份检查过表中的实际值是不是 HR 更新过的 2250。因此，虽然 HR 被允许更改表，但是还是不被允许看到实际值。我们已经确认事实确实是这样的。

(12) 类似地，也可以测试删除和插入。这些都是可行的！

以上这个练习展示了一种仅使用 PL/SQL 的完整的数据编写和掩蔽解决方案。我们仅显示了一种简单和基本的数据掩蔽案例。可以采用所需要的足够复杂的掩蔽解决方案使其尽可能地接近特殊的需求。

注意:

如果仅需要把一些敏感列显示成空值而不是以其他方式去更改它,有一种使用虚拟专用数据库(Virtual Private Database)的更容易的方式可以做到这一点。我们将在第 15 章中介绍这方面的内容。

13.2.3 清理

在结束本部分前,让我们删除所有新创建的对象并清理之前引入的任何东西:

```
drop function get_num
/
drop function get_random_string
/
drop view vw_emp_redacted
/
```

当视图被删除时,INSTEAD OF 触发器也将被自动删除。

13.3 数据编写和掩蔽包

基于 PL/SQL 的解决方案在许多问题中都是有效的,但是它需要创建视图并撤销原表上的权限。在许多机构中,这可能是无法接受的。作为一个额外的付费选项,Oracle Database 12c 引入了一个新的数据编写和掩蔽包,该包在 SQL 层执行数据编写和掩蔽。这使得在不需要创建视图的情况下,可以在 SQL 层自动把针对表执行的 SQL 语句进行掩蔽。所有需要做的事情就是在表上定义一个"掩蔽策略"。在该策略中,可以指定列、掩蔽的类型等。下面通过一个示例看看这是如何工作的。在相同的 EMP 表上有与之前相同的需求。表 13-3 再次详细描述了该需求。

表 13-3 EMP 表中的掩蔽需求

列名	如何掩蔽值	示例输出
ENAME	不带数字的随机字符串,随机长度	KXPWD
HIREDATE	受雇的日期和月份应该可见,但是年份应该被更新成 1900	17-DEC-1980 要变成 17-DEC-1900
SAL	0 到 1000 之间的任意随机数	500

让我们在表上的第一个要掩蔽的列(ENAME)上创建一个策略。可以每次在一个列上定义策略,如下所示:

```
begin
  dbms_redact.add_policy (
        object_schema   => 'SCOTT',
        object_name     => 'EMP',
        policy_name     => 'Employee Mask',
        expression      => 'SYS_CONTEXT(''USERENV'',''CURRENT_USER'')!=''SCOTT''',
        column_name     => 'ENAME',
        function_type   => dbms_redact.random,
        policy_description   => 'Emp Masking Policy',
        column_description   => 'Employee Name. Full Random'
  );
end;
```

表 13-4 解释了这些参数。一旦创建了策略,将用同一个包中可用的 alter_policy 存储过程向策略添加其他两个列。

```
  begin
  dbms_redact.alter_policy (
```

```
          object_schema        => 'SCOTT',
          object_name          => 'EMP',
          policy_name          => 'Employee Mask',
          action               => dbms_redact.add_column,
          column_name          => 'HIREDATE',
          function_type        => dbms_redact.partial,
          function_parameters  => 'MDy1900'
   );
end;
```

这个存储过程的大多数参数都已经描述过了。表 13-5 解释了剩下的那些参数。

最后，将第三列(SAL)添加到策略中，如下所示：

```
begin
   dbms_redact.alter_policy (
          object_schema   => 'SCOTT',
          object_name     => 'EMP',
          policy_name     => 'Employee Mask',
          action          => dbms_redact.add_column,
          column_name     => 'SAL',
          function_type   => dbms_redact.random
   );
end;
```

表 13-4　ADD_POLICY()的参数

参数名	描述
object_schema	表所在的用户方案
object_name	表名
policy_name	策略名。选择一个正确代表策略的名称
expression	用于数据被执行数据编写时。这是在运行时将被评估为真或假的逻辑表达式。在本示例中，我们希望数据编写只被应用在其他用户查询数据时。当所有者(SCOTT)查询时，不需要应用数据编写。因此，当 SCOTT 登录时，要让表达式返回假，而剩下的情况返回真。当 SCOTT 处理数据时，数据将不会被执行数据编写
column_name	需要被掩蔽的列
function_type	要应用的掩蔽类型。在本示例中，提到要应用随机值，即 ENAME 列应该显示成一些不依赖于原始值的随机串
policy_description	选择一种描述来记录策略的目的
column_ description	要应用到列上的数据编写的描述。请记住，策略是针对整个表的，表可以有多列

表 13-5　ALTER_POLICY()的额外参数

参数名	描述
action	指定了要执行的操作。例如在本示例中，它显示 add_column，即这个操作的目标是向 ENAME Mask 策略添加一个列
function_type	该参数之前解释过，但不同于之前的调用。此处 function_type 显示成部分数据编写，即仅掩蔽部分值，而不是全部值。应用于原始值的具体模式受下一个参数控制
function_parameters	该参数控制如何应用模式。在本示例中为 MDy1900，这意味着保持月(M)和日期(D)不变，但是把年(y)转变为 1900。我们将在本部分稍后探讨该参数的其他选项

在策略被添加到表之后，如果用户进行查询，则会得到掩蔽过的值：

```
SQL> conn hr/hr
SQL> select * from scott.emp;
```

EMPNO	ENAME	JOB	MGR	HIREDATE	SAL	COMM	DEPTNO
7369	@}Nxd	CLERK	7902	17-DEC-00	51		20
7499	mC4xy	SALESMAN	7698	20-FEB-00	932	300	30
7521	xRL]	SALESMAN	7698	22-FEB-00	962	500	30
7566	S |:U	MANAGER	7839	02-APR-00	2261		20
7654	U!bid_	SALESMAN	7698	28-SEP-00	707	1400	30
7698	1du/O	MANAGER	7839	01-MAY-00	2123		30
7782	Ig$$s	MANAGER	7839	09-JUN-00	1028		10
7788	[$`l/	ANALYST	7566	19-APR-00	1723		20
7839	)QLk	PRESIDENT		17-NOV-00	791		10
7844	r%o){	SALESMAN	7698	08-SEP-00	5	0	30
7876	yk 4z	CLERK	7788	23-MAY-00	697		20
7900	Prc9S	CLERK	7698	03-DEC-00	142		30
7902	y%KY(	ANALYST	7566	03-DEC-00	420		20
7934	bNGaAk	CLERK	7782	23-JAN-00	875		10

```
14 rows selected.
```

但是当 SCOTT 查询它时，则会得到实际值。这在许多场景中可以满足需求。

13.3.1 固定值

你仅仅见识了数据编写包强大威力的冰山一角。在学习剩余的特性前，先看看以上功能的另外一个重要的变种。在之前的示例中，值是随机化的，即每次查询特定员工的 SAL 列时，都会得到一个不同的随机值。如果这样的结果不是你想要的，该怎么办呢？也许你所想要的就只是简单地掩蔽这个值(替换成一些并不在员工实际工资中出现的数字)。的确有可能从包中获取一个固定值而不是获取随机值。若是如此，就需要在调用这个包时，把参数设置成一个不同的值。以下是先前调用它的方式：

```
function_type   => dbms_redact.random
```

可替换成按照以下方式调用：

```
function_type   => dbms_redact.full
```

为了设置新值，在重新创建策略前，需要先删除策略。或者可以仅仅通过改变策略将 function_type 参数设置为新值，如下所示：

```
begin
   dbms_redact.alter_policy (
        object_schema => 'SCOTT',
        object_name   => 'EMP',
        policy_name   => 'Employee Mask',
        action        => dbms_redact.modify_column,
        column_name   => 'SAL',
        function_type => dbms_redact.full
   );
end;
```

完成这个修改后，当 HR 用户查询 SAL 列时，SAL 列将变成 0 而不是随机值，如下所示：

```
SQL> conn hr/hr
SQL> select sal from scott.emp;
```

```
       SAL
----------
         0
         0
...
14 rows selected.
```

这对某些类型的应用程序有意义，因为在这类应用程序中要设置固定值来做掩蔽。NUMBER数据类型的列会显示成 0，VARCHAR2 类型的列会显示成空值。

13.3.2　其他类型的数据编写

在本章的前面仅仅见证了数据编写包全部功能的一小部分。我们只是触及了表面上的一些内容。下面探索其他一些特性。为了完整地展示这些特性，我们将在 SCOTT 用户方案中创建一个表来存储银行账户信息：

```
create table accounts
  (
    accno       number,
    accname     varchar2(30) not null primary key,
    ssn         varchar2(9),
    phone       varchar2(12),
    email       varchar2(30),
    last_trans_dt date
  );
```

在继续讲解前，有必要审慎地解释一下这些列。ACCNO 和 ACCNAME 列都是自解释型的，它们分别代表账户持有者的账户和名字。SSN 列代表美国的社会安全号，这是一个可以以 0 开头的 9 位数字。它是每个美国公民和合法居民的唯一识别号。其他国家也有类似的识别号，本章将在稍后探讨它们。PHONE 列代表账户持有者的电话号码，该电话号码为 999-999-9999 这样的美国格式。其他国家可以有不同的格式，也将在稍后探讨它们。EMAIL 列相当标准，它具有被@字符连接在一起的两个组成部分。LAST_TRANS_DT 列显示账户持有者所做的最后交易的日期和时间。

下面向这个表中插入一些数据行：

```
insert into accounts values (
  123456,
  'Arup Nanda',
  '123456789',
  '203-555-1212',
  'arup@proligence.com',
  to_date('10-JUL-2015 15:12:33','dd-MON-YYYY hh24:MI:SS')
)
/
insert into accounts values (
  234567,
  'Heli Helskyaho',
  '234567890',
  '516-555-1212',
  'heli.helskyaho@miracleoy.fi',
  to_date('11-JUL-2015 12:11:23','dd-MON-YYYY hh24:MI:SS')
)
/
insert into accounts values (
  345678,
  'Martin Widlake',
```

```
  '345678901',
  '201-555-1213',
  'mwidlake@btinternet.com',
  to_date('12-JUL-2015 11:21:35','dd-MON-YYYY hh24:MI:SS')
)
/
insert into accounts values (
  456789,
  'Alex Nuijten',
  '456789012',
  '212-555-2134',
  'alexnuijten@gmail.com',
  to_date('13-JUL-2015 21:15:21','dd-MON-YYYY hh24:MI:SS')
)
/
insert into accounts values (
  567890,
  'Brendan Tierney',
  '567890123',
  '860-555-3138',
  'brendan.tierney@oralytics.com',
  to_date('14-JUL-2015 18:34:32','dd-MON-YYYY hh24:MI:SS')
)
/
commit
/
```

查询表，确保已经正确地得到了所有值：

```
SQL> select * from accounts;
```

ACCNO	ACCNAME	SSN	PHONE	EMAIL	LAST_TRAN
123456	Arup Nanda	123456789	203-555-1212	arup@proligence.com	10-JUL-15
234567	Heli Helskyaho	234567890	516-555-1212	heli.helskyaho@miracleoy.fi	11-JUL-15
345678	Martin Widlake	345678901	201-555-1213	mwidlake@btinternet.com	12-JUL-15
456789	Alex Nuijten	456789012	212-555-2134	alexnuijten@gmail.com	13-JUL-15
567890	Brendan Tierney	567890123	860-555-3138	brendan.tierney@oralytics.com	14-JUL-15

由于需要用不同的用户身份(并不是所有者 SCOTT)进行测试——去访问这个表，因此下面给 HR 用户授予表上的权限：

```
grant select, insert, update, delete on accounts to hr;
```

这些就绪后，添加一些复杂的数据编写规则。表 13-6 显示了如何为这个新的 ACCOUNTS 表的列进行数据编写。

DBMS_REDACT 包使数据编写变得很简单且容易实现。我们之前使用的 add_policy 存储过程中的 function_type 参数可用于创建所有有趣且又复杂的掩蔽类型，以隐藏原始数据。例如，需求是掩蔽 SSN 列，它有 9 个数字。我们的目标是隐藏头 5 个数字(即从位置 1 到 5)并把它们替换成*。function_parameters 参数接受一个字符串作为值，该字符串会告诉数据编写函数该如何去做。这个字符串具有以逗号分隔的 5 个部分：

- 原始值中的字符类型。在本示例中，原始值由 9 位数字组成，因此这部分被写成 9 个 V(即 VVVVVVVVV)。
- 考虑要显示哪些位置。在本示例中，要显示所有 9 位数字(虽然其中一些将被掩蔽)。因此，要使用与之前一样的值(即 VVVVVVVVV)。
- 需要被用于掩蔽的字符(本示例中是*)。

- 掩蔽开始的第一个位置。在本示例中，要从第一个字符开始进行掩蔽，因此这个值就是 1。
- 掩蔽要持续到的最后位置。在本示例中，应该是第 5 位，因此这个值就是 5。

表 13-6　ACCOUNTS 表的数据编写需求

列	数据编写方法	数据编写之后的示例
ACCNO	不进行数据编写	
ACCNAME	用随机字符进行完全数据编写	Q@FRCV^&
SSN	仅展示最后 4 位数字，所有其他部分替换成*	123456789 被显示为 *****6789
PHONE	仅显示前 3 个号码(通常是美国的地区号码)。剩余部分被替换成 X，但是整个长度要被保留	203-555-1234 被显示为 203-XXX-XXXX
EMAIL	电子邮件地址的第一部分(就是@号之前的部分)应该被数据编写，而域名(就是@号之后的部分)应该被完整保留	arup@proligence.com 被显示为 XXXX@proligence.com
LAST_TRANS_DT	年份应该被掩蔽成 1900，月份和日期保留为原样	12-JAN-2015 应该是 12-JAN-1900

function_parameters 参数最后的值看上去如下所示：

```
function_parameters => 'VVVVVVVVV,VVVVVVVVV,*,1,5'
```

以上代码就绪后，就能创建策略。这应该由特权用户执行，而不是由要进行数据编写的表的属主执行。为了简单起见，我们将使用 SYS 用户方案：

```
begin
   dbms_redact.add_policy (
     object_schema       => 'SCOTT',
     object_name         => 'ACCOUNTS',
     policy_name         => 'ACCOUNTS_Redaction',
     expression => 'SYS_CONTEXT(''USERENV'',''CURRENT_USER'') != ''SCOTT''',
     column_name         => 'SSN',
     function_type       => dbms_redact.partial,
     function_parameters => 'VVVVVVVVV,VVVVVVVVV,*,1,5'
   );
END;
```

现在向策略中添加其他列。下一个要添加的列是 LAST_TRANS_DT。因为这是一个日期数据类型，所以 function_parameters 值要设成这样：M、Y 和 D 分别代表原封不动的月份、年份和日期。如果要改变其中任意一个，就要用 m、y 和 d，并把新值分别紧跟着填写在它们旁边。例如，在本示例中，要保留月份和日期，但是年份部分应该被掩蔽成 1900，其格式如下：

```
function_parameters => 'MDy1900'
```

使用如下格式将该列添加到策略中：

```
begin
   dbms_redact.alter_policy (
     object_schema       => 'SCOTT',
     object_name         => 'ACCOUNTS',
     policy_name         => 'ACCOUNTS_Redaction',
     action              => dbms_redact.add_column,
     column_name         => 'LAST_TRANS_DT',
     function_type       => dbms_redact.partial,
     function_parameters => 'MDy1900'
```

```
    );
end;
```

接下来处理电话号码，它与需要掩蔽的 SSN 列相似，但稍微有些不同。不同于 SSN 列，这个电话号码列在不同的数字部分存在着连字符。我们要确保不会将它们认定为是要被数据编写的字符。为确保数据编写过程能够理解数值和诸如连字符或空格之类的填充符之间的差异，需要用到特殊字符 F。因为它是一个由 10 个数字加上 3 个连字符组成的组合，所以为了表示它，将 function_parameters 参数的第一位写成 VVVFVVVFVVVV。请注意填充符是如何被放置到合适的位置上的，具体的填充符是什么其实无关紧要。在本示例中恰巧是连字符(-)，但它可以是任何东西：一个句点(.)、一个空格( )、一个正斜杠(/)或任何其他字符。

为了设定 function_parameters 参数的第二个值，需要重新创建整个字符串，即使其中一些需要被掩蔽；同时也要使用连字符(-)作为分隔符。因此第二部分应该是 VVV-VVV-VVVV。从需求分析得知，掩蔽字符是 X。因此使用该字符作为 function_parameters 参数的第三个值。

我们需要掩蔽除了前三个字符以外的所有其他字符(即位置 4 到位置 10)。因此，要使用 4 和 10 分别作为 function_parameters 参数的第四个值和第五个值。下列所示是 function_parameters 值最后的格式：

```
function_parameters => 'VVVFVVVFVVVV,VVV-VVV-VVVV,X,4,10'
```

以下是向策略中添加这个列的完整代码块：

```
begin
    dbms_redact.alter_policy (
        object_schema       => 'SCOTT',
        object_name         => 'ACCOUNTS',
        policy_name         => 'ACCOUNTS_Redaction',
        action              => dbms_redact.add_column,
        column_name         => 'PHONE',
        function_type       => dbms_redact.partial,
        function_parameters => 'VVVFVVVFVVVV,VVV-VVV-VVVV,X,4,10'
    );
end;
```

接下来实现更复杂的需求——掩蔽 EMAIL 列。需要确保能够正确识别在@字符两端的电子邮件地址的两个部分。因为填充符@是和该数值中所有其他字符一样的字符，所以之前所使用的填充符在本例中不可行。令人欣慰的是，数据编写包为 function_type 提供了一个特殊值，以分析数值中的正则表达式。需要将 function_type 的值设成 dbms_redact.regexp，如下所示：

```
function_type => dbms_redact.regexp
```

因为电子邮件地址经常需要掩蔽，所以该包提供了内置的机制，以使用正则表达式来掩蔽它们。可以通过设置如下值让包了解到这一点：

```
regexp_pattern => dbms_redact.re_pattern_email_address
```

我们的目标是对电子邮件地址的第一部分进行数据编写，以下是需要为策略过程设置的参数：

```
regexp_replace_string=> dbms_redact.re_redact_email_name,
regexp_position       => dbms_redact.re_beginning,
regexp_occurrence     => dbms_redact.re_all
```

以下是完整的 alter_policy()存储过程：

```
begin
    dbms_redact.alter_policy (
        object_schema       => 'SCOTT',
        object_name         => 'ACCOUNTS',
        policy_name         => 'ACCOUNTS_Redaction',
```

```
        action              => dbms_redact.add_column,
        column_name         => 'EMAIL',
        function_type       => dbms_redact.regexp,
        regexp_pattern      => dbms_redact.re_pattern_email_address,
        regexp_replace_string => dbms_redact.re_redact_email_name,
        regexp_position     => dbms_redact.re_beginning,
        regexp_occurrence    => dbms_redact.re_all
    );
end;
```

最后，我们为 ACCNAME 列添加完整的随机数据编写：

```
begin
    dbms_redact.alter_policy (
        object_schema => 'SCOTT',
        object_name   => 'ACCOUNTS',
        policy_name   => 'ACCOUNTS_Redaction',
        action        => dbms_redact.add_column,
        column_name   => 'ACCNAME',
        function_type => dbms_redact.random
    );
end;
```

在存储过程执行后，以 HR 用户的身份登录并查询表，所看到的结果如下所示：

```
SQL> conn hr/hr
SQL> select * from scott.accounts;

  ACCNO ACCNAME          SSN       PHONE        EMAIL               LAST_TRAN
-------- ---------------- --------- ------------ ------------------- ---------
 123456 x6xKvA|\!>       *****6789 203-XXX-XXXX xxxx@proligence.com 10-JUL-00
 234567 EHC-/s%0MPK57{   *****7890 516-XXX-XXXX xxxx@miracleoy.fi   11-JUL-00
 345678 76?O7+-[?>GW?3   *****8901 201-XXX-XXXX xxxx@btinternet.com 12-JUL-00
 456789 'L\9O%[[/TdA     *****9012 212-XXX-XXXX xxxx@gmail.com      13-JUL-00
 567890 7<]]b@2Z?De1jH:  *****0123 860-XXX-XXXX xxxx@oralytics.com  14-JUL-00
```

至此，我们根据需求在这个表上创建了掩蔽解决方案。

因为正则表达式的语法相当灵活，所以它的功能非常强大。任何在 Oracle 中能被用于匹配正则表达式的语法都能被使用。在这种案例中，应该遵从以下的规则集操作：

(1) 设置 function_type 为 dbms_redact.regexp。

(2) 跳过 function_parameters 而不设置任何值。

(3) 设置正则表达式特有的参数：regexp_pattern、regexp_replace_string、regexp_position、regexp_occurrence 和 regexp_match_parameter。

表 13-7 显示了正则表达式特有的参数设置。

表 13-7 基于正则表达式的数据编写的特有参数

参数	描述
regexp_position	输入数值中模式匹配的起始位置。记住，第一个位置被计为 1
regexp_occurrence	要搜索的模式的出现案例个数。例如，如果要把输入数值中的@替换成 at，应该把所有的@都替换还是只要替换第一个@？如果设为 1，它将仅仅替换第一个出现案例。如果设为 2，将仅仅替换第二个出现案例，而保持第一个出现案例不动。如果要替换所有的出现案例，则设置这个值为 0
regexp_pattern	正则表达式格式中要搜索的模式。最大 512 字节

(续表)

参数	描述
regexp_replace_string	正则表达式格式中用于替换的模式。最大 4000 个字符
regexp_match_parameter	该参数指定如何匹配模式。以下是可能的值和它们的行为： ● i 模式匹配是大小写不敏感的 ● c 模式匹配是大小写敏感的 ● n 句点符号(.)是正则表达式中的通配符。它匹配除了空行外的任何字符。如果把这个值设为 n，则 "." 也匹配新行 ● m 如果你的输入有很多行，除非正则表达式特有字符^和$分别被用在行首和行尾，否则 Oracle 会把整个输入当作一行来对待。把这个参数设成 m 会将每行都按独立行来对待 ● x 忽略空白字符 可在此参数中指定多个值。以下是一个既指定了大小写敏感匹配，又指定了句点来匹配任何字符(包括新行)的示例： `regexp_match_parameter => 'ni'`

如果你对使用复杂的正则表达式语法规则去定义数据编写策略感到沮丧，先不用担心。Oracle 提供了许多用于执行常见类型的数据编写的内置格式，它们是为常用的案例而准备的。当前的示例就显示了这样一种类型的内置模式匹配。以下是定义 EMAIL 列的策略的方式：

```
function_type          => dbms_redact.regexp,
regexp_pattern         => dbms_redact.re_pattern_email_address,
regexp_replace_string  => dbms_redact.re_redact_email_name,
regexp_position        => dbms_redact.re_beginning,
regexp_occurrence      => dbms_redact.re_all
```

EMAIL 列由以下内置格式来掩蔽：

```
regexp_pattern         => dbms_redact.re_pattern_email_address,
regexp_replace_string  => dbms_redact.re_redact_email_name,
```

其实，以下才是 add_policy 存储过程中用到的实际参数：

```
regex_pattern          => '([A-Za-z0-9._%+-]+)@([A-Za-z0-9.-]+\.[A-Za-z]{2,4})'
regex_replace_string   => ' xxxx@\2'
```

如果仔细检查这些代码，可以注意到正则表达式语法用于识别出电子邮件地址的各个不同部分。不必自己去写这些复杂的语法，简单地使用 DBMS_REDACT 包提供的用户友好的常量 re_pattern_email_address 即可实现。

表 13-8 显示了可用于 function_parameters 参数的内置值。

表 13-8 函数类型的内置值

内置值	描述	示例
redact_us_ssn_f5	掩蔽美国社会安全码的前 5 个数字	123-45-6789 变成 XXX-XX-6789
redact_us_ssn_l4	掩蔽美国社会安全码的后 4 个数字	123-45-6789 变成 123-45-XXXX
redact_us_ssn_entire	掩蔽美国社会安全码的全部数字	123-45-6789 变成 XXX-XX-XXXX

(续表)

内置值	描述	示例
redact_num_us_ssn_f5	掩蔽美国社会安全码的前 5 个数字。当输入是数字时,输出仍然是 VARCHAR2	123456789 变成 XXXXX6789
redact_num_us_ssn_l4	掩蔽美国社会安全码的后 4 个数字。当输入是数字时,输出仍然是 VARCHAR2	123456789 变成 12345XXXX
redact_num_us_ssn_entire	掩蔽整个美国社会安全码	123456789 变成 XXXXXXXXX
redact_zip_code	当输入是 VARCHAR2 时,掩蔽 5 位美国邮政编码	12345 变成 XXXXX
redact_num_zip_code	当输入是数字时,掩蔽 5 位美国邮政编码	12345 变成 XXXXX
redact_ccn16_f12	掩蔽 16 位信用卡号的前 12 位	1234 5678 9012 3456 变成 ****-****-****- 3456
redact_date_millennium	用一个常数(千年的起始位)来掩蔽输入的日期值	所有日期变成 01-JAN-2000
redact_date_epoch	用 01-JAN-70 来掩蔽所有的日期	

　　如你所见,不需要为了数据编写的需求重新发明许多常用类型。包中已经使用内置格式的方式为它们提供了支持。例如,在之前的示例中,使用以下方式来掩蔽 SSN:

```
function_parameters => 'VVVVVVVVV,VVVVVVVVV,X,1,5'
```

还能使用以下方式:

```
function_parameters => dbms_redact.redact_us_ssn_f5
```

信用卡号是一个很好的示例。如果使用

```
function_parameters => dbms_redact.redact_ccn16_f12
```

来掩蔽信用卡号,以下是其内部使用方式:

```
function_parameters => 'VVVVFVVVVFVVVVFVVVV,VVVV-VVVV-VVVV-VVVV,*,1,12',
```

　　当为大多数常用类型的数据做数据编写时,这些内置格式都大有裨益。但它们并没有覆盖需要编写的数据的所有不同类型(电子邮件就是这种类型之一)。或者说,它们并没有以想要的那种方式显示出来。例如,不是要掩蔽信用卡的前 12 个数字,而是要显示前 6 个数字(通常代表发行该卡的银行)和最后 4 个数字,掩蔽剩余的其他数字。若是这样,可以自己去写一个正则表达式风格的数据编写参数。令人欣慰的是,Oracle 为正则表达式型的参数提供了更多的内置格式。当 function_type 参数被设成 DBMS_REDACT.regexp 时,可以使用 regexp_pattern 参数和 regexp_replace_string 参数的以下组合：

(1) 要把任意数字替换成 1，请按如下方式进行设置：

```
regexp_pattern          => dbms_redact.re_pattern_any_digit
regexp_replace_string   => dbms_redact.re_redact_with_single_1
```

(2) 要把任意数字替换成 X，请按如下方式进行设置：

```
regexp_pattern          => dbms_redact.re_pattern_any_digit
regexp_replace_string   => dbms_redact.re_redact_with_single_x
```

(3) 以下示例显示了一个 16 位信用卡号码的前 6 个数字和最后 4 个数字，并把剩余的数字掩蔽成 X：

```
regexp_pattern          => dbms_redact.re_pattern_cc_l6_t4
regexp_replace_string   => dbms_redact.re_redact_cc_middle_digits
```

(4) 以下示例显示了如何掩蔽任意一个美国电话号码的最后 7 个数字：

```
regexp_pattern          => dbms_redact.re_pattern_us_phone
regexp_replace_string   => dbms_redact.re_redact_us_phone_l7
```

(5) 虽然之前介绍过一个 EMAIL 数据编写的示例，但以下还有更多关于它的掩蔽案例。下面将输入值设成电子邮件地址：

```
regexp_pattern          => dbms_redact.re_pattern_email_address
```

- 要仅仅掩蔽用户名(电子邮件地址中@号之前的部分)，请按如下方式设置：

```
regexp_replace_string   => dbms_redact.re_redact_email_name
```

- 要掩蔽域名(电子邮件地址中@号之后的部分)，请按如下方式设置：

```
regexp_replace_string   => dbms_redact.re_redact_email_domain
```

- 要掩蔽电子邮件地址的所有信息，请按如下方式设置：

```
regexp_replace_string => re_redact_email_entire
```

(6) 要掩蔽 IP 地址，使用以下方法：

```
regexp_pattern          => dbms_redact.re_pattern_ip_address
regexp_replace_string => dbms_redact. re_redact_ip_l3
```

这将把 IP 地址的最后一部分替换成 999。

可以向任何合适类型的数据应用以上这些内置格式。例如，虽然已经有一个为信用卡号码而准备的内置格式，但也可以使用以下这种方式：

```
regexp_pattern          => dbms_redact.re_pattern_any_digit
regexp_replace_string => dbms_redact.re_redact_with_single_x
```

这将掩蔽所有 16 位或 15 位信用卡号。例如，1234 5678 9012 3456 将变成 XXXX XXXX XXXX XXXX。这是一个在没有相应内置格式可用的情况下如何掩蔽其他类型的数据的示例。例如，国家保险号(National Insurance Number)是英国医疗保健消费者的识别号码，它是一个由 9 个字符组成的编码，通常一次以两个字符为一个块的方式出现(例如，AB 12 34 56 C)。因为它遵从与 9 位的美国社会安全号一样的规则，所以可以使用为美国社会安全号准备的内置格式来操作，或者也可以使用正则表达式来掩蔽它的一部分。

13.3.3 使用 SQL Developer 访问

也可以通过 SQL Developer 来创建和管理数据编写活动。由于这是一个图形用户界面，因此对于一些人来说是更容易的选择。在 SQL Developer 中，导航到表名并右击它，会出现表特定的菜单，如图 13-1 所示。单击 Redaction

菜单项，然后单击 Add/Alter Redaction Police 级联菜单项，会弹出 Alter Redaction dialog 对话框界面，其中显示了该表上面已经存在的数据编写策略，如图 13-2 所示。请注意 SCOTT 用户应当具有查询以下两个视图的权限。如果没有权限，则会出错。请执行以下两条语句来进行授权：

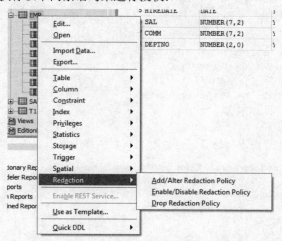

图 13-1　SQL Developer 中的 Redaction 菜单

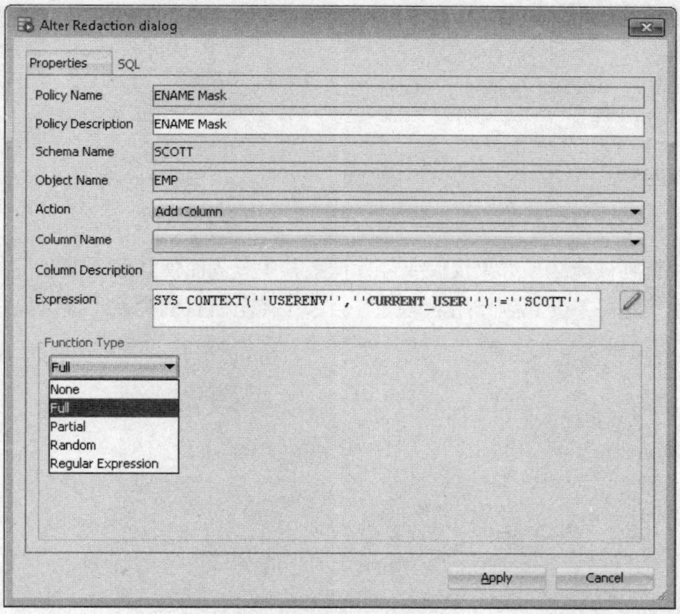

图 13-2　数据编写的主面板

```
grant select on sys.redaction_policies to scott;
grant select on sys.redaction_columns to scott;
```

这些仅仅是为了使 SQL Developer 界面能正常工作而去授予所需的权限。在之前展示的 SQL*Plus 示例中，已经以 SYS 用户的身份进行了连接，所以已具有这些权限。

注意图 13-2 中的 SQL 选项卡。如果单击它，将看到用来执行操作的 PL/SQL 块。如果不想去记住语法或者懒得去输入这些语句，这里显示的 SQL 语句会非常有帮助。在可能无法使用图形界面的情况下，作为结构化代码部署中的一部分，把脚本中的 PL/SQL 代码部署到另一个不同的数据库时，这里显示的 SQL 语句也会很有用。

查看图 13-1，会注意到还可以使用这个 Redaction 菜单完成其他工作：可以启用或禁用以及删除策略。

13.3.4　策略管理

如果要暂时允许每个人都看见实际值而不是掩蔽任何东西，可以禁用策略。这并不会删除策略，它仅仅使策略的作用失效。当需要再次启动掩蔽时，就可以再次去启用它。可以按如下方式启用它：

```
begin
   dbms_redact.disable_policy (
          object_schema    => 'SCOTT',
          object_name      => 'EMP',
          policy_name      => 'Employee Mask'
   );
end;
```

之后，如果以 HR 用户的身份进行检查，可以看到所有值都出现了：

```
SQL> select ename, hiredate, sal from scott.emp;
ENAME       HIREDATE    SAL
----------  ---------   ----------
SMITH       17-DEC-80        800
ALLEN       20-FEB-81       1600
WARD        22-FEB-81       1250
...
```

要重新启用策略，使用以下显示的代码：

```
begin
   dbms_redact.enable_policy (
          object_schema    => 'SCOTT',
          object_name      => 'EMP',
          policy_name      => 'Employee Mask'
   );
end;
```

它使定义在其中的所有列被掩蔽。如果仅仅要停止掩蔽其中一列而使其他列继续得到掩蔽，该如何做呢？在这种情况中，简单地禁用策略并不会起到作用，因为它会停止掩蔽所有的列而不仅仅只是其中的一个。因此，需要改变策略，修改对列的掩蔽：

```
begin
   dbms_redact.alter_policy (
          object_schema    => 'SCOTT',
          object_name      => 'EMP',
          policy_name      => 'Employee Mask',
          column_name      => 'SAL',
          action           => dbms_redact.modify_column,
          function_type    => dbms_redact.none
   );
end;
```

设置 function_type 参数的值为 dbms_redact.none 可以实现这一点。以上代码执行后，HR 用户查询表：

```
SQL> select ename, hiredate, sal from scott.emp;

ENAME       HIREDATE    SAL
----------  ---------   ----------
VP,!W       17-DEC-00        800
03Xy@       20-FEB-00       1600
Q=lR        22-FEB-00       1250
...
```

此时 ENAME 和 HIREDATE 列被掩蔽了，但是 SAL 列没有，它显示了实际值。

注意，也可以使用 SQL Developer 来执行这些活动。

13.3.5　清理

在结束本部分之前，先删除创建的所有新对象和清理之前引入的任何东西：

```
drop table accounts
/
```

13.4　本章小结

在许多场景中，需要对一些用户隐藏数据库中的实际数据。当这些"非授权"用户查询数据时，要让他们看到掩蔽的(或编写的)数据，例如看到的是 X 而不是原字符；是随机数而不是实际值；或者在一些场景中仅仅显示成空格。这种需求的关键就在于数据库中的数据本身没有被实际更改，当有权限的用户查询数据时，他们将看到实际的数据。这不同于加密(将在第 14 章中介绍)，加密会让数据库自身被实际更改。

本章将解释如何开发出这样一种使用纯 PL/SQL 的机制。它可以不带任何选项地适用于所有的 Oracle 版本，也可以作为一种额外开销选项而仅能在 Oracle 12*c* 中使用 DBMS_REDACT 包来实现。使用 DBMS_REDACT 包允许创建"策略"。这样的策略指定了表中的列的编写详情。可以临时禁用策略以允许原始的清晰的数据可见；或者可以让特定列上的编写失效。很明显，因为数据编写包直接拦截了 SQL 访问，所以它提供了很多好处。你自己的 PL/SQL 解决方案需要通过视图来过滤访问，这样做会引入自身的复杂性。最终将需要在以下两者之间取得平衡：包的额外开销和你自己的解决方案所增加的管理成本。

第 14 章

加密和哈希

什么是数据安全的最大威胁？通常认为是黑客。他们使用各种形式的黑客验证手段或者中间人攻击手段而强行闯入数据库来窃取数据。当这些威胁发生时，如果认为这些是因为存在数据库漏洞这种常见原因而造成的是不对的。历史已经证明：对数据库最大的威胁往往来自于内部人员。这些人拥有比实际需要用来完成工作更多的权限，这个问题的产生可能是因为管理员的不作为或者是因为权限的扩大。我们将在第 15 章中学到如何减少滥用权限的可能性。第二大威胁来自于对备份的偷窃。考虑这个情景：一名窃贼偷窃了备份磁带，并把这些磁带挂载到某台服务器上开启恢复过程。这名窃贼并不需要知道密码，通过 dba 组在那台服务器上以 oracle 用户登录，他有能力在不需要密码的情况下，使用非常简单的 sqlplus / as sysdba 命令以 SYS 用户身份连接数据库。一旦数据库被还原，他就能访问到所有数据，包括诸如信用卡号、姓名、病史和判决书等敏感的数据。以下是关于这种脆弱性的几点重要的必须弄清楚的事项：

- 即便找出了威胁，也对保护数据无济于事。窃贼可以悠闲地在远程服务器上做任何事情。数据已经永久丢失了。

- 任何类型的强密码和复杂的验证机制都丝毫没有帮助。窃贼已经能访问 SYS 密码，因而任何其他东西都不在话下。
- 任何仔细的有计划的授权模式或最小权限集原则都不会产生任何裨益，因为窃贼已经具有 SYS 角色(即有能力向任何表查询、更改、删除和插入数据)。

换言之，就是经历了彻底的挫败。因此，如何才能保护你自己避免这样的事故发生？

这就是加密要介入的地方。如果更改存储于磁盘上的实际数据，而这些更改过的数据仅仅能够被那些具备解密机制知识的人解密，那么就能起到阻止窃贼的作用。任何要看到实际数据的人都需要"解密知识"，也包括 SYS 用户。因此，除非窃贼能获取到那种知识，否则除了能得到完全无用的信息外，他将一无所获。如果把那份知识与备份或数据库自身分开来存放，就能达成保护数据以防窃贼的目标。在本章中，将学到如何建立这种加密系统。

14.1　加密的定义

简单来说，加密意味着掩饰数据或者以只有原始数据的创建者才了解的如何把数据还原回来的方式来改变内容。这与数据编写(已经在第 13 章中学过)不同。数据编写包含对数据的掩蔽，而这种掩蔽是在原始数据不被更改的情况下应用于数据以永久改变它的显示；或者在查询过程中应用于数据以便使数据看上去不同。加密包括实质性地改变数据。但是不止于此，加密允许秘密数据的所有者能够知道原始值是什么；而同时不存在其他人能够解密这种加密过的数据。本章描述 Oracle 对加密的支持，聚焦于那些对 PL/SQL 开发人员最有用的概念和特性。

有两种建立加密解决方案的手段：其中一种方案是以 PL/SQL 语言使用 Oracle 内置包 DBMS_CRYPTO 从头创建你自己的解决方案；另一种方案是使用 Oracle 的透明数据加密(Transparent Data Encryption，TDE)，这是一个额外的付费选项。我们也聚焦于保护磁盘上的数据，这与在客户端和数据库之间传递数据时所采用的保护措施或者在验证过程中对数据采取的保护措施不同，而这两者都要用到 Oracle 的需要额外付费的高级安全选项(Advanced Security Option，ASO)。规则的唯一例外是口令的传送，这总要被加密，无论是否使用 ASO。

在本章中将介绍如何建立一个用于保护敏感数据不受非授权用户访问的基本加密系统。我们将讲述如何创建一个密钥管理系统用于有效地保护加密密钥，同时无缝地对应用程序用户提供不受限制的数据访问。另外，将介绍密码学哈希和如何使用消息验证码(Message Authentication Code，MAC)。我们还会描述透明数据加密(Transparent Data Encryption，TDE)——在列级和表空间级只需要付出最小的代价，就能遵从法规的要求使用 TDE 来加密敏感数据。

本书不讨论算法和计算机加密科学的艺术，而这个领域往往需要比本书试图要做的详细得多的知识覆盖。本书的目标是帮助你开始使用内置的工具去创建一个加密系统——不是通过编写代码来重新发明一个新的系统。

14.2　加密介绍

对我来说，记住我的 ATM 卡的 PIN 号之类的数字(顺便提一下是 3451)是非常困难的。如果我在一张纸上记下它，并不会真正解决问题。这是因为我必须与 ATM 卡一起携带着这张纸。于是我做了一件最简单的事情——在 ATM 卡上直接写下它。但是一旦有一天我的钱包被偷窃了，窃贼不仅得到了 ATM 卡，也得到了 PIN 号，进而可以从我的账户中取出所有的钱。

我接受了教训。当我从银行得到了新卡，仍然在其上写下 PIN 号。但是这次我不想做一个完全的白痴，所以并没有写下一模一样的数字，而是发明了一串我总能记住的秘密数字——例如 6754。使用该数字，通过相应地添加它们到 PIN 号来改变原始数字：

3 + 6 = 9
4 + 7 = 11
5 + 5 = 10

$$1 + 4 = 5$$

结果数字是 9、11、10 和 5。使用我的密钥 6754，把数字 3451 转换成 9-11-10-5，而这就是我在 ATM 卡上写下的数字，不是实际的 PIN 号。要得到 PIN 号，就需要使用我的魔术数字 6754 并采用与之前所应用的相反的逻辑来读取那个号码。得到号码后，就可以使用 3451 来取钱。数字 9-11-10-5 对整个世界都可见，但是除非窃贼也知道加密密钥 6754，否则他仍然无法使用卡。

我刚刚做了什么？我加密了数字(虽然是使用最基本的方式)。数字 6754 是加密过程的密钥(key)。因为相同的密钥被用于加密和解密，所以我在此所做的这种类型的加密被称为对称(symmetric)加密(作为对比，不对称加密在本章稍后会描述，它有两个不同的密钥：公钥和私钥)。我刚刚描述的用于加密 PIN 号的逻辑是加密算法的最简单的实现方式。

块和流加密

通过一种被称为块加密(block ciphering)的过程可以在一块数据上执行加密。这种方法最常见也最容易实施。然而，一些系统并无法奢侈地以统一块的方式得到数据——例如，从公共媒体或其他渠道转播而来的要加密的内容。在这种场景中，内容一旦传入就要被加密。这被称为流加密(stream ciphering)。

14.2.1　加密组件

让我们总结一下到目前为止学到了什么。一个加密系统具有如下 3 个基本组件：

- 算法
- 密钥
- 加密类型(在本示例中是对称加密，因为相同的密钥既被用来加密也被用来解密)

下面假设那名蓄意要偷窃我的账户的窃贼正试图使用 ATM 卡的 PIN 号。按照顺序，他需要什么东西才会成功？首先，他需要知道算法，在此假设他知道算法，或许是因为我在聚会中吹嘘我的聪明才智时透露过算法，或许他读过本书，又或者这种算法已经成为公众常识。第二，他需要知道密钥，而那是我能保护的东西。即使窃贼知道算法，我仍然能够隐藏密钥并使安全性生效。然而，因为密钥中仅有4位数字，窃贼仅仅需要最多进行 $10×10×10×10$(即10 000)次尝试就能猜到密钥。并且因为每一次尝试都有对错参半的可能性，所以理论上窃贼有 1/5000 的机会能猜到正确的密钥。由于理论上有可能让窃贼知晓 PIN 号，瞬间我感觉到很不安全。

那么，我将如何保护我的 PIN 号？

- 隐藏算法。
- 使密钥难以被猜出。
- 更好的做法是同时采取以上两个措施。

如果我使用众所周知的算法，那第一个选项是不可能实现的。我也能开发自己的算法，但是时间和精力都不会值得这样去做。之后会发现：即便是改变一个算法都是非常困难的，接近于不可能完成的任务。那样也会排除第三个选项，留下第二个选项成为唯一可行的选项。

14.2.2　密钥长度的效力

ATM 卡的 PIN 号是敏感数据的数字化等价物。如果黑客要破解加密密钥，用 10 000 次迭代来猜到编码是微不足道的事情——他可以在 1 秒内完成破解。如果我使用字母加数字的密钥而不是一个纯由数字组成的密钥会怎样？那样的话,该密钥的每一个字符都会有 36 个可能的值,因此黑客将不得不最多猜测 $36×36×36×36$(即 1 679 616) 个组合——比 10 000 次更加困难，但仍然不会超过一台相当老旧的智能手机的处理能力。密钥必须通过加长到比 4 个字符更长的方式来被强化，或者说"加固"。因此，加固密钥的秘诀就在于增加密钥的长度。密钥越长就越难被破解。但是更长的密钥会增加进行加密和解密操作所花的时间，这是因为 CPU 需要做更多的工作。在设计加密架构的过程中，需要在密钥的长度和安全性之间作妥协。

14.2.3 对称加密和不对称加密

在我们之前的示例中，相同的密钥被用来进行加密和解密。如前所述，这种类型的加密被称为对称加密。伴随这种加密类型而传承下来的问题是：因为相同的密钥被用来解密数据，所以密钥必须让接收者得悉。对于该密钥(通常被称为"秘密密钥")，要求在接收者接收到加密信息前就要被他知晓(就是说，要有一份"知识共享协议")，或者要作为数据的一部分随加密文件一同传送。作为数据(在磁盘上)，密钥要作为数据库的一部分被存储，以便让应用程序读取它去解密。在这种情形中就有明显的风险。传送中的密钥有可能被黑客截获，并且存储于数据库中的密钥也可能会被偷窃。

要弄清楚这个问题，通常会提到另一种类型的加密，其中用于加密的密钥不同于用于解密的密钥。因为密钥的不同，这被称为不对称加密。因为有两个密钥被创建——公钥和私钥——它也被称为公钥加密。公钥(加密所需要的)要让发送者知道，并且实际上能够被自由地共享。而另一个密钥(私钥)仅仅被用于解密公钥加密过的数据，并且必须要保证其私密性。

让我们看看公钥加密在现实中是如何工作的。如图 14-1 所示，Sam(在左边)正要接收 Rita(在右边)的消息。以下是加密过程中的步骤：

- Sam 生成两个密钥——公钥和私钥。
- 他把公钥发送给 Rita。
- Rita 拥有明文形式的原始消息，她要用公钥加密它，并把加密过的消息发送给 Sam。
- Sam 使用他之前创建的私钥解密它。

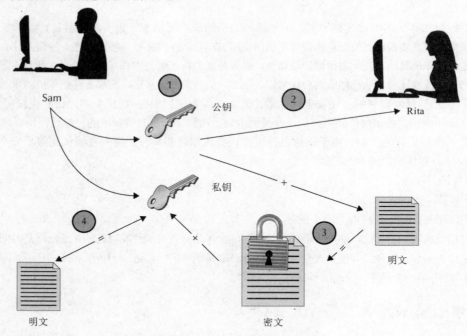

图 14-1 基本的不对称加密

仔细注意此处双方没有解密密钥的交换。公钥事先被发送给消息发送端，但是因为那不是要用来解密的值，所以潜在的密钥被偷窃的危险不会对安全造成威胁。

然而，应该意识到在这个过程中电子欺诈所产生的影响。这会使该数据加密过程变得不够安全。以下是这样一个场景：

- Sam 生成公钥和私钥对，并把公钥交给 Rita。

- 一名黑客正在嗅探整个通信线路，并得到了 Sam 的公钥。有时甚至都不必这么去做，原因是公钥可能是众所周知的。
- 该黑客用他自己的软件系统(使用 Sam 的名字，以便生成的公钥看上去与他的一样)创建了另一个公-私密钥对。
- 黑客发送这个用他自己的软件新做的假的 Sam 的公钥，而不是发送 Sam 原始创建的那个。Rita 蒙在鼓里，她可能会认为假的那个才是 Sam 的真正公钥。
- Rita 使用这个假的公钥来加密消息并发送加密过的消息给 Sam。
- 然而，黑客还在嗅探通信线路并截获这份消息。因为他拥有与公钥配套的私钥，所以他能解密消息。瞬间，这种不对称加密安全性的好处就丧失殆尽。
- 不过这里还有一个小问题。当 Sam 最终得到了加密过的消息，并试图解密它时将不会成功。这是因为所需要用到的私钥不正确。这会引起他的猜疑。要避免这种情况，黑客就会使用 Sam 真正的公钥重新加密消息，并把它传送给 Sam。这样 Sam 就不可能发现可疑的情况了。

令人恐惧吗？当然，那么解决方案是什么？解决方案就在于：要验证公钥的真实性并确保公钥来源可靠。可以使用指纹比对来做到这一点。这方面的主题超过本书的讨论范畴，但简单地说就是：当 Rita 使用公钥加密数据时，她先检查公钥的指纹以确保其真正属于 Sam。这也着重强调了源头和目的地之间的通信线路必须是高度安全的。

用于加密的密钥和用于解密的密钥是不同的，那么解密过程如何知晓当时在加密过程中用到的密钥呢？回忆一下：是消息的接收者同时生成了那两个密钥，这就保证了两个密钥之间存在着数学关系。其中一个就是另一个的简单反转：无论其中一个做什么，另一个就简单地反着做什么。解密过程因此就能在不知道加密密钥的情况下去解密值。

因为公钥和私钥在数学上相关，所以尽管这是一个需要因式分解某个极大的数字的极端艰苦的过程，理论上还是有可能从公钥猜出私钥的。因此，为了减少被暴力破解的风险，必须使用非常长的密钥长度，一般应该使用 1024 位的密钥，而不是那些在对称加密中用到的 56、64、128 或者 256 位的密钥。虽然 1024 位的密钥是典型的，但是比它短一些的密钥也会被用到。

Oracle 在以下两点上提供不对称加密：

- 在客户端和数据库端之间传递数据
- 在验证用户过程中

因为不对称加密系统使用不同的密钥来加密和解密，所以源头和目的地不需要知道用于解密的密钥。相反，对称加密需要使用相同的密钥，因此在这类系统中保卫密钥至关重要。

14.2.4 加密算法

有许多被广泛使用并在商业上可获取到的加密算法。但是在此，我们将聚焦用于 PL/SQL 应用程序的被 Oracle 支持的对称加密算法。 所有以下三种算法都是被 Oracle 内置的加密包 DBMS_CRYPTO 所支持的：

- **数字加密标准(Digital Encryption Standard, DES)** 历史上，DES 曾经是用于加密的主导性标准。它为了国家标准局(National Bureau of Standards，后来变成国家标准和技术局[National Institute of Standards and Technology，NIST])的需求而被开发，开发周期超过 30 年。DES 后续成为美国国家标准局(American National Standards Institute，ANSI)的标准。DES 和它的历史非一言能概括。但是在此处，我们的目标不是去描述算法本身，而是简单地总结一下它的适用性以及如何在 Oracle Database 中去使用它。该算法需要一个 64 位的密钥，但是丢弃其中的 8 位不用，实际仅仅使用其中的 56 位。黑客将不得不猜测最高多达 72 057 594 037 927 936 个组合以破解这种密钥。

DES 曾经在相当长的一段时间内成为足够适用的算法，但是过去 10 年以来该算法有点英雄迟暮。在破解密钥时，即使需要计算巨量的数字组合，当今强大的计算机也可以相当轻松地破解它。

- **三重 DES(Triple DES，DES3)** NBS/NIST 继续鼓励基于原始 DES 的另一个方案的开发，这种方案依赖于所使用的模式把数据加密两趟或三趟。黑客如果试图猜测密钥，将要面临着分别对应于两趟和三趟加密路径的 2112 和 2168 个组合。依赖于使用两趟或者使用三趟方案，DES3 分别使用 128 位和 192 位密钥。三重 DES 现在也显得老态龙钟，同 DES 一样，容易被蓄意的攻击击溃。
- **高级加密标准(Advanced Encryption Standard，AES)** 2001 年 11 月，联邦信息处理标准(Federal Information Processing Standards，FIPS)的 197 号文件宣布批准新的标准——高级加密标准，并在 2002 年 5 月生效。该标准的全文本可以从 NIST 官网链接(http://csrc.nist.gov/CryptoToolkit/aes/round2/r2report.pdf)处获取到。

在本章稍后，将通过指定选项或者在 Oracle 内置包中选定常量的方式来展示如何使用这些算法。

14.2.5 填充和链接

当一份数据被加密时，算法并不是把它们作为一个整体来加密。通常数据都被分割成每份 8 字节的分组，然后每个数据分组被独立处理。当然，数据的长度可能不正好是 8 的倍数；在这种情况下，算法会添加一些字符到最后一个数据分组以便使其正好为 8 字节长。这个过程被称为填充。填充也要被正确地完成，使得黑客无法通过弄清楚是什么东西被填入，而从那些地方猜出密钥。要安全地填充数值，可以使用预先开发的填充方法，这在 Oracle 中是可用的，被称为公钥密码系统 5(Public Key Cryptography System #5，PKCS#5)。还有一些其他的填充选项允许用 0 来填充或者根本不填充任何东西。本章稍后将通过指定选项或者在 Oracle 内置包中选定常量的方式来展示如何使用填充。

当数据被分割成数据分组后，需要一种方式来重新连接相邻的数据分组，这个过程被称为链接。加密系统整体的安全性也依赖于数据分组是如何被链接和加密的——独立地或者与相邻的数据分组连在一起。Oracle 支持以下的链接方法：

- **CBC** 密码分组链接(Cipher Block Chaining)，最常见的链接方法
- **ECB** 电子密码本(Electronic Code Book)
- **CFB** 密文反馈(Cipher Feedback)
- **OFB** 输出反馈(Output Feedback)

在本章稍后，将通过指定选项或者在 Oracle 内置包中选定常量的方式来展示如何使用这些方法。

14.2.6 加密包

既然已经介绍了加密系统最基本的构建组件，是时候看看如何使用 PL/SQL 在 Oracle Database 中运行加密了。内置的 DBMS_CRYPTO 包允许我们相当快地建立这种系统。

回忆一下：要加密一些东西，除了输入值本身以外，需要 4 个组成部分：

- 加密密钥
- 加密算法
- 填充方法
- 链接方法

让我们探讨以上的每一个活动。

1. 生成密钥

从到目前为止我们的讨论中，很明显地可以看出加密链条中最薄弱的环节就是加密密钥。要成功地解密加密

过的数据，密钥是关键。为了保护加密过程，必须使得密钥极其难以猜出。关于使用合适的加密密钥，有两点重要事项需要记住：

- 密钥越长就越难被猜出。要达到可接受的加密水平，需要使用尽可能长的密钥；但是需要意识到：密钥越长，就需要花销越多的 CPU 周期来进行加密和解密。

- 除了长度方面的要求外，密钥应该不采用容易被猜出的模式或格式。作为密钥的值，1234567890123456 是个很差的选择。这是因为数字的序列显现出一种可以被预测的顺序。这是不可接受的。一个像 a2H8s7X40Ys8346yp2 这样的值会更好(虽然还是有点短)。

如第 13 章所述，可以使用 DBMS_RANDOM 包中的 string()函数来生成可以作为密钥的随机字符串。然而，如果被当作密码学上的安全性来对待，它可能还不够随机。令人欣慰的是，DBMS_CRYPTO 包中还有一个名为 randombytes 的函数能够产生密码学上的安全密钥。这个函数接受一个数字型参数，该参数的值是将要生成的密钥的字节长度，并返回一个 RAW 数据类型的值。

在第 13 章中，也学习了"种子"在生成随机值过程中的价值。该种子决定了所生成的值的随机性。DBMS_CRYPTO 包中的 randombytes()函数通过$ORACLE_HOME/network/admin 目录下的 SQLNET.ORA 文件中的 sqlnet.crypto_seed 参数获取种子。该参数必须有一个有效值，该有效值是一个由 10 到 70 字节长的字符形成的任意组合。以下是如何设置该参数的示例：

```
SQLNET.CRYPTO_SEED =
weipcfwe0cu0we98c0wedcpoweqdufd2d2df2dk2d2d23fv43098fpiwef02uc2ecw1x982jd23d908d
```

让我们创建一个名为 get_key 的函数，它会返回指定长度的密钥。你所需要获得的是由 SYS 拥有的 DBMS_CRYPTO 包的执行权限。

```
create or replace function get_key
(
  p_length in pls_integer
)
  return raw
is
  l_ret   raw (4000);
begin
  l_ret := dbms_crypto.randombytes (p_length);
  return l_ret;
end;
```

注意：

默认 DBMS_CRYPTO 包应该还没有被授权给 public，或者应该还不存在它的公共同义词。如果要让所有的开发人员都能使用 DBMS_CRYPTO 包，请确保有一个公共同义词并且具有正确的授权。可以通过以 SYS 身份执行以下这两条语句来实现：

```
grant execute on dbms_crypto to public;
create public synonym dbms_crypto for sys.dbms_crypto;
```

如果公共同义词已经存在，则以上语句会失败；但是没有关系，这是因为它不会在数据库中造成任何问题。

randombytes 函数非常简单，可能都不需要包装函数去进一步简化它。然而，仍然需要在 get_key 内部包装该函数的原因有以下几条：

- 因为如果之前使用过，则已有的代码中会包含 get_key 函数；为了保证向后兼容性，可能不得不去创建这个函数。

- 键入 get_key 所需字符数更少，这样可以增强代码的可读性。

- 保持一致性通常有助于开发高质量的代码，因此仅仅就此理由而言，创建一个包装函数都是有裨益的。

除了通过使用 randombytes 函数生成密钥外，DBMS_CRYPTO 也能被用于产生数字和二进制整数。randominteger 函数能够产生二进制整数密钥，如以下代码所示：

```
l_ret := dbms_crypto.randominteger;
```

randomnumber 函数产生 128 位长的整数类型的密钥，如下所示：

```
l_ret := dbms_crypto.randomnumber
```

你可能会感到疑惑：在加密仅仅依赖于 RAW 数据类型的情况下，怎么还会对整数和二进制整数有需求。对于加密，严格意义来说这些并不重要。但在其他一些过程中，它们可以被用于产生伪随机数。因此，它们在此被提及。

2. 加密函数

在密钥生成后，就要加密数据了。DBMS_CRYPTO 包中的另一个函数(名为 encrypt)做此项工作。这个函数是重载的——它既提供函数变种也提供存储过程变种。其中函数变种仅接受 RAW 数据类型作为输入值；而存储过程变种则仅接受 CLOB 和 BLOB 作为输入值。在探讨为什么会有这些变种的原因之前，让我们看一个使用 encrypt 函数对 RAW 数据类型输入值进行加密的最简单的示例：

```
dbms_crypto.encrypt(
    src in raw,
    typ in pls_integer,
    key in raw,
    iv  in raw        default null)
 return raw;
```

我们应该对这些参数中的两个很熟悉：

- src 要被加密的输入值
- key 加密密钥

typ 参数却是一个新的需要更多详细解释的参数。这个参数允许指定加密算法、填充和链接的类型。它接受一个整数作为输入。向函数传递合适的整数可以设置想要的加密算法、填充和链接。让我们看看应该怎么做。

DBMS_CRYPTO 提供了许多常量用来指定算法。表 14-1 显示了加密过程中可以用到的算法和用来描述它们的对应常量。可以用"包名.常量名"的形式来指定想要的常量。例如，要选择 DES，可以使用常量 DBMS_CRYPTO.ENCRYPT_DES。类似地，可以通过选择表 14-2 中的合适常量来选择想要的链接方法，这也是通过"包名.常量名"的形式(例如 DBMS_CRYPTO.CHAIN_OFB)来指定。最后，要以相同的格式(例如 DBMS_CRYPTO.PAD_PKCS5)从表 14-3 中选择合适的常量来选定想要的填充方法。

表 14-1 DBMS_CRYPTO 中的加密类型

常量	描述	有效密钥长度
ENCRYPT_DES	数字加密标准(DES)	56
ENCRYPT_3DES_2KEY	经过修改的三重数字加密标准(3DES)；用两个密钥在一个数据分组上操作三遍	112
ENCRYPT_3DES	三重数字加密标准(3DES)；在一个数据分组上操作三遍	156
ENCRYPT_AES128	高级加密标准	128
ENCRYPT_AES192	高级加密标准	192
ENCRYPT_AES256	高级加密标准	256
ENCRYPT_RC4	流加密(唯一一种)	

表 14-2　DBMS_CRYPTO 中的链接方法

常量	描述
CHAIN_CBC	密码分组链接格式
CHAIN_ECB	电子密码本格式
CHAIN_CFB	密文反馈格式
CHAIN_OFB	输出反馈格式

表 14-3　DBMS_CRYPTO 中的填充类型

常量	描述
PAD_PKCS5	用公钥密码系统 5 来填充
PAD_ZERO	用 0 来填充
PAD_NONE	不进行填充；数据必须正好是要进行加密的分组大小的整数倍(8 的整数倍)

现在，让我们看看如何把这些选项集成在一起。假设在加密过程中要选定以下这些选项：

- **填充方法**　用 0 来填充(PAD_ZERO)
- **加密算法**　128 位密钥高级加密标准(ENCRYPT_AES128)
- **链接方法**　用密文反馈方式进行数组分组链接(CHAIN_CFB)

可以把 typ 参数的值设成能够表达这种设置的组合——相当冗长的字符串值：

```
typ => dbms_crypto.pad_zero + dbms_crypto.encrypt_aes128 + dbms_crypto.chain_cfb
```

使用与以上相同的原则，可以给 encrypt 函数指定选项的任意组合。以下是一个典型的对该函数的完整调用：

```
declare
  l_enc   raw(2000);
  l_in    raw(2000);
  l_key   raw(2000);
begin
  l_enc :=
    dbms_crypto.encrypt (
      src    => l_in,
      key    => l_key,
      typ    =>  dbms_crypto.pad_zero
               + dbms_crypto.encrypt_aes128
               + dbms_crypto.chain_cfb
  );
end;
```

为了使处理过程变得更简便，DBMS_CRYPTO 包还提供了在内部包含了这 3 个参数的预定义组合，这种组合共有两个。表 14-4 显示了这些常量以及它们对应的加密、填充和数组分组链接的选项组合。

表 14-4　typ 参数的预定义组合所对应的 DBMS_CRYPTO 常量

常量	加密	填充	数据分组链接
DES_CBC_PKCS5	ENCRYPT_DES	PAD_PKCS5	CHAIN_CBC
DES3_CBC_PKCS5	ENCRYPT_3DES	PAD_PKCS5	CHAIN_CBC

假设我们仍然要指定 DES 算法、PKCS#5 填充和 CBC 数据分组链接，我们将使用以下的预定义的组合常量：

```
declare
```

```
    l_enc    raw(2000);
    l_in     raw(2000);
    l_key    raw(2000);
begin
    l_enc :=
        dbms_crypto.encrypt (
            src       => l_in,
            key       => l_key,
            typ       => dbms_crypto.des_cbc_pkcs5
        );
end;
```

现在，就能像下面这样开发出一个能够接受两个参数(输入的明文值和 RAW 数据类型的密钥)的函数，该函数返回加密过的值。注意，在这个示例中决定把填充方法改成 PKCS#5，这是因为它是最常用的。

```
create or replace function get_enc_val (
    p_in_val    in    raw,
    p_key       in    raw,
    p_iv        in    raw := null
)
    return raw
is
    l_enc_val    raw (4000);
begin
    l_enc_val :=
        dbms_crypto.encrypt (
            src       => p_in_val,
            key       => p_key,
            iv        => p_iv,
            typ       =>    dbms_crypto.encrypt_aes128
                          + dbms_crypto.chain_cbc
                          + dbms_crypto.pad_pkcs5
        );
    return l_enc_val;
end;
```

3. 处理和转换 RAW 数据

以上函数接受 RAW 类型的输入值并假设我们要使用 128 位 AES 加密算法、PKCS#5 填充方法和密码分组链接。在现实的应用程序中，这些假设可能会太受限制。举例来说：输入值通常是 VARCHAR2 或者一些数字数据类型而不是 RAW。让我们通过改动该函数去接受 VARCHAR2 而不是 RAW 来使其变得更加通用。因为 encrypt 函数需要 RAW 类型的输入，我们将不得不把原始输入转换为 RAW。这可以通过使用 UTL_I18N 包来实现。以下是一个代码片段，该代码片段用来显示如何把 VARCHAR2 转变为 RAW：

```
l_in_raw := utl_i18n.string_to_raw (l_in_varchar2, 'AL32UTF8');
```

作为 Oracle 全球化支持的一部分而提供的 UTL_I18N 包被用来执行全球化操作(又称国际化，通常被缩写成 I18N；该缩写由起始字母 i 和结束字母 n 以及表示它们之间的 18 个字母的 18 组成)。

encrypt 函数也返回 RAW 数据类型，这并不方便在数据库中进行存储或者处理。如下所示，也要把该值从 RAW 转换成十六进制的数字：

```
l_enc_val := rawtohex(l_enc_val);
```

或者可以使用另一个函数把它转换成 VARCHAR2 数据类型：

```
l_enc_val := utl_i18n.raw_to_char (l_enc_val, 'AL32UTF8');
```

如果有可能，还是最好不要把 RAW 转换成别的东西。可以参阅本章后面的"什么时候要用 RAW 加密"部分的内容。

4. 灵活的加密算法

即使 AES 算法更安全和高效，仍然有可能需要用到其他一些东西，例如 DES。为了更多的安全性，需要使用 3DES(但是请注意它比 DES 慢)。在许多场景中，需要选用不同的算法来满足不同的条件，而其他两个因素(填充和链接)要保持不变。

令人遗憾的是，encrypt 函数并不允许直接定义加密算法；它必须和其他的因素(例如填充和链接)一起作为一个完整的参数来传递。然而，通过在自定义的通用加密包中引入一个新的参数(p_algorithm)，就能够自己做到这一点。该包可以被用来声明算法。p_algorithm 参数仅接受以下值，这些值指示了那些被 DBMS_CRYPTO 支持的算法类型：

- DES
- 3DES_2KEY
- 3DES
- AES128
- AES192
- AES256
- RC4

传递进来的值被添加到 ENCRYPT_ 这个词的后面，然后再被传递进 encrypt 函数。以下代码段完成此任务：

```
l_enc_algo :=
  case lower(p_algorithm)
    when 'des'
      then dbms_crypto.encrypt_des
    when '3des_2key'
      then dbms_crypto.encrypt_3des_2key
    when '3des'
      then dbms_crypto.encrypt_3des
    when 'aes128'
      then dbms_crypto.encrypt_aes128
    when 'aes192'
      then dbms_crypto.encrypt_aes192
    when 'aes256'
      then dbms_crypto.encrypt_aes256
    when 'rc4'
      then dbms_crypto.encrypt_rc4
  end;
```

把每一部分都放在一起，get_enc_val 函数现在看上去像这样：

```
create or replace function get_enc_val (
  p_in_val     in  varchar2,
  p_key        in  varchar2,
  p_algorithm  in  varchar2 := 'aes128',
  p_iv         in  varchar2 := null
)
  return varchar2
is
  l_enc_val    raw (4000);
  l_enc_algo   pls_integer;
  l_in         raw (4000);
```

```
    l_key          raw (4000);
    l_ret          varchar2 (4000);
begin
    l_enc_algo :=
        case lower(p_algorithm)
            when 'des'
                then dbms_crypto.encrypt_des
            when '3des_2key'
                then dbms_crypto.encrypt_3des_2key
            when '3des'
                then dbms_crypto.encrypt_3des
            when 'aes128'
                then dbms_crypto.encrypt_aes128
            when 'aes192'
                then dbms_crypto.encrypt_aes192
            when 'aes256'
                then dbms_crypto.encrypt_aes256
            when 'rc4'
                then dbms_crypto.encrypt_rc4
        end;
    l_in := utl_i18n.string_to_raw (p_in_val, 'al32utf8');
    l_key := utl_i18n.string_to_raw (p_key, 'al32utf8');
    l_enc_val :=
        dbms_crypto.encrypt (src       => l_in,
                             key       => l_key,
                             typ       =>  l_enc_algo
                                          + dbms_crypto.chain_cbc
                                          + dbms_crypto.pad_pkcs5
                            );
    l_ret := rawtohex (l_enc_val);
    return l_ret;
end;
```

函数创建后，让我们测试它：

```
SQL> select get_enc_val ('Test','1234567890123456')
  2> from dual;
GET_ENC_VAL('TEST','1234567890123456')
---------------------------------------
2137F30B29BE026DFE7D61A194BC34DD
```

这样我们就创建了一个通用的加密函数。它还可以选择加密算法。它默认采用PKCS#5填充和ECB链接，这两种做法也较为常见。如果这些加密特性能满足你的需求，那这个程序将成为你用于执行日常加密的包装函数。

14.2.7 解密数据

硬币的另一面是解密过程，该过程通过使用与原先加密时用到的一样的密钥来解密被加密过的字符串。我们可以用 DBMS_CRYPTO 包写一个新的函数用于解密，把它命名为 get_dec_val，如下所示：

```
create or replace function get_dec_val (
    p_in_val      in    varchar2,
    p_key         in    varchar2,
    p_algorithm   in    varchar2 := 'aes128'
)
    return varchar2
is
    l_dec_val     raw (4000);
```

```
   l_enc_algo    pls_integer;
   l_in          raw (4000);
   l_key         raw (4000);
   l_ret         varchar2 (4000);
begin
   l_enc_algo :=
     case lower(p_algorithm)
       when 'des'
         then dbms_crypto.encrypt_des
       when '3des_2key'
         then dbms_crypto.encrypt_3des_2key
       when '3des'
         then dbms_crypto.encrypt_3des
       when 'aes128'
         then dbms_crypto.encrypt_aes128
       when 'aes192'
         then dbms_crypto.encrypt_aes192
       when 'aes256'
         then dbms_crypto.encrypt_aes256
       when 'rc4'
         then dbms_crypto.encrypt_rc4
     end;
   l_in := hextoraw(p_in_val);
   l_key := utl_i18n.string_to_raw (p_key, 'al32utf8');
   l_dec_val :=
     dbms_crypto.decrypt (src      => l_in,
                          key      => l_key,
                          typ      =>  l_enc_algo
                                    + dbms_crypto.chain_cbc
                                    + dbms_crypto.pad_pkcs5
                         );
   l_ret := utl_i18n.raw_to_char (l_dec_val, 'al32utf8');
   return l_ret;
end;
```

让我们来测试该函数。要解密前面加密过的值，可以像下面这样：

```
SQL> select get_dec_val ('2137F30B29BE026DFE7D61A194BC34DD', '1234567890123456')
  2> from DUAL;
GET_DEC_VAL('2137F30B29BE026DFE7D61A194BC34DD','1234567890123456')
--------------------------------------------------------------------------------
Test
```

结果是成功解密了，我们找回了原先的值。请注意过程中是如何使用与先前用于加密的相同的密钥的。当要解密一个加密值时，必须使用与在加密过程中用到的完全相同的密钥、算法、填充方法和链接方法。这正是对称加密的本质。

你可能会考虑用 get_dec_val 作为通用程序来解密加过密的值。为了简便、容易管理和安全性的目的，应该把这组加密和解密函数放置于你自己构建的一个包中。

在结束本节之前，让我们再考虑一个非常重要的概念。在之前的两个示例中，以 VARCHAR2 作为输入和输出值。回想一下，加密和解密在数据库内部都是以 RAW 格式进行的，因此我们要把数据和密钥从 RAW 转换成 VARCHAR2，然后再转换为 RAW。这虽然简化了表示形式，但是在一些场景中是不可接受的。可以参阅本章稍后的拓展知识"什么时候要用 RAW 加密"。

14.2.8 初始化向量或盐值

如果使用相同的密钥来加密许多份数据，在这些加密过的值中就会存在一种可以被看出的模式，而这会帮助黑客猜到输入的值。要避免这种情况的发生，可以向实际数据中添加与数据无关的随机值。例如，如果你的实际数据是 12345678，则应该附加一个随机值(例如 6675)于其前，使其变成 667512345678，之后再去加密。加密后的头部信息包含与 6675(而不是实际数据)相关的值，因此黑客将无法确定模式；或者如果他们这么做，分析出来的模式也将是不正确的。当进行解密时，需要确保这些随机字符能被顺利地移除。

被添加到真实数据上的随机字符被称为初始化向量(Initialization Vector，IV)或盐值(salt)。使用 Crypto 包中的 encrypt 函数里的可选参数(iv)可以指定这个值。让我们修改加密函数以接受这个参数：

```
create or replace function get_enc_val (
  p_in_val      in   varchar2,
  p_key         in   varchar2,
  p_iv          in   varchar2 := null,
  p_algorithm   in   varchar2 := 'aes128'
)
  return varchar2
is
  l_enc_val     raw (4000);
  l_enc_algo    pls_integer;
  l_in          raw (4000);
  l_key         raw (4000);
  l_iv          raw (4000);
  l_ret         varchar2 (4000);
begin
  l_enc_algo :=
    case lower(p_algorithm)
      when 'des'
        then dbms_crypto.encrypt_des
      when '3des_2key'
        then dbms_crypto.encrypt_3des_2key
      when '3des'
        then dbms_crypto.encrypt_3des
      when 'aes128'
        then dbms_crypto.encrypt_aes128
      when 'aes192'
        then dbms_crypto.encrypt_aes192
      when 'aes256'
        then dbms_crypto.encrypt_aes256
      when 'rc4'
        then dbms_crypto.encrypt_rc4
    end;
  l_in := utl_i18n.string_to_raw (p_in_val, 'al32utf8');
  l_key := utl_i18n.string_to_raw (p_key, 'al32utf8');
  l_iv := utl_i18n.string_to_raw (p_iv, 'al32utf8');
  l_enc_val :=
    dbms_crypto.encrypt (
      src      => l_in,
      key      => l_key,
      iv       => l_iv,
      typ      =>  l_enc_algo
                  + dbms_crypto.chain_cbc
                  + dbms_crypto.pad_pkcs5
      );
```

```
   l_ret := rawtohex (l_enc_val);
   return l_ret;
end;
```

如果在加密中使用 IV，当进行解密时也要使用相同的 IV。以下是能够接受 IV(或者盐值)参数的解密函数：

```
create or replace function get_dec_val (
   p_in_val      in   varchar2,
   p_key         in   varchar2,
   p_iv          in   varchar2 := null,
   p_algorithm   in   varchar2 := 'aes128'
)
   return varchar2
is
   l_dec_val     raw (4000);
   l_enc_algo    pls_integer;
   l_in          raw (4000);
   l_key         raw (4000);
   l_iv          raw (4000);
   l_ret         varchar2 (4000);
begin
   l_enc_algo :=
     case lower(p_algorithm)
       when 'des'
         then dbms_crypto.encrypt_des
       when '3des_2key'
         then dbms_crypto.encrypt_3des_2key
       when '3des'
         then dbms_crypto.encrypt_3des
       when 'aes128'
         then dbms_crypto.encrypt_aes128
       when 'aes192'
         then dbms_crypto.encrypt_aes192
       when 'aes256'
         then dbms_crypto.encrypt_aes256
       when 'rc4'
         then dbms_crypto.encrypt_rc4
     end;
   l_in := hextoraw(p_in_val);
   l_key := utl_i18n.string_to_raw (p_key, 'al32utf8');
   l_iv := utl_i18n.string_to_raw (p_iv, 'al32utf8');
   l_dec_val :=
     dbms_crypto.decrypt (
        src    => l_in,
        key    => l_key,
        iv     => l_iv,
        typ    =>  l_enc_algo
                    + dbms_crypto.chain_cbc
                    + dbms_crypto.pad_pkcs5
     );
   l_ret := utl_i18n.raw_to_char (l_dec_val, 'al32utf8');
   return l_ret;
end;
```

在这种方式中，IV 作为密钥或密钥的一部分，但是它不能像密钥那样被依赖。为什么呢？请考虑以下的代码，在其中我们先用一个密钥和一个 IV 值 Salt 进行数据加密。

```
SQL> select get_enc_val ('Test','1234567890123456','Salt')
```

```
  2  from dual;
GET_ENC_VAL('TEST','12345678901 23456','SALT')
--------------------------------------------------------------------------------
704D23228C0D7688CC9E2E76A6B46191
```

然后，我们使用相同的密钥却配上一个稍微有所不同的 IV(Sale 而不是 Salt)来解密数据：

```
SQL> select get_dec_val ('704D23228C0D7688CC9E2E76A6B46191', '12345678901 23456','Sale')
  2  from dual;
GET_DEC_VAL('124314C068287BCC2740517E8E48C97A','12345678901 23456','SALE')
--------------------------------------------------------------------------------
Clep??"!xt Data
```

加密过程中的 IV 参数值是 Salt，而解密过程中的参数值是 Sale；仅仅第四个字符被改变了。解密出来的值和输入的值并不完全一样；输出的中间都是一些不可打印的字符。虽然返回的数据与原始数据不完全相同，但是很容易通过采用不断提供作为初始化向量的随机值进行尝试的方式猜出来。这就是一种被称为暴力攻击的过程。因为 IV 一般比密钥短，所以要猜测出它，只需要花费更少的时间。因此不应该把 IV 当作密钥那样来依赖。

初始化向量简单地改变了所输入的明文值以防止出现重复模式；它并不是加密密钥的替代物。

提示：
许多法规和规章都要求在加密过程中使用盐值或者初始化向量，因此这么做是合理的。

14.2.9 密钥管理

我们已经学习了如何使用加密和解密的基本知识，也学习了如何生成密钥。而那是很容易的部分；在大多数这些内容中，仅仅简单地使用了 Oracle 提供的程序并创建包装程序去完成工作。现在面临加密架构中最富有挑战性的部分——密钥管理。我们的应用程序要能访问密钥以用于解密数据值，而这种访问机制应该尽可能地简单；另一方面，密钥又不能如此简单地被黑客访问到。一套合适的密钥管理系统会在密钥访问的简单性和防止非授权的密钥访问的安全性两者之间取得良好的平衡。

基本上，有 3 种不同的密钥管理方式：

- 整个数据库一个密钥
- 拥有加密数据的表的每一行都有不同的密钥
- 组合处理方法

以下部分描述密钥管理的这 3 种不同的处理方法。本章中的讨论使用所有 Oracle Database 版本中都能用到的特性。

1. 使用单个密钥

以这种方式操作时，单一的密钥被用来访问数据库中的任何数据。该加密方式只从密钥存放的位置读取一个密钥，并用来加密所有要被保护的数据。该密钥应该被存放在以下这些地方：

- **在数据库中** 这是所有存放策略中最简单的。密钥被存储于关系型的表中，很可能是在一个专门为此目的而创建的用户方案中。因为密钥在数据库内部，所以会被作为数据库的一部分而被自动备份；可以通过闪回查询或者闪回数据库的方式找到旧值，并且不存在密钥能够从操作系统处被人偷窃的担忧。但是这种做法的简单性同样也是它的脆弱性：这是因为密钥只是表中的数据，任何有权改动表的人(例如，在偷窃了你的备份后把自己扮演成 SYSDBA 权限拥有者的 DBA 或黑客)都能够改变密钥并危害安全性。
- **在文件系统中** 密钥被存储于一个文件中，之后调用 UTL_FILE 内置包的加密过程读取它。通过在文件上设置合适的权限，能够确保数据库内部不能更改它。因为文件在数据库外，这可能会更好；因此数据库的备份中不会有该文件。这种做法使得偷窃了你的备份磁带的窃贼无法解密数据。

- **在一些由最终用户控制的可移动介质上**　这种做法最安全；除了最终用户外没有人能够解密数据值或者改动密钥，甚至 DBA 或系统管理员也不能——黑客更不可能。可移动介质包括 USB 盘、DVD 和可移动硬盘。可移动介质最大的缺点就是存在密钥丢失或被偷窃的可能性。保护密钥安全的重担落在最终用户端。如果密钥曾经遗失过，加密的数据也就永远地丢失了。

使用单个密钥的最大好处在于：当基表中的一条记录被处理时，加密/解密操作不需要每次都从表中查询密钥或者在表中存储密钥。这样做的结果是：因为减少了 CPU 循环和 I/O 操作，性能总的来说更好。这种做法最大的缺点是：对单点故障的依赖性。如果一名黑客闯入数据库并获取密钥，整个数据库立刻就变得很脆弱。额外地，如果需要改变密钥，则不得不改变所有表中的所有行，而这在大型数据库中将会是相当高成本的任务。

正是因为这些缺点，尤其是密钥失窃会带来的后果，这种做法不常用。然而，还是会存在能用到它的一些场景。其中一个示例就是：数据发布系统，其中密钥通常仅仅在数据传递过程中使用一次，之后该密钥就被销毁，用于下次数据传递的新密钥又会被重新生成。这样的系统可以被用于以下两种场景：财务数据发布机构向客户发送数据；或者某个公司的一个分部向其他分部或总部发送机密级的公司数据。密钥和加密后的数据要分开传送以减少被侵害的可能性。

2. 每行使用一个密钥

第二种做法是表中的每一行都使用不同的密钥。这样的做法比前面部分讨论的做法要安全得多。即使窃贼成功地偷窃了一份密钥，也仅仅只有一行数据会被侵害，而不是整个表或者整个数据库。这种做法有一些缺点，其中一个是维护激增的密钥极端困难。同时，因为加密和解密操作需要为每行都产生或者获取不一样的密钥，系统性能会下降。但这种做法所增加的安全性使其在大多数加密系统中受到青睐。

3. 使用组合处理方法

在一些场景中，之前所描述的所有操作方法都不合适。让我们审视一下两种做法各自的优缺点。

- 使用单个密钥
  - 密钥管理极端简单。只有一个密钥需要管理——创建、访问和备份。
  - 密钥能被放置在便于应用程序访问的许多地方。
  - 另一方面，如果密钥曾被偷窃，整个数据库都变得很脆弱。
- 每行使用一个密钥
  - 密钥的数量等于行的数量，因此增加了密钥管理的复杂性——更多的数据需要备份，占用更多的存储空间等。
  - 另一方面，如果单个密钥被偷窃，仅仅相应的行会受到侵害，而不是整个数据库。这增加了系统的整体安全性。

很明显，以上没有任何一个做法是完美的，不得不找一个鱼和熊掌兼得的做法——选择一个做法，它介于以上两种做法之间。也许会使用每列一个密钥，而该密钥却应用于所有行；或者每个表一个密钥而不管它有多少列；或者每个用户方案一个密钥等。使用以上任意一种做法，要被管理的密钥数量都会显著减少，当然数据库的脆弱性也会增加。

让我们看一下第三种做法——采用组合密钥：

- 每行一个密钥
- 且整个数据库一个密钥修饰器

这和把加密过的值再进行加密不同(实际上也不可能这么去做)。虽然每一行都定义了一个密钥，但是在加密过程中实际使用的密钥并不是那个为每一行所存储的密钥，而是两个值(所存储的密钥和密钥修饰器)的按位异或(XOR)运算的结果。密钥修饰器能够被存储于与其他密钥不同的地方。如果黑客要成功地解密加密值，他或她必须同时找到它们。

内置的 UTL_RAW 包提供 bit_xor 函数,利用它可以执行按位 XOR 运算。此处,将执行值 12345678 和 87654321 的按位 XOR 运算:

```
declare
  l_bitxor_val    raw (2000);
  l_val_1         varchar2 (2000) := '12345678';
  l_val_2         varchar2 (2000) := '87654321';
begin
  l_bitxor_val :=
    utl_raw.bit_xor (
      utl_i18n.string_to_raw (l_val_1, 'al32utf8'),
      utl_i18n.string_to_raw (l_val_2, 'al32utf8')
    );
  dbms_output.put_line (
    'raw val_1:    ' ||
    rawtohex (utl_i18n.string_to_raw (l_val_1,'al32utf8'))
  );
  dbms_output.put_line (
    'raw val_2:    ' ||
    rawtohex (utl_i18n.string_to_raw (l_val_2,'al32utf8'))
  );
  dbms_output.put_line ('after bit xor: ' || rawtohex (l_bitxor_val));
end;
```

要执行按位运算,首先需要把值转换成 RAW 数据类型,如第 8 行中所示,在那里调用 utl_i18n.string_to_raw 函数把值转换成 RAW。在第 7 行中,调用了按位 XOR 函数,并在最后展示两个转换成 RAW 的输入值,也展示了 XOR 后的值。

在执行前面的代码块后,得到以下输出:

```
raw val_1:    3132333435363738
raw val_2:    3837363534333231
after bit xor: 0905050101050509
```

可注意到 XOR 后的值与两个输入值是如此的不同。使用这种技术,如果把一个值当作为每一行准备的存储密钥并把另一个值作为密钥修饰器,则可以生成一个用于实际加密的不同的密钥。我们同时需要这两个值,而不仅仅是其中的一个,才能算出 XOR 后的值。因此,即使有人知晓了其中的一个值也不能解密出 XOR 后的值,进而也不能得到实际的加密值。

这种做法和使用另一个密钥把已经加密过的值进行再次加密不同。DBMS_CRYPTO 包并不允许再次加密一个已经加密过的值。如果试图这样去做,会遇到 "ORA-28233 source data was previously encrypted(ORA-28233 源数据之前已经被加密)" 错误。

可以改变原先的加密/解密程序以使用这个密码修饰器,如下所示。在第 6 行中添加了一个新的变量 l_key_modifier,它接受来自用户输入的值(替换变量&key_modifier)。第 15 行到第 17 行中是 XOR 后的值和密钥修饰器,在第 22 行中用它代替 l_key 作为加密密钥。

```
1  rem
2  rem define a variable to hold the encrypted value
3  variable enc_val varchar2(2000);
4  declare
5    l_key          varchar2 (2000) := '1234567890123456';
6    l_key_modifier  varchar2 (2000) := '&key_modifier';
7    l_in_val        varchar2 (2000) := 'confidential data';
8    l_mod          number
9        :=  dbms_crypto.encrypt_aes128
10        + dbms_crypto.chain_cbc
```

```
11               + dbms_crypto.pad_pkcs5;
12      l_enc          raw (2000);
13      l_enc_key   raw (2000);
14   begin
15      l_enc_key :=
16        utl_raw.bit_xor (utl_i18n.string_to_raw (l_key, 'al32utf8'),
17                          utl_i18n.string_to_raw (l_key_modifier, 'al32utf8')
18                        );
19      l_enc :=
20        dbms_crypto.encrypt (utl_i18n.string_to_raw (l_in_val, 'al32utf8'),
21                             l_mod,
22                             l_enc_key
23                            );
24      dbms_output.put_line ('encrypted=' || l_enc);
25      :enc_val := rawtohex (l_enc);
26   end;
27   /
28   declare
29      l_key            varchar2 (2000) := '1234567890123456';
30      l_key_modifier   varchar2 (2000) := '&key_modifier';
31      l_in_val       raw (2000)       := hextoraw (:enc_val);
32      l_mod          number
33         :=   dbms_crypto.encrypt_aes128
34            + dbms_crypto.chain_cbc
35            + dbms_crypto.pad_pkcs5;
36      l_dec          raw (2000);
37      l_enc_key   raw (2000);
38   begin
39      l_enc_key :=
40        utl_raw.bit_xor (utl_i18n.string_to_raw (l_key, 'al32utf8'),
41                          utl_i18n.string_to_raw (l_key_modifier, 'al32utf8')
42                        );
43      l_dec := dbms_crypto.decrypt (l_in_val, l_mod, l_enc_key);
44      dbms_output.put_line ('decrypted=' || utl_i18n.raw_to_char (l_dec));
45   end;
46   /
```

当执行这两个代码块时，输出如以下这样。注意，首先要提供用来加密值的密钥修饰器，然后在解密时要提供相同的密钥修饰器。

```
Enter value for key_modifier: Keymodifier01234
old   3:    l_key_modifier varchar2(2000) := '&key_modifier';
new   3:    l_key_modifier varchar2(2000) := 'Keymodifier01234';
Encrypted=C2CABD4FD4952BC3ABB23BD50849D0C937D3EE6659D58A32AC69EFFD4E83F79D

PL/SQL procedure successfully completed.

Enter value for key_modifier: Keymodifier01234
old   3:    l_key_modifier varchar2(2000) := '&key_modifier';
new   3:    l_key_modifier varchar2(2000) := 'Keymodifier01234';
Decrypted=ConfidentialData

PL/SQL procedure successfully completed.
```

我们的程序需要输入密钥修饰器，我们正确地提供了它，之后正确的值被运算出来。但是如果提供了一个错误的密钥修饰器会怎样？

```
Enter value for key_modifier: Keymodifier01234
old   3:      l_key_modifier varchar2(2000) := '&key_modifier';
new   3:      l_key_modifier varchar2(2000) := 'Keymodifier01234';
Encrypted=C2CABD4FD4952BC3ABB23BD50849D0C937D3EE6659D58A32AC69EFFD4E83F79D

PL/SQL procedure successfully completed.

Enter value for key_modifier: WrongKeymodifier
old   3:      l_key_modifier varchar2(2000) := '&key_modifier';
new   3:      l_key_modifier varchar2(2000) := 'WrongKeymodifier';
declare
*
ERROR at line 1:
ORA-28817: PL/SQL function returned an error.
ORA-06512: at "SYS.DBMS_CRYPTO_FFI", line 67
ORA-06512: at "SYS.DBMS_CRYPTO", line 41
ORA-06512: at line 15
```

注意下这里的错误信息：使用错误的密钥修饰器并不会暴露加密的数据。这种增强的安全机制依赖于两个不同的密钥。要成功解密，两个密钥必须同时在场。如果隐藏密钥修饰器，那么足以禁止非授权的解密操作。

因为密钥修饰器存储在客户端并通过网络发送，所以当密钥通过网络线路时，潜在的黑客可以使用工具去"嗅探"该值。为了避免此风险，要采取以下各种措施：

- 在应用服务器和数据库服务器之间建立私有 LAN(VLAN)，最大限度地保护它们之间的网络通信。
- 可以采用预先定义的某种方式修改密钥修饰器，例如把字符逆序排列，这样即便黑客能潜在地获取网络中传送的密钥修饰器，也能保证它不是实际被采用的那个。
- 最后，为了获得一个真正安全的解决方案，要使用 Oracle Advanced Security(Oracle 高级安全性)来使客户端和服务器之间的网络传送安全化。

应用程序的本质与以平衡安全性和易访问性为目的的最佳实践这两点决定了要选择的处理手段。之前章节中所述的 3 种处理手段代表了 3 种主要的密钥管理技术，并试图迅速让你搞清楚需要哪种密钥管理手段。你可能已经有了针对你特有环境的更合适的和更好的想法。例如，可能会考虑采用一个混合的手段，例如为关键的表使用不同的密钥。

有一些库外解决方案能够提供略好一点的密钥修饰器存储方面的安全保护。下面列出了一些这类选项：

- **Oracle Wallet(Oracle 钱包)** 这是一个钱包管理器，用来存储口令、密钥和其他东西。在 Microsoft Windows 环境中，甚至可以把 Oracle Wallet 存储在 Microsoft Wallet 中。
- **硬件安全模块(Hardware Security Module, HSM)** 这是一些被设计用来安全地存储诸如密钥或密钥修饰器等的硬件设备。
- **第三方密钥保管库** 这些软件与 HSM 功能等价，它们被设计成在服务器(可能是数据库服务器自身，或者为了更高的安全性采用另一台不同的服务器)上运行来安全地存储密钥或者密钥修饰器。

对这些话题的完整描述超过了本书讨论的范畴。

14.2.10 从防范 DBA 的角度保护数据

需要从防范 DBA 的角度保护加密数据吗？当设计系统时，它是必然会出现的问题，因此必须以某种方式解决该问题。

密钥可能被存储于数据库中或者被存储于文件系统中。如果密钥存储在数据库中，因为 DBA 有权访问任何表，包括那个密钥存储于其中的表，所以他就能解密任何被加过密的数据。如果密钥存储于文件系统中，Oracle 软件所有者使用 UTL_FILE(DBA 能够访问这个包)能够读取它。因此无论采用哪种方式，要从防范 DBA 的角度保护加密数据都可能是毫无结果的操作。在你的组织中，那是可接受的风险吗？问题的答案依赖于你机构里的安全策略和规章。在许多场景中，该风险可以通过信任 DBA 来得到管理，所以这可能是一个值得讨论的观点。在一些场景中，即使对 DBA 也必须保护加密数据。

最可靠的解决方案是在 Oracle Database Vault 中定义多个领域，这是一个额外付费的选项。领域能够用来提供防范 DBA 所需要的有效隔离。数据库保管库方面的知识超过了本书的讨论范围。一个仅仅采用 PL/SQL 的解决方案是：把密钥存储在 DBA 不能接触到的地方——例如应用服务器。但是这会使得密钥管理变得困难。你不得不确保这样的密钥能够被成功备份并且不会被偷窃。

可以使用更加复杂的密钥管理系统，这种系统采用之前讨论过的密钥修饰器的做法。密钥修饰器被放置于数字钱包中，进而每次当应用服务器需要密钥时，都要去加密和解密数据。虽然这样做能够使 DBA 访问不到密钥，但是也使得系统变得复杂并且增加了处理时间。

如果目标仅仅是为了防止 DBA 改动密钥，但是仍然允许他看到密钥，就可以采用与密钥修饰器相同的做法。密钥修饰器可以存放在文件系统中，文件系统可以是只读的，但是 Oracle 软件拥有者能够访问并读取它。这样使得数据库(和 DBA)能够在加密过程中使用它，但是 DBA 却不能改动它。

然而，为了保持系统的可管理性，特别是需要确保应用程序只能受到最小的影响，则之后不管密钥是在文件系统中或者在数据库的表中，都得使它对 Oracle 软件拥有者可见。在那种场景中，不可能对 DBA 隐藏密钥。

14.2.11　加密 RAW 数据

到目前为止的所有示例中，传递的参数都是 VARCHAR2 数据类型的。但是应该把它们转换成 RAW，因为这是 Crypto 包中的函数接受的数据类型。加密后的值也是 RAW 类型的，但是为了更加容易地进行展示，需要把它转换成 VARCHAR2。UTL_I18N 包和其中的 rawtohex() 函数使得把 RAW 转换成 VARCHAR2 的过程变得很容易。

然而，在 RAW 和 VARCHAR2 数据类型之间作转换所需要的额外处理实际上可能有害于性能而不是提升它。在作者的测试中，为 VARCHAR2 和 NUMBER 数据类型作转换与直接使用纯字符串版本相比，其性能要下降 50% 左右。因为加密是 CPU 密集型操作，所以这种性能测量会基于所运行的系统变化很大。然而，如果你的数据主要是基于字符的，并且仅仅使用一种类型的字符集，那么一般的经验法则是尽量避免这种操作。

> **什么时候要用 RAW 加密**
>
> 应该使用 RAW 加密的一种场景是当使用 BLOB 数据类型时，如之前解释过的那样。
>
> 另一种场景是当数据库使用非英文字符时。如果使用的是 Oracle Globalization Support(也被称为 National Language Support，NLS)，那么 RAW 加密和解密已经能够很好地处理这些字符集而没有必要增加任何额外的处理，特别是当导入和导出数据时。加密的数据可以跨库移动而不必担心乱码。

14.3　一套完整的加密解决方案

让我们把到目前为止在本章中所学到的所有内容放到一块，来创建一套完整的加密解决方案。假设有一个表，名为 ACCOUNTS，如下所示：

```
SQL> desc accounts
Name                                      Null?      Type
----------------------------------------- ---------- -------------
ACCOUNT_NO                                NOT NULL   NUMBER
BALANCE                                              NUMBER
ACCOUNT_NAME                                         VARCHAR2(200)
```

需要通过加密 BALANCE 和 ACCOUNT_NAME 列来保护数据。就像已经多次提到过的，最重要的元素就是密钥，而且必须是合适的。我们能够生成密钥，并使用它来加密这些列值，然后在某处存储密钥与加密后的值以便在之后获取。如何完整地做到这一切？存在以下几个选项。

14.3.1 选项 1：修改表

以下是总的步骤：

(1) 添加 ENC_BALANCE 和 ENC_ACCOUNT_NAME 列到表中，用于存储相应列加密后的值。因为加密后的值是 RAW 类型，这些列也要是 RAW 类型。

(2) 添加另一个名为 ENC_KEY 的列以存储用于加密的密钥。它也要是 RAW 类型。

(3) 创建一个名为 VW_ACCOUNTS 的视图，如以下这样去定义：

```
create or replace view vw_accounts
as
select account_no,
       enc_balance as balance,
       enc_account_name as account_name
from accounts;
```

(4) 创建 INSTEAD OF 触发器，一旦有需要，用来处理对视图的更新和插入。

(5) 为视图 VW_ACCOUNTS 创建公共同义词 ACCOUNTS。

(6) 授权在 VW_ACCOUNTS 上的所有权限并撤销 ACCOUNTS 上的所有权限。

这样的安排保证了用户方案的所有者以及以下两类用户将会看到明文值：在 ACCOUNTS 表上被授予了直接权限的任何用户；能够使用 *schema.tablename* 约定来访问这个表的任何用户。其他的所有用户只能看到加密过的值。

14.3.2 选项 2：加密列本身并用视图显示解密数据

以下是总的步骤：

(1) 添加一个名为 ENC_KEY 的列，来存储为那一行所准备的密钥。它必须是 RAW 数据类型。

(2) 在 BALANCE 列和 ACCOUNT_NAME 列中存储加密过的值。

(3) 创建一个名为 VW_ACCOUNTS 的视图，如下所示：

```
create or replace view vw_accounts
as
select account_no,
       get_dec_val (balance, enc_key) as balance,
       get_dec_val (enc_account_name, enc_key) as account_name
from accounts;
```

(4) 至此，表将显示加密过的值，而视图将显示明文值；视图上的那些值的权限可以被授予用户。

(5) 在表上创建触发器用于在插入或更新列值前把这些值转换成加密过的值。

这样做的好处是表本身不需要改动。

14.3.3 密钥和表分开存储

刚刚描述的两种做法都存在严重的缺陷——密钥存储在表中。如果某人有查询访问表的需求，他或她将能够看见密钥并解密值。一种更好的处理方法是把密钥与源表分开来存储。以下是这些步骤：

(1) 创建一个名为 ACCOUNT_KEYS 的表，它仅仅包含以下两列：

- ACCOUNT_NO 对应于 ACCOUNTS 表中的 ACCOUNT_NO 记录信息
- ENC_KEY 用来加密值的密钥

(2) 让原表存储加过密的值，而不是明文值。

(3) 在 ACCOUNTS 表上创建触发器。AFTER INSERT 触发器生成密钥，并使用它来加密用户输入的实际值，在存储前把该值转换成加密过的值，最后把密钥存储在 ACCOUNT_KEYS 表中。

(4) 创建一个视图，通过连接这两个表来展示解密后的数据。

14.3.4　密钥存储

在加密实践中，密钥存储是最重要的部分。如果不正确地进行这项操作，所采取的通过加密来保护数据的措施的全部技术要点都会变得值得商榷。有多种存储选项：

- **在数据库表中**　如之前示例中所述，采用这种方法是处理密钥最简便的方式。但是它存在严重的缺陷：对 DBA 毫无防范，而 DBA 能够访问所有的表。
- **在操作系统文件中**　通过内置包 UTL_FILE 或外部表，由客户端进程在运行时创建文件。在读取完之后，文件可以被销毁。这一方法可以防范所有人，包括 DBA。
- **由用户发布**　在运行时，用户可以提供用于解密的密钥。这是三种方法中最安全的(但也是最不切实际的)。缺点是用户可能会忘记密钥，这意味着将永远无法解密加密过的数据。

在本章最后，将看到一个更加强壮的加密解决方案。

14.4　透明数据加密(TDE)

当在数据库中既存储加密密钥也存储加密过的数据时，另外一个潜在的安全漏洞会打开——如果包含整个数据库的磁盘被偷窃，数据会立刻变得很脆弱。一种解决这个难题的方法是加密所有数据元素并在另一个远离数据所在的磁盘驱动器的地方分开存储密钥。

如果你的数据库是完全隔离的，不会觉得有必要加密数据。然而，为了防备磁盘被偷窃，仍然需要保护数据。在这种情况下，如果密钥被存储在别的地方，物理磁盘的失窃并不会使数据变得脆弱。这种做法会起作用，但是需要大量的精细配置。

为了处理这些类型的情景，Oracle 在 10.2 中引入了一个称为透明数据加密(Transparent Data Encryption，TDE)的新特性。TDE 使用两个密钥的组合——一个是存储在数据库外的钱包中的主密钥(master key)；另一个是每个表的密钥。表中所有的数据行都使用相同的密钥，而每个表都有一个为其而专门生成的独特密钥。这个用于加密数据值的密钥被存储于名为 ENC$ 的表中，它们本身被主密钥所加密。

有两种类型的 TDE——列级和表空间级。使用列级 TDE，仅可以把表的一些列定义为加密的。例如，如果表有四列，列 2 和列 3 是需要加密的，Oracle 会生成一个密钥并使用它去加密这些列。在磁盘上，列 1 和列 4 被存储成明文；而其他两列被存储成密文。在表空间级的 TDE 情况下，Oracle 会加密表的全部列。

当一个用户查询加密列时，Oracle 透明地从钱包中取得密钥，解密该列并把它显示给用户。如果磁盘上的数据被偷窃，那么在没有密钥(密钥位于被主密钥所加密的钱包中，本身不是以明文形式存储的)的情况下，数据是不可能被获取到的。最终的结果是：即使窃贼偷走了硬盘或文件的拷贝，他也无法解密数据。

TDE 的目标是满足保护位于诸如磁盘和磁带等介质上的数据的需求。这类需求是为了遵守许多国家和国际的法规框架和准则而提出的。这类法规框架和准则包括 Sarbanes-Oxley、HIPAA 和 Payment Card Industry 等。TDE 是使公司能迅速遵从法案规章的快速补丁。然而，它也不是万能的。举例来说，它会自动解密所有加密的列而不管是谁在实际查询它们——这就是其中一种不满足安全需求的情形。如果要得到更加综合有效的解决方案，就需要使用本章中所描述的技术去创建自己的工具。

要采用 TDE，需要在建表的语句中为每个要被加密的列添加 ENCRYPT 子句(仅仅在 Oracle Database 10g Release 2 及以上版本中可用)。可以简单地定义一个采用 TDE 的表，如下所示：

```
create table accounts
```

```
(
    acc_no         number not null,
    first_name     varchar2(30) not null,
    last_name      varchar2(30) not null,
    ssn            varchar2(9) encrypt using 'aes128',
    acc_type       varchar2(1) not null,
    folio_id       number encrypt using 'aes128',
    sub_acc_type   varchar2(30),
    acc_open_dt    date not null,
    acc_mod_dt     date,
    acc_mgr_id     number
)
```

在此，决定使用 AES 128 位算法加密 SSN 和 FOLIO_ID 列。在列定义中使用 ENCRYPT USING 子句来告知 Oracle 截取明文，加密它们并存储成加密的格式。当用户从表中查询数据时，该列值将被透明地解密。请注意不能在 SYS 拥有的表上启用透明数据加密功能。

14.4.1　设置 TDE

在开始使用 TDE 之前，必须设置用于存放主密钥的钱包，并确保其安全。以下是进行钱包管理的逐一步骤：

1. 设置钱包的位置

当第一次启用 TDE 功能时，需要创建用于存放主密钥的钱包。默认情况下，钱包创建于目录 $ORACLE_BASE/admin/$ORACLE_SID/wallet 下。通过在文件 SQLNET.ORA 中设定相应值，也可以让 TDE 选用一个不同的目录。例如，如果要让钱包位于/oracle_wallet 目录下，可把以下显示的配置行写进 SQLNET.ORA 文件(在本例中假定选择了非默认的钱包位置)中。

```
ENCRYPTION_WALLET_LOCATION =
  (SOURCE=
    (METHOD=file)
    (METHOD_DATA=
      (DIRECTORY=/oracle_wallet)))
```

请确认在日常备份流程中包含此钱包。

2. 设置钱包的密码

现在已经创建了钱包并要设置访问它的密码。通过执行以下的命令一步完成：

```
alter system set encryption key identified by "abcd1234";
```

这个命令做以下 3 件事情：

- 在步骤 1 指定的位置创建钱包。
- 设置钱包的密码为 abcd1234。
- 打开为 TDE 准备的这个钱包，用于存储和获取密钥。

密码是大小写敏感的，必须处于双引号之内。

3. 打开钱包

之前的步骤打开了钱包。然而，在钱包创建之后，并不需要重复创建它。在数据库启动之后，仅仅需要使用相同的密码，通过以下的命令打开它：

```
alter system set encryption wallet open authenticated identified by "abcd1234";
```

这一步需要在数据库打开之后执行。通过执行以下命令能够关闭钱包：

```
alter system set encryption wallet close;
```

钱包需要被打开，之后 TDE 才能工作。如果钱包没有打开，所有非加密的列能够被访问，而加密的列则不能。

14.4.2　向已存在的表中添加 TDE

在之前小节所展示的示例中已经看到：如何在创建新表时使用 TDE。也可以加密已存在的表的列。要加密 ACCOUNTS 表的 SSN 列，可使用以下语句：

```
alter table accounts modify (ssn encrypt);
```

这个操作做了以下两件事情：

- 为列 SSN 创建密钥。
- 转换列中的所有值为加密的格式。

我们并不需要做任何其他的事情，例如改变数据类型或者大小，又或者创建触发器或视图。加密是在数据库内部执行的。默认使用 AES 192 位算法执行加密。通过在命令中指定算法，可以选择不同的算法。例如，如果要采用 128 位 AES 加密，就需要这样指定：

```
alter table accounts modify (ssn encrypt using 'AES128');
```

可以选择 AES128、AES256 或 3DES168(168 位三重 DES 算法)作为参数。在加密一个列之后，让我们看一下表定义：

```
SQL> desc accounts
 Name          Null? Type
 --------- ----- ------------
 ACC_NO              NUMBER
 ACC_NAME            VARCHAR2(30)
 SSN                 VARCHAR2(9) ENCRYPT
```

请注意数据类型之后的 ENCRYPT 子句。如果要找出数据库中的加密列，可以查询一个新的数据字典视图 DBA_ENCRYPTED_COLUMNS。

TDE 对性能有多少影响？当查询非加密列时，没有任何额外负载；这和普通的 Oracle 表处理没有任何不同。当加密的列被访问时，在列被解密的过程中存在较小的额外负载。可能需要有选择地加密数据列。如果不再需要继续加密，可以通过以下语句在列上关闭它：

```
alter table account modify (ssn decrypt);
```

14.4.3　表空间 TDE

在应用性能方面，TDE 的问题被总结成以下两点(总而言之，这两点也是为了把用户自己编写加密方案的工作减到最少的程度而产生的)：

- TDE 在查询使用范围扫描时忽视对索引的使用。因为加密后的表数据与索引项之间没有模式相关性，所以加密数据在查询使用范围扫描时，得不到索引的帮助。用户自己编写的加密解决方案也只能提供能够用到索引的有限的机会。
- 查询加密数据意味着要解密数据，这明显会带来额外的 CPU 消耗。

为了解决这些问题，Oracle Database 11g Release 1 添加了一个表空间级别的新特性到 TDE 中——允许用户定义整个表空间的加密，而不是表里的一些列的加密。以下是创建加密表空间的示例：

```
create tablespace securets1
```

```
datafile '+dg1/securets1_01.dbf'
size 10m
encryption using 'aes128'
default storage (encrypt);
```

无论何时在表空间中创建了一个对象,它都会被转换成采用 AES 128 位算法加密的格式。当然,需要按照 14.4.1 节里描述的那样去设置钱包并打开它。加密密钥以加密的方式被存储于 ENC$表中,加密它的密钥如在前面讨论的 TDE 中那样,被存储于钱包中。

你可能会感到奇怪:加密表空间如何能够避免基于表的加密技术所产生的问题。关键的不同是:表空间里的数据仅仅在磁盘而不是在内存中被加密。当数据被灌进 SGA(或者说得更具体一些是数据库缓冲区缓存)时,加密的数据被解密并在缓冲区缓存中以明文的形式存放。索引扫描使用数据缓冲区,而不是磁盘;因此,需要匹配加密数据的难题并不会出现。类似地,因为数据是一次性在缓冲区缓存中被解密并存放(至少直到它老化之前),所以解密仅仅发生一次——而不是每次数据被访问时都要执行解密。作为后续的结果:只要数据还留存在缓冲区中,性能就不会被加密所影响。这样就实现了鱼和熊掌兼得——因加密而安全;而且又最小化了对性能的影响。

以上这些问题好像都已解决,那能不能说 TDE 完胜本章前面所描述的用户自己编写的加密解决方案呢?不是这样的。

当加密一个表空间时,里面的所有对象(索引和表)全都会被加密,而不管实际上需要不需要去加密它们。当需要加密表空间里的所有或者大多数数据时,这固然很好。但另一方面,如果仅仅需要加密整个数据量的一小部分会怎样?在前面展示的示例中,仅仅 ACCOUNTS 表的 SSN 列需要被加密。但是在本场景中,如果 ACCOUNTS 表在表空间 SECURETS1 中,那么它的所有列都将会被加密——名字、地址以及所有其他的列。因此,当查询非敏感列时,除非数据已经在 SGA 中,否则它将不得不先被解密,而这会对性能造成伤害。那些数据块迟早都会老化并退出缓冲区缓存,之后解密将不得不再次发生。因为不能有选择性地决定只加密和解密哪些列,所以不能避免以上情况的发生。

最后一点,加密表空间只能被创建;不能把已经存在的表空间从明文转换成加密的(也不能把一个加密表空间转换成明文的)。而应该创建一个新的加密表空间,然后把对象移动进来。当决定向已经存在的数据库引入加密时,那种做法可能会行不通,这是因为许多生产数据库都有海量的数据。在需要控制具体多少数据应该被加密(之后被解密)时,用户自己编写的加密解决方案提供了强有力的可控性并且可以立即使用。顺便提一句,同样不能把加密表空间变回明文的。

显然,用户自己编写的基于 PL/SQL 的加密解决方案仍然具有它自己的魅力,并在实际应用中仍然占据一席之地。虽然实施 TDE 可以快得多和容易得多,但是需要在整个加密工作中为应用程序充分验证这种“强力”的加密手段。

TDE 特性的最大吸引力就在于:可以使用它迅速地加密已经存在的数据库,而不需要花费大量的时间去编码。如果可以接受这种方式以及它的限制,那也很好;如果不能接受,仍然还有使用 PL/SQL 进行加密的选择。

14.4.4　进行 TDE 密钥和密码管理

如果某人以某种方式发现了 TDE 密钥会怎样?可以通过执行一个简单的命令,简便地重新创建加密值。当遇到了这种情况,你也许会选择一个诸如 AES256 这样的不同的加密算法。可以执行以下命令同时完成以上两件事情:

```
alter table accounts rekey using 'aes256';
```

如果某人发现了钱包的密码会怎样?可以改变它吗?密码能够使用一个叫 Oracle Wallet Manager 的图形化工具进行修改。从命令行中输入 owm,就能运行图 14-2 所示的工具。从顶级菜单中选择 Wallet | Open 并选择所指定的钱包的位置。必须先输入钱包的密码。之后,选择 Wallet | Change Password 来改变密码。请注意更改密码并不会更改密钥。

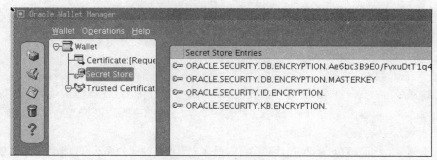

图 14-2　Oracle Wallet Manager 界面

14.4.5　添加盐值

加密事关隐藏数据，但是如果明文中有重复性，则有时加密数据会很容易被猜出。举例来说，一个包含工资信息的表中相当有可能会包含重复值。在这种场景中，加密值也将是相同的。即使一个黑客无法解密实际值，但是他还是能搞清楚哪些记录项具有相同的工资，而这种信息可能是宝贵的。为了防止这种事情的发生，盐值被加到数据中。即使输入数据相同，它也会使得加密值不同。TDE 默认采用盐值。

在一些场景中，数据的模式可以提高数据库的性能，而添加盐值却会降低它。例如就一些索引而言，模式将会创建一种 b-树结构，使得查询语句中的 LIKE 谓词变得更快，如以下查询所示：

```
select ... from accounts where ssn like '123%';
```

在这个场景中，b-树索引只要沿着一个分支前行来获取数据，这是因为所有账户都是以数字 123 开头。如果加入盐值，则实际值将会全部被存放在 b-树结构中，这使得索引扫描变得更加昂贵，因而优化器将极有可能会选择全表扫描。在这样的场景中，可能要从被索引的列中移除盐值。可以通过以下语句做到这一点：

```
alter table accounts modify (ssn encrypt no salt);
```

不能在具有以下属性的任何列上使用 TDE：

- 包含 BLOB 或 CLOB 数据类型
- 被用于除普通 b-树索引以外的索引，例如位图索引、基于函数的索引等
- 被用作分区键

TDE 缺少对这些场景的支持是其不能成为全类型加密解决方案的选择的另一个原因。

14.5　密码学哈希

加密提供了一种方式保证仅仅被授权的人们才能看见你的数据。它通过伪装敏感数据来做到这一点。然而在一些场景中，我们可能对伪装数据并不感兴趣，而是仅仅需要保护其不被操纵。假设有这样一种场景：为卖主存储付款信息。数据本身并不够敏感以至于需要加密，但是可能需要有一种方式来保证某些人不会改动数字以提高付款额。怎么做呢？答案存在于一个被称为密码学哈希的过程中。让我们从查看一个非技术案例开始。

14.5.1　"可疑的三明治"案例

让我们假设：当你去传真机旁拿一份重要的传真时，在桌面上留着三明治并打开着。回来后发觉三明治向左边移动了一小点。有人动了你的三明治吗？或许他放了一些巴比妥酸盐进去，目的是为了让你昏倒以偷走你的很酷的新苹果手表？或许他正在觊觎你抽屉里藏着的那本新的 PL/SQL 书？也可能不是药物，而仅仅是在你的三明治中放入了点沙子。各种可能性在你的脑海中疯狂地旋转，这使得你失去了胃口。

　　为了排除恐惧，你决定检查三明治的完整性。作为一个仔细的人，在离开屋子之前，你称量过三明治的重量并记录了下来。在遇到三明治可能被改变的可能性时，你再次称量了三明治的重量并比较了结果。发现前后两个称量值是完全相同的。这是一个值得欣慰的信号，它预示着一切都还好。如果某些人曾以任何方式(例如，添加巴比妥酸盐或沙子)实际改动过三明治，它的重量一定会变得不同，因而掺杂事件会显露无遗。

　　请仔细注意这里提出的概念：你并没有"隐藏"三明治(即加密它)；仅仅创建了一套自己的方法，该方法计算了能代表三明治的值。可以比较前后两个值，如果值不同，就会得知某些东西被改变了。要获取的值可以基于任何算法——在本场景中是三明治的重量。

　　如果正在检查的是数据而不是一盘面包片和肉片，那么一个相当精致的算法可以被用于生成值。这个过程被称为哈希(hashing)。它是单向的，这一点与加密不同——可以解密加密过的数据，但是不能对一个哈希值做去哈希化处理。无论什么时候，也无论做多少次，哈希化相同的数据分片都会产生相同的值。如果数据曾经以任何形式被改动过(即被篡改)，所产生的哈希值将会是不同的，这样就能揭示数据污染。

　　总归还是存在着两个不同的数据分片将被哈希成相同值的理论风险。但是使用足够精致的哈希算法可以把这种可能性降低到几乎为零。其中一种算法名为报文摘要(Message Digest，MD)。MD 的一个变种 MD5曾经是一种标准，但是最终它并没有被证明为足够安全而可以成为标准；现今，一个名为安全哈希算法版本1(Secure Hash Algorithm Version 1，SHA-1)的新标准更经常被使用到。SHA-2(一个甚至更加先进的版本)可以在 Oracle Database 12*c* 中获取到。

14.5.2　使用 PL/SQL 进行哈希操作

　　让我们看看在数据库管理的真实实践中如何使用哈希。当敏感的信息片段需要被分发到不同的地方时，必须先计算它的哈希值，然后把哈希值和信息本身一起发送出去。接收者能够计算收到的数据的哈希值并把它跟发送来的哈希值作比较。

　　如前所述，MD5 协议不被认定为在现代数据保护中是足够安全的。SHA-1 是替代 MD5 经常被使用的。在 Oracle Database 12*c* 中会有另一个选项：SHA-2。这里是函数的声明部分：

```
dbms_crypto.hash (
   src in raw,
   typ in pls_integer)
 return raw;
```

　　因为 HASH 仅仅接受 RAW 数据类型作为输入，所以不得不使用之前在加密中所描述的技术把输入的字符串转换成 RAW：

```
l_in := utl_i18n.string_to_raw (p_in_val, 'AL32UTF8');
```

　　现在，转换后的串可以被传递进哈希函数。

　　在 typ 参数中(必须被声明为 PLS_INTEGER 数据类型)，可以指定哈希要使用的算法。可以选择表 14-5 中的任何算法。

　　例如，要为 RAW 数据类型的变量获取 SHA-1 哈希值，可以像下面这样编写函数：

```
create or replace function get_sha1_hash_val (p_in raw)
   return raw
is
   l_hash   raw (4000);
begin
   l_hash := dbms_crypto.hash (src => p_in, typ => dbms_crypto.hash_sh1);
   return l_hash;
end;
```

表 14-5　DBMS_CRYPTO 中的哈希算法

常量	描述	位数
DBMS_CRYPTO.HASH_MD5	报文摘要 5	128
DBMS_CRYPTO.HASH_MD4	报文摘要 4	128
DBMS_CRYPTO.HASH_SH1	安全哈希算法版本 1	160
DBMS_CRYPTO.HASH_SH256	安全哈希算法版本 2	256
DBMS_CRYPTO.HASH_SH384	安全哈希算法版本 2	384
DBMS_CRYPTO.HASH_SH512	安全哈希算法版本 2	512

如果要使用 384 位 SHA-2 哈希算法，就要把参数 typ 的值从 dbms_crypto.hash_sh1 改为 dbms_crypto.hash_sh384。在我们的函数中，为了能够获得各种哈希值，就应该使其足够通用以接受任何算法。

最后，因为返回值是 RAW 类型，所以要像以下展示的那样将其转换成 VARCHAR2 类型：

```
l_enc_val := rawtohex (l_enc_val, 'AL32UTF8');
```

把所有的东西都放在一起，函数将如下所示：

```
create or replace function get_hash_val (
   p_in_val      in   varchar2,
   p_algorithm   in   varchar2 := 'sh1'
)
   return varchar2
is
   l_hash_val    raw (4000);
   l_hash_algo   pls_integer;
   l_in          raw (4000);
   l_ret         varchar2 (4000);
begin
   l_hash_algo :=
     case lower(p_algorithm)
       when 'sh1'
         then dbms_crypto.hash_sh1
       when 'md4'
         then dbms_crypto.hash_md4
       when 'md5'
         then dbms_crypto.hash_md5
       when 'sh256'
         then dbms_crypto.hash_sh256
       when 'sh384'
         then dbms_crypto.hash_sh384
       when 'sh512'
         then dbms_crypto.hash_sh512
     end;
   l_in := utl_i18n.string_to_raw (p_in_val, 'al32utf8');
   l_hash_val := dbms_crypto.hash (src => l_in, typ => l_hash_algo);
   l_ret := rawtohex(l_hash_val);
   return l_ret;
end;
```

下面在一个示例中看看如何带上为不同算法而准备的参数去使用以上函数：

```
begin
 dbms_output.put_line('MD5 ='||get_hash_val ('Test Data','MD5'));
 dbms_output.put_line('SH1 ='||get_hash_val ('Test Data','SH1'));
```

```
   dbms_output.put_line('SH256='||get_hash_val ('Test Data','SH256'));
   dbms_output.put_line('SH384='||get_hash_val ('Test Data','SH384'));
   dbms_output.put_line('SH512='||get_hash_val ('Test Data','SH512'));
end;
```

以下是输出：

```
MD5  =F315202B28422ED5C2AF4F843B8C2764
SH1  =CAE99C6102AA3596FF9B86C73881154E340C2EA8
SH256=BCFE67172A6F4079D69FE2F27A9960F9D62EDAE2FCD4BB5A606C2EBB74B3BA65
SH384=18500E642FAA93323D8B94E288AB0FBE835A403F0DDF2EA0AF0453786D3F2616237D85D74214EB207CAD29
A70BD9D4EB
SH512=439E4CEED9312FEF2E554042C3D27D6AC31DA9CF72BA866BA9B0E00328D06280797482BF2CD007E0808296
DB0B987B73FE1F953E97E25883263B9783513C2949
```

注意，哈希值随不同的密钥长度和使用的哈希算法而不同。

注意：

哈希和加密有两个重要的不同点。首先，在哈希中不存在密钥。正是因为没有密钥的参与，所以在发送-接收过程中的每一个环节都不需要存储和提供密钥。这使得哈希系统极为简单。其次，不能从哈希值推导出原始值。

对于相同的输入串，该函数将返回相同的值，这就可以用来验证特定数据分片的完整性。注意，这里我们指的是数据的完整性而不是数据库的完整性；后者通过强制性约束以及事务由 Oracle 数据库来保证。当一位合法用户更新了一个值时，不会违反所定义的约束，但是数据(而不是数据库)却不对了。例如，如果某人通过特别的 SQL 语句把一个账户余额从$12 345.67 更新到$21 345.67，除非机构提供了专门的跟踪机制，否则这个事实可能完全不会被检测到。

一些组织的确有广泛的跟踪系统，这些系统致力于减少这类事件的发生。在我们帮助建设的一个银行系统中，账户余额必须通过真实发生的交易来更新。在这个系统中，如果仅仅更新了余额而没有记录本身的增加、删除或更新，则清楚地揭示了这是一个恶意的行为。但即便在这个系统中，某些类型的数据(例如社会安全号、名字和产品编号等)都可以在不违反财会规则的前提下随便更改。这种场景就是用得着哈希的地方。如果事先把像 Social Security Number 这样的列的哈希值计算出来并存储在某处，然后在后续重新计算其哈希值并与存储的值进行比较，若两个哈希值不一样，就可以明确得知存在着恶意的数据操作。让我们看看这是如何工作的：

```
declare
   l_data   varchar2 (200);
begin
   l_data := 'social security number = 123-45-6789';
   dbms_output.put_line ('hashed = ' || get_hash_val (l_data));
   --
   -- someone manipulated the data and changed it
   --
   l_data := 'social security number = 023-45-6789';
   dbms_output.put_line ('hashed = ' || get_hash_val (l_data));
end;
```

以下是输出：

```
Hashed = 098D833A81B279E54992BFB1ECA6E428
Hashed = 6682A974924B5611FA9D809357ADE508
```

请注意哈希值是如此的不同。如果数据以任何形式被更改，那么得到的哈希值都将会不同。即使值本身没有变化，而只是加入空格、分隔符或者对任何其他东西进行更改，哈希值也都不会相同。

理论上讲，有可能会存在输入两个不同的值而产生相同哈希值的情况。但通过依赖被广泛使用的诸如 MD5 和 SHA-1 这样的算法，你大可以放心。因为哈希值冲突的统计可能性是 10 的 38 次方分之一(依赖所选择的算法)。

如果甚至连这样的概率都无法接受,那么当使用哈希函数时,就需要编写解决冲突的逻辑。

14.5.3 哈希的其他用途

哈希有许多超越密码学范畴的用途,例如在 Web 编程和病毒检测领域。

Web 应用程序是无状态的:在事务进行的过程中,它们与数据库服务器的连接并不是一直打开着的。换句话说,没有"会话"的概念,因而就不存在 Oracle 用户所依赖的那种锁类型。这就意味着将不会存在一种简易的方式能够找出网页上的数据是否被更改。但是如果哈希值随数据一起被存储,则新的哈希值将被计算出来并与存储值进行比较。如果两个值不一致,就说明数据已经被修改。

在需要决定数据是否可被信任时,哈希也十分有用。考虑一下病毒感染了存储于数据库中的关键文档的情况:这不是一件可以被触发器轻易捕获到的事情。然而,如果文档包含哈希值,通过比较计算出来的哈希值与存储的哈希值,就能够判断文档是否被篡改过,进而就能够知道是否能信任该文档。

14.6 消息验证代码

到目前为止,本章中所讨论的哈希类型都是非常有用的技术,但是它有一些限制:

- 任何人都可以通过使用哈希函数来验证所传递的数据的真实性。在某些类型的具有超高安全性的系统中,只有特定的接收者才被允许验证消息或者数据的真实性,而在这种情况下哈希并不合适。
- 如果所使用的算法被知晓,并且能够更新校验和所在的列,任何人都能够计算出相同的哈希值,而把危害隐藏在数据中。
- 基于之前所描述的问题,哈希值无法以一种可以被信赖的方式与数据一同被存储。任何具有更新那个表的权限的人都可以同时更新哈希值。类似地,任何人都能生成哈希值并在传输中更新数据。正是由于这个原因,哈希值不能伴随数据一起进行传送。它必须分开传送,而这会增加系统的复杂性。

这些限制能够通过一套改进的哈希实施方案来克服。在接收端识别哈希机制独家性的一种方案是:通过口令或密钥来进行确认。这种类型的哈希值被称为消息验证码(Message Authentication Code,MAC)。发送端使用接收者也知道的预先确定的密钥计算出数据的 MAC 值,但是该预先确定的密钥并不会随着数据一起发送。之后,发送者把 MAC 值和数据一同发送给接收者,而不是分开发送。在收到数据之后,接收者使用相同的密钥也可以计算出 MAC 值,并把它与发送来的 MAC 值进行对比。

同哈希一样,MAC 也遵从标准的算法(MD、SHA-1 和 SHA-2)。与在 HASH 函数中一样,参数 typ 用于指定要使用的算法。可以选择以下之一:dbms_crypto.hmac_md5、dbms_crypto.hmac_sh1、dbms_crypto.hmac_sh256、dbms_crypto.hmac_sh384 或 dbms_crypto.hmac_sh512。以下是如何使用 SHA-1 算法计算输入串的 MAC 值的示例:

```
create or replace function get_sha1_mac_val (
  p_in raw,
  p_key raw
)
  return raw
is
  l_mac   raw (4000);
begin
  l_mac :=
    dbms_crypto.mac (
      src => p_in,
      typ => dbms_crypto.hmac_sh1,
      key => p_key);
  return l_mac;
end;
```

使用哈希函数作为模型，也能创建出我们自己的通用 MAC 计算函数：

```
create or replace function get_mac_val (
  p_in_val      in   varchar2,
  p_key         in   varchar2,
  p_algorithm   in   varchar2 := 'sh1'
)
  return varchar2
is
  l_mac_val    raw (4000);
  l_key        raw (4000);
  l_mac_algo   pls_integer;
  l_in         raw (4000);
  l_ret        varchar2 (4000);
begin
  l_mac_algo :=
    case p_algorithm
      when 'sh1'
        then dbms_crypto.hmac_sh1
      when 'md5'
        then dbms_crypto.hmac_md5
      when 'sh256'
        then dbms_crypto.hmac_sh256
      when 'sh384'
        then dbms_crypto.hmac_sh384
      when 'sh512'
        then dbms_crypto.hmac_sh512
    end;
  l_in := utl_i18n.string_to_raw (p_in_val, 'al32utf8');
  l_key := utl_i18n.string_to_raw (p_key, 'al32utf8');
  l_mac_val := dbms_crypto.mac (src => l_in, typ => l_mac_algo, key=>l_key);
  l_ret := rawtohex (l_mac_val);
  return l_ret;
end;
```

下面带上不同的参数来测试该函数，以获取数据 Test Data 和密钥 Key 的 MAC 值：

```
begin
  dbms_output.put_line('MD5  ='||get_mac_val ('Test Data','Key','MD5'));
  dbms_output.put_line('SH1  ='||get_mac_val ('Test Data','Key','SH1'));
  dbms_output.put_line('SH256='||get_mac_val ('Test Data','Key','SH256'));
  dbms_output.put_line('SH384='||get_mac_val ('Test Data','Key','SH384'));
  dbms_output.put_line('SH512='||get_mac_val ('Test Data','Key','SH512'));
end;
```

以下是输出：

```
MD5  =DD6414C75D97B4AA2A02ED26A452F70C
SH1  =8C36C24C767E305CD95415C852E9692F53927761
SH256=94309013EB37E7F013F6FFD0B65E3C178D2F3D0567B06D5E180F20286F8CC88F
SH384=C78D10E66230578ADD8A995D3607A53C5519C2F9FC450BF26AE58D0BB0F2DA0387678168B4C96866CEEC78
6E3649E9D0
SH512=C233A2148A682267791E2A8BB7F835856DE9A77210CB0346C9DD31AE2689A1D338BEB21D7369D7F3FA9124
3C3A9C1463EF6B2E5E239E4237DD47116351E1C28B
```

因为需要密钥来生成校验和的值，所以 MAC 方法比哈希方法提供了更高的安全性。例如，在一个银行应用程序中，诸如社会安全号(SSN)这样的字符型数据的完整性对一个银行账户来说至关重要。假设 ACCOUNTS 表如下所示：

```
ACCOUNT_NO        NUMBER(10)
SSN               CHAR(9)
SSN_MAC           VARCHAR2(200)
```

当一个账户被创建时，使用像 Humpty Dumpty Fell Off the Wall 这样的预先定义的密钥基于 SSN 字段计算出 MAC 值，而列 SSN_MAC 会被以下语句更新：

```
update accounts
   set ssn_mac = get_mac_val (ssn, 'Humpty Dumpty Fell Off the Wall')
 where account_no = <AccountNo>;
```

现在假设在之后的某一段时间，一名黑客更改了 SSN 字段。如果 SSN_MAC 列存储的是该列的哈希值，那么黑客自己可以计算该哈希值并同时用新值更新该列。然后，当 SSN 列的哈希值被计算并与存储的 SSN_MAC 值相比较时，它们会一致，因而隐藏了这样一个事实：数据被入侵过！然而，如果该列包含的是 SSN 列的 MAC 值而不是哈希值，那么计算新值需要密钥(Humpty Dumpty Fell Off the Wall)。因为黑客并不知道密钥，所以他更新的值并不会是一样的 MAC 值，因而就能揭示出数据被入侵过。

14.7 综合训练：一个项目

在本节中，通过一个真实的系统案例来汇总本章内容。该案例描述了本章节中所有已经讨论过的加密和哈希的概念，而且这样做不需要改动运行于表上的已存在的应用程序。

有时，加密的数据必须同输入的数据进行匹配搜索操作。例如，许多客户关系管理(Customer Relationship Management，CRM)应用程序会使用客户的不同属性(例如信用卡号、护照号等)来唯一识别客户。医疗应用程序需要访问病人的诊疗历史来提出方案并建议治疗选项。保险应用程序需要搜索病人的诊断信息来评估保险赔偿金的额度是否合适等。因为这些数据项都是以加密的方式存储的，所以进行匹配搜索的应用程序无法简单地匹配存储着的数据。

有两种选项可以用来处理这种场景，如下所述。

14.7.1 选项 1

加密要用于进行匹配的数据，并拿它与存储的加密值进行比较。只有知道加密密钥时，这种选项才可行。如果处理方法是每个数据库(或者每个表，又或者每个用户方案)一个密钥，那么将会明确知道被用于加密值的密钥。另一方面，如果处理方法是每行使用一个密钥，那么将需要弄清楚某个特定行到底是用什么密钥进行加密的。因而无法在这种处理方法中用到本选项。

另一个使用本选项的问题是索引。如果在这个加密列上有索引，那么当等值谓词被指定时，该索引就非常有用。以下是一个示例：

```
"ssn = encrypt ('123-45-6789')"
```

查询将在索引上定位字符串'123-45-6789'加密后的值，之后再去获取该行的其他值。因为这是一个等值谓词，所以索引中的准确值会被搜索和定位。然而，如果指定的是一个 like 型的谓词(例如，ssn like '123-%')，那么索引将会变得一无用处。因为 b-树结构的索引把以特有值开头的值邻近地存储在一起。在索引是明文时，这种 like 操作会被索引加速。例如，'123-45-6789'和'123-67-8945'的索引项将会在索引中互相靠近在一起。但当它们被加密后，实际值将如下所示：

```
076A5703A745D03934B56F7500C1DCB4
178F45A983D5D03934B56F7500C1DCB4
```

因为连第一个字符都非常不同，所以它们会在索引的不同部分分开存储。使用索引头字符匹配以确定其在表中的定位的方法反而会比全表扫描更慢。

14.7.2 选项 2

将每行加密的数据解密，并将其与要匹配搜索的明文值相匹配。如果使用的是每行一个加密密钥的方案，这就是唯一的选择。但每次解密都会消耗许多宝贵的 CPU 循环，这最终反过来会影响性能。

因此，如何才能设计出一种能够更快地进行加密列匹配搜索的系统呢？技巧就在于匹配哈希值而不是加密值。生成哈希值比生成加密值明显要快得多，并且消耗更少的 CPU 循环。因为某个输入值的哈希操作总会生成相同的值，所以可以把敏感数据的哈希值存储起来，生成要用于比较的数据的哈希值，并将其与存储的哈希值进行匹配比较。

以下是一个建议的系统设计方案。假设有一个表名为 CUSTOMERS，在其中存有信用卡号。现在这个表看上去如下所示：

```
SQL> desc customers
Name                                        Null?     Type
------------------------------------------- --------  -------------
CUST_ID                                     NOT NULL  NUMBER
CC                                          NOT NULL  VARCHAR2(128)
```

应用程序已经使用了这个表，而且你也不想改动应用程序本身。如果要加密 CUSTOMERS 表中的信用卡号而又要对应用程序无任何影响，那么该如何去做呢？

不是把信用卡号存储在 CUSTOMERS 表中，而是要按如下方式创建两个额外的表：

CUSTOMERS 表：

- CUST_ID(主键)
- CC(信用卡号的哈希值，而不是实际的信用卡号本身)

CC_MASTER 表：

- CC_HASH(主键)
- ENC_CC#(信用卡号的加密值)

CC_KEYS 表：

- CC_HASH(主键)
- ENC_KEY (用于加密信用卡号的加密密钥)

我们并不把信用卡号的明文项存放在任何地方。可以在表上写一个 before-row INSERT 或 UPDATE 触发器，触发器遵从以下伪代码指定的步骤：

```
1  计算哈希值
2  设置列 CC 的值为前面计算的哈希值
3  在 CC_MASTER 表中搜索这个哈希值
4  如果找到了
5  什么也不做
6  否则
7  生成一个密钥
8  使用这个密钥去生成信用卡号明文的加密值
9  向 CC_KEYS 表中插入一行该哈希值和密钥的记录
10 向 CC_MASTER 表中插入一行该哈希值和加密值的记录
11 结束
```

这个逻辑确保了明文形式的信用卡号不被存于数据库中。应用程序将继续插入明文值，但是触发器将把它改成哈希值。

为此项目创建表：

```
create table customers
(
  cust_id        number not null primary key,
  cc             varchar2(128) not null
);
create table cc_master
(
  cc_hash        raw(32) not null primary key,
  enc_cc         varchar2(128) not null
);
create table cc_keys
(
  cc_hash        raw(32) not null primary key,
  enc_key        varchar2(128) not null
);
```

因为会在 CC 列上进行大量的匹配搜索，所以在其上创建索引：

```
create index in_cust_cc on customers (cc);
```

必须已经创建了本章之前所描述的 get_enc_val()、get_dec_val()和 get_key()函数。

以下是触发器实际的代码：

```
create or replace trigger tr_aiu_customers
  before insert or update
  on customers
  for each row
declare
  l_hash   varchar2 (64);
  l_enc    raw (2000);
  l_key    raw (2000);
begin
  l_hash := get_hash_val (:new.cc);
  begin
    select enc_cc
      into l_enc
      from cc_master
     where cc_hash = l_hash;
  exception
    when no_data_found
    then
      begin
        l_key := get_key (8);
        l_enc := get_enc_val (:new.cc, l_key);
        insert into cc_master
                 (cc_hash, enc_cc)
              values (l_hash, l_enc);
        insert into cc_keys
                 (cc_hash, enc_key)
              values (l_hash, l_key);
      end;
    when others then
        raise;
  end;
  :new.cc := l_hash;
end;
```

现在，通过插入一行数据来测试这个触发器：

```
SQL> insert into customers values (1,'1234567890123456');
1 row created.
```

这个插入将触发向其他表的插入操作。下面检查它们以进行确认：

```
SQL> select * from cc_master;
CC_HASH
----------------------------------------------------------------
ENC_CC
----------------------------------------------------------------
DEED2A88E73DCCAA30A9E6E296F62BE238BE4ADE
1E06059F7D97197DB8B3C47815AC1C2241E32625199FD4499F89A69A1D28AA85
SQL> select * from cc_keys;
CC_HASH
----------------------------------------
ENC_KEY
----------------------------------------
DEED2A88E73DCCAA30A9E6E296F62BE238BE4ADE
F16B2C803F937565
```

正如所见，实际的信用卡号(1234567890123456)并不会在任何地方显现。但通过在 CC_HASH 列上连接加密值和密钥表，就能解密信用卡号，如下所示：

```
select cust_id,
    get_dec_val
    (m.enc_cc,k.ENC_KEY) as cc
from customers c, cc_master m, cc_keys k
where c.cc = m.cc_hash
and k.cc_hash = m.cc_hash;

    CUST_ID CC
---------- ------------------------------------------------
        1 1234567890123456
```

现在能看到实际的信用卡号。可以使用这个查询来定义一个视图，如下所示：

```
create or replace view vw_customers
as
select cust_id,
  cast (
    get_dec_val
    (m.enc_cc,k.ENC_KEY)
  as varchar2(16)) as cc
from customers c, cc_master m, cc_keys k
where c.cc = m.cc_hash
and k.cc_hash = m.cc_hash;
```

下面检查视图以进行确认：

```
SQL> select * from vw_customers;
    CUST_ID CC
---------- ----------------
        1 1234567890123456
```

对那些可以看到信用卡号的人(被授权的用户)授予访问该视图的权限。假设其中的一个被授权的用户是 HR，以下是如何进行授权的操作：

```
SQL> conn scott/tiger
SQL> grant select, insert, delete, update on vw_customers to hr;
```

```
Grant succeeded.
```

任何其他人应该只拥有表上的权限。因而，被授权的用户将能够查看到明文的信用卡号，然而其他人只能够看到哈希值，哈希值可以用来匹配信用卡但是却不能实际解密出真正的卡号。

因为用户将在视图上执行 DML 操作，所以要在其上创建 INSTEAD OF 触发器，使得当在视图上执行 DML 操作时，也能够在表上执行相应的操作。

```
create or replace trigger tr_io_iud_vw_cust
  instead of
  insert or
  update or
  delete on vw_customers
begin
  if (inserting) then
    insert
    into customers values
    (
      :new.cust_id,
      :new.cc
    );
  elsif (deleting) then
    delete customers where cust_id = :old.cust_id;
  elsif (updating) then
    update customers
    set cc = :new.cc
    where cust_id = :new.cust_id;
  else
    null;
  end if;
end;
```

HR 用户之前通常在 CUSTOMERS 表上进行操作，但是因为要看到明文，所以他将不能再如此操作了，而是要在 VW_CUSTOMERS 视图上操作。然而，回想一下，我们并不希望改动任何应用程序。所以改动应用程序让其从 CUSTOMERS 表转向 VW_CUSTOMERS 视图是不可接受的。通过创建同义词可以很简单地解决这个问题：

```
SQL> conn hr/hr
SQL> create synonym customers for scott.vw_customers;
Synonym created.
```

之后，查看当 HR 用户进行连接时，应用程序会如何操作。记住：以 HR 连接的应用程序将从 CUSTOMERS 表查询 CC 列，并且得到的是明文值。现在还是这样吗？让我们拭目以待：

```
select * from customers;
   CUST_ID CC
---------- ----------------
         1 1234567890123456
```

结果很完美！我们得到了明文值，而不是 CUSTOMERS 表中实际存储的加密值。这是因为对象 CUSTOMERS 实际指向了 VW_CUSTOMERS 视图，而视图自动做了解密操作并把明文值展现了出来。

应用程序执行的 DML 操作语句会怎样？让我们看一下：

```
SQL> insert into customers values (2,'2345678901234567');
1 row created.
SQL> update customers set cc = '3456789012345678' where cust_id = 2;
1 row updated.
SQL> delete customers where cust_id = 2;
1 row deleted.
```

在以上所有示例中，INSTEAD OF 触发器被触发并对原表执行了 INSERT、UPDATE 和 DELETE 操作。

当其他非授权用户(也就是说不应该看到明文的用户，例如 SH)要查看信用卡号时，会发生什么情况？在那种场景中，并没有创建指向视图的同义词。同义词直接指向表，即 CUSTOMERS 对象指向表 CUSTOMERS。假设 SH 查询以下信息：

```
select * from scott.customers;
   CUST_ID CC
---------- --------------------------------------------
         1 DEED2A88E73DCCAA30A9E6E296F62BE238BE4ADE
```

在这个示例中，用户看到的是哈希值，而不是明文。这就是你想要的结果。

为了匹配搜索信用卡号，用户要做的所有事情就是去创建哈希值并与存储的数据作匹配，而不是去解密值。例如，假设要找出信用卡号为 1234567890123456 的客户。不是通过视图解密表，而是用哈希值过滤 CC 列。下面查看一下启用自动跟踪功能后的查询结果，该功能便于我们看到执行路径和统计信息：

```
SQL> conn hr/hr
SQL> set autot on explain stat
SQL> select cust_id from customers where cc = get_hash_val ('1234567890123456');

   CUST_ID
----------
         1
Execution Plan
----------------------------------------------------------
Plan hash value: 1492748282

--------------------------------------------------------------------------------
| Id | Operation                          | Name        | Rows | Bytes | Cost (%CPU)| Time     |
--------------------------------------------------------------------------------
|  0 | SELECT STATEMENT                   |             |    1 |    79 |    2   (0)| 00:00:01 |
|  1 |  TABLE ACCESS BY INDEX ROWID BATCHED | CUSTOMERS |    1 |    79 |    2   (0)| 00:00:01 |
|* 2 |   INDEX RANGE SCAN                 | IN_CUST_CC  |    1 |       |    1   (0)| 00:00:01 |
--------------------------------------------------------------------------------

Predicate Information (identified by operation id):
---------------------------------------------------

   2 - access("CC"="GET_HASH_VAL"('1234567890123456'))

Note
-----
   - dynamic statistics used: dynamic sampling (level=2)


Statistics
----------------------------------------------------------
         24  recursive calls
          0  db block gets
         18  consistent gets
          0  physical reads
          0  redo size
        586  bytes sent via SQL*Net to client
        551  bytes received via SQL*Net from client
          2  SQL*Net roundtrips to/from client
          0  sorts (memory)
```

```
    0  sorts (disk)
    1  rows processed
```

下面查看当用户在视图 VW_CUSTOMERS 上搜索特有的信用卡号(例如 1234567890123456)，而不是在表 CUSTOMERS 上搜索哈希值时的效果：

```
select cust_id from vw_customers where cc = '1234567890123456';

   CUST_ID
----------
         1


Execution Plan
----------------------------------------------------------
Plan hash value: 3308188567

----------------------------------------------------------------------------------------
| Id | Operation                             | Name         |Rows |Bytes| Cost (%CPU)| Time    |
----------------------------------------------------------------------------------------
|  0 | SELECT STATEMENT                      |              |  1| 247|   5   (0)| 00:00:01|
|  1 |  NESTED LOOPS                         |              |  1| 247|   5   (0)| 00:00:01|
|  2 |   NESTED LOOPS                        |              |  1| 247|   5   (0)| 00:00:01|
|  3 |    NESTED LOOPS                       |              |  1| 163|   4   (0)| 00:00:01|
|  4 |     TABLE ACCESS FULL                 | CC_MASTER    |  1|  84|   3   (0)| 00:00:01|
|  5 |     TABLE ACCESS BY INDEX ROWID BATCHED| CUSTOMERS   |  1|  79|   1   (0)| 00:00:01|
|* 6 |      INDEX RANGE SCAN                 | IN_CUST_CC   |  1|    |   0   (0)| 00:00:01|
|* 7 |    INDEX UNIQUE SCAN                  | SYS_C0010519 |  1|    |   0   (0)| 00:00:01|
|* 8 |   TABLE ACCESS BY INDEX ROWID         | CC_KEYS      |  1|  84|   1   (0)| 00:00:01|
----------------------------------------------------------------------------------------

Predicate Information (identified by operation id):
---------------------------------------------------

   6 - access("C"."CC"=RAWTOHEX("M"."CC_HASH"))
   7 - access("K"."CC_HASH"="M"."CC_HASH")
   8 - filter(CAST("GET_DEC_VAL"("M"."ENC_CC","K"."ENC_KEY") AS
       varchar2(16))='1234567890123456')


Note
-----
   - dynamic statistics used: dynamic sampling (level=2)
   - this is an adaptive plan


Statistics
----------------------------------------------------------
        38  recursive calls
         0  db block gets
        47  consistent gets
         0  physical reads
         0  redo size
       541  bytes sent via SQL*Net to client
       551  bytes received via SQL*Net from client
         2  SQL*Net roundtrips to/from client
         0  sorts (memory)
         0  sorts (disk)
```

```
1 rows processed
```

因为在 CC 列上有一个索引，所以它会被用来执行索引范围扫描操作而不是全表扫描操作。当把利用前面创建的视图来查询明文信用卡号的示例与之前直接查询表的示例作比较时，会发现在本示例中执行了 47 次一致性读操作。与之前的 18 次作比较，不言自明地揭示出这样的事实：在解密过程中消耗了一些 CPU 循环。

这仅仅是一个演示案例，用于展示如何利用本章中解释的各种概念去创建基于 PL/SQL 的加密解决方案。你可以从此处撷取，并以任何想要的方式去改进增强它。例如，在本例中，把密钥存储在表中。为了增强安全性，可以使用本章之前所描述的密钥修饰器的概念在文件系统上存储一个密钥修饰器，并且使用它通过按位 XOR 运算去修改实际的密钥。重点是：可以创建一整套方法而不需要改动应用程序。

14.8 快捷参考

本节包含内置包 DBMS_CRYPTO 提供的所有存储过程和函数的使用规范。

14.8.1 GETRANDOMBYTES

为了加密而生成安全的密钥。该函数接受一个输入参数并以 RAW 数据类型返回密钥。

参数	数据类型	描述
number_bytes	BINARY_INTEGER	要生成的随机值的长度

14.8.2 ENCRYPT

依据输入值生成加密值。该程序以一个函数和两个存储过程的方式被重载，并进一步基于不同的数据类型而重载。

函数版本　接受 4 个输入参数并返回 RAW 数据类型的加密值。

参数	数据类型	描述
src	RAW	要被加密的值。该值可以是任意长度
typ	BINARY_INTEGER	结合了加密算法、填充方法和链接方法
key	RAW	加密密钥
iv	RAW	初始化向量。该值被添加进输入值以减少加密值的重复度。如果要在加密过程中使用，该参数必须指定；并且在解密时，必须使用相同的值

存储过程：版本 1　加密 LOB(大对象)。如果要加密非 LOB 值，请使用 encrypt 的函数版本。该版本的存储过程接受 4 个输入参数并返回 RAW 数据类型的加密值。

参数	数据类型	描述
dst	BLOB	out 型参数；使用该参数，加密值被传回给用户
src	BLOB	要被加密的 BLOB 值或者外部资源指针
typ	BINARY_INTEGER	结合了加密算法、填充方法和链接方法
key	RAW	加密密钥
iv	RAW	初始化向量。该值被添加进输入值以减少加密值的重复度。这是可选的。

存储过程：版本 2　除了被用于加密 CLOB 数据外，其他与第一个版本的存储过程相同。

参数	数据类型	描述
dst	BLOB	out 型参数；使用该参数，加密值被传回给用户
src	CLOB	要被加密的 CLOB 值或者外部资源指针

typ	BINARY_INTEGER	结合了加密算法、填充方法和链接方法
key	RAW	加密密钥
iv	RAW	初始化向量。该值被添加进输入值以减少加密值的重复度。这是可选的

14.8.3 DECRYPT

该程序解密加密值。同 encrypt 函数一样，该程序以一个函数和两个存储过程的方式被重载，并进一步基于不同的数据类型而重载。

函数版本 接受 4 个输入参数并返回 RAW 数据类型的解密值。

参数	数据类型	描述
src	RAW	要被解密的加密值
typ	BINARY_INTEGER	结合了加密算法、填充方法和链接方法。必须和加密过程中使用的相同
key	RAW	加密密钥。必须和加密过程中使用的相同
iv	RAW	初始化向量。该值被添加进输入值以减少加密值的重复度。如果要在加密过程中使用，该参数必须被指定；并且在解密时，必须使用相同的值

存储过程：版本 1 解密加密的 LOB(大对象)。如果要解密加密的非 LOB 值，请使用 decrypt 的函数版本。该版本的存储过程接受 4 个输入参数并返回 BLOB 数据类型的解密值。

参数	数据类型	描述
dst	BLOB	out 型参数；解密值
src	BLOB	要被解密的加密 BLOB 值或者外部资源指针
typ	BINARY_INTEGER	结合了加密算法、填充方法和链接方法。必须和加密过程中使用的相同
key	RAW	加密密钥。必须和加密过程中使用的相同
iv	RAW	初始化向量。该值被添加进输入值以减少加密值的重复度。如果要在加密过程中使用该参数必须指定；并且在解密时必须使用相同的值

存储过程：版本 2 除了被用于解密加密的 CLOB 数据外，其他与第一个版本的存储过程相同。

参数	数据类型	描述
dst	CLOB	out 型参数；解密值
src	BLOB	要被解密的加密 BLOB 值或者外部资源指针
typ	BINARY_INTEGER	结合了加密算法、填充方法和链接方法。必须和加密过程中使用的相同
key	RAW	加密密钥。必须和加密过程中使用的相同
iv	RAW	初始化向量。该值被添加进输入值以减少加密值的重复度。如果要在加密过程中使用，该参数必须被指定；并且在解密时，必须使用相同的值

14.8.4 HASH

该程序依据输入值生成密码学哈希值。通过指定合适的 typ 参数，能够生成报文摘要 5(MD5)格式、安全哈希算法 1 格式或者安全哈希算法 2 格式的哈希值。该程序被重载为 3 个函数。

函数：版本 1 为非 LOB 数据类型生成哈希值。这个版本接受两个参数并返回 RAW 数据类型的哈希值。

参数	数据类型	描述
src	RAW	要生成哈希值的输入值
typ	BINARY_INTEGER	要用的哈希算法，如下所示

通过设置以下定义于 DBMS_CRYPTO 中的常量之一作为 typ 参数的值，来指定哈希算法。

使用其作为 typ 参数的值	描述	位数
dbms_crypto.hash_md5	报文摘要 5	128
dbms_crypto.hash_md4	报文摘要 4	128
dbms_crypto.hash_sh1	安全哈希算法 1	160
dbms_crypto.hash_sh256	安全哈希算法 2	256
dbms_crypto.hash_sh384	安全哈希算法 2	384
dbms_crypto.hash_sh512	安全哈希算法 2	512

函数：版本 2　为 BLOB 数据类型生成哈希值。这个版本接受两个参数并返回 RAW 数据类型的哈希值。

参数	数据类型	描述
src	BLOB	要生成哈希值的输入的 BLOB 值或者外部资源指针
typ	BINARY_INTEGER	要用的哈希算法

函数：版本 3　为 CLOB 数据类型生成哈希值。这个版本接受两个参数并返回 RAW 数据类型的哈希值。

参数	数据类型	描述
src	CLOB	要生成哈希值的输入的 CLOB 值或者外部资源指针
typ	BINARY_INTEGER	要用的哈希算法

14.8.5　MAC

该程序依据输入值生成消息验证码。MAC 值与哈希值类似，但是它有一个添加的密钥。通过指定合适的 typ 参数，能够生成报文摘要 5(MD5)格式、安全哈希算法 1 格式或者安全哈希算法 2 格式的 MAC 值。同 HASH 一样，该程序被重载为 3 个函数。

函数：版本 1　为非 LOB 数据类型生成 MAC 值。这个版本接受 3 个参数并返回 RAW 数据类型的 MAC 值。

参数	数据类型	描述
src	RAW	要生成 MAC 值的输入值
typ	BINARY_INTEGER	要用的 MAC 算法，如下所示
key	RAW	用于创建 MAC 值的密钥

通过设置以下定义于 DBMS_CRYPTO 中的常量之一作为 typ 参数的值，来指定 MAC 算法。

使用其作为 typ 参数的值	描述	位数
dbms_crypto.hmac_md5	报文摘要 5	128
dbms_crypto.hmac_sh1	安全哈希算法 1	160
dbms_crypto.hmac_sh256	安全哈希算法 2	256
dbms_crypto.hmac_sh384	安全哈希算法 2	384
dbms_crypto.hmac_sh512	安全哈希算法 2	512

函数：版本 2　为 BLOB 数据类型生成 MAC 值。这个版本接受 3 个参数并返回 RAW 数据类型的 MAC 值。

参数	数据类型	描述
src	BLOB	要生成 MAC 值的输入值
typ	BINARY_INTEGER	要用的 MAC 算法
key	RAW	用于创建 MAC 值的密钥

函数：版本 3 为 CLOB 数据类型生成 MAC 值。这个版本接受 3 个参数并返回 RAW 数据类型的 MAC 值。

参数	数据类型	描述
src	CLOB	要生成 MAC 值的输入值
typ	BINARY_INTEGER	要用的 MAC 算法
key	RAW	用于创建 MAC 值的密钥

14.9 本章小结

本章中介绍了加密、密钥管理、哈希和相关的概念。数据加密是数据的一种伪装，使得真正的数据不可见。它需要 3 个基本的组成部分——输入的数据、加密密钥和加密算法。有两种基本的加密方法：公钥加密(用于加密的密钥和解密的密钥不相同)和对称加密(加密密钥和解密密钥相同)。前者一般应用于数据传送的环境并需要精心地设置，而后者可以相对简单地实施。

创建一个加密基础架构最重要和最具挑战性的方面不是如何使用 API 本身，而是如何创建一个可信赖的安全的密钥管理系统。有各种不同的方式来操作：可以使用数据库、文件系统或者两者都采用来作为密钥存储的地点。可以采用整个数据库使用单个密钥、表的每行都使用一个密钥，或者介于前两者之间的某种解决方案。可以使用两个不同的密钥：一个是存储在某处的常规密钥，另一个是存储在不同地方的密钥修饰器。用于加密数据的密钥并不是存储在某处的那个密钥，而是它与密钥修饰器进行按位 XOR 运算得出的结果。如果密钥和密钥修饰器中的任何一个被泄漏，加密数据并不会被解密。

有时虽然没有必要隐藏数据，但是仍然要确保数据没有被更改。这个可以通过密码学哈希来实现。对于一个给定的输入值，哈希函数总会返回相同的值。因此如果发现计算出来的哈希值与原始值不相同，就会知道源数据被更改了。一个名为消息验证码(MAC)的哈希变种在哈希计算中引入了密钥。

Oracle 10g Release 2 引入了一个称为透明数据加密(TDE)的特性。它在数据存储于数据文件之前透明地加密和解密数据。使用 TDE，数据文件中的敏感列、归档日志文件和数据库的备份会以加密的形式被存储。因此数据文件的失窃并不会导致敏感数据的泄漏。Oracle 11g Release 1 引入了被称为表空间 TDE 的一个 TDE 变种。它加密磁盘上表空间里的所有数据，并在缓冲区缓存中解密这些数据。这样做会使得两表联接和索引范围扫描操作变得相当容易。TDE 是为了遵从法规而迅速加密数据的快捷方式，但是因为它未作分辨而透明地执行加密和解密操作，所以并不适用于所有的场景。如果要精确地控制哪些人能够看到解密值和哪些人不能够看到解密值，仍然需要去创建自己的加密基础架构。

最后，本章介绍了如何将这些思想放在一起来建立一个项目，以能够加密一个已存在的表而不改变运行于其上的应用程序。

第 15 章

SQL 注入和代码安全性

再次思考在第 14 章开头提出的问题：什么是数据安全的最大威胁？

保障数据库的安全性以前仅仅是 DBA 的事情。在过去的日子里，数据库曾经是用于处理批处理应用程序的孤岛。随着在线处理时代的到来，以及不断增长的交互式数据的重要性，在大部分系统开发过程中，易访问性就成为首先要考虑的要素。令人遗憾的是，那正是与安全性相冲突的地方。一些人看到必须让数据容易被访问的需求后甚至会采用更加简易的编程方式来达到这一点，尤其可能会采用当今较为流行的敏捷开发方法——这种方法强调的是实现需求而不是安全性。这正是安全性大坝溃堤之处。举例而言，你可能已经给应用程序用户单独授予了 SALARY 表的权限并且假设没有任何其他人能够访问它。如果应用程序允许查询被转换，使其包含另一个从 SALARY 表来进行的查询会如何？当然，因为这个操作是被准许的，所以数据库会允许该操作。但显然那不是你想要的。

如前所述，使数据库本身安全仅仅打完了战役的一半。另一半是使针对数据的处理变得安全，而这开始于也结束于应用程序开发。我们在之前的章节中已经覆盖了一些诸如数据编写、加密和哈希等方面的应用安全性知识。在接下来的章节中，将学习到如何使用虚拟专用数据库(Virtual Private Database)使得数据变得选择性地可见。在本章中，我们解释一种从开始阶段到部署阶段都融入安全元素的编码技术，以消除或者至少减少脆弱性。我们称它为安全编码或防御性编码。我们将讨论如何保卫我们的代码以避免遭受被意外执行和易受攻击之苦以及避免遭受 SQL 注入攻击。

15.1　执行模型

诸如存储过程和函数这样的 PL/SQL 存储代码能够引用代码中隐藏的对象。举例而言，假设在 SCOTT 用户方案中有一个名为 T1 的表是由以下的 SQL 语句创建的：

```
-- as SCOTT
create table t1 (col1 number);
-- SCOTT inserts a row into the table and commits it:
insert into t1 values (1);
commit;
```

这是一个由 SCOTT 用户拥有的存储过程：

```
create or replace procedure myproc
as
  l_col1  number;
begin
  select col1
  into l_col1
  from t1
  where rownum <2;
  dbms_output.put_line('col1='||l_col1);
end;
```

假设另一个用户(在这个示例中是 SH)也有一个名为 T1 的表，并且其中有一行的值是 10：

```
-- As user SH
create table t1 (col1 number);
insert into t1 values (10);
commit;
```

SCOTT 仅仅把新创建的存储过程的执行权限授予 SH：

```
grant execute on myproc to sh;
```

在这之后，SH 就能够执行该存储过程。当他这样做之后，该存储过程将从名为 T1 的表中执行查询。SH 和 SCOTT 都拥有名为 T1 的表，并且都有名为 COL1 的列。到底哪个表会被查询呢？让我们看看实际的执行情况。首先，SCOTT 执行了存储过程：

```
SQL> conn scott/tiger
Connected.
SQL> set serveroutput on
SQL> exec myproc
col1=1
PL/SQL procedure successfully completed.
```

在这个场景中，输出是 1，这是 SCOTT 所拥有的 T1 中的 COL1 列的值。那不足以为奇。现在，SH 执行该存储过程：

```
SQL> conn sh/sh
Connected.
SQL> set serveroutput on
```

```
SQL> exec scott.myproc
col1=1
PL/SQL procedure successfully completed.
```

它也输出 1，该值出自 SCOTT 拥有的表。这也不足以为奇。SH 执行了 SCOTT 拥有的存储过程；因此，存储过程内部的任何对象都被认为是由 SCOTT 拥有的。当然，任何一个这样的对象如果是通过用户方案名来限定(例如 SYS.DBA_USERS)，则那个对象将被认为是由指定的用户方案所拥有。如果表没有被限定，其用户方案就被认为是该存储过程的所有者。因而，SCOTT 用户方案的 T1 表被查询。这是默认的行为。

如果 SH 要从他自己的 T1 表而不是从 SCOTT 的 T1 中查询会怎样？常识告诉我们：在那样的场景中，SH 应该创建他自己版本的 myproc 存储过程。因为存储过程是由 SH 拥有的，所以这个存储过程将自动地指向他自己的 T1 表。那样当然可以，但是在真实的环境中可能不可行。应该要创建这样的代码，它能够被每一个人很方便地使用而不需要费力去做多个复制版本。如果每个人都去创建他们自己的存储过程复制版本，代码将可能会变得不同和不一致。你可以强制每个人都从一个公共源头里复制代码，但是那样做也不切实际。如果有人不复制又怎么办？在这样的情况下，将会得到错误的代码，并将很难追踪而精确弄清楚差异在何处。因此，你会要求只存在一个存储过程，但是该存储过程将足够智能地根据执行它们的用户的不同，来查询不同用户所拥有的对象，而不是去查询创建该存储过程的用户所拥有的对象。可以使用特殊指令 authid current_user 来创建存储过程。此处是 SCOTT 所创建的相同的存储过程，但是使用了特殊的指令：

```
-- As user SH
create or replace procedure myproc
authid current_user
as
    l_col1 number;
begin
    select col1 `
    into l_col1
    from t1
    where rownum <2;
    dbms_output.put_line('col1='||l_col1);
end;
```

注意 authid current_user 所被定义的第二行。在以这种方式定义了存储过程之后，当 SH 用户执行它时，该存储过程从 SH 拥有的 T1 表(而不是从 SCOTT 拥有的 T1 表)中获取数据：

```
SQL> conn sh/sh
Connected.
SQL> set serveroutput on
SQL> exec scott.myproc
col1=10
```

因为它会访问程序的调用者(或者执行者)拥有的对象，所以用这种方法创建的存储过程被称为调用者权限模型。另一种方法是程序创建者(或者定义者)的权限被使用，被称为定义者权限模型，而这是默认行为。也可以选择性地在创建存储过程的代码的这一行中设置其他 authid 值：

```
authid definer
```

正确理解创建存储过程的这两种方法的含义非常重要。虽然代码可以是相同的，但是逻辑却是完全不同的；并且如果你不注意到这一点，将不仅仅会拥有带有 bug 的代码，而且将引入不怀好意的用户可以利用到的脆弱性。例如，假设 SCOTT 用户开发了一个小的存储过程来计算用户方案中有几个表：

```
create or replace procedure count_tables
as
    l_cnt  number;
```

```
begin
  select count(*)
  into l_cnt
  from user_tables;
  dbms_output.put_line('Total Number of tables in my schema='||l_cnt);
end;
```

当 SCOTT 运行这个存储过程时，期望的结果被返回：

```
SQL> exec count_tables
Total Number of tables in my schema=2
```

假设每一个人都要使用 SCOTT 写的这个新"工具"。SCOTT 用户天生慷慨，他把执行权限授权给 PUBLIC：

```
grant execute on scott.count_tables to public;
```

现在，假设 SH 用户执行它：

```
SQL> exec scott.count_tables
Total Number of tables in my schema=2
```

输出显示仅有两个表，然而这是错误的结果。SH 不止拥有两个表。为何该存储过程显示了错误的结果？这是因为该存储过程并没有一个 authid 子句，而这样就会导致它默认成为定义者权限模型，会认为存储过程中的对象是由存储过程的拥有者 SCOTT 所拥有。因而，它显示了 SCOTT(而不是 SH)所拥有的表的数目。

要使该存储过程真正通用，SCOTT 必须使用调用者权限模型(也就是说使用 authid current_user)重新创建它，就像以下显示的这样：

```
-- As SCOTT
create or replace procedure count_tables
authid current_user
as
  l_cnt   number;
begin
  select count(*)
  into l_cnt
  from user_tables;
  dbms_output.put_line('Total Number of tables in my schema='||l_cnt);
end;
```

那样做以后，当 SH 再次执行该存储过程时，正确的结果被返回：

```
-- as SH
SQL> exec scott.count_tables
Total Number of tables in my schema=18
```

事实上，任何其他用户都可以执行该存储过程以获取他们自己权限范围之内的结果，而不是程序创建者的结果。此处是 HR 执行它的结果：

```
SQL> conn hr/hr
Connected.
SQL> set serveroutput on
SQL> exec scott.count_tables
Total Number of tables in my schema=7
```

因此，什么时候需要选择一个模型而不选择另一个呢？好像有种技术神话这么传说：调用者权限模型比定义者权限模型更安全。那根本不对。安全性的程度依赖于正确理解什么是可能的安全风险并减少这样的风险。让我们审视一个示例。假设一个用户名为 SCHEMAUSER，他拥有所有的表和存储过程等，而应用程序以 EXECUSER 用户连接。让我们创建这两个用户并作相应的授权：

```
-- as SYS
create user schemauser identified by schemauser;
grant create session, create table, create procedure,
unlimited tablespace to schemauser;
create user execuser identified by execuser;
grant create session to execuser;
```

我们故意只授予尽可能少的权限，以便演示各种不同配置的效果。授予尽可能少的能满足需要的权限的做法总是最佳实践。现在，我们将创建一个表用来在 SCHEMAUSER 用户方案里存放账户信息：

```
-- As SCHEMAUSER
create table accounts
(
    accno               number,
    accname             varchar2(30),
    ssn                 varchar2(9),
    birthday            date,
    principal           number,
    interest            number,
    created_dt          date
);
```

我们也需要向这张表插入一些数据。以下代码插入了 100 行测试数据：

```
-- As SCHEMAUSER
begin
  for i in 1..100 loop
    insert into accounts values (
      i,
      dbms_random.string('u',30),
      ltrim (to_char(dbms_random.value
        (100000000, 999999999), '999999999')),
      sysdate - 30*365 - dbms_random.value(1,60*365),
      dbms_random.value(1,100000),
      dbms_random.value(1,10000),
      sysdate - dbms_random.value(1,365*5)
    );
  end loop;
end;
/
commit
/
```

可能会有很多应用程序，但并不是所有的应用程序都需要访问该表的所有列。例如，许多应用程序只是关心表中账户的总数，但并不是所有的应用程序都应该被授权来查看诸如 SSN 这样的敏感列。要得到该表中所有记录的行数，用户需要查询访问这个表，但是我们又不想授予 SELECT 权限给他们。相反，创建一个简单的函数来进行计数，并返回那个特定表的记录的数目：

```
create or replace function get_accounts_count
return number
as
    l_cnt   number;
begin
    select count(*)
    into l_cnt
    from schemauser.accounts;
    return l_cnt;
```

```
end;
```

然后，授予 public 执行该函数的权限：

```
grant execute on get_accounts_count to public;
```

现在，当 EXECUSER 想要知道记录的总数时，他可以执行该函数：

```
SQL> conn execuser/execuser
SQL> select schemauser.get_accounts_count from dual;

GET_ACCOUNTS_COUNT
------------------
               100
```

这会像期望的那样去运行。现在考虑一下，如果我们以调用者权限模型去创建该函数会发生什么？让我们重新创建该函数：

```
-- as SCHEMAUSER
create or replace function get_accounts_count
return number
authid current_user
as
   l_cnt    number;
begin
   select count(*)
   into l_cnt
   from schemauser.accounts;
   return l_cnt;
end;
```

现在，当 EXECUSER 执行该函数时，以下的错误会返回。这是因为该函数引用了其内部的 SCHEMAUSER.ACCOUNTS 表：

```
SQL> select schemauser.get_accounts_count from dual;
select schemauser.get_accounts_count from dual
       *
ERROR at line 1:
ORA-00942: table or view does not exist
ORA-06512: at "SCHEMAUSER.GET_ACCOUNTS_COUNT", line 7
```

因为这段代码运行在调用者权限模型之下，所以它应用了调用者(EXECUSER)的权限，而不是创建者(SCHEMAUSER)的权限。用户 EXECUSER 在表上没有任何权限，因此执行会失败。

要使其能运行，不得不授予 EXECUSER 查询该表的权限：

```
SQL> connect schemauser/schemauser
SQL> grant select on accounts to execuser;
Grant succeeded.
SQL> conn execuser/execuser
Connected.
SQL> set serveroutput on
SQL> select schemauser.get_accounts_count from dual;
GET_ACCOUNTS_COUNT
------------------
               100
```

现在能够运行了，但是这真是想要的吗？或许并不是。因为 EXECUSER 现在拥有了表上的权限，他能够从表上查到任何东西，包括诸如 SSN 和 PRINCIPAL 等的敏感列。这毫无疑问是不合适的。调用者权限模型在这个场景中并不能很好地工作。这就是特别适合实施定义者权限模型的场景。

那么，什么是实施调用者权限模型的场景？你已经看到过一个 SCOTT 写的"工具"程序的示例——一个对所有用户逻辑相同，但是其中引用的对象却是由调用者所拥有的示例。但因为程序使用的是调用者的权限，而不是定义者的，所以你必须弄清楚一些有趣的结果。考虑一下之前的那个示例：在其中，我们创建了一个函数用来返回 USER_TABLES 视图中记录的行数。现在，我们要使其足够通用，以便能够对调用者所能访问的任何表和视图进行计数。我们要将表或者视图的名称作为参数进行传递。这听起来相当简单。所要做的一切事情就像以下伪代码所描述的那样：

(1) 获取将作为参数而进行传递的表名。

(2) 查询表中的 count(*)。

(3) 在某个变量中存储该计数值。

(4) 返回该变量中存储的值。

这样能够工作吗？不能。因为在创建存储过程时，我们不知道表的名称，而这是编译时所需要的，所以该函数将编译不成功。因此必须寻求采用动态 SQL，而不是静态的。需要在运行时生成语句并执行它。以下是该程序的代码：

```
-- As SCHEMAUSER
create or replace function get_table_rec_count
(
    p_table_name in varchar2
)
return number
authid current_user
as
    l_cnt    number;
    l_stmt   varchar2(32767);
begin
    l_stmt := 'select count(*) from '||p_table_name;
    execute immediate l_stmt into l_cnt;
    return l_cnt;
end;
```

现在给所有用户授予执行权限，让他们能执行该程序：

```
grant execute on get_table_rec_count to public;
```

在完成授权后，如果 EXECUSER 要知道在一个他能访问的表或视图(例如 SCHEMAUSER 的 ACCOUNTS 表)中记录的行数，他就可以调用该函数：

```
SQL> select schemauser.get_table_rec_count('SCHEMAUSER.ACCOUNTS') from dual;

SCHEMAUSER.GET_TABLE_REC_COUNT('SCHEMAUSER.ACCOUNTS')
-------------------------------------------------------
                                                    100
```

到目前为止还不错，该"工具"的用途将继续扩展。现在，一个名为 ARUP 的用户有非常强大的权限——SELECT ANY DICTIONARY——他能够访问任何对普通用户来说不可触及的数据字典表。SYS 用户把以下权限授给 ARUP：

```
grant create session, select any dictionary,
select any table to arup identified by arup;
```

令人遗憾的是，ARUP 用户有点天真，并且没有完全理解对任何表都能执行查询这件事情会带来的后果。在调试过程中，一些开发人员需要弄清楚多个用户方案下的各种表的行数。这些开发人员不是自己去编写 SQL，并将其传递给各个用户分组，分别让他们去执行并返回结果；而是向 ARUP 提供一个脚本，并让他去执行它。因为 ARUP 有权限查询任何表(同时他又是一个乐善好施之人)，所以他运行了脚本并且迅速得到了结果。脚本看上去如下所示：

```
select schemauser.get_table_rec_count('SCHEMA1.TABLE1') from dual;
select schemauser.get_table_rec_count('SCHEMA2.TABLE2') from dual;
select schemauser.get_table_rec_count('SCHEMA3.TABLE3') from dual;
¡- and so on ¡-
```

该脚本看上去并没有什么问题，不为 ARUP 所知的是：开发人员往该脚本中悄悄引入了以下查询语句：

```
select schemauser.get_table_rec_count('SYS.DBA_USERS') from dual;
```

因为该函数以 ARUP 用户的权限运行，并且 ARUP 能够查询这个视图(DBA_USERS)，所以该语句将成功运行。合理的做法是数据字典视图不应该开放给任何普通用户，但是由于普通用户让程序被有权限的人进行运行，这使得这个函数查询得到了信息。这个示例仅说明了一小点。DBA_USERS 视图中的行数信息被泄漏可能不是非常危险，但是危险产生的概念却的确如此。如果不怀好意的开发人员选择去查询更敏感的信息，例如在账户表中有多少账户，会怎样？或者，如果使用该函数去查询一些特有的列而不仅仅是表的行数，开发人员又把这些列名作为参数来传递，会怎样？这样会暴露不应该被暴露的底层数据。在本章稍后将介绍一种对 PL/SQL 代码而言较危险的情形，这种危险在于攻击者在运行时修改真正所执行的代码——一种被称为 SQL 注入的概念。

总之，定义者和调用者权限模型本身并不提供更多或者更少的安全性。安全性程度等于：对为了减少风险所要实施的各种行动和所要采取的步骤的理解。在本章中，将会学习到辨别各种风险以及如何减少被攻击的可能性。

15.2 程序安全性

回忆一下之前示例中以 EXECUSER 连接的那个应用程序。作为日常操作，该用户需要更改由 SCHEMAUSER 拥有的 ACCOUNTS 表。因为 EXECUSER 并不拥有该表，该用户不能更改它；但是更改的权限确实需要。然而，允许用户直接去更改表并不是我们想要的。许多应用程序可能会有以不同方式编写的代码。理想的情况是：让业务逻辑只存在于一个单独的地方。允许多个应用程序分别去编写多个更新表的代码会导致逻辑不一致，并且潜在地存在错误。为了避免出现这种问题，需要把逻辑封装在存储过程(或函数，以合适方便为宜)中，并允许用户简便地调用该代码。如果随着业务的改变，业务函数的逻辑也需要发生改变，那只需要在一个地方更改代码就可以。

设想存在这样一个业务功能：更改账户余额的利息。你创建了一个存储过程——upd_int_amt——来执行这个利息计算并执行更新。该存储过程由 SCHEMAUSER 所拥有，而且他也同时拥有表。要避免存在 SQL 注入的可能性(之后描述)，需要使该存储过程的安全模型定为调用者权限模型——存储过程内部的操作被限制在执行它们的用户所拥有的权限范围内来执行，而不是在存储过程的拥有者的权限范围内来执行。图 15-1 概念化地描述了这一点。

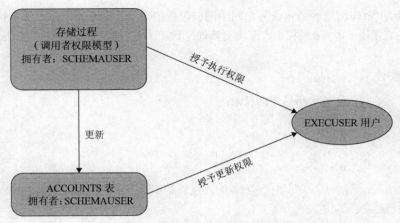

图 15-1 存储过程安全性的传统做法

15.2.1 传统做法

下列所示为如何以传统的方式创建存储过程。因为要运行在调用者权限安全性之下，所以在创建存储过程时，需要显式地将 authid current_user 放入代码。

```
-- As user SCHEMAUSER
create or replace procedure upd_int_amt
(
   p_accno in schemauser.accounts.accno%type
)
authid current_user
is
begin
   update schemauser.accounts
   set interest = principal * 0.01
   where accno = p_accno;
end;
```

因为 EXECUSER 将执行该存储过程，所以需要把该存储过程的执行权限授予该用户：

```
grant execute on schemauser.upd_int_amt to execuser;
```

并且，因为该存储过程是以调用者权限模式而创建的，所以 EXECUSER 用户需要显式地在表上具有更新权限才能执行它：

```
grant update on schemauser.accounts to execuser;
```

现在，EXECUSER 用户能够执行该存储过程以更新账户信息。例如，作为 EXECUSER 用户，可以执行以下代码，更新账户为 100 的账户的利息额：

```
execute schemauser.upd_int_amt (100)
```

这是可行的，账户 100 的利息额被计算出来并更新。还有什么问题吗？这里最大的问题就是 EXECUSER 用户所拥有的那些权限。之所以要创建存储过程去更新账户的信息，而不是让用户直接去更新表，就是因为这样做以后，不管是谁去执行更新，都能够使利息应用中的更新表的代码保持一致。然而，EXECUSER 用户具有能够直接更新表的权限，有什么能够阻止他去直接作更新呢？令人遗憾的是，没有任何东西能够做到。它能够轻松地对表进行更新而不去调用该存储过程，因而这就违反了单一代码的设定。

如何才能防止用户直接对表进行更新呢？撤销授权不可行，这是因为该存储过程需要在运行时调用执行者的权限。角色会有帮助吗(即创建一个角色并把相应的权限授予该角色而不是用户，然后再把那个角色授予 EXECUSER 而不是直接授予访问表的权限)? 下面对其进行测试。首先，撤销先前授予 EXECUSER 的权限(以 SYS 用户的身份执行):

```
revoke update on accounts from execuser;
```

现在，创建合适的角色并授予所需要的权限:

```
-- As a DBA user
create role upd_int_role;
grant update on schemauser.accounts to upd_int_role;
grant upd_int_role to execuser;
```

图 15-2 概念化地展示了这一点。要测试这种新的设置是否可行，可以重新以 EXECUSER 连接并确认该角色 (UPD_INT_ROLE)已经在会话中生效:

```
SQL> conn execuser/execuser
SQL> select * from session_roles;
ROLE
----------------------------------
RESOURCE
SELECT_CATALOG_ROLE
HS_ADMIN_SELECT_ROLE
UPD_INT_ROLE
```

角色 UPD_INT_ROLE 生效了，就像从输出中看到的那样。现在，EXECUSER 调用该存储过程更新利息时会成功:

```
SQL> execute schemauser.upd_int_amt(1)
PL/SQL procedure successfully completed.
```

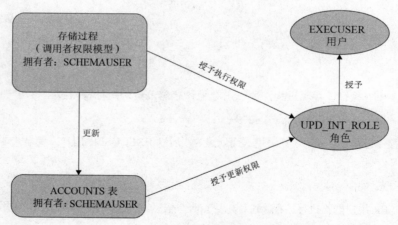

图 15-2 使用角色来实现程序安全性(传统做法)

成功了吗? 完全没有。因为 EXECUSER 有权限，所以他也能够绕过该存储过程并直接去更新表，而这恰恰是要被防止发生的事情:

```
SQL> update schemauser.accounts
  2  set interest = 1
  3  where accno = 100;
1 row updated.
```

很明显，我们失败了。我们必须把更新代码放进存储过程，提供只能通过存储过程更新 ACCOUNTS 表的能力，并且删除在调用者权限模型下任何直接更新表的能力。然而，调用者权限模型需要把权限授予执行者(EXECUSER)。这里存在着自相矛盾的需求。因此，什么才是解决之道呢？

15.2.2　基于角色的程序安全性

Oracle 12*c* Release 1 引入的一个新特性正好能够解决这个难题。不是把角色授予用户，而是把角色授予存储过程。是的，非常正确：把角色授予存储过程。和许多人一样，你会感到奇怪：怎么能够这样做。在 Oracle 12*c*之前，角色只能被授予用户或者其他角色，而不能授予其他诸如存储过程这样的对象。但在 Oracle 12*c* 中，这改变了。把一个角色授予一个存储过程使得所要实现的设定变得可以实现。图 15-3 概念化地展示了这一点。

让我们看一下它是如何工作的。首先，撤销先前授予的权限：

```
-- As a DBA user
revoke execute on schemauser.upd_int_amt from execuser;
revoke update on schemauser.accounts from execuser;
revoke upd_int_role from execuser;
```

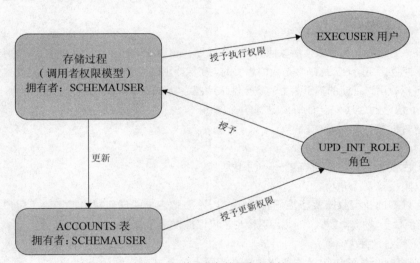

图 15-3　基于角色的程序安全性

以上的一些命令可能会报错，这是因为那个权限之前可能已经被撤销了。接下来，把该存储过程的执行权限授予将要调用它的那个用户(就是 EXECUSER)，就像在之前的情景中所做的那样：

```
grant execute on schemauser.upd_int_amt to execuser;
```

也把更新权限授予那个角色：

```
grant update on schemauser.accounts to upd_int_role;
```

现在，要执行两个之前不需要执行的步骤。首先，将那个角色授予 SCHEMAUSER 用户：

```
grant upd_int_role to schemauser;
```

因为 SCHEMAUSER 拥有表，因而更新表不需要任何基于角色的权限，所以这个操作看上去有些多余。但在此该步骤是必需的。第二步是使用新的语法来引入 Oracle Database 12*c* 的新特性，给存储过程授予该角色：

```
grant upd_int_role to procedure schemauser.upd_int_amt;
```

如果收到以下信息：

```
ORA-01924: role 'UPD_INT_ROLE' not granted or does not exist
```

说明你忘记给 SCHEMAUSER 用户授予该角色。

由于已授权，因此可以让 EXECUSER 用户连接，并在他的会话中检查角色是否已经生效：

```
SQL> conn execuser/execuser
SQL> select * from session_roles;
no rows selected
```

以上确认了该用户没有任何生效的角色。现在执行该存储过程：

```
SQL> execute schemauser.upd_int_amt(1)
PL/SQL procedure successfully completed.
```

这是可行的，该存储过程像期望的那样更新了利息。但如果用户试图直接更新表会发生什么呢？

```
SQL> update schemauser.accounts
  2  set interest = 1
  3  where accno = 100;
update schemauser.accounts
            *
ERROR at line 1:
ORA-00942: table or view does not exist
```

因为该用户在表上没有任何权限，所以他的操作失败了。该用户执行利息计算并作更新的唯一途径就是执行该存储过程，他不能直接更新表。这确实是我们想要的。在保持用调用者权限作为安全模型以减少 SQL 注入的可能性的前提下，可以应用这种新的基于角色的安全性来编程，以强化版本单一性和代码逻辑的一致性。总之，以下是为了强化基于角色的程序安全性所要进行的操作：

(1) 为业务逻辑创建存储过程(或函数)。

(2) 为此目的专门创建一个角色。

(3) 仅把该角色授予用户方案所有者——而不是其他用户。

(4) 把表的权限授予那个角色。

(5) 把该存储过程的执行权限授予应用程序用户。不要把表上的任何权限授予这个用户。

(6) 把这个角色授予该存储过程。因此，这个角色仅仅被授权存储过程和用户方案所有者，而不是被授权执行该存储过程的应用程序用户。

以下是实现程序安全性的传统做法和新做法在步骤上的差异比较。

传统做法	新做法
将存储过程的执行权限授予 SCOTT	将存储过程的执行权限授予 SCOTT
将表的更新权限授予 SCOTT	不需要
不需要	将表的更新权限授予角色
不可能	将角色授予存储过程

15.3 代码白名单

在用任何语言进行程序开发的过程中，模块化总是良好的编程习惯，PL/SQL 也不例外。因为不是分别编写每一程序的代码而是一致性地复用可重用的模块，所以通过在模块中开发代码，能够使代码的可读性更高并且由于模块可以被重用也使得编码可以更少，进而错误也更少。但另一方面，只有每个人都实际上要运行该存储过程，这样做才可行。如果编码团队中的一些成员不严格遵守该调用模块的规定，而是自己编写代码，或者如果他们调用了不正确的模块，那么系统就不会如预期的那样工作。令人欣慰的是，有针对这种问题的解决方案——再一次被引入 Oracle Database 12c 中。下面介绍一个示例。

考虑上一节所展示的同一个示例——SCHEMAUSER 用户所拥有的 ACCOUNTS 表。不需要所有开发人员都编写代码去更新这个表,而是为了实现不同的业务功能,在各个不同的开发人员之间分派任务。例如,只有在账户管理部门工作的开发人员才被允许去开发能够处理 ACCOUNTS 表的业务逻辑——而其他人不被允许。当其他开发人员要处理表时,需要调用合适的存储过程。类似地,在账户业务区,一些开发人员负责开发"核心"逻辑,这个逻辑将贯穿整段代码。例如,更新 ACCOUNTS 表被认为是"核心",并且必须通过一系列定义于 PKG_ACCOUNTS_UTILS 包中的"工具"存储过程来进行。以下是该包的内容(以 SCHEMAUSER 用户来创建以下代码):

```
create or replace package pkg_accounts_utils is
    procedure update_int (
       p_accno in accounts.accno%type,
       p_int_amt in accounts.interest%type
    );
end;
/
create or replace package body pkg_accounts_utils is
procedure update_int (
       p_accno in accounts.accno%type,
       p_int_amt in accounts.interest%type
    ) is
    begin
        update accounts set interest = p_int_amt where accno = p_accno;
    end;
end;
/
```

无论什么时候 ACCOUNTS 表需要被更新,开发人员都被要求去调用这个包。账户团队也开发了另一个包——名为 PKG_ACCOUNTS_INTERNAL——封装了 ACCOUNTS 表的数据处理逻辑。这个包仅供团队内部使用。请关注当需要执行更新时,这个包是如何调用那个工具包的:

```
create or replace package pkg_accounts_internal is
    procedure compute_final_int (p_accno in accounts.accno%type);
    procedure update_final_int (p_accno in accounts.accno%type);
    g_int_amt   number;
end;
/
create or replace package body pkg_accounts_internal is
    procedure compute_final_int (p_accno in accounts.accno%type) is
    begin
        select interest
        into g_int_amt
        from accounts
        where accno = p_accno;
        g_int_amt := g_int_amt * 1.05;
    end;
    procedure update_final_int (p_accno in accounts.accno%type) is
    begin
        pkg_accounts_utils.update_int(p_accno, g_int_amt);
    end;
end;
/
```

最后,团队开发了第三个包——PKG_ACCOUNTS_EXTERNAL——用于让账户部门以外的任何开发人员调用以处理 ACCOUNTS 表内部的数据。这个包显示如下,它是外部开发人员唯一能够使用的包:

```
create or replace package pkg_accounts_external is
    function get_final_int_amt (p_accno in accounts.accno%type) return number;
end;
/
create or replace package body pkg_accounts_external is
    function get_final_int_amt (p_accno in accounts.accno%type) return number
    is
    begin
        pkg_accounts_internal.compute_final_int(p_accno);
        return pkg_accounts_internal.g_int_amt;
    end;
end;
/
```

各种包和它们的用途总结如下：

包	描述	由谁来维护
PKG_ACCOUNTS_UTILS	用于执行诸如更新等的关键任务的核心代码集。要被其他包调用	了解业务机密的核心开发人员
PKG_ACCOUNTS_INTERNAL	用来在部门内进行数据处理的可重用的代码。其他开发人员不能使用	仅仅是部门内部的开发人员。当需要运行关键函数时，必须调用工具或者核心包
PKG_ACCOUNTS_EXTERNAL	当在另一个部门处理数据时,所有开发人员都使用的代码	任何开发人员

在本场景中，PKG_ACCOUNTS_EXTERNAL 包中的程序调用 PKG_ACCOUNTS_INTERNAL 包中的程序，而后者又调用 PKG_ACCOUNTS_UTILS 包中的程序。如果核心功能发生改变(例如，利息的更新要触发某处的另一个更新)，那么只要修改 PKG_ACCOUNTS_UTILS 中的代码，而不需要修改其他东西。要使这正常工作，必须保证调用的顺序得到维护；并且还要保证除了按照这种顺序进行包调用之外，任何其他的调用方式都不能成功。例如，PKG_ACCOUNTS_EXTERNAL 中没有程序能够调用 PKG_ACCOUNTS_UTILS 中的程序。图 15-4 概念化地展示了这一点。从 PKG_ACCOUNTS_EXTERNAL 内部调用 PKG_ACCOUNTS_UTILS 不被允许。

理想情况下，应该在不同的用户之下创建这些包，并且根据需要把执行它们的权限授予其他用户方案。虽然这样做较为理想，但是可能不切实际。在许多真实的场景中，所有的这些包都是由同一个开发人员团队维护的，并由同一个人拥有。由于处于同一个用户方案之下，这使得不可能进行选择性授权。只能依赖于开发人员的纪律。团队必须确保他们不会调用错误的包。既然这些包没有被用户方案隔离，我们如何才能强制保障正确调用的纪律生效呢？

在 Oracle Database 12c 中，有一个非常简单的方法来实现这一点。这个特性被称为代码白名单(code whitelisting)。在定义代码的同时，可以指定有哪些其他代码可以被允许去调用它(也就是说在白名单中的代码)。所有其他调用都不被允许，即使它们来自同一个用户方案所拥有的程序。此处是如何改动包的声明体来定义白名单的示例：

```
create or replace package pkg_accounts_utils
accessible by (pkg_accounts_internal)
is
  procedure update_int (
    p_accno in accounts.accno%type,
    p_int_amt in accounts.interest%type);
end;
```

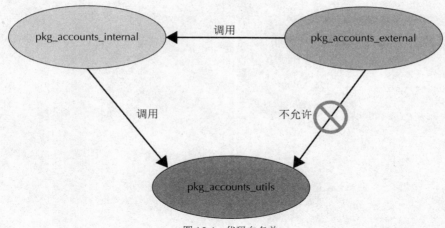

图 15-4　代码白名单

注意加粗的代码；明确地列出了 PKG_ACCOUNTS_INTERNAL 程序作为唯一被允许去调用它的程序(可以定义与所需要的一样多的程序)。任何其他程序(例如 PKG_ACCOUNTS_EXTERNAL)访问这个包时会报错：

```
PLS-00904: insufficient privilege to access object  PKG_ACCOUNTS_UTILS
```

注意这是一个 PL/SQL 错误，而不是一个 Oracle 错误。既然所有这些包都是由 SCHEMAUSER 用户所拥有的，那数据库没有任何能力能够阻止其中一个包去访问另一个。然而，通过利用代码白名单，可以在开发人员之间强制实施急需的纪律，让他们仅仅调用合适的程序，而不是偶尔犯错误去调用不该调用的东西。

15.4　限制继承权限

要弄明白这种防御性编码的做法和概念，首先要理解问题是什么。让我们再次访问由 SCHEMAUSER 拥有的 ACCOUNTS 表。此处再次显示这个表：

```
SQL> desc accounts
 Name                                    Null?    Type
 --------------------------------------- -------- -------------

 ACCNO                                            NUMBER
 ACCNAME                                          VARCHAR2(30)
 SSN                                              VARCHAR2(9)
 BIRTHDAY                                         DATE
 PRINCIPAL                                        NUMBER
 INTEREST                                         NUMBER
 CREATED_DT                                       DATE
```

假设公司决定要从开发人员编写的各种应用程序中给账户的所有者寄出生日贺卡。生日贺卡应该包含个性化的信息、生日的日期等。例如，应用程序不是仅仅写"生日快乐，Heli"，而是应该写"第 30 个生日快乐，Heli"(假设 Heli 会在某天达到 30 岁——不是现在)。其他部门得到风声，并且也要拥有他们自己的类似的程序。不是让每一个部门每次都去编写一个程序，而是公司决定让一个单独的小组编写这种工具，并让需要这些工具的每一个人都能得到它们。这些工具由同一个用户所拥有：

```
-- As a DBA User
create user utilsowner identified by utilsowner;
grant create session, create table, create procedure to utilsowner;
```

现在，以 UTILSOWNER 用户创建函数，并返回拼写出的生日：

```
create or replace function get_nth_birthday
(
   p_birthday      in date
)
return varchar2
authid current_user
is
   l_ret   varchar2(2000);
begin
   l_ret :=
         to_char(
               to_date(
                     trunc(
                           months_between(sysdate, p_birthday)/12
                     ),
               'J'),
         'Jspth');
   return l_ret;
end;
```

在创建完该函数之后，UTILSOWNER 把它授予所有用户(就是 PUBLIC)。用户 SCHEMAUSER 能够使用它很容易地为特定的账户计算出拼写的生日：

```
SQL> select utilsowner.get_nth_birthday (birthday)
  2  from accounts
  3  where accno=1;

UTILSOWNER.GET_NTH_BIRTHDAY(BIRTHDAY)
-------------------------------------------------
Seventy-Eighth
```

但便捷性并不仅限于这个示例。用户能够很容易地得到一份所有账户持有者的列表，并庆祝所有本月份的生日：

```
select
   'Happy '||
   utilsowner.get_nth_birthday (birthday)
   ||' Birthday, '||
   accname
   ||'!'
from accounts
where
   to_char(birthday,'MONTH') = to_char(sysdate,'MONTH');
```

并且这个小小的 SQL 脚本可以在任何时候运行。它会生成本月所有需要发送生日贺卡的账户持有者的列表。开发人员很高兴；他们不需要记住如何编写代码去展示这些平淡无奇又日常所需的信息。工具开发人员小组(拥有 UTILSOWNER 用户的那些人)创建了更多的这类能够被重复使用的工具。因为 UTILSOWNER 并不需要表上的任何权限，所以没有安全性漏洞。他的函数具有调用者权限模型，因而执行者自己必须拥有这些权限，而不是函数的拥有者去拥有这些权限。诸如社会安全号(在表的 SSN 列中)这样的敏感数据对于 UTILSOWNER 来说是不可访问的。每个人都喜欢使用那些工具。

就像世间所有的事物一样，太完美的事物都终结于被滥用。工具开发人员小组中的一个不怀好意的开发人员决定利用该系统的功能。作为日常发布版本的一部分，这位开发人员创建了一个新的存储过程，如下所示：

```
create or replace procedure update_int_to_0
authid current_user
```

```
as
   pragma autonomous_transaction;
begin
   execute immediate 'update schemauser.accounts set interest = 0';
   commit;
exception
   when others then
           null;
end;
```

这是一个相当危险的存储过程。当被执行时，它毫无业务理由地会把 ACCOUNTS 表中的利息列全都更新成 0。因为 UTILSOWNER 用户在表上没有任何权限，所以如果他运行该存储过程，那么不会对表产生任何更改。因为该存储过程的异常块部分忽略了错误，所以它会成功执行。然而，如果在表上拥有权限的任何其他用户执行它，就会发生更改。然后，在之前所创建的合法的函数内部，恶意的开发人员会调用这个存储过程：

```
create or replace function get_nth_birthday
(
   p_birthday         in date
)
return varchar2
authid current_user
is
   l_ret    varchar2(2000);
begin
   l_ret :=
          to_char(
                  to_date(
                          trunc(
                                months_between(sysdate, p_birthday)/12
                          ),
                  'J'),
          'Jspth');
   update_int_to_0;
   return l_ret;
end;
```

注意加粗显示的新行。现在，当各个用户调用这个貌似无害的函数时，结果都会超出他们的预期。考虑一下，例如 SCHEMAUSER 用户执行了它。首先，检查一下其中一个账户的利息：

```
SQL> select interest
  2  from accounts
  3  where accno = 1;

INTEREST
----------
2929.97167
```

它是一个非零值。现在，让我们调用该函数去获取拼写出来的生日，而这原本是一个完全良性且无害的操作：

```
SQL> select utilsowner.get_nth_birthday (birthday)
  2  from accounts
  3  where accno=1;

UTILSOWNER.GET_NTH_BIRTHDAY(BIRTHDAY)
--------------------------------------------------
Seventy-Eighth
```

现在，再次检查一下那个利息值：

```
SQL> select interest
  2  from accounts
  3  where accno = 1;

INTEREST
----------
         0
```

利息值变成了 0! 那个貌似无害的函数执行了远远超过用户预期的操作。它调用了 update_int_to_0 存储过程，而那个存储过程作了更新。任何有权限更新表的用户都会导致这种结果。当然，没有权限的用户将无法更新它，但是由于存在 when others then null 这样的代码，异常处理程序静默地处理了它。另外，那个存储过程用一个 pragma 指令声明为自治事务存储过程，这意味着它能够执行更新并且完成提交而不去理会原始调用的 SQL 的状态。

更可怕的是：那名不怀好意的开发人员可以做更多的事情——任何 UTILSOWNER 用户能够做的事情——例如更新任何其他表的另一列。举例而言，那名开发人员能够更新某个特有账户的利息——例如他的朋友的——为相当高的值！对于一些人来说，不义之财会从天而降。UTILSOWNER 用户方案作为工具的核心资料档案库，很可能在大量的表(甚至是那些与应用程序不相连接的表)上拥有许多权限。那名不怀好意的开发人员能够访问所有这些表。

显而易见，我们不能够允许那种事情发生。令人欣慰的是，在 Oracle Database 12c 中，有一种解决方案能够防止出现这种不想要的结果。问题出在一种特殊的权限上，它继承了存储代码拥有者的权限。作为 SYS 用户从 PUBLIC 撤销那个权限：

```
revoke inherit privileges on user schemauser from public;
```

现在，如果 SCHEMAUSER 执行该貌似无害的函数，则会报错：

```
SQL> select utilsowner.get_nth_birthday (birthday)
  2  from accounts
  3  where accno=1;
select utilsowner.get_nth_birthday (birthday)
       *
ERROR at line 1:
ORA-06598: insufficient INHERIT PRIVILEGES privilege
ORA-06512: at "UTILSOWNER.GET_NTH_BIRTHDAY", line 1
```

那名不怀好意的开发人员的这种企图将不会得逞。其中的差异就在于"继承权限"这种权限。令人遗憾的是：默认设置为所有用户都被授予该权限以便让新版本的数据库与旧版本相兼容。然而，现在知道了这个权限，将有助于消除这种脆弱性。

15.5 PL/SQL 注入攻击

你极有可能已经听说过 SQL 注入攻击这个术语。这是一种方法，不怀好意的用户通过这种方法让程序以比要求它做的多做一些操作的方式向一个貌似无害的数据库程序传递进一个特别编制的参数。这通常是针对 SQL 数据库的，但是攻击也可能来自任何其他语言。虽然大多数 SQL 注入方面的讨论主题都集中于 Web 应用方面，但是 SQL 注入也可能存在于任何类型的运行于 Oracle 数据库之上的应用之中，这些应用包括存储过程和函数。讨论所有类型的 SQL 注入攻击超出了本书的范畴。在本节中，集中探讨针对 PL/SQL 应用程序的注入攻击。

一个示例最好地描述了这个概念。假设你的某个应用程序需要获取 ACCOUNTS 表的汇总的余额，而不仅仅是某个特定的被授权的用户的余额。这些用户不是数据库的用户，而是在应用程序中创建的用户。为了存储这些被授权的用户，需要在 SCHEMAUSER 方案中创建 USER_ACCESS 表，就像此处显示的这样：

```
-- As SCHEMAUSER
```

```
create table user_access
(
   username          varchar2(10) not null primary key,
   password          varchar2(10) not null
);
insert into user_access values ('SUPERUSER','SuperPass');
commit;
```

不是允许用户直接去查询 ACCOUNTS 表，而是让 SCHEMAUSER 创建一个函数返回汇总的余额。但是不是每一个人都被允许去获取余额值。用户必须先提供正确的密码，而这个密码被存储于 USER_ACCESS 表中。此处是该函数。注意，我们添加了一小段调试语句以显示程序中实际构建出来的动态语句。

```
-- As SCHEMAUSER
create or replace function get_total_balance
(
      p_password  in varchar2
)
return number
is
      l_stmt         varchar2(4000);
      l_total_balance   number;
      l_true         varchar2(4);
begin
      l_total_balance := -1;
      l_stmt := 'select ''true'' from user_access where username '||
        '= ''SUPERUSER'' and password = '''||p_password||'''';
      dbms_output.put_line('l_stmt='||l_stmt);
      execute immediate l_stmt into l_true;
      if (l_true = 'true') then
            select sum(principal+interest)
            into l_total_balance
            from accounts;
      end if;
      return l_total_balance;
end;
```

因为 EXECUSER 将要执行它，所以 SCHEMAUSER 授予他权限：

```
grant execute on get_total_balance to execuser;
```

之后，当 EXECUSER 登录并使用正确的密码执行该函数时，就像以下所显示的这样，因为使用了正确的密码，所以他得到了正确的结果。

```
SQL> conn execuser/execuser
SQL> set serveroutput on
SQL> select schemauser.get_total_balance('SuperPass') from dual;
SCHEMAUSER.GET_TOTAL_BALANCE('SUPERPASS')
-----------------------------------------
                          4799887.82

l_stmt=select 'true' from user_access where username = 'SUPERUSER' and password
= 'SuperPass'
```

让我们看一下：当用户输入错误的密码时会发生什么？

```
SQL> select schemauser.get_total_balance('WrongPass') from dual;
SCHEMAUSER.GET_TOTAL_BALANCE('WRONGPASS')
-----------------------------------------
```

```
l_stmt=select 'true' from user_access where username = 'SUPERUSER' and
password = 'WrongPass'
```

因为传递了错误的密码，所以该函数不会返回任何东西，就像预期的那样。现在，假设有一名不怀好意的用户，他并不知晓密码(因此传递了一个错误的密码)，但是他传递了如下参数：

```
SQL> select schemauser.get_total_balance('WrongPass'' or ''1''=''1') from dual;
SCHEMAUSER.GET_TOTAL_BALANCE('WRONGPASS''OR''1''=''1')
-------------------------------------------------------
                                              4799887.82


l_stmt=select 'true' from user_access where username = 'SUPERUSER' and
password = 'WrongPass' or '1'='1'
```

虽然该用户提供了错误的密码，但是他还是得到了正确的结果！这是有可能的，因为该函数就是去执行构造出来的查询。请注意以下的谓词：

```
password = 'WrongPass' or '1'='1'
```

因为'1'='1'部分总会等同于真，而且还因为存在那个 OR 条件，所以整个谓词将总会被评估为真。该函数也将返回结果，而不管传递进来的是什么密码。

这是一个巨大的安全漏洞，并且不能被忽略。令人欣慰的是，在本案例中，修补工作相对容易。因为我们就是要去检查密码，所以可以使用一个占位变量，并且在运行时给它绑定值。此处是该函数现在的样子：

```
create or replace function get_total_balance
(
  p_password       in varchar2
)
return number
is
  l_stmt  varchar2(4000);
  l_total_balance number;
  l_true  varchar2(4);
begin
  l_stmt := 'select ''true'' from user_access where username '||
    '= ''SUPERUSER'' and password = :l_password';
  dbms_output.put_line('l_stmt='||l_stmt);
  execute immediate l_stmt into l_true using p_password;
  if (l_true = 'true') then
        select sum(principal+interest)
        into l_total_balance
        from accounts;
  end if;
  return l_total_balance;
end;
```

现在，如果 EXECUSER 再次执行该函数，该用户将得不到任何结果：

```
SQL> select schemauser.get_total_balance('WrongPass'' or ''1''=''1') from dual;

SCHEMAUSER.GET_TOTAL_BALANCE('WRONGPASS''OR''1''=''1')
-------------------------------------------------------


l_stmt=select 'true' from user_access where username = 'SUPERUSER' and
password = :l_password
```

为什么会这样？答案位于动态构建的字符串 l_stmt 中。它明确显示出密码列要与一个值相匹配；谓词本身不会像在上一个示例中那样被扩展。此处是要与密码列作匹配的完整的值：

```
'WRONGPASS'' OR ''1''=''1
```

当然，它将无法匹配到存储于表中的密码。因此，该函数拒绝了请求。如果该用户传递了正确的密码，他将得到正确的结果：

```
SQL> select schemauser.get_total_balance('SuperPass') from dual;

SCHEMAUSER.GET_TOTAL_BALANCE('SUPERPASS')
-----------------------------------------
                              4799887.82
```

就像所看到的那样，技巧在于语句的构建方式。因为参数被用作绑定变量的值而不是被当作文本串，所以攻击者在谓词中传递的带有额外内容的字符串根本不会改变查询；查询接受整个参数作为密码的可能值。这样当然匹配不到密码，因此会报告"密码无法匹配得到"。我们解决了这个安全问题。

提示：

任何时候，当在 PL/SQL 中构建要被 PL/SQL 程序执行的动态生成的语句时，只要有可能都要使用占位符，以避免发生字符串连接。

15.5.1　输入字符串的清洁

在之前的案例中，我们在 PL/SQL 代码中使用了一个绑定值作为占位符。之所以能够这样去做，是因为输入值相对比较简单，并且作为绑定变量来传递比较容易被接受。但是在一些场景中，这却不可行。从现在开始，将会遇到许多场景。在其中需要作为参数接受复杂得多的字符串，并且将涉及要生成的 SQL 语句的许多部分，而不仅仅只是一个值。在这种场景中，不得不组合连接各个部分为一个整体去动态地构建 SQL 语句。在那些场景中，如果能够审查输入的参数值并确保其中不包含有任何攻击元素，那么也能保护代码。

听起来相当复杂，不是吗？首先，要找出字符串是否像攻击代码。考虑下面的之前传递进来的字符串：

```
'WrongPass'' or ''1''=''1
```

依靠人力检查会立即发现字符串已经被注入串所污染，但是在运行时对所有参数值进行人力检查是不可能的。可以编写复杂的程序在运行时进行输入检查。事实上，那正是保证注入值不会生效的办法。对需要这样一个检查程序的事实，请不要感到沮丧。好消息是 Oracle 已经提供了这样的工具。它是一个名为 DBMS_ASSERT 的包。我们将使用那个包中特有的名为 enquote_literal() 的存储过程。为了发现可能的注入值组合，该存储过程可以对输入值执行检查。此处是带有额外检查的同一个函数的示例。该额外检查通过向输入值(p_password)应用 dbms_assert.enquote_literal() 函数来实现。

```
-- As SCHEMAUSER
create or replace function get_total_balance
(
  p_password      in varchar2
)
return number
is
  l_stmt varchar2(4000);
  l_total_balance number;
  l_true varchar2(4);
begin
  l_total_balance := -1;
  l_stmt := 'select ''true'' from user_access where username '||
    '= ''SUPERUSER'' and password = '''||
        sys.dbms_assert.enquote_literal(p_password)
```

```
            ||'''';
    dbms_output.put_line('l_stmt='||l_stmt);
    execute immediate l_stmt into l_true;
    if (l_true = 'true') then
            select sum(principal+interest)
            into l_total_balance
            from accounts;
    end if;
    return l_total_balance;
end;
```

当 EXECUSER 使用一些注入串来执行该函数时，会报错：

```
SQL> select schemauser.get_total_balance('WrongPass'' or ''1''=''1') from dual;
select schemauser.get_total_balance('WrongPass'' or ''1''=''1') from dual
      *
ERROR at line 1:
ORA-06502: PL/SQL: numeric or value error
ORA-06512: at "SYS.DBMS_ASSERT", line 409
ORA-06512: at "SYS.DBMS_ASSERT", line 493
ORA-06512: at "SCHEMAUSER.GET_TOTAL_BALANCE", line 12
```

错误相当普通——ORA-6502——这是一个关于 PL/SQL 值的正常报错。但下一行明确地表达了错误的源头：
是由 DBMS_ASSERT 包做的检查产生的。了解了这一知识之后，可以创建额外的检查，并且以能够恰当报告问
题本质的方式(就是说问题可能是由于注入串对输入值的污染引发的)来构建函数。此处是如何修改参数的示例：

```
-- As SCHEMAUSER
create or replace function get_total_balance
(
  p_password       in varchar2
)
return number
is
  l_stmt  varchar2(4000);
  l_total_balance number;
  l_true  varchar2(4);
  l_temp  varchar2(4000);
begin
  declare
        l_possible_injection_exception  exception;
        pragma exception_init (l_possible_injection_exception,-6502);
  begin
        l_temp := sys.dbms_assert.enquote_literal(p_password);
  exception
        when l_possible_injection_exception then
                raise_application_error (-20001,'Possible SQL Injection Attack');
        when OTHERS then
                raise;
  end;
  l_total_balance := -1;
  l_stmt := 'select ''true'' from user_access where username '||
    '= ''SUPERUSER'' and password = '||
        l_temp;
  dbms_output.put_line('l_stmt='||l_stmt);
  execute immediate l_stmt into l_true;
  if (l_true = 'true') then
        select sum(principal+interest)
```

```
        into l_total_balance
        from accounts;
    end if;
    return l_total_balance;
end;
```

请注意对程序所做的一些改动，在上面的代码中以粗体加亮显示：

- 定义了一个异常(l_possible_injection_exception)来标识由 PL/SQL 错误导致的异常。作为任何值错误的结果，ORA-6502 都将会发生，而不一定是存在可能的 SQL 注入攻击。因此，需要把这个作为子块定义在原始函数之中；并且该子块中唯一可能出现的异常是由于 dbms_assert 的活动所引发的。所以，在 dbms_assert 的检查和其他由于值不匹配所引发的正常的 ORA-6502 之间区分 ORA-6502 的结果相当容易。
- 在函数内部执行的第一个任务就是清洁输入。所以，不是直接使用传递进来的密码值(存储在输入参数 p_password 之中)，而是先清洁它并将其存储在一个名为 l_temp 的变量中。变量中的值是清洁的。可以从这个出发点开始放心地使用那个变量。
- enquote_literal 函数的一个非常重要的属性是它会将单引号放置在输入串的两边。此处是一个示例：

```
SQL> select dbms_assert.enquote_literal('WrongPass') from dual;

DBMS_ASSERT.ENQUOTE_LITERAL('WRONGPASS')
----------------------------------------------------------------
'WrongPass'
```

请注意输出中已经有了单引号围绕在两边。因此，当构建将要执行的语句时，不再需要添加单引号。

在函数中带有修改过的代码之后，让我们看一下当 EXECUSER 调用该函数时所发生的情况：

```
SQL> conn execuser/execuser
SQL> select schemauser.get_total_balance('WrongPass'' or ''1''=''1') from dual;
select schemauser.get_total_balance('WrongPass'' or ''1''=''1') from dual
       *
ERROR at line 1:
ORA-20001: Possible SQL Injection Attack
ORA-06512: at "SCHEMAUSER.GET_TOTAL_BALANCE", line 19
```

输出相当清楚；我们很可能遭遇了一次注入攻击。如果那个用户不带注入攻击串执行它，则函数会正常工作：

```
SQL> select schemauser.get_total_balance('WrongPass') from dual;
SCHEMAUSER.GET_TOTAL_BALANCE('WRONGPASS')
----------------------------------------

l_stmt=select 'true' from user_access where username = 'SUPERUSER' and password
= 'WrongPass'
```

或者，当使用正确的密码时，他将如预期的那样得到正确的结果：

```
SQL> select schemauser.get_total_balance('SuperPass') from dual;

SCHEMAUSER.GET_TOTAL_BALANCE('SUPERPASS')
----------------------------------------
                           4799887.82

l_stmt=select 'true' from user_access where username = 'SUPERUSER' and password
= 'SuperPass'
```

1. DBMS_ASSERT 包的更多内容

当武装起来向注入的 SQL 发起抵抗时，DBMS_ASSERT 包应该是一件相当有价值的武器。在这个示例中，

我们看到了对作为参数而传递来的一个文本值进行清洁度检查的运用案例。可以在任何文本值之上使用
dbms_assert.enquote_literal。该函数检查那个文本值,匹配单引号,确定单引号是否能够正确地成对匹配,并最终
放置单引号于被检查的文本周围,以便使不怀好意的用户不能通过添加额外的单引号来改变它。

此处是一个简单的示例。我们传递了值'WrongPass。注意,这里只有一个单引号——在开头有,在结尾没有。

```
SQL> select dbms_assert.enquote_literal('''WrongPass') from dual;
select DBMS_ASSERT.ENQUOTE_LITERAL('''WrongPass') from dual
       *
ERROR at line 1:
ORA-06502: PL/SQL: numeric or value error
ORA-06512: at "SYS.DBMS_ASSERT", line 409
ORA-06512: at "SYS.DBMS_ASSERT", line 493
```

调用 assert 包时失败了,报告了 PL/SQL 数字或值的错误。如果传递不带任何单引号的一些文本,则会成功:

```
SQL> select dbms_assert.enquote_literal('WrongPass') from dual;

DBMS_ASSERT.ENQUOTE_LITERAL('WRONGPASS')
----------------------------------------
'WrongPass'
```

在输出中把单引号加到文本周围。如果传递成对匹配的单引号,调用将会成功。这是因为该文本中包含数量
成对的单引号,而输出拆除了单引号并将其放置于 assert 包自己的单引号之间。

```
SQL> select dbms_assert.enquote_literal('''WrongPass''') from dual;
DBMS_ASSERT.ENQUOTE_LITERAL('''WRONGPASS''')
--------------------------------------------
'WrongPass'
```

这里要注意的另外一个要点是它仅仅对单引号适用。双引号不被考虑。此处是另一个示例:

```
SQL> select dbms_assert.enquote_literal('"WrongPass') from dual;
DBMS_ASSERT.ENQUOTE_LITERAL('"WRONGPASS')
----------------------------------------
'"WrongPass'
```

单个不成对匹配的双引号会被接受为有效字符。这还真不是什么问题,因为单引号才是 Oracle 用来限定文本
的符号。

注意:
DBMS_ASSERT 包在 Oracle Database 10g R2 中被引入以应对日益增长的 SQL 注入攻击的威胁。之后,它被
回移至 Oracle Database 10g Release 1。如今,这个用来应对 SQL 注入攻击的非常有效的工具仍然令人遗憾地没有
被 PL/SQL 开发社区好好地利用。

2. 对象的注入

检查文本不是那个包仅有的功能。它还能检查其他类型的输入,例如用户方案名、对象名、SQL 对象的合法
名称等。此处是在 PL/SQL 代码中会出现的另一种类型的注入的示例。回忆一下本章之前所介绍的那个函数,它
接受表名作为参数并返回那个表的行数。此处是那个函数:

```
-- As SCHEMAUSER
create or replace function get_total_rows
(
   p_table_name    in user_tables.table_name%type
)
return number
```

```
is
  l_cnt    number;
  l_stmt   varchar2(2000);
begin
  l_stmt := 'select count(*) from '||
         p_table_name;
  dbms_output.put_line ('l_stmt='||l_stmt);
  execute immediate l_stmt into l_cnt;
  return l_cnt;
end;
```

授予用户 EXECUSER 执行权限：

```
grant execute on get_total_rows to execuser;
```

在那个方案中创建另一个表用于存储信用卡号：

```
-- As SCHEMAUSER
create table credit_cards
 (
    card_number      varchar2(16) not null primary key,
    accno            number not null
 );
```

让我们向表中插入一些数据行。注意并不是所有的账户持有者都被插入信用卡表中；只有少于 20 人被插入。

```
-- As SCHEMAUSER
insert into credit_cards
select ltrim (to_char (
  dbms_random.value(1111000000000000,9999999999999999),
     '9999999999999999')),
accno
from accounts
where rownum < 20;
commit;
```

当 EXECUSER 用户要获取行数时，可以这样容易地调用这个函数：

```
SQL> select schemauser.get_total_rows('ACCOUNTS') from dual;
SCHEMAUSER.GET_TOTAL_ROWS('ACCOUNTS')
-------------------------------------
                                  100
l_stmt=select count(*) from ACCOUNTS
```

这相当直白。类似地，要得到 CREDIT_CARDS 的行数，那名用户可以简单地把那个表名作为参数来传递：

```
SQL> select schemauser.get_total_rows('CREDIT_CARDS') from dual;
SCHEMAUSER.GET_TOTAL_ROWS('CREDIT_CARDS')
-----------------------------------------
                                       19

l_stmt=select count(*) from CREDIT_CARDS
```

然而，如果用户同时传递两个表的名称会如何？

```
SQL> select schemauser.get_total_rows('ACCOUNTS,CREDIT_CARDS') from dual;
SCHEMAUSER.GET_TOTAL_ROWS('ACCOUNTS,CREDIT_CARDS')
--------------------------------------------------
                                              1900
l_stmt=select count(*) from ACCOUNTS,CREDIT_CARDS
```

函数的确执行成功了，因为它就是在两个表(ACCOUNTS 和 CREDIT_CARDS)之间做了一个笛卡尔连接。那就是为什么会得到100(ACCOUNTS 的行数)乘以 19(CREDIT_CARDS 的行数)的乘积的原因，结果是 1900。如果其中的一个表是一个巨大的表会怎么样？在连接中与那个表一起做笛卡尔积会对数据库 I/O 产生海量的负载，进而可能会导致数据库性能方面的严重影响。这是拒绝服务攻击的近亲。在其中，用户的行为(不管是恶意的或者是不小心的)会对数据库所提供的服务产生巨大的影响。这是不可接受的。

为了避免这种风险，需要确保所传递进来的是单个实际对象的名称，而不是表、视图、函数或者(更糟糕的是)能返回结果的子查询的组合。在 DBMS_ASSERT 包中的另一个名为 sql_object_name 的函数的帮助之下，这种检查相当容易进行。此处是改动过的函数：

```
-- As SCHEMAUSER
create or replace function get_total_rows
(
  p_tabname    in user_tables.table_name%type
)
return number
is
  l_cnt    number;
  l_stmt   varchar2(2000);
begin
  l_stmt := 'select count(*) from '||
          sys.dbms_assert.sql_object_name(p_tabname);
  dbms_output.put_line ('l_stmt='||l_stmt);
  execute immediate l_stmt into l_cnt;
  return l_cnt;
end;
```

此处是当 EXECUSER 使用两个表的名称做相同的调用时发生的情况：

```
SQL> conn execuser/execuser
SQL> select schemauser.get_total_rows('ACCOUNTS,CREDIT_CARDS') from dual;
select schemauser.get_total_rows('ACCOUNTS,CREDIT_CARDS') from dual
      *
ERROR at line 1:
ORA-44002: invalid object name
ORA-06512: at "SYS.DBMS_ASSERT", line 383
ORA-06512: at "SCHEMAUSER.GET_TOTAL_ROWS", line 10
```

然而，使用一个表的名称所做的有效调用会成功：

```
SQL> select schemauser.get_total_rows('CREDIT_CARDS') from dual;

SCHEMAUSER.GET_TOTAL_ROWS('CREDIT_CARDS')
-----------------------------------------
                                       19
l_stmt=select count(*) from CREDIT_CARDS
```

甚至可以带上完整限定格式(就是用表的所有者作为前缀)来传递表名：

```
SQL> select schemauser.get_total_rows('SCHEMAUSER.CREDIT_CARDS') from dual;

SCHEMAUSER.GET_TOTAL_ROWS('SCHEMAUSER.CREDIT_CARDS')
----------------------------------------------------
                                                  19
l_stmt=select count(*) from SCHEMAUSER.CREDIT_CARDS
```

类似地，DBMS_ASSERT 包中的其他函数检查其他方面的东西。例如，schema_name 函数检查数据库中有效的用户方案名。只要你愿意，可以自己探索这些。这里介绍的这两个函数是最经常用到的。

3. 日期注入

另一种类型的 SQL 注入发生在以 DATE 数据类型为参数的案例之中。问题在于：日期如何被允许以国家语言支持(National Language Support，NLS)的方式进行展示并输入。因为日期被允许以多种方式进行输入和处理，所以 NLS 设置被设计成相当多样的。令人遗憾的是：它们是如此多样，以至于给攻击串注入留下了后门。

要更好地理解这一点，让我们来看一个示例。假设需要有一个管道函数返回近期打开过的账户列表。因为涉及人，不同于事物，所以当他们使用"近期"这个词时，我们决定不是把账户的生命周期硬编码为一个值；而是使其足够灵活地让函数接受一个日期值并返回一个在那天之后曾经打开过的账户的列表。为了创建该函数，首先需要创建一个类型。因此，SCHEMAUSER 用户需要拥有 CREATE TYPE 系统权限：

```
-- As a DBA user
grant create type to schemauser;
```

作为 SCHEMAUSER，创建一个类型来存放账户的列表：

```
-- As SCHEMAUSER
create or replace type ty_accno_list
as table of number;
/
```

创建一个函数来报告近期曾经打开过的账户的列表：

```
-- As SCHEMAUSER
create or replace function get_recently_opened_accno
(
  p_created_after_dt      in date
)
return ty_accno_list
pipelined
as
  l_accno_list     ty_accno_list;
  l_stmt           varchar2(4000);
begin
  l_stmt := 'select accno from accounts where created_dt > '''||
         p_created_after_dt||
         ''' order by accno';
  dbms_output.put_line('l_stmt='||l_stmt);
  execute immediate l_stmt
  bulk collect into l_accno_list;
  for ctr in l_accno_list.first..l_accno_list.last loop
         pipe row (l_accno_list(ctr));
  end loop;
  return;
end;
```

授予 EXECUSER 用户执行它的权限：

```
grant execute on get_recently_opened_accno to execuser;
```

现在，EXECUSER 用户能够像以下这样执行这个函数：

```
SQL> select * from table(schemauser.get_recently_opened_accno('01-NOV-15'));
COLUMN_VALUE
------------
           6
l_stmt=select accno from accounts where created_dt > '01-NOV-15' order by accno
```

就如期待的那样，在输出中只列出了一个账户——账户6——在那个日期之后打开的那个账户。现在，让我们看一下：当攻击者在改动了日期的 NLS 设置之后去执行该函数时，会发生些什么。

```
-- As EXECUSER
SQL> alter session set nls_date_format= '"'' or ''1''=''1"';
Session altered.
SQL> select * from table(schemauser.get_recently_opened_accno
(to_date('01-NOV-15','dd-mon-rr')));
COLUMN_VALUE
------------
           1
           2
... output truncated.
100 rows selected.
l_stmt=select accno from accounts where created_dt > '' or '1'='1' order by accno
```

输出中显示了所有的账户，不仅仅是最近打开的那些账户，即使参数以正确的方式被进行传递。原因是什么？很明显在于被执行的语句。NLS 设置以某种方式修改了日期的输入。而这个输入本应该是：

```
created_dt > '01-NOV-15'
```

却变成了这样：

```
created_dt > '' or '1'='1'
```

这是另外一个在运行时被用户做了修改的示例。为了避免这种类型的注入污染，应该在要执行的语句中显式地格式化日期值。此处是改动过的函数(修改的内容粗体显示)：

```
-- As SCHEMAUSER
create or replace function get_recently_opened_accno
(
   p_created_after_dt     in date
)
return ty_accno_list
pipelined
as
   l_accno_list    ty_accno_list;
   l_stmt          varchar2(4000);
begin
   l_stmt := 'select accno from accounts where created_dt > '''||
          to_char(p_created_after_dt,'DD-MON-RR')||
          ''' order by accno';
   dbms_output.put_line('l_stmt='||l_stmt);
   execute immediate l_stmt
   bulk collect into l_accno_list;
   for ctr in l_accno_list.first..l_accno_list.last loop
          pipe row (l_accno_list(ctr));
   end loop;
   return;
end;
```

在做了这些改动之后，就像之前所显示的那样，当 EXECUSER 用户使用 NLS 设置执行该函数时，他会收到错误信息：

```
SQL> select * from table(schemauser.get_recently_opened_accno(to_date
('01-NOV-15','dd-mon-rr')));
select * from table(schemauser.get_recently_opened_accno(to_date('01-NOV-15',
'dd-mon-rr')))
```

```
                       *
ERROR at line 1:
ORA-01861: literal does not match format string
ORA-06512: at "SCHEMAUSER.GET_RECENTLY_OPENED_ACCNO", line 15
l_stmt=select accno from accounts where created_dt > '01-NOV-15' order by accno
```

但是当该用户重新设置 NLS 参数为默认值之后并重试，他得到了正确的值，而且不是所有的账户：

```
SQL> alter session reset nls_date_format;
Session altered.
SQL> select * from table(schemauser.get_recently_opened_accno(to_date
('01-NOV-15','dd-mon-rr')));
COLUMN_VALUE
------------
           6
```

在查询中显式地使用日期格式强制该函数去拒绝在所输入的日期值中发生的改动(作为 NLS 设置的结果)。当在表中检查日期列时，这种检查将总是对格式化过的列来进行。

4. 对匿名块注入

大多数针对 SQL 注入的讨论都集中于诸如过程和函数之类的存储代码。然而，匿名 PL/SQL 块也同样易于遭受 SQL 注入攻击。此处是一个看上去相当无害的匿名块的简单示例。假设你有需求要在屏幕上打印一些日志和调试语句。不是在 dbms_output.put_line 中去书写复杂和重复的编码，而是要使用简单的存储过程以任意一个字符串作为输入并把它打印到屏幕之上(以[LOG]作为前缀，并带有时间戳)。但是由于数据库更改控制的限制，因此无法创建任何存储于数据库之中的代码。于是就在匿名 PL/SQL 块中创建一个本地存储过程，就像此处显示的这样：

```
-- As SCHEMAUSER
declare
  procedure printf
  (
        p_input in varchar2
  )
  is
        l_stmt  varchar2(32767);
  begin
        l_stmt :=
                'begin dbms_output.put_line(''LOG [''||
                to_char(sysdate,'mm/dd/yy-hh24:mi:ss')
                ||''] ''||
                     p_input||
                '''); end;';
        execute immediate l_stmt;
        -- dbms_output.put_line('l_stmt='||l_stmt);
  end;
begin
  printf ('Starting the process');
  -- some activity occurs here
  printf ('Inbetween activities');
  -- some more activities
  printf ('Ending the process');
end;
```

此处是输出：

```
LOG [12/01/15-15:36:50] Starting the process
LOG [12/01/15-15:36:50] Inbetween activities
```

```
LOG [12/01/15-15:36:50] Ending the process

PL/SQL procedure successfully completed.
```

看起来相当无害，不是吗？然而，一名不怀好意的开发人员能够利用它，他会向参数中注入一些不需要的代码(加粗显示)：

```
declare
  procedure printf
  (
        p_input in varchar2
  )
  is
        l_stmt  varchar2(32767);
  begin
        l_stmt :=
                'begin dbms_output.put_line(''LOG ['||
                to_char(sysdate,'mm/dd/yy-hh24:mi:ss')
                ||'] '||
                      p_input||
                '''); end;';
          execute immediate l_stmt;
          -- dbms_output.put_line('l_stmt='||l_stmt);
  end;
begin
  printf ('Starting the process');
  -- some activity occurs here
  printf ('Inbetween activities');
  -- some more activities
  printf ('Ending the process''); execute immediate ''grant select on accounts to
 public''; end; --');
end;
```

输出和之前的一样，但是后果却比仅仅显示那个参数严重得多。要完全理解该后果，可去掉代码中以下行的注释并重新执行该匿名块：

```
-- dbms_output.put_line('l_stmt='||l_stmt);
```

这将显示被执行的确切语句。此处是执行后的输出：

```
LOG [12/01/15-15:41:55] Starting the process
l_stmt=begin dbms_output.put_line('LOG [12/01/15-15:41:55] Starting the
process'); end;
LOG [12/01/15-15:41:55] Inbetween activities
l_stmt=begin dbms_output.put_line('LOG [12/01/15-15:41:55] Inbetween
activities'); end;
LOG [12/01/15-15:41:55] Ending the process
l_stmt=begin dbms_output.put_line('LOG [12/01/15-15:41:55] Ending the process');
execute immediate 'grant select on accounts to public'; end; --'); end;
```

请注意最后一行。该匿名块执行了一条给 PUBLIC 授予在 ACCOUNTS 表上进行查询的权限的语句。攻击者巧妙地在最后放置了一对连词符，而连词符是 PL/SQL 中的注释符号。这会导致本行最后的') end;被忽略，并生成一个语法上正确的语句。如果要检查一下效果，那么就去查一下关于该表权限的数据字典：

```
select grantee, privilege, grantor
from dba_tab_privs
where table_name = 'ACCOUNTS';
```

此处是输出：

```
GRANTEE          PRIVILEGE        GRANTOR
---------------  ---------------  ---------------
PUBLIC           SELECT           SCHEMAUSER
UPD_INT_ROLE     UPDATE           SCHEMAUSER
```

PUBLIC 不应该在那个表上拥有任何权限，但是现在却有。并且这些权限还是由属主(SCHEMAUSER)自己授权的！这是执行了那个匿名块的结果。

为了要保护这段代码，不得不去做与之前曾用 *dbms_assert.enquote_literal* 所做的一样的测试。请记住，该检查过程将生成一个有单引号围绕于周围的字符串。因此，当要构建用于执行的语句时，将不得不移除任何已经放置的单引号。此处是改动过的 PL/SQL 块：

```
declare
   procedure printf
   (
         p_input in varchar2
   )
   is
         l_stmt  varchar2(32767);
         l_temp  varchar2(32767);
   begin
         l_temp := dbms_assert.enquote_literal(p_input);
         l_stmt :=
                 'begin dbms_output.put_line(''LOG [''||
                 to_char(sysdate,'mm/dd/yy-hh24:mi:ss')
                 ||'] ''||'||
                       l_temp||
                 '); end;';
         dbms_output.put_line('l_stmt='||l_stmt);
         execute immediate l_stmt;
   end;
begin
  printf ('Starting the process');
  -- some activity occurs here
  printf ('Inbetween activities');
  -- some more activities
  printf ('Ending the process''); execute immediate ''grant select on accounts to
 public''; end; --');
end;
```

现在，输出将会像以下这样：

```
l_stmt=begin dbms_output.put_line('LOG [12/01/15-16:05:20] '||'Starting the
process'); end;
LOG [12/01/15-16:05:20] Starting the process
l_stmt=begin dbms_output.put_line('LOG [12/01/15-16:05:20] '||'Inbetween activities'); end;
LOG [12/01/15-16:05:20] Inbetween activities
declare
*
ERROR at line 1:
ORA-06502: PL/SQL: numeric or value error
ORA-06512: at "SYS.DBMS_ASSERT", line 409
ORA-06512: at "SYS.DBMS_ASSERT", line 493
ORA-06512: at line 10
ORA-06512: at line 25
```

该检查避免执行注入的字符串,而允许可被接受的字符串良好地运行。DBMS_ASSERT 包再次扮演了救世主的角色。

15.5.2 减少 SQL 注入的可能性

为了减少 SQL 注入的可能性,需要理解到底是什么让代码发生了改变。在之前的小节中,看到了各种各样的可能性并且知道如何去应对它们。这里是一份当面对 SQL 注入攻击时,为了使 PL/SQL 代码更加健壮而采取的行动的简短总结。请注意,这不是一份意在穷尽的清单;它也不保证列出了其他种类的攻击可能性。更多地,应该使用这个清单作为指南,以便能够容易遵从以及让我们的努力得到最大的回报。

- 尽量避免在 PL/SQL 代码中动态地构建 SQL 语句。以下两个代码段具有相同的功能:

```
-- First (static)
select count(*)
into l_count
from accounts;
-Second (dynamic)
l_stmt := 'select count(*) from accounts';
execute immediate l_stmt into l_cnt;
```

第二个代码段并不需要写成这样,除非在运行时需要把整个串用来进行传递。然而,有许多开发人员好像偏爱以这种方式写代码。

- 因为可能会不可避免地要使用动态构建的 SQL 语句,所以当必须使用到它们时,只要有可能都要使用绑定变量而不是使用字符连接。此处是一个使用字符连接的示例:

```
l_stmt := 'select ''true'' from user_access where username = ''SUPERUSER''
and password = '''||p_password||'''';
```

而这是使用了绑定变量后具有相同的功能的示例:

```
l_stmt := 'select ''true'' from user_access where username = ''SUPERUSER''
and password = :l_password';
```

那个绑定变量的版本不可能给注入额外的字符串留有机会。如果攻击者这样做,密码列的值会被拿来与输入的参数值作比较,结果会失败。

- 当需要在应用程序中检查密码时,不要直接检查该列的值,而是应该写一个函数,该函数在密码正确时返回布尔值。此处是一个该函数的极为简化的示例。

```
create or replace function password_is_correct
(
  p_username     in user_access.username%type,
  p_password     in user_access.password%type
)
return boolean
as
  l_password     user_access.password%type;
begin
  select password
  into l_password
  from user_access
  where username = p_username;
  if (l_password = p_password) then
        return true;
  else
        return false;
```

```
      end if;
   end;
```

任何时候要检查密码的正确性，都可以调用此函数：

```
begin
   if schemauser.password_is_correct('SUPERUSER','SuperPass') then
         dbms_output.put_line('Password is correct');
   else
         dbms_output.put_line('Either Userid or Password is NOT correct');
   end if;
end;
```

这样会比直接拿密码与表作比对那样的代码难以被破解得多。

- 在执行完检查之后，如果密码是错误的，不是报告 Password is incorrect，而是应该报告 User ID or password is incorrect。那样会留下没有被回答的问题：是否用户 ID 是正确的而密码是错误的(或者正好相反)，再或者两者都是错误的。如果攻击者知道密码是错误的，但是了解到确实存在这样一个用户，那么后续的攻击会变得容易一些。
- 在构建动态语句的编码案例中，请在执行这些编码之前使用 DBMS_ASSERT 包验证并清洗任何输入串，就像在本章中所学习到的那样。
- 对于 DATE 或者与时间戳相关的数据类型的参数而言，首选的就是总是使用绑定变量。如果不可能那样做，那么请在代码中使用格式掩码。不要使用日期或者时间的默认格式。例如，此处有一些代码将用于从 p_created_after_dt 参数构建语句，而该参数是 DATE 数据类型：

```
l_stmt := 'select accno from accounts where created_dt > '''||
      p_created_after_dt||
      ''' order by accno';
```

应该取而代之，使用如下方式：

```
l_stmt := 'select accno from accounts where created_dt > '''||
      to_char(p_created_after_dt,'DD-MON-RR')||
      ''' order by accno';
```

这样做使得在运行时对 NLS_DATE_FORMAT 的操控不会留下任何余地。

- 撤销方案用户的 INHERIT 权限。对于具有强大权限或者拥有敏感对象的那些方案用户而言，这一点尤其重要。
- 使用基于角色的程序权限而不是直接把权限授予用户。

15.6 本章小结

在本章中，学习了各种在 PL/SQL 中开发安全代码的方法。从讨论定义者权限模型和调用者权限模型开始并慢慢地向前推进：正确理解为了避免被非法源程序调用怎样才能保护敏感的 PL/SQL 代码，即使它们两者都是由同一个用户方案所拥有。最后，学习了不怀好意的攻击者是如何利用程序的脆弱性来改变它的执行——一种通常被称为 SQL 注入的过程——并且学习了如何保护代码免受那种攻击。我们希望本章中所提供的综合信息能够帮助你成为一名防御型的程序设计者。

第 16 章

细粒度访问控制和应用上下文

细粒度访问控制(Fine Grained Access Control，FGAC)是一种安全技术。这种技术允许在数据库的表(和在这些表上的某些类型的操作)上定义特定的限制规则去限制哪些数据行用户能够看到或更改。可以使用普通的 PL/SQL和一些数据库对象来实施它；或者更方便和安全地使用 Oracle 提供的 DBMS_RLS 包来实施它。本章从细粒度访问控制的传统实施方式开始介绍，之后描述 DBMS_RLS 程序包；也会描述应用上下文如何与 FGAC 联合工作以及 FGAC 如何与其他一些 Oracle 特性进行交互。

16.1 细粒度访问控制介绍

在深入讨论 FGAC 如何工作之前，先回顾一下数据库访问与授权的特点。

Oracle 很多年来一直致力于提供表级(一定程度上是列级)的安全性。权限被用于授权允许或限制某个用户仅能访问某些表和列。对象级权限满足大多数需求。但是在一些场景中，由于它们在创建访问控制时提供的是一种"全都可见"或"全都不可见"的二选一处理方式，因此达不到用户的期望。举例来说，如果要限制约翰只能查到表中的一些数据行而不是整张表的全部数据行，就无法通过定义对象级权限来达到那样的效果。一个经典的案例就是典型的人力资源数据库：EMPLOYEE 表包含全公司员工的信息，但是部门经理应该只能看到其自己部门员工的信息。但是任何对 EMPLOYEE 表及其数据列有 SELECT 访问权限的人却都能看到所有的数据行而不仅仅只是部门记录。以上需求要做另外的设置才能实现。

列级安全性

一个很少使用却强大而有用的功能是：Oracle 有能力在列上定义权限，而不仅仅在表上。考虑一个场景：有一个用户名为 HR，他要创建一个表，该表有一个外键指向 SCOTT 用户方案中的 EMP 表的 EMPNO 列。这需要 HR 用户具有"引用"SCOTT.EMP 表的权限。SQL 语句 grant references on emp to hr 能够实现这一点。但是 HR 用户所要的仅仅是引用 EMPNO 这个列——不需要其他列。那么为什么要在所有列上都授权呢？应该只要在 EMPNO 列上进行授权。以下才是你要做的：

```
grant references(empno) on emp to hr
```

除了"引用"以外，还可以在单个列上授权其他两个权限——UPDATE 和 INSERT。在单个列上是没有 SELECT 权限的，而这恰恰是 FGAC 能做到的，特别是使用 DBMS_RLS 包时。我们将在本章中学习到这些内容。

传统上可以依赖创建在底层表之上的视图来达到一定程度的行级安全性。这样做会产生大量的视图，也会很难优化和管理，特别是因为限制对行访问的规则经常会在应用生命周期期间发生改变。

下面介绍一个很小的示例。考虑一个在示例方案SCOTT中名为EMP的示例表。以下是该表的数据行：

```
SQL> select * from scott.emp;

    EMPNO ENAME      JOB          MGR HIREDATE       SAL       COMM     DEPTNO
---------- ---------- --------- ------ ------------ --------- ---------- ----------
      7369 SMITH      CLERK       7902 17-DEC-80        800                    20
      7499 ALLEN      SALESMAN    7698 20-FEB-81       1600        300         30
      7521 WARD       SALESMAN    7698 22-FEB-81       1250        500         30
      7566 JONES      MANAGER     7839 02-APR-81       2975                    20
      7654 MARTIN     SALESMAN    7698 28-SEP-81       1250       1400         30
      7698 BLAKE      MANAGER     7839 01-MAY-81       2850                    30
      7782 CLARK      MANAGER     7839 09-JUN-81       2450                    10
      7788 SCOTT      ANALYST     7566 19-APR-87       3000                    20
      7839 KING       PRESIDENT        17-NOV-81       5000                    10
      7844 TURNER     SALESMAN    7698 08-SEP-81       1500          0         30
      7876 ADAMS      CLERK       7788 23-MAY-87       1100                    20
      7900 JAMES      CLERK       7698 03-DEC-81        950                    30
      7902 CHET       ANALYST     7566 03-DEC-00       2250                    20
      7934 MILLER     CLERK       7782 23-JAN-82        200                    10
```

表中所有员工也同时是数据库的同名用户(例如SMITH、ALLEN等)。这些用户都需要查看他们自己的记录，因此都被授予了对表进行SELECT的权限。然而，这就允许了他们查看表中的任何记录而不仅仅是他们自己的记录。SMITH(员工号 7369)不仅仅能够查看他自己的记录，而且还能够查看KING的，而KING是该公司的董事局主席。如何能够使SMITH看不到除了他自己以外的其他记录呢？传统的Oracle Database权限仅仅应用到表和列，而没有应用到行。

可以通过强制添加谓词(就是应用中的WHERE子句)来限制这一点。因此，当SMITH登录进应用并查询EMP表时，该应用就自动将他的原始查询

```
select * from emp
```

改写成

```
select * from emp where ename = 'SMITH'
```

请注意额外添加的 where 条件所造成的不同。因为数据库的用户名就是员工名，所以应用能将前述的查询修改成更为通用的格式，如下所示：

```
select * from emp where ename = USER
```

USER 函数返回当前用户的用户名。以上查询运行之后，SMITH 将不再能够看到所有记录，而只能看到那些与 ENAME 列的值一致的用户的记录。

虽然这种方式看上去行得通，但是在许多时候它仍然会失败。设想一下：如果 SMITH 绕过应用而直接去查询数据库会发生什么？那样的话就会没有谓词被及时添加进去，他就能看到所有的数据行。要避免发生这种问题，就要创建一个带有此谓词的视图。作为 SCOTT 用户，创建以下视图：

```
create or replace view vw_emp
as
select * from emp
where ename = USER
with check option;
```

现在撤销表上的权限：

```
revoke select, insert, update, delete on emp from smith, allen;
```

给这些用户授予在视图上的相应权限：

```
grant select, insert, update, delete on vw_emp to smith, allen;
```

分别以用户ALLEN和SMITH创建指向以上视图的同义词。注意我们也可以创建公共同义词，但是一些组织会把公共同义词认定为一种安全威胁。

```
SQL> conn allen/allen
Connected.
SQL> create synonym emp for scott.vw_emp;
Synonym created.
SQL> conn smith/smith
Connected.
SQL> create synonym emp for scott.vw_emp;
Synonym created.
```

然后，SMITH登录进数据库——无论是通过应用或直接的方式——该谓词就将会参与其中，而他就看不见除了他自己以外的任何记录了。

```
SQL> conn smith/smith
Connected.
SQL> select * from emp;
     EMPNO ENAME           JOB   MGR HIREDATE         SAL       COMM     DEPTNO
---------- --------------- ---- --------- ---------- ---------- ---------- ----------
      7369 SMITH           CLERK 7902 17-DEC-00       800                      20
```

类似地，当ALLEN登录进数据库并执行与以上相同的SQL时，他会看到完全不同的记录——他自己的：

```
SQL> conn allen/allen
Connected.
SQL> select * from emp;

     EMPNO ENAME           JOB       MGR HIREDATE         SAL       COMM     DEPTNO
---------- --------------- -------- ---- --------- ---------- ---------- ----------
      7499 ALLEN           SALESMAN 7698 20-FEB-00      1600        300         30
```

进行DML操作时，相同的谓词也会起作用。让我们测试一下更新操作：

```
SQL> update emp set sal = 2300;
1 row updated.
```

当我们检查被更新的值时，会看到：

```
SQL> select * from emp;

    EMPNO ENAME      JOB       MGR HIREDATE       SAL       COMM     DEPTNO
---------- ---------- --------- ---- --------- ---------- ---------- ----------
     7499 ALLEN      SALESMAN  7698 20-FEB-81      2300        300         30
```

删除也一样：

```
SQL> delete emp;
1 row deleted.
```

假设ALLEN不怀好意地想要删除他不应该看到的一行数据(例如EMPNO=7369，这行属于SMITH)，就像这样：

```
delete emp where empno = 7369;
```

他是不会成功的。因为数据库会报告没有能被删除的数据行。这行(EMPNO=7369)并不存在，它对ALLEN不可见，因此他根本删除不掉它，就像显示的这样：

```
0 rows deleted.
```

类似地，如果ALLEN要插入一行以ALLEN作为ENAME列的值的记录时会怎么样呢？

```
SQL> insert into emp values(1003,'ALLEN','PRODUCER','7698',sysdate,2200,null,30);
1 row created.
```

他应该可以做，并且他的确成功了。然而，如果他又不怀好意地试图插入另外一个名为BOB的员工(请注意在表里他是看不到该员工的)。

```
SQL> insert into emp values (1002,'BOB','PRODUCER','7698',sysdate,2200,null,30);
insert into emp values (1002,'BOB','PRODUCER','7698',sysdate,2200,null,30)
          *
ERROR at line 1:
ORA-01402: view WITH CHECK OPTION where-clause violation
```

就像预期中的那样，该行被拒绝插入。他不能插入除了他自己以外的其他名字的记录。创建视图时所写的 **WITH CHECK OPTION** 子句确保了会发生这种拒绝行为。使用这种视图，可以实现细粒度访问控制的初步功能。然而，这只是一个相当简单的需求。在现实中，会有更复杂的案例使得创建和管理这种视图变得非常困难。视图也会使依靠它们而运行的应用运行困难。这是因为简单视图允许 DML 操作遵从视图的限制，但这在复杂视图中却实现不了。就像在之前的数据编写和加密这两个章节中看到的那样，你可能不得不创建 INSTEAD OF 触发器。这样做除了会使问题变得愈发复杂外，还可能会导致应用发生一些改变。例如应用调用了以下这个语句：

```
select sal from scott.emp;
```

而不是：

```
select sal from emp;
```

在这种情况下，用户方案标识前缀的存在会使得使用私有同义词变得不可能。因此只能被迫二选一：允许用户获得直接访问SCOTT.EMP表的权限；或者把应用改得面目全非。任何一种做法都是不可接受的。

16.2　虚拟专用数据库(VPD)

如果谓词能够被自动添加到查询中会如何呢？例如，如果用户执行了以下查询：

```
select * from scott.emp
```

它会被自动改写成：

```
select * from scott.emp where <some predicate>
```

其中<some predicate>可以是任何东西，例如，

```
ename = USER
```

它甚至可以是一些更复杂的东西。此处的关键词是"自动"。用户不必自己添加谓词；数据库会自动并透明地添加它。

这就是Oracle带来的虚拟专用数据库(VPD)特性。使用VPD，能非常精准地限制某个用户能在某个表中看见哪些特定的行。这可以通过创建PL/SQL函数来实现。这种PL/SQL函数能在作用于表上的策略中封装复杂的规则逻辑。这些作用于表上的策略不仅容易管理，而且会更安全，这是因为用户无法绕过它们。

注意：
虚拟专用数据库虽然不是一个需要额外付费的选项，但是仅仅在 Oracle 企业版中提供。

概括地讲，VPD包含 3 个主要组件：

- **策略**　这是一份声明，决定了在执行查询、插入、删除、更新或以上操作的组合时如何在表上应用限制。举例来说，可能仅仅要某个用户的 UPDATE 操作被限制，而保持 SELECT 操作不受限制；或者仅仅在用户查询特定列(例如 SALARY)而不是其他列时才需要限制 SELECT 操作对表的访问。
- **策略函数**　只要安全策略里定义的条件匹配时就被调用的一个 PL/SQL 函数。该函数返回为策略准备的谓词。谓词会在下面介绍。
- **谓词**　这是策略函数返回的字符串，然后被作为用户 SQL 语句的额外 WHERE 子句由数据库透明自动地添加，用来限制对行的访问。

VPD 以自动应用谓词到用户执行的 SQL 查询语句的方式进行工作，而不管该语句本身是如何执行的。谓词是额外的 WHERE 子句。添加进去的谓词有效地过滤了一些基于策略函数里所定义的条件的数据行。能够以排除用户所有的不该查看到的数据行的方式创建这些过滤条件。Oracle 向用户语句自动应用谓词这一点是使 VPD 如此安全和全面的关键因素。另外，VPD 允许基于一些谓词选择性地展示整个列(或多个列)的内容。

16.3　需要了解 VPD 的原因

了解了这些最初的 VPD 定义后，你可能会认为它是一个相当专业的安全性功能，是一个作为开发人员或 DBA 都不大可能在日常工作中会用得到的功能。实际上，VPD 的好处已经超越了安全性。如果快速看一下原因，就会发现 VPD 非常有裨益，并且我们会贯穿本章详细讨论这些益处。

- **安全性**　谓词被应用到要访问数据库的任何查询上。不可能绕过它，因此能够确信无疑：VPD 更安全。
- **开发的简单性**　VPD 允许把谓词逻辑集中于由高度结构化的 PL/SQL 函数组成的一组包中。即使能用视图来实现行级安全性需求，你会希望这么去做吗？当遇到复杂的商业需求时，SQL 语法也会变得相当复杂。而且当你的公司要实施新的或改进后的隐私策略或者政府要颁布并生效新的法令时，就不得不为你的视图找出如何把这些政策转换过来的相对应的 SQL 语法。在少量的包中对 PL/SQL 函数作修改以及让 Oracle 在特定的表上自动应用你的规则而不必去考虑它们是如何被访问的是相当容易的事情。
- **维护的简单性**　VPD 非常容易实施。假设一个已经存在的应用把所有客户的信息都展现给所有的用户(虽然它允许基于权限等级进行更新)。现在再假设：由于引入了新的与隐私相关的法令，你的组织现在需要仅向用户展示被授权访问的那些客户记录，而不是全部。要实现这个需求，将不得不向查询出来的结果集中应用过滤条件。这个操作会显得非常繁琐，设想一下：不得不用额外的 WHERE 或 AND 子句重写应

用内部的每一个查询以确保结果集不包含未被授权的客户——然后再通过 QA(查询分析)流程验证结果集。如果使用 VPD, 这个令人气馁的任务会变得轻而易举: 简单地将 VPD 应用于每个表, 而且不需要更改任何查询。结果集将自动被过滤好。

- **罐装应用**　与易开发性相关的是: 有了 VPD 的功能使得第三方罐装应用易于被采用。因为在这种应用中没有源代码供更改, 所以即使你非常适合去完成应用中每个查询的更改, 也不能对罐装应用这样做。你将需要得到应用厂商的帮助。对于一些遗留系统而言, 这个问题就会尤其突出。大多数机构都害怕对这些系统做任何更改, 即便是简单的更改(诸如添加谓词)。VPD 来拯救这种场景了, 因为它不需要更改代码。你能够穿越第三方应用代码, 彻底绕过它们的应用逻辑, 而将自己的策略添加到那些代码所工作的表上。

- **控制写活动**　VPD 提供了一种灵活、快速并容易的方式瞬间使表和视图在只读和读写之间切换, 并且这种切换可以基于用户的凭证来实现。因为 Oracle 的基本原生管理命令只允许对整个表空间定义只读或读写, 所以就能用 VPD 来填补这个空白去实施相同的功能到单独的表和视图上: 使它们变成只读或读写的。

- **整体数据编写**　在第 13 章中, 了解了基于一些条件对某个表的特定列进行数据编写。如果要通过改成空值的方式完全掩蔽那些值, VPD 会十分顺手好用。我们将会在本章稍后部分学到如何去这样做。

Oracle 提供的 DBMS_RLS 包具有实施 VPD 功能的所有工具。

16.4　一个简单的示例

让我们从一个简单的示例开始: 在之前提到的同一张表(SCOTT 用户方案中的 EMP 表)上使用 DBMS_RLS 包来实施 VPD。在之前的部分中, 看到如何限制只返回用户自己的记录。让我们看一下略为不同但依然简单的需求: 要限制用户仅能够看到工资小于等于 1500 的那些员工。如果用户输入了以下查询:

```
select * from emp;
```

我们希望这个查询能自动并透明地被改成以下的样子:

```
select * from emp where sal <= 1500;
```

也就是, 在用户向 EMP 表请求数据的任何时候, Oracle 都通过 VPD 机制自动地应用想要的限制。要发生这些, 需要告诉 Oracle 我们的需求。请注意谓词 where sal <=1500 是如何起作用的, 它决定了用户能够在结果集中会看到什么。这个谓词是 VPD 设置中的基本组件, 而且最重要的是, 必须确保该子句能够被自动应用。

首先, 需要写一个能够以字符串形式创建和返回该谓词的函数。我们将会使用以下简单的代码。以 SCOTT 用户连接数据库, 创建 authorized_emps 函数, 如下所示:

```
create or replace function authorized_emps (
  p_schema_name  in  varchar2,
  p_object_name  in  varchar2
)
  return varchar2
IS
  l_return_val  varchar2 (2000);
BEGIN
  l_return_val := 'SAL <= 1500';
  return l_return_val;
END;
```

注意, 虽然这两个参数(用户方案名和对象名)在函数内部并没有被用到, 但是它们仍然是 VPD 架构所必需的。换句话说, 每一个谓词函数都必须传递这两个参数; 这方面的主题将会在本章稍后部分更详细地进行解释。

当该函数执行时, 它将返回所需要的谓词串 SAL <= 1500。让我们通过以下代码段去确认一下:

```
declare
   l_return_string   varchar2 (2000);
begin
   l_return_string := authorized_emps ('X', 'X');
   dbms_output.put_line ('Return String = ' || l_return_string);
end;
```

输出是：

```
Return String = SAL <= 1500
```

无论传递的参数值是什么，该函数将总是返回相同的值，因此为什么要传递参数呢？我们将会在本章稍后公布答案。

既然已经有了一个能返回所需的谓词的函数，就可以走下一步了：设置谓词串以用于VPD的强制执行。VPD策略定义了谓词在什么时候和如何应用到SQL语句之上。要为EMP表定义列级安全性，请以SYS或其他一些DBA账户连接数据库并执行下列代码：

```
begin
   dbms_rls.add_policy (
      object_schema        => 'SCOTT',
      object_name          => 'EMP',
      policy_name          => 'EMP_POLICY',
      function_schema      => 'SCOTT',
      policy_function      => 'AUTHORIZED_EMPS',
      statement_types      => 'INSERT, UPDATE, DELETE, SELECT'
   );
END;
```

让我们仔细看看以上代码中都有些什么内容：在 SCOTT 用户方案所拥有的 EMP 表上添加了一个名为 EMP_POLICY 的策略。该策略将在用户执行 INSERT、UPDATE、DELETE 或 SELECT 操作时应用来自 SCOTT 用户方案的 authorized_emps 函数定义的过滤规则。

在策略就位后，就能以用户 ALLEN 身份查询 EMP 表来立即测试它。首先，需要把对表的权限授予 ALLEN：

```
grant select, insert, update, delete on scott.emp to allen;
```

现在，让我们以 ALLEN 身份连接数据库并直接查询表：

```
SQL> conn allen/allen
SQL> select * from scott.emp;
    EMPNO ENAME      JOB       MGR HIREDATE       SAL       COMM     DEPTNO
---------- ---------- --------- ---- --------- ---------- ---------- ----------
     7369 SMITH      CLERK     7902 17-DEC-80      800                    20
     7521 WARD       SALESMAN  7698 22-FEB-81     1250        500         30
     7654 MARTIN     SALESMAN  7698 28-SEP-81     1250       1400         30
     7844 TURNER     SALESMAN  7698 08-SEP-81     1500          0         30
     7876 ADAMS      CLERK     7788 23-MAY-87     1100                    20
     7900 JAMES      CLERK     7698 03-DEC-81      950                    30
     7934 MILLER     CLERK     7782 23-JAN-82      200                    10
7 rows selected.
```

注意只有 7 行被选中，而不是全部的 14 行。如果仔细查看，还会注意到所有被选中的那些行的 SAL 值都小于等于 1500。这正是谓词函数所产生的强制效果。所以，用户的原始查询

```
select * from scott.emp;
```

被RDBMS(尽管用户没有指定谓词)自动转换成这样：

```
select * from scott.emp
```

```
where SAL <= 1500;
```

类似地，如果用户试图删除或更新表中的数据行，就像下面显示的那样，也仅仅是作用于那些被 RLS 策略允许可见的行：

```
SQL> delete scott.emp;
7 rows deleted.
```

仅仅 7 行被删除了，而不是全部的 14 行。类似地，以下是当用户更新表中的 COMM 列时会发生的情况：

```
SQL> update scott.emp set comm = 100;
7 rows updated.
```

并且，因为 Oracle 是在 SQL 执行级别上应用这个规则，所以用户不会意识到过滤的发生——这就是从安全视角上看到的 VPD 的另一个宝贵的特性。

警告：不要把执行权限授予 PUBLIC
策略不是数据库方案对象；换言之，不应该让用户拥有它们。任何对 DBMS_RLS 包拥有执行权限的人都可以创建策略。因此，当授权对 DBMS_RLS 包的执行权限时应该特别小心，这一点很重要。如果某人曾经把这个包的执行权限授予 PUBLIC，就应该立即撤销这个授权。

实际上可以把策略函数写得足够复杂以满足应用的任何需求。然而，每一个函数都必须遵从以下这些规则：

- 它必须是一个独立的或在包中的函数，而不能是存储过程。
- 它必须返回 VARCHAR2 型的值，该值会被当作谓词来应用。
- 它必须按照以下顺序恰好有两个输入参数：
    - 用户方案名，它拥有把策略定义于其上的那个表。
    - 要把策略应用于其上的对象名(表或视图)。

如果要查看定义在表上的策略，可以查看数据字典视图 DBA_POLICIES。该视图显示了策略的名称、在其上定义策略的对象(包括对象属主)、策略函数名(包括属主)，另外还有其他很多信息。以下是它的示例输出：

```
select policy_name, pf_owner, function, sel, ins,
       upd, del, idx, chk_option
from dba_policies
where object_owner = 'SCOTT'
and object_name = 'EMP';


POLICY_NAME     PF_OWNER         FUNCTION         SEL INS UPD DEL IDX CHK
--------------- ---------------- ---------------- --- --- --- --- --- ---
EMP_DEPT_POLICY SCOTT            AUTHORIZED_EMPS  YES YES YES YES NO  YES
```

SEL、INS、DEL、UPD 和 IDX 列分别指示出该策略是否对查询、插入、删除、更新和索引操作激活。PF_OWNER 和 FUNCTION 列分别显示策略函数的属主和名称。

如果要删除一个已有的 VPD 策略，可以使用 DBMS_RLS 包中的 DROP_POLICY 程序去完成。在本章稍后，会看到使用该程序的示例。

VPD 策略的简单小结
- 策略是一组用来把表置于行级安全性管理之下的指令。它不是方案对象，不应该有用户能拥有它。
- Oracle 使用策略去决定什么时候以及如何把谓词应用到所有针对那个表的查询之上。
- 谓词是由策略函数创建并返回的，策略函数必须由用户来编写。

16.5 中级 VPD

既然已经看到了基本的 VPD 的示例,并且知道了 VPD 如何工作的基本常识,让我们看一些能够利用到 VPD 各个不同方面优势的示例。

16.5.1 执行更新检查

让我们考虑一个比之前的示例略微有点绕的示例。用户现在要更新 SAL 列而不是更新 COMM 列。因为 SAL 列是谓词中用到的列,所以有必要看一下结果。以下是 ALLEN 或 SIMTH 做的:

```
SQL> update scott.emp set sal = 1200;
7 rows updated.
SQL> update scott.emp set sal = 1100;
7 rows updated.
```

就像期望的那样,仅仅 7 行被更新。现在让我们改变要更新的值:毕竟任何人都有可能得到更高的薪水。

```
SQL> update scott.emp set sal = 1600;
7 rows updated.
SQL> update hr.emp set sal = 1100;
0 rows updated.
```

让我们回滚更改:

```
SQL> rollback
```

注意下最后一个更新。为什么没有行更新呢?

答案源于第一个更新。第一个操作更新 SAL 列为 1600。这会导致表的所有可见行都不满足谓词过滤条件 SAL <= 1500。因此,在第一个更新之后,所有的行都变得对用户不可见。

这是一个潜在的令人困惑的情形:用户能针对那些会被改变可见性的数据行去执行 SQL 语句。在应用开发过程中,这种数据不稳定性很可能会产生 bug,或者至少引入一定程度的不可预见性。这种不可预见性会导致调试程序成为一种挑战。为了对抗这种行为,可以利用 ADD_POLICY 存储过程的另一个叫 update_check 的参数。当在表上创建策略时,让我们看一下把该参数设为 TRUE 后产生的影响。首先删除策略:

```
begin
  dbms_rls.drop_policy (
    object_schema       => 'SCOTT',
    object_name         => 'EMP',
    policy_name         => 'EMP_POLICY'
  );
end;
```

带上要新添加的参数重新把策略加回去:

```
begin
  dbms_rls.add_policy (
    object_schema       => 'SCOTT',
    object_name         => 'EMP',
    policy_name         => 'EMP_POLICY',
    function_schema     => 'SCOTT',
    policy_function     => 'AUTHORIZED_EMPS',
    statement_types     => 'INSERT, UPDATE, DELETE, SELECT',
    update_check        => TRUE
  );
end;
```

该策略在表上就位之后，如果用户试图执行相同的更新，他会收到错误信息：

```
SQL> update scott.emp set sal = 1600;
update scott.emp set sal = 1600
         *
ERROR at line 1:
ORA-28115: policy with check option violation
```

ORA-28115 错误会被抛出。因为如果对特定谓词所过滤的数据行的列作更改，策略会阻止可能导致该行可见性被改变的更改。用户仍然可以对不会影响到数据行可见性的其他列作更改。

提示：
建议每次声明一个策略时都把 update_check 参数设置为 TRUE，以防止之后在应用中出现不可预见并很可能是不想要的行为。

16.5.2　静态策略与动态策略

在我们的示例中，策略函数总是返回静态值，即使调用它的环境改变了它也不会改变，这被称为静态策略。VPD 不需要每次在针对表进行查询时都执行函数。函数值可以仅仅被决定一次并缓存，然后需要多少次就从缓存中重用多少次。这样会显著提高性能。要使策略以那种方式运行，必须通过把参数 static_policy 的值设置为 TRUE 来显式地声明它为静态策略，就像以下显示的这样：

```
begin
   dbms_rls.drop_policy (
      object_schema        => 'SCOTT',
      object_name          => 'EMP',
      policy_name          => 'EMP_POLICY'
   );
end;
/
begin
   dbms_rls.add_policy (
      object_schema      => 'SCOTT',
      object_name        => 'EMP',
      policy_name        => 'EMP_POLICY',
      function_schema    => 'SCOTT',
      policy_function    => 'AUTHORIZED_EMPS',
      statement_types    => 'INSERT, UPDATE, DELETE, SELECT',
      update_check       => TRUE,
      static_policy      => TRUE
   );
end;
/
```

Oracle 12.1.0.2 中 static_policy 参数的默认值是 FALSE，这使得策略是动态的而不是静态的，并导致在表上每一次进行操作时，策略函数都要被重新执行。

即便是遇到看上去好像不是这样的案例，在其中仍然存在许多场景表明：静态谓词策略正是真正被需要的。考虑一个服务许多客户的商品数据仓库的场景：在此谓词可能会被用来限制仅仅返回与该客户相关的记录项。例如，表 BUILDINGS 可能会包含一个名为 CUSTOMER_ID 的列，谓词 CUSTOMER_ID=customer_id 必须被添加到查询中。customer_id 基于用户用于登录数据库的 ID。一旦用户登录，他或她的客户 ID 就能够被 LOGON 触发器获取到，然后 RLS 策略能够用那个 ID 去评估哪些行应该被展示出来。在整个会话中，谓词的值不会改变，因此使得在这种场景中设置 static_policy 为 TRUE 很合理。

1. 静态策略的问题

静态策略能够提高性能，但也能在应用中带来 bug，这是因为谓词始终保持恒定。如果谓词取自或依赖于一个不断变化的值，例如时间、IP 地址或客户标识，就需要定义动态策略而不是静态策略。以下是为什么需要这么去做的示例。

再看一下原始的策略函数，但是这次我们假设谓词依赖于一个变化着的值，例如当前时间系统中的秒数。这可能不是现实中会发生的案例，但是可以用来足够接近地解释此概念。让我们以 SCOTT 用户创建一个表：

```
create table func_execs
(
  val number
);
```

只向该表中插入一行：

```
insert into func_execs values (1);
commit;
```

现在对之前创建的authorized_emps函数作一些更改：

```
create or replace function authorized_emps (
  p_schema_name   in   varchar2,
  p_object_name   in   varchar2
)
  return varchar2
is
  l_return_val   varchar2 (2000);
  pragma autonomous_transaction;
begin
  l_return_val := 'sal <= ' ||
    to_number (to_char (sysdate, 'ss')) * 100;
  update func_execs
    set val = val + 1;
  commit;
  return l_return_val;
end;
```

在这个示例中，该函数获取了当前时间中的秒数部分并乘以 100，然后将其作为谓词返回。该谓词要求SAL列的值小于或等于这个数值。因为秒数部分随着时间的改变而改变，所以连续执行该函数将会得到不同的结果。额外地，函数每被调用一次，FUNC_EXECS表中的VAL列的值都会被加 1。这种更新是通过自治事务来实现的，因此并不依赖于查询的结果。注意这个自治事务仅仅是为了满足我们的计数需求而引入的；它既不是必需的也与VPD的实施无关。

EMP表上应该有在之前的示例中添加的VPD策略。如果不存在，就需要重新创建它(并且，如果它已经存在，那么请先删除它，因为它原有的一些属性不适用)。当重新创建策略时，请确保参数static_policy是FALSE(这是默认值)。

```
begin
  dbms_rls.drop_policy (
    object_schema       => 'SCOTT',
    object_name         => 'EMP',
    policy_name         => 'EMP_POLICY'
  );
end;
```

现在带着要添加的参数把策略加回到表上：

```
begin
   dbms_rls.add_policy (
      object_schema      => 'SCOTT',
      object_name        => 'EMP',
      policy_name        => 'EMP_POLICY',
      function_schema    => 'SCOTT',
      policy_function    => 'AUTHORIZED_EMPS',
      statement_types    => 'INSERT, UPDATE, DELETE, SELECT',
      update_check       => TRUE,
      static_policy      => FALSE
   );
end;
```

现在是时候测试这个策略了。用户ALLEN试图找出表中员工的数目：

```
SQL> select count(*) from scott.emp;
   COUNT(*)
----------
        0
```

因为表在VPD安全性管理之下，所以策略函数被调用来提供谓词串去应用到查询。因为它依赖于当前时间的秒数部分，所以返回值是一个0~60之间的值。在此特定的案例中，没有任何记录会与该谓词的值相匹配，因此不存在满足条件的数据行。

因为策略函数会更新FUNC_EXECS表中VAL列的值，所以我们能够查到该函数被执行了多少次。以SCOTT用户检查FUNC_EXECS表中VAL列的值：

```
select * from func_execs;
      VAL
----------
        3
```

由于策略函数被调用了两次——一次在分析阶段，另一次在执行阶段——因此值被从 1 增加到了 3。ALLEN可以再次执行查询来查看员工的数目：

```
select count(*) FROM scott.emp
   COUNT(*)
----------
       10
```

这次策略函数所返回的谓词能够让表中的 10 条记录被查到。再次查看一下FUNC_EXECS表中的VAL列的值：

```
select * from func_execs;
      VAL
----------
        5
```

值从 3 开始又被加了 2——证明了策略函数被执行了许多次。可以随意多次重复本练习。每次都会验证到：只要在表上操作一次，策略函数就会执行一次。

现在，让我们重新声明策略为静态的并重复实验。因为没有相应的VPD操作或API来改变策略，所以要先删除原策略，然后再重新创建它。有趣的是，的确存在一个alter_policy存储过程，但是就像将会在后面看到的那样：它并不是用来改变策略的。

```
begin
   dbms_rls.drop_policy (
      object_schema      => 'SCOTT',
      object_name        => 'EMP',
      policy_name        => 'EMP_POLICY'
```

```
  );
end;
```

带着新的参数把策略重新加回到表上：

```
begin
  dbms_rls.add_policy (
    object_schema      => 'SCOTT',
    object_name        => 'EMP',
    policy_name        => 'EMP_POLICY',
    function_schema    => 'SCOTT',
    policy_function    => 'AUTHORIZED_EMPS',
    statement_types    => 'INSERT, UPDATE, DELETE, SELECT',
    update_check       => TRUE,
    static_policy      => TRUE
  );
end;
```

以 SCOTT 用户身份把 FUNC_EXECS 表中 VAL 列的值重新设置为 1：

```
SQL> conn scot/tiger
SQL> update func_execs set val = 1;
SQL> commit;
```

以 ALLEN 用户身份查询表中的行数：

```
SQL> conn allen/allen
SQL> select count(*) from scott.emp;
   COUNT(*)
----------
         8
```

以SCOTT用户身份检查FUNC_EXECS表中VAL列的值：

```
SQL> conn scott/tiger
SQL> select * from func_execs;
        VAL
----------
          2
```

该值被加 1，这是因为策略函数只被执行了一次，而不是像它之前那样被执行了两次。以 ALLEN 用户身份多次重复查询 EMP 表：

```
SQL> conn allen/allen
SQL> select count(*) from scott.emp;
   COUNT(*)
----------
         8
SQL> select count(*) from scott.emp;
   COUNT(*)
----------
         8
SQL> select count(*) from scott.emp;
   COUNT(*)
----------
         8
SQL> select count(*) FROM scott.emp;
   COUNT(*)
----------
         8
```

以上所有查询都返回相同的数值，而不像之前那样返回不同的值。为什么会这样？这是因为策略函数仅被执行了一次，之后这个被策略所使用的谓词就被缓存下来。由于策略函数在第一次执行之后就不再执行了，谓词当然就不会改变。为了确认这一点，以 SCOTT 用户身份查询 FUNC_EXECS 表：

```
select * from func_execs;
       VAL
----------
         2
```

值仍然是 2；自从第一次被调用后，它都没有增长。以上输出确认了：在对 EMP 表后续的 SELECT 操作中，策略函数再也没有被调用过。

通过把策略函数声明为静态的，有效地指示策略函数只执行一次，进而策略将重用最初生成的谓词，即使谓词在过程中可能会发生改变。这种行为可能会在你的应用中产生难以预料的结果，因此请谨慎使用静态策略。仅仅当函数明确地返回一个除了在会话开始时被设置，之后怎么样都不会发生任何变化的谓词时——例如用户名——我们才要用静态策略。

2. 防止出现静态策略 bug

在此已经看到了围绕使用静态策略可能会出现的潜在问题。一方面，因为函数仅执行一次并缓存了结果，这使得静态策略有了巨大的性能优势。另一方面，由于函数没有被重新执行，进而谓词保持不变，而实际上可能应该要改变。这就会带来问题。那么如何防止出现这种情况——本应该写一个动态策略却写出了一个静态策略？

这很简单。除了勤勉编程之外，Oracle 会通过阻止或允许函数去使用特定 pragma 声明的方式来帮助确认该函数不应该是或应该是静态策略函数。这种 pragma 声明禁止了函数对数据库的任何操作。要这样做，不能使用独立函数作为策略函数而要使用包函数。以下是由 SCOTT 用户方案创建的包的规范：

```
create or replace package vpd_pkg
as
   function authorized_emps (
     p_schema_name   in   varchar2,
     p_object_name   in   varchar2
   )
     return varchar2;

   pragma restrict_references (authorized_emps, WNDS, RNDS, WNPS, RNPS);
end;
```

注意我们定义了 pragma 来使该函数达到这些纯度等级：

- WNDS　不写数据库状态
- RNDS　不读数据库状态
- WNPS　不写包状态
- RNPS　不读包状态

下一步，我们创建包体，在那里把业务逻辑放入函数 authorized_emps 之中。我们知道该函数在代码中查询当前系统的时间戳。

```
create or replace package body vpd_pkg
as
   function authorized_emps (
     p_schema_name   in   varchar2,
     p_object_name   in   varchar2
   )
     return varchar2
```

```
   is
      l_return_val  varchar2 (2000);
   begin
      l_return_val :=
          'sal <= ' || to_number (to_char (sysdate, 'ss')) * 100;
      return l_return_val;
   end;
end;
```

该包创建失败并报了以下的出错信息:

```
Warning: Package Body created with compilation errors.

Errors for PACKAGE BODY RLS_PKG:

LINE/COL ERROR
-------- ----------------------------------------------------------------
2/4      PLS-00452: Subprogram 'AUTHORIZED_EMPS' violates its associated
         pragma
```

这是正确的。Oracle 为我们做了检查。pragma 声明使我们避免陷入潜在的出错僵局。当创建静态策略时,请确认策略函数返回的谓词在会话内不会存在不同的值。

提示:

即使你认为函数总是返回静态值,并且很笃定代码的正确性,也请使用 pragma 来强制它。这会避免将来出现潜在的 bug。

3. 定义动态策略

在之前的部分里,讨论了只返回恒定谓词串(例如 SAL <= 1500)的策略。在现实中,除了一些像货物数据仓库一样的特殊应用外,这种场景并不是常态。在大多数场景中,需要创建基于发出查询的用户的过滤条件。例如,HR 应用要求用户仅仅看到他们自己的记录而不是表中的所有记录。这是一个动态的需求,因为它需要为每位登录进来的员工分别进行评估。策略函数能够被重写成这样:

```
create or replace function authorized_emps (
   p_schema_name   in   varchar2,
   p_object_name   in   varchar2
)
   return varchar2
is
   l_return_val   varchar2 (2000);
begin
   l_return_val := 'ename = user';
   return l_return_val;
end;
```

在第 9 行中,谓词将会把 USER 值(就是当前登录用户的用户名)与 ENAME 列进行比较。如果 ALLEN 登录并查询表,他就只能看见一行——他自己的:

```
SQL> select * from scott.emp;

    EMPNO ENAME      JOB       MGR HIREDATE        SAL       COMM     DEPTNO
---------- ---------- ------- ------------- ---------- ---------- ----------
     7499 ALLEN      SALESMAN 7698 20-FEB-81       1600        300         30
```

现在让我们扩展该模型为要让 ALLEN 看到更多的记录——不仅仅是他自己的而且是他整个部门的记录。现在策略函数会变成以下这样：

```
create or replace function authorized_emps (
  p_schema_name  in  varchar2,
  p_object_name  in  varchar2
)
  return varchar2
is
  l_deptno       number;
  l_return_val   varchar2 (2000);
begin
  select deptno
    into l_deptno
    from emp
   where ename = user;

  l_return_val := 'deptno = ' || l_deptno;
  return l_return_val;
end;
```

但是这里仍然有个小毛病。在之前的代码中，函数要查询 EMP 表。然而，该表被 VPD 策略所保护，该策略的函数由 SCOTT 用户拥有。当该函数以 SCOTT 用户权限执行时，它也仅仅能找到一行。这是因为只有一个员工名为 SCOTT——这样会导致谓词返回不正确。为了防止这个错误的发生，我们有两个选择：

- 给 SCOTT 用户授予特别的权限以使 VPD 策略不会应用到他身上。
- 在策略函数内部进行判断调用用户是否是用户方案的所有者；如果是，则忽略检查。

如果使用第一种处理方式，就不需要更改策略函数。需要以 DBA 用户身份给 SCOTT 用户授予特殊的权限：

```
grant exempt access policy to scott;
```

这会从应用那里移除针对 SCOTT 用户的所有 VPD 策略。因为在任何表之上定义的策略都不会得到应用，所以要谨慎使用这种处理方法。实际上，考虑到它在安全模型中遗留下来的漏洞，不推荐对常规方案用户采用这种处理方法。

第二种方法要有特殊命名的用户方案，例如 VPDOWNER。应该在该方案下创建所有的 VPD 策略并拥有所有的策略函数。仅仅是这个用户（而不是其他人）被授予 EXEMPT ACCESS POLICY 系统权限。

使用第二种方法时，策略函数要包括为用户方案拥有者而准备的绕过过滤条件的业务逻辑，就像之后会展示的那样。首先，我们将要创建一个特殊的名为 VPDOWNER 的用户，这个用户用来创建策略和函数。以 SYS 或者另一个 DBA 用户身份执行以下 SQL 语句：

```
create user vpdowner identified by vpdowner;
grant exempt access policy, create session, create procedure to vpdowner;
grant execute on dbms_rls to vpdowner;
```

还要把查询 EMP 表的权限授予该用户：

```
grant select on scott.emp to vpdowner;
```

这些授权做好之后，以 VPDOWNER 用户身份创建以下函数。注意必须以 VPDOWNER 用户来创建，而不是用表的属主（SCOTT）来创建。

```
create or replace function authorized_emps (
  p_schema_name  in  varchar2,
  p_object_name  in  varchar2
)
  return varchar2
is
```

```
   l_deptno        number;
   l_return_val  varchar2 (2000);
begin
   if (p_schema_name = user)
   then
     l_return_val := null;
   else
     select deptno
       into l_deptno
       from scott.emp
      where ename = user;
     l_return_val := 'deptno = ' || l_deptno;
   end if;
   return l_return_val;
end;
```

这个版本的函数和之前的非常相似，所不同的是加粗的新行被添加进来。它们可以被用来检查调用用户是否是表的属主；如果是，则返回空值。函数返回的谓词如果为空值，则与没有谓词完全等价，即不过滤数据行。

在表上删除任何已经存在的策略并使用新创建的函数重新创建策略：

```
begin
   dbms_rls.drop_policy (
      object_schema        => 'SCOTT',
      object_name          => 'EMP',
      policy_name          => 'EMP_POLICY'
   );
end;
/
begin
   dbms_rls.add_policy (
      object_schema        => 'SCOTT',
      object_name          => 'EMP',
      policy_name          => 'EMP_POLICY',
      function_schema      => 'VPDOWNER',
      policy_function      => 'AUTHORIZED_EMPS',
      statement_types      => 'INSERT, UPDATE, DELETE, SELECT',
      update_check         => TRUE,
      static_policy        => FALSE
   );
end;
/
```

请注意加粗的行，其中使用了由VPDOWNER拥有的新函数。

现在，当ALLEN执行与之前相同的查询时，他的所有部门(30)的数据行都被返回了：

```
SQL> conn allen/allen
SQL> select * from scott.emp;
EMPNO ENAME        JOB         MGR HIREDATE      SAL  COMM DEPTNO
------ ------------ ---------- ---- --------- ------ ----- ------
 7499 ALLEN        SALESMAN   7698 20-FEB-81 1,600   300     30
 7521 WARD         SALESMAN   7698 22-FEB-81 1,250   500     30
 7654 MARTIN       SALESMAN   7698 28-SEP-81 1,250 1,400     30
 7698 BLAKE        MANAGER    7839 01-MAY-81 2,850           30
 7844 TURNER       SALESMAN   7698 08-SEP-81 1,500     0     30
 7900 JAMES        CLERK      7698 03-DEC-81   950           30
6 rows selected.
```

就像看到的，在创建 VPD 策略时策略函数至关重要。只要语法正确，无论函数能计算出什么谓词值，策略总是会把过滤规则应用于数据行之上。可以使用策略函数创建出相当精致和复杂的谓词。

以相同的处理手段，能够把 VPD 过滤条件应用到数据库里的任何表上。例如，可以在 DEPT 表上创建一个策略，就像以下显示的那样：

```
begin
   dbms_rls.add_policy (
       object_schema        => 'SCOTT',
       object_name          => 'DEPT',
       policy_name          => 'DEPT_POLICY',
       function_schema      => 'VPDOWNER',
       policy_function      => 'AUTHORIZED_EMPS',
       statement_types      => 'SELECT, INSERT, UPDATE, DELETE',
       update_check         => TRUE,
       static_policy        => FALSE
   );
end;
```

在此，相同的函数(authorized_emps)被用作策略函数。因为函数返回谓词 DEPTNO = deptno，所以很方便在 DEPT 表和任何包含 DEPTNO 列的其他表上使用。可以通过以 ALLEN 用户连接数据库并查询 DEPT 表来确认它能正常工作。首先，需要授予 ALLEN 查询权限：

```
SQL> conn scott/tiger
SQL> grant select on dept to allen;
SQL> conn allen/allen
SQL> select * from scott.dept;
   DEPTNO DNAME          LOC
---------- -------------------------- --------------
       30 SALES          CHICAGO
```

请注意仅有的一行数据(DEPTNO = 30，ALLEN 的部门号)，这应该感谢策略函数，或者更准确地说是策略函数所返回的谓词做到了这一点。

一个没有DEPNO列的表也很有可能会有其他列，通过这个列与EMP表有外键关系。例如，BONUS表有一个叫ENAME的列，该列绑定了EMP表。因此，可以把策略函数重写成以下这样(由VPDOWNER用户方案拥有)：

```
create or replace function allowed_enames (
   p_schema_name   in   varchar2,
   p_object_name   in   varchar2
)
   return varchar2
is
   l_deptno        number;
   l_return_val    varchar2 (2000);
   l_str           varchar2 (2000);
begin
   if (p_schema_name = user)
   then
      l_return_val := null;
   else
      select deptno
        into l_deptno
        from scott.emp
       where ename = user;
      l_str := '(';
      for emprec in (select ename
```

```
                    from scott.emp
                   where deptno = l_deptno)
      loop
        l_str := l_str || '''' || emprec.ename || ''',';
      end loop;
      l_str := rtrim (l_str, ',');
      l_str := l_str || ')';
      l_return_val := 'ename in ' || l_str;
    end if;
    return l_return_val;
end;
```

在进一步深入探讨前，需要确认函数返回了所预期的值。由于函数被VPDOWNER拥有，因此把执行它的权限授予ALLEN，以便让ALLEN能执行它。非常重要的是要了解到这么做仅仅是为了确认函数值的目的。之后应该撤销该授权。

```
SQL> conn vpdowner/vpdowner
SQL> grant execute on allowed_enames to allen;
SQL> conn allen/allen
SQL> select vpdowner.allowed_enames ('SCOTT','BONUS') from dual;

VPDOWNER.ALLOWED_ENAMES('SCOTT','BONUS')
----------------------------------------------------------------
ENAME IN ('BOB','ALLEN','WARD','MARTIN','BLAKE','TURNER','JAMES')
```

结果得到了确认，我们得到了想要的谓词。这正是ALLEN(当前用户)所工作于其中的部门的全部员工信息。现在撤销权限：

```
SQL> conn vpdowner/vpdowner
SQL> revoke execute on allowed_enames from allen;
```

如果在BONUS表上用以下的策略函数来定义策略，也能把BONUS表控制于VPD策略之下：

```
begin
  dbms_rls.add_policy (
    object_schema       => 'SCOTT',
    object_name         => 'BONUS',
    policy_name         => 'BONUS_POLICY',
    function_schema     => 'VPDOWNER',
    policy_function     => 'ALLOWED_ENAMES',
    statement_types     => 'SELECT, INSERT, UPDATE, DELETE',
    update_check        => TRUE
  );
end;
```

Oracle 的示例方案中的 BONUS 表是空的。让我们插入一些记录：

```
SQL> conn scott/tiger
SQL> insert into bonus select ename, job, sal, comm from emp;
15 rows created.
SQL> commit;
Commit complete.
SQL> grant select on scott.bonus to allen;
```

现在以 ALLEN 用户身份查询这个表：

```
SQL> conn allen/allen
SQL> select * from scott.bonus;
ENAME      JOB          SAL          COMM
```

```
---------- --------- ---------- ----------
BOB          PRODUCER     2200
ALLEN        SALESMAN     1600         300
WARD         SALESMAN     1250         500
MARTIN       SALESMAN     1250        1400
BLAKE        MANAGER      2850
TURNER       SALESMAN     1500           0
JAMES        CLERK         950
7 rows selected.
```

ALLEN 仅仅查询到 7 行，而不是表中实际存在的 15 行。

以这种方式能在数据库中所有相关的表上定义由某一张特定表所驱动的 VPD 策略。因为在这一部分中已经描述过的功能本质上是提供了基于用户或另一个参数(例如日期时间或 IP 地址)的数据库中的某个表的私有视图，所以这就被称为虚拟专用数据库(Virtual Private Database，VPD)。

16.6 提升性能

让我们假设需求又一次发生了改变。现在要设置这样一个策略：对于经理而言所有员工和部门都可见，而如果不是经理的话，只有用户自己所在部门的那些员工可见。为了满足这种需求，策略函数会变成这样：

```
create or replace function authorized_emps (
  p_schema_name   in   varchar2,
  p_object_name   in   varchar2
)
  return varchar2
is
  l_deptno        number;
  l_return_val    varchar2 (2000);
  l_mgr           boolean;
  l_empno         number;
  l_dummy         char (1);
begin
  if (p_schema_name = user)
  then
    l_return_val := null;
  else
    select deptno, empno
    into l_deptno, l_empno
    from scott.emp
    where ename = user;

    begin
      select '1'
        into l_dummy
        from scott.emp
       where mgr = l_empno and rownum < 2;

      l_mgr := true;
    exception
      when no_data_found
      then
        l_mgr := false;
      when others
      then
```

```
          raise;
      end;

      if (l_mgr)
      then
        l_return_val := null;
      else
        l_return_val := 'deptno = ' || l_deptno;
      end if;
   end if;

   return l_return_val;
end;
```

看一下查询数据过程中所呈现出来的复杂性。这种复杂性肯定会增加响应处理时间(当然在现实应用中，业务逻辑会更加复杂)。能否简化代码并提高性能？

肯定能。看一下第一个需求——检查员工是否是经理。在前面的代码中，我们检查 EMP 表来获取信息。但是实际上员工是经理这种状态不会经常发生改变。类似地，经理的经理可能会改变，但是员工是经理的状态还是没变。因此，经理头衔实际上更像是登录员工的一种属性，而不是一些会随着会话而改变的东西。所以，如果能在登录过程中以某种方式传递给数据库这一事实：该用户就是经理，那么之后在策略函数中的检查就不需要了。

我们如何传递这类值呢？全局变量这个概念跳进了脑海。可以指定 Y 或 N 值来表明员工是否是经理的状态，然后创建包来存储这个变量：

```
create or replace package mgr_check
is
   is_mgr   char (1);
end;
```

策略函数会变成这样：

```
create or replace function authorized_emps (
  p_schema_name  in  varchar2,
  p_object_name  in  varchar2
)
   return varchar2
is
   l_deptno         number;
   l_return_val  varchar2 (2000);
begin
   if (p_schema_name = user)
   then
     l_return_val := null;
   else
     select distinct deptno
            into l_deptno
            from scott.emp
            where ename = user;

     if (mgr_check.is_mgr = 'y')
     then
       l_return_val := null;
     else
       l_return_val := 'deptno = ' || l_deptno;
     end if;
   end if;
```

```
      return l_return_val;
   end;
```

可注意到现在检查员工是否是经理状态的代码少了很多。只要检查包的全局变量的状态即可。该变量需要在登录过程中设定好，所以应该用 AFTER LOGON 数据库触发器来做此工作：

```
create or replace trigger tr_set_mgr
   after logon on database
declare
   l_empno   number;
   l_dummy   char (1);
begin
   select distinct empno
            into l_empno
            from scott.emp
            where ename = user;
   select '1'
     into l_dummy
     from scott.emp
    where mgr = l_empno and rownum < 2;
   vpdowner.mgr_check.is_mgr := 'y';
exception
   when no_data_found
   then
      vpdowner.mgr_check.is_mgr := 'n';
   when others
   then
      raise;
end;
```

触发器设置包变量的值来明确员工是否是经理的状态，该状态之后会被策略函数调用。让我们做个快速测试：以 KING(是经理)和 ALLEN(不是经理)分别连接数据库，来看看以上所做的设置能否工作。我们假设 KING 有对表的查询权限。

```
SQL> conn allen/allen
SQL> select count(1) from scott.emp;
  COUNT(1)
----------
         7
SQL> conn king/king
SQL> select count(1) from scott.emp;
   COUNT(1)
----------
        15
```

ALLEN 的查询返回的员工数较少，就像预期的那样，KING 的查询返回了所有行。

可以经常用这种包变量的处理手段来提高性能。在第一个示例中，检查是否是经理状态的操作是在策略函数内部完成的，查询花了 102 厘秒。使用全局变量的处理手段后，仅花了 53 厘秒，这带来了显著的性能提升。

16.6.1　控制表访问的类型

VPD 有许多用途已超越了应用开发模型的安全性和精简性的范畴。当各式各样的环境要求把表在只读和读写状态之间进行切换时，它非常有用。在 Oracle Database 11g 之前，得把整个表空间设为只读或读写的，而不是其中单独的表。即使可以这么去做，但是如果那时数据库有任何活跃事务，那么它的表空间是不可能被设为只读的。既然不可能找到这样的在其中数据库没有事务的一段时间，特别是 OLTP 数据库，那么实际上表空间就不可能被设成只读的。在 Oracle Database 11*g* 之后，有一个 ALTER TABLE READ ONLY 命令可把表变成只读的，但是它是一个 DDL 命令并且需要 TM 锁，这意味着那时表不能被访问。所以 VPD 的操作手法是那种场景下唯一可行的方法。

现在，诚实地说，VPD 实际上并不是把表设成只读的。它以一种方式简单地模拟那种行为。这种方式通过不允许尝试改变表内容的方式来达到相同的效果。这样做的最简单的方式就是向任何 UPDATE、DELETE 和 INSERT 语句应用谓词，如果谓词的评估结果是假(例如 1=2)，那么该 DML 语句就匹配不到任何数据行，这样就好像将表变成只读的。

此处有一个示例。如果要用最基本的谓词函数把 EMP 表设成只读的，那么就在 VPDOWNER 用户方案中创建一个能返回以下谓词的非常简单的策略函数：

```
create or replace function make_read_only (
  p_schema_name  in  varchar2,
  p_object_name  in  varchar2
)
  return varchar2
is
  l_deptno       number;
  l_return_val   varchar2 (2000);
begin
  -- only the owner of the table can change
  -- the data in the table.
  if (p_schema_name = user)
  then
    l_return_val := null;
  else
    l_return_val := '1=2';
  end if;
  return l_return_val;
end;
```

使用这个策略函数，能够在 EMP 表上为改变数据的 INSERT、UPDATE 和 DELETE 这些 DML 语句创建 VPD 策略。

首先，如果已经存在策略，则先删除已经存在的策略：

```
begin
  dbms_rls.drop_policy (
      object_schema => 'SCOTT',
      object_name   => 'EMP',
      policy_name   => 'EMP_POLICY'
  );
end;
```

用这个函数添加策略：

```
begin
  dbms_rls.add_policy (
      object_schema    => 'SCOTT',
      object_name      => 'EMP',
      policy_name      => 'EMP_READONLY_POLICY',
      function_schema  => 'VPDOWNER',
      policy_function  => 'MAKE_READ_ONLY',
      statement_types  => 'INSERT, UPDATE, DELETE',
      update_check     => TRUE
  );
end;
```

注意 statement_types 参数并不包括 SELECT 语句，因为该语句是被自由选择的。之前写的那个函数被指定为策略函数。

当 ALLEN 执行以下语句时，他看到了所想要的只读结果：

```
SQL> conn allen/allen
SQL> delete scott.emp;
0 rows deleted.
```

但是请注意当他查表时会发生什么：

```
SQL> select count(*) from scott.emp;
  COUNT(*)
----------
        14
```

他能查到所有的 14 行，但是在表中不能删除、更新或插入任何东西，这样也就有效地把表变成只读了。当需要把表再次设为读写时，我们可以简单地停用此策略：

```
begin
  dbms_rls.enable_policy (
    object_schema => 'SCOTT',
    object_name   => 'EMP',
    policy_name   => 'EMP_READONLY_POLICY',
    enable        => FALSE
  );
end;
```

现在 ALLEN 和其他用户又能在表上成功地完成 DML 操作了。之后，如果再次需要把表设为只读的，我们可以再次执行之前的代码段，但是稍微不同的是：

```
enable            => TRUE
```

这会使策略生效并应用 WHERE 1=2 谓词到每一个 DML 语句，因而阻止对表的改变。注意可以在表上不止拥有一个策略。这个"只读"策略并不会取代表上已经存在的其他策略，因此当前已存在的行级访问控制需求会保持不变。

表从未实际被设成只读过；当用户对表执行 DML 语句时，策略仅仅保证没有任何数据行会受到影响。因为没有返回错误而且策略仅仅是忽略任何 DML 语句，所以需要仔细检查所有使用这项功能的应用代码。可能会误以为不报错的状态是成功地执行了 DML 操作的状态。

但是这项功能的威力并不局限于此。它不仅仅能够根据需要把表设为只读/读写的，而且这种对表的控制能够被动态地创建和能够基于用户自定义的想要的任何条件而动态地应用。例如，可以写一个策略函数。该策略函数依据当天时间，对于除了批处理作业用户(BATCHUSER)以外的所有用户，把表设置为下午 5:00 到早上 9:00 之间是只读的。可以把策略函数写成以下这样：

```
create or replace function make_read_only (
  p_schema_name   in   varchar2,
  p_object_name   in   varchar2
)
  return varchar2
is
  l_hr            pls_integer;
  l_return_val    varchar2 (2000);
begin
  if (p_schema_name = user)
  then
    l_return_val := null;
```

```
   else
      l_hr := to_number (to_char (sysdate, 'hh24'));
      if (user = 'BATCHUSER')
      -- you can list all users here that should be
      -- read only during the daytime.
      then
         if (l_hr between 9 and 17)
         then
            -- make the table read only
            l_return_val := '1=2';
         else
            l_return_val := null;
         end if;
      else
         -- users which need to be read only during after-hours
         if (l_hr >= 17 and l_hr <= 9)
         then
            -- make the table read only
            l_return_val := '1=2';
         else
            l_return_val := null;
         end if;
      end if;
   end if;
   return l_return_val;
end;
```

基于时间戳，可以在许多方面对表进行粒度控制。在此展示的示例能被扩展用来覆盖其他属性(例如 IP 地址、验证方式、客户端信息、终端、操作系统用户等)。所需要做的就是从会话的系统上下文(即 SYS_CONTEXT，这个功能将在本章稍后讨论)处获取合适的变量并检查它。例如，假设有一个需求要 KING 用户(公司的董事长)仅仅在以下两者都满足时才被允许看到所有的记录：

- 用他的 KINGLAP 笔记本电脑从 Windows NT 域 ACMEBANK 以固定 IP 地址(192.168.1.1)连接数据库
- 以 KING 用户身份连接 Windows

策略函数现在应该是这样：

```
create or replace function emp_policy (
  p_schema_name   in   varchar2,
  p_object_name   in   varchar2
)
   return varchar2
is
  l_deptno        number;
  l_return_val    varchar2 (2000);
begin
  if (p_schema_name = user)
  then
     l_return_val := null;
  elsif (user = 'KING')
  then
     if (
           -- check client machine name
           sys_context ('userenv', 'host') = 'ACMEBANK\KINGLAP'
         and
           -- check os username
           sys_context ('userenv', 'os_user') = 'KING'
```

```
        and
           -- check ip address
           sys_context ('userenv', 'ip_address') = '192.168.1.1'
        )
      then
        -- all checks satisfied for king; allow unrestricted access.
        l_return_val := null;
      else
        -- return the usual predicate
        l_return_val := 'sal <= 1500';
      end if;
    else  -- all other users
      l_return_val := 'sal <= 1500';
    end if;

    return l_return_val;
  end;
```

在此使用内置的 **SYS_CONTEXT** 函数来返回上下文属性。我们将在之后的 16.10 节讨论系统上下文。现在所要理解的全部内容就是该函数调用后会返回用户连接的终端的名称。函数调用中所用到的其他行也返回了其他相应的值。

可以使用 SYS_CONTEXT 来获取关于用户连接的各个方面的信息。通过使用这些信息，能够很容易地去定制策略函数以创建符合你的特殊需求的过滤条件。要获得完整的 SYS_CONTEXT 的属性列表，请参阅 Oracle 文档中的 SQL 参考手册。

16.6.2　列敏感 VPD

让我们再次查看一下前几个部分中用过的 HR 应用的示例。我们设计了一个策略，该策略带有这样的需求：除了 KING 以外没有其他用户有权限看到所有记录。任何其他用户仅能看见关于他或她所在部门的员工的数据。但是在有些场景中，这个策略未免太过严格了。现在假设要保护数据以让人们无法跨部门探听工资信息。考虑以下两个查询：

```
select empno, sal from emp;
select empno from emp;
```

第一个查询显示员工的工资信息，而这正是你要保护的信息。在这种场景中，仅仅想显示用户自己所在的部门中的员工。但是第二个查询仅查询了员工号。那么是否也应该去做过滤以只显示用户自己所在部门的员工的号码呢？

答案根据你组织中所生效的安全策略的不同可能会有不同。可能会有很好的理由让第二个查询显示出所有员工(不管他们属于哪个部门)。在这样的场景中，VPD 能生效吗？

令人欣慰的是会生效。add_policy()存储过程中的 **sec_relevant_cols** 参数使这个任务变得很简单。在前面的场景中，要求仅当 SAL 或 COMM 列而不是其他列被查询时才应用过滤条件。可以像以下这样写策略。注意加粗的新参数：

```
begin
   -- drop the policy first, if exists.
   dbms_rls.drop_policy (
      object_schema     => 'SCOTT',
      object_name       => 'EMP',
      policy_name       => 'EMP_POLICY'
   );
end;
```

```
/
begin --
   -- add the policy
   dbms_rls.add_policy (
        object_schema        => 'SCOTT',
        object_name          => 'EMP',
        policy_name          => 'EMP_POLICY',
        function_schema      => 'VPDOWNER',
        policy_function      => 'AUTHORIZED_EMPS',
        statement_types      => 'INSERT, UPDATE, DELETE, SELECT',
        update_check         => TRUE,
        sec_relevant_cols    => 'SAL, COMM'
   );
end;
/
```

在此策略生效后，ALLEN 的查询结果不同了：

```
SQL> -- "harmless" query, only EMPNO is selected
SQL> select empno from scott.emp;
… rows come here …
14 rows selected.
SQL> -- sensitive query:, SAL is selected
SQL> select empno, sal from scott.emp;
… rows come here …
6 rows selected.
```

可注意到当 SAL 列被查询时，VPD 策略介入了，进而阻止显示所有行。它过滤掉了 DEPTNO 不为 30(ALLEN 的部门号)的那些用户的行。

列敏感性并不仅仅应用在 SELECT 列表中，也应用在列被(直接或间接)引用的任何时候。考虑以下的查询：

```
SQL> select deptno, count (*) from scott.emp where sal > 0 group by deptno;
   DEPTNO    COUNT(*)
---------- ----------
       30           6
```

在此，SAL 列在 WHERE 子句中被引用，因此 VPD 策略生效，进而导致只有 30 号部门的记录被显示出来。

考虑另一个示例，在其中试图显示 SAL 的值：

```
SQL> select * from scott.emp where deptno = 10;
no rows selected
```

在此，SAL 列并不被显式引用，但是它由 SELECT * 子句隐式引用，因此 VPD 策略过滤掉除了 30 号部门外的所有数据行。因为该查询要的是 10 号部门，所以没有返回任何行。

现在，让我们审视一个稍微有所不同的场景。在之前的场景中，的确保护了那些数据行的 SAL 列的值不会向没有被授权的用户进行展示。然而在这个过程中，我们是让整行都不显示，而不是那个列。假设新的需求仅仅要掩蔽那个列而不是整行，要显示出所有非敏感的列。这能做得到吗？

可以很简单地用 ADD_POLICY 中另一个名为 sec_relevant_cols_opt 的参数来完成上面的任务。所有要做的就是把该参数值设为常量 DBMS_RLS.ALL_ROWS 来重新创建策略，就像以下这样：

```
begin
   dbms_rls.drop_policy (
      object_schema      => 'SCOTT',
      object_name        => 'EMP',
      policy_name        => 'EMP_POLICY'
   );
   dbms_rls.add_policy (
```

```
        object_schema            => 'SCOTT',
        object_name              => 'EMP',
        policy_name              => 'EMP_POLICY',
        function_schema          => 'VPDOWNER',
        policy_function          => 'AUTHORIZED_EMPS',
        statement_types          => 'SELECT',
        update_check             => TRUE,
        sec_relevant_cols        => 'SAL, COMM',
        sec_relevant_cols_opt    => DBMS_RLS.all_rows
    );
end;
```

如果现在 ALLEN 执行相同的查询，结果集会变得有所不同(在以下的输出中，我们要把空值显示成"？"符号)：

```
SQL> -- Show a "?" for the NULL values in the output.
SQL> set null ?
SQL> select * from scott.emp order by deptno;
EMPNO ENAME        JOB         MGR  HIREDATE      SAL   COMM DEPTNO
------ ------------ ----------- ---- --------- ------- ------ -------
 7782 CLARK        MANAGER     7839 09-JUN-81 ?       ?          10
 7839 KING         PRESIDENT   ?    17-NOV-81 ?       ?          10
 7934 MILLER       CLERK       7782 23-JAN-82 ?       ?          10
 7369 SMITH        CLERK       7902 17-DEC-80 ?       ?          20
 7876 ADAMS        CLERK       7788 12-JAN-83 ?       ?          20
 7902 FORD         ANALYST     7566 03-DEC-81 ?       ?          20
 7788 SCOTT        ANALYST     7566 09-DEC-82 ?       ?          20
 7566 JONES        MANAGER     7839 02-APR-81 ?       ?          20
 7499 ALLEN        SALESMAN    7698 20-FEB-81 1,600     300      30
 7698 BLAKE        MANAGER     7839 01-MAY-81 2,850 ?          30
 7654 MARTIN       SALESMAN    7698 28-SEP-81 1,250   1,400      30
 7900 JAMES        CLERK       7698 03-DEC-81   950 ?          30
 7844 TURNER       SALESMAN    7698 08-SEP-81 1,500       0      30
 7521 WARD         SALESMAN    7698 22-FEB-81 1,250     500      30

14 rows selected.
```

注意具有所有列的 14 行数据都被显示出来，但是其中那些用户不该看到的行(除了 30 号部门以外的员工数据行)的 SAL 和 COMM 列的值被显示成空值。这样就有可能不用视图来实现。另一种解决办法就是第 13 章中介绍的数据编写，但是它需要额外的不必要引入的开销。

虽然这相当吸引人，但是因为可能会带来难以预测的结果，所以要非常谨慎地使用这个功能。考虑以下 ALLEN 执行的查询：

```
SQL> select count(1), avg(sal) from scott.emp;
COUNT(SAL)   AVG(SAL)
---------- ----------
       14 1566.66667
```

结果显示了 14 个员工，并且平均工资为 1566。但是实际上以上只平均了 ALLEN 所能看到的 6 个员工的工资，而不是真正平均了 14 个员工的工资。由于值的不正确性，会产生一些困惑。

当用户方案的属主 SCOTT 执行相同的查询命令时会看到不同的结果：

```
SQL> CONN scott/tiger
SQL> SELECT COUNT(1), AVG(sal) FROM scott.emp;
COUNT(SAL)   AVG(SAL)
---------- ----------
```

```
14 2073.21429
```

因为结果随执行查询命令的用户的改变而改变，所以相应地需要非常仔细地解读结果；否则这项功能会在应用中引入难以调试的 bug。

16.7　其他动态类型

我们已经对比讨论了静态和动态策略，但是不仅仅只有一种类型的"动态性"。

首先，让我们回顾静态和动态策略的差异。如果用动态策略，当每次策略作用于对表的访问时，策略函数都会被执行来创建谓词串。虽然使用动态策略保证了每一次被调用时都返回新鲜的谓词，但是来自多次执行策略函数的额外负载可能会相当可观。在大多数现实示例中，就像在先前讨论静态策略时显示的那样：因为在会话内部谓词从不会改变，所以策略函数并没有必要被重复执行。

从性能角度看，最好的处理手段是设计这样一种策略函数：只有当一些特定值改变时，策略函数才会被重新执行。Oracle Database 的确提供了这样的一种特性：如果程序依赖的应用上下文改变了，策略将强制重新执行那个函数；否则，函数不会被再运行。我们将在以下的部分中看到这是如何工作的。

这要用到 policy_type 参数。回想一下 ADD_POLICY 存储过程中的 static_policy 参数可被设置成"真"(指示静态策略)或"假"(指示动态策略)。如果这个参数是真，那么 policy_type 的值会被设成 DBMS_RLS.STATIC。如果 static_policy 是假，那么 policy_type 会被设成 DBMS_RLS.DYNAMIC。static_policy 的默认值是假，但是 policy_type 可以有其他值，就像以下列表展示的那样：

- DBMS_RLS.DYNAMIC 表示完全动态策略
- DBMS_RLS.CONTEXT_SENSITIVE 表示上下文敏感策略
- DBMS_RLS.SHARED_CONTEXT_SENSITIVE 表示共享上下文敏感策略
- DBMS_RLS.STATIC 表示完全静态策略
- DBMS_RLS.SHARED_STATIC 表示共享静态策略。

如果在 ADD_POLICY 语句中声明了 policy_type，那么该值会被应用并覆盖 static_policy 的设置。让我们深入探索 policy_type 的有效值。

16.7.1　共享静态策略

除了在策略中相同的策略函数会被用在多个对象上以外，共享静态策略类型与静态类型相似。在之前的示例中，已经看到了 authorized_emps 函数是如何既在 DEPT 又在 EMP 表上的策略中被用作策略函数的。类似地，不仅仅是在两个表上可以有相同的函数，也能定义相同的策略。这被称为共享策略。如果这个策略也是静态的，那么该策略就被称为共享静态策略，而且 policy_type 参数会被设成常数 DBMS_RLS.SHARED_STATIC。以下是在两个表上如何使用这种策略类型创建相同策略的示例：

```
-- drop policies if they exist already
begin
  dbms_rls.drop_policy (
    object_schema    => 'SCOTT',
    object_name      => 'DEPT',
    policy_name      => 'EMP_DEPT_POLICY'
  );
  dbms_rls.drop_policy (
    object_schema    => 'SCOTT',
    object_name      => 'EMP',
    policy_name      => 'EMP_DEPT_POLICY'
  );
```

```
end;
/
begin
  dbms_rls.add_policy (
    object_schema        => 'SCOTT',
    object_name          => 'DEPT',
    policy_name          => 'EMP_DEPT_POLICY',
    function_schema      => 'VPDOWNER',
    policy_function      => 'AUTHORIZED_EMPS',
    statement_types      => 'SELECT, INSERT, UPDATE, DELETE',
    update_check         => TRUE,
    policy_type          => DBMS_RLS.shared_static
  );

  dbms_rls.add_policy (
    object_schema        => 'SCOTT',
    object_name          => 'EMP',
    policy_name          => 'EMP_DEPT_POLICY',
    function_schema      => 'VPDOWNER',
    policy_function      => 'AUTHORIZED_EMPS',
    statement_types      => 'SELECT, INSERT, UPDATE, DELETE',
    update_check         => TRUE,
    policy_type          => DBMS_RLS.shared_static
  );
end;
```

通过在两个表上声明单一策略，可有效地通知数据库一次缓存策略函数的输出，然后重用该缓存值许多次。

16.7.2 上下文敏感策略

就像之前看到的，静态策略虽然相当有效，但是因为它们不会多次重新执行函数，所以可能会很危险。它们会制造出不可预期和不需要的结果。而 Oracle 提供了另一种类型的策略——上下文敏感策略——只有当应用上下文在会话中改变时，才重新执行策略函数(参阅本章稍后的 16.10 节)。用于定义这样一种策略的代码块中的参数如下：

```
policy_type => dbms_rls.context_sensitive
```

当使用上下文敏感策略类型(DBMS_RLS.CONTEXT_SENSITIVE)时，性能会显著提高。以下代码块显示了当 ALLEN 用户执行查询时的时间差异。为了进行时间计量，我们将使用内置的时间函数 DBMS_UTILITY.GET_TIME 来帮助计算所花费的时间(精确到百分之一秒)。

```
declare
  l_start   pls_integer;
  l_count   pls_integer;
begin
  l_start := dbms_utility.get_time;

  select count (*)
    into l_count
    from scott.emp;

  dbms_output.put_line (
    'elapsed time = '
    || to_char (dbms_utility.get_time - l_start)
    );
end;
```

我们将应用表 16-1 中列出的各个类型的策略并运行代码块。就像能从这个表中看到的一样：纯静态策略有最快的运行时间(仅发生一次策略函数的执行)，但是上下文敏感策略也非常接近：

```
select dbms_utility.get_time cstime from dual;
select count (*) from scott.emp;
select dbms_utility.get_time - &timevar from dual;
```

函数调用输出中的"开始"和"结束"之间的差异就是以厘秒为单位的流逝的时间。当之前的查询在不同条件下运行时，会得到不同的响应时间。如表 16-1 所示，这两个时间明显比百分之百的动态版本快。

表 16-1　不同条件下进行的查询的不同响应时间

策略类型	响应时间(厘秒)
动态	133
上下文敏感	84
静态	37

16.7.3　共享上下文敏感策略

除了像在共享静态策略中看到的那样：相同的策略会被用在多个对象上，共享上下文敏感策略与上下文敏感策略很相似。

注意：

如何决定使用哪种类型的策略呢？我们建议你这样做：先使用默认类型(动态)。然后，一旦任务完成，试着以上下文敏感方式重新创建策略并彻底测试结果。最后，对于那些可以被设成静态的策略，把它们转成静态的并再次彻底进行测试。

VPD 和性能

对于 VPD，我们还要提醒一下那些有关潜在性能的问题。因为 VPD 策略会自动应用，所以每一个查询都将会包含谓词(或 WHERE 条件)。而 VPD 在执行步骤中引入了额外的一行，进而影响性能。因此，在那些列(自动应用的谓词中涉及的列)上存在索引会影响性能，而且这种影响经常是负面的。当 VPD 管理之下的表要与其他表相连接时，该谓词也会参与连接运算，这很可能会改变连接的行为。因此，必须仔细分析这些非用户提供的谓词会对查询性能带来什么样的影响并在之后采取足够的措施来避免这些性能问题。

16.8　排除故障

VPD 是有点复杂的特性，它会与 Oracle 体系结构中的众多元素交互。无论是设计中的问题或者用户使用不当，都可能会带来错误。令人欣慰的是，对于大多数错误，RLS 会在跟踪目录下提供一份详细的跟踪文件。在 Oracle 10*g* 及以前的版本中，跟踪目录是一个由数据库初始化参数 USER_DUMP_DEST 指定的目录；而在 Oracle 11*g* 及以上版本中，跟踪目录是一个由自动诊断资料库(Automatic Diagnostic Repository)指定的目录。本节描述如何跟踪 VPD 操作和如何解决常见错误。

16.8.1　ORA-28110：策略函数或包存在错误

最可能会遇到的也是最容易处理的错误是"ORA-28110: 策略函数或包存在错误"。此处的罪魁祸首是策略函数有一处或多处编译错误。修复这些编译错误并重新编译该函数(或包含该函数的包)能解决这个问题。

16.8.2　ORA-28112：无法执行策略函数

可能也会遇到运行时错误，例如未被处理的异常、数据类型不匹配或者遇到了获取的数据比要存入的变量大很多的情景。在这些场景下，Oracle 会抛出"ORA-28112：无法执行策略函数"并生成一个跟踪文件。可以通过检查来找到出错的本质。以下是跟踪文件的摘录：

```
------------------------------------------------------------
Policy function execution error:
Logon user     : ALLEN
Table/View     : SCOTT.EMP
Policy name    : EMP_DEPT_POLICY
Policy function: VPDOWNER.AUTHORIZED_EMPS
ORA-01422: exact fetch returns more than requested number of rows
ORA-06512: at "VPDOWNER.AUTHORIZED_EMPS", line 14
ORA-06512: at line 1
```

该跟踪文件显示：当错误发生时，ALLEN 正在执行查询。此处的问题是：策略函数直截了当地获取了不止一行的数据。检查了那个策略函数后，注意到该函数有以下的代码段：

```
select deptno
into l_deptno
from scott.emp
where ename = user;
```

好像不止一个员工名为 ALLEN——因此获取的行数不止 1，进而导致了这个问题。解决方案是：通过异常来处理错误或者使用其他能获取到部门号的子句作为谓词。

16.8.3　ORA-28113：策略谓词存在错误

当策略函数无法正确构建谓词时会报告此错误。就像之前的那个错误一样，它也会生成跟踪文件。以下是跟踪文件的摘录：

```
Error information for ORA-28113:
Logon user     : ALLEN
Table/View     : SCOTT.EMP
Policy name    : EMP_DEPT_POLICY
Policy function: VPDOWNER.AUTHORIZED_EMPS
RLS predicate  :
DEPTNO = 10,
ORA-00907: missing right parenthesis
```

它显示了策略函数返回的谓词是：

```
DEPTNO = 10,
```

在 SQL 查询内部，该字符串在语法上是不正确的，因此策略的应用会失败，进而 ALLEN 的查询也会失败。这可以通过修改策略函数逻辑，使其返回作为谓词的有效字符串值的方法来修复。

16.8.4　直接路径操作

如果使用的是直接路径操作——例如 SQL*Loader 直接路径加载、使用 APPEND 提示(INSERT /*+ APPEND */ INTO ...)的直接路径插入和直接路径导出——那么可能会在使用 VPD 时遇到麻烦。因为这些操作绕过了 SQL 层，这些表上的 VPD 策略并没有被调用，所以安全性被规避。如何解决这个问题？

在导出的场景中，解决这个问题相当容易。此处是当带上 DIRECT=Y 选项导出 EMP 表时发生的情况。这个表被一个或多个 VPD 策略保护。

```
About to export specified tables via Direct Path ...
EXP-00080: Data in table "EMP" is protected. Using conventional mode.
EXP-00079: Data in table "EMP" is protected. Conventional path may only be
 exporting partial table.
```

导出成功地完成了，但是就像看到的那样，输出是传统路径而不是我们要的直接路径。而且在操作过程中，导出仍然在表上应用了 VPD 策略——也就是说用户仅仅能导出他被授权看到的那些数据而不是全部数据。

现在，当用 SQL*Loader 或直接路径插入方式试图向 RLS 管理下的表做直接路径加载时，会报以下错误：

```
insert /*+ append */
into scott.emp
select *
from scott.emp;
```

此处是输出：

```
FROM scott.emp
        *
ERROR at line 4:
ORA-28113: policy predicate has error
```

出错信息是自解释的。可以通过采用临时禁用 EMP 表的策略或者以拥有 EXEMPT ACCESS POLICY 系统权限的用户来导出的方法解决这个问题。

16.8.5　检查查询重写

在调试过程中，有必要去查看一下：当一个 RLS 策略被应用的时侯，Oracle 是如何把 SQL 语句进行改写的。以这种方式调试，任何东西都不必再做猜测和解释。通过动态性能视图或设定事件能查看到重写的语句。

1. 动态性能视图

V$VPD_POLICY 视图显示了由 VPD 策略做的所有查询转换：

```
select sql_text, predicate, policy, object_name
from v$sqlarea , v$vpd_policy
where hash_value = sql_hash
/
SQL_TEXT
--------------------------------------------------------------------------
PREDICATE
--------------------------------------------------------------------------
POLICY                          OBJECT_NAME
------------------------------  -------------------------------
select count(*) from hr.emp     DEPTNO = 10
DEPTNO = 10
EMP_DEPT_POLICY                 EMP
```

SQL_TEXT 列显示了用户实际上执行的 SQL 语句，而 PREDICATE 列显示了由策略函数产生并应用到查询上的谓词。使用这个视图，能够识别用户执行的语句和应用到这些语句上的谓词。

2. 基于事件的跟踪

另一选项是在会话中设定一个事件并检查相关的跟踪文件。当 ALLEN 执行查询之前，它运行了一个额外的命令去设定事件：

```
alter session set events '10730 trace name context forever, level 12';
select count(*) from scott.emp;
```

在查询结束后，他看到了一个生成的跟踪文件。此处是该跟踪文件所显示的内容：

```
Logon user     : ALLEN
Table/View     : SCOTT.EMP
Policy name    : EMP_DEPT_POLICY
Policy function: VPDOWNER.AUTHORIZED_EMPS
RLS view :
SELECT "EMPNO","ENAME","JOB","MGR","HIREDATE","SAL","COMM","DEPTNO" FROM
 "HR"."EMP" "EMP" WHERE (DEPTNO = 10)
```

这清楚地显示出语句被 RLS 策略重写了。

使用这些方法中的任意一种，将能够看见用户的查询被重写的确切方式。

16.9　与其他 Oracle 功能交互

和任何其他威力强大的特性一样，VPD 有其潜在关注点、问题和复杂性。本节描述 VPD 和其他许多 Oracle 特性之间所进行的交互。

16.9.1　引用完整性约束

如果一个表上有引用完整性约束指向 VPD 管理之下的父表，那么在 Oracle 处理结果报错的方式上可能就会有安全性方面的考虑。让我们在一个示例中观察以上情况。假设 EMP 表不在 VPD 管理之下，但是有个 VPD 策略却定义在 DEPT 表上。这个 VPD 策略让用户仅仅看到与他的部门号相同的那些数据行。在这个场景中，一个对 DEPT 的"所有行"进行的查询却显示仅有 1 行：

```
SQL> conn allen/allen
SQL> select * from scott.dept;
    DEPTNO DNAME          LOC
---------- -------------- --------------
        10 ACCOUNTING     NEW YORK
```

EMP 表在 DEPTNO 列上有一个引用完整性约束引用 DEPT 表上的 DEPTNO 列。因为 EMP 表不在任何 VPD 策略管理之下，所以用户可以自由地查询它。因此用户了解到：它里面不只是一个部门的数据行。

```
select distinct deptno from scott.emp;
    DEPTNO
----------
        10
        20
        30
```

用户应该只能看到 10 号部门(他所属的部门)的详情，但是这个查询让他知道了也存在其他部门的记录。按照 DEPT 表上的 VPD 策略的要求，他不应该知道还存在多少个其他部门。

还有更多的问题。让我们看一下当他试图更新 EMP 表去把部门号设为 50 时会发生的情况：

```
update scott.emp
set deptno = 50
where empno = 7369;
```

输出如下：

```
update scott.emp
```

```
*
ERROR at line 1:
ORA-02291: integrity constraint (SCOTT.FK_EMP_DEPT) violated - parent key not
 found
```

错误提示违反了完整性约束；这是合理的，因为 DEPT 表上并没有 DEPTO 值为 50 的数据行。Oracle Database 做了这个约束检查，但是现在 ALLEN 知道了比安全策略要控制他能查询到的更多的 DEPT 表的情况。通过多次运行这样的查询，他会找出某个部门号是否真正存在。在一些场景下，这些数据被公布会被认为是与透露表中的数据一样严重的安全漏洞。必须注意到这一点。

16.9.2　复制

在多主复制中，接收者和传播者方案用户必须能以不受限制的方式从表中查询数据。因此，需要二选一：修改策略函数为这些用户返回空谓词串或者把 EXEMPT ACCESS POLICY 系统权限授权给他们。

16.9.3　物化视图

当定义物化视图时，应该确保物化视图的属主能对底表进行不受限制的访问。否则，仅会有那些满足谓词条件的行返回给定义了物化视图的查询，而这是不正确的。如果这是在复制案例中，可以二选一：修改策略函数以返回空谓词串或者给那些方案用户授予 EXEMPT ACCESS POLICY 系统权限。

16.10　应用上下文

到目前为止，我们在讨论行级安全性时，都假设了一个重要的事情——谓词(也就是用于表达 WHERE 条件以限制返回表中数据行的那串字符串)是恒定的或在登录那一刻就被固定的。但是如果有一个新的需求该怎么办？这个新的需求是：用户不是基于固定的部门号而是基于被维护的一个权限列表来查看员工的记录。一个名为 EMP_ACCESS 的表维护了有关哪些用户能访问哪些员工信息的数据。让我们创建并填充这个表。以 SYS 用户连接数据库，并向 VPDOWNER 用户作必要的授权：

```
grant create table to vpdowner;
alter user vpdowner quota unlimited on users;
```

以 VPDOWNER 用户连接数据库并创建表：

```
create table emp_access (
  username        varchar2(30) not null,
  deptno          number not null
);
```

现在插入数据行：

```
insert into emp_access values ('ALLEN',10);
insert into emp_access values ('ALLEN',20);
insert into emp_access values ('KING',10);
insert into emp_access values ('KING',20);
insert into emp_access values ('KING',30);
insert into emp_access values ('KING',40);
```

不要忘记提交更改。现在，检查这个表：

```
SQL> desc emp_access
Name              Null?    Type
----------------- -------- ------------
USERNAME                   VARCHAR2(30)
```

```
DEPTNO                      NUMBER
```

下列是表中的数据:

```
USERNAME                    DEPTNO
------------------------ ----------
ALLEN                          10
ALLEN                          20
KING                           20
KING                           10
KING                           30
KING                           40
```

注意，ALLEN 能看见 10 号和 20 号部门，但是 KING 能看到 10 号、20 号、30 号和 40 号部门。如果某个员工的名字不在列表里，他就看不见任何记录。这一新的规则需要改变谓词和策略函数。这个需求也说明用户权限可以动态地通过更新 EMP_ACCESS 表来重新指定。新的权限必须立即生效；不能要求用户退出并重新登录。因此，在这种场景中并不能使用 LOGON 触发器去设置策略函数所需要用到的值。

解决方案是什么？一个能满足此要求的可能选项是创建带有存储着谓词的变量的一个包，并让用户在查询 EMP 表前执行一些 PL/SQL 代码程序去设定这个变量的值。然后策略函数就能获取到包里缓存的值。这是一个可以接受的解决手段吗？仔细考虑这种场景：如果用户能自行给包中的变量指定一个值(例如设成某个为 KING 而准备的值)，这样就阻止了把这个值设置成有很高安全性等级的值。ALLEN 登录系统，把这个变量设成能访问所有部门的值，查表并看到所有记录。在这个场景中就没有安全性可言，所以不可接受。

用户能够动态地改变包中变量的值的这种可能性迫使我们重新思考解决方案。需要通过某些安全机制来设置全局变量，以便让非授权的更改不可能发生。令人欣慰的是，Oracle 通过应用上下文提供了这种功能。应用上下文类似于全局包变量；一旦设置，就能在会话全程中被访问而且不能被重设。

应用上下文与 C 语言中的结构或 PL/SQL 中的记录类似；它包含一系列的属性，每一个属性都是由名称-值对构成。然而不像它的 C 和 PL/SQL 中的对应物，这些属性并不在上下文创建过程中被命名，而是在运行时被命名和赋值。默认应用上下文位于程序全局区(Program Global Area，PGA)中，而不在系统全局区(System Global Area，SGA)中，因此它们在会话之外不可见。还可以定义全局应用上下文，这种上下文在所有会话中都可见。

应用上下文不仅仅是变量，它还是一种机制。通过这种机制可以对它内部的值进行设置。这种方法比使用包变量更安全。仅仅能够通过调用特定被命名的 PL/SQL 程序而不是通过 PL/SQL 直接赋值来改变应用上下文的值。让我们用一个示例来深入探讨这一点。

16.10.1 一个简单的示例

让我们用一个示例来深入探讨应用上下文。首先用 CREATE CONTEXT 命令定义一个新的名为 DEPT_CTX 的上下文。任何具有 CREATE ANY CONTEXT 系统权限和对 DBMS_SESSION 包有执行权限的用户都能创建并设置上下文:

```
create context dept_ctx using set_dept_ctx;
```

注意特殊的子句 using set_dept_ctx。这个子句表明只有通过一个名为 set_dept_ctx 的存储过程才能设置或更改应用上下文 DEPT_CTX 的属性，并且这不可能以任何其他方式做得到。

我们还没有指定上下文的任何属性；只是简单地定义了上下文的整体(它的名称和更改它的安全机制)。下一步让我们创建存储过程。在这个存储过程内部，将使用来自内置包 DBMS_SESSION 的 set_context 函数来设定上下文属性的值，就像以下示例显示的那样:

```
create or replace procedure set_dept_ctx (
  p_attr in varchar2, p_val in varchar2)
```

```
is
begin
  dbms_session.set_context ('dept_ctx', p_attr, p_val);
end;
```

现在来设置名为 DEPTNO 的属性的值为 10，可以这样做：

```
exec set_dept_ctx ('deptno','10')
```

要获得一个属性的当前值，可以调用 sys_context 函数。该函数接受两个参数——上下文名和属性名。此处是一个用于演示的 PL/SQL 代码段。在执行此代码段前，请先执行 set serveroutput on size 999999 来打开 dbms_output 的显示功能：

```
declare
  l_ret  varchar2 (20);
begin
  l_ret := sys_context ('dept_ctx', 'deptno');
  dbms_output.put_line ('value of deptno = ' || l_ret);
end;
```

以下是输出：

```
value of deptno = 10
```

可注意到本章前面也用了 sys_context 函数来获取客户的 IP 地址和终端名。

16.10.2　应用上下文中的安全性

再次回到存储过程的设计：存储过程所做的全部事情就是带着合适的参数调用 set_context。为什么需要用一个存储过程去那样做？为什么不能直接调用这个内置函数呢？让我们看看如果用户调用相同的代码段来设置 DEPTNO 属性的值为 10，会发生什么？

```
SQL> begin
  2    dbms_session.set_context ('dept_ctx', 'deptno', 10);
  3  end;
  4  /
begin
*
ERROR at line 1:
ORA-01031: insufficient privileges
ORA-06512: at "SYS.DBMS_SESSION", line 82
ORA-06512: at line 2
```

注意这个错误 "ORA-01031: insufficient privileges(权限不足)"。这很莫名其妙，因为 ALLEN 用户的确具有执行 DBMS_SESSION 所需的权限(不可能在没有那个权限的情况下编译成功 set_dept_ctx)。因此权限不是此处的问题。即使能通过再次授权这个包的执行权限来确认权限问题，并重新执行相同的代码段，仍然会报相同的错误。

原因在于 "权限不足" 不是指对DBMS_SESSION的使用，而是指试图在set_dept_ctx存储过程之外设置上下文的值。Oracle仅仅"信任"set_dept_ctx存储过程来为DEPT_CTX设置上下文的值。因此，Oracle把CREATE CONTEXT中的USING子句所引用的程序当作受信任的程序。

唯一能够执行受信任的存储过程的用户方案包括：
- 拥有那个存储过程的用户方案
- 被授予执行那个存储过程权限的任何用户方案

要对如何授予那个执行权限保持谨慎，要牢牢控制那些能设置上下文值的人。

16.10.3 VPD 中作为谓词的上下文

到此为止，已经学习了必须用存储过程来设置一个上下文的值，上下文的值类似于一个全局包变量。你可能会尝试询问这样的问题：这会用于何处？难道它不是增加了复杂性而没有达成任何明确的目的？

完全不是这样的。因为受信任的存储过程是设置上下文属性值的唯一方式，所以最大的好处就是：能用这一点来维护执行控制。在受信任的存储过程内部可以放入所有类型的检查来保证变量赋值是合法的。请记住，用户必须调用那个受信任的存储过程来设置值；他不能简单地直接去设置它，因此不存在能绕过调用合法性检查的方式。甚至能完全消除参数传递而使用预先决定好的值来设定这些值，进而彻底避免了用户输入(也就避免了用户的干预)。回来讨论对用户访问的要求。例如，我们知道需要设置应用上下文值为部门号字符串。该字符串要从EMP_ACCESS 表中获取，而不是由用户自己传递。让我们看看如何实现这个需求。

我们将在策略函数中使用应用上下文。首先，需要授予VPDOWNER用户合适的权限。以SYS用户运行下列代码：

```
grant execute on dbms_session to vpdowner;
grant create any context to vpdowner;
```

以 **VPDOWNER** 用户创建上下文：

```
create context dept_ctx using set_dept_ctx;
```

稍后将创建受信任的存储过程 **set_dept_ctx**。回到 VPD，需要修改策略函数以便返回谓词，该谓词是从应用上下文中读取的而不是函数内部创建的字符串。

```
create or replace function authorized_emps (
   p_schema_name   in   varchar2,
   p_object_name   in   varchar2
)
   return varchar2
is
   l_deptno        number;
   l_return_val    varchar2 (2000);
begin
   if (p_schema_name = user)
   then
     l_return_val := null;
   else
     if (sys_context ('dept_ctx', 'deptno_list')) is null
     then
      l_return_val := '1=2';
     else
      l_return_val := sys_context ('dept_ctx', 'deptno_list');
     end if;
   end if;
   return l_return_val;
end;
```

这里策略函数希望部门号由上下文 **DEPT_CTX** 的 **DEPTNO_LIST** 属性来传递。为了设置这个值，需要编写上下文的受信任的存储过程，显示如下：

```
create or replace procedure set_dept_ctx
is
   l_str   varchar2 (32767);
   l_ret   varchar2 (32767);
begin
```

```
for deptrec in (select deptno
                    from emp_access
                    where username = user)
loop
   l_str := l_str || deptrec.deptno || ',';
end loop;

if l_str is null
then
   -- no access records found, no records
   -- should be displayed.
   l_ret := '1=2';
else
   l_str := rtrim (l_str, ',');
   l_ret := 'deptno in (' || rtrim (l_str, ',') || ')';
   dbms_session.set_context ('dept_ctx', 'deptno_list', l_ret);
end if;
end;
```

再次，以 VPDOWNER 身份将此存储过程的执行权限授予 ALLEN：

```
grant execute on set_dept_ctx to allen;
```

如果在表上不存在 VPD 策略，则需要添加；如果已经存在，则需要先删除：

```
begin
  dbms_rls.drop_policy (
     object_schema        => 'SCOTT',
     object_name          => 'EMP',
     policy_name          => 'EMP_DEPT_POLICY'
  );
end;
/
begin
  dbms_rls.add_policy (
     object_schema        => 'SCOTT',
     object_name          => 'EMP',
     policy_name          => 'EMP_DEPT_POLICY',
     function_schema      => 'VPDOWNER',
     policy_function      => 'AUTHORIZED_EMPS',
     statement_types      => 'SELECT, INSERT, UPDATE, DELETE',
     update_check         => TRUE,
     policy_type          => DBMS_RLS.context_sensitive,
     namespace            => 'DEPT_CTX',
     attribute            => 'DEPTNO_LIST'
  );
end;
```

起作用的正是最后两个加粗显示的参数。它们告诉策略：如果 DEPT_CTX 上下文的 DEPTNO_LIST 属性没有改变，就不要重新执行策略函数。这很重要。如果部门列表改变了，用户就必须调用 set_dept_ctx 存储过程来设置这些值。仅在那种场景中谓词才会改变。否则，谓词不会改变，而策略函数不会被重新执行。

应该测试函数了。首先以 ALLEN 身份登录并计算员工数。在他运行查询之前，需要设置上下文：

```
SQL> conn allen/allen
SQL> exec vpdowner.set_dept_ctx
```

现在，让我们看一下当 ALLEN 检查属性值时，会发生什么？

```
SQL> select sys_context ('dept_ctx','deptno_list') from dual;
SYS_CONTEXT('DEPT_CTX','DEPTNO_LIST')
--------------------------------------
DEPTNO IN (20,10)
```

很好，ALLEN 从表本身查到了数据。

```
SQL> select distinct deptno from scott.emp;
   DEPTNO
----------
       10
       20
```

此处，ALLEN 仅仅能看到 10 号和 20 号部门的员工，这遵从了 EMP_ACCESS 表。

假设ALLEN的访问现在应该从 10 号和 20 号改变成只有 30 号。要做的所有事情就是以VPDOWNER用户改变EMP_ACCESS表。请不要忘记提交更改。

```
delete emp_access where username = 'ALLEN';
insert INTO emp_access values ('ALLEN',30);
```

现在，当 ALLEN 执行相同的查询时，他会看见不同的结果。首先，他执行存储过程来改变上下文属性：

```
exec vpdowner.set_dept_ctx
```

当他运行与之前所运行的完全相同的查询时，仅仅能看到 30 号部门，就像预期的那样：

```
select distinct deptno from hr.emp;
   DEPTNO
----------
       30
```

注意，ALLEN 并没有去设置他自己能被允许查看哪个部门；他只是简单地调用了存储过程 set_dept_ctx，而这个存储过程自动设置上下文属性。因为 ALLEN 不能自己设置上下文，所以这样的安排本质上比设置全局包变量更加安全，而全局包变量能够由他自己进行设置。不仅如此，策略类型是上下文敏感的，也避免了没有必要地重新执行策略函数———一个巨大的性能提升。

如果 ALLEN 在执行 SELECT 查询前根本不去执行 set_dept_ctx 存储过程，会发生什么？在这种场景中，DEPT_CTX 应用上下文的 DEPTNO_LIST 属性会被设成空值，因而策略函数返回的谓词会是 1=2，这将会清除所有的部门号。作为结果，ALLEN 将无法看到任何员工。

仔细分析之前的情况：到此为止，我们所做的是创建策略谓词(换言之，WHERE 条件)以应用于用户的查询。我们决定首先设置应用上下文属性，然后让策略函数从上下文属性中查值而不是从 EMP_ACCESS 表中直接查值。虽然也能让策略函数直接从 EMP_ACCESS 表中查询数据并构造谓词(表面上这样更容易书写策略函数，并且用户不必在每次登录时都要执行设置上下文属性值的受信任的存储过程)，但是策略函数从应用上下文查询而不是直接从表中查询会有额外的好处。是这样的吗？

答案是肯定的。此处有一段粗略的伪代码用于展示从 EMP_ACCESS 表查询来返回谓词串的策略函数：

1　　获取用户名
2　　循环
3　　　　从 EMP_ACCESS 表中选择部门号
4　　　　用户可以访问这些部门号
5　　　　编制部门号的列表
6　　结束循环
7　　作为谓词返回列表

另一方面是应用上下文方式的粗略伪代码将会把之前的逻辑移动到 set_dept_ctx 存储过程中。

注意两种不同的处理手段在 **set_dept_ctx** 存储过程中表现出来的不同：

1   获取用户名
2   循环
3   从 EMP_ACCESS 表中选择部门号
4   用户可以访问这些部门号
5   编制部门号的列表
6   结束循环
7   设置 DEPTNO_LIST 属性为上面返回的列表的值，在策略函数内部：
8   查看 DEPTNO_LIST 上下文属性
9   把它作为谓词返回

当用户登录时，他的名字并不会在会话中改变。因此，在会话开始时，他仅需要执行一次 set_dept_ctx 存储过程去设置上下文属性。如果我们建立策略函数从上下文属性查询值，那么对于用户的每一个查询，策略函数只需要访问上下文属性就可以了。因为这是在内存中完成的，所以访问速度会非常快并且策略函数也会更快地返回谓词。然而，如果我们用策略函数直接从表中取值，就会花费更长的时间，因为每个查询都会导致对权限表的查询。因此，这是从上下文属性查询的策略会显著提高性能的另一个原因。

16.10.4 识别非数据库用户

应用上下文比到现在为止所描述的情形还有更多的用途。应用上下文的重要用途是用来区分不同的用户，这些用户不能通过独立的会话来识别。对典型地会使用连接池的 Web 应用来说，这相当普遍。连接池是使用单个用户建立并被命名的一组数据库连接，例如 CONNPOOL。Web 用户连接到应用服务器，应用服务器接着使用连接池中的一个连接来到达数据库，如图 16-1 所示。

此处，用户 Martin 和 King 不是数据库用户，他们是 Web 用户，数据库不认识他们。连接池使用 CONNPOOL 这个用户 ID 来连接数据库，CONNPOOL 是数据库用户。当 Martin 要从数据库中请求一些信息时，连接池可能会决定使用第一个连接去从数据库获取信息。数据请求结束后，该连接就会变得空闲。如果这时 King 也要请求一些信息，连接池可能会决定让他使用相同的连接。因此，从数据库的视角来看，这是用户 CONNPOOL 发起的会话(连接池中的实际连接)。作为后果，前面的示例(用 USER 函数识别实际连接的用户)将不可能唯一识别是谁发布的调用请求。因为 CONNPOOL 才是数据库能识别的用户，所以 USER 函数总会返回 CONNPOOL 这个值。

这就是应用上下文变得非常有用的地方了。假设有一个带有 WEBUSER 属性的名为 WEB_CTX 的上下文。当从客户端收到请求时，由连接池把 WEBUSER 属性值设成真实的用户名(例如 MARTIN)。

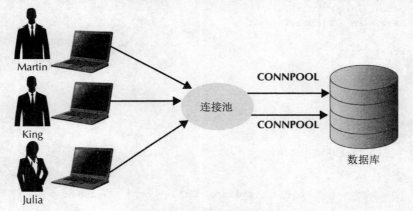

图 16-1 使用连接池的 Web 用户

VPD 策略能基于这个值而不是数据库用户名。让我们在具体操作中看看这一点：假设有一个销售应用，其中有数名客户经理要访问客户记录。需要建立一个 VPD 系统允许某个客户经理仅仅能够看到他或她的客户，而不是其他经理的客户。表中有一列——ACC_MGR——包含客户信息中的客户经理的名字。因此，策略谓词应该是这样的：

```
where acc_mgr = AccountManagerUserName
```

AccountManagerUserName 的值应该是客户经理的 Windows 用户 ID——某些数据库不知道的东西。该值需要通过上下文由连接池传递给数据库。

首先，我们要创建上下文：

```
create context web_ctx using set_web_ctx;
```

然后，设置上下文的主要存储过程会是这样：

```
create or replace procedure set_web_ctx (
  p_webuser in varchar2
) is
begin
  dbms_session.set_context ('web_ctx', 'webuser', p_webuser);
end;
```

这个存储过程接受一个参数——网站的实际用户(p_webuser)。这正是应用用来设置 WEB_CTX 上下文的东西。存储过程创建之后，将要确保它能工作。让我们假设网站用户 MARTIN 登录，应用程序作了如下的调用：

```
exec set_web_ctx ('MARTIN')
```

如果要确认上下文是否被正确设置，请使用以下 SQL：

```
SQL> exec dbms_output.put_line(sys_context('WEB_CTX','WEBUSER'))
MARTIN
```

注意，以上显示的用于上下文设置的存储过程——set_web_ctx——相当简单并且很基本。它所做的一切就是设置上下文属性。在现实中，很可能要放入若干行代码来执行各种检查以确认存储过程的调用者是被授权的。一个可能的示例是基于 Windows 的应用服务器直接从客户端拉取用户名，并将其传递给使用前述存储过程的上下文。

一旦上下文被设置好，就能很容易地使用它去创建策略函数。你的策略函数会像下面这样。应该以 VPDOWNER 用户来执行：

```
create or replace function authorized_accounts (
  p_schema_name   in   varchar2,
  p_object_name   in   varchar2
)
  return varchar2
is
  l_deptno        number;
  l_return_val    varchar2 (2000);
begin
  if (p_schema_name = user)
  then
    l_return_val := null;
  else
    l_return_val :=
              'acc_mgr = ''' || sys_context ('web_ctx', 'webuser')
              || '''';
  end if;

  return l_return_val;
end;
```

这个策略函数返回谓词 acc_mgr = 'the username'，它将被应用到策略。以下代码在表上添加 VPD 策略：

```
begin
  dbms_rls.add_policy (
     object_schema        => 'SCOTT',
     object_name          => 'ACCOUNTS',
     policy_name          => 'ACCMAN_POLICY',
     function_schema      => 'VPDOWNER',
     policy_function      => 'AUTHORIZED_ACCOUNTS',
     statement_types      => 'SELECT, INSERT, UPDATE, DELETE',
     update_check         => TRUE,
     policy_type          => DBMS_RLS.context_sensitive,
     namespace            => 'WEB_CTX',
     attribute            => 'WEBUSER'
  );
end;
```

因为当用户登录进应用时，Web 用户名仅改变一次，所以 WEB_CTX 上下文的 WEBUSER 属性也仅会改变一次。因此每次在 ACCOUNTS 表上发生调用时，策略函数不应该被重新执行。而仅当 Web 用户名改变时，它才需要被重新执行。这会使策略变快。

有时，上下文值自身改变了。例如，考虑一个场景：上下文值是通过读表来设置的。如果更新了表，上下文值就改变了，进而就要求这个新值得到反映。在这个场景中，要强制策略函数重新执行。要这样做，请使用以下 PL/SQL 代码段：

```
begin
 dbms_rls.refresh_policy(
     object_schema        => 'SCOTT',
     object_name          => 'EMP',
     policy_name          => 'EMP_DEPT_POLICY'
 );
end;
```

当需求改变了，可能要从 VPD 策略中添加或移除应用上下文。DBMS_RLS 包中的 alter_policy() 存储过程就是用于做这件事的机制。

作为最后一步，你可能会对查看定义在表上或列上的策略等感兴趣。策略相关的数据字典视图将在本章稍后的 16.12 节中给出。

16.11　清理

为了清理本章中用到的对象，使用以下命令：

- 以 SCOTT 用户运行：

  ```
  drop table accounts;
  ```

- 以 SYS 用户运行：

  ```
  drop user vpdowner cascade;
  ```

这会移除在 EMP 表上创建的所有策略。

16.12　快捷参考

这部分提供了 DBMS_RLS 包和 RLS 用到的各种数据字典视图的快捷参考。

16.12.1 DBMS_RLS 包

Oracle 内置包 DBMS_RLS 包含所有用于实施行级安全性的程序。

1. ADD_POLICY

add_policy 存储过程在表上添加 VPD 策略。

参数	描述
object_schema	RLS 策略定义于其上的表的属主。默认是当前用户
object_name	RLS 策略定义于其上的表的名称
policy_name	被创建的 RLS 策略的名称
function_schema	策略函数的属主。该函数生成要应用于查询以限制所返回行的谓词。默认是当前用户
policy_function	策略函数的名称
statement_types	策略要应用于其上的语句类型——SELECT、INSERT、UPDATE 和/或 DELETE。默认是全部
update_check	布尔值——真或假。如果设为真，策略确保即使在更改之后用户都还能看见被更改的数据行。默认是假
enable	布尔值——真或假。指示策略是否要生效
static_policy	布尔值，如果策略是静态的，请包含它
policy_type	策略的动态性；STATIC、SHARED_STATIC、CONTEXT_SENSITIVE、SHARED_CONTEXT_SENSITIVE 或 DYNAMIC。带上 DBMS_RLS 前缀，就像这样 policy_type=> dbms_rls.static。默认是 DYNAMIC
long_predicate	如果策略函数返回的谓词的长度超过 4000 字节，必须设置此参数为真；这会允许策略函数返回长达 32 000 字节的谓词。默认是假
sec_relevant_cols	指定列的列表。查询它们导致 RLS 策略被应用；否则 RLS 策略不会被应用于查询
sec_relevant_cols_opt	如果有一些特定的列，对它们的查询会触发应用 RLS 策略。然而会有一个选择：当用户查询这些敏感列时，要把这些行以空值的方式显示出来，还是根本不显示这些行？设置这个参数为 ALL_ROWS 选择了前者。带上 DBMS_RLS 前缀，就像这样 sec_relevant_cols_opt => dbms_rls.all_rows。默认是空值，指示包含这些值的数据行不会被显示

2. DROP_POLICY

drop_policy 存储过程删除表上已经存在的 VPD 策略。

参数	描述
object_schema	RLS策略定义于其上的表的属主。默认是当前用户
object_name	RLS策略定义于其上的表的名称
policy_name	要被删除的RLS策略的名称

3. ENABLE_POLICY

enable_policy 存储过程使表上的 RLS 策略生效或不生效。

参数	描述
object_schema	RLS策略定义于其上的表的属主。默认是当前用户

object_name	RLS策略定义于其上的表的名称
policy_name	要生效或不生效的RLS策略的名称
enable	布尔值。"真"意味着使这个策略生效；"假"意味着使这个策略失效

4. REFRESH_POLICY

refresh_policy 存储过程刷新 RLS 策略上的谓词。当策略被定义成除了 DYNAMIC 以外的其他任何值时，策略谓词将不会执行。直到为那个谓词指定的过期条件发生前，内存中缓存的谓词都将会被使用。当要刷新策略时，可以简单地调用 refresh_policy 存储过程，它将重新执行策略函数并刷新缓存中的谓词。

参数	描述
object_schema	RLS策略定义于其上的表的属主。默认是当前用户
object_name	RLS策略定义于其上的表的名称
policy_name	要被刷新的RLS策略的名称

16.12.2 数据字典视图

这部分总结了与 RLS 相关的数据字典视图和它们的列。

DBA_POLICIES

这个视图显示数据库中所有的RLS策略(无论生效与否)。

列名	描述
OBJECT_OWNER	策略定义于其上的表的属主
OBJECT_NAME	策略定义于其上的表的名称
POLICY_GROUP	如果是策略组的一部分，这是策略组的名称
POLICY_NAME	策略的名称
PF_OWNER	生成并返回谓词的策略函数的属主。
PACKAGE	如果策略函数是一个包函数，这是包的名称
FUNCTION	策略函数的名称
SEL	指示这是为表上的SELECT语句定义的策略
INS	指示这是为表上的INSERT语句定义的策略
UPD	指示这是为表上的UPDATE语句定义的策略
DEL	指示这是为表上的DELETE语句定义的策略
IDX	指示这是为表上的CREATE INDEX语句定义的策略
CHK_OPTION	指示当创建策略时更新检查选项是否生效
ENABLE	指示策略是否生效
STATIC_POLICY	指示这是否是个静态策略
POLICY_TYPE	策略的动态性(例如静态)
LONG_ PREDICATE	指示策略函数是否返回一个超过 4000 字节的谓词
OBJECT_SCHEMA	RLS策略定义于其上的表的属主。默认是当前用户
OBJECT_NAME	RLS策略定义于其上的表的名称
POLICY_NAME	创建的RLS策略的名称

16.13 本章小结

    虚拟专用数据库是使数据库在行级变得安全的重要工具。虽然 VPD 在着重于安全性的应用程序和数据库中非常有用，但是它的用途远远超过安全性方面。它也能被用来限制对表中某些行的访问、减少维护变化的查询条件的需求，甚至可以选择性地使表有效地变成只读。使用策略函数内部许多变量的组合，可以创建表内部数据的定制视图，进而以这种方式满足用户的需求并创建更具可维护性的应用程序。